人工智能专业核心教材体系建设——建议使用时间

四年级上		人工智能核心	数理基础 专业基础	智能感知	人工智能系统、设计智能	人工智能实践
三年级下	理论计算机科学导引		计算机视觉导论		设计认知与设计智能	
三年级上		人工智能伦理与安全		自然语言处理导论		人工智能芯片与系统
二年级下	优化基本理论与方法	面向对象的程序设计	高级数据结构与算法分析		机器学习	
二年级上	概率论	数据结构基础		人工智能基础		认知神经科学导论
一年级下	数学分析 II	线性代数 II		高等数学理论基础		
一年级上	数学分析 I	线性代数 I		程序设计与算法基础		

面向新工科专业建设计算机系列教材

人工智能的数学基础

冯朝路　于　鲲　杨金柱　栗　伟◎编著

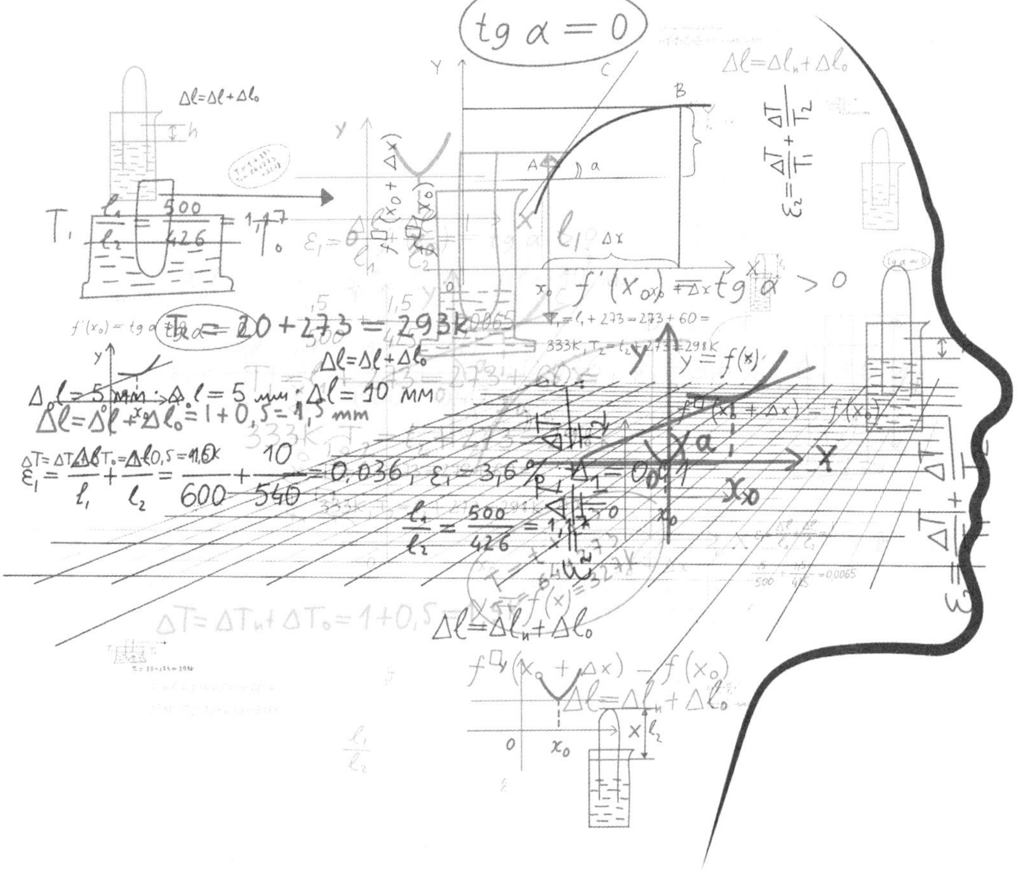

清华大学出版社
北京

内 容 简 介

本书详细介绍了人工智能领域涉及的数学基础，对于每个问题尽可能给出足够详尽的证明过程，以帮助读者深入理解智能算法的原理。本书内容涉及线性代数、高等数学、概率论、最优化等多个数学分支内的重要知识点。采用公式推导、图表示例、应用举例相结合的方式，以翔实的语言、全新的视角，帮助读者理解其中的关键知识点。

全书共分为10章：第1章、第3章、第4章详细介绍与人工智能算法相关的向量与矩阵分析、函数与泛函分析、概率与数理统计的数学基础。第2章介绍可用于评定不同待观测样本相似程度的度量方法。第5章重点介绍人工智能领域涉及的信息论知识。第6章结合实例介绍线性分析与卷积的数学基础。第7章详细介绍与模型正则化及范数相关的数学基础知识。第8章介绍目标函数最优化相关数学知识。第9章重点介绍核函数映射相关内容。第10章介绍数据驱动人工智能模型性能评价与度量相关知识。

本书适合人工智能专业的学生、对人工智能感兴趣的学者、正在从事人工智能应用开发的工程师，以及其他想深入了解智能算法行之有效原因的读者参考阅读。

图书在版编目(CIP)数据

人工智能的数学基础/冯朝路等编著. —北京：清华大学出版社，2022.6(2024.8重印)
面向新工科专业建设计算机系列教材
ISBN 978-7-302-60381-8

Ⅰ.①人… Ⅱ.①冯… Ⅲ.①人工智能－应用数学－高等学校－教材 Ⅳ.①TP18 ②O29

中国版本图书馆CIP数据核字(2022)第056220号

责任编辑：白立军　薛　阳
封面设计：刘　乾
责任校对：韩天竹
责任印制：曹婉颖

出版发行：清华大学出版社
网　　址：https://www.tup.com.cn，https://www.wqxuetang.com
地　　址：北京清华大学学研大厦A座　　**邮　　编**：100084
社 总 机：010-83470000　　**邮　　购**：010-62786544
投稿与读者服务：010-62776969，c-service@tup.tsinghua.edu.cn
质量反馈：010-62772015，zhiliang@tup.tsinghua.edu.cn
课件下载：https://www.tup.com.cn，010-83470236
印 装 者：三河市铭诚印务有限公司
经　　销：全国新华书店
开　　本：185mm×260mm　　**印　张**：18　　**插　页**：1　　**字　　数**：420千字
版　　次：2022年8月第1版　　**印　　次**：2024年8月第5次印刷
定　　价：59.00元

产品编号：084508-01

出版说明

一、系列教材背景

人类已经进入智能时代，云计算、大数据、物联网、人工智能、机器人、量子计算等是这个时代最重要的技术热点。为了适应和满足时代发展对人才培养的需要，2017年2月以来，教育部积极推进新工科建设，先后形成了“复旦共识”“天大行动”“北京指南”，并发布了《教育部高等教育司关于开展新工科研究与实践的通知》《教育部办公厅关于推荐新工科研究与实践项目的通知》，全力探索形成领跑全球工程教育的中国模式、中国经验，助力高等教育强国建设。新工科有两个内涵：一是新的工科专业；二是传统工科专业的新需求。新工科建设将促进一批新专业的发展，这批新专业有的是依托于现有计算机类专业派生、扩展而成的，有的是多个专业有机整合而成的。由计算机类专业派生、扩展形成的新工科专业有计算机科学与技术、软件工程、网络工程、物联网工程、信息管理与信息系统、数据科学与大数据技术等。由计算机类学科交叉融合形成的新工科专业有网络空间安全、人工智能、机器人工程、数字媒体技术、智能科学与技术等。

在新工科建设的“九个一批”中，明确提出“建设一批体现产业和技术最新发展的新课程”“建设一批产业急需的新兴工科专业”。新课程和新专业的持续建设，都需要以适应新工科教育的教材作为支撑。由于各个专业之间的课程相互交叉，但是又不能相互包含，所以在选题方向上，既考虑由计算机类专业派生、扩展形成的新工科专业的选题，又考虑由计算机类专业交叉融合形成的新工科专业的选题，特别是网络空间安全专业、智能科学与技术专业的选题。基于此，清华大学出版社计划出版“面向新工科专业建设计算机系列教材”。

二、教材定位

教材使用对象为“211工程”高校或同等水平及以上高校计算机类专业及相关专业学生。

三、教材编写原则

(1) 借鉴 *Computer Science Curricula* 2013(以下简称 CS2013)。CS2013 的核心知识领域包括算法与复杂度、体系结构与组织、计算科学、离散结构、图形学与可视化、人机交互、信息保障与安全、信息管理、智能系统、网络与通信、操作系统、基于平台的开发、并行与分布式计算、程序设计语言、软件开发基础、软件工程、系统基础、社会问题与专业实践等内容。

(2) 处理好理论与技能培养的关系,注重理论与实践相结合,加强对学生思维方式的训练和计算思维的培养。计算机专业学生能力的培养特别强调理论学习、计算思维培养和实践训练。本系列教材以“重视理论,加强计算思维培养,突出案例和实践应用”为主要目标。

(3) 为便于教学,在纸质教材的基础上,融合多种形式的教学辅助材料。每本教材可以有主教材、教师用书、习题解答、实验指导等。特别是在数字资源建设方面,可以结合当前出版融合的趋势,做好立体化教材建设,可考虑加上微课、微视频、二维码、MOOC 等扩展资源。

四、教材特点

1. 满足新工科专业建设的需要

系列教材涵盖计算机科学与技术、软件工程、物联网工程、数据科学与大数据技术、网络空间安全、人工智能等专业的课程。

2. 案例体现传统工科专业的新需求

编写时,以案例驱动,任务引导,特别是有一些新应用场景的案例。

3. 循序渐进,内容全面

讲解基础知识和实用案例时,由简单到复杂,循序渐进,系统讲解。

4. 资源丰富,立体化建设

除了教学课件外,还可以提供教学大纲、教学计划、微视频等扩展资源,以方便教学。

五、优先出版

1. 精品课程配套教材

主要包括国家级或省级的精品课程和精品资源共享课的配套教材。

2. 传统优秀改版教材

对于已经出版的、得到市场认可的优秀教材,由于新技术的发展,计划给图书配上新的教学形式、教学资源的改版教材。

3. 前沿技术与热点教材

反映计算机前沿和当前热点的相关教材，例如云计算、大数据、人工智能、物联网、网络空间安全等方面的教材。

六、联系方式

联系人：白立军

联系电话：010-83470179

联系和投稿邮箱：bailj@tup.tsinghua.edu.cn

“面向新工科专业建设计算机系列教材”编委会

2019 年 6 月

面向新工科专业建设计算机系列教材编委会

序

人类区别于地球其他生物的显著特征是具有创造并使用工具的能力。这是人类智慧的象征,也是人类智能的体现。通常,人类对于自己拥有的智能习以为常,并将其称为本能或潜意识。除此之外,人类对于自己表现出的智能一无所知。我们无法解释人类智能是如何得来的,更无法讲清楚自己是如何处理日常生活及做出正确决策的。

但是,我们可以通过人类固有的创造工具、使用工具的智慧,改造机器,特别是计算机程序,使其针对某一特定问题尽可能地产生与人类智能决策相似的结果。在早期很长一段时间内,人工智能被定义为具有一定逻辑推理能力的计算机程序。我们将这一时期称为前人工智能时代。时至今日,我们将当前这一基于数据统计分析从历史数据中发现规律、规则、模式的时代称为弱人工智能时代。这一时代的智能可以归纳为以数据分析为基础的辅助人类决策的自动化程序。可以预见,在不久的将来,可将人类知识用于约束机器经验知识的学习过程,从而增强结果的可解释性,进入使计算机具有与人类大脑相匹配的逻辑分析能力的强人工智能时代。即便是强人工智能时代,机器的逻辑分析能力仍然建立在人类先验知识的指导下,是对人类大脑分析处理问题能力的近似模拟,这也正是人工智能中"人工"二字的真正含义。

正因如此,有研究认为,人工智能就是用于模仿人类思考、行为、感知、学习的计算程序。实际上,人工智能不只是计算机程序,还应该包括工业自动化控制、机器人学等。在不考虑伦理学束缚的情况下,只有多个学科通力合作,赋予机器更多的除计算分析以外的行为能力、情感能力,甚至于使其产生一定的自我意识,才能实现真正的机器智能。

作为基础学科,数学在人工智能领域,特别是智能算法领域,起着举足轻重的作用。这是因为,数学是人类智慧的精华,是人类表达自己思维方式的有效手段,是当前以统计与计算为基础的弱人工智能发展与进步的基石。人工智能领域的数学涵盖微积分、线性代数与矩阵分析、概率论与数理统计、泛函分析、最优化理论等多个数学分支。只有打好扎实的数学基础,才能深入理解智能算法的本质,正确运用已有的智能算法,发现其中可能存在的问题,并将自己的聪明才智引入其中,从而推动学科的发展。

冯朝路副教授自2007年跟随我攻读硕士学位以来，一直在人工智能领域从事相关研究工作。众多门生中，他最喜欢刨根问底，对问题的理解也最深入。这一优秀品质使得他在相关领域取得了一系列代表性成果。本书基本上涵盖了人工智能领域涉及的数学知识，并结合实例对相关知识点进行了深入浅出的讲解。本书必将成为其在相关领域的又一代表性著作，也必将对人工智能相关专业的人才培养起到积极的推动作用。

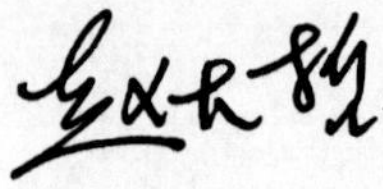教授

于2022年2月8日

FOREWORD

前言

对于多数人来说，数学枯燥无味，却又不得不学。从小到大，总有人在耳边不断强调其重要性。回忆童年，除了对父母的第一声呼唤以外，我们被教授的第一个概念就是有与无，然后是对自然数的认知。上小学后，数学老师教我们加减乘除运算。背诵九九乘法口诀是每个人童年回忆中不可或缺的元素。读初中后，包括有理数、无理数、一元二次方程、平面几何在内的数学知识步入我们的学习生活。到了高中，三角函数、复数、不等式、数列、解析几何不知让多少学生为之抓狂。更有甚者，不少学生因数学成绩不好而影响高考择校。步入大学，包括高等数学、线性代数、概率论与数理统计在内，数学门类更多、知识点更宽更深，为大学生挂科率做出了突出“贡献”。直到毕业前，甚至于参加工作以后，很多人仍然迷茫“数学有用”是不是亲爱的老师们编织的“谎言”。

本书作者还是要继续强调数学的重要性。这是因为，数学是人类智慧的结晶，是人类智慧皇冠上璀璨的明珠，是人类科技进步的根基。数学基础理论的稳步发展或者某个数学难题的突破性进展往往会推动多个相关学科的飞跃式发展，人工智能也不例外。起源于20世纪50年代的人工智能技术，经历了两次高潮、两次低谷。第一次高潮以智力游戏为代表的逻辑推理智能为主。第二次高潮以机器翻译为代表的知识库智能为主。早在第一次高潮时期，就有“二十年内，机器将能完成人能做到的一切”的激进论断。但是，计算机计算性能的不足、人工智能算法的普适性不强、数据量不足是导致人工智能在前两次高潮后均遭遇低谷的重要原因。随着7nm晶体管的商业化，特别是通用可编程图形硬件的发展，计算机的计算能力得到飞跃式提升。另外，网络化、数字化的生活为数据的产生提供了温床。由此产生的数据包含大量有用但需要挖掘的信息。基于此，人工智能①自21世纪第一个10年以来，正处于依模式识别为代表的基于经验数据的第三次高潮期。2019年，我国第一批35所高校获批“人工智能”本科专业，并开始招生。火热的高潮吸引着诸多科研工作者、程序员、学生的眼球，使他们心生向往。更有观点认为人工智能超过人类智能的时间点，又称奇点，为2045年。但

① 人工智能包括：工业智能与智能算法。本书的人工智能均指的是智能算法。

接触过相关知识的初学者往往因其涉及较多数学门类、知识过于繁杂，望而却步。曾经的踌躇满志、信心满怀，被数学的现实打击得支离破碎。多数人半途而废，倒在探索的路上。坚持下来的人只能独立在多个数学门类中穿梭，结合人工智能算法涉及的知识点，重拾那些曾经让自己“魂牵梦萦”的数学原理。数学门类的多样性、知识点的发散性，大大阻碍了学习效果。书籍是知识传播的最佳途径之一。基于此，本书着眼于人工智能核心算法涉及的数学知识，立足于为读者全面系统地进行梳理，提供深入浅出的讲解，希望起到抛砖引玉的作用，让数学的学习变得有针对性，使读者觉得学习数学是有趣的，而不是枯燥乏味的。

鉴于时间仓促且作者自识水平有限，本书内容难免存在疏漏与不足之处，若蒙读者不吝告知，甚是感激。相关内容请发电子邮件到 fengchaolu@cse.neu.edu.cn，以便再版时修正或补充。

感谢我的母亲帮忙照顾我可爱的女儿，为我解决了生活的后顾之忧！感谢岳母的唠叨，给了我写作之外的生活的真实！计划编写本书时值我女儿百天之日。编写过程中，感谢我的妻子与女儿近五百个日日夜夜的陪伴。多少个夜晚想要放弃编写，她们安然熟睡的笑脸，给了我提起精神、继续写作的动力。谨以此书献给我的妻子和女儿。

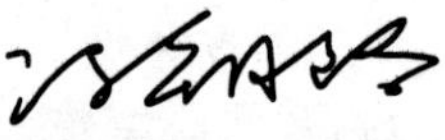副教授

2022 年 2 月 8 日

CONTENTS

目录

第1章

特征向量与矩阵分析

数据驱动的人工智能算法通过监督或无监督方式在数据中探索规律或模式。探索过程通常是在原数据或经过处理的中间数据上进行的。这些数据可能以标量的形式存在，但更多的是以描述待观测对象特征的向量或矩阵的形式存在。因此，特征向量与矩阵分析在人工智能相关算法中起到了重要作用，是许多分析算法的基础。本章结合实例介绍人工智能领域涉及的向量与矩阵分析相关的数学基础。

1.1 标　　量

基于数据统计分析的人工智能算法通常面对的是从原始历史数据中发现规律，进而对新数据进行决策的问题。原始的历史数据是对待解决问题的直接描述。例如，记录某位同学之前所有课程的得分情况，从中总结规律，并预测其期末考试成绩。这里的分数与成绩均是一个确定的数值，可用变量 s 表示。在数学上，由单一数值构成的对待研究对象的量化评价，称作标量。再如，提供全国男性、女性身高数据(单位为 cm)，设某人身高 $h=165\text{cm}$，设计算法判别其是男性、女性的概率值。这里的“身高”对应的数值也是一个标量。再举一个稍复杂的例子，购房者向银行提供收入证明 g、征信报告 h、银行流水 r 等信息，银行依据这些信息决定是否批准贷款。这里的收入、征信、流水分别对应一个标量值。例如，月收入 10 000 元，征信良好(良好为 1，不合格为 0)，月消费 3000 元。不难发现，标量的定义与其代表的数据类型强相关。例如，我们用单位 cm 的实数值表示身高，用取值为 0 或 1 的布尔型值表示征信状况。

注

需要指出的是，在本书中，采用斜体不加粗小写字母表示标量。对于复数来说，若将其实部与虚部分开来看，则各自对应一个实型标量；若将两者构成的复数视作一个整体，则复数也是一个标量。

1.2 特征向量与特征空间

直接从原始标量数据中挖掘历史数据中蕴藏的规律是不够的。人工智能处理方法通常从多个角度对待研究对象进行观测。每个被观测对象被称作一个实例或样本，通常记作 $\boldsymbol{x}$。每个观测角度对应一个对被观测对象 $\boldsymbol{x}$ 的评价或一系列评价，这些评价“组装”在一起构成对待观测对象的全面认识。每个不同角度的观测结果在领域内被称作“特征”。组装在一起的评价指标则构成一个“特征向量”，用于对待观测对象 $\boldsymbol{x}$ 的完整描述。例如，1.1 节举的房贷例子中，银行做出是否批准申请人的贷款的决定不单单是依据其月收入 g、征信 h、流水 r 中的某一个标量值，而是将三个标量值视为一个整体进行评判。这一整体，称作一个特征向量，记作 $[g,h,r]$。

注

在本书中，采用斜体加粗小写字母表示特征向量，如 $\boldsymbol{x}=[g,h,r]$。需要指出的是，有相关图书采用圆括号()或尖括号<>表示向量。本书采用方括号基于以下几点考虑：①向量可视为只有一行或一列的矩阵(而矩阵广泛采用方括号标记，关于矩阵，本书后面章节有相关知识的详细介绍)；②圆括号易与公式运算中的括号混淆；③尖括号多用于表达元组或内积，本书后面的章节中采用尖括号表示内积。

回到前面的问题描述上来，收入 g、征信 h、流水 r 三个标量值构成了描述贷款人是否具有稳定偿还能力的“特征向量”$[g,h,r]$。特征向量内含标量的个数，称作“特征维度”，用符号 d 表示。组成特征向量的各标量值则称为该向量的分量。例如，由三个分量——月收入 g、征信 h、流水 r 组成的评价贷款申报人偿还能力的向量 $[g,h,r]$ 维度为 3。特征向量的维度又被称作向量长度。

将各个观测角度分别视作一个数轴，若数据量足够丰富，对应特征可取到数轴上的任意值。由各个特征可能的取值组成的空间，称作特征空间。显然，特征空间限定了特征向量的取值范围。例如，给定维度为 d 的特征向量，若其各分量均取实数值(这是大部分情况)，则与其相对应的特征空间实际上是 d 维实数空间，定义为 R^d。需要说明的是，可以将标量视作只有一个维度的特殊向量。图 1-1 给出了三种不同维度的特征空间，以及各空间中两个特征向量的示例。显然，一维特征空间对应整个数轴，二维特征空间对应整个二维平面，而三维特征空间与我们日常生活中的三维立体空间相对应。

有时，我们需要提取给定向量 $\boldsymbol{x}=[x_1,x_2,\cdots,x_d]$ 中指定维度位置的分量。显然，若维度位置唯一，可直接取对应位置的分量，结果为 1 个标量。若需要提取多个维度位置的分量，可采用如下简化表达式 $\boldsymbol{x}_s$，其中，s 为待提取维度位置索引构成的集合。例如 $s=\{1,3,5\}$，则 $\boldsymbol{x}_s=\{x_1,x_3,x_5\}$。相应地，我们用“-”表示求补集运算。例如，$\boldsymbol{x}_{-2}$ 表示向量 $\boldsymbol{x}$ 中除 x_2 以外其余分量构成的向量，也就是说，$\boldsymbol{x}_{-s}=\{x_2,x_4,x_6,x_7,\cdots,x_d\}$。

注

更多关于集合的内容详见第 3 章。

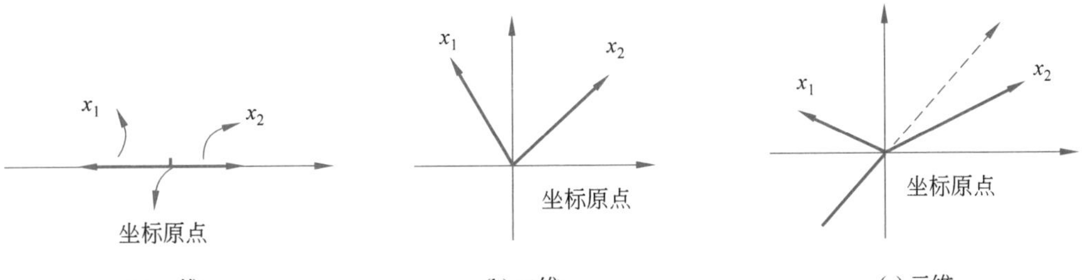

图 1-1　特征向量与特征空间

1.2.1　特征空间的正交性

需要说明的是，图 1-1 示例中给出的构成二维、三维特征空间的主轴是相互正交的。关于向量正交的一种直观解释是它们相互“垂直”。对于具有更高维度的特征向量来说，其不同分量主轴上的向量相互之间也是正交的。这一问题的证明，可在 1.5.2 节中找到答案。但是，高于三维的特征空间不易于用如图 1-1 所示方式直观给出。实际上，对于特征及其表达空间的可视化研究仍是一个热点话题。

1.2.2　特征向量的大小与方向

一般地，向量由表示其大小和方向的两个量唯一确定，而与坐标点所处位置无直接关系。也就是说，相同的向量可以具有不同的起始点与终止点。向量的大小，有时也称作向量的模，在几何意义上通常指的是向量起始点与终止点连线的长度。需要指出的是，由起始点与终止点连线构成的向量，可以视作两点分别相对于原点的向量的差。这一点在 1.4 节中将详细介绍。通常地，人工智能算法中涉及的特征向量均是基于特征空间坐标原点的。也就是说，给定 d 维特征空间中任意向量 $\boldsymbol{x}=[x_1,x_2,\cdots,x_d]$，其大小定义为

$$\|\boldsymbol{x}\|=\sqrt{\sum_{i=1}^{d}x_i^2} \tag{1-1}$$

> **注**
>
> 符号 $\|*\|$ 是求模运算。其中，$*$ 代表满足运算规则的任意向量。有书籍将计算向量大小的求模运算符记作 $|*|$。有必要说明的是，第 6 章中将 $*$ 定义为卷积运算符。以上对于向量大小的定义实际是向量 $\boldsymbol{x}$ 对于坐标原点的欧几里得距离（也称欧氏距离）。为与后面章节中介绍的 2-范数的定义保持一致，本书将符号 $\|*\|$ 定义为求模运算符。需要指出的是，读者不必在意符号的写法，而应该看到符号被赋予的意义。

如前文所述，给定任一向量，包含大小与方向两类信息。大小相等、方向相同是向量相等的充要条件，二者缺一不可。显然，维度不同的向量方向不可能相同，维度相同的向量，只有分别在各分量位置处取相同值时才相等。也就是说，给定 d 维向量 $\boldsymbol{x}_1=[x_{1,1},$

$x_{1,2},\cdots,x_{1,d}]$、$\boldsymbol{x}_2=[x_{2,1},x_{2,2},\cdots,x_{2,d}]$，当且仅当对于任意的 $i\in\{1,2,\cdots,d\}$，均有 $x_{1,i}=x_{2,i}$ 时，$\boldsymbol{x}_1=\boldsymbol{x}_2$。

有必要说明的是，零向量与单位向量是两类常见的特殊向量。零向量的各个分量值均为 0，通常用 $\boldsymbol{o}$ 表示，即 $\boldsymbol{o}=[0,0,\cdots,0]$。显然，零向量的模为 0。而单位向量指的是模为 1 的向量，通常用 $\boldsymbol{e}$ 表示。一个非零向量 $\boldsymbol{x}=[x_1,x_2,\cdots,x_d]$除以它的模 $\|\boldsymbol{x}\|$ 即可得到其对应的 d 维单位向量，即

$$\boldsymbol{e}=\frac{\boldsymbol{x}}{\|\boldsymbol{x}\|} \tag{1-2}$$

注

零向量的长度通常在上下文环境中不存在歧义。因此，本书不再特别标明零向量的长度。

1.3 向量转置

为了计算方便或保证表达式的完整性，向量通常被写成“行”或“列”的形式。需要指出的是，两种形式均不改变向量所表达内容的本质，只是写法上的区别。为了节省空间，本书以上所举示例中，均将其写成了“行”的形式。若无特殊说明，本书后面的章节中均采用这一表达方式。数学上，转置运算$(*)^{\mathrm{T}}$ 用于实现行向量、列向量间的相互转换。例如，给定行向量 $\boldsymbol{x}=[x_1,x_2,\cdots,x_d]$，则

$$\boldsymbol{x}^{\mathrm{T}}=\begin{bmatrix} x_1 \\ x_2 \\ \vdots \\ x_d \end{bmatrix}$$

显然，转置运算只涉及一个操作数，为一元运算符，并且$(\boldsymbol{x}^{\mathrm{T}})^{\mathrm{T}}=\boldsymbol{x}$。显然，对于只有一个分量的向量，其转置等于自身。

1.4 向量加法

再来看房贷的例子，若贷款申报人月收入不足以保证贷款申报额的按月偿还，可以采用夫妻双方共同申报的方式来提高偿还能力，从而保证贷款顺利获批。这一描述可符号化表示为：设男方特征向量为 $\boldsymbol{x}_1=[g_1,h_1,r_1]$，女方特征向量为 $\boldsymbol{x}_2=[g_2,h_2,r_2]$，则共同申报贷款时，银行将双方特征向量作为一个整体来考虑是否满足批复标准。也就是说，银行的评判标准基于男、女双方特征向量的“和”进行。这一评判的代数表达式为 $\boldsymbol{x}=\boldsymbol{x}_1+\boldsymbol{x}_2=[g_1+g_2,h_1+h_2,r_1+r_2]$。图 1-2(a)给出月收入 g、征信 h、流水 r 三个分量构成的两个向量进行加法运算的几何解释。

给定一个特征向量 $\boldsymbol{x}=[g,h,r]$，我们定义$-\boldsymbol{x}=[-g,-h,-r]$，则向量减法可视为将减数取反的向量加法。也就是说，$\boldsymbol{x}=\boldsymbol{x}_1-\boldsymbol{x}_2=\boldsymbol{x}_1+(-\boldsymbol{x}_2)=[g_1-g_2,h_1-h_2,r_1-r_2]$。

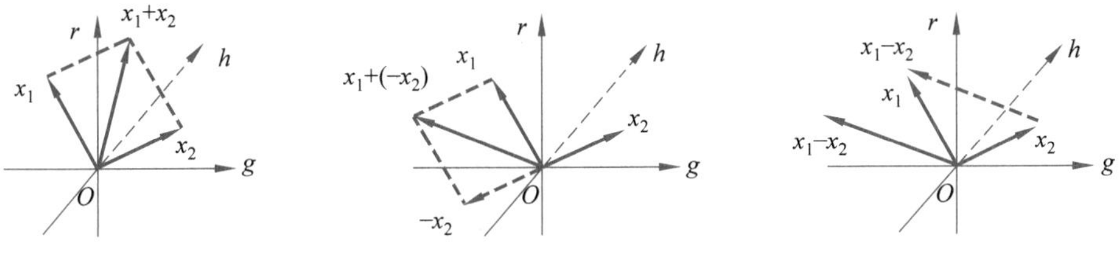

(a) 加法　(b) 减法的加法表达　(c) 减法

图 1-2　向量加减法

显然,向量减法与加法可视作同一种运算。但是,特征向量之间的减法运算在人工智能算法中更常见。这是因为,相关算法经常需要对比不同特征向量间的相似性,第 2 章将重点介绍相似性度量相关内容。虽然向量减法可以归纳为向量加法,如图 1-2(b)所示,但是实际上,如图 1-2(c)所示,向量减法定义为由减数终点指向被减数终点的向量。有必要说明的是,图 1-2(b)和图 1-2(c)给出的向量减法的加法表述与向量减法的示例均隐含 1.2.2 节所述的向量的原点无关性。显然,向量减法与向量加法本质上是同一种运算,但是几何上的直观意义却不尽相同。需要指出的是,与转置运算为一元运算不同,向量加法有两个操作数,是二元运算。显然,向量加法满足交换律与结合律。

需要说明的是,由于 $\boldsymbol{x}+\boldsymbol{o}=\boldsymbol{o}+\boldsymbol{x}=\boldsymbol{x}$,所以零向量是向量加法的单位元。不难发现,$\boldsymbol{x}+(-\boldsymbol{x})=\boldsymbol{o}=(-\boldsymbol{x})+\boldsymbol{x}$,所以 $-\boldsymbol{x}$ 与 $\boldsymbol{x}$ 互为加法逆元。由于不存在向量 $\boldsymbol{x}$,使得同一空间内任意向量与其相加的结果均为 $\boldsymbol{o}$,所以向量加法不存在零元。

1.5　向量乘法

由于一个向量通常由多个取值为实数域的标量构成,因此,与标量乘法相比,向量乘法定义要复杂得多。

1.5.1　向量数乘

考虑这样一种情形,在前文房贷申请实例中,夫妻双方共同申请贷款时两人的特征向量 $\boldsymbol{x}_1=[g_1,h_1,r_1]$ 与 $\boldsymbol{x}_2=[g_2,h_2,r_2]$ 相等,即 $g_1=g_2$、$h_1=h_2$、$r_1=r_2$,则 $\boldsymbol{x}_1+\boldsymbol{x}_2=[g_1+g_2,h_1+h_2,r_1+r_2]$ 可改写为 $\boldsymbol{x}_1+\boldsymbol{x}_2=[2g_1,2h_1,2r_1]$ 或 $\boldsymbol{x}_1+\boldsymbol{x}_2=[2g_2,2h_2,2r_2]$。更一般地,给定向量 $\boldsymbol{x}=[x_1,x_2,\cdots,x_d]$,定义向量的数乘运算为 $a\boldsymbol{x}=[ax_1,ax_2,\cdots,ax_d]$,其中,$a$ 为任意实数标量。显然,上述两个相等向量的加法运算可表示为 $\boldsymbol{x}=2\boldsymbol{x}_1$ 或 $\boldsymbol{x}=2\boldsymbol{x}_2$。结合向量的几何意义,不难发现,$a>0$ 时,数乘运算不改变向量的方向,只改变向量的大小。具体地,当 $|a|>1$ 时,向量增大;当 $|a|<1$ 时,向量减小;当 $|a|=1$ 时,向量大小保持不变。但是,当 $a<0$ 且 $a\neq-1$ 时,数乘运算同时改变向量的方向与大小。特别地,若 $a=-1$,则数乘运算不改变向量的大小,只改变其方向。有必要指出,由于 $0\times\boldsymbol{x}=\boldsymbol{x}\times0=\boldsymbol{o}$,所以 0 是向量数乘的零元;另外,$1\times\boldsymbol{x}=\boldsymbol{x}\times1=\boldsymbol{x}$,所以 1 是向量数乘的单位元。

注

向量取反实际是向量数乘因子为−1的特例；数除为数乘的逆运算，除数因子为 a 的向量数除可转换为乘数因子为 $1/a$ 的向量数乘。另外，虽然我们以整数乘法为例来说明向量数乘运算，但向量数乘运算不局限于乘数因子为整数的情况。

1.5.2 向量内积

人工智能相关算法中有很大一部分是用来完成分类任务的。其基本原理是在特征空间中基于已有数据“拟合”一个分类平面(或超平面)。该平面将特征空间划分为“阴性”与“阳性”两部分。将待预测新样本特征向量代入分类平面方程，根据结果的符号判别其为“阳性”或“阴性”。需要说明的是，对于二维特征空间，分类平面退化为一条直线；对于一维特征空间，分类平面退化为一点。

不失一般性地，考虑由月收入 g、征信 h、流水 r 构成的三维特征空间，将该特征空间划分为两部分的任意平面均可用如下方程表示，即

$$ag+bh+cr+d=0 \tag{1-3}$$

其中，a、b、c 为比例系数，d 为偏移常数。记 $\boldsymbol{w}=[a,b,c,d]$，$\boldsymbol{x}=[g,h,r,1]$，则式(1-3)可改写为 $\boldsymbol{w}\boldsymbol{x}^{\mathrm{T}}=0$。不难证明，分类平面上的点一定满足式(1-3)，也即 $\boldsymbol{w}\boldsymbol{x}^{\mathrm{T}}=0$。实际上，由比例系数 a、b、c 构成的向量$[a,b,c]$为该分类平面的法向量。在法向量指向同侧的非分类平面上的点 $\boldsymbol{x}$，使得 $\boldsymbol{w}\boldsymbol{x}^{\mathrm{T}}>0$。在法向量指向异侧的非分类平面上的点 $\boldsymbol{x}$，使得 $\boldsymbol{w}\boldsymbol{x}^{\mathrm{T}}<0$。为便于理解，图 1-3 给出一维、二维特征空间中分类平面对空间的划分情况示例。

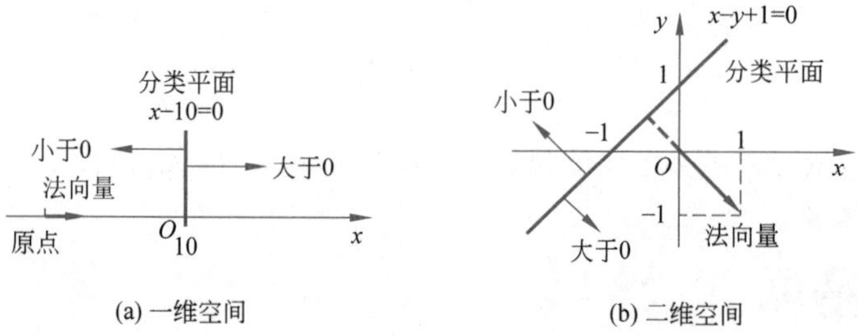

图 1-3 分类平面对特征空间的划分

注

许多书籍中将分类平面的方程写成 $\boldsymbol{w}^{\mathrm{T}}\boldsymbol{x}=0$ 的形式。这是由于，这类书籍中向量采用列式表达的缘故。读者不必在意表达式的写法，两者本质上是一致的。

更一般地，给定特征向量 $\boldsymbol{x}_1=[x_{1,1},x_{1,2},\cdots,x_{1,d}]$、$\boldsymbol{x}_2=[x_{2,1},x_{2,2},\cdots,x_{2,d}]$，定义 $\boldsymbol{x}_1\boldsymbol{x}_2^{\mathrm{T}}$ 为两个向量的内积，记作$<\boldsymbol{x}_1,\boldsymbol{x}_2>$。形式化地，即

$$<\boldsymbol{x}_1,\boldsymbol{x}_2>=\sum_{i=1}^{d}x_{1,i}x_{2,i} \tag{1-4}$$

且可证明$<\boldsymbol{x}_1,\boldsymbol{x}_2>=<\boldsymbol{x}_2,\boldsymbol{x}_1>$。不难发现，两个向量进行内积运算的结果是标量。标量是长度仅有一个维度的向量，其转置等于自身。因此，$\boldsymbol{x}_1\boldsymbol{x}_2^{\mathrm{T}}=\boldsymbol{x}_2\boldsymbol{x}_1^{\mathrm{T}}=(\boldsymbol{x}_1\boldsymbol{x}_2^{\mathrm{T}})^{\mathrm{T}}$。式(1-4)

给出的是向量内积的坐标表示。考虑向量的空间几何信息，向量内积可用如下公式计算：

$$< \boldsymbol{x}_1, \boldsymbol{x}_2 > = \| \boldsymbol{x}_1 \| \| \boldsymbol{x}_2 \| \cos\theta \tag{1-5}$$

其中，θ 为参与运算的两个向量 $\boldsymbol{x}_1$ 与 $\boldsymbol{x}_2$ 之间的夹角，取值范围为 $0 \leqslant \theta \leqslant \pi$。如图 1-4 所示，向量 $\boldsymbol{x}_1$ 与 $\boldsymbol{x}_2$ 之间的内积运算可视作其中任意一个向量在另一个向量上的投影长度与投影方向向量长度的乘积。显然，若两向量垂直，则其内积结果为 0。也就是说，向量内积结果为 0 可作为两个向量正交的判据。显然，零向量 $\boldsymbol{o}$ 与任何同维度的非零向量均正交。需要指出的是，若相互正交的两个向量均为单位向量，则称这种正交是标准正交或单位正交。

图 1-4　两个向量的内积的几何解释

由于 $-1 \leqslant \cos\theta \leqslant 1$，所以

$$-\| \boldsymbol{x}_1 \| \| \boldsymbol{x}_2 \| \leqslant < \boldsymbol{x}_1, \boldsymbol{x}_2 > \leqslant \| \boldsymbol{x}_1 \| \| \boldsymbol{x}_2 \| \tag{1-6}$$

显然，如图 1-5 所示，当参与运算的两个向量 $\boldsymbol{x}_1$ 与 $\boldsymbol{x}_2$ 相向平行时，其内积取得最小值 $-\| \boldsymbol{x}_1 \| \| \boldsymbol{x}_2 \|$；当参与运算的两个向量 $\boldsymbol{x}_1$ 与 $\boldsymbol{x}_2$ 同向平行时，其内积取得最大值 $\| \boldsymbol{x}_1 \| \| \boldsymbol{x}_2 \|$；否则，内积取得中间值。需要指出的是，式(1-6)又称作柯西-施瓦茨不等式。

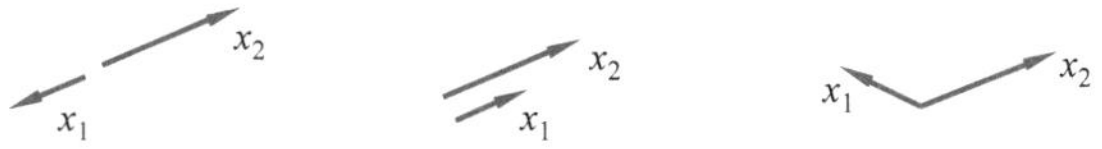

(a) $\theta=\pi$　(b) $\theta=0$　(c) $0<\theta<\pi$

图 1-5　两内积向量空间位置关系示例

从另一个角度来讲，若两个内积向量均已单位化，即它们的长度均为 1，则向量内积可以作为两个向量相似程度的判据。更一般地，如图 1-6 所示，参与运算的两个向量 $\boldsymbol{x}_1$ 与 $\boldsymbol{x}_2$ 在长度确定的情况下，内积结果越接近两个向量 $\boldsymbol{x}_1$ 与 $\boldsymbol{x}_2$ 的长度的乘积，则向量 $\boldsymbol{x}_1$ 与 $\boldsymbol{x}_2$ 在方向上越相似，即二者夹角越小。

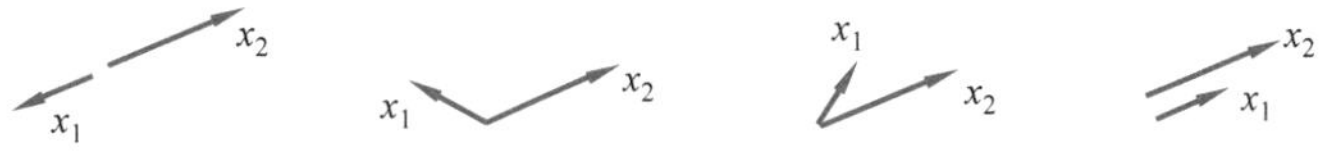

(a) 根本不相似　(b) 不太相似　(c) 比较相似　(d) 十分相似

图 1-6　向量内积与向量相似性

注

一方面，向量内积的一个典型应用场景是用于改写给定函数的泰勒展开式。另一方面，内积向量方向正好相反时，内积结果取最小值。以上两个事实，构成了梯度下降方法的基本原理，详见 8.4 节。另外，向量内积满足对称性 $< \boldsymbol{x}_1, \boldsymbol{x}_2 > = < \boldsymbol{x}_2, \boldsymbol{x}_1 >$、双线性 $< k\boldsymbol{x}_1 + l\boldsymbol{x}_2, \boldsymbol{x}_3 > = k < \boldsymbol{x}_1, \boldsymbol{x}_3 > + l < \boldsymbol{x}_2, \boldsymbol{x}_3 >$、正定性 $< \boldsymbol{x}, \boldsymbol{x} > \geqslant 0$。

1.5.3 向量外积

还需指出的是，以上定义的内积运算是行向量与列向量的乘积。其运算结果为一标量值。那么，列向量与行向量的乘积是否有意义？答案是肯定的，实际上，列向量与行向量的乘积，称作向量外积。其运算结果不再是一个标量数值，而是多个标量数值。例如，给定列向量 $\boldsymbol{x}_1^{\mathrm{T}}=[x_{1,1},x_{1,2},\cdots,x_{1,n}]^{\mathrm{T}}$、行向量 $\boldsymbol{x}_2=[x_{2,1},x_{2,2},\cdots,x_{2,m}]$，则定义二者的外积为

$$\boldsymbol{x}_1^{\mathrm{T}}\boldsymbol{x}_2=[x_{1,1}\boldsymbol{x}_2,x_{1,2}\boldsymbol{x}_2,\cdots,x_{1,n}\boldsymbol{x}_2]^{\mathrm{T}}=[x_{2,1}\boldsymbol{x}_1^{\mathrm{T}},x_{2,2}\boldsymbol{x}_1^{\mathrm{T}},\cdots,x_{2,m}\boldsymbol{x}_1^{\mathrm{T}}] \tag{1-7}$$

必须说明，此处定义的向量外积，与相关书籍中称作外积的向量叉积或矢量积不同。向量叉积通常只在二维与三维特征空间有意义。而以上公式定义的向量外积对于向量的维度是没有限制的。不难发现，向量外积的结果是多个向量数乘运算的堆叠。每个数乘运算结果被当作最终结果的一个分量。实际上，式(1-7)给出的结果为矩阵。关于矩阵的定义详见 1.7 节。关于矩阵的更多内容，详见 1.7～1.17 节。

1.5.4 分量乘法

如前文所述，特征向量由描述同一观测样本不同观测指标的各个分量构成。一般地，特征分量对于分类结果的贡献度不一定一样。考虑这样一个场景，大龄青年相亲时，分别从相貌、资产、感觉 3 个方面对相亲对象进行筛选。有人更看重相貌，有人更看重经济实力，也有人更相信感觉。也就是说，由相貌、资产、感觉这 3 个从不同侧面描述一个人的特征构成一个特征向量实现对相亲对象的完整描述。在不同应用场景下，各分量对评价结果影响不同。将各分量的侧重情况写成一个向量，则原特征向量中各分量应被对应改写，再将结果用于具体问题解析，方能实现对待观测样本的精准预测。

考虑更一般的情况，将以上文字进行形式化描述。给定特征向量 $\boldsymbol{x}=[x_1,x_2,\cdots,x_d]$，以及对应的分量个数相同的特征侧重因子向量 $\boldsymbol{w}=[w_1,w_2,\cdots,w_d]$，则定义向量的分量乘法

$$\boldsymbol{w}\circ\boldsymbol{x}=[w_1x_1,w_2x_2,\cdots,w_dx_d] \tag{1-8}$$

其中，$\circ$ 为分量乘法运算符。显然，分量乘法是一个二元运算符，满足结合律、分配律、交换律。需要指出的是，分量乘法又被称作 Hadamard 积。需要说明的是，若向量只有一个分量，则分量乘法退化为普通数乘。

> **注**
>
> 也有书籍采用 $\otimes$ 或 $\odot$ 标记 Hadamard 积。读者需要了解，虽然写法不同，但其表达的含义是一样的。同样地，考虑除法是乘法的逆运算，分量除法可转换为以除数向量各分量倒数构成新乘法向量操作数的分量乘法，即 $\boldsymbol{w}\bullet\boldsymbol{x}=\boldsymbol{w}\circ(\boldsymbol{1}\bullet\boldsymbol{x})=[w_1/x_1,w_2/x_2,\cdots,w_d/x_d]$。其中，$\bullet$ 为分量除法运算符，$\boldsymbol{1}$ 为长度为 d 各分量均为 1 的向量。有必要说明的是，与标量除法要求除数不等于 0 类似，向量的分量除法要求除数向量的各分量均不等于 0。

需要说明的是，给定特征向量 $\boldsymbol{x}=[x_1,x_2,\cdots,x_d]$，由于 $\boldsymbol{o}\circ\boldsymbol{x}=\boldsymbol{x}\circ\boldsymbol{o}=\boldsymbol{o}$，所以 $\boldsymbol{o}$ 是向量分量乘法的零元；由于 $\boldsymbol{1}\circ\boldsymbol{x}=\boldsymbol{x}\circ\boldsymbol{1}=\boldsymbol{x}$，所以 $\boldsymbol{1}$ 是向量分量乘法的单位元。不难发现，若

特征侧重因子向量 $\boldsymbol{w}=\mathbf{1}\cdot\boldsymbol{x}=[1/x_1,1/x_2,\cdots,1/x_d]$，则 $\boldsymbol{w}\circ\boldsymbol{x}=\boldsymbol{x}\circ\boldsymbol{w}=\mathbf{1}$。所以，对于向量分量乘法来说，$\mathbf{1}\cdot\boldsymbol{x}$ 与 $\boldsymbol{x}$ 互为逆元。

1.6　向量的线性相关性

特征空间中不同向量间存在多种关联关系。任意特征向量 $\boldsymbol{x}$，总能通过同一特征空间中的另外几个向量的内积、数乘、加法运算而得到。若限定从一个向量到另一个向量的变换只包含数乘与加法运算，例如，互为加法逆元的两个向量之间的关联关系，只与乘数 −1 有关。更一般地，取特征空间中 n 个非零特征向量，分别记作 $\boldsymbol{x}_1,\boldsymbol{x}_2,\cdots,\boldsymbol{x}_n$，当且仅当标量值 $a_1,a_2,\cdots,a_n$ 均为 0 时，等式 $a_1\boldsymbol{x}_1+a_1\boldsymbol{x}_2+,\cdots,+a_n\boldsymbol{x}_n=\boldsymbol{o}$ 才成立，则称 $\boldsymbol{x}_1,\boldsymbol{x}_2,\cdots,\boldsymbol{x}_n$ 是线性无关向量组。也就是说，线性无关向量组中任意一个向量均不能写成其他向量的数乘与加法运算的线性组合。反之，若 $a_1,a_2,\cdots,a_n$ 中存在非 0 值，使得等式 $a_1\boldsymbol{x}_1+a_1\boldsymbol{x}_2+,\cdots,+a_n\boldsymbol{x}_n=\boldsymbol{o}$ 成立，则称向量组 $\boldsymbol{x}_1,\boldsymbol{x}_2,\cdots,\boldsymbol{x}_n$ 是线性相关的。此时，给定的 n 个特征向量中至少有一个向量可用其他向量的线性组合表示。不难验证，二维特征空间中线性相关的两个向量共线；三维特征空间中线性相关的三个向量共面。实际上，两个线性无关向量唯一确定一个平面，三个线性无关向量唯一确定一个三维空间。互不线性相关的向量的最大集合，是构成对应特征空间的特征向量的最小集合。这些互不线性相关的向量，称作构成对应特征空间的基向量。构成整体特征空间的、互不线性相关的单位化向量，称作单位基向量。

> **注**
> 线性无关向量组均可通过 Gram-Schmidt 法转换为正交向量组。

1.7　矩阵分析与人工智能

由前文可知，多个标量构成一个向量。那么多个向量是否可构成具有实际意义的新型量值呢？答案是肯定的。实际上，维度相同的行向量或列向量以多行或多列的形式构成的新型量值，称作矩阵，通常用斜体加粗的大写字母表示。行向量的维数 d 与个数 n 分别对应矩阵的列数与行数。反过来讲，列向量的维数 d 与个数 n 分别对应矩阵的行数与列数。设 n 个行向量分别记作 $\boldsymbol{x}_1,\boldsymbol{x}_2,\cdots,\boldsymbol{x}_n$，其中 $\boldsymbol{x}_i=[x_{i,1},x_{i,2},\cdots,x_{i,d}]$，则由其构成的矩阵可表示为 $\boldsymbol{A}=[\boldsymbol{x}_1,\boldsymbol{x}_2,\cdots,\boldsymbol{x}_n]^{\mathrm{T}}$，也就是说

$$\boldsymbol{A}=\begin{bmatrix} x_{1,1} & x_{1,2} & \cdots & x_{1,d} \\ x_{2,1} & x_{2,2} & \cdots & x_{2,d} \\ \vdots & \vdots & \ddots & \vdots \\ x_{n,1} & x_{n,2} & \cdots & x_{n,d} \end{bmatrix} \tag{1-9}$$

反之，给定 n 个列向量 $\boldsymbol{x}_1^{\mathrm{T}},\boldsymbol{x}_2^{\mathrm{T}},\cdots,\boldsymbol{x}_n^{\mathrm{T}}$，则由其构成的矩阵可表示为 $\boldsymbol{B}=[\boldsymbol{x}_1^{\mathrm{T}},\boldsymbol{x}_2^{\mathrm{T}},\cdots,\boldsymbol{x}_n^{\mathrm{T}}]$，也就是说

$$
\boldsymbol{B}=\begin{bmatrix} x_{1,1} & x_{2,1} & \cdots & x_{n,1} \\ x_{1,2} & x_{2,2} & \cdots & x_{n,2} \\ \vdots & \vdots & \ddots & \vdots \\ x_{1,d} & x_{2,d} & \cdots & x_{n,d} \end{bmatrix} \tag{1-10}
$$

矩阵 $\boldsymbol{A}$、$\boldsymbol{B}$ 的大小分别为 n 行 d 列、d 行 n 列，分别记作 $n\times d$、$d\times n$。

现在考虑这样一个问题，以上定义是否具有现实意义呢？首先，看一个实例：假设要处理的原始数据为一幅如图 1-7(a)所示的二维数字图像。图像由多行像素构成，每一行包含多个像素点。像素的行数与列数正好与图像的分辨率相对应。为了完成对整幅图像的某种操作，比如特征提取，可将整幅图像按行或列依次扩充为一个列向量或行向量。但是，这种处理方式必然不便于考虑像素之间的邻接关系。而不同像素空间上的邻接关系在几乎所有的图像处理算法中对处理结果起重要作用。显然，若将整幅图像视作由多个行向量或多个列向量构成的整体，则像素空间邻接关系得以很好保持。其次，考虑另一个应用场景，由前文所述不难发现，由原始数据提取的特征向量与一个维度相同的特征空间相对应，并且提取的特征向量对应该空间的一个取值。改变提取特征的维度数目或各维度对应的特征类别，与之对应的特征空间也相应改变。实际上，一个空间到另一个同维度空间的转换与一组线性变换相对应。如图 1-7(b)所示的方阵，即行列数相等的矩阵，可作为线性变换的一种数学表达。图中每个矩阵对应的线性变换建立在原坐标向量左乘对应矩阵的前提下。关于方阵的定义详见本节最后一段。两种互为逆变换的复合变换具有变换不变性，称作恒等变换。线性变换与矩阵乘法、逆变换与矩阵的逆息息相关。相关内容详见 1.10、1.13、6.1 节。再次，对于一个具体任务来讲，通常提供多个训练样本用于从中挖掘潜在规律。特征提取算法将每个样本转换为一个长度确定的特征向量。为便于分析，可将所有样本的特征向量写成特征矩阵形式。

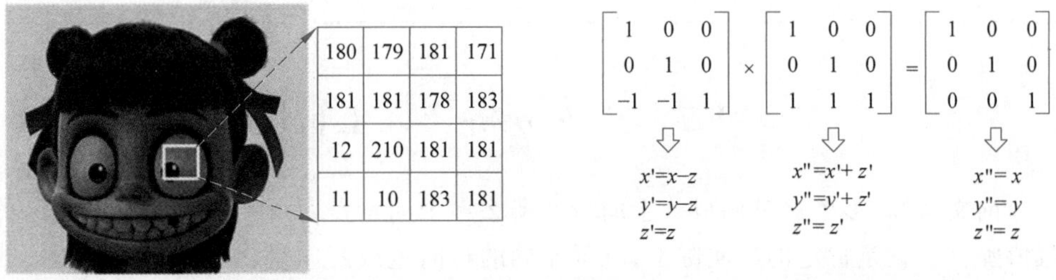

(a) 像素邻接关系　　(b) 复合线性变换

图 1-7　矩阵的作用

注

需要指出的是，图 1-7 给出的线性变换的矩阵表达其实暗含向量与矩阵、矩阵与矩阵的乘法。1.10 节中将给出矩阵乘法的具体定义。不难发现，复合变换可用矩阵乘法转换为一个新的线性变换。图 1-7 中给出的两个变换的复合结果其实是一个单位矩阵，与恒等变换对应。实际上，两个复合变换矩阵互为逆矩阵。在 1.10 节、本节最后一段、1.13 节，将分别详细介绍矩阵乘法、单位矩阵、逆矩阵等相关内容。

再回到矩阵的定义上来，不难发现，若只有 1 行或 1 列，则矩阵退化为行向量或列向量。也就是说，向量是特殊类型的矩阵。为了直观，有时将矩阵的大小写在矩阵变量的右下角，如 $\boldsymbol{A}_{n\times d}$ 或 $\boldsymbol{B}_{d\times n}$。更一般地，通常用 $A_{i,j}$ 表示矩阵 $\boldsymbol{A}$ 中位于第 i 行、第 j 列的元素。用 : 表示坐标可取范围内的所有值，则 $\boldsymbol{A}_{:,j}$ 表示矩阵 $\boldsymbol{A}$ 中第 j 列，是一个列向量；$\boldsymbol{A}_{i,:}$ 表示矩阵 $\boldsymbol{A}$ 中第 i 行，是一个行向量。需要说明的是，行向量与列向量分别为标准正交的方阵，称作正交矩阵。正交矩阵有许多重要性质，详见 1.10.2、1.16.2 节。行数与列数对应相等的矩阵，称作同型矩阵。若矩阵 $\boldsymbol{A}$、$\boldsymbol{B}$ 是同型矩阵，并且对应元素相等 $A_{i,j}=B_{i,j}$，则称矩阵 $\boldsymbol{A}$ 与矩阵 $\boldsymbol{B}$ 相等，记作 $\boldsymbol{A}=\boldsymbol{B}$。有必要指出，元素均为 0 的矩阵，称作零阵，记为 $\boldsymbol{O}$。行数与列数相等的矩阵，称作方阵。非对角线元素均为 0 的方阵，称作对角阵，并简记作 $\mathrm{diag}(x_{1,1},x_{2,2},\cdots,x_{d,d})$。若记 $\boldsymbol{x}=[x_{1,1},x_{2,2},\cdots,x_{d,d}]$，则由 $\boldsymbol{x}$ 构造的对角阵可表示为 $\mathrm{diag}(\boldsymbol{x})$。更具体地，对角线元素均为 1 的对角阵，称作单位阵，记作 $\boldsymbol{E}$ 或 $\boldsymbol{E}_d$。单位阵的行数或列数，称作单位阵的阶数。关于阶数的定义与含义，1.12 节矩阵的秩与 1.12.1 节初等变换中有详细介绍。

1.8 矩阵转置

仔细观察式(1-9)与式(1-10)给出的矩阵 $\boldsymbol{A}$、$\boldsymbol{B}$，不难发现，矩阵 $\boldsymbol{A}$ 的行与矩阵 $\boldsymbol{B}$ 的列一一对应。与此同时，矩阵 $\boldsymbol{A}$ 的列与矩阵 $\boldsymbol{B}$ 的行也一一对应。这种对应关系像是将矩阵 $\boldsymbol{A}$ 沿对角线作镜像映射得到矩阵 $\boldsymbol{B}$。或者是，矩阵 $\boldsymbol{B}$ 沿对角线将 $\boldsymbol{B}$ 中元素作镜像映射得到矩阵 $\boldsymbol{A}$。这一映射相当于将矩阵 $\boldsymbol{A}$ 中行向量依次转置为列向量，也相当于将矩阵 $\boldsymbol{A}$ 中列向量依次转置为行向量。因此，将这一映射操作称作“矩阵转置”。给定矩阵 $\boldsymbol{A}=[\boldsymbol{x}_1,\boldsymbol{x}_2,\cdots,\boldsymbol{x}_n]^{\mathrm{T}}$，则其转置可形式化定义为 $\boldsymbol{A}^{\mathrm{T}}=[\boldsymbol{x}_1^{\mathrm{T}},\boldsymbol{x}_2^{\mathrm{T}},\cdots,\boldsymbol{x}_n^{\mathrm{T}}]$。不难发现，转置前后矩阵元素的对应关系为 $(\boldsymbol{A}^{\mathrm{T}})_{i,j}=A_{j,i}$；转置后的列与转置前的行相对应，也即 $((\boldsymbol{A}^{\mathrm{T}})_{:,j})^{\mathrm{T}}=\boldsymbol{A}_{j,:}$；转置后的行与转置前的列相对应，也即 $(\boldsymbol{A}^{\mathrm{T}})_{i,:}=(\boldsymbol{A}_{:,i})^{\mathrm{T}}$。需要指出的是，转置运算只涉及一个操作数，为一元运算符，并且 $(\boldsymbol{A}^{\mathrm{T}})^{\mathrm{T}}=\boldsymbol{A}$。另外，若 $\boldsymbol{A}^{\mathrm{T}}=\boldsymbol{A}$，则称矩阵 $\boldsymbol{A}$ 是对称的。显然，对称阵必然是行数与列数相等的方阵。为便于对矩阵转置操作的理解，图 1-8 给出与图 1-7 中矩阵对应的转置分别对像素邻接关系，以及线性变换的影响示例。

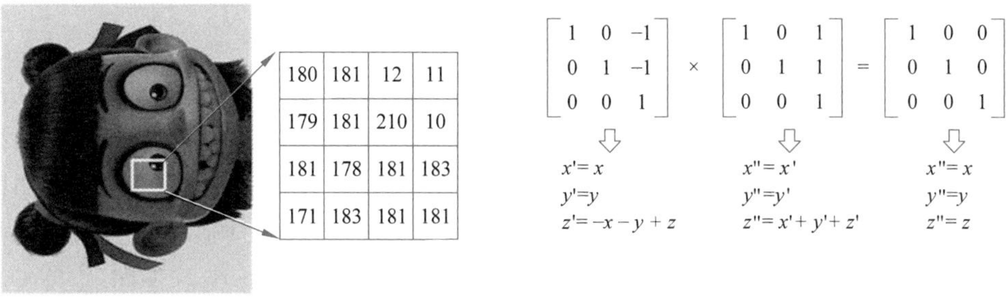

(a) 像素邻接关系　　(b) 复合线性变换

图 1-8　矩阵转置的影响

> **注**
>
> 行向量和列向量可视作矩阵只有一行或一列的特例。也就是说，当矩阵只有一行或一列时，矩阵转置退化为向量转置。

1.9 矩阵加法

与向量加法类似，矩阵之间也可定义加法运算。实际上，对图像进行全局或局部区域对比分析时，保护邻接关系的像素矩阵之间进行加法运算是常规操作之一。图 1-9(a)给出针对图像相同大小局部区域像素值分别对应求和的运算示例。另一方面，由于线性变换的和仍然是线性变换，所以，可将线性变换的和(两个变换矩阵的和)写成一个线性变换(一个矩阵)的形式，如图 1-9(b)所示。需要说明的是，为了实现矩阵元素与常数的加法运算，图 1-9(b)给出的线性变换的矩阵表达暗含“齐次向量”的思想。齐次的概念就是在向量最后增加 1 维，用于方便表达线性变换时引入常数项。

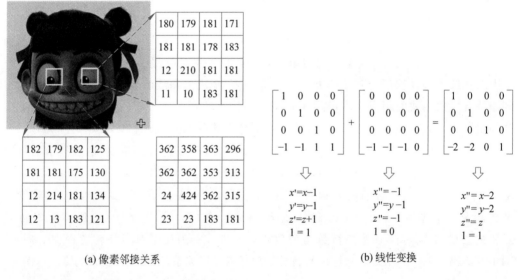

180	179	181	171
181	181	178	183
12	210	181	181
11	10	183	181

182	179	182	125
181	181	175	130
12	214	181	134
12	13	183	121

362	358	363	296
362	362	353	313
24	424	362	315
23	23	183	181

(a) 像素邻接关系

$$\begin{bmatrix}1&0&0&0\\0&1&0&0\\0&0&1&0\\-1&-1&1&1\end{bmatrix}+\begin{bmatrix}0&0&0&0\\0&0&0&0\\0&0&0&0\\-1&-1&-1&0\end{bmatrix}=\begin{bmatrix}1&0&0&0\\0&1&0&0\\0&0&1&0\\-2&-2&0&1\end{bmatrix}$$

$$x'=x-1,\quad y'=y-1,\quad z'=z+1,\quad 1=1$$

$$x''=-1,\quad y''=y-1,\quad z''=-1,\quad 1=0$$

$$x''=x-2,\quad y''=y-2,\quad z''=z,\quad 1=1$$

(b) 线性变换

图 1-9　矩阵加法

显然，矩阵加法可定义为 $\boldsymbol{C}=\boldsymbol{A}+\boldsymbol{B}$，其中，$\boldsymbol{A}$、$\boldsymbol{B}$、$\boldsymbol{C}$ 行数、列数对应相等，并且满足 $C_{i,j}=A_{i,j}+B_{i,j}$。也就是说，只有同型矩阵才能进行加法运算。与向量减法类似，给定 $\boldsymbol{A}=[\boldsymbol{x}_1,\boldsymbol{x}_2,\cdots,\boldsymbol{x}_n]^{\mathrm{T}}$，定义 $-\boldsymbol{A}=[-\boldsymbol{x}_1,-\boldsymbol{x}_2,\cdots,-\boldsymbol{x}_n]^{\mathrm{T}}$ 为矩阵 $\boldsymbol{A}$ 的负矩阵，则矩阵减法可视为与减数的负矩阵进行加法运算。也就是说，$\boldsymbol{C}=\boldsymbol{A}-\boldsymbol{B}=\boldsymbol{A}+(-\boldsymbol{B})$。显然，矩阵减法与加法可视作同一种运算。需要指出的是，与转置运算为一元运算不同，矩阵加法有两个操作数，是二元运算。另外，由于 $\boldsymbol{A}+\boldsymbol{O}=\boldsymbol{O}+\boldsymbol{A}=\boldsymbol{A}$，所以零矩阵 $\boldsymbol{O}$ 是矩阵加法的单位元。又因为 $\boldsymbol{A}+(-\boldsymbol{A})=(-\boldsymbol{A})+\boldsymbol{A}=\boldsymbol{O}$，所以矩阵 $\boldsymbol{A}$ 的加法逆元为矩阵 $-\boldsymbol{A}$。

有时候为了方便，定义向量与矩阵的加法为 $\boldsymbol{C}=\boldsymbol{A}+\boldsymbol{x}$，其中，$C_{i,j}=A_{i,j}+x_j$。这一

操作代表向量与矩阵的每一行相加，相当于将行向量 $\boldsymbol{x}=[x_1,x_2,\cdots,x_d]$ 复制 n 份构成 $n\times d$ 的矩阵后，再与矩阵 $\boldsymbol{A}$ 相加。类似地，若 $\boldsymbol{B}=[\boldsymbol{x}_1^{\mathrm{T}},\boldsymbol{x}_2^{\mathrm{T}},\cdots,\boldsymbol{x}_n^{\mathrm{T}}]$，定义 $\boldsymbol{D}=\boldsymbol{B}+\boldsymbol{x}^{\mathrm{T}}$，其中，$D_{i,j}=B_{i,j}+x_i$。这一操作代表向量与矩阵的每一列相加，相当于将列向量 $\boldsymbol{x}^{\mathrm{T}}=[x_1,x_2,\cdots,x_d]^{\mathrm{T}}$ 复制 n 份构成 $d\times n$ 的矩阵后，再与矩阵 $\boldsymbol{B}$ 相加。由定义不难发现，行向量与矩阵可进行加法运算的前提是，向量长度与矩阵列数相等；对应地，列向量可与矩阵相加的前提是，向量长度与矩阵行数相等。类似地，定义标量数值与矩阵的加法为 $\boldsymbol{C}=\boldsymbol{A}+a$，其中，$C_{i,j}=A_{i,j}+a$。这一操作代表标量数值 a 与矩阵 $\boldsymbol{A}$ 中每一元素相加。相当于构建一个元素值均为 a 的行数列数与矩阵 $\boldsymbol{A}$ 相同的矩阵，再将其与矩阵 $\boldsymbol{A}$ 相加在一起。为便于理解，图 1-10 给出行向量、列向量、标量与矩阵的加法示例。由定义易得，向量与矩阵相加、标量与矩阵相加是矩阵加法在特定条件下的简化表达。有必要指出的是，矩阵加法均满足结合律、交换律。另外，不难证明 $(\boldsymbol{A}+\boldsymbol{B})^{\mathrm{T}}=\boldsymbol{A}^{\mathrm{T}}+\boldsymbol{B}^{\mathrm{T}}$，$(\boldsymbol{A}+\boldsymbol{x})^{\mathrm{T}}=\boldsymbol{A}^{\mathrm{T}}+\boldsymbol{x}^{\mathrm{T}}$，$(\boldsymbol{A}+a)^{\mathrm{T}}=\boldsymbol{A}^{\mathrm{T}}+a$。

$$\begin{bmatrix}1\\3\\7\end{bmatrix}+\begin{bmatrix}1&3&0&2\\9&5&4&0\\0&7&1&8\end{bmatrix}=\begin{bmatrix}1&1&1&1\\3&3&3&3\\7&7&7&7\end{bmatrix}+\begin{bmatrix}1&3&0&2\\9&5&4&0\\0&7&1&8\end{bmatrix}=\begin{bmatrix}2&4&1&3\\12&8&7&3\\7&14&8&15\end{bmatrix}$$

$$\begin{bmatrix}2&3&8&4\end{bmatrix}+\begin{bmatrix}1&0&9&3\\7&1&8&10\\5&0&1&2\end{bmatrix}=\begin{bmatrix}2&3&8&4\\2&3&8&4\\2&3&8&4\end{bmatrix}+\begin{bmatrix}1&0&9&3\\7&1&8&10\\5&0&1&2\end{bmatrix}=\begin{bmatrix}3&3&17&7\\9&4&16&14\\7&3&9&6\end{bmatrix}$$

$$\begin{bmatrix}4\end{bmatrix}+\begin{bmatrix}1&0&9&3\\7&1&8&10\\5&0&1&2\end{bmatrix}=\begin{bmatrix}4&4&4&4\\4&4&4&4\\4&4&4&4\end{bmatrix}+\begin{bmatrix}1&0&9&3\\7&1&8&10\\5&0&1&2\end{bmatrix}=\begin{bmatrix}5&4&13&7\\11&5&12&14\\9&4&5&6\end{bmatrix}$$

图 1-10　行向量、列向量、标量与矩阵的加法

1.10 矩阵乘法

矩阵乘法是矩阵运算中最重要的操作之一。但是，由于矩阵是由多个行向量或多个列向量组成的，在两个矩阵之间定义乘法是一个比在向量之间定义乘法更为复杂的问题。

1.10.1 矩阵数乘

考虑上文关于矩阵加法的例子，若参与加法运算的两个操作数 $\boldsymbol{A}=[\boldsymbol{x}_1,\boldsymbol{x}_2,\cdots,\boldsymbol{x}_n]^{\mathrm{T}}$、$\boldsymbol{B}=[\boldsymbol{y}_1,\boldsymbol{y}_2,\cdots,\boldsymbol{y}_n]^{\mathrm{T}}$ 相同，也就是说 $\boldsymbol{x}_i=\boldsymbol{y}_i$，则 $\boldsymbol{A}+\boldsymbol{B}=[\boldsymbol{x}_1+\boldsymbol{y}_1,\boldsymbol{x}_2+\boldsymbol{y}_2,\cdots,\boldsymbol{x}_n+\boldsymbol{y}_n]^{\mathrm{T}}$ 可改写为 $\boldsymbol{A}+\boldsymbol{B}=[2\boldsymbol{x}_1,2\boldsymbol{x}_2,\cdots,2\boldsymbol{x}_n]^{\mathrm{T}}$ 或者 $\boldsymbol{A}+\boldsymbol{B}=[2\boldsymbol{y}_1,2\boldsymbol{y}_2,\cdots,2\boldsymbol{y}_n]^{\mathrm{T}}$。更一般地，给定矩阵 $\boldsymbol{A}=[\boldsymbol{x}_1,\boldsymbol{x}_2,\cdots,\boldsymbol{x}_n]^{\mathrm{T}}$，定义 $\boldsymbol{A}$ 的数乘运算为 $a\boldsymbol{A}=[a\boldsymbol{x}_1,a\boldsymbol{x}_2,\cdots,a\boldsymbol{x}_n]^{\mathrm{T}}$，其

中，a 为任意标量值。有必要说明的是，$a\boldsymbol{A}$ 有时也写作 $a\times\boldsymbol{A}$。显然，上述两个相等矩阵的加法运算可表示为 $\boldsymbol{C}=2\boldsymbol{A}$ 或 $\boldsymbol{C}=2\boldsymbol{B}$。需要说明的是，矩阵加法与数乘统称为矩阵的线性运算。另外，由于 $1\times\boldsymbol{A}=\boldsymbol{A}\times 1=\boldsymbol{A}$，$0\times\boldsymbol{A}=\boldsymbol{A}\times 0=\boldsymbol{O}$，所以 1 是矩阵数乘的单位元，0 是矩阵数乘的零元。并且不难证明，$(a\boldsymbol{A})^{\mathrm{T}}=a\boldsymbol{A}^{\mathrm{T}}$。

> **注**
>
> 矩阵取反实际是矩阵数乘因子为 −1 的特例；数除为数乘的逆运算，除数因子为 a 的矩阵数除可转换为乘数因子为 $1/a$ 的矩阵数乘。另外，虽然我们以整数乘法为例来说明矩阵数乘运算，但矩阵数乘运算不局限于乘数因子为整数的情况。

1.10.2 矩阵内积

矩阵内积是一类重要的矩阵乘法，有时也简称作矩阵乘法。这一运算与线性变换的复合操作直接相关。如图 1-7(b)所示，将变量 x、y、z 映射为 x'、y'、z' 的线性变换可写成如下矩阵形式：$\boldsymbol{A}=[1,0,-1;0,1,-1;0,0,1]$，也就是说，$x'=x-z$，$y'=y-z$，$z'=z$，“;”代表换行；需要说明的是，以上变换可看作对于各个特征维度，分别采用矩阵中对应行与$[x,y,z]^{\mathrm{T}}$ 作向量内积。类似地，将变量 x'、y'、z'映射为 x''、y''、z''的线性变换可写成如下矩阵形式：$\boldsymbol{B}=[1,0,1;0,1,1;0,0,1]$，也就是说，$x''=x'+z$，$y''=y'+z$，$z''=z'$。显然，经过两次线性变换后，最终 $x''=x$，$y''=y$，$z''=z$。而最终的结果可直接由一次线性变换完成，对应变换矩阵为 3 阶单位阵 $\boldsymbol{C}=[1,0,0;0,1,0;0,0,1]$。因此，定义矩阵的内积为 $\boldsymbol{C}=\boldsymbol{B}\boldsymbol{A}$，有时也写作 $\boldsymbol{C}=\boldsymbol{B}\times\boldsymbol{A}$。具体地，对于矩阵 $\boldsymbol{C}$ 中的每一个元素 $C_{i,j}=\sum_k B_{i,k}A_{k,j}=\langle B_{i,:},A_{:,j}\rangle$。显然，矩阵 $\boldsymbol{C}$ 中的每一个元素被定义为矩阵 $\boldsymbol{B}$ 中一行元素与矩阵 $\boldsymbol{A}$ 中一列元素的内积。这也是将其称作矩阵内积的原因。图 1-11 给出一个矩阵内积运算的实例。另外一个实例是，有了矩阵的转置与矩阵内积的定义之后，给定方阵 $\boldsymbol{A}$，判定其为正交矩阵的判据显然为 $\boldsymbol{A}^{\mathrm{T}}\boldsymbol{A}=\boldsymbol{A}\boldsymbol{A}^{\mathrm{T}}=\boldsymbol{E}$。

$$\begin{bmatrix}1&3&0\\9&5&4\end{bmatrix}\times\begin{bmatrix}1&0\\7&1\\5&0\end{bmatrix}=\begin{bmatrix}\begin{bmatrix}1&3&0\end{bmatrix}\circ\begin{bmatrix}1\\7\\5\end{bmatrix} & \begin{bmatrix}1&3&0\end{bmatrix}\circ\begin{bmatrix}0\\1\\0\end{bmatrix}\\ \begin{bmatrix}9&5&4\end{bmatrix}\circ\begin{bmatrix}1\\7\\5\end{bmatrix} & \begin{bmatrix}9&5&4\end{bmatrix}\circ\begin{bmatrix}0\\1\\0\end{bmatrix}\end{bmatrix}=\begin{bmatrix}22&3\\64&5\end{bmatrix}$$

图 1-11 矩阵内积示例

不难发现，可进行矩阵内积运算的两个矩阵必须满足左侧操作数矩阵的列数与右侧操作数矩阵的行数相等的条件。若无特殊说明，表示矩阵内积时，不再特别标注左操作数的列数与右操作数的行数，而是默认二者相等。如 1.7 节所述，向量可视作只有一行或一列的特殊矩阵。例如,行向量可以视作具有相同元素个数的、只有一行的矩阵;列向量也可视作具有相同元素个数的、只有一列的矩阵。基于以上提及的内积约束条件,行向量只能作为矩阵内积的左操作数,而列向量只能作为矩阵内积的右操作数,并且需要分别保证行向量分量个数与矩阵列向量长度一致,列向量分量个数与矩阵行向量长度一致。

显然,矩阵乘法满足结合律$(\boldsymbol{AB})\boldsymbol{C}=\boldsymbol{A}(\boldsymbol{BC})$,分配律$\boldsymbol{A}(\boldsymbol{B}+\boldsymbol{C})=\boldsymbol{AB}+\boldsymbol{AC}$,$(\boldsymbol{A}+\boldsymbol{B})\boldsymbol{C}=\boldsymbol{AC}+\boldsymbol{BC}$。但是,矩阵乘法一般不满足交换律,即$\boldsymbol{AB}\neq\boldsymbol{BA}$。实际上,矩阵内积运算的定义使得$\boldsymbol{BA}$有意义当且仅当左侧操作数矩阵$\boldsymbol{B}$的列数与右侧操作数矩阵$\boldsymbol{A}$的行数相等。但是这并不能保证左侧操作数矩阵的行数$\boldsymbol{B}$与右侧操作数矩阵$\boldsymbol{A}$的列数相等,从而使得$\boldsymbol{AB}$可以进行矩阵内积运算。特别地,即使$\boldsymbol{BA}$与$\boldsymbol{AB}$均有意义,但其计算结果的元素个数也不一定相等。例如,$\boldsymbol{B}_{3\times2}\boldsymbol{A}_{2\times3}$结果为$3\times3$矩阵,而$\boldsymbol{A}_{2\times3}\boldsymbol{B}_{3\times2}$结果为$2\times2$矩阵。再退一步讲,即使$\boldsymbol{BA}$与$\boldsymbol{AB}$均有意义,并且矩阵内积运算结果元素个数相等,也不能保证运算结果中的元素对应相等。实际上,对于方阵才有可能使得$\boldsymbol{AB}=\boldsymbol{BA}$成立,一旦等式成立,则称矩阵$\boldsymbol{A}$与$\boldsymbol{B}$是乘法可交换的。

实际上,即便$\boldsymbol{A}\neq\boldsymbol{O}$,并且$\boldsymbol{B}\neq\boldsymbol{O}$,但却有可能$\boldsymbol{AB}=\boldsymbol{O}$或者$\boldsymbol{BA}=\boldsymbol{O}$。也就是说,若两个矩阵$\boldsymbol{A}$、$\boldsymbol{B}$的内积为零矩阵,不能得出$\boldsymbol{A}=\boldsymbol{O}$或$\boldsymbol{B}=\boldsymbol{O}$的结论。更进一步地,若$\boldsymbol{A}\neq\boldsymbol{O}$,而$\boldsymbol{A}(\boldsymbol{B}-\boldsymbol{C})=\boldsymbol{O}$,也不能得出$\boldsymbol{B}=\boldsymbol{C}$的结论。另一方面,不难发现$\boldsymbol{AO}=\boldsymbol{OA}=\boldsymbol{O}$,$\boldsymbol{AE}=\boldsymbol{EA}=\boldsymbol{E}$,所以,零矩阵$\boldsymbol{O}$与单位矩阵$\boldsymbol{E}$分别是矩阵内积乘法的零元与单位元。特别地,若$\boldsymbol{AB}=\boldsymbol{BA}=\boldsymbol{E}$,则称矩阵$\boldsymbol{A}$、$\boldsymbol{B}$互为逆矩阵。

定义了矩阵内积之后,则可以定义矩阵的幂。也就是说,$\boldsymbol{A}^1=\boldsymbol{A}$,$\boldsymbol{A}^2=\boldsymbol{A}^1\boldsymbol{A}^1$,$\boldsymbol{A}^{k+l}=\boldsymbol{A}^k\boldsymbol{A}^l$,其中,$k$与$l$为正整数,$\boldsymbol{A}^k$或$\boldsymbol{A}^l$代表$k$或$l$个矩阵$\boldsymbol{A}$连续作矩阵内积。显然,只有为方阵时,矩阵的幂才有意义。需要指出的是,由于矩阵内积不满足交换律,一般情况下,$(\boldsymbol{AB})^k\neq\boldsymbol{A}^k\boldsymbol{B}^k$,除非矩阵$\boldsymbol{A}$与$\boldsymbol{B}$是可交换的。另外,不难证明,$(\boldsymbol{AB})^{\mathrm{T}}=\boldsymbol{B}^{\mathrm{T}}\boldsymbol{A}^{\mathrm{T}}$。

注

若无特殊说明,一般矩阵乘法是指矩阵内积。

1.10.3 矩阵内积的外积展开

回过头来看,矩阵的内积可改写成如下形式。

$$\boldsymbol{AB}=[\boldsymbol{A}_{:,1},\boldsymbol{A}_{:,2},\cdots,\boldsymbol{A}_{:,n}]\begin{bmatrix}\boldsymbol{B}_{1,:}\\\boldsymbol{B}_{2,:}\\\vdots\\\boldsymbol{B}_{n,:}\end{bmatrix}=\boldsymbol{A}_{:,1}\boldsymbol{B}_{1,:}+\boldsymbol{A}_{:,2}\boldsymbol{B}_{2,:}+\cdots+\boldsymbol{A}_{:,n}\boldsymbol{B}_{n,:}\tag{1-11}$$

由于$\boldsymbol{A}_{:,1},\boldsymbol{A}_{:,2},\cdots,\boldsymbol{A}_{:,n}$为$n$个列向量,$\boldsymbol{B}_{1,:},\boldsymbol{B}_{2,:},\cdots,\boldsymbol{B}_{n,:}$为$n$个行向量,所以矩阵的内积可以改写成向量外积的和的形式。这称作矩阵内积的外积展开表达。矩阵内积的外积展开在矩阵分解中有着重要应用,详见 1.16 节。

1.10.4 元素乘法

有时候,需要计算两个矩阵对应元素的乘积。与向量乘法中的分量乘法类似,矩阵元素乘法可理解为一个矩阵中元素充当另一矩阵对应元素权重的角色。这一点在“卷积”运算中显得尤为重要。不同的是，卷积运算在完成数据矩阵与卷积矩阵的乘积之后，还进行元素求和运算。卷积的定义及更多内容详见第 6 章。将以上关于矩阵元素乘法的文字描述形式化定义为：给定矩阵 $\boldsymbol{A}=[\boldsymbol{A}_{1,:},\boldsymbol{A}_{2,:},\cdots,\boldsymbol{A}_{n,:}]^{\mathrm{T}}$、$\boldsymbol{B}=[\boldsymbol{B}_{1,:},\boldsymbol{B}_{2,:},\cdots,\boldsymbol{B}_{n,:}]^{\mathrm{T}}$，定义矩阵元素乘法 $\boldsymbol{C}=\boldsymbol{A}\circ\boldsymbol{B}$，其中，$C_{i,j}=A_{i,j}\times B_{i,j}$，$\circ$ 为矩阵元素乘法运算符。显然，元素乘法是一个二元运算符，满足结合律、分配律、交换律。需要指出的是，元素乘法又被称作 Hadamard 积。显然，若矩阵只有一个元素，则元素乘法退化为普通乘法。

注

与向量的分量除法类似，矩阵的元素除法可转换为以矩阵各元素倒数构成的矩阵为元素乘法操作数的矩阵乘法。有必要说明的是，与标量除法要求除数不等于 0 类似，矩阵的元素除法要求除数矩阵各元素均不等于 0。

1.11 矩阵的特征值与特征向量

基于矩阵与线性变换的对应关系，给定一个矩阵 $\boldsymbol{A}_{m\times n}$，在其右侧乘一个长度为 n 的列向量 $\boldsymbol{x}^{\mathrm{T}}$，相当于将该向量变换为另一个列向量 $\boldsymbol{y}^{\mathrm{T}}$，即 $\boldsymbol{y}^{\mathrm{T}}=\boldsymbol{A}\boldsymbol{x}^{\mathrm{T}}$；在其左侧乘一个长度为 m 的行向量 $\boldsymbol{x}$，相当于将该向量变换为另一个行向量 $\boldsymbol{y}$，即 $\boldsymbol{y}=\boldsymbol{x}\boldsymbol{A}$。实际上，若 $m\neq n$，也就是说，变换矩阵 $\boldsymbol{A}_{m\times n}$ 不是方阵，则变换得到的新向量与原向量的长度不相同。例如，对于上文右乘的情况来说，矩阵 $\boldsymbol{A}_{m\times n}$ 将长度为 n 的列向量 $\boldsymbol{x}^{\mathrm{T}}$ 变换为长度为 m 的列向量 $\boldsymbol{y}^{\mathrm{T}}$；对于左乘来说，矩阵 $\boldsymbol{A}_{m\times n}$ 将长度为 m 的行向量 $\boldsymbol{x}$ 变换为长度为 n 的行向量 $\boldsymbol{y}$。这种情况的一个典型应用是特征向量的变换与特征选择。由前文关于向量的介绍可知，长度不同的向量不具备可比性。因此，考虑 $m=n$ 的情况，此时变换矩阵 $\boldsymbol{A}_{m\times n}$ 为方阵。变换得到的新向量与原向量长度相同，并且与变换矩阵的行列数相等。在这种情况下，变换矩阵的作用相当于将原向量进行旋转、缩放得出新向量。若变换得出的新向量与原向量方向相同，只是在大小上有区别，则称变换前的向量为变换矩阵的特征向量。此时，变换矩阵只对原向量进行缩放操作，旋转角度为 0。变换前后矩阵特征向量的缩放比例称作该变换矩阵的特征值。

将以上描述符号化为：给定方阵 $\boldsymbol{A}$，若存在非零列向量 $\boldsymbol{x}^{\mathrm{T}}$ 与实数 λ_1，使得 $\boldsymbol{A}\boldsymbol{x}^{\mathrm{T}}=\lambda_1 x^{\mathrm{T}}$，则称 $\boldsymbol{x}^{\mathrm{T}}$ 为 $\boldsymbol{A}$ 的右特征向量，称 λ_1 为 $\boldsymbol{A}$ 的右特征值。类似地，若存在非零行向量 $\boldsymbol{x}$ 与实数 λ_2，使得 $\boldsymbol{x}\boldsymbol{A}=\lambda_2\boldsymbol{x}$，则称 $\boldsymbol{x}$ 为 $\boldsymbol{A}$ 的左特征向量，称 λ_2 为 $\boldsymbol{A}$ 的左特征值。需要指出的是，在多数情况下，更关注右特征向量与右特征值。在不特别说明的情况下，本书提及的矩阵的特征值与特征向量既包括右特征值、右特征向量，也包括左特征值、左特征向量。不难发现，若 $\boldsymbol{x}$ 为矩阵 $\boldsymbol{A}$ 的特征向量，对应的特征值为 λ，那么，任何缩放后的向量 $a\boldsymbol{x}$，也是矩阵 $\boldsymbol{A}$ 的特征向量，并且与特征向量 $\boldsymbol{x}$ 拥有相同的特征值 λ。这是基于向量数乘、矩阵数乘、向量与矩阵内积的混合运算满足结合律的事实。基于此，通常只考虑矩阵的单位特征向量。图 1-12 对以上文字描述给出一个直观示例。从另外一个角度来理解以上问题，特征向量将矩阵与向量的乘法运算转换为向量与特征值的数乘。

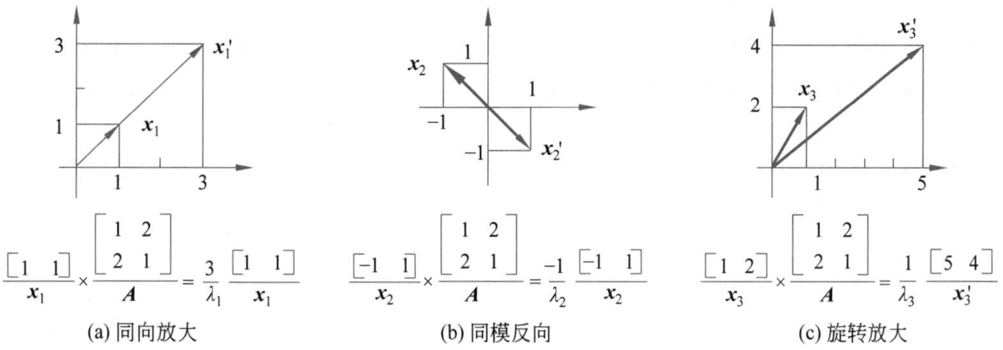

图 1-12　矩阵对向量的缩放与旋转作用示例

矩阵特征分析的一个典型应用是特征降维。降维的核心思想是在尽可能少地影响待观测对象特征向量可分离性的前提下，尽可能多地减少表达该对象属性特征的向量维度，从而提升计算效率。需要说明的是，这只是进行特征降维的一个原因。另一个原因是，高维空间的稀疏性导致过拟合风险显著增强。而为增强分布密度，需补充的训练数据量与维数增量间呈指数关系。降维后的描述待观测对象属性的新特征向量，不是原特征向量直接经过旋转、缩放变换后得到的，而是将所有原特征向量分别向变换矩阵对应特征值较大的特征向量方向投影得到的。通常，变换矩阵为待观测对象特征属性变量的协方差矩阵。沿特征值较大的方向投影后，观测对象的新特征向量分散性得以保持。以上描述的特征降维策略就是如图 1-13 以二维为例所示主成分分析的基本原理。

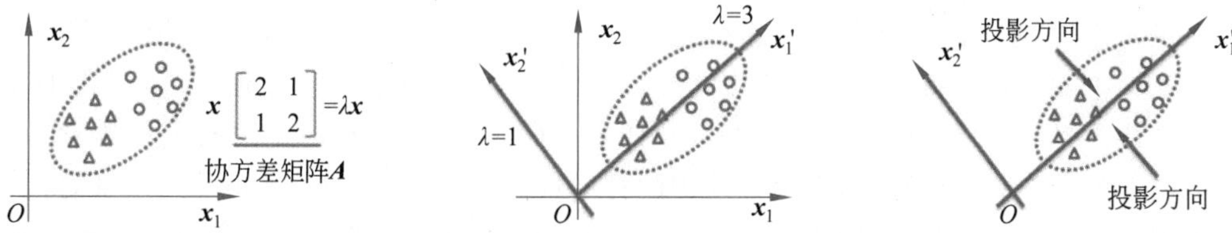

图 1-13　矩阵特征值分析在特征降维中的应用

> **注**
> 本节提及的特征向量是矩阵的特征向量。前文提及的特征向量均为描述待观测对象特征的向量。若无特殊说明，本书接下来章节中关于特征向量的描述均指的是后者。关于协方差的定义详见第 6 章。

1.12　矩阵的秩

由前文可知，矩阵可从行或列的角度分别描述。也就是说，给定矩阵 $\boldsymbol{A}_{m\times n}$，可将其看作由 m 个行向量 $\boldsymbol{A}_{i,:}$ 构成，其中，$i=1,2,\cdots,m$；也可将其看作由 n 个列向量 $\boldsymbol{A}_{:,j}$ 构成，

其中，$j=1, 2, \cdots, n$。现在分别考虑 m 个行向量 $\boldsymbol{A}_{i,:}$、n 个列向量 $\boldsymbol{A}_{:,j}$ 间的线性相关性，将其极大无关组中向量的个数定义为矩阵的秩，记作 $R(\boldsymbol{A})$。不难理解，行向量极大无关组中向量个数称作矩阵的行秩，列向量极大无关组中向量个数称作矩阵的列秩。若矩阵 $\boldsymbol{A}_{m\times n}$ 的 m 个行向量线性无关，即极大线性无关组包含所有行向量，则称矩阵 $\boldsymbol{A}_{m\times n}$ 行满秩；若行向量极大线性无关组中向量个数小于 m，则称矩阵 $\boldsymbol{A}_{m\times n}$ 是行欠秩的。与之对应地，若矩阵 $\boldsymbol{A}_{m\times n}$ 的 n 个列向量线性无关，即极大线性无关组包含所有列向量，则称矩阵 $\boldsymbol{A}_{m\times n}$ 列满秩；若列向量极大线性无关组中向量个数小于 n，则称矩阵 $\boldsymbol{A}_{m\times n}$ 是列欠秩的。显然，单位阵是行满秩矩阵，也是列满秩矩阵，并且其行秩与列秩相等。若方阵是满秩的，则称其是非奇异的。否则，若方阵是欠秩的，则称其为奇异的。需要说明的是，奇异、非奇异术语只适用于方阵；非方阵不应使用奇异、非奇异术语。在数据驱动的人工智能算法中，若行向量与观测对象对应，列向量与观测角度（特征类别）相对应，则行欠秩意味着部分观测对象可由其他对象的线性组合来表示；列欠秩意味着某些观测特征可由其他特征的线性组合来表示。这可分别视作在观测对象的选取、观测特征的选择上存在一定程度的冗余。

注

通常地，多数书籍中关于矩阵的秩的介绍指的是其极大无关列向量组中向量的个数，也即列秩。若无特殊说明，本书接下来章节中关于矩阵的秩的描述也遵循这一规则。

1.12.1 初等变换

接下来的问题是，给定任意一组维度相同的向量，如何求其最大线性无关组中向量的个数呢？一种可行的方法是对矩阵进行初等变换，再对变换结果进行分析。对于矩阵行向量来说，初等变换包括行对调、非零数乘任意行向量、加任意行向量的指定倍数到另一行向量三类操作。对应地，将以上描述中的行向量换成列向量，即得到矩阵列向量的初等变换定义。需要指出的是，矩阵的初等行变换与初等列变换，统称为初等变换。实际上，对矩阵进行列初等变换相当于对其转置矩阵进行同等行变换；对矩阵进行行初等变换相当于对其转置矩阵进行同等列变换；考虑矩阵与线性变换的对应关系，显然以上初等变换的定义不改变矩阵表示的线性变换的实质。因此，若矩阵 $\boldsymbol{A}$ 经过有限次初等变换变成矩阵 $\boldsymbol{B}$，则称矩阵 $\boldsymbol{A}$ 与 $\boldsymbol{B}$ 等价，记作 $\boldsymbol{A}\sim\boldsymbol{B}$。由矩阵初等变换的定义不难发现，三种变换均是可逆的，并且各类型的逆变换均是同类型的初等变换。因此，矩阵初等变换具有①反身性：$\boldsymbol{A}\sim\boldsymbol{A}$；②对称性：若 $\boldsymbol{A}\sim\boldsymbol{B}$，则 $\boldsymbol{B}\sim\boldsymbol{A}$；③传递性：若 $\boldsymbol{A}\sim\boldsymbol{B}$ 并且 $\boldsymbol{B}\sim\boldsymbol{C}$，则 $\boldsymbol{A}\sim\boldsymbol{C}$。所有与矩阵 $\boldsymbol{A}$ 等价的矩阵组成一个集合，称为一个等价类。需要指出的是，由于矩阵的初等变换就是行向量或列向量之间的线性变换，所以初等变换不改变矩阵行向量或列向量的最大线性无关组。也就是说，矩阵等价类中的各矩阵的秩是相等的。

若经过有限次初等行变换之后，原矩阵 $\boldsymbol{A}$ 表现出如下所述形态，则称变换后的矩阵 $\boldsymbol{B}$ 为行阶梯形矩阵：如图 1-14(a)所示，在矩阵元素之间画出一条阶梯形的折线，其中位于线下的矩阵元素均为 0；阶梯形折线每个台阶的高度只有一行大小；每个台阶右侧第一个元素为非 0 元素。进一步变换使得第一个非元素为 1，且保证与此元素同列的其他元素均为 0，则行阶梯矩阵进一步变换为行最简形矩阵，如图 1-14(b)所示。可以证明，任何矩阵经过有限次初等变换，均可以变为行阶梯矩阵和行最简形矩阵，并且一个矩阵的行最简形是唯一确定的，行阶梯矩阵中非零行的行数也是唯一确定的。再对行最简形矩阵施以初等列变换，将其变为如图 1-14(c)所示，左上角为一单位阵、其余元素均为 0 的矩阵。这种非 0 元素形状更简单的矩阵称作行标准形矩阵。显然，标准形是矩阵等价类中形状最简单的矩阵。与之对应地，先对矩阵进行初等列变换，再实施初等行变换得到的标准形，称作列标准形矩阵。矩阵的行秩与行标准形中非零行向量个数相等；矩阵的列秩与列标准形中列向量的个数相等。

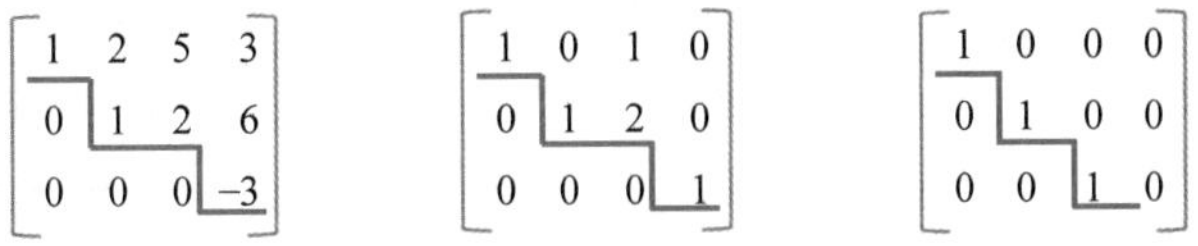

(a) 行阶梯形　　(b) 行最简形　　(c) 标准形

图 1-14　初等变换后的矩阵

1.12.2　初等矩阵

如前文所述，一个矩阵与一种线性变换对应。显然，初等变换均为线性变换。那么，矩阵的初等变换是否可用矩阵来表达呢？前文介绍特殊类型的矩阵时，将非斜对角线上的元素均为 0、斜对角线上元素均为 1 的方阵称作单位矩阵，与一个恒等变换相对应。这是因为，任何满足矩阵内积乘法限定条件的矩阵与单位矩阵相乘的结果均为其自身。类似地，先将单位矩阵进行初等变换，再将变换结果与满足矩阵内积限定条件的矩阵相乘，最终结果相当于直接对该矩阵进行初等变换。单位矩阵初等变换的结果称作初等矩阵。可以证明，对矩阵 $\boldsymbol{A}_{m\times n}$ 实施一次初等行变换，相当于在其左侧乘以对应的 m 阶初等矩阵；对其实施一次初等列变换，相当于在其右侧乘以对应的 n 阶初等矩阵。

1.13　矩阵的逆

给定行向量 $\boldsymbol{x}=[x_1,x_2,\cdots,x_m]$，矩阵 $\boldsymbol{A}_{m\times n}$ 将其变换为行向量 $\boldsymbol{y}=[y_1,y_2,\cdots,y_n]$，即 $\boldsymbol{y}=\boldsymbol{x}\boldsymbol{A}$。若同时存在矩阵 $\boldsymbol{B}_{n\times m}$，使得 $\boldsymbol{x}=\boldsymbol{y}\boldsymbol{B}$，则 $\boldsymbol{y}=\boldsymbol{y}\boldsymbol{B}\boldsymbol{A}$，并且 $\boldsymbol{x}=\boldsymbol{x}\boldsymbol{A}\boldsymbol{B}$。不难发现，$\boldsymbol{B}\boldsymbol{A}$ 与 $\boldsymbol{A}\boldsymbol{B}$ 均为恒等变换。需要指出的是，除非 $m=n$，否则两个恒等变换的阶数不同。一般地，若 $\boldsymbol{B}_{n\times m}\boldsymbol{A}_{m\times n}=\boldsymbol{E}_{n\times n}$，则将 $\boldsymbol{B}$ 称作 $\boldsymbol{A}$ 的左逆，将 $\boldsymbol{A}$ 称作的 $\boldsymbol{B}$ 右逆。反之，若 $\boldsymbol{A}_{m\times n}\boldsymbol{B}_{n\times m}=\boldsymbol{E}_{m\times m}$，则将 $\boldsymbol{A}$ 称作 $\boldsymbol{B}$ 的左逆，将 $\boldsymbol{B}$ 称作 $\boldsymbol{A}$ 的右逆。当 $m=n$ 时，仍有 $\boldsymbol{B}\boldsymbol{A}$ 与 $\boldsymbol{A}\boldsymbol{B}$ 均为恒等变换，则 $\boldsymbol{A}$ 的左逆与右逆均为 $\boldsymbol{B}$，$\boldsymbol{B}$ 的左逆与右逆均为 $\boldsymbol{A}$。此时，称 $\boldsymbol{A}$、$\boldsymbol{B}$ 可逆，且互为逆矩阵，记作 $\boldsymbol{A}^{-1}=\boldsymbol{B}$、$\boldsymbol{B}^{-1}=\boldsymbol{A}$。可以证明，若矩阵 $\boldsymbol{A}$ 可逆，则其逆矩阵是唯一的。显然，若 $\boldsymbol{A}^{-1}=\boldsymbol{B}$、$\boldsymbol{B}^{-1}=\boldsymbol{A}$ 成立，则 $(\boldsymbol{A}^{-1})^{-1}=\boldsymbol{B}^{-1}=\boldsymbol{A}$。另外，可以证明，若方阵 $\boldsymbol{A}$ 与方阵 $\boldsymbol{B}$ 同阶，且均可逆，则 $(\boldsymbol{A}\boldsymbol{B})^{-1}=\boldsymbol{B}^{-1}\boldsymbol{A}^{-1}$；若方阵 $\boldsymbol{A}$ 可逆，则 $\boldsymbol{A}^{\mathrm{T}}$ 亦可逆，且 $(\boldsymbol{A}^{\mathrm{T}})^{-1}=$

$(\boldsymbol{A}^{-1})^{\mathrm{T}}$。

从另一个角度来看矩阵的逆：若 $\boldsymbol{A}_{m\times n}\boldsymbol{B}_{n\times m}=\boldsymbol{E}_{m\times m}$，考虑矩阵内积定义，单位矩阵 $\boldsymbol{E}_{m\times m}$ 中的任一列向量是矩阵 $\boldsymbol{A}_{m\times n}$ 中所有行向量以矩阵 $\boldsymbol{B}_{n\times m}$ 中对应列向量为权重的线性组合。也就是说，单位矩阵 $\boldsymbol{E}_{m\times m}$ 的列秩与矩阵 $\boldsymbol{A}_{m\times n}$ 的行秩相等。显然，单位矩阵 $\boldsymbol{E}_{m\times m}$ 的列秩为 m。因此，矩阵 $\boldsymbol{A}_{m\times n}$ 的行秩至少等于 m。由矩阵 $\boldsymbol{A}_{m\times n}$ 的维度尺寸可知，$\boldsymbol{A}_{m\times n}$ 的行秩最多为 m。综上，当矩阵存在右逆时，其是行满秩的。类似地，若矩阵存在左逆，则其是列满秩的。若矩阵 $\boldsymbol{A}_{m\times n}$ 是方阵，也即 $m=n$，则 $\boldsymbol{A}_{m\times n}$ 有逆矩阵的前提是其是满秩的。

不难发现，若矩阵 $\boldsymbol{A}_{m\times n}$ 是行满秩的，也即 m 个行向量是线性无关的。此时，若 $n<m$，则 $\boldsymbol{y}^{\mathrm{T}}=\boldsymbol{A}\boldsymbol{x}^{\mathrm{T}}$ 无解。也就是说，给定 n 维行向量 $\boldsymbol{y}=[y_1,y_2,\cdots,y_n]$，无法求得其在经过矩阵 $\boldsymbol{A}_{m\times n}$ 变换前的对应 m 维行向量 $\boldsymbol{x}=[x_1,x_2,\cdots,x_m]$。此时，更无从谈起从行向量 $\boldsymbol{y}=[y_1,y_2,\cdots,y_n]$ 到行向量 $\boldsymbol{x}=[x_1,x_2,\cdots,x_m]$ 的逆变换。其实这种情况是不可能发生的，详见注。若 $n>m$，则 $\boldsymbol{y}=\boldsymbol{A}^{\mathrm{T}}\boldsymbol{x}^{\mathrm{T}}$ 有无穷多解。也就是说，给定 n 维行向量 $\boldsymbol{y}=[y_1,y_2,\cdots,y_n]$，可在 m 维空间找到多个向量与之对应。换句话说，矩阵 $\boldsymbol{A}_{m\times n}$ 定义了一种从 m 维空间到 n 维空间的多对一映射。不难理解，以上多对一映射的逆映射，也即矩阵 $\boldsymbol{A}_{m\times n}$ 的逆矩阵不唯一。一种做法是选择使得逆映射结果更靠近向量空间原点的矩阵，作为矩阵 $\boldsymbol{A}_{m\times n}$ 的右逆矩阵。采用以上策略得出的矩阵的逆，称作伪逆。矩阵列满秩的情况与行满秩类似，不同的是列满秩矩阵具有左伪逆。

注

①实际上，对于行满秩的矩阵，其列向量个数 n 不可能小于行向量个数 m。这是因为，矩阵每个行向量的长度均为 n，而 n 维空间中正交向量的个数最多为 n。也就是说，n 维向量空间中线性无关组的最大数目与向量维度相等。因此，对于矩阵来说，线性无关的行向量的个数最多为 n。由于矩阵有 m 个线性无关的行向量，所以 $m\leqslant n$。也就是说，对于矩阵来说，行满秩的矩阵行数小于列数；列满秩的矩阵列数小于行数。②关于更靠近向量空间原点多采用欧氏距离来度量，欧氏距离具体定义详见第 2 章。

本节接下来的内容只讨论满秩方阵的逆，关于行满秩或列满秩的非方阵的伪逆的讨论留在 1.16.3 节。对于满秩方阵，通过初等变换将其变换为单位阵，再将初等变换的累积记作矩阵的逆，是给定矩阵求其逆矩阵的唯一方法吗？答案是否定的。在给出求解逆矩阵的另一种方法之前，先定义一个从方阵到实数值的函数映射——行列式。给定方阵 $\boldsymbol{A}$，则其行列式记作 $\det(\boldsymbol{A})$，并将方阵 $\boldsymbol{A}$ 的阶数称作行列式 $\det(\boldsymbol{A})$ 的阶数。需要指出的是，有书籍采用成对的单竖线表示行列式，记作 $|\boldsymbol{A}|$。由于此标记方法与绝对值符号相同，易产生混淆，本书统一采用第一种写法。设 $A_{i,j}$ 是方阵中第 i 行第 j 列的元素，则其行列式 $\det(\boldsymbol{A})=\sum(-1)^t A_{1,p_1}A_{2,p_1}\cdots A_{n,p_n}$。其中，$p_1,p_2,\cdots,p_n$ 为自然数 $1,2,\cdots,n$ 的一个排列，t 为这个排列的逆序数。显然，方阵元素的行坐标是从小到大排列的，逆序数为 0。以上由定义在方阵元素上的运算得到的实数值有什么意义呢？如图 1-15 所示，以二阶行列式为例，二维向量空间中任意两个相交向量构成一个有向平行四边形 S_1。

二阶方阵对平行四边形内部向量的线性变换结果构成一个新的有向平行四边形 S_2。后者与前者的有向面积比例正好与由该方阵定义的行列式相等。需要指出的是，由行列式的定义不难发现，方阵的行列式可能取得负值。这也是以上描述中采用"有向"一词的原因。平行四边形的方向以其边向量出现次序遵循右手螺旋法则定义。图 1-15 以单位正交基向量为例，给出二阶行列式对二维空间面积的缩放示例。例如，行向量[1,0]左乘矩阵 $\boldsymbol{A}$ 变换为行向量[2,0]；行向量[0,1]左乘矩阵 $\boldsymbol{A}$ 结果保持不变。此时，行列式计算得出的实数值正好与方阵行向量围成的平行四边形的有向面积相等。基于此，转置方阵的行列式与原方阵行列式相等，即 $\det(\boldsymbol{A})=\det(\boldsymbol{A}^{\mathrm{T}})$；两行或两列成比例的方阵的行列式为 0；互换两行或两列，行列值变号。可以证明，即便 $\boldsymbol{A}$、$\boldsymbol{B}$ 均为同阶方阵，$\boldsymbol{AB}$ 也不一定与 $\boldsymbol{BA}$ 相等，但是 $\det(\boldsymbol{AB})=\det(\boldsymbol{BA})$ 一定成立，并且 $\det(\boldsymbol{AB})=\det(\boldsymbol{A})\det(\boldsymbol{B})$。除此之外，若 $\boldsymbol{A}$ 为 n 阶方阵，给定任意实数 λ，$\det(\lambda\boldsymbol{A})=\lambda^n\det(\boldsymbol{A})$。需要指出的是，对于更高维空间，平行四边形变成平行多面体，行列式表示与其对应的方阵对该空间向量线性变换前后，平行多面体体积的缩放比例。显然，若方阵 $\boldsymbol{A}$ 的行列式为 0，意味着变换后平行多面体在某一个或多个维度上发生坍塌，导致体积消失。如图 1-15 所示，变换后平行四边形收缩成一条直线。不难理解，此时无法找到一个合适的矩阵将变换后的向量（方向相同）逆向变换为原向量（方向不同）。也就是说，行列式为 0 的方阵不可逆。

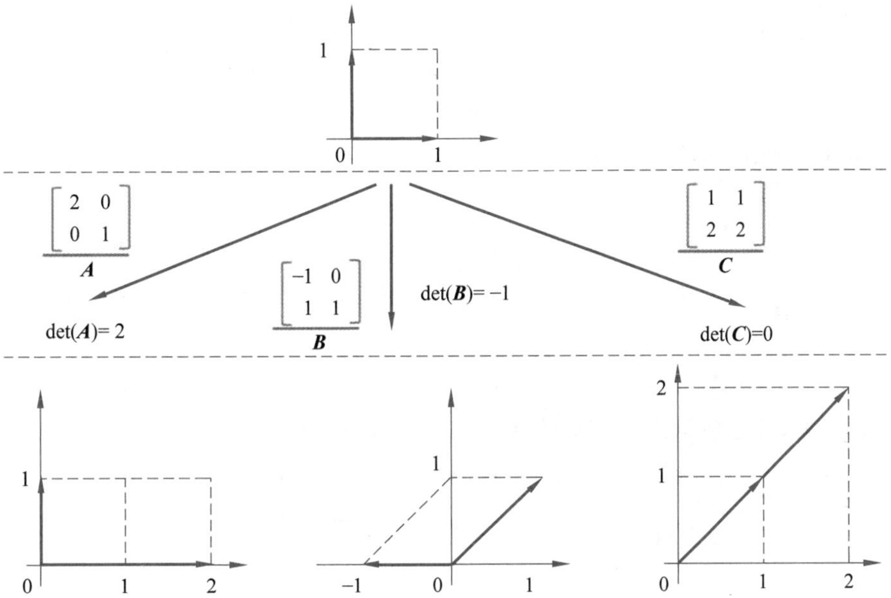

图 1-15 二阶行列式对二维空间面积的缩放

降阶有助于简化计算，定义 n 阶行列式中去除 $A_{i,j}$ 所在第 i 行、第 j 列的所有元素后，其余元素构成的 $n-1$ 阶行列式为 $A_{i,j}$ 的余子式，记作 $M_{i,j}$。进一步地，定义 $(-1)^{i+j}M_{i,j}$ 为 $A_{i,j}$ 的代数余子式。可以证明，行列式等于它的任一行（或列）各元素与其对应代数余子式乘积的和，即 $\det(\boldsymbol{A})=\sum_{j=1}^{n}(-1)^{i+j}A_{i,j}M_{i,j}$ 或 $\det(\boldsymbol{A})=\sum_{i=1}^{n}(-1)^{i+j}A_{i,j}M_{i,j}$。

由方阵 $\boldsymbol{A}$ 中各元素的代数余子式替换对应元素，构成的矩阵，称作矩阵 $\boldsymbol{A}$ 的伴随阵，记作 $\boldsymbol{A}^*$。可以证明，$\boldsymbol{A}\boldsymbol{A}^*=\boldsymbol{A}^*\boldsymbol{A}=\det(\boldsymbol{A})\boldsymbol{E}$。因此，若 $\det(\boldsymbol{A})\neq 0$，则 $\boldsymbol{A}^{-1}=\boldsymbol{A}^*/\det(\boldsymbol{A})$。不难证明，若方阵 $\boldsymbol{A}$ 可逆，给定任意不等于 0 的实数 λ，则 $\lambda\boldsymbol{A}$ 可逆，且 $(\lambda\boldsymbol{A})^{-1}=(1/\lambda)\boldsymbol{A}^{-1}$。

1.14 矩阵的分块操作

给定一个由 m 行 n 列构成的矩阵 $\boldsymbol{A}$，保持元素间位置关系不变的前提下，按照一定规则将其元素进行分块操作，则矩阵 $\boldsymbol{A}$ 可表示为

$$\boldsymbol{A}=\begin{bmatrix}\boldsymbol{A}_{m_1\times n_1}^{(1,1)} & \boldsymbol{A}_{m_1\times n_2}^{(1,2)} & \cdots & \boldsymbol{A}_{m_1\times n_q}^{(1,q)}\\ \boldsymbol{A}_{m_2\times n_1}^{(2,1)} & \boldsymbol{A}_{m_2\times n_2}^{(2,2)} & \cdots & \boldsymbol{A}_{m_2\times n_q}^{(2,q)}\\ \vdots & \vdots & \ddots & \vdots\\ \boldsymbol{A}_{m_p\times n_1}^{(p,1)} & \boldsymbol{A}_{m_p\times n_2}^{(p,2)} & \cdots & \boldsymbol{A}_{m_p\times n_q}^{(p,q)}\end{bmatrix}$$

其中，$\sum_{i=1}^{p}m_i=m$、$\sum_{k=1}^{q}n_k=n$。矩阵的运算可由分块后的子矩阵的运算实现。由转置的定义可知

$$\boldsymbol{A}^{\mathrm{T}}=\begin{bmatrix}(\boldsymbol{A}_{m_1\times n_1}^{(1,1)})^{\mathrm{T}} & (\boldsymbol{A}_{m_2\times n_1}^{(2,1)})^{\mathrm{T}} & \cdots & (\boldsymbol{A}_{m_p\times n_1}^{(p,1)})^{\mathrm{T}}\\ (\boldsymbol{A}_{m_1\times n_2}^{(1,2)})^{\mathrm{T}} & (\boldsymbol{A}_{m_2\times n_2}^{(2,2)})^{\mathrm{T}} & \cdots & (\boldsymbol{A}_{m_p\times n_2}^{(p,2)})^{\mathrm{T}}\\ \vdots & \vdots & \ddots & \vdots\\ (\boldsymbol{A}_{m_1\times n_q}^{(1,q)})^{\mathrm{T}} & (\boldsymbol{A}_{m_2\times n_q}^{(2,q)})^{\mathrm{T}} & \cdots & (\boldsymbol{A}_{m_p\times n_q}^{(p,q)})^{\mathrm{T}}\end{bmatrix}$$

采用同样的划分规则将同样大小的矩阵 $\boldsymbol{B}$ 进行分块处理后，则矩阵 $\boldsymbol{A}$ 与矩阵 $\boldsymbol{B}$ 的加法可以改写为

$$\boldsymbol{A}+\boldsymbol{B}=\begin{bmatrix}\boldsymbol{A}_{m_1\times n_1}^{(1,1)}+\boldsymbol{B}_{m_1\times n_1}^{(1,1)} & \boldsymbol{A}_{m_1\times n_2}^{(1,2)}+\boldsymbol{B}_{m_1\times n_2}^{(1,2)} & \cdots & \boldsymbol{A}_{m_1\times n_q}^{(1,q)}+\boldsymbol{B}_{m_1\times n_q}^{(1,q)}\\ \boldsymbol{A}_{m_2\times n_1}^{(2,1)}+\boldsymbol{B}_{m_2\times n_1}^{(2,1)} & \boldsymbol{A}_{m_2\times n_2}^{(2,2)}+\boldsymbol{B}_{m_2\times n_2}^{(2,2)} & \cdots & \boldsymbol{A}_{m_2\times n_q}^{(2,q)}+\boldsymbol{B}_{m_2\times n_q}^{(2,q)}\\ \vdots & \vdots & \ddots & \vdots\\ \boldsymbol{A}_{m_p\times n_1}^{(p,1)}+\boldsymbol{B}_{m_p\times n_1}^{(p,1)} & \boldsymbol{A}_{m_p\times n_2}^{(p,2)}+\boldsymbol{B}_{m_p\times n_2}^{(p,2)} & \cdots & \boldsymbol{A}_{m_p\times n_q}^{(p,q)}+\boldsymbol{B}_{m_p\times n_q}^{(p,q)}\end{bmatrix}$$

进一步地，任意标量值 a 与矩阵 $\boldsymbol{A}$ 的数乘运算可改写为

$$a\boldsymbol{A}=\begin{bmatrix}a\boldsymbol{A}_{m_1\times n_1}^{(1,1)} & a\boldsymbol{A}_{m_1\times n_2}^{(1,2)} & \cdots & a\boldsymbol{A}_{m_1\times n_q}^{(1,q)}\\ a\boldsymbol{A}_{m_2\times n_1}^{(2,1)} & a\boldsymbol{A}_{m_2\times n_2}^{(2,2)} & \cdots & a\boldsymbol{A}_{m_2\times n_q}^{(2,q)}\\ \vdots & \vdots & \ddots & \vdots\\ a\boldsymbol{A}_{m_p\times n_1}^{(p,1)} & a\boldsymbol{A}_{m_p\times n_2}^{(p,2)} & \cdots & a\boldsymbol{A}_{m_p\times n_q}^{(p,q)}\end{bmatrix}$$

假设矩阵 $\boldsymbol{B}$ 的维度为 $n\times l$，可在其左侧与矩阵 $\boldsymbol{A}$ 作矩阵内积运算，将其按块划分为

$$\boldsymbol{B}=\begin{bmatrix}\boldsymbol{B}_{n_1\times l_1}^{(1,1)} & \boldsymbol{B}_{n_1\times l_2}^{(1,2)} & \cdots & \boldsymbol{B}_{n_1\times l_t}^{(1,t)}\\ \boldsymbol{B}_{n_2\times l_1}^{(2,1)} & \boldsymbol{B}_{n_2\times l_2}^{(2,2)} & \cdots & \boldsymbol{B}_{n_2\times l_t}^{(2,t)}\\ \vdots & \vdots & \ddots & \vdots\\ \boldsymbol{B}_{n_q\times l_1}^{(q,1)} & \boldsymbol{B}_{n_q\times l_2}^{(q,2)} & \cdots & \boldsymbol{B}_{n_q\times l_t}^{(q,t)}\end{bmatrix}$$

其中，$\sum_{j=1}^{t} l_j = l$，则在矩阵 $\boldsymbol{B}$ 左侧内积乘矩阵 $\boldsymbol{A}$ 的运算可改写为

$$\boldsymbol{AB}=\begin{bmatrix}\boldsymbol{C}_{m_1\times l_1}^{(1,1)}, & \boldsymbol{C}_{m_1\times l_2}^{(1,2)} & \cdots & \boldsymbol{C}_{m_1\times l_t}^{(1,t)} \\ \boldsymbol{C}_{m_2\times l_1}^{(2,1)} & \boldsymbol{C}_{m_2\times l_2}^{(2,2)} & \cdots & \boldsymbol{C}_{m_2\times l_t}^{(2,t)} \\ \vdots & \vdots & \ddots & \vdots \\ \boldsymbol{C}_{m_p\times l_1}^{(p,1)} & \boldsymbol{C}_{m_p\times l_2}^{(p,2)} & \cdots & \boldsymbol{C}_{m_p\times l_t}^{(p,t)}\end{bmatrix}$$

其中，$\boldsymbol{C}_{m_i\times l_j}^{(i,j)}=\sum_{k=1}^{p}\boldsymbol{A}_{m_i\times n_k}^{(i,k)}\boldsymbol{B}_{n_k\times l_j}^{(k,j)}$、$i=1,2,\cdots,p$、$j=1,2,\cdots,t$。

设 $\boldsymbol{A}$ 为 n 阶方阵，若 $\boldsymbol{A}$ 的分块矩阵只有对角线上有非零子块，且均为方阵，则称 $\boldsymbol{A}$ 为分块对角矩阵，也就是说

$$\boldsymbol{A}=\begin{bmatrix}\boldsymbol{A}_{n_1\times n_1}^{(1,1)} & \boldsymbol{O}_{n_1\times n_2} & \cdots & \boldsymbol{O}_{n_1\times n_q} \\ \boldsymbol{O}_{n_2\times n_1} & \boldsymbol{A}_{n_2\times n_2}^{(2,2)} & \cdots & \boldsymbol{O}_{n_2\times n_q} \\ \vdots & \vdots & \ddots & \vdots \\ \boldsymbol{O}_{n_q\times n_1} & \boldsymbol{O}_{n_q\times n_2} & \cdots & \boldsymbol{A}_{n_q\times n_q}^{(q,q)}\end{bmatrix}$$

可以证明，$\det(\boldsymbol{A})=\prod_{i=1}^{q}\det(\boldsymbol{A}_{n_i\times n_i}^{(i,i)})$。显然，若对于所有的 $i\in\{1,2,\cdots,q\}$，均有 $\det(\boldsymbol{A}_{n_i\times n_i}^{(i,i)})\neq 0$，则 $\det(\boldsymbol{A})\neq 0$。此时，矩阵 $\boldsymbol{A}$ 可逆，并且

$$\boldsymbol{A}^{-1}=\begin{bmatrix}(\boldsymbol{A}_{n_1\times n_1}^{(1,1)})^{-1} & \boldsymbol{O}_{n_1\times n_2} & \cdots & \boldsymbol{O}_{n_1\times n_q} \\ \boldsymbol{O}_{n_2\times n_1} & (\boldsymbol{A}_{n_2\times n_2}^{(2,2)})^{-1} & \cdots & \boldsymbol{O}_{n_2\times n_q} \\ \vdots & \vdots & \ddots & \vdots \\ \boldsymbol{O}_{n_q\times n_1} & \boldsymbol{O}_{n_q\times n_2} & \cdots & (\boldsymbol{A}_{n_q\times n_q}^{(q,q)})^{-1}\end{bmatrix}$$

注

有必要说明的是，$\{1,2,\cdots,q\}$表示由 1 到 q 的自然数构成的集合。更多关于集合的内容详见第 3 章。

需要指出的是，按行或按列分块是矩阵分块操作中的两类常见操作。如前文所述，采用 $\boldsymbol{A}_{:,j}$ 表示矩阵 $\boldsymbol{A}_{m\times n}$ 中第 j 列，$\boldsymbol{A}_{i,:}$ 表示矩阵 $\boldsymbol{A}$ 中第 i 行，则矩阵 $\boldsymbol{A}$ 的按行、按列分块可分别记作 $\boldsymbol{A}=[\boldsymbol{A}_{1,:},\boldsymbol{A}_{2,:},\cdots,\boldsymbol{A}_{m,:}]^{\mathrm{T}}$、$\boldsymbol{A}=[\boldsymbol{A}_{:,1},\boldsymbol{A}_{:,2},\cdots,\boldsymbol{A}_{:,n}]$。其中，$\boldsymbol{A}_{:,j}=[A_{1,j},A_{2,j},\cdots,A_{m,j}]^{\mathrm{T}}$。若把矩阵 $\boldsymbol{A}_{m\times n}$ 按行分成 m 块，把矩阵 $\boldsymbol{B}_{n\times l}$ 按列分成 l 块，则

$$\boldsymbol{AB}=\begin{bmatrix}\boldsymbol{A}_{1,:} \\ \boldsymbol{A}_{2,:} \\ \cdots \\ \boldsymbol{A}_{m,:}\end{bmatrix}[\boldsymbol{B}_{:,1},\boldsymbol{B}_{:,2},\cdots,\boldsymbol{B}_{:,l}]=\begin{bmatrix}\boldsymbol{A}_{1,:}\boldsymbol{B}_{:,1} & \boldsymbol{A}_{1,:}\boldsymbol{B}_{:,2} & \cdots & \boldsymbol{A}_{1,:}\boldsymbol{B}_{:,l} \\ \boldsymbol{A}_{2,:}\boldsymbol{B}_{:,1} & \boldsymbol{A}_{2,:}\boldsymbol{B}_{:,2} & \cdots & \boldsymbol{A}_{2,:}\boldsymbol{B}_{:,l} \\ \vdots & \vdots & \ddots & \vdots \\ \boldsymbol{A}_{m,:}\boldsymbol{B}_{:,1} & \boldsymbol{A}_{m,:}\boldsymbol{B}_{:,2} & \cdots & \boldsymbol{A}_{m,:}\boldsymbol{B}_{:,l}\end{bmatrix}$$

矩阵分块操作的意义在于：一方面，高阶矩阵运算转换为低阶矩阵运算，可有效降低计算复杂度；另一方面，若矩阵过大，可按块依次处理，节省存储开销。

1.15 矩阵的迹

如前文所述，矩阵与线性变换对应。给定一个 n 阶方阵，其线性变换的本质是将整个 n 维空间中的向量进行旋转、缩放、平移操作。需要说明的是，考虑向量的平移不变性，我们将平移前后的向量视作同一向量。显然，线性变换是对整个 n 维空间的变换，与变换矩阵无直接关联。实际上，线性变换与 n 阶方阵的一一对应关系是建立在构成变换空间的 n 维基向量确定的前提下的。构成指定空间的基向量发生改变的情况下，同一线性变换对应的方阵必然不同。需要指出的是，通常情况下，我们习惯采用规范正交基定义向量空间。例如，用相互垂直的 x 轴、y 轴构成二维空间，如图 1-16(a)所示，规范正交基向量分别为[1,0]、[0,1]。假设线性变换是将图 1-16(a)定义的二维空间进行逆时针旋转，则在此空间下变换矩阵为 $\boldsymbol{A}$，其各元素取值如图 1-16 所示。此二维空间中任意向量 $\boldsymbol{x}$，与变换矩阵 $\boldsymbol{A}$ 的乘积 $\boldsymbol{xA}$ 为 $\boldsymbol{x}$ 的变换结果。变换后的二维空间如图 1-16(b)所示。例如，原行向量[1,0]变换为行向量$[\sqrt{2}/2,\sqrt{2}/2]$。实际上，由相交的两条直线确定一个平面可知，任何两个不平行向量均可作为二维向量空间的基向量。例如，基向量[0,1]、[1,1]也可以构成二维向量空间。基向量的改变，引起变换矩阵的改变，但其对应的空间变换仍保持一致。为了方便，如图 1-16(c)所示，采用正交基向量[1,1]、[−1,1]重新定义二维平面空间。此时，原基下的点[1,0]在新基下的坐标为$[\sqrt{2}/2,-\sqrt{2}/2]$。显然，与图 1-16(a)正交基定义的二维空间相比，新定义空间中的向量逆时针旋转 45°角可得到其在原空间中的表达。这种空间对应关系仍是一种线性变换，可由矩阵 $\boldsymbol{P}$ 表示。为了实现原线性变换，可将新空间中任意向量 $\boldsymbol{x}$ 变换到原空间，即 $\boldsymbol{xP}$。再在原空间中实现要求的逆时针旋转变换，即 $\boldsymbol{xPA}$。最后，还需将变换结果转换为新空间下的表达，即需要将 $\boldsymbol{xPA}$ 变换回新空间，即 $\boldsymbol{xPAP}^{-1}$。若有可逆矩阵 $\boldsymbol{P}$，使得 n 阶方阵 $\boldsymbol{A}$ 与 $\boldsymbol{B}$ 存在如下关系：$\boldsymbol{B}=\boldsymbol{PAP}^{-1}$，则称 $\boldsymbol{B}$ 为 $\boldsymbol{A}$ 的相似矩阵，或称 $\boldsymbol{A}$ 与 $\boldsymbol{B}$ 相似。对矩阵 $\boldsymbol{A}$ 进行 $\boldsymbol{PAP}^{-1}$ 运算，称作对 $\boldsymbol{A}$ 进行相似变换。

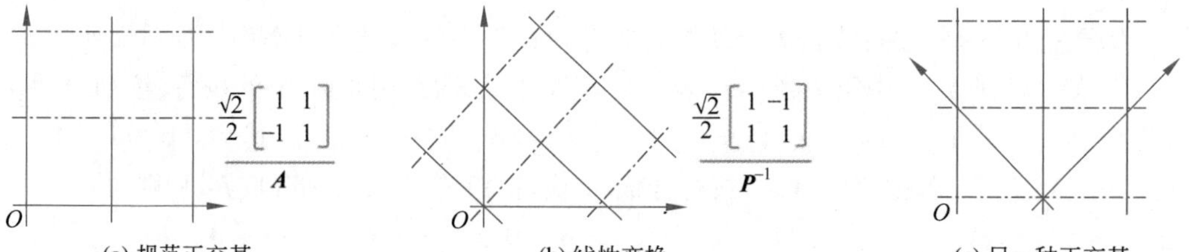

图 1-16　线性变换与基向量

不难发现，同一线性变换与矩阵的元素值无直接关系，却与向量空间的表达方式直接相关。虽然向量空间采用不同基向量表达时，同一线性变换对应的变换矩阵并不相同。但实际上，这些矩阵之间是相似的，也就是说，相同的线性变换在相似矩阵上留下了一些要追寻的痕迹。实际上，相似矩阵的对角线元素和一定相等。也就是说，若 n 阶方阵

$\boldsymbol{A}$ 与 $\boldsymbol{B}$ 相似，则 $\sum_{i=1}^{n} A_{i,i}=\sum_{i=1}^{n} B_{i,i}$。给定 n 阶方阵 $\boldsymbol{A}$，定义 $\sum_{i=1}^{n} A_{i,i}$ 为 $\boldsymbol{A}$ 的迹，记作 $\operatorname{tr}(\boldsymbol{A})$。显然，矩阵的迹与构成向量空间的基向量无关，具有相似不变性。另外，因为相似矩阵代表同一个线性变换，由行列式的几何意义可知，行列式代表的是线性变换的伸缩比例，也与向量空间坐标无关。因此，行列式也是相似不变量。也就是说，若 n 阶方阵 $\boldsymbol{A}$ 阶与 $\boldsymbol{B}$ 相似，则 $\det(\boldsymbol{A})=\det(\boldsymbol{B})$。由矩阵的迹的定义不难证明，矩阵的求迹运算具有转置不变性，也就是说，$\operatorname{tr}(\boldsymbol{A})=\operatorname{tr}(\boldsymbol{A}^{\mathrm{T}})$。可以证明，满足矩阵内积运算规则的矩阵连乘的迹与相乘次序无关，也就是说，$\operatorname{tr}\left(\prod_{i=1}^{o} \boldsymbol{F}^{(i)}\right)=\operatorname{tr}\left(\boldsymbol{F}^{(j)} \prod_{i=1, i \neq j}^{o} \boldsymbol{F}^{(i)}\right)$，其中，$\boldsymbol{F}^{(i)}$ 代表第 i 个矩阵，$j \in\{1,2, \cdots, o\}$。显然，给定矩阵 $\boldsymbol{A}_{m \times n}$ 与 $\boldsymbol{B}_{n \times m}$，虽然 $\boldsymbol{A B} \in \mathbf{R}^{m \times m}$、$\boldsymbol{B A} \in \mathbf{R}^{n \times n}$，但是 $\operatorname{tr}(\boldsymbol{A B})=\operatorname{tr}(\boldsymbol{B A})$。若将标量看作只有一个元素的矩阵，则标量值的迹与自身相等。也就是说，若 a 是一个标量，则 $\operatorname{tr}(a)=a$。

矩阵的迹的一个典型应用场景是特征降维。特征向量需要降低维度的一个重要原因是，维度的增多并未提升待观测数据的可区分性，反而带来更多的计算量，导致“维度灾难”。也就是说，利用高维空间中的部分维度信息即可实现类似的分类精度。这一现象称作高维特征空间的低维嵌入。通过某种变换将原高维空间中的特征向量转换为较低维度子空间中的特征向量是降低维度，解决“维度灾难”的有效手段。除前文提到的主成分分析法之外，在众多降维方法中，多维缩放（Multiple Dimensional Scaling，MDS）保证待观测数据在变换前后空间内的距离评价保持一致的前提下，将高维数据进行降维，是一种行之有效的解决低维嵌入问题的方法。假设有 m 个待观测对象 $\boldsymbol{x}_i$，每个对象有 d 维特征来描述，即 $\boldsymbol{x}_i=[x_{i,1}, x_{i,2}, \cdots, x_{i,d}]$，其中，$i=1,2, \cdots, m$。显然，待观测对象之间的距离构成一个 m 阶方阵 $\boldsymbol{D}$。不难发现，距离方阵 $\boldsymbol{D}$ 是一个对称阵。

> **注**
>
> 这里假设待观测对象之间的距离定义为 $D_{i,j}=\sqrt{\sum_{k=1}^{d}(x_{i,k}-x_{j,k})^2}$，这其实是欧氏距离，详见第 2 章。

设降维后的特征空间由 d 维降低为 d' 维，其中，$d' \leqslant d$，第 i 个待观测对象与第 j 个待观测对象在低维空间中的特征向量分别为 $\boldsymbol{z}_i$，$\boldsymbol{z}_j$，则二者的平方距离可记作 $D'_{i,j}=\sum_{k=1}^{d'}(z_{i,k}-z_{j,k})^2$。此距离可改写为 $D'_{i,j}=\sum_{k=1}^{d'}(z_{i,k})^2+\sum_{k=1}^{d'}(z_{j,k})^2-2 \sum_{k=1}^{d'} z_{i,k} z_{j,k}=\boldsymbol{z}_i \boldsymbol{z}_i^{\mathrm{T}}+\boldsymbol{z}_j \boldsymbol{z}_j^{\mathrm{T}}-2 \boldsymbol{z}_i \boldsymbol{z}_j^{\mathrm{T}}$。令 $\boldsymbol{B}$ 为降维后待观测对象特征向量之间内积构成的矩阵，则 $B_{i,i}=\boldsymbol{z}_i \boldsymbol{z}_i^{\mathrm{T}}$、$B_{j,j}=z_j z_j^{\mathrm{T}}$、$B_{i,j}=z_i z_j^{\mathrm{T}}$。为便于讨论，令 $\sum_{i=1}^{m} \boldsymbol{z}_i=0$，则 $\sum_{i=1}^{m} B_{i,j}=\left(\sum_{i=1}^{m} \boldsymbol{z}_i\right) \boldsymbol{z}_j^{\mathrm{T}}=0$、$\sum_{j=1}^{m} B_{i,j}=\boldsymbol{z}_i\left(\sum_{j=1}^{m} \boldsymbol{z}_j^{\mathrm{T}}\right)=0$。

注

此处，降维后待观测对象特征向量的和为0采用的是数据中心化思想，详见第7章。

为保证降维前后观测对象距离保持不变，即 $D_{i,j}^2=B_{i,i}+B_{j,j}-2B_{i,j}$，则 $\sum_{i=1}^{m}D_{i,j}^2=\sum_{i=1}^{m}B_{i,i}+\sum_{i=1}^{m}B_{j,j}-2\sum_{i=1}^{m}B_{i,j}=\mathrm{tr}(\boldsymbol{B})+mB_{j,j}$。类似地，可得 $\sum_{j=1}^{m}D_{i,j}^2=\mathrm{tr}(\boldsymbol{B})+mB_{i,i}$、$\sum_{i=1}^{m}\sum_{j}D_{i,j}^2=2m\,\mathrm{tr}(\boldsymbol{B})$。不难发现，$B_{i,j}=(-1/2)\left(D_{i,j}^2-1/m\sum_{i=1}^{m}D_{i,j}^2-1/m\sum_{j=1}^{m}D_{i,j}^2+1/m^2\sum_{i=1}^{m}\sum_{j=1}^{m}D_{i,j}^2\right)$。到此为止，通过降维前后保持不变的距离矩阵 $\boldsymbol{D}$ 求得了内积矩阵 $\boldsymbol{B}$。对内积矩阵 $\boldsymbol{B}$ 进行特征分析可得降维结果。这与矩阵 $\boldsymbol{B}$ 的特征分解强相关。矩阵的特征分解详见1.16.2节。

1.16 矩阵分解

对于整数，通过因式分解，可将其拆分为多个更小数值的乘积。对于小数值，我们了解更多，从而可提升我们对大数值的理解度。例如，整数可进行因式分解。虽然对于整数的表达有二进制、八进制、十进制等，但是其因式分解的本质是保持不变的。从中可以得出结论，比如15可以被3和5整除，却不能被4整除。类似地，对于矩阵，也可从多个角度对其进行分解，从而有助于我们发现蕴含于其中的本真。

1.16.1 *LU* 分解

给定一个 n 阶方阵 $\boldsymbol{A}$，若其顺序主子式均不等于0，则该方阵肯定可以分解为一个主对角线元素均为1、主对角线以上元素均为0的下三角矩阵 $\boldsymbol{L}$ 和一个主对角线以下元素均为0的上三角矩阵 $\boldsymbol{U}$ 的内积，即 $\boldsymbol{A}=\boldsymbol{LU}$。需要说明的是，顺序主子式是一个行列式，该行列式的元素由方阵 $\boldsymbol{A}$ 的部分元素构成，并且不改变元素间的位置关系。特别地，方阵 $\boldsymbol{A}$ 的 k 阶顺序主子式由 $\boldsymbol{A}$ 的前 k 行 k 列元素构成，其中，$1\leqslant k\leqslant n$。也就是说，任何由方阵 $\boldsymbol{A}$ 的前 k 行 k 列元素不改变相互位置关系构成的低阶矩阵均为满秩可逆矩阵。$\boldsymbol{LU}$ 分解过程可由有限次的矩阵初等行变换实现。需要强调的是，初等行变换中只包含数乘与加法操作，不包括换行操作。对于第1次初等变换，以第1行元素为基准，其他行与其乘数结果做加法运算，保证变换后非第1行的第1列元素均为0。此变换过程中元素 $A_{1,1}$ 为主元，变换可记作如图1-17所示的初等矩阵 $\boldsymbol{L}^{(1)}$ 与方阵 $\boldsymbol{A}$ 的内积，即 $\boldsymbol{L}^{(1)}\boldsymbol{A}$。对于第2次初等变换，以第2行元素为基准，行号大于2的行与第2行乘数结果做加法运算，保证变换后行号大于2的行中第2列元素均为0。此变换过程中元素 $A_{2,2}$ 为主元，变换可以记作如图1-17所示的初等矩阵 $\boldsymbol{L}^{(2)}$。以此类推，直到第 $n-1$ 次初等变换，以第 $n-1$ 行元素为基准，第 n 行与第 $n-1$ 行乘数结果做加法运算，保证变换后第 n 行中倒数第2列元素为 0。此变换过程中元素 $A_{n-1,n-1}$ 为主元，变换可以记作如图 1-17 所示的初等矩阵 $\boldsymbol{L}^{(n-1)}$。整个变换过程可记作 $\boldsymbol{L}^{(n-1)}\cdots\boldsymbol{L}^{(2)}\boldsymbol{L}^{(1)}\boldsymbol{A}$，变换结果正好是一个上三角矩阵，记作 $\boldsymbol{U}$。也就是说，$\boldsymbol{L}^{(n-1)}\cdots\boldsymbol{L}^{(2)}\boldsymbol{L}^{(1)}\boldsymbol{A}=\boldsymbol{U}$。初等变换矩阵均属于同阶方阵的等价类，整个变换过程中的初等矩阵均是满秩矩阵。也就是说，$\boldsymbol{L}^{(1)},\boldsymbol{L}^{(2)},\cdots,\boldsymbol{L}^{(n-1)}$ 均可逆，并且其逆矩阵均仍为初等下三角矩阵。更进一步地，$\boldsymbol{A}=\boldsymbol{L}\boldsymbol{U}$，其中，$\boldsymbol{L}=(\boldsymbol{L}^{(1)})^{-1}(\boldsymbol{L}^{(2)})^{-1}\cdots(\boldsymbol{L}^{(n-1)})^{-1}$。

$$\underbrace{\begin{bmatrix}1&0&0&0&0\\0&1&0&0&0\\0&0&1&0&0\\0&0&0&1&0\\0&0&0&l_{n,n-1}^{n-1}&1\end{bmatrix}}_{\boldsymbol{L}^{(n-1)}}\ \underset{\cdots}{\cdots}\ \underbrace{\begin{bmatrix}1&0&0&\cdots&0\\0&1&0&\cdots&0\\0&l_{3,2}^{2}&1&\cdots&1\\\vdots&\vdots&\vdots&\ddots&\vdots\\0&l_{n,2}^{2}&0&\cdots&1\end{bmatrix}}_{\boldsymbol{L}^{(2)}}\underbrace{\begin{bmatrix}1&0&0&\cdots&0\\l_{2,1}^{1}&1&0&\cdots&0\\l_{3,1}^{1}&0&1&\cdots&0\\\vdots&\vdots&\vdots&\ddots&\vdots\\l_{n,1}^{1}&0&0&\cdots&1\end{bmatrix}}_{\boldsymbol{L}^{(1)}}$$

图 1-17 矩阵 *LU* 分解中的初等行变换

以上讨论中方阵顺序主子式均不等于 0 的限制条件，用于保证初等变换过程中的主元均不为 0。若放宽限制条件，只要求待分解方阵 $\boldsymbol{A}$ 为满秩矩阵。也就是说，方阵 $\boldsymbol{A}$ 的行列式，也即 $\boldsymbol{A}$ 的最大顺序主子式不等于 0。在这种情形下，直接采用上文的变换方法，则可能遇到 0 主元，从而无法以其为基准进行消元操作。为保证每次初等变换的主元不为 0，在进行乘数加法变换之前允许对矩阵进行换行操作。换行变换对应的初等矩阵称作置换矩阵。不难发现，置换矩阵为标准正交阵。此时，方阵 $\boldsymbol{A}$ 的 $\boldsymbol{LU}$ 分解可写成 $\boldsymbol{PA}=\boldsymbol{LU}$。其中，$\boldsymbol{P}$ 为非 0 主元选择过程中行交换操作构成的置换矩阵。显然，若方阵 $\boldsymbol{A}$ 的各阶顺序主子式均不等于 0，则 $\boldsymbol{P}$ 为单位阵。另外，若 $L=[L_{:,1},L_{:,2},\cdots,L_{:,n}]$、$\boldsymbol{U}=[\boldsymbol{U}_{1,:},\boldsymbol{U}_{2,:},\cdots,\boldsymbol{U}_{n,:}]^{\mathrm{T}}$，则方阵 $\boldsymbol{A}$ 的 $\boldsymbol{LU}$ 分解可改写为矩阵的外积展开式：$\boldsymbol{PA}=\sum_{k=1}^{n}\boldsymbol{L}_{:,k}\boldsymbol{U}_{k,:}$。

LU 分解的好处在于：①节省存储空间。下三角阵主对角元素均为 1，故可省略。所以，可将一个矩阵分解为两个同等大小的矩阵，且不会引入新的存储需求。②若将 n 阶方阵 $\boldsymbol{A}$ 视作线性变换，则给定任意变换后的 n 维向量 y，求解变换前的 n 维向量 x 时，关键变换信息已存储在 $\boldsymbol{L}$ 矩阵中，无须重新计算。

> 注
>
> 需要说明的是，在 ***LU*** 分解中，有时也将矩阵 $\boldsymbol{U}$ 进一步分解为一个以主元为对角元素的对角阵与一个对角线为单位元的上三角矩阵的积。此时，***LU*** 分解又称作 ***LDU*** 分解。其中，$\boldsymbol{D}$ 为以主元为对角元素的对角阵。另外，若矩阵 $\boldsymbol{A}$ 对称正定，则 ***LU*** 分解可进一步变形为一个对角元素为正数的下三角实矩阵 $\boldsymbol{L}$ 及其转置的乘积，即 $\boldsymbol{A}=\boldsymbol{L}\boldsymbol{L}^{\mathrm{T}}$。这称作矩阵的 Cholesky 分解。关于正定矩阵，详见 1.17 节。

1.16.2 特征分解

回顾前文关于矩阵特征值与特征向量的描述。设 n 阶方阵 $\boldsymbol{A}$ 具有 n 个互不相等的非零右特征值，分别记作 $\lambda_1,\lambda_2,\cdots,\lambda_n$。对应右特征行单位向量分别为 $\boldsymbol{x}_1,\boldsymbol{x}_2,\cdots,\boldsymbol{x}_n$。也就是说，以下方程组成立：$\boldsymbol{A}\boldsymbol{x}_i^{\mathrm{T}}=\lambda_i\boldsymbol{x}_i^{\mathrm{T}}$。其中，$i=1,2,\cdots,n$。

由数学归纳法不难证明，方阵 $\boldsymbol{A}$ 的右特征向量构成一个线性无关组。非零右特征值 λ_1 对应的非零特征行向量 $\boldsymbol{x}_1$ 是线性无关的。这是因为 $\boldsymbol{x}_1\neq\boldsymbol{o}$，要使得 $a\boldsymbol{x}_1^{\mathrm{T}}=\boldsymbol{o}$，则 $a=0$。现假设前 $k-1$ 个非零右特征行向量 $\boldsymbol{x}_1,\boldsymbol{x}_2,\cdots,\boldsymbol{x}_{k-1}$ 线性无关，但是存在非全零实数 a_1，$a_2,\cdots,a_k$ 使得 $a_1\boldsymbol{x}_1^{\mathrm{T}}+a_2\boldsymbol{x}_2^{\mathrm{T}}+\cdots+a_k\boldsymbol{x}_k^{\mathrm{T}}=\boldsymbol{o}$ 成立。等式两端左乘方阵 $\boldsymbol{A}$，得 $a_1\boldsymbol{A}\boldsymbol{x}_1^{\mathrm{T}}+a_2\boldsymbol{A}\boldsymbol{x}_2^{\mathrm{T}}+\cdots+a_k\boldsymbol{A}\boldsymbol{x}_k^{\mathrm{T}}=a_1\lambda_1\boldsymbol{x}_1^{\mathrm{T}}+a_2\lambda_2\boldsymbol{x}_2^{\mathrm{T}}+\cdots+a_k\lambda_k\boldsymbol{x}_k^{\mathrm{T}}=\boldsymbol{o}$；等式两端同乘第 k 个特征值 λ_k，得 $a_1\lambda_k\boldsymbol{x}_1^{\mathrm{T}}+a_2\lambda_k\boldsymbol{x}_2^{\mathrm{T}}+\cdots+a_k\lambda_k\boldsymbol{x}_k^{\mathrm{T}}=\boldsymbol{o}$。新得到的两个等式相减，得 $a_1(\lambda_1-\lambda_k)\boldsymbol{x}_1^{\mathrm{T}}+a_2(\lambda_2-\lambda_k)\boldsymbol{x}_2^{\mathrm{T}}+\cdots+a_{k-1}(\lambda_{k-1}-\lambda_k)\boldsymbol{x}_{k-1}^{\mathrm{T}}=\boldsymbol{o}$。由假设可得，$\boldsymbol{x}_1,\boldsymbol{x}_2,\cdots,\boldsymbol{x}_{n-1}$ 是线性无关的，故 $a_1(\lambda_1-\lambda_k)=a_2(\lambda_2-\lambda_k)=\cdots=a_{k-1}(\lambda_{k-1}-\lambda_k)=0$。又因为 $\lambda_1,\lambda_2,\cdots,\lambda_k$ 互不相等，故 $a_1=a_2=\cdots=a_{k-1}=0$。为保证假设成立，则 $a_k=0$。不难得出结论，前 $k-1$ 个非零右特征行向量 $\boldsymbol{x}_1,\boldsymbol{x}_2,\cdots,\boldsymbol{x}_{k-1}$ 线性无关时，前 k 个非零右特征行向量 $\boldsymbol{x}_1,\boldsymbol{x}_2,\cdots,\boldsymbol{x}_k$ 也是线性无关的。因此，右特征值互不相等的 n 阶方阵的 n 个右特征向量构成一个线性无关组。

记 $\boldsymbol{\Lambda}=\mathrm{diag}(\lambda_1,\lambda_2,\cdots,\lambda_n)$、$\boldsymbol{U}=[\boldsymbol{x}_1^{\mathrm{T}},\boldsymbol{x}_2^{\mathrm{T}},\cdots,\boldsymbol{x}_n^{\mathrm{T}}]$，则方程组 $\boldsymbol{A}\boldsymbol{x}_i^{\mathrm{T}}=\lambda_i\boldsymbol{x}_i^{\mathrm{T}}$ 可改写为：$\boldsymbol{AU}=\boldsymbol{U\Lambda}$。由于 $\boldsymbol{U}$ 为 n 阶方阵，且其列向量线性无关，所以 $\boldsymbol{U}$ 是满秩可逆阵。易得，$\boldsymbol{A}=\boldsymbol{U\Lambda U}^{-1}$。显然，方阵 $\boldsymbol{A}$ 与对角阵 $\boldsymbol{\Lambda}$ 相似，并且 $\boldsymbol{U}^{-1}\boldsymbol{AU}=\boldsymbol{\Lambda}$。由矩阵的迹的性质可知，相似矩阵的迹相等，所以 $\mathrm{tr}(\boldsymbol{A})=\mathrm{tr}(\boldsymbol{\Lambda})=\sum_{i=1}^{n}\lambda_i$。另一方面，行列式也是相似变换不变量，所以 $\det(\boldsymbol{A})=\det(\boldsymbol{\Lambda})=\prod_{i=1}^{n}\lambda_i$。这从另一角度说明了矩阵特征值的意义：迹和行列式均是相似不变量，也就是线性变换的本质特征，它们均可用矩阵的特征值来表示。若方阵 $\boldsymbol{A}$ 与对角阵相似，则称 $\boldsymbol{A}$ 可对角化。求一个 n 阶矩阵可对角化的必要条件是一个复杂问题。不难发现，若 n 阶方阵 $\boldsymbol{A}$ 存在 n 个不同的特征值，则 $\boldsymbol{A}$ 一定可对角化。考虑对称阵 $\boldsymbol{B}$，假设 y_i,y_j 是 $\boldsymbol{B}$ 的任意两个右特征行单位向量，对应的特征值分别为 η_i,η_j，并且 $\eta_i\neq\eta_j$。其中，$i=1,2,\cdots,n$、$j=1,2,\cdots,n$、$i\neq j$。由特征值与特征向量的定义不难得到 $\boldsymbol{B}\boldsymbol{y}_i^{\mathrm{T}}=\eta_i\boldsymbol{y}_i^{\mathrm{T}}$，等式两边左乘 $\boldsymbol{y}_j$，得 $\boldsymbol{y}_j\boldsymbol{B}\boldsymbol{y}_i^{\mathrm{T}}=\eta_i\boldsymbol{y}_j\boldsymbol{y}_i^{\mathrm{T}}$。由于 $\boldsymbol{B}$ 为对称阵，也就是说，$\boldsymbol{B}^{\mathrm{T}}=\boldsymbol{B}$。所以，以上等式可进一步改写为 $\boldsymbol{y}_j\boldsymbol{B}\boldsymbol{y}_i^{\mathrm{T}}=\boldsymbol{y}_j\boldsymbol{B}^{\mathrm{T}}\boldsymbol{y}_i^{\mathrm{T}}=(\boldsymbol{B}\boldsymbol{y}_j^{\mathrm{T}})^{\mathrm{T}}\boldsymbol{y}_i^{\mathrm{T}}=\eta_i\boldsymbol{y}_j\boldsymbol{y}_i^{\mathrm{T}}$。又因为 $\boldsymbol{B}\boldsymbol{y}_j^{\mathrm{T}}=\eta_j\boldsymbol{y}_j^{\mathrm{T}}$，代入上式得 $(\boldsymbol{B}\boldsymbol{y}_j^{\mathrm{T}})^{\mathrm{T}}\boldsymbol{y}_i^{\mathrm{T}}=(\eta_j\boldsymbol{y}_j^{\mathrm{T}})^{\mathrm{T}}\boldsymbol{y}_i^{\mathrm{T}}=\eta_j\boldsymbol{y}_j\boldsymbol{y}_i^{\mathrm{T}}$。结合以上两式得 $\eta_i\boldsymbol{y}_j\boldsymbol{y}_i^{\mathrm{T}}=\eta_j\boldsymbol{y}_j\boldsymbol{y}_i^{\mathrm{T}}$，由于 $\eta_i\neq\eta_j$，则必然 $\boldsymbol{y}_j\boldsymbol{y}_i^{\mathrm{T}}=\boldsymbol{y}_j\boldsymbol{y}_i^{\mathrm{T}}=0$。也就是说，特征向量 $\boldsymbol{y}_i,\boldsymbol{y}_j$ 正交。显然，记 $\boldsymbol{Q}=[\boldsymbol{y}_1^{\mathrm{T}},\boldsymbol{y}_2^{\mathrm{T}},\cdots,\boldsymbol{y}_n^{\mathrm{T}}]$，由于 $\boldsymbol{y}_i$ 是单位向量，所以 $\boldsymbol{Q}$ 为正交阵。由于正交矩阵满足其转置与自身的内积等于单位阵，即 $\boldsymbol{QQ}^{\mathrm{T}}=\boldsymbol{Q}^{\mathrm{T}}\boldsymbol{Q}=\boldsymbol{E}$，因此，对于对称阵 $\boldsymbol{B}$ 来说，其特征分解结果可记作 $\boldsymbol{B}=\boldsymbol{Q\Lambda Q}^{-1}=\boldsymbol{Q\Lambda Q}^{\mathrm{T}}$。需要指出的是，虽然任意对称阵都可进行特征分解，但其分解结果可能不唯一。如果两个或多个特征向量拥有相同的特征值，那么由这些向量构成的生成子空间中，任意一组正交向量都是该特征值对应的特征向量。一般地，矩阵的特征分解结果中将对角阵中的元素值按降序排列。在该约定下，若给定矩阵的特征值互不相等，则其特征分解唯一。另外，若 $\boldsymbol{Q}=[\boldsymbol{Q}_{:,1},\boldsymbol{Q}_{:,2},\cdots,\boldsymbol{Q}_{:,n}]$，则由对称阵 $\boldsymbol{B}$ 的特征分解可得其外积展

开式 $\boldsymbol{B}=\sum_{k=1}^{n}\lambda_k\boldsymbol{Q}_{:,k}(\boldsymbol{Q}_{:,k})^{\mathrm{T}}$。

我们对矩阵进行分解的目的是从其不同的表现形式中，发现内含的规律性信息。而矩阵的特征分解可给我们提供许多关于矩阵的有用信息。不难发现，矩阵的特征分解表明，对称阵实现一组正交基到另一组正交基的映射。由于矩阵与其特征值构成的对角阵相似，当存在 0 特征值时，对角阵行列式为 0，是奇异的。与其对应相似的原矩阵也是奇异的。另外，考虑二次型 $f(\boldsymbol{x})=\boldsymbol{x}\boldsymbol{A}\boldsymbol{x}^{\mathrm{T}}$，当 $\boldsymbol{x}$ 取值为矩阵 $\boldsymbol{A}$ 的特征向量时，二次型取值为对应特征值的 a 倍，并且 $a=\boldsymbol{x}\boldsymbol{x}^{\mathrm{T}}$。若限定 $\boldsymbol{x}\boldsymbol{x}^{\mathrm{T}}=1$，则 f 的最大值为矩阵 $\boldsymbol{A}$ 的最大特征值，最小值为矩阵 $\boldsymbol{A}$ 的最小特征值。

注

关于二次型的详细介绍见 1.17 节。

考虑前文多维缩放特征降维方法得到的降维后待观测对象特征向量 $\boldsymbol{z}_i$ 内积构成的矩阵 $\boldsymbol{B}$，其中，$\boldsymbol{B}_{i,j}=\boldsymbol{z}_i\boldsymbol{z}_j^{\mathrm{T}}$。若降维前后描述待观测对象特征的向量长度分别为 d 和 d'，则 $\boldsymbol{z}_i\in\mathbf{R}^{d'}$。显然，若待观测对象个数为 m，以 $\boldsymbol{z}_i$ 为行，所有待观测对象的特征向量构成矩阵 $\boldsymbol{Z}$，则 $\boldsymbol{B}=\boldsymbol{Z}\boldsymbol{Z}^{\mathrm{T}}$ 为 m 阶对称方阵。可对 $\boldsymbol{B}$ 进行特征分解，得 $\boldsymbol{B}=\boldsymbol{Q}\boldsymbol{\Lambda}\boldsymbol{Q}^{\mathrm{T}}$。其中，$\boldsymbol{\Lambda}=\mathrm{diag}(\lambda_1,\lambda_2,\cdots,\lambda_m)$，并且 $\lambda_1\geqslant\lambda_2\geqslant\cdots\geqslant\lambda_m$。令 $\boldsymbol{\Lambda}^{1/2}=\mathrm{diag}(\sqrt{\lambda_1},\sqrt{\lambda_2},\cdots,\sqrt{\lambda_m})$，$\boldsymbol{Z}=\boldsymbol{Q}\boldsymbol{\Lambda}^{1/2}$，则 $\boldsymbol{B}=\boldsymbol{Z}\boldsymbol{Z}^{\mathrm{T}}$。为实现维度降低的目的，取前 d' 个特征值，构成对角阵，即 $\widetilde{\boldsymbol{\Lambda}}^{1/2}=\mathrm{diag}(\sqrt{\lambda_1},\sqrt{\lambda_2},\cdots,\sqrt{\lambda_{d'}})$，与之对应的特征列向量构成矩阵 $\widetilde{\boldsymbol{Q}}$，则 $\boldsymbol{Z}=\widetilde{\boldsymbol{Q}}\widetilde{\boldsymbol{\Lambda}}^{1/2}$ 的大小为 $m\times d'$。其中，$d'\leqslant m$。有必要指出的是，$d'\leqslant d$ 是必然的。这是因为，特征降维用于“解决”维度灾难问题。不考虑计算量大小的问题，维度灾难导致算法精度差的根本原因是样本采样密度不足，即无法保证在预测样本周围很小范围内可找到一个对应的训练样本。这一密度与特征维度指数相关。也就是说，随着特征维度增多，训练样本密度明显不足，这是特征降维的前提，此时 $m\leqslant d$。

1.16.3　奇异值分解

不难发现，特征值分解要求矩阵是 n 阶方阵。进一步地，若要求分解结果中可用转置代替求逆运算，则要求被分解矩阵为对称阵。实际上，人工智能算法常遇到阶数为 $m\times n$ 的非方阵。那么，大小为 $m\times n$ 的矩阵 $\boldsymbol{A}$，是否可分解为类似矩阵特征分解的形式呢？

给定任意实数矩阵 $\boldsymbol{A}_{m\times n}$，与矩阵的特征分解类似，假设其可以分解为如下形式：$\boldsymbol{A}=\boldsymbol{U}\boldsymbol{\Sigma}\boldsymbol{V}^{\mathrm{T}}$，其中，矩阵 $\boldsymbol{U}$ 为 m 阶方阵，其列向量称作左奇异向量；矩阵 $\boldsymbol{V}$ 为 n 阶方阵，其列向量称作右奇异向量；二者均为单位正交阵，即 $\boldsymbol{U}\boldsymbol{U}^{\mathrm{T}}=\boldsymbol{U}^{\mathrm{T}}\boldsymbol{U}=\boldsymbol{E}_m$ 并且 $\boldsymbol{V}\boldsymbol{V}^{\mathrm{T}}=\boldsymbol{V}^{\mathrm{T}}\boldsymbol{V}=\boldsymbol{E}_n$；矩阵 $\boldsymbol{\Sigma}$ 的维度大小为 $m\times n$，只在主对角线上有称作奇异值的非零值，其他元素均为 0。显然，若 $m>n$，则 $\boldsymbol{\Sigma}=[\mathrm{diag}(\sigma_1,\sigma_2,\cdots,\sigma_n),\boldsymbol{O}_{(m-n)\times n}]^{\mathrm{T}}$；若 $m<n$，则 $\boldsymbol{\Sigma}=[\mathrm{diag}(\sigma_1,\sigma_2,\cdots,\sigma_m),\boldsymbol{O}_{m\times(n-m)}]$。若以上条件成立，则不难证明，$\boldsymbol{A}\boldsymbol{A}^{\mathrm{T}}=\boldsymbol{U}\boldsymbol{\Sigma}\boldsymbol{V}^{\mathrm{T}}\boldsymbol{V}\boldsymbol{\Sigma}^{\mathrm{T}}\boldsymbol{U}^{\mathrm{T}}=\boldsymbol{U}\boldsymbol{\Sigma}\boldsymbol{\Sigma}^{\mathrm{T}}\boldsymbol{U}^{\mathrm{T}}$ 且 $\boldsymbol{A}^{\mathrm{T}}\boldsymbol{A}=\boldsymbol{V}\boldsymbol{\Sigma}^{\mathrm{T}}\boldsymbol{U}^{\mathrm{T}}\boldsymbol{U}\boldsymbol{\Sigma}\boldsymbol{V}^{\mathrm{T}}=\boldsymbol{V}\boldsymbol{\Sigma}^{\mathrm{T}}\boldsymbol{\Sigma}\boldsymbol{V}^{\mathrm{T}}$。显然，$\boldsymbol{A}\boldsymbol{A}^{\mathrm{T}}$ 为 m 阶对称阵，$\boldsymbol{A}^{\mathrm{T}}\boldsymbol{A}$ 为 n 阶对称阵。也就是说，$\boldsymbol{A}\boldsymbol{A}^{\mathrm{T}}$ 与 $\boldsymbol{A}^{\mathrm{T}}\boldsymbol{A}$ 均可进行特征分解，并且各自单位特征向量构成的正交矩阵分别为 $\boldsymbol{U}$ 与 $\boldsymbol{V}$；

特征值构成的对角阵分别为 $\boldsymbol{\Sigma\Sigma}^{\mathrm{T}}$ 与 $\boldsymbol{\Sigma}^{\mathrm{T}}\boldsymbol{\Sigma}$。若 $m>n$，则 $\boldsymbol{\Sigma\Sigma}^{\mathrm{T}}=\mathrm{diag}(\sigma_1^2,\sigma_2^2,\cdots,\sigma_n^2,0,\cdots,0)=\mathrm{diag}(\lambda_1^{(1)},\lambda_2^{(1)},\cdots,\lambda_m^{(1)})$，其中，$\lambda_i^{(1)}$ 为 $\boldsymbol{\Sigma\Sigma}^{\mathrm{T}}$ 的第 i 个特征值。显然，对于任意 $i\in\{1,2,\cdots,n\}$，$\sigma_i=\sqrt{\lambda_i^{(1)}}$；对于任意 $j\in\{n+1,n+2,\cdots,m\}$，$\lambda_j^{(1)}=0$。类似地，$\boldsymbol{\Sigma}^{\mathrm{T}}\boldsymbol{\Sigma}=\mathrm{diag}(\sigma_1^2,\sigma_2^2,\cdots,\sigma_n^2)=\mathrm{diag}(\lambda_1^{(2)},\lambda_2^{(2)},\cdots,\lambda_n^{(2)})$，其中，$\lambda_i^{(2)}$ 为 $\boldsymbol{\Sigma}^{\mathrm{T}}\boldsymbol{\Sigma}$ 的第 i 个特征值。显然，对于任意 $i\in\{1,2,\cdots,n\}$，$\sigma_i=\sqrt{\lambda_i^{(2)}}$，并且 $\lambda_i^{(1)}=\lambda_i^{(2)}$；若 $m<n$，则 $\boldsymbol{\Sigma\Sigma}^{\mathrm{T}}=\mathrm{diag}(\sigma_1^2,\sigma_2^2,\cdots,\sigma_m^2)=\mathrm{diag}(\lambda_1^{(1)},\lambda_2^{(1)},\cdots,\lambda_m^{(1)})$，其中，$\lambda_i^{(1)}$ 为 $\boldsymbol{\Sigma\Sigma}^{\mathrm{T}}$ 的第 i 个特征向值。显然，对于任意 $i\in\{1,2,\cdots,m\}$，$\sigma_i=\sqrt{\lambda_i^{(1)}}$。类似地，$\boldsymbol{\Sigma}^{\mathrm{T}}\boldsymbol{\Sigma}=\mathrm{diag}(\sigma_1^2,\sigma_2^2,\cdots,\sigma_m^2,0,\cdots,0)=\mathrm{diag}(\lambda_1^{(2)},\lambda_2^{(2)},\cdots,\lambda_n^{(2)})$，其中，$\lambda_i^{(2)}$ 为 $\boldsymbol{\Sigma}^{\mathrm{T}}\boldsymbol{\Sigma}$ 的第 i 个特征向值。显然，对于任意 $i\in\{1,2,\cdots,m\}$，$\sigma_i=\sqrt{\lambda_i^{(2)}}$；对于任意 $j\in\{m+1,m+2,\cdots,n\}$，$\lambda_j^{(2)}=0$。不难发现，虽然 $\boldsymbol{\Sigma\Sigma}^{\mathrm{T}}\neq\boldsymbol{\Sigma}^{\mathrm{T}}\boldsymbol{\Sigma}$。但是，其对角线上的非零元素相等。

综上，对实数矩阵 $\boldsymbol{A}_{m\times n}$ 进行奇异值分解，得到的左奇异向量构成的矩阵 $\boldsymbol{U}$ 等于 $\boldsymbol{AA}^{\mathrm{T}}$ 的特征向量构成的 m 阶方阵；右奇异向量构成的矩阵 $\boldsymbol{V}^{\mathrm{T}}$ 等于 $\boldsymbol{A}^{\mathrm{T}}\boldsymbol{A}$ 的特征向量构成的 n 阶方阵的转置；若 $m>n$，$\boldsymbol{\Sigma\Sigma}^{\mathrm{T}}$ 或 $\boldsymbol{\Sigma}^{\mathrm{T}}\boldsymbol{\Sigma}$ 前 n 个特征值的平方根构成实数矩阵 $\boldsymbol{A}_{m\times n}$ 的奇异值；若 $m<n$，$\boldsymbol{\Sigma\Sigma}^{\mathrm{T}}$ 或 $\boldsymbol{\Sigma}^{\mathrm{T}}\boldsymbol{\Sigma}$ 前 m 个特征值的平方根构成实数矩阵 $\boldsymbol{A}_{m\times n}$ 的奇异值。另外，若 $\boldsymbol{U}=[\boldsymbol{U}_{:,1},\boldsymbol{U}_{:,2},\cdots,\boldsymbol{U}_{:,n}]$、$\boldsymbol{V}=[\boldsymbol{V}_{:,1},\boldsymbol{V}_{:,2},\cdots,\boldsymbol{V}_{:,n}]$，则由实数矩阵 $\boldsymbol{A}_{m\times n}$ 的奇异值分解可得其外积展开式 $\boldsymbol{A}=\sum\limits_{k=1}^{n}\sigma_k\boldsymbol{U}_{:,k}(\boldsymbol{V}_{:,k})^{\mathrm{T}}$。

由前文关于逆矩阵的介绍可知，若 $n<m$，且矩阵 $\boldsymbol{A}_{m\times n}$ 的列向量线性无关，则 $\boldsymbol{y}_{1\times n}=\boldsymbol{x}_{1\times m}\boldsymbol{A}_{m\times n}$ 有无穷多解。也就是说，非方阵定义了一种从 m 维空间到 n 维空间的多对一映射。显然，从以上 n 维空间到 m 维空间的逆变换不唯一。对应地，若 $n>m$，且矩阵 $\boldsymbol{A}_{m\times n}$ 的列向量线性无关，则 $\boldsymbol{y}=\boldsymbol{xA}$ 无解。在这种情况下，根本不存在一个从以上 n 维空间到 m 维空间的逆变换。矩阵的伪逆为以上问题的解决提供了一种可能的途径。结合矩阵的奇异值分解，实际中矩阵的伪逆定义为 $\boldsymbol{A}^{+}=\boldsymbol{V\Sigma}^{+}\boldsymbol{U}^{\mathrm{T}}$，其中，$\boldsymbol{\Sigma}^{+}$ 是奇异值构成的对角阵 $\boldsymbol{\Sigma}$ 的伪逆。需要说明的是，对角阵 $\boldsymbol{\Sigma}$ 的伪逆由其非零元素取倒数之后再转置整个矩阵得到。可以证明，若 $n<m$，则伪逆定义的逆变换 $\hat{\boldsymbol{x}}_{1\times m}=\boldsymbol{y}_{1\times n}(\boldsymbol{A}_{n\times m})^{+}$ 的结果是所有可行解中最靠近空间原点的向量；若 $n>m$，则伪逆定义的逆变换 $\hat{\boldsymbol{x}}_{1\times m}=\boldsymbol{y}_{1\times n}(\boldsymbol{A}_{n\times m})^{+}$ 是所有可行解中正向变换结果 $\hat{\boldsymbol{x}}_{1\times m}\boldsymbol{A}_{m\times n}$ 与向量 $\boldsymbol{y}_{1\times n}$ 最靠近的解。

注

关于更靠近向量空间原点多采用欧氏距离来度量，欧氏距离具体定义详见第2章。

1.17 二次型与正定矩阵

在初等数学里，我们都学过二次函数。对于矩阵，考虑如下情景：给定任意 n 阶方阵 $\boldsymbol{A}$，以及长度同样为 n 的描述任意待观测对象的特征行向量 $\boldsymbol{x}$，则 $\boldsymbol{xAx}^{\mathrm{T}}=\sum\limits_{i=1}^{n}\sum\limits_{j=1}^{n}A_{i,j}x_ix_j$

可视作n个自变量$x_1, x_2, \cdots, x_n$构成的二次齐次函数，称作二次型。更一般地，若$\boldsymbol{A}$为对称阵，即$A_{i,j}=A_{j,i}$，则$\boldsymbol{xAx}^{\mathrm{T}}$可改写为$\boldsymbol{xAx}^{\mathrm{T}}=\sum_{i=1}^{n}A_{i,i}x_i^2+2\sum_{i=1}^{n}\sum_{j=i+1}^{n}A_{i,j}x_ix_j$。由于$x_ix_j=x_jx_i$，不难证明，任意的二次型函数均可改写为向量与对称阵的内积形式。鉴于实对称阵具有许多有用性质，通常采用实对称阵表示二次型，并将这样的矩阵称作二次型矩阵。具体地，给定n阶单位阵$\boldsymbol{E}_n$，则$\boldsymbol{xE}_n\boldsymbol{x}^{\mathrm{T}}=1$可视作$n$维空间中的单位超球。将单位阵$\boldsymbol{E}_n$部分非零元素修改为大于0且不等于1的值构成新二次型矩阵$\boldsymbol{B}$，则$\boldsymbol{xBx}^{\mathrm{T}}=1$与$n$维空间中一个超椭球对应。进一步地，若对角线上非零元素中部分元素为负数，则二次型对应n维空间中的超双曲面。

若二次型中只包含平方项，则称其为标准型。进一步地，若标准型中的平方项系数只在-1、0、1之间取值，则称其为规范型。将二次型变换为规范型的过程，称作二次型的规范化。由前文可知，二次型矩阵为实对称矩阵。因此，给定任意二次型矩阵$\boldsymbol{A}$，总存在其特征分解$\boldsymbol{A}=\boldsymbol{Q\Lambda Q}^{\mathrm{T}}$。其中，$\boldsymbol{Q}$为单位特征向量构成的正交阵，$\boldsymbol{\Lambda}$为对应特征值为对角元素构成的对角阵。对应的二次型可改写为$\boldsymbol{xAx}^{\mathrm{T}}=\boldsymbol{xQ\Lambda Q}^{\mathrm{T}}\boldsymbol{x}^{\mathrm{T}}$。显然，若令$\boldsymbol{y}=\boldsymbol{xQ}$，则二次型可进一步改写为$\boldsymbol{xAx}^{\mathrm{T}}=\boldsymbol{y\Lambda y}^{\mathrm{T}}$。由于$\boldsymbol{\Lambda}$为矩阵$\boldsymbol{A}$的特征值为对角元素构成的对角阵，所以$\boldsymbol{y\Lambda y}^{\mathrm{T}}$为以行向量$\boldsymbol{y}=\boldsymbol{xQ}$中元素平方项构成的标准型。需要指出的是，该标准型中二次平方项的系数为矩阵$\boldsymbol{A}$的特征值。进一步地，令$\boldsymbol{z}=\boldsymbol{y}\,\mathrm{diag}(\lambda_1, \lambda_2, \cdots, \lambda_n)$，其中，$\lambda_1, \lambda_2, \cdots, \lambda_n$为矩阵$\boldsymbol{A}$的特征值，且与正交阵$\boldsymbol{Q}$中列向量一一对应，则二次型$\boldsymbol{zE}_n\boldsymbol{z}^{\mathrm{T}}=\boldsymbol{zz}^{\mathrm{T}}$为规范型。

考虑$n=1$时的情形，此时二次型矩阵$\boldsymbol{A}$只有一个元素$A_{1,1}$，待观测对象的特征向量也只包含一个元素，即$\boldsymbol{x}=[x_1]$，则二次型$\boldsymbol{xAx}^{\mathrm{T}}=A_{1,1}x_1^2$。显然，若$A_{1,1}>0$，则对于任意非0实数$x_1$，二次型$\boldsymbol{xAx}^{\mathrm{T}}>0$恒成立；若$A_{1,1}\geqslant 0$，则对于任意非0实数$x_1$，二次型$\boldsymbol{xAx}^{\mathrm{T}}\geqslant 0$恒成立；若$A_{1,1}<0$，则对于任意非0实数$x_1$，二次型$\boldsymbol{xAx}^{\mathrm{T}}<0$恒成立。类似地，考虑$n>1$的情形，对于非全部分量均为0的特征向量$\boldsymbol{x}=[x_1, x_2, \cdots, x_n]$，若二次型$\boldsymbol{xAx}^{\mathrm{T}}>0$恒成立，则称$\boldsymbol{A}$为正定矩阵；若二次型$\boldsymbol{xAx}^{\mathrm{T}}\geqslant 0$恒成立，则称$\boldsymbol{A}$为半正定矩阵；若二次型$\boldsymbol{xAx}^{\mathrm{T}}<0$恒成立，则称$\boldsymbol{A}$为负定矩阵；若二次型$\boldsymbol{xAx}^{\mathrm{T}}\leqslant 0$恒成立，则称$\boldsymbol{A}$为半负定矩阵。由二次型的标准化可知，$\boldsymbol{xAx}^{\mathrm{T}}=\boldsymbol{y\Lambda y}^{\mathrm{T}}$。其中，$\boldsymbol{\Lambda}$为矩阵$\boldsymbol{A}$的特征值为对角元素构成的对角阵。行向量$\boldsymbol{y}=\boldsymbol{xQ}$且$\boldsymbol{Q}$为单位特征向量构成的正交阵。因此，对于任意特征向量$\boldsymbol{x}$，若使得$\boldsymbol{xAx}^{\mathrm{T}}>0$恒成立，等价于对于任意特征向量$\boldsymbol{y}$，不等式$\boldsymbol{y\Lambda y}^{\mathrm{T}}>0$恒成立。也就是说，正定矩阵的特征值均为正数。类似地，负定矩阵的特征值均为负数。由于矩阵的行列式等于特征值的乘积，所以正定矩阵的行列式为正数。也就是说，正定矩阵均可逆。另外需要指出的是，正定矩阵的顺序主子式均大于0。这是因为，若矩阵$\boldsymbol{A}$为正定矩阵，则其可分块为$\boldsymbol{A}=[[\boldsymbol{A}^{(1,1)}, \boldsymbol{A}^{(2,1)}]^{\mathrm{T}}, [\boldsymbol{A}^{(1,2)}, \boldsymbol{A}^{(2,2)}]^{\mathrm{T}}]$。设非零向量$\boldsymbol{x}=[\boldsymbol{u}, \boldsymbol{0}]$，其中，两个分量的长度满足与分块后矩阵$\boldsymbol{A}$的内积运算要求。易得$\boldsymbol{xAx}^{\mathrm{T}}=\boldsymbol{uA}^{(1,1)}\boldsymbol{u}^{\mathrm{T}}>0$。有必要说明的是，对于半正定矩阵，以上结论仍然成立。

给定任意n阶实对称矩阵$\boldsymbol{A}$，以及长度同样为n的描述任意待观测对象的特征行向量$\boldsymbol{x}$，记$\boldsymbol{y}=\boldsymbol{xA}$，则$\boldsymbol{xAx}^{\mathrm{T}}\geqslant 0$等价于$\boldsymbol{yx}^{\mathrm{T}}\geqslant 0$。也就是说，行向量$\boldsymbol{y}$与行向量$\boldsymbol{x}$的内积$<\boldsymbol{x}, \boldsymbol{y}>\geqslant 0$。此时，行向量$\boldsymbol{y}$与行向量$\boldsymbol{x}$的夹角小于或等于90°。也就是说，二次型实对

称矩阵 $\boldsymbol{A}$ 将一个向量 $\boldsymbol{x}$ 线性变换为与其夹角小于或等于 90°的向量 $\boldsymbol{y}$。类似地，$\boldsymbol{xAx}^{\mathrm{T}}<0$ 等价于 $\boldsymbol{yx}^{\mathrm{T}}<0$。也就是说，行向量 $\boldsymbol{y}$ 与行向量 $\boldsymbol{x}$ 的内积 $<\boldsymbol{x},\boldsymbol{y}><0$。此时，行向量 $\boldsymbol{y}$ 与行向量 $\boldsymbol{x}$ 的夹角大于 90°。二次型实对称矩阵 $\boldsymbol{A}$ 将一个向量 $\boldsymbol{x}$ 线性变换为与其夹角大于 90°的向量 $\boldsymbol{y}$。二次型与正定矩阵在人工智能算法中很常见。例如，对于支持向量机（Support Vector Machine，SVM）算法，其目标为在不等式限制条件下，优化二次型 $\boldsymbol{wEw}^{\mathrm{T}}$。其中，$\boldsymbol{w}$ 为与待观测对象特征向量长度相等的超平面权重系数。

1.18 张　　量

前文分别介绍了标量、向量、矩阵的定义，以及各种量对应的运算法则与特性。实际上，它们均是另外一种量的特殊形式。这一具有更普适意义的量，称作张量。那么，什么是张量呢？张量是对不随坐标系变化而变化的几何对象的描述。例如，对于任意给定的用于表达待观测对象属性的特征向量 $\boldsymbol{x}$，大小和方向是区分它与其他向量的依据。实际上，向量的大小与方向是不随坐标系的变化而变化的。但是在不同的坐标系下，用于表示同一向量的坐标值可能不同，并且每一个坐标值与一个基向量对应，表示在该基向量尺度下，这一基向量方向上的分量大小。不论构成坐标系的基向量是正交的、非正交的，亦或是由其他基向量组经过旋转、平移、拉伸得到的，它们改变的只是同一特征向量的分量值。将这些分量值与其对应的基向量看作一个整体，则其表示的均为同一特征向量。显然，用于表达待观测对象属性的特征向量只与一组基向量相关，称作一阶张量。类似地，由于标量没有方向信息，与基向量无关，将其称作零阶张量。进一步地，若将矩阵的行向量看作由一组基向量下的量化值构成，将矩阵的列向量看作同一组或另一组基向量下的量化值构成，则矩阵可视作二阶张量。

小　　结

本章对人工智能领域涉及的向量与矩阵分析相关数学基础进行了详细介绍。现对本章核心内容总结如下。

（1）向量是具有大小和方向属性的量。

（2）满足一定规则的前提下，向量可进行转置、加法、乘法运算。

（3）有些向量相互间具有线性关系，称作线性相关。

（4）矩阵由多个同维度的行向量或列向量构成。

（5）满足一定规则的前提下，矩阵可进行转置、加法、乘法运算。

（6）与矩阵进行内积乘法运算后，只改变大小、不改变方向的向量，称作该矩阵的特征向量；该向量大小缩放的倍数，称作对应特征向量的特征值。

（7）矩阵行向量或列向量中极大无关组中向量的个数，分别称作矩阵的行秩、列秩。

（8）满秩方阵可逆。非方阵或不满秩方阵可求其伪逆。

（9）矩阵的转置、加法、乘法、求逆运算均可分块进行。

（10）若有可逆矩阵 $\boldsymbol{P}$，使得 n 阶方阵 $\boldsymbol{A}$ 与 $\boldsymbol{B}$ 存在如下关系：$\boldsymbol{B}=\boldsymbol{PAP}^{-1}$，则称 $\boldsymbol{A}$ 与 $\boldsymbol{B}$

相似。相似矩阵的对角线元素和一定相等。矩阵对角线元素的和，称作矩阵的迹。

(11) 满足一定要求的前提下，可对矩阵进行 ***LU*** 分解、特征分解、奇异值分解，以帮助我们发现蕴含于矩阵中的不变性。

习　　题

(1) 试计算全 0、全 1、单位二阶方阵的特征值与特征向量。

(2) 给出 $(\boldsymbol{A}+\boldsymbol{B})^{\mathrm{T}}=\boldsymbol{A}^{\mathrm{T}}+\boldsymbol{B}^{\mathrm{T}}$ 的证明过程。

(3) 给定超平面方程 $\boldsymbol{w}\boldsymbol{x}^{\mathrm{T}}+w_0=0$，试证明 $\boldsymbol{w}$ 为该平面的法向量。

(4) 试证明若矩阵 $\boldsymbol{A}$ 为正交阵，则 $\boldsymbol{A}^{-1}=\boldsymbol{A}^{\mathrm{T}}$。

(5) 已知特征向量[1,2,0,1,3,2,1]，试回答如下问题：

① 试将其单位化；

② 计算其与[1,1,4,2,3,2,0]的内积；

③ 计算其与[1,3,5,4]的外积。

(6) 若 $\boldsymbol{A}$ 是对称正定阵，试证明：

① 其逆矩阵也是对称阵；

② 其逆矩阵也是正定阵。

(7) 给定向量 $x_1=[1,1]$、$x_2=[0,1]$、$x_3=[-1,1]$，试回答如下问题：

① 试证明其是线性相关的；

② 试证明它们两两之间均是线性无关的；

③ 试证明对于二维空间任意元素，均可用它们两两组合的任一方式唯一表达。

(8) 已知对于任意 n 阶方阵 $\boldsymbol{A}$，若存在 n 维非零行向量 $\boldsymbol{x}$ 和非零实数 λ，使得等式 $\boldsymbol{x}\boldsymbol{A}=\lambda\boldsymbol{x}$ 成立，则称 $\boldsymbol{x}$ 为 $\boldsymbol{A}$ 的特征向量，λ 为与 $\boldsymbol{x}$ 对应的特征值。给定矩阵

$$B=\begin{bmatrix}\sqrt{3} & 1\\ -1 & \sqrt{3}\end{bmatrix}$$

试回答以下问题：

① 试求矩阵 $\boldsymbol{B}$ 的特征值和特征向量；

② 若矩阵 $\boldsymbol{B}$ 不存在特征值与特征向量，试分析原因；若存在，试验证不同特征向量是否正交。

(9) 试将如下二次型改写为对称阵的形式：

$$[x_1,x_2]\begin{bmatrix}2 & 2\\ 1 & 1\end{bmatrix}[x_1,x_2]^{\mathrm{T}}$$

(10) 已知

$$\boldsymbol{A}=\begin{bmatrix}1 & 2 & 3\\ 2 & 4 & 5\end{bmatrix},\quad \boldsymbol{B}=\begin{bmatrix}1 & 2\\ 2 & 1\\ 3 & 2\end{bmatrix}$$

① 试计算矩阵 $\boldsymbol{A}$ 与 $\boldsymbol{B}$ 的内积，并将其写成矩阵外积的形式；

② 试求矩阵 $\boldsymbol{A}$ 的行秩与列秩。

(11) 已知距离矩阵

$$\boldsymbol{D}=\begin{bmatrix}0 & 2 & 3\\ 2 & 0 & 5\\ 3 & 5 & 0\end{bmatrix}$$

试求 MDS 降维后的内积矩阵 $\boldsymbol{B}$。

参考文献

[1] 同济大学数学系. 工程数学线性代数[M]. 7版. 北京：高等教育出版社，2014.
[2] Roger A H，Charles R J.矩阵分析[M]. 2版. 张明尧，张凡，译. 北京：机械工业出版社，2014.
[3] 张雨萌. 机器学习线性代数基础 Python 语言描述[M]. 北京：北京大学出版社，2019.
[4] Steven J L.线性代数[M]. 9版. 张文博，张丽静，译. 北京：机械工业出版社，2015.
[5] 平冈和幸，堀玄. 程序员的数学线性代数[M]. 卢晓南，译. 北京：人民邮电出版社，2016.
[6] 唐宇迪，李琳，侯惠芳，等. 人工智能数学基础[M]. 北京：北京大学出版社，2020.
[7] 张晓明. 人工智能基础数学知识[M]. 北京：人民邮电出版社，2020.

第2章

相似性度量

对待观测样本进行比较是数据驱动的人工智能成功的关键。这也是人类对现实世界智能理解的基础。如第1章所述,通常从多个角度对待观测样本的特征进行抽取,从而得到用于描述该样本的特征向量。那么,特征向量之间的对比就显得尤为重要。对比的根本是发现不同样本间的差别,或者说是要评定不同样本的相似程度。本章重点介绍可用于评定不同待观测样本相似程度的度量方法。

2.1 相似性度量的重要性

数据驱动的人工智能方法分为两类,一类是按设定规则直接将待观测样本划分为不同的类别,另一类是从历史数据中总结发现规律,并将其应用于预测新观测样本。前者的本质就是物以类聚、人以群分的思想。显然,将男人归类为女人,或者将母鸡划分为鸭子是明显的错误。其根本原因在于,男人与女人在许多体征上是明显不同的,母鸡与鸭子在外形上也有明显的不同。也就是说,男人与女人或母鸡与鸭子相似度很低。划分结果应该保证类内样本相似度较高、类间样本相似度较低。后者的出发点也十分朴素,就是在历史数据中通过特征向量的比对寻找相似样本,再将相似样本的已知标记值用于预测待观测样本的标记值。

k 邻近法是从历史数据中发现与待观测样本最相似的 k 个样本,并将其应用于预测新观测样本的典型代表。对于离散型分类任务,预测结果采用这 k 个样本中占比最多的类别。对于连续型回归任务,预测结果一般定义为这 k 个样本已知标记值的加权平均,权重值通常与相似度成正比关系。只不过这里的历史"规律"就是对历史数据的简单记忆。归属为第二类人工智能方法的另一个例子是线性回归模型。给定描述 m 个样本特征的向量集合 $\{\boldsymbol{x}_1,\boldsymbol{x}_2,\cdots,\boldsymbol{x}_m\}$,其中,$\boldsymbol{x}_i=[x_{i,1},x_{i,2},\cdots,x_{i,n}]$。各样本对应的已知标记值为 $\{y_1,y_2,\cdots,y_m\}$。线性模型试图构造函数 $f(\boldsymbol{x})=\boldsymbol{w}[\boldsymbol{x},1]^{\mathrm{T}}$,其中,$\boldsymbol{w}$ 为 $n+1$ 维行向量,$\boldsymbol{x}$ 为 n 维行向量,使得 $f(\boldsymbol{x}_i)\approx y_i$ 对任意的 $i\in\{1,2,\cdots,m\}$ 均成立。这相当于对所有样本最小化均方误差 $(y_i-f(\boldsymbol{x}_i))^2$。记 $\widetilde{\boldsymbol{x}}_i=[\boldsymbol{x}_i,1]^{\mathrm{T}}$ 且 $X=[\widetilde{\boldsymbol{x}}_1,\widetilde{\boldsymbol{x}}_2,\cdots,\widetilde{\boldsymbol{x}}_m]$,对所

有样本最小化均方误差等价于最小化$\sum_{i=1}^{m}(y_i-\boldsymbol{w}[\boldsymbol{x}_i,1]^{\mathrm{T}})^2=(\boldsymbol{y}-\boldsymbol{wX})(\boldsymbol{y}-\boldsymbol{wX})^{\mathrm{T}}$，其中，$\boldsymbol{y}=[y_1,y_2,\cdots,y_m]$。不难证明，此函数是凸的，且在 $\boldsymbol{w}=(\boldsymbol{yX}^{\mathrm{T}})(\boldsymbol{XX}^{\mathrm{T}})^{-1}=\sum_{i=1}^{m}y_i\tilde{\boldsymbol{x}}_i(\boldsymbol{XX}^{\mathrm{T}})^{-1}$ 处存在唯一极小值。不难理解，$\boldsymbol{w}$ 即是线性模型从 m 个样本中所总结发现规律的隐式表达。对于待预测样本的特征向量 $\tilde{\boldsymbol{x}}=[\boldsymbol{x},1]$，其预测值 $f(\tilde{\boldsymbol{x}})=w\tilde{x}^{\mathrm{T}}=\sum_{i=1}^{m}y_i(\tilde{\boldsymbol{x}}_i(\boldsymbol{XX}^{\mathrm{T}})^{-1}\tilde{\boldsymbol{x}}^{\mathrm{T}})$。显然，设 $\boldsymbol{A}=(\boldsymbol{XX}^{\mathrm{T}})^{-1}$，则 $\tilde{\boldsymbol{x}}_i(\boldsymbol{XX}^{\mathrm{T}})^{-1}\tilde{\boldsymbol{x}}^{\mathrm{T}}=\tilde{\boldsymbol{x}}_i\boldsymbol{A}\tilde{\boldsymbol{x}}^{\mathrm{T}}$ 为一个二次型。考虑矩阵的线性变换特性，此二次型相当于对待预测样本的特征向量先采用 $\boldsymbol{A}$ 进行线性变换，再与 $\tilde{\boldsymbol{x}}_i$ 计算向量内积。由第 1 章关于向量内积的介绍，可知向量内积结果可用于评定它们之间的相似性。不难发现，预测值是以与已知标记值样本的相似度作为权重的已知标记值的加权均值。

综上，在数据驱动的人工智能方法中，相似性度量对新样本标记值的预测起关键作用。

> 注
>
> 更多关于集合的知识，详见 3.1 节。关于函数凸性与极值的内容详见 3.3.5 节。

2.2 相似性度量的多样性

不难理解，样本相似性越强，则其相互之间的差别越小；相似性越弱，则差别越大。换言之，相似性可用差别来度量。实际上，相似性与差别可视作强度相反的两类度量。在人工智能领域，样本的差别通常用二者的差距来描述，并且将用于评定差距的度量，称作距离。不难理解，两个标量的差别可用它们的差来度量。因为它的差仍然为一个标量值，可以直接比较大小。直观地，如图 2-1(a)所示，差值越接近于 0，两个标量值越相似，差别越小。与 x_1 相比，x_2 距离原点更近，它们之间的坐标差更小。也就是说，与 x_1 相比，x_2 与原点更相似。但是，对于向量，情况要复杂得多。根本原因在于如 1.4 节所述，两个向量的差仍为一个维度相同的向量。如图 2-1(b)所示，由于由多个分量构成，向量之间大小的比较存在多种可能。这好比日常生活中，为完成从 A 地到 B 地的出差任务，采用步行、骑行、驾车、火车、飞机所途径的距离是不一样的。实际应用中，根据具体需求，选择合理的度量方法，才能得到想要的结果。需要指出的是，图 2-1(b)采用不同线型区分不同的相似性度量方式。有必要说明的是，若不考虑向量的长度，或者向量长度均已单位化处理时，则向量夹角可用于度量其相似性。也就是说，样本特征向量的差不是用于评定样本相似度的唯一手段。有必要说明的是，图 2-1 只是给出了标量的相似性度量以及二维向量相似性度量的几个示例，而人工智能领域涉及的样本特征向量维度更高。接下来将分别介绍人工智能领域中被广泛用于评定样本相似性的度量方法。

虽然可用于评定样本相似性的度量种类较多。但是，与之对应的可用于相似性评定的距离函数 d 一般需要满足以下约束条件。

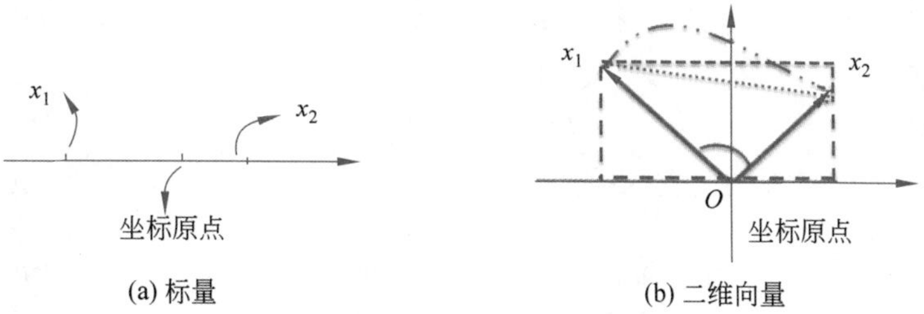

图 2-1　相似性度量的多样性

(1) 该函数为二元函数。也就是说，距离函数有两个自变量 $\boldsymbol{x}$、$\boldsymbol{y}$ 作为输入。

(2) 该函数的输出为非负实数值。也就是说，对于描述任意两个待评定样本的特征向量 $\boldsymbol{x}$、$\boldsymbol{y}$，不等式 $d(\boldsymbol{x},\boldsymbol{y})\geqslant 0$ 恒成立。

(3) 该函数可用于量化评定输入样本的相似性。并且需要保证距离越小，两个输入自变量对应的观测样本越相似；距离越大，两个输入自变量对应的观测样本差别越明显。

(4) 任意待评定样本与自己最相似，距离为 0。也就是说，给定任意用于描述待评定样本的特征向量 $\boldsymbol{x}$，有 $d(\boldsymbol{x},\boldsymbol{x})=0$ 恒成立。

(5) 函数值与二元自变量的输入次序无关。也就是说，对于描述任意两个待评定样本的特征向量 $\boldsymbol{x}$、$\boldsymbol{y}$，等式 $d(\boldsymbol{x},\boldsymbol{y})=d(\boldsymbol{y},\boldsymbol{x})$ 恒成立。

(6) 该函数满足三角形定理。也就是说，对于描述任意三个待评定样本的特征向量 $\boldsymbol{x}$、$\boldsymbol{y}$、$\boldsymbol{z}$，不等式 $d(\boldsymbol{x},\boldsymbol{y})+d(\boldsymbol{y},\boldsymbol{z})\geqslant d(\boldsymbol{x},\boldsymbol{z})$ 恒成立。

2.3　闵氏距离

闵可夫斯基距离(Minkowski Distance)又称闵氏距离，以俄裔德国数学家闵可夫斯基命名。对于描述任意两个待评定样本的特征向量 $\boldsymbol{x}=[x_1,x_2,\cdots,x_n]$，$\boldsymbol{y}=[y_1,y_2,\cdots,y_n]$，闵氏距离 $d_{闵}$ 定义为

$$d_{闵}(\boldsymbol{x},\boldsymbol{y})=\left(\sum_{i=1}^{n}|x_i-y_i|^p\right)^{\frac{1}{p}} \tag{2-1}$$

其中，$|*|$ 为取绝对值运算符；$p>0$ 为可变参数，称作闵可夫斯基距离的阶数。不难发现，闵可夫斯基距离的取值范围为 0～$+\infty$ 的左闭右开区间，记作 $[0\to+\infty)$。显然，由于可变参数 p 的存在，闵可夫斯基距离不是一种距离，而是一组距离的概括性表述。可变参数取特定值时，闵可夫斯基距离与某一种具体距离对应。为便于理解，图 2-2 给出可变参数 p 取 4 种不同值时，闵可夫斯基距离为 1 的二维点集构成的图案。

> **注**
>
> ①与 1.22 节类似，$*$ 代表满足运算规则的任意变量，读者需要注意的是，第 6 章中将 $*$ 定义为卷积运算符；②更多关于区间的内容详见 3.2 节。

不难发现，闵可夫斯基距离将特征向量的分量量纲等同看待。例如，用二维特征向量描述不同人的生理特性，其中，第 1 个维度为身高(单位为 cm)，第 2 个维度为体重(单位

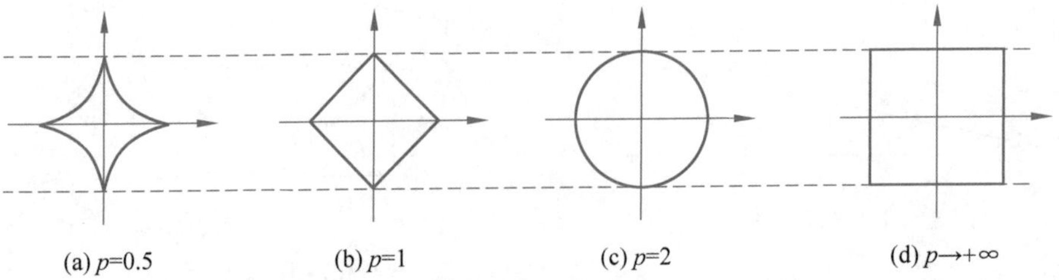

图 2-2 到原点的闵可夫斯基距离为 1 的点集构成的图案

为 kg)。由式(2-1)的定义可得,特征向量 $\boldsymbol{x}=[175,75]$ 与 $\boldsymbol{y}=[170,75]$ 之间的闵可夫斯基距离为 5,而特征向量 $\boldsymbol{x}=[175,75]$ 与 $\boldsymbol{y}=[175,70]$ 之间的闵可夫斯基距离也为 5。但是,前者是相差 5cm,后者是相差 5kg。严格地来说,量纲不同时,二者不可直接比较。需要指出的是,分别将各分量映射到 0~1 的闭区间上可从一定程度上"消除"量纲差异对闵可夫斯基距离的影响。另外,虽然闵可夫斯基距离的定义比较直观,易于理解,但是它明显与被评定样本特征向量的分布特性无关。不难证明,在距离的计算上,小范围内分布(方差小)的分量会被大范围内分布(方差大)的分量淹没。因此,为了保证各分量对距离值贡献度的均衡性,通常对各分量进行"标准化"处理。常用的"标准化"处理方法首先假定两个特征向量的分量值相互独立,并且服从同一类型的概率分布,只是各自的控制参数取值大不相同。其次,用特征向量的分量值估计各自的控制参数。最后,以某一组参数为基准,通过平移、缩放操作将特征向量变换到各自分量服从该组参数控制的分布模型下。分别求得各组控制参数后,将各特征分量变换到服从同一组参数控制的概率分布模型下。

注

方差与概率分布相关内容详见第 4 章;更多关于"标准化"处理的详细内容见第 7 章。

需要指出的是,当 $0<p<1$ 时,闵可夫斯基距离不再满足 2.2 节给出的三角形定理。考虑 $p=0.5$ 的情况,假设 $n=2$,若 $\boldsymbol{x}=[0,0]$、$\boldsymbol{y}=[1,0]$、$\boldsymbol{z}=[1,1]$,则 $d_{闵}(\boldsymbol{x},\boldsymbol{z})=(1^{0.5}+1^{0.5})^2=4$、$d_{闵}(\boldsymbol{x},\boldsymbol{y})=(1^{0.5}+0^{0.5})^2=1$、$d_{闵}(\boldsymbol{y},\boldsymbol{z})=(0^{0.5}+1^{0.5})^2=1$。显然,$d_{闵}(\boldsymbol{x},\boldsymbol{y})+d_{闵}(\boldsymbol{y},\boldsymbol{z})=2<d_{闵}(\boldsymbol{x},\boldsymbol{z})=4$。由上文可知,闵可夫斯基距离定义的是一组由阶数 p 控制的距离的普适表达。当 p 取某些特定值时,闵可夫斯基距离度量有特别的意义。接下来将分别介绍 p 取三个特定值时的闵可夫斯基距离。

2.3.1 曼哈顿距离

当 $p=1$ 时,对于描述任意两个待评定相似度样本的特征向量 $\boldsymbol{x}=[x_1,x_2,\cdots,x_n]$,$\boldsymbol{y}=[y_1,y_2,\cdots,y_n]$,闵氏距离 $d_{闵}$ 可改写为

$$d_{曼}(\boldsymbol{x},\boldsymbol{y})=\left(\sum_{i=1}^{n}|x_i-y_i|\right) \tag{2-2}$$

由以上定义不难发现,此时两个特征向量之间的距离等于它们各分量差的绝对值的和。也就是说,此时的距离是特征空间中两点在坐标轴上的绝对轴距之和。因此,一阶闵

可夫斯基距离又称作绝对值距离。考虑 $n=2$ 的情形，假设某人从特征平面中某一特征向量位置 $\boldsymbol{x}=[x_1,x_2]$，走到另一特征向量位置 $\boldsymbol{y}=[y_1,y_2]$，他可以先沿第 1 个分量行走，直到此分量值与第 2 个特征向量的对应分量 y_1 相等；再沿第 2 个分量行走，直到到达 $\boldsymbol{y}$ 点。也可两个分量方向交替进行，每次保证当前分量值均未超过目的分量值，并且需要保证最终到达 $\boldsymbol{y}$ 点。虽然行走的路线不同，但是行走的距离相等。这与在街道从 A 点沿最近路径走到 B 点的情形十分相似。因此，$p=1$ 时的闵氏距离又称作街区距离。进一步地，以纽约曼哈顿街区为名，将此时的距离称作曼哈顿距离（Manhattan Distance）。

2.3.2　欧氏距离

当 $p=2$ 时，对于描述任意两个待评定相似度样本的特征向量 $\boldsymbol{x}=[x_1,x_2,\cdots,x_n]$，$\boldsymbol{y}=[y_1,y_2,\cdots,y_n]$，闵氏距离 $d_{闵}$ 可改写为

$$d_{欧}(\boldsymbol{x},\boldsymbol{y})=\sqrt{\sum_{i=1}^{n}(x_i-y_i)^2} \tag{2-3}$$

显然，这与我们接触的多数几何学中空间任意两点间直线距离的定义一致。由于我们接触的几何学多为欧氏几何，以上距离是定义在欧氏几何空间中的，称作欧氏距离（Euclidean Distance，欧几里得距离）。不难发现，若记 $\boldsymbol{x}-\boldsymbol{y}=[x_1-y_1,x_2-y_2,\cdots,x_n-y_n]$，则式(2-3)可进一步改写为 $d_{欧}=\sqrt{(\boldsymbol{x}-\boldsymbol{y})(\boldsymbol{x}-\boldsymbol{y})^{\mathrm{T}}}=\sqrt{\boldsymbol{x}\boldsymbol{x}^{\mathrm{T}}-2\boldsymbol{x}\boldsymbol{y}^{\mathrm{T}}+\boldsymbol{y}\boldsymbol{y}^{\mathrm{T}}}$。需要指出的是，特征向量 $\boldsymbol{x}=[x_1,x_2,\cdots,x_n]$，$\boldsymbol{y}=[y_1,y_2,\cdots,y_n]$之间的欧氏距离通常也记作 $\|\boldsymbol{x}-\boldsymbol{y}\|_2$ 或简记作 $\|\boldsymbol{x}-\boldsymbol{y}\|$。

> **注**
>
> $\|\boldsymbol{x}-\boldsymbol{y}\|_2$ 也称作向量 $\boldsymbol{x}-\boldsymbol{y}$ 的 2-范数。关于范数的定义及更多内容详见第 7 章。

2.3.3　切比雪夫距离

当 $p\to\infty$ 时，对于描述任意两个待评定相似度样本的特征向量 $\boldsymbol{x}=[x_1,x_2,\cdots,x_n]$，$\boldsymbol{y}=[y_1,y_2,\cdots,y_n]$，闵氏距离 $d_{闵}$ 可改写为

$$d_{切}(\boldsymbol{x},\boldsymbol{y})=\lim_{p\to\infty}\left(\sum_{i=1}^{n}|x_i-y_i|^p\right)^{\frac{1}{p}}=\max_{i=\{1,2,\cdots,n\}}|x_i-y_i| \tag{2-4}$$

此时的闵可夫斯基距离，称作切比雪夫距离（Chebyshev Distance）。为便于理解，考虑二维特征空间中任意两点 A 与 B 之间的切比雪夫距离。假设某人从 A 点出发，每次可以走到与当前坐标位置相邻的任意位置（包括对角线方向），则切比雪夫距离定义为走到 B 点时，行人最少走了多少步。

2.3.4　曼-切转换

由以上介绍不难发现，图 2-2(b)～图 2-2(d)分别与曼哈顿距离、欧氏距离、切比雪夫

距离对应。特别地，需要指出的是，由图 2-2(b)和图 2-2(d)可以看出，同样大小的曼哈顿距离与切比雪夫距离的点集构成的图案具有相似性。实际上，曼哈顿距离与切比雪夫距离相等点集可相互转换，并且二者的转换过程为线性变换。如图 2-3 所示，以二维为例，距离同为 d 的曼哈顿与切比雪夫点集可由旋转和缩放进行转换。由曼哈顿到切比雪夫的旋转矩阵为 $\boldsymbol{A}=[\sqrt{2}/2,-\sqrt{2}/2;\sqrt{2}/2,\sqrt{2}/2]$，缩放矩阵为 $\boldsymbol{B}=[\sqrt{2},0;0,\sqrt{2}]$。对于相对于原点的曼哈顿距离为 d 的特征向量 $\boldsymbol{x}=[x_1,x_2]$，其与相对于原点的切比雪夫距离为 d 的特征向量 $\boldsymbol{y}=[y_1,y_2]$一一对应，并且 $\boldsymbol{y}=\boldsymbol{xAB}$。

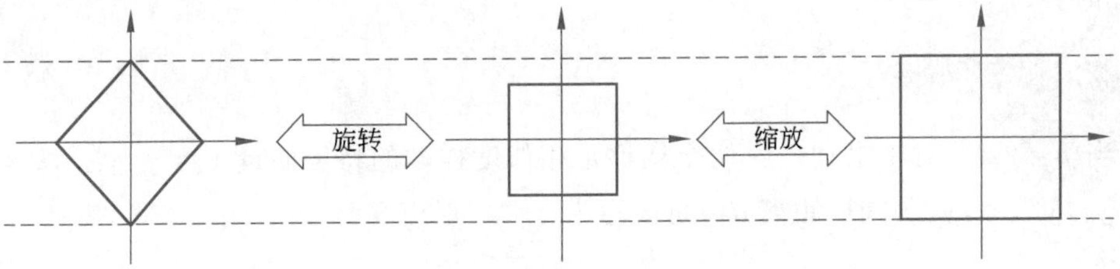

图 2-3 曼哈顿距离与切比雪夫距离相等点集间的线性变换关系

2.4 马氏距离

由前文介绍可知，闵可夫斯基距离不具备量纲区分度。归一化处理可“消除”量纲差异对闵可夫斯基距离的影响。但是，特征向量的数据分布特性对人工智能处理结果的影响在闵氏距离的计算中并未体现出来。如图 2-4 所示，沿横轴方向，特征向量的分布范围更大；沿纵轴方向，特征向量的分布范围更小。显然，坐标原点的零向量归为空心圆数据类别是可以理解的。但是，图中 A、B 点与原点的闵氏距离相等。就闵氏距离来说，它们与原点的相似度一样大，无法实现有效区分。但是，由图中数据分布特性不难发现，与 A 点相比，B 点更应该归类为与图中空心圆数据相同的类别。有必要说明的是，如图 2-4 所示，这一结论从以下现象可直观得出：B 点沿横轴和纵轴投影后均落入投影后的数据分布区域内；沿横轴投影时，A 点落入投影数据区域内；沿纵轴投影时，A 点落入投影数据区域外。

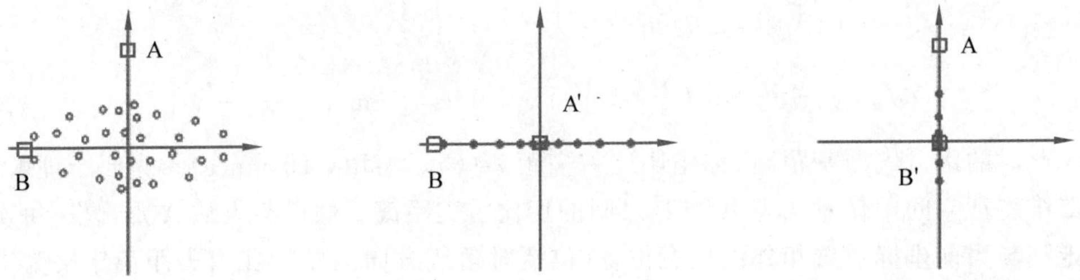

(a) 二维特征向量的分布性 (b) 沿横轴投影 (c) 沿纵轴投影

图 2-4 闵氏距离无法体现特征向量的数据分布特性

2.4.1 维度相关问题

如前文所述，特征向量的“标准化”处理可均衡化各特征分量对闵氏距离的贡献度。“标准化”处理方法通常将特征向量各分量视作独立的服从同一分布特性的数据，计算各分量的分布特性控制参数，并将所有分量变换到同一控制参数的数据分布模型下。这里存在一个问题：特征分量一定是相互独立的吗？有相关性的应如何处理？如图 2-5 所示，由各分量的控制参数将图 2-4 中的二维特征向量的两个分量分别映射成同一组参数控制的数据分布后，沿两个分量方向投影后数据分布特征保持一致，但是二维特征向量中两个分量并不具备独立性，而是线性相关的。图中 C、D 两点到原点的闵氏距离相等，并且沿任一特征分量方向投影后仍无法对 C、D 两点对应的特征向量进行有效区分。

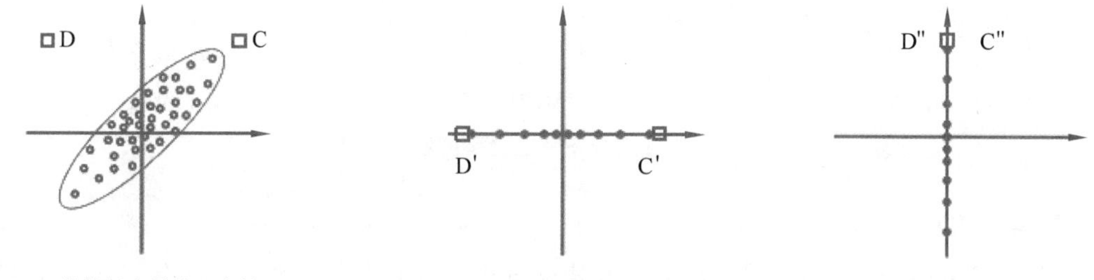

(a) 二维特征向量的分布性　(b) 沿横轴投影　(c) 沿纵轴投影

图 2-5　闵氏距离无法体现非独立分布特征向量分量值的分布特性

2.4.2 独立化处理

若能消除特征分量间的线性相关性，则以上问题得以解决，仍可采用闵氏距离来度量特征向量之间的相似性。消除特征分量间的线性相关性，就是要保持特征分量相互之间线性不相关。也就是说，要使得保留单个分量值其他分量为 0 的向量相互正交。显然，为实现以上目的，可对待观测样本的特征向量数据集合进行旋转变换，并使得旋转之后特征向量间线性不相关，如图 2-6(b)所示。不难发现，旋转的角度等于主成分分析中特征向量与当前主轴的夹角，记旋转矩阵为 $\boldsymbol{U}$。该矩阵由 n 个长度为 n 的主成分特征行向量构成。设观测样本个数为 m，特征向量维度为 n，记 $\boldsymbol{X}=[\boldsymbol{x}_1^{\mathrm{T}},\boldsymbol{x}_2^{\mathrm{T}},\cdots,\boldsymbol{x}_m^{\mathrm{T}}]$，其中，$\boldsymbol{x}_i=[x_{i,1},x_{i,2},\cdots,x_{i,n}]$，$i=1,2,\cdots,m$，则旋转变换之后待观测样本集可用 $\boldsymbol{Y}=\boldsymbol{UX}$ 表达。需要说明的是，$\boldsymbol{U}$ 为 n 阶方阵，$\boldsymbol{X}$ 与 $\boldsymbol{Y}$ 均为 $n\times m$ 大小的矩阵，并且 $\boldsymbol{Y}=[\boldsymbol{y}_1^{\mathrm{T}},\boldsymbol{y}_2^{\mathrm{T}},\cdots,\boldsymbol{y}_m^{\mathrm{T}}]$，其中，$\boldsymbol{y}_i=[y_{i,1},y_{i,2},\cdots,y_{i,n}]$。由矩阵内积乘法可得 $\boldsymbol{y}_i^{\mathrm{T}}=\boldsymbol{Ux}_i^{\mathrm{T}}$，即 $\boldsymbol{y}_i=\boldsymbol{x}_i\boldsymbol{U}^{\mathrm{T}}$。由于主成分分析得出的特征向量相互之间正交，所以经过变换后待观测样本的特征向量中各分量相互独立。由主成分分析的原理可知，得出的特征向量方向上描述观测样本特征的向量越分散，分布范围越大，则与之对应的特征值越大。显然，二者为线性关系，假设比例为 a。记 $\bar{\boldsymbol{X}}=[\mu_1^x,\mu_2^x,\cdots,\mu_n^x]^{\mathrm{T}}$、$\bar{\boldsymbol{Y}}=[\mu_1^y,\mu_2^y,\cdots,\mu_n^y]^{\mathrm{T}}$，其中，$\mu_j^x=(1/m)\sum\limits_{i=1}^{m}x_{i,j}$、$\mu_j^y=(1/m)\sum\limits_{i=1}^{m}y_{i,j}$，则易得 $\bar{\boldsymbol{Y}}=\boldsymbol{U}\bar{\boldsymbol{X}}$。因此，$\boldsymbol{Y}-\bar{\boldsymbol{Y}}=\boldsymbol{U}(\boldsymbol{X}-\bar{\boldsymbol{X}})$。有必要说明的是，此处为矩阵与向量的减法，其定义详见 1.9 节。需要说明的是，描述观测样本特征的向量分量的分散程度，可由其与

各自对应的均值差的平方来表达。也就是说，$(\boldsymbol{Y}-\overline{\boldsymbol{Y}})(\boldsymbol{Y}-\overline{\boldsymbol{Y}})^{\mathrm{T}}=a\,\mathrm{diag}(\lambda_1,\lambda_2,\cdots,\lambda_n)$，其中，$\lambda_1,\lambda_2,\cdots,\lambda_n$ 为主成分分析得到的特征值。容易得到

$$\boldsymbol{U\Sigma U}^{\mathrm{T}}=a\,\mathrm{diag}(\lambda_1,\lambda_2,\cdots,\lambda_n) \tag{2-5}$$

其中，$\boldsymbol{\Sigma}=(\boldsymbol{X}-\overline{\boldsymbol{X}})(\boldsymbol{X}-\overline{\boldsymbol{X}})^{\mathrm{T}}$，$a$ 为不等于 0 的任意实数。因此，如图 2-6(c)所示，将描述观测样本特征的向量沿主成分特征向量方向缩小与对应主成分特征值相关的倍数，可实现数据的标准化处理。

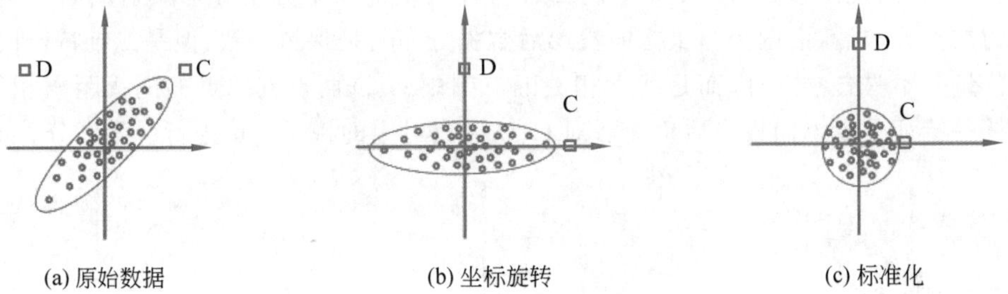

图 2-6 非独立分布特征向量的独立化处理

> **注**
>
> 有必要说明的是，不难发现，μ_j^x 为特征向量 x 第 j 维分量的样本均值。实际上，该样本均值为总体样本期望值的无偏估计。此时，$\boldsymbol{\Sigma}=(\boldsymbol{X}-\overline{\boldsymbol{X}})(\boldsymbol{X}-\overline{\boldsymbol{X}})^{\mathrm{T}}$ 为以向量分量为变量的协方差矩阵。期望、无偏估计、协方差等相关内容详见第 4 章。

2.4.3 与欧氏距离的关系

如图 2-6(c)所示，经过以上处理，描述观测样本特征的向量在各主轴方向上分布范围一致。不难理解，对于任一旋转变换之后的描述观测样本特征的新向量 $\boldsymbol{y}_i=[y_{i,1},y_{i,2},\cdots,y_{i,n}]$，标准化后的特征向量记作 $\boldsymbol{z}_i=[z_{i,1},z_{i,2},\cdots,z_{i,n}]$，其中，$z_{i,j}=(y_{i,j}-\mu_j^y)/(\sqrt{a\lambda_j})$。显然，对图 2-6(c)中的数据采用欧氏距离即可区分 C、D 两点。旋转与标准化之后，将 $\boldsymbol{z}_i$ 与任意另一变换后的特征向量 $\boldsymbol{z}_k$ 的欧氏距离定义为描述待观测样本特征的 $\boldsymbol{x}_i$ 与 $\boldsymbol{x}_k$ 向量的马氏距离（Mahalanobis Distance），即 $d_{\text{马}}(\boldsymbol{x}_i,\boldsymbol{x}_k)=d_{\text{欧}}(\boldsymbol{z}_i,\boldsymbol{z}_k)=\sqrt{(\boldsymbol{z}_i-\boldsymbol{z}_k)(\boldsymbol{z}_i-\boldsymbol{z}_k)^{\mathrm{T}}}=\sqrt{\sum_{j=1}^{n}(y_{i,j}-y_{k,j})^2/(a\lambda_j)}$。其中，$k=1,2,\cdots,m$。显然，马氏距离的平方，即 $d_{\text{马}}^2(\boldsymbol{x}_i,\boldsymbol{x}_k)=\sum_{j=1}^{n}(y_{i,j}-y_{k,j})^2/(a\lambda_j)$，该等式可进一步改写为：

$$[y_{i,1}-y_{k,1},y_{i,2}-y_{k,2},\cdots,y_{i,n}-y_{k,n}]\begin{bmatrix}1/(a\lambda_1) & 0 & \cdots & 0\\ 0 & 1/(a\lambda_2) & \cdots & 0\\ \vdots & \vdots & \ddots & \vdots\\ 0 & 0 & \cdots & 1/(a\lambda_n)\end{bmatrix}\begin{bmatrix}y_{i,1}-y_{k,1}\\ y_{i,2}-y_{k,2}\\ \vdots\\ y_{i,n}-y_{k,n}\end{bmatrix} \tag{2-6}$$

记 $\boldsymbol{y}_k=[y_{k,1},y_{k,2},\cdots,y_{k,n}]$，将式(2-5)代入式(2-6)，得

$$\begin{aligned}&(\boldsymbol{y}_i-\boldsymbol{y}_k)(\boldsymbol{U\Sigma U}^{\mathrm{T}})^{-1}(\boldsymbol{y}_i-\boldsymbol{y}_k)^{\mathrm{T}}\\ =&(\boldsymbol{x}_i-\boldsymbol{x}_k)\boldsymbol{U}^{\mathrm{T}}(\boldsymbol{U\Sigma U}^{\mathrm{T}})^{-1}\boldsymbol{U}(\boldsymbol{x}_i-\boldsymbol{x}_k)^{\mathrm{T}}\end{aligned} \tag{2-7}$$

由于 $\boldsymbol{U}$ 为旋转矩阵，所以 $\boldsymbol{U}$ 必为正交矩阵。这是因为：设 $\boldsymbol{x}_i$、$\boldsymbol{x}_j$ 为原特征空间正交基向量，也就是说，$\boldsymbol{x}_i\boldsymbol{x}_j^{\mathrm{T}}=0$。旋转变换并不改变两个基向量的夹角大小，也就是说，$\boldsymbol{x}_i\boldsymbol{U}$ 与 $\boldsymbol{x}_j\boldsymbol{U}$ 正交，即 $\boldsymbol{x}_i\boldsymbol{UU}^{\mathrm{T}}\boldsymbol{x}_j^{\mathrm{T}}=0$。不难证明，令 $\boldsymbol{A}=\boldsymbol{UU}^{\mathrm{T}}$ 则 $\boldsymbol{A}$ 不是零矩阵。这是因为，矩阵 $\boldsymbol{A}$ 中的任意对角元素 $A_{i,i}=\boldsymbol{U}_{i,:}\boldsymbol{U}_{j,:}^{\mathrm{T}}=\sum_{j=1}^{n}(U_{i,j})^2$。若 $A_{i,j}=0$，则必有 $U_{i,j}=0$。也就是说，若 $\boldsymbol{A}=\boldsymbol{UU}^{\mathrm{T}}$ 是零矩阵，则 $\boldsymbol{U}$ 也为零矩阵，这与 $\boldsymbol{U}$ 为旋转矩阵相矛盾。因此，在 $\boldsymbol{A}$ 不是零矩阵且 $\boldsymbol{x}_i\boldsymbol{x}_j^{\mathrm{T}}=0$ 的前提下，二次型 $\boldsymbol{x}_i\boldsymbol{A}\boldsymbol{x}_j^{\mathrm{T}}=0$ 成立的条件是 $\boldsymbol{A}=\boldsymbol{UU}^{\mathrm{T}}=\boldsymbol{E}_n$。基于旋转矩阵 $\boldsymbol{U}$ 为正交矩阵的事实，式(2-7)可进一步改写为

$$\begin{aligned}&(\boldsymbol{x}_i-\boldsymbol{x}_k)\boldsymbol{U}^{\mathrm{T}}(\boldsymbol{U}^{\mathrm{T}})^{-1}\boldsymbol{\Sigma}^{-1}\boldsymbol{U}^{-1}\boldsymbol{U}(\boldsymbol{x}_i-\boldsymbol{x}_k)^{\mathrm{T}}\\ =&(\boldsymbol{x}_i-\boldsymbol{x}_k)\boldsymbol{U}^{\mathrm{T}}\boldsymbol{U}\boldsymbol{\Sigma}^{-1}\boldsymbol{U}^{\mathrm{T}}\boldsymbol{U}(\boldsymbol{x}_i-\boldsymbol{x}_k)^{\mathrm{T}}\\ =&(\boldsymbol{x}_i-\boldsymbol{x}_k)\boldsymbol{E}\boldsymbol{\Sigma}^{-1}\boldsymbol{E}(\boldsymbol{x}_i-\boldsymbol{x}_k)^{\mathrm{T}}\\ =&(\boldsymbol{x}_i-\boldsymbol{x}_k)\boldsymbol{\Sigma}^{-1}(\boldsymbol{x}_i-\boldsymbol{x}_k)^{\mathrm{T}}\end{aligned} \tag{2-8}$$

综上，与待评定样本特征向量分布相关性无关的马氏距离定义为

$$d_{马}(\boldsymbol{x}_i,\boldsymbol{x}_k)=\sqrt{(\boldsymbol{x}_i-\boldsymbol{x}_k)\boldsymbol{\Sigma}^{-1}(\boldsymbol{x}_i-\boldsymbol{x}_k)^{\mathrm{T}}} \tag{2-9}$$

其中，$\boldsymbol{\Sigma}=(\boldsymbol{X}-\bar{\boldsymbol{X}})(\boldsymbol{X}-\bar{\boldsymbol{X}})^{\mathrm{T}}$。特别地，$\boldsymbol{\Sigma}$ 为单位阵时，式(2-9)定义的马氏距离等价于式(2-3)定义的欧氏距离。由于马氏距离相当于旋转、缩放变换后向量的欧氏距离，所以其取值范围仍为 $0\sim+\infty$ 的左闭右开区间，记作 $[0\rightarrow+\infty)$。需要指出的是，与闵氏距离只与参与比较的两个向量相关不同，由式(2-9)不难发现，马氏距离的计算除与两个待评定样本的特征向量相关之外，还受所有待观测样本特征向量的约束。

> **注**
>
> 实际上，$\boldsymbol{\Sigma}$ 为待观测样本原始特征的协方差矩阵。更多关于协方差的内容详见第 4 章。

2.5 余弦距离

由第 1 章中向量内积与向量相似性的关系可知，不考虑向量大小，其夹角越小，两个特征向量对应的待评定样本的相似度越高。

2.5.1 夹角余弦

给定待评定样本的特征向量 $\boldsymbol{x}=[x_1,x_2,\cdots,x_n]$、$\boldsymbol{y}=[y_1,y_2,\cdots,y_n]$，由内积计算公式 $<\boldsymbol{x},\boldsymbol{y}>=\|\boldsymbol{x}\|\|\boldsymbol{y}\|\cos\theta$ 可知，该特征向量对的夹角余弦

$$\cos\theta=\frac{<\boldsymbol{x},\boldsymbol{y}>}{\|\boldsymbol{xy}\|}=\frac{\boldsymbol{xy}^{\mathrm{T}}}{\|\boldsymbol{xy}\|} \tag{2-10}$$

其中，$\|\boldsymbol{x}\|=\sqrt{\sum_{j=1}^{n}x_j^2}=\sqrt{\boldsymbol{xx}^{\mathrm{T}}}$，$\|\boldsymbol{y}\|=\sqrt{\sum_{j=1}^{n}y_j^2}=\sqrt{\boldsymbol{yy}^{\mathrm{T}}}$。结合欧氏距离公式(2-3)，

$\|\boldsymbol{x}\|$ 可改写为 $\|\boldsymbol{x}\|=d_{欧}(\boldsymbol{x},\boldsymbol{o})$，$\|\boldsymbol{y}\|$ 可改写为 $\|\boldsymbol{y}\|=d_{欧}(\boldsymbol{y},\boldsymbol{o})$，其中，$\boldsymbol{o}$ 为零特征向量。不难发现，夹角余弦的取值范围为 $-1\leqslant\cos\theta\leqslant 1$，对应的夹角取值范围为 $0\leqslant\theta\leqslant\pi$。需要指出的是，夹角余弦也可作为向量相似性的度量。这是因为，在 $0\sim\pi$ 区间内余弦函数单调递减。也就是说，两个向量的夹角越小，对应的余弦值越大；夹角越大，对应的余弦值越小。如图 2-7 所示，不考虑向量的大小，就方向而言，与 $\boldsymbol{x}_3$ 相比，$\boldsymbol{x}_2$ 与 $\boldsymbol{x}_1$ 的夹角更小，则 $\boldsymbol{x}_2$ 离 $\boldsymbol{x}_1$ 更近，二者更相似；虽然 $\boldsymbol{x}_6$ 比 $\boldsymbol{x}_5$ 的模更小，但它们与 $\boldsymbol{x}_4$ 的夹角一样，相似度一样。

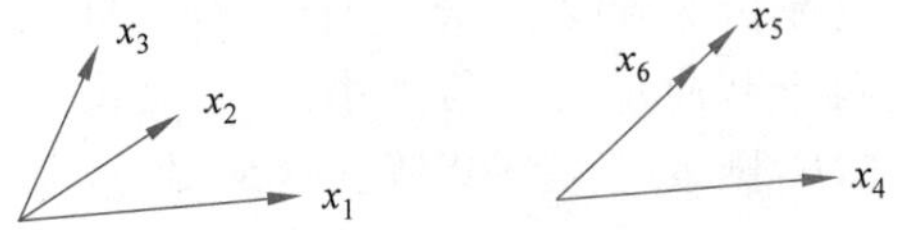

图 2-7　向量夹角与向量相似度量

2.5.2　距离度量

由上文分析可知，两个特征向量的夹角余弦越大，它们之间的夹角越小，二者越相似；夹角余弦越小，它们之间的夹角越大，二者越迥异。所以，给定待评定样本的特征向量 $\boldsymbol{x}=[x_1,x_2,\cdots,x_n]$ 与 $\boldsymbol{y}=[y_1,y_2,\cdots,y_n]$，基于二者的夹角余弦定义它们之间的余弦距离为

$$d_{余}(\boldsymbol{x},\boldsymbol{y})=1-\frac{\boldsymbol{x}\boldsymbol{y}^{\mathrm{T}}}{\sqrt{\boldsymbol{x}\boldsymbol{x}^{\mathrm{T}}}\sqrt{\boldsymbol{y}\boldsymbol{y}^{\mathrm{T}}}} \tag{2-11}$$

显然，余弦距离的取值范围为 $0\sim 2$，记作 $[0\rightarrow 2]$。距离越小，待评定特征向量之间的夹角越小；距离越大，待评定特征向量之间的夹角越大。

2.6　汉明距离

汉明距离(Hamming Distance)广泛应用于机器编码与通信领域，以美国数学家理查德·卫斯里·汉明为名，用于制定可纠错的编码体系。在人工智能领域，汉明距离也可用于度量待评定样本的相似性。

2.6.1　严格定义

给定描述任意两个待评定样本的特征向量 $\boldsymbol{x}=[x_1,x_2,\cdots,x_n]$ 和 $\boldsymbol{y}=[y_1,y_2,\cdots,y_n]$，则二者的汉明距离 $d_{汉}$ 定义为

$$d_{汉}(\boldsymbol{x},\boldsymbol{y})=\sum_{i=1}^{n}\operatorname{sgn}(|x_i-y_i|) \tag{2-12}$$

其中，sgn 为符号指示函数，即

$$\operatorname{sgn}(x)=\begin{cases}1, & x>0\\ 0, & x=0\\ -1, & x<0\end{cases} \tag{2-13}$$

不难发现，两个特征向量的汉明距离等于其不相等分量个数的总和。也就是说，汉明距离的取值范围为 $0\sim n$，记作 $[0\rightarrow n]$。距离值越大，则不相等分量个数越多，对应的待评定样本相似度越低；相反地，距离值越小，则相等分量个数越多，对应的待评定样本相似度

越高。

2.6.2　松弛定义

有必要说明的是，对于描述待评定样本特征的向量中的任意分量对(x_i, y_i)，只要二者不相等，则其对汉明距离的贡献值即为 1。实际上，特征值多为实数，二者严格意义上的相等不易发生。为此，定义松弛的汉明距离

$$d_{\text{汉松}}(\boldsymbol{x}, \boldsymbol{y}) = \sum_{i=1}^{n} \text{sgn}(|x_i - y_i| > \varepsilon) \tag{2-14}$$

其中，可变参数 ε 为松弛因子，取值为正实数。

需要指出的是，任意描述待评定样本特征的向量与零向量的汉明距离，称作该特征向量的汉明重量。不难理解，汉明重量表示描述待评定样本特征的向量距离特征空间原点的远近。对于一组待观测样本，任意两个样本特征向量汉明距离的最小值，称作最小汉明距离。对应地，汉明距离的最大值，称作最大汉明距离。不难理解，最小汉明距离和最大汉明距离与特征向量分布的紧密性及范围相关。

2.7　杰卡德距离

杰卡德相似系数(Jaccard Similarity Coefficient)定义为两个待评价样本的相同之处与它们之间异同处总和的比值，常用于评定两个集合的相似度。杰卡德距离基于杰卡德相似系数定义。在人工智能领域，杰卡德距离也可用于度量待评定样本间的相似度。

2.7.1　严格定义

给定描述任意两个待评定样本的特征向量 $\boldsymbol{x} = [x_1, x_2, \cdots, x_n]$和 $\boldsymbol{y} = [y_1, y_2, \cdots, y_n]$，则二者的杰卡德相似系数 $s_{\text{杰}}$ 可定义为

$$s_{\text{杰}}(\boldsymbol{x}, \boldsymbol{y}) = \frac{1}{n} \sum_{i=1}^{n} (1 - \text{sgn}(|x_i - y_i|)) \tag{2-15}$$

不难发现，两个特征向量杰卡德相似系数等于相等分量个数的总和与向量维度的商。杰卡德相似系数的取值范围为 0～1 的闭区间，记作$[0 \to 1]$。系数值越大，两个待评价样本越相似，差别越不明显；反之，待评价样本差别越明显。基于此，定义杰卡德距离(Jaccard Distance)

$$d_{\text{杰}}(\boldsymbol{x}, \boldsymbol{y}) = 1 - s_{\text{杰}}(\boldsymbol{x}, \boldsymbol{y}) \tag{2-16}$$

不难发现，两个特征向量的杰卡德距离等于不相等分量个数的总和与向量维度的商。杰卡德相似距离的取值范围为 0～1 的闭区间，记作$[0 \to 1]$。距离值越小，对应待评定样本越相似。

2.7.2　松弛定义

与前文对汉明距离的描述类似，有必要说明的是，对于描述待评定样本特征的向量中的分量对(x_i, y_i)，只有二者相等时，才对杰卡德相似系数有贡献。实际上，特征值多为

实数，二者严格意义上的相等不易发生。为此，定义松弛的杰卡德相似系数

$$s_{\text{杰松}}(\boldsymbol{x},\boldsymbol{y})=\frac{1}{n}\sum_{i=1}^{n}(1-\operatorname{sgn}(|x_i-y_i|>\varepsilon)) \tag{2-17}$$

其中，可变参数 ε 为松弛因子，取值为正实数。定义松弛的杰卡德距离

$$d_{\text{杰松}}(\boldsymbol{x},\boldsymbol{y})=1-s_{\text{杰松}}(\boldsymbol{x},\boldsymbol{y}) \tag{2-18}$$

不难发现，杰卡德距离与松弛的杰卡德距离的取值范围均为 0～1 的闭区间，记作[0→1]。距离小的待评定样本更相似。

需要指出的是，由二者的定义不难发现，杰卡德距离与汉明距离就差一个向量维度大小的比值。

2.8 皮尔森距离

通常，皮尔森相关系数(Pearson Correlation Coefficient)可用于反映两个变量的线性相关程度。

2.8.1 相关系数

在人工智能领域，给定描述任意两个待评定样本的特征向量 $\boldsymbol{x}=[x_1,x_2,\cdots,x_n]$和 $\boldsymbol{y}=[y_1,y_2,\cdots,y_n]$，则皮尔森相关系数 $s_{\text{皮}}$ 可定义为

$$s_{\text{皮}}(\boldsymbol{x},\boldsymbol{y})=\frac{(\boldsymbol{x}-\bar{x})(\boldsymbol{y}-\bar{y})^{\mathrm{T}}}{\sqrt{(\boldsymbol{x}-\bar{x})(\boldsymbol{x}-\bar{x})^{\mathrm{T}}}\sqrt{(\boldsymbol{y}-\bar{y})(\boldsymbol{y}-\bar{y})^{\mathrm{T}}}} \tag{2-19}$$

其中，$\bar{x}=(1/n)\sum_{i=1}^{n}x_i$、$\bar{y}=(1/n)\sum_{i=1}^{n}y_i$。不难证明，以上定义的皮尔森相关系数的取值范围为−1～+1 的闭区间，记作[−1→1]。实际上，若两个特征向量 $\boldsymbol{x}=[x_1,x_2,\cdots,x_n]$与 $\boldsymbol{y}=[y_1,y_2,\cdots,y_n]$线性相关，皮尔森相关系数反映了它们线性相关性的强弱程度，$s_{\text{皮}}(\boldsymbol{x},\boldsymbol{y})$的绝对值越大，说明 $\boldsymbol{x}$ 与 $\boldsymbol{y}$ 相关性越强。具体地，若 $s_{\text{皮}}(\boldsymbol{x},\boldsymbol{y})>0$，表明 $\boldsymbol{x}$ 与 $\boldsymbol{y}$ 正相关；也就是说，向量 $\boldsymbol{x}$ 中分量值越大，则向量 $\boldsymbol{y}$ 中对应分量值越大。若 $s_{\text{皮}}(\boldsymbol{x},\boldsymbol{y})=0$，表明 $\boldsymbol{x}$ 与 $\boldsymbol{y}$ 非线性相关。若 $s_{\text{皮}}(\boldsymbol{x},\boldsymbol{y})<0$，表明 $\boldsymbol{x}$ 与 $\boldsymbol{y}$ 负相关；也就是说，向量 $\boldsymbol{x}$ 中分量值越大，则向量 $\boldsymbol{y}$ 中对应分量值越小。若 $s_{\text{皮}}(\boldsymbol{x},\boldsymbol{y})=1$，表明 $\boldsymbol{x}$ 与 $\boldsymbol{y}$ 分量点对正好落在斜率大于 0 的直线上；若 $s_{\text{皮}}(\boldsymbol{x},\boldsymbol{y})=-1$，表明 $\boldsymbol{x}$ 与 $\boldsymbol{y}$ 分量点对正好落在斜率小于 0 的直线上。

需要指出的是，式(2-19)定义的皮尔森相关系数，等价于中心化处理后的余弦相似度。这是因为

$$s_{\text{皮}}(\boldsymbol{x},\boldsymbol{y})=\frac{(\boldsymbol{x}-\bar{x})(\boldsymbol{y}-\bar{y})^{\mathrm{T}}}{\sqrt{(\boldsymbol{x}-\bar{x})(\boldsymbol{x}-\bar{x})^{\mathrm{T}}}\sqrt{(\boldsymbol{y}-\bar{y})(\boldsymbol{y}-\bar{y})^{\mathrm{T}}}}=\cos(\boldsymbol{x}-\bar{x},\boldsymbol{y}-\bar{y}) \tag{2-20}$$

进一步地，若 $\bar{x}=0$、$\bar{y}=0$，则皮尔森相关系数的计算公式(2-19)可改写为

$$s_{\text{皮}}(\boldsymbol{x},\boldsymbol{y})=\frac{\boldsymbol{x}\boldsymbol{y}^{\mathrm{T}}}{\sqrt{\boldsymbol{x}\boldsymbol{x}^{\mathrm{T}}}\sqrt{\boldsymbol{y}\boldsymbol{y}^{\mathrm{T}}}}=\cos(\boldsymbol{x},\boldsymbol{y}) \tag{2-21}$$

显然，此时皮尔森相关系数退化为余弦相似度。另外，定义

$$\sigma_x = \frac{1}{n}\sum_{i=1}^{n}(x_i - \bar{x})^2 \tag{2-22}$$

$$\sigma_y = \frac{1}{n}\sum_{i=1}^{n}(y_i - \bar{y})^2 \tag{2-23}$$

若 $\bar{x}=\bar{y}=0$ 且 $\sigma_x=\sigma_y=1$，则 $\sum_{i=1}^{n}x_i^2=\boldsymbol{x}\boldsymbol{x}^{\mathrm{T}}=n$ 且 $\sum_{i=1}^{n}y_i^2=\boldsymbol{y}\boldsymbol{y}^{\mathrm{T}}=n$。进一步地，皮尔森相关系数的计算公式(2-19)可简化为 $ns_{皮}(\boldsymbol{x},\boldsymbol{y})=\boldsymbol{x}\boldsymbol{y}^{\mathrm{T}}$。易得

$$2n(1-s_{皮}(\boldsymbol{x},\boldsymbol{y}))=\boldsymbol{x}\boldsymbol{x}^{\mathrm{T}}+\boldsymbol{y}\boldsymbol{y}^{\mathrm{T}}-2\boldsymbol{x}\boldsymbol{y}^{\mathrm{T}}=(d_{欧}(\boldsymbol{x},\boldsymbol{y}))^2 \tag{2-24}$$

也就是说，若 $\bar{x}=\bar{y}=0$ 且 $\sigma_x=\sigma_y=1$ 时，皮尔森相关系数退化为欧氏距离的平方。

2.8.2　距离度量

由上文分析可知，$s_{皮}(\boldsymbol{x},\boldsymbol{y})$的绝对值越大，说明 $\boldsymbol{x}$ 与 $\boldsymbol{y}$ 相关性越强，即 $\boldsymbol{x}$ 与 $\boldsymbol{y}$ 越相似；$s_{皮}(\boldsymbol{x},\boldsymbol{y})$的绝对值越小，说明 $\boldsymbol{x}$ 与 $\boldsymbol{y}$ 相关性越弱，即 $\boldsymbol{x}$ 与 $\boldsymbol{y}$ 越迥异。所以，定义皮尔森距离(Pearson Distance)

$$d_{皮}(\boldsymbol{x},\boldsymbol{y})=1-|s_{皮}(\boldsymbol{x},\boldsymbol{y})| \tag{2-25}$$

不难发现，皮尔森距离的取值范围为 0～1 的闭区间，记作[0→1]。距离小的待观测样本更相似。需要指出的是，若$(\boldsymbol{x}-\bar{x})=0$ 或$(\boldsymbol{y}-\bar{y})=0$ 成立，则式(2-19)分子、分母同为 0。这给皮尔森距离的计算带来不确定性。实际上，以向量 $\boldsymbol{x}$ 的分量为横轴、向量 $\boldsymbol{y}$ 的分量为纵轴建立坐标系，$(\boldsymbol{x}-\bar{x})=0$ 时，$\boldsymbol{x}$ 与 $\boldsymbol{y}$ 分量点对正好落在垂直线上；$(\boldsymbol{y}-\bar{y})=0$ 时，$\boldsymbol{x}$ 与 $\boldsymbol{y}$ 分量点对正好落在水平线上。也就是说，二者仍然是线性相关的，即 $d_{皮}(\boldsymbol{x},\boldsymbol{y})=0$。若$(\boldsymbol{x}-\bar{x})=0$ 与$(\boldsymbol{y}-\bar{y})=0$ 同时成立，则 $\boldsymbol{x}$ 与 $\boldsymbol{y}$ 分量点对在以上构造的二维空间中坐标相同，对应空间中一点。此时，特征向量 $\boldsymbol{x}$ 与 $\boldsymbol{y}$ 的线性关系具有不确定性。需要指出的是，严格意义来讲，若$(\boldsymbol{x}-\bar{x})=0$ 或$(\boldsymbol{y}-\bar{y})=0$ 成立，则意味着至少一个向量的分量是不存在增减变化的，所以无从谈起另一个向量对应的分量随这个向量分量的增减而相应地增加或减少的问题。

> **注**
>
> 有书籍采用 $d_{皮}(\boldsymbol{x},\boldsymbol{y})=1-s_{皮}(\boldsymbol{x},\boldsymbol{y})$定义皮尔森距离：认为负相关的评定样本迥异，正相关的相似。本书采用式(2-25)基于不论正负、线性相关的即是相似的前提。

2.8.3　局限性

前文所述皮尔森相关系数的有效性，建立在待评定样本特征向量存在线性关系的前提下。也就是说，若待评定向量存在线性关系，皮尔森相关系数可以很好地评价线性相关的程度。这是因为，皮尔森相关系数只能反映线性关系，不具备识别非线性相关的能力。为了说明问题，参见图 2-8。具体地，图 2-8 中横、纵坐标轴分别对应特征向量的第 1、第 2 分量。图中一个点对应一个分量数对。虽然图 2-8(a)～图 2-8(c)中分量数对的分布不同，但是待评定向量的皮尔森相关系数均为 0.86。如图 2-8(a)所示，待评定样本特征向

量存在强线性关系,皮尔森相关系数值较大。但是,对于如图 2-8(b)所示的非线性向量,皮尔森相关系数仍得出了一个较大值。也就是说,非线性相关也会导致皮尔森相关系数很大。图 2-8(c)中个别离群值的存在,使得皮尔森相关系数评定两向量的相似度较高。也就是说,即便两个待评定向量的皮尔森相关系数很大,也不能确定二者肯定线性相关。除此之外,如图 2-8(d)所示向量数据明显存在非线性相关性,但是皮尔森相关系数为 0,认定二者不相关,并不能识别出该相关性。

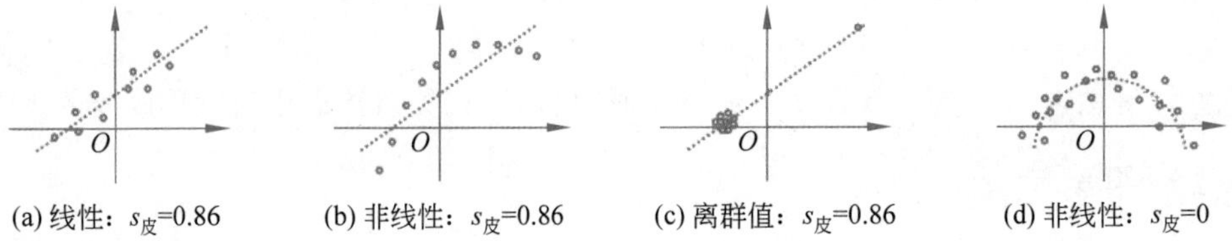

图 2-8 皮尔森相关系数评测数据时存在的问题

综上,皮尔森相关系数其实是衡量两个特征向量线性相关程度的指标。但是,皮尔森相关系数的大小并不能完全地反映两个特征向量的真实关系。如果两个向量本身就是线性关系,那么,皮尔森相关系数绝对值大的就是相关性强,小的就是相关性弱。但是,当待评定向量的关系不确定是线性关系时,即便计算得到的皮尔森相关系数绝对值很大,也不能确定待评定向量的线性相关性(见图 2-8(b)),甚至不能确定它们是相关的(见图 2-8(c))。另外需要指出的是,相关并不等于因果关系。两个向量相关性很强,也不能得出一个的出现是由于另一个存在的结论。因为很有可能两个特征向量的相关性是由于其他共同原因导致的。由于皮尔森距离基于皮尔森相关系数定义,也只适用于评定存在线性关系的待评定特征向量的相似度。

2.9 斯皮尔曼距离

如上文所述,皮尔森相关系数只能评定确实存在线性关系的特征向量的相关程度,对应的皮尔森距离只能用于评定确实存在线性关系的特征向量的相似度。对于非线性关系,皮尔森相关系数无能为力。另外,如图 2-8(c)所示,皮尔森相关系数易受异常数据影响。

2.9.1 相关系数

斯皮尔曼相关系数(Spearman Correlation Coefficient),也称作斯皮尔曼秩相关系数,可以在一定程度上解决非线性关系的相关性度量问题,并能减弱异常数据对相关系数的负面影响。需要指出的是,斯皮尔曼相关系数有时也称作斯皮尔曼等级相关系数。这是因为,计算斯皮尔曼相关系数之前,需要对待评定向量的分量采用由小到大的次序排序,并以排序得到的位次代替原分量值,从而构成两个新的待评定向量。有时,位次值称作对应分量的秩值。具体地,若排序前的两个特征向量分别为 $\boldsymbol{x}=[x_1,x_2,\cdots,x_n]$和 $\boldsymbol{y}=[y_1,y_2,\cdots,y_n]$,分别对 $x_1,x_2,\cdots,x_i,\cdots,x_n$、$y_1,y_2,\cdots,y_i,\cdots,y_n$ 采用由小到大的次序排序，得 $x'_1, x'_2, \cdots, x'_j, \cdots, x'_n$、$y'_1, y'_2, \cdots, y'_k, \cdots, y'_n$，其中，$x_i = x'_j$、$y_i = y'_k$。也就是说，记$r(\boldsymbol{x}) = [r(x_1), r(x_2), \cdots, r(x_n)]$和 $r(\boldsymbol{y}) = [r(y_1), r(y_2), \cdots, r(y_n)]$为 $\boldsymbol{x}$ 与 $\boldsymbol{y}$ 排序后的位次值构成的两个新向量，则 $r(x_i) = j$、$r(y_i) = k$，并将 j 称作 x_i 的秩值，将 k 称作 y_i 的秩值。需要指出的是，若多个分量值大小相等，则它们平分对应的秩值。两个特征向量之间的斯皮尔曼相关性等于这两个向量秩值之间的皮尔森相关性。也就是说，若两个待评定特征向量为 $\boldsymbol{x} = [x_1, x_2, \cdots, x_n]$和 $\boldsymbol{y} = [y_1, y_2, \cdots, y_n]$，它们各自分量的秩值构成的向量为 $r(\boldsymbol{x}) = [r(x_1), r(x_2), \cdots, r(x_n)]$和 $r(\boldsymbol{y}) = [r(y_1), r(y_2), \cdots, r(y_n)]$，则斯皮尔曼相关系数定义为

$$s_{\text{斯}}(r(\boldsymbol{x}), r(\boldsymbol{y})) = \frac{(r(\boldsymbol{x}) - \bar{r}(\boldsymbol{x}))(r(\boldsymbol{y}) - \bar{r}(\boldsymbol{y}))^{\mathrm{T}}}{\sqrt{(r(\boldsymbol{x}) - \bar{r}(\boldsymbol{x}))(r(\boldsymbol{x}) - \bar{r}(\boldsymbol{x}))^{\mathrm{T}}} \sqrt{(r(\boldsymbol{y}) - \bar{r}(\boldsymbol{y}))(r(\boldsymbol{y}) - \bar{r}(\boldsymbol{y}))^{\mathrm{T}}}} \tag{2-26}$$

其中，$\bar{r}(\boldsymbol{x}) = (1/n)\sum_{i=1}^{n} r(x_i)$、$\bar{r}(\boldsymbol{y}) = (1/n)\sum_{i=1}^{n} r(y_i)$。显然，与皮尔森相关系数类似，斯皮尔曼相关系数的取值范围为-1～$+1$ 的闭区间，记作$[-1 \rightarrow 1]$。

不难发现，与皮尔森相关系数用于评定特征向量的线性关系不同，斯皮尔曼相关系数可评定特征向量间的单调关系。也就是说，若一个特征向量中的各个分量值是单调递增/减的，且另一个特征向量对应的分量也是单调递增/减的，则它们之间的斯皮尔曼相关系数大于 0；若其中一个是单调递增/减的，另一个是单调递减/增的，则它们之间的斯皮尔曼相关系数小于 0。需要指出的是，这种单调关系可以是线性的，也可以是非线性的。这是因为，不管是线性还是非线性，只要两个特征向量对应分量之间的关系是单调的，则排列次序是确定的。也就是说，此时秩值保持不变。有必要说明的是，当一个特征向量的分量与另一个特征向量对应分量的单调性完美契合时，斯皮尔曼相关系数取得最大值 1；若二者的单调性完美相悖，斯皮尔曼相关系数取得最小值-1。显然，斯皮尔曼相关系数适用于评定如图 2-8(b)中数据的相关性。但是，斯皮尔曼相关系数也不适用于如图 2-8(d)所示的单调性不能自始至终保持一致却相互间存在相关性的待评定特征向量。

2.9.2　距离度量

不难发现，斯皮尔曼相关系数绝对值越大，表示待评定的两个特征向量分量值之间的变化一致性越强，二者越相似。有必要说明的是，这里的一致性不是指单调性的一致性，即一个增/减，另外一个也增/减，而是指变化之间是有单调性规律可循的。也就是说，$s_{\text{斯}}(\boldsymbol{x}, \boldsymbol{y})$的绝对值越大，说明特征向量 $\boldsymbol{x}$ 与 $\boldsymbol{y}$ 对应分量间的单调性变化越有规律可循，即 $\boldsymbol{x}$ 与 $\boldsymbol{y}$ 越相似；$s_{\text{斯}}(\boldsymbol{x}, \boldsymbol{y})$的绝对值越小，说明 $\boldsymbol{x}$ 与 $\boldsymbol{y}$ 对应分量间的变化越杂乱无章，即 $\boldsymbol{x}$ 与 $\boldsymbol{y}$ 越迥异；所以，定义斯皮尔曼距离(Spearman Distance)

$$d_{\text{斯}}(\boldsymbol{x}, \boldsymbol{y}) = 1 - |s_{\text{斯}}(\boldsymbol{x}, \boldsymbol{y})| \tag{2-27}$$

不难发现，斯皮尔曼距离的取值范围为 0～1 的闭区间，记作$[0 \rightarrow 1]$。距离小的特征向量对应的待评定样本更相似。

注

有书籍采用 $d_{斯}(\boldsymbol{x},\boldsymbol{y})=1-s_{斯}(\boldsymbol{x},\boldsymbol{y})$定义斯皮尔曼距离，认为负相关的评定样本迥异，正相关的相似。本书采用式(2-27)是基于不论正负、相关的即是变化有规律可循的前提。

2.10 肯德尔距离

斯皮尔曼相关系数，通过计算排序后特征向量各分量秩值之间的皮尔森系数，来评定特征向量间的相关性。与直接计算皮尔森相关系数相比，这一方式将分量间的差异值评定，变为各分量在所有分量中的排序位次差异评定。显然，这种方式除了保持分量间差值的正负性之外，还减弱了差值大小对计算结果的影响。但二者分别独立计算两个特征向量对应分量的差距，并未充分考虑两个待评定特征向量不同分量间的紧耦合性。另外，皮尔森相关系数与斯皮尔曼相关系数均不适应于评定特征分量非单调增或减变化的特征向量相似度。

2.10.1 相关系数

肯德尔相关系数(Kendall Correlation Coefficient)可在一定程度上解决以上问题。它将两个特征向量之间不同位置分量的大小关系绑定在一起来度量它们之间的相关性。设待评定相关性的两个特征向量为 $\boldsymbol{x}=[x_1,x_2,\cdots,x_n]$和 $\boldsymbol{y}=[y_1,y_2,\cdots,y_n]$，给定任意两个分量对$(x_i,y_i)$与$(x_k,y_k)$，其中，$i=1,2,\cdots,n$、$k=i+1,i+2,\cdots,n$。不难发现，匹配的分量对总数为$(1/2)n(n-1)$个。若 $x_i<x_k$ 且 $y_i<y_k$，或者 $x_i>x_k$ 且 $y_i>y_k$，则称分量对(x_i,y_i)与(x_k,y_k)为一个同序对。也就是说，同序对只要求两个特征向量对应分量的变化方向一致，而与增减变化的实际大小无关。类似地，若 $x_i<x_k$ 且 $y_i>y_k$ 成立，或者 $x_i>x_k$ 且 $y_i<y_k$ 成立，则称分量对(x_i,y_i)与(x_k,y_k)为一个异序对。也就是说，异序对只要求两个特征向量对应分量的变化方向相反，而与增减变化的实际大小无关。不考虑分量对中分量值相等的情况，也就是说，同序对数与异序对数的和等于分量对总数$(1/2)n(n-1)$。定义肯德尔相关系数为

$$s_{肯}(\boldsymbol{x},\boldsymbol{y})=\frac{2\sum_{i=1}^{n}\sum_{k=i+1}^{n}\operatorname{sgn}((x_i-x_k)(y_i-y_k))}{n(n-1)} \tag{2-28}$$

不难证明，其取值范围为$-1\sim+1$的闭区间，记作$[-1\rightarrow1]$。需要说明的是，$s_{肯}(\boldsymbol{x},\boldsymbol{y})=1$ 代表向量 $\boldsymbol{x}$ 与 $\boldsymbol{y}$ 分量变化趋势完美一致；$s_{肯}(\boldsymbol{x},\boldsymbol{y})=-1$ 代表向量 $\boldsymbol{x}$ 与 $\boldsymbol{y}$ 分量变化趋势完美相悖；$s_{肯}(\boldsymbol{x},\boldsymbol{y})=0$ 代表向量 $\boldsymbol{x}$ 与 $\boldsymbol{y}$ 分量变化趋势无关。显然，以上定义的肯德尔相关系数仅适用于分量不存在相等值的情况。

对于分量存在等值的情况：若 $x_i=x_k$ 但 $y_i\neq y_k$，则称分量对(x_i,y_i)与(x_k,y_k)为特征向量 $\boldsymbol{x}$ 上的一个同分对；若 $x_i\neq x_k$ 但 $y_i=y_k$，则称分量对(x_i,y_i)与(x_k,y_k)为特征向量 $\boldsymbol{y}$ 上的一个同分对；若 $x_i=x_k$ 且 $y_i=y_k$，则称分量对(x_i,y_i)与(x_k,y_k)为一个

特征向量 $\boldsymbol{x}$ 与 $\boldsymbol{y}$ 上的同分对。不难证明，若特征向量 $\boldsymbol{x}$ 上有 m 组分量值相等，每组内包含 u_i 个分量，则特征向量 $\boldsymbol{x}$ 上的同分对总数为 $(1/2)\sum_{i=1}^{m}u_i(u_i-1)$。类似地，若特征向量 $\boldsymbol{y}$ 上有 s 组分量值相等，每组内包含 v_i 个分量，则特征向量 $\boldsymbol{y}$ 上的同分对总数为 $(1/2)\sum_{i=1}^{s}v_i(v_i-1)$。待评定特征向量存在等分量值时，肯德尔相关系数的定义修正为

$$s_{\text{肯}}(\boldsymbol{x},\boldsymbol{y})=\frac{2\sum_{i=1}^{n}\sum_{k=i+1}^{n}\mathrm{sgn}((x_i-x_k)(y_i-y_k))}{\sqrt{n(n-1)-\sum_{i=1}^{m}u_i(u_i-1)}\sqrt{n(n-1)-\sum_{i=1}^{s}v_i(v_i-1)}} \tag{2-29}$$

不难发现，若 $(1/2)\sum_{i=1}^{m}u_i(u_i-1)=0$ 与 $(1/2)\sum_{i=1}^{s}v_i(v_i-1)=0$ 同时成立，也就是说，特征向量 $\boldsymbol{x}$ 与 $\boldsymbol{y}$ 上的同分对总数均为 0，则修正的肯德尔相关系数计算公式(2-29)退化为公式(2-28)。需要指出的是，以上修正的肯德尔相关系数仅适用于特征向量 $\boldsymbol{x}$ 中不相等分量个数 $p=n-\sum_{i=1}^{m}u_i$ 与特征向量 $\boldsymbol{y}$ 中不相等分量个数 $q=n-\sum_{i=1}^{s}v_i$ 相等的情况。对于二者不相等的情况，肯德尔相关系数的定义进一步修正为

$$s_{\text{肯}}(\boldsymbol{x},\boldsymbol{y})=\frac{2\sum_{i=1}^{n}\sum_{k=i+1}^{n}\mathrm{sgn}((x_i-x_k)(y_i-y_k))}{n^2(t(t-1))} \tag{2-30}$$

其中，$t=\min(p,q)$。有必要提出的是，以上两个对肯德尔相关系数的定义的修正均是对分母进行修订，分子保持不变。修正的最终目的是确保 $s_{\text{肯}}(\boldsymbol{x},\boldsymbol{y})=1$ 时待评定向量的分量变化趋势完美一致；$s_{\text{肯}}(\boldsymbol{x},\boldsymbol{y})=-1$ 时待评定向量的分量变化趋势完美相悖；$s_{\text{肯}}(\boldsymbol{x},\boldsymbol{y})=0$ 时待评定向量的分量变化趋势无关。

2.10.2 距离度量

与皮尔森相关系数、斯皮尔曼相关系数类似，肯德尔相关系数的绝对值越大，则待评定的两个特征向量的变化趋势相关性越强，二者越相似。反之，若肯德尔相关系数的绝对值越小，则待评定的两个特征向量的变化趋势相关性越弱，二者越迥异。因此，基于肯德尔相关系数，定义肯德尔距离

$$d_{\text{肯}}(\boldsymbol{x},\boldsymbol{y})=1-|s_{\text{肯}}(\boldsymbol{x},\boldsymbol{y})| \tag{2-31}$$

不难发现，肯德尔距离的取值范围为 0～1 的闭区间，记作[0→1]。特征向量距离小的待评定样本相似度更高。

> **注**
>
> 本章以上介绍的距离度量方法，均用于度量两个特征向量之间的距离。还有方法度量所有特征向量之间的距离，包括肯德尔和谐系数、信息熵等，用于描述它们的分布特性，包括集中程度、分散程度、混乱程度。信息熵相关内容详见第 5 章。

小　　结

本章从待观测样本特征向量之间距离的角度，介绍了评定不同样本相似度的方法。现对本章核心内容总结如下。

(1) 距离的度量方式多种多样。

(2) 曼哈顿距离、欧氏距离、切比雪夫距离均属于闵氏距离，取值范围为 $0\sim+\infty$ 的左闭右开区间。

(3) 闵氏距离要求特征分量满足独立分布特性。

(4) 马氏距离等价于特征分量独立性处理之后的欧氏距离。

(5) 余弦距离用于度量特征向量方向之间的相似性，与向量大小无关。取值范围为 $0\sim2$。

(6) 汉明距离等于不相等分量个数的总和，取值范围为 $0\sim n$。

(7) 杰卡德距离等于不相等分量个数的总和与向量维度的商，取值范围为 $0\sim1$ 的闭区间。

(8) 皮尔森距离仅适用于评定特征向量对应分量间线性关系的强弱，易受异常数据影响，对于非线性关系无能为力，取值范围为 $0\sim1$ 的闭区间。

(9) 斯皮尔曼距离用于评定特征向量对应分量间的变化是否有单调性规律可循，取值范围为 $0\sim1$ 的闭区间。

(10) 肯德尔距离用于评定特征向量对应分量变化趋势是否一致，取值范围为 $0\sim1$ 的闭区间。

习　　题

(1) 举例说明相似性度量的多样性。

(2) 求 $p\to0$ 时闵氏距离的表达式，并给出距离为单位长度时，对应二维向量终点构成的图案。

(3) 试推导皮尔森距离与余弦距离的关系。

(4) 已知 $\boldsymbol{x}=[1,2,2,4,3]$、$\boldsymbol{y}=[2,1,5,3,4]$，试回答如下问题：

① 求 $\boldsymbol{x}$ 与 $\boldsymbol{y}$ 的曼哈顿距离；

② 求 $\boldsymbol{x}$ 与 $\boldsymbol{y}$ 的欧氏距离；

③ 求 $\boldsymbol{x}$ 与 $\boldsymbol{y}$ 的切比雪夫距离。

(5) 已知 $\boldsymbol{x}_1=[1,1]$、$\boldsymbol{x}_2=[3,3]$、$\boldsymbol{x}_3=[5,5]$、$\boldsymbol{x}_4=[2,1]$、$\boldsymbol{x}_5=[2,3]$、$\boldsymbol{x}_6=[4,3]$、$\boldsymbol{x}_7=[4,5]$，试回答如下问题：

① 试计算 $\boldsymbol{x}_1$ 与 $\boldsymbol{x}_3$ 的欧氏距离；

② 试计算 $\boldsymbol{x}_1$ 与 $\boldsymbol{x}_3$ 的马氏距离。

(6) 已知 $\boldsymbol{x}=[1,0]$、$\boldsymbol{y}=[1,1]$，试回答如下问题：

① 求 $\boldsymbol{x}$ 与 $\boldsymbol{y}$ 的夹角余弦；

② 求 $\boldsymbol{x}$ 与 $\boldsymbol{y}$ 的余弦距离。

(7) 已知 $\boldsymbol{x}=[1.02,1.15,2.05,3.44,0.18]$、$\boldsymbol{y}=[1.03,2.07,2.14,3.38,0.12]$，试回答如下问题：

① 求严格定义的 $\boldsymbol{x}$ 与 $\boldsymbol{y}$ 的汉明距离；

② 若松弛因子 $\varepsilon=0.04$，试求松弛定义的 $\boldsymbol{x}$ 与 $\boldsymbol{y}$ 的汉明距离。

(8) 已知 $\boldsymbol{x}=[1.02,1.15,2.05,3.44,0.18]$、$\boldsymbol{y}=[1.03,2.07,2.14,3.38,0.12]$，试回答如下问题：

① 求严格定义的 $\boldsymbol{x}$ 与 $\boldsymbol{y}$ 的杰卡德距离；

② 若松弛因子 $\varepsilon=0.05$，试求松弛定义的 $\boldsymbol{x}$ 与 $\boldsymbol{y}$ 的杰卡德距离。

(9) 已知 $\boldsymbol{x}=[1,2,3,4,5]$、$\boldsymbol{y}=[2,4,6,8,10]$，试回答如下问题：

① 计算 $\boldsymbol{x}$ 与 $\boldsymbol{y}$ 的皮尔森相关系数，并验证 $\boldsymbol{x}$ 与 $\boldsymbol{y}$ 分量对的线性相关性；

② 计算 $\boldsymbol{x}$ 与 $\boldsymbol{y}$ 的皮尔森距离。

(10) 已知 $\boldsymbol{x}=[3,1,4,2,5]$、$\boldsymbol{y}=[8,2,14,4,20]$，试回答如下问题：

① 计算 $\boldsymbol{x}$ 与 $\boldsymbol{y}$ 的斯皮尔曼相关系数；

② 计算 $\boldsymbol{x}$ 与 $\boldsymbol{y}$ 的秩值向量；

③ 计算 $\boldsymbol{x}$ 与 $\boldsymbol{y}$ 的斯皮尔曼距离。

(11) 已知 $\boldsymbol{x}=[3,1,4,2,5]$、$\boldsymbol{y}=[8,2,14,4,20]$，试回答如下问题：

① 给出 $\boldsymbol{x}$ 与 $\boldsymbol{y}$ 的所有分量对；

② 给出所有同序对与异序对；

③ 计算 $\boldsymbol{x}$ 与 $\boldsymbol{y}$ 的肯德尔距离。

参考文献

[1] Prasath V B, Alfeilat H A A, Hassanat A, et al. Distance and Similarity Measures Effect on the Performance of K-Nearest Neighbor Classifier-A Review. arXiv preprint arXiv:1708.04321, 2017.

[2] Rodrigues É O. Combining Minkowski and Cheyshev: New distance proposal and survey of distance metrics using k-nearest neighbours classifier. Pattern Recognition Letters, 2018, 110: 66-71.

[3] Arora J, Khatter K, Tushir M. Fuzzy c-means clustering strategies: A review of distance measures. Software Engineering, 2019: 153-162.

[4] De M R, Jouan-Rimbaud D, Massart D L. The mahalanobis distance. Chemometrics and intelligent laboratory systems, 2000, 50(1): 1-18.

[5] Norouzi M, Fleet D J, Salakhutdinov R R. Hamming distance metric learning. Advances in neural information processing systems, 2012: 1061-1069.

[6] Thada V, Jaglan V. Comparison of jaccard, dice, cosine similarity coefficientto find best fitness value for web retrieved documents using genetic algorithm. International Journal of Innovations in Engineering and Technology, 2013, 2(4): 202-205.

[7] Benesty J, Chen J, Huang Y, et al. Pearson correlation coefficient. Noise reduction in speech

processing. Springer, Berlin, Heidelberg, 2009: 1-4.

[8] de Winter J C F, Gosling S D, Potter J. Comparing the Pearson and Spearman correlation coefficients across distributions and sample sizes: A tutorial using simulations and empirical data. Psychological methods, 2016, 21(3): 273.

[9] Abdi H. The Kendall rank correlation coefficient. Encyclopedia of Measurement and Statistics. Sage, Thousand Oaks, CA, 2007: 508-510.

第3章

函数与泛函分析

现有的人工智能方法通过模型优化从历史数据中发现观测对象与评定结果之间的对应关系，并将其用于评定新观测对象。也就是说，人工智能方法的本质就是尝试找到一个尽可能逼近真实对应关系 $\hat{f}$ 的对应关系 f，将每个观测对象 x，映射成一个评定结果 y，使其尽可能与真实评定 $\hat{y}$ 相似，即 $y\approx\hat{y}$。本章介绍人工智能模型设计、优化求解、评估验证过程中，涉及的函数与泛函相关知识。

3.1 集　　合

通常，数据驱动的人工智能方法从历史经验数据中发现规律，并将其用于对应场景中，实现智能分析。发现规律的过程统称为机器学习。当下，针对特定应用场景的数据收集更容易、规模更大。即便如此，为确保人工智能方法的性能，不能简单粗暴地直接将模型投放到实际应用中。一方面，这将给用户带来许多负面体验。另一方面，模型的调优变得更加烦琐，可操作性变差。不难理解，历史数据来源于实际应用，是应用场景中待解决问题对应数据的部分抽样。所以，只要数据量足够大，可假设收集到的数据的分布与该应用场景中待解决问题对应的数据分布完美契合。也就是说，抽样式的数据收集并未改变原始的数据分布特性，收集到的数据与待解决问题对应的数据分布相同。基于此，数据驱动的人工智能方法通常将已有历史数据划分为两部分，一部分用于模型训练、学习，另一部分用于模拟真实场景对模型的性能进行验证评估。需要说明的是，对某个特定问题来说，数据的划分方式可能不唯一。例如，交叉验证法对数据进行多次划分，并各自独立训练、验证，再由性能均值对设计的模型进行评估。实际上，以上描述中涉及的数量可数的历史数据构成一个集合。划分后的用于模型训练的数据构成该集合的子集，称作训练集；用于模型性能评估的另一部分数据也构成该历史数据集的子集，称作验证集。那么，从数学的角度来说，到底什么是集合？集合具备哪些特性？集合与集合之间具备什么样的关系呢？本节接下来将围绕以上问题介绍集合相关的数学知识及其在人工智能领域中的应用。

注

更多关于模型性能评估与验证的内容详见第10章。

3.1.1 定义与表示

人类可感知到的客观存在以及思维中包含的事物或抽象符号，都可称作对象。如上文所述，收集到的历史数据是可数的。那么，每一个数据可称作一个对象。需要指出的是，这里所说的对象其实是有应用场景的。对待解决的问题来说，收集到的每个数据可视作一个对象。但是，收集到的每个数据可能均由多个子项构成。那么，构成数据对象的各个子项，也可各自视作一个对象。其实，这些数据子项构成了一个整体。数学上，把能够确定的多个对象构成的整体，称作由这些对象构成的集合。通常地，集合采用大写拉丁字母表示，例如，所有 n 维实数向量构成的集合 R^n、训练数据集合 T、验证数据集合 V 等。与之对应地，集合中的每个对象，称作"元素"。元素通常用小写拉丁字母表示，如 n 维实数向量集元素 $\boldsymbol{x}$、训练集元素 t、验证集元素 v 等。元素与集合之间只有属于与不属于两种关系。若元素 a 属于集合 A，则记作 $a \in A$。否则，记作 $a \notin A$。需要指出的是，若不存在一个历史数据既属于训练集又属于验证集的情况，也就是说，训练集与验证集不存在数据重叠，那么训练集中的任意元素肯定不属于验证集。反之亦然。有必要指出的是，集合中元素的个数，称作集合的大小，是对集合的一种测度。给定集合 A，则其大小记作 $\mathrm{card}(A)$。不含任何元素的集合，称作"空集"。空集通常记作 Φ，即 $\mathrm{card}(A)=0$；至少含有一个元素的集合，称作"非空集"。含有有限可数个元素的集合，称作"有限集"；元素个数不可数的集合，则称作"无限集"。数据驱动的人工智能分析方法处理的数据对象一般构成有限集。

注

有必要说明的是，测度论是研究集合上的测度和积分的理论，不是本书的重点，感兴趣的读者可查阅相关资料。

不难发现，仅采用拉丁符号表示集合，不利于对集合构成特点的表达。构成集合的所有元素已知的情况下，可采用穷举所有元素，并将其用大括号括起来的方式表示集合。例如，验证集 V 由 a、b、c 三个数据对象构成，则集合 V 可表示为 $V=\{a,b,c\}$。需要说明的是，空集是一个特殊集合，其内部没有任何元素。采用元素穷举法时，空集可写成 $\Phi=\{\}$ 的形式。显然，若集合为无限集，或其元素个数较多，则不便用穷举法表示。此时，可采用元素公共属性描述法表示集合。也就是说，一个集合可写成如下形式：$A=\{$元素一般式 $x \mid$ 公共属性描述 $D\}$。例如，昨天收集的数据构成的集合 $A=\{x \mid x$ 是昨天采集的$\}$；正实数构成的集合 $B=\{x \mid x>0$ 并且 $x \in R\}$。

3.1.2 元素特性

由集合与元素的关系可知，在集合 A 已知的情况下，任给一个元素 a，该元素或者属

于 A 或者不属于 A，二者必取其一，不存在模棱两可的情况。这称作集合元素的确定性。也就是说，“皮肤白皙的美女”“个子很高的帅哥”均具有不确定性，不能构成集合。实际上，因为不确定性的信息很难用数据表达，所以收集到的历史数据通常是确定的。严格来说，构成集合的元素不仅具有确定性，相互之间还是不相同的。也就是说，集合中的元素具有互异性，它们在集合中最多只出现一次，是没有重复的。需要说明的是，由于历史数据是对真实待解决问题的抽样，一方面，取样过程中不可避免地引入离散化操作；另一方面，抽样结果的数据表达也不可避免地存在舍入误差。因此，历史经验数据构成的集合中可能存在不唯一的数据元素。集合元素的另外一个特性是，在集合内部元素地位等同，它们之间是没有先后顺序的。也就是说，集合 $\{a,b,c\}$ 与集合 $\{c,b,a\}$ 是同一个集合。

注

实际上，模糊集合论中集合元素的隶属关系不是绝对确定的，而是更加松弛。但是，作为一个全新的数学分支，模糊集合论不是本书重点关注内容。感兴趣的读者可自行查阅相关书籍或资料。

3.1.3 集合运算

给定两个集合 A 与 B，若集合 A 中的元素肯定存在集合 B 中，即对于 $\forall x \in A$，$x \in B$ 必然成立，则称 A 是 B 的子集，记作 $A \subseteq B$。若此时，集合 B 中存在集合 A 中没有的元素，即 $\exists x \in B$ 但 $x \notin A$，如图 3-1(a)所示，则称 A 是 B 的真子集，记作 $A \subset B$。例如，验证数据集与训练数据集均是历史数据集的真子集。需要指出的是，空集 $\varnothing$ 是所有集合的真子集。若集合 A 与 B 互为子集，即 $A \subseteq B$ 与 $B \subseteq A$ 同时成立，则称 A 与 B 相等，记作 $A=B$。

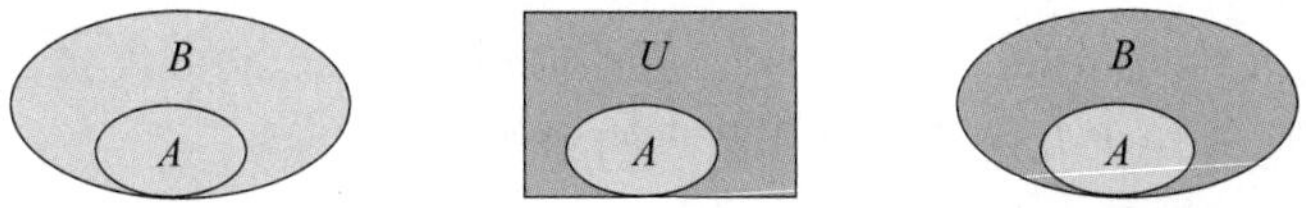

(a) $A \subset B$　　(b) $\overline{A}$　　(c) $B-A$

图 3-1　子集与补集

一般地，收集到的历史数据构成的集合，在待解决问题求解过程中，称作全集。也就是说，全集是待研究对象的全体构成的集合。设全集为 U，集合 A 是 U 的一个子集，则 U 中所有不属于 A 的元素构成的集合，称作 U 中子集 A 的补集，或简称 A 的补集，记作 $\overline{A}$，如图 3-1(b)所示。显然，A 的补集的补集为集合 A 本身。上文提到的验证数据集与训练数据集互为补集。以上定义的补集有时又被称作绝对补集。这是因为，如图 3-1(c)所示，若 A 与 B 是两个集合，属于 B 但不属于 A 的元素构成的集合，称作 A 在 B 中的相对补集，记作 $B-A$。显然，若 $A=B$，则 $B-A=\varnothing$ 且 $A-B=\varnothing$。若记收集到的历史数据构成的集合为全集 U，则验证数据集 V 在 U 中的相对补集，其实就是它的绝对补集：训练数据集 T。

若集合 A 与 B 有共同元素，即 $\exists x \in A$ 且 $x \in B$，则其所有共同元素构成的集合，称作集合 A 与 B 的交集，记作 $A \cap B$，如图 3-2(a)所示。显然，上文提及的训练集与验证集的交集一般为空集 $\varnothing$。与之对应地，将集合 A 与 B 中所有元素构成的集合，称作集合 A 与 B 的并集，记作 $A \cup B$，如图 3-2(b)所示。显然，上文提及的训练集与验证集的并集即是整个历史经验数据集。另外，若 $A \subseteq B$，则显然 $A \cap B = A$ 且 $A \cup B = B$。

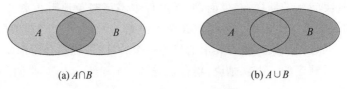

(a) $A \cap B$　　(b) $A \cup B$

图 3-2　集合的交、并运算

有必要说明的是，集合运算是有规律可循的。具体地，集合的交、并运算满足交换律，也就是说，$A \cap B = B \cap A$ 且 $A \cup B = B \cup A$；集合的交、并复合运算满足结合律，也就是说，$(A \cap B) \cap C = A \cap (B \cap C)$ 且 $(A \cup B) \cup C = A \cup (B \cup C)$；集合交、并混合运算满足分配律，也就是说，$(A \cap B) \cup C = (A \cup C) \cap (B \cup C)$ 且 $(A \cup B) \cap C = (A \cap C) \cup (B \cap C)$；除此之外，集合交、并运算与求补集运算之间满足德摩根律，即 $\overline{A \cup B} = \overline{A} \cap \overline{B}$ 且 $\overline{A \cap B} = \overline{A} \cup \overline{B}$。

3.1.4　凸集分离定理

除上文介绍的集合运算定律之外，集合元素的分布特性对深入分析集合间的相互关系也有重要作用。给定一个由描述待观测对象特征的向量构成的集合 S，取 S 中任意两个元素 $\boldsymbol{x}$ 与 $\boldsymbol{y}$，将两元素在特征空间内连接在一起，若连线上的点对应的向量全部在集合 S 中，则称 S 是凸集。形式化地，设集合 $S \subset \mathbf{R}^n$，对于任意两个元素 $\boldsymbol{x} \in S$ 与 $\boldsymbol{y} \in S$，以及任意实数 λ，若与 n 维向量 $\lambda \boldsymbol{x} + (1-\lambda)\boldsymbol{y}$ 对应的向量元素 $\boldsymbol{z} \in S$ 恒成立，其中，$0 \leqslant \lambda \leqslant 1$，则称 S 为凸集。图 3-3 给出几个凸集与非凸集的示例。

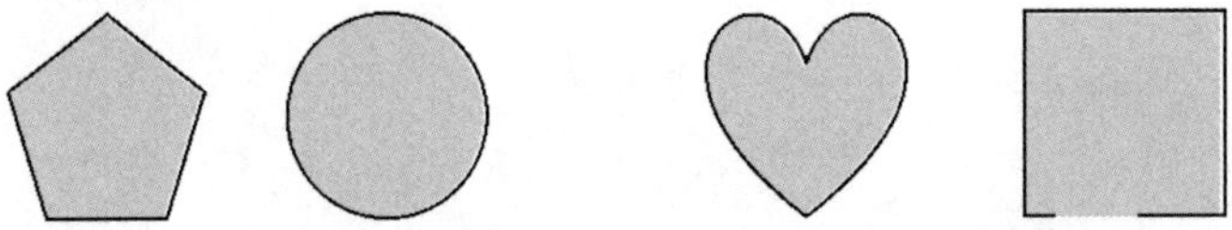

(a) 凸集　　(b) 非凸集

图 3-3　集合凸性

有必要指出的是，n 维特征空间的任意超平面 H，将该特征空间划分为 H^+ 与 H^- 两部分。具体地，设超平面 H 的表达式为 $\boldsymbol{w}\boldsymbol{x}^{\mathrm{T}} = 0$，则半空间 H^+ 与 H^- 可分别由无限集 $H^+ = \{\boldsymbol{x} \mid \boldsymbol{w}\boldsymbol{x}^{\mathrm{T}} \geqslant 0\}$ 与 $H^- = \{\boldsymbol{x} \mid \boldsymbol{w}\boldsymbol{x}^{\mathrm{T}} \leqslant 0\}$ 表示。需要说明的是，超平面方程采用的是将截距项作为权重向量 $\boldsymbol{w}$ 的附加分量，将向量 $\boldsymbol{x}$ 延长一个常数分量维度的齐次表达形式。也就是说，$\boldsymbol{w}$ 与 $\boldsymbol{x}$ 均为 $n+1$ 维行向量。设 S_1 与 S_2 为 $\mathbf{R}^n$ 空间中两个不相交的非空凸集，则必然存在 $n+1$ 维向量 $\boldsymbol{w}$，使得 $S_1 \subseteq H^+$ 与 $S_2 \subseteq H^-$ 或者 $S_2 \subseteq H^+$ 与 $S_1 \subseteq H^-$ 同时成立，并且 $[w_1, w_2, \cdots, w_n] \neq \boldsymbol{o}$。也就是说，对于 $\mathbf{R}^n$ 空间中两个不相交的非空凸集 S_1

与 S_2，存在一个超平面将它们分离开。换言之，$\mathbf{R}^n$ 空间中两个不相交的非空凸集 S_1 与 S_2 线性可分。

不难理解，若 $S_1 \subseteq H^+$ 与 $S_2 \subseteq H^-$，则

$$\begin{cases} \boldsymbol{w}\boldsymbol{s}_1^{\mathrm{T}} \geqslant 0, & \forall \boldsymbol{s}_1 \in S_1 \\ \boldsymbol{w}\boldsymbol{s}_2^{\mathrm{T}} \leqslant 0, & \forall \boldsymbol{s}_2 \in S_2 \end{cases} \tag{3-1}$$

设集合 S_1 与 S_2 之间的距离定义为

$$\mathrm{dist}(S_1, S_2) = \min_{\boldsymbol{s}_1 \in S_1, \boldsymbol{s}_2 \in S_2} \left\| \boldsymbol{s}_1 - \boldsymbol{s}_2 \right\|_2^2 \tag{3-2}$$

其中，$\left\| \boldsymbol{s}_1 - \boldsymbol{s}_2 \right\|_2^2$ 为 $\boldsymbol{s}_1$ 与 $\boldsymbol{s}_2$ 欧氏距离的平方。令

$$\boldsymbol{s}_1^*, \boldsymbol{s}_2^* = \arg\min_{\boldsymbol{s}_1 \in S_1, \boldsymbol{s}_2 \in S_2} \left\| \boldsymbol{s}_1 - \boldsymbol{s}_2 \right\|_2^2 \tag{3-3}$$

并记 $\boldsymbol{a} = \boldsymbol{s}_1^* - \boldsymbol{s}_2^*$、$b = -(\|\boldsymbol{s}_1^*\|_2^2 - \|\boldsymbol{s}_2^*\|_2^2)/2$，则对于 $\forall \boldsymbol{s}_1 \in S_1$，有

$$\boldsymbol{a}\boldsymbol{s}_1^{\mathrm{T}} + b \geqslant 0 \tag{3-4}$$

对于 $\forall \boldsymbol{s}_2 \in S_2$，有

$$\boldsymbol{a}\boldsymbol{s}_2^{\mathrm{T}} + b \leqslant 0 \tag{3-5}$$

由于非空凸集 S_1 与 S_2 不相交，即 $S_1 \cap S_2 = \varnothing$，所以，$\boldsymbol{s}_1^* \neq \boldsymbol{s}_2^*$，即 $\boldsymbol{a} \neq \boldsymbol{0}$。有必要指出的是，实际上 $\boldsymbol{a}\boldsymbol{x}^{\mathrm{T}} + b = 0$ 是 $\boldsymbol{s}_1^*$ 与 $\boldsymbol{s}_2^*$ 连线的“中垂面”。这是因为，不难证明 $\boldsymbol{a} = \boldsymbol{s}_1^* - \boldsymbol{s}_2^*$ 是 $\boldsymbol{a}\boldsymbol{x}^{\mathrm{T}} + b = 0$ 的法线。又 $(\boldsymbol{s}_1^* + \boldsymbol{s}_2^*)/2$ 是 $\boldsymbol{s}_1^*$ 与 $\boldsymbol{s}_2^*$ 连线的中点，令 $\boldsymbol{x} = (\boldsymbol{s}_1^* + \boldsymbol{s}_2^*)/2$ 代入 $\boldsymbol{a}\boldsymbol{x}^{\mathrm{T}} + b$，得 $\boldsymbol{a}\boldsymbol{x}^{\mathrm{T}} + b = 0$。得证。

为证式(3-4)，假设 $\exists \boldsymbol{s}_1 \in S_1$，使得 $\boldsymbol{a}\boldsymbol{s}_1^{\mathrm{T}} + b < 0$，即

$$\begin{aligned}
\boldsymbol{a}\boldsymbol{s}_1^{\mathrm{T}} + b &= (\boldsymbol{s}_1^* - \boldsymbol{s}_2^*)\boldsymbol{s}_1^{\mathrm{T}} - \frac{\left\|\boldsymbol{s}_1^*\right\|_2^2 - \left\|\boldsymbol{s}_2^*\right\|_2^2}{2} \\
&= (\boldsymbol{s}_1^* - \boldsymbol{s}_2^*)\left(\boldsymbol{s}_1^{\mathrm{T}} - \frac{(\boldsymbol{s}_1^*)^{\mathrm{T}} + (\boldsymbol{s}_2^*)^{\mathrm{T}}}{2}\right) \\
&= (\boldsymbol{s}_1^* - \boldsymbol{s}_2^*)\left((\boldsymbol{s}_1^{\mathrm{T}} - (\boldsymbol{s}_1^*)^{\mathrm{T}}) + \frac{(\boldsymbol{s}_1^*)^{\mathrm{T}} - (\boldsymbol{s}_2^*)^{\mathrm{T}}}{2}\right) \\
&= (\boldsymbol{s}_1^* - \boldsymbol{s}_2^*)(\boldsymbol{s}_1^{\mathrm{T}} - (\boldsymbol{s}_1^*)^{\mathrm{T}}) + \frac{\left\|\boldsymbol{s}_1^* - \boldsymbol{s}_2^*\right\|_2^2}{2} \\
&< 0
\end{aligned} \tag{3-6}$$

由于 $(\|\boldsymbol{s}_1^* - \boldsymbol{s}_2^*\|_2^2)/2 \geqslant 0$，所以 $(\boldsymbol{s}_1^* - \boldsymbol{s}_2^*)(\boldsymbol{s}_1 - \boldsymbol{s}_1^*)^{\mathrm{T}} < 0$。对于 $\boldsymbol{s}_1^*$ 与 $\boldsymbol{s}_1$ 连线上另外一点 $\boldsymbol{p}$，有 $\boldsymbol{p} = \lambda\boldsymbol{s}_1 + (1-\lambda)\boldsymbol{s}_1^*$。其中，$0 \leqslant \lambda \leqslant 1$。由于 S_1 是凸集，所以 $\boldsymbol{p} \in S_1$。此时，$\boldsymbol{p}$ 点与 $\boldsymbol{s}_2^*$ 的欧氏距离平方

$$\begin{aligned}
\left\|\boldsymbol{p} - \boldsymbol{s}_2^*\right\|_2^2 &= \left\|\lambda\boldsymbol{s}_1 + (1-\lambda)\boldsymbol{s}_1^* - \boldsymbol{s}_2^*\right\|_2^2 \\
&= \left\|\boldsymbol{s}_1^* - \boldsymbol{s}_2^* + \lambda(\boldsymbol{s}_1 - \boldsymbol{s}_1^*)\right\|_2^2 \\
&= \left\|\boldsymbol{s}_1^* - \boldsymbol{s}_2^*\right\|_2^2 + \lambda\left(2(\boldsymbol{s}_1^* - \boldsymbol{s}_2^*)(\boldsymbol{s}_1 - \boldsymbol{s}_1^*)^{\mathrm{T}} + \lambda\left\|(\boldsymbol{s}_1 - \boldsymbol{s}_1^*)\right\|_2^2\right)
\end{aligned} \tag{3-7}$$

显然，若 λ 取值为一个很小的正数，即

$$\lambda < -\frac{2(\boldsymbol{s}_1^* - \boldsymbol{s}_2^*)(\boldsymbol{s}_1 - \boldsymbol{s}_1^*)^{\mathrm{T}}}{\left\|(\boldsymbol{s}_1 - \boldsymbol{s}_1^*)\right\|_2^2} \tag{3-8}$$

时，一定有$\|\boldsymbol{p}-\boldsymbol{s}_2^*\|_2^2<\|\boldsymbol{s}_1^*-\boldsymbol{s}_2^*\|_2^2$。又因为，$\boldsymbol{p}\in S_1$，这与式(3-3)矛盾。也就是说，原假设$\exists\,\boldsymbol{s}_1\in S_1$，使得$\boldsymbol{a}\boldsymbol{s}_1^{\mathrm{T}}+b<0$不成立。式(3-4)得证。类似地，可证式(3-5)。

3.2 区　　间

对于许多数据驱动的人工智能方法来说，除收集描述历史对象特征的数据之外，通常还需要对收集的数据给予评定。例如，银行要求购房者向其提供收入证明 g、征信报告 h、银行流水 r 等数据信息，银行依据这些信息决定是否批复贷款。这里的“可批复贷款”或“不可批复贷款”即是对收集数据的评价。当然，此实例指的是贷款批复人工智能方法的应用场景。实际上，为了能够设计一个行之有效的人工智能批复贷款模型，需要对每个历史数据对象给出如上文所示的是否可批复贷款的评定，用于训练过程中校正模型学习误差。需要说明的是，以上实例中，对于贷款申请人偿还能力只有肯定与否定两种评定。或者认定申请人肯定能偿还，或者认定申请人不能偿还，存在一刀切问题。特别地，基于这种模式，银行并不能评估通过贷款申请给自己带来的金融风险，也不能评估若不通过贷款给自己带来的经济损失。相应地，若能对申请人的偿还能力进行等级评定，或者进一步细化，对其偿还能力进行 0～100 分值的打分，则一定程度上可缓解以上问题。为了使得银行对通过贷款带来的风险能量化评定，依据收集到的贷款申请人的收入证明 g、征信报告 h、银行流水 r 等数据信息，对其收入支持如期偿还贷款的可能性进行估计有重要意义。例如，若贷款申请人可如期偿还的可能性是 100%，则银行批复贷款后无风险；若可能性是 80%，则有一定风险；若可能性小于 50%，则有较高风险。显然，此时数据对象评定取值范围为 0%～100%内的任意实数。

3.2.1 定义与表示

数学上，将具有特定属性的实数集合，称作区间。这里的特定属性指的是，给定实数集合 S，若实数 x 与 y 均是集合 S 中的元素，即 $x\in S$ 且 $y\in S$，则 x 与 y 之间的任意实数 z 均属于集合 S，即 $x\leqslant\forall z\leqslant y, z\in S$ 恒成立。那么，实数集合 S，称作区间。特别地，集合 S 中的最小实数，称作该区间的下确界；集合 S 中的最大实数，称作该区间的上确界。如图 3-4(a)所示，若记 S 区间的下确界为 i，上确界为 s，则区间 S 称作闭区间，可用如下符号表示：$S=[i\rightarrow s]$。若采用集合记法，则 $S=\{x\mid i\leqslant x\leqslant s\}$。不难发现，区间是元素为实数的无限集，并且实数元素取值是连续不间断的。需要指出的是，许多教材采用逗号分隔上下界的方式标记区间。这与本书二维向量的表示方法相同。为以示区别，采用右向箭头分隔上下确界。有必要说明的是，如图 3-4(b)所示，与集合$\{x\mid i<x\leqslant s\}$对应的区间，称作左开右闭区间，记作$(i\rightarrow s]$。此时，区间没有下确界，i 为它的下界。类似地，如图 3-4(c)所示，与集合$\{x\mid i\leqslant x<s\}$对应的区间，称作左闭右开区间，记作$[i\rightarrow s)$。此时，区间没有上确界，s 为它的上界。进一步地，如图 3-4(d)所示，与集合$\{x\mid i<x<s\}$对应的区间，称作开区间，记作$(i\rightarrow s)$。此时，区间没有下确界与上确界，i 与 s 分别是它的下界与上界。一般地，用无穷符号∞表示区间在某方向上是无界的。例如，$(-\infty\rightarrow a]$、

$[b\to+\infty)$。特别地，$(0\to+\infty)$表示正实数集，记作 R^+。显然，上文所述的贷款申请人收入情况支持如期偿还贷款的可能性构成闭区间$[0\to1]$。除上述集合表示法之外，如图 3-4 所示，区间还可用数轴法来表示。区间内元素在数轴上围成的区域，称作区间内部。数轴的其他区域，称作区间外部。

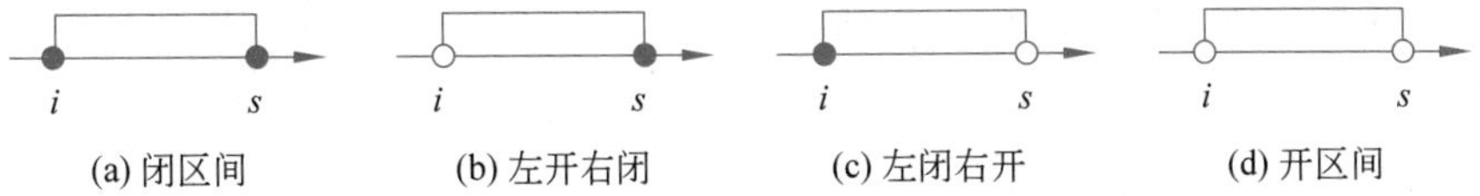

图 3-4　区间的开闭性

3.2.2　元素特性

如上文所述，区间是一类特殊的集合。与集合类似，给定任意一个区间，即便其内部实数个数无限多，但是值是确定的。这称作区间元素的确定性。换言之，给定任意一个实数，它或者落入指定区间内部，或者落入该区间外部。实际上，给定实数对 i 与 s，由其作为端点的区间内的元素是确定的。由于不存在两个不同实数具有相等的数值，所以，区间元素是互不相同的。这称作区间元素的互异性。实际上，数值相等的两个元素在区间内被视作实数轴上的同一点。除了元素确定与互异之外，又因为可比较实数大小，所以区间内确定且互异的元素是有大小关系的。例如，0.2 就比 0.3 更靠近闭区间$[0\to1]$的左端。这称作区间元素的有序性。由区间的数学定义不难发现，区间内实数元素之间是连续不间断的。也就是说，区间元素具有连续性。

3.2.3　区间算术

如前文所述，区间是一段连续实数构成的集合。若变量 x 为区间内任意元素，则 x 的取值具有不确定性。例如，向银行提交贷款申请后，银行最终给出的风险评定值具有不确定性。一般地，我们之前接触的算术中参与运算的变量取值均是确定的。例如，3+5、4×2 等。那么，对于取值具有不确定性的区间来说，是否也可以进行加、减、乘、除运算呢？区间算术就是指以区间为操作数的四则运算。普通四则运算中参与运算的操作数是具有确定值的整数、实数、向量等，其运算结果也是对应类型的值。类似地，区间算术中参与运算的操作数是区间，运算结果仍为一个区间。一般地，区间由两个界值唯一确定。那么，区间算术运算结果区间的界与参与运算的区间操作数的界之间具有什么样的函数关系呢？就区间加法来说，设参与运算的两个区间分别为 $S_1=[i_1\to s_1]$与 $S_2=[i_2\to s_2]$，对于 $\forall x\in S_1$、$\forall y\in S_1$，定义变量 $z=x+y$ 的所有可能的取值构成的区间 S 为区间 S_1 与 S_2 相加的结果，即 $S=S_1+S_2$。不难证明，若 $S_1=[i_1\to s_1]$、$S_2=[i_2\to s_2]$，则 $S_1+S_2=[i_1+i_2\to s_1+s_2]$。类似地，对于 $\forall x\in S_1$、$\forall y\in S_1$，定义变量 $z=x-y$ 的所有可能的取值构成的区间 S 为区间 S_1 与 S_2 相减的结果，即 $S=S_1-S_2$。不难证明，$S_1-S_2=[i_1-s_2\to s_1-i_2]$。类似地，$S_1\times S_2=[i,s]$，其中，$i=\min(i_1i_2,i_1s_2,s_1i_2,s_1s_2)$、$s=\max(i_1i_2,i_1s_2,s_1i_2,s_1s_2)$；$S_1/S_2=[i,s]$，其中，$i=\min(i_1/i_2,i_1/s_2,s_1/i_2,s_1/s_2)$、$s=\max(i_1/i_2,i_1/s_2,s_1/i_2,s_1/s_2)$。显然，跨 0 区间不应该作为区间除法的除数。有必要指出的是，区间加法和乘法符合交换律、结合律。

3.3 函数映射

收集数据的根本目的是从中发现规律，并将其用于评定新观测对象。显然，每个观测对象 x 与一个评定结果 y 相对应。这里的对应关系，记作 $\hat{f}$，即是人类智能对客观对象 x 的认识 $\hat{y}$。人类认知能力的来源、本质以及遵循的法则仍是个谜，人类更多地将其称为本能。与之对应地，人工智能就是要使得计算机具备与人类智能一样或类似的认知能力。也就是说，人工智能方法就是要找到一个尽可能逼近 $\hat{f}$ 的对应关系 f，将每个观测对象 x，映射成一个评定结果 y，使得 $y \approx \hat{y}$。不难理解，观测对象与评定结果分别构成两个集合，记作 A 与 B，其中，$x \in A$、$y \in B$。数学上，将以上对应关系 $\hat{f}$ 或 f 称作映射，用于指示观测对象集合 A 中任意元素与评定集合 B 中元素的对应关系，记作 $f: A \to B$。数学上，将这种映射关系称作函数，记作 $y=f(x)$ 或 $f(A)=\{y \mid y=f(x), x \in A\}=B$。

根据对应关系中观测对象集合元素个数与评定集合元素个数的不同，如图 3-5 所示，函数映射又分为一对一、多对一、一对多、多对多四种模式。顾名思义，一对一映射指的是，对于集合 A 中的任意元素 x，在集合 B 中都有一个唯一的 y 与之对应，反之亦然。对于人工智能方法待解决的实际应用问题来说，一对一映射并不常见。这是因为，若不同观测对象的评定结果不同，不同评定值对应的观测对象也不相同，则历史经验数据是随机分布的、无规律可循的。这与数据驱动的人工智能方法尝试从中发现规律，并用于解决实际问题相悖。但是在人工智能方法处理数据过程中，一对一映射很常见。例如，卷积神经网络中输入图像与输出图像分辨率相同时，前者像素与后者像素存在一一对应关系。与一对一映射不同，多对一映射在数据驱动的人工智能领域很常见。例如，对于对象类别识别任务来说，多个相似对象被归为同一类别，每个类别相当于对待识别对象的评定结果。也就是说，观测对象集合中有多个元素与评定集合中的一个元素相对应。为实现精准识别，人工智能方法通常从不同角度提取待观测对象的多个特征值，再对特征值进行智能分析。不难发现，观测对象与其描述特征之间的对应关系是典型的一对多映射。有必要说明的是，在基于卷积神经网络的图像识别任务中，多个卷积层的组合应用，本质是用于提取图像不同层次的特征。第一个卷积层的输入通常为一幅图像，其输出一般为多个特征映射。与之不同的是，经典神经元网络中隐层神经元间的对应关系是典型的多对多映射。另外，用于图像识别任务的卷积神经网络中间卷积层的输入与输出之间的对应关系也是多对多映射。

有必要指出的是，数学上，一般将一对一映射、多对一映射称作函数。给定任意函数 $y=f(x)$，即确定了一个以观测对象集合 A 为定义域、以评定集合 B 为值域的元素对应关系。反过来说，给定评定集合 B 中任意元素，也总能在观测对象集合 A 中找到与之对应的元素，这构成了另一个函数映射。数学上，若原函数 $y=f(x)$ 为一对一映射，则其反向映射构成一个新函数，称作 $y=f(x)$ 的反函数，记作 $y=f^{-1}(x)$。

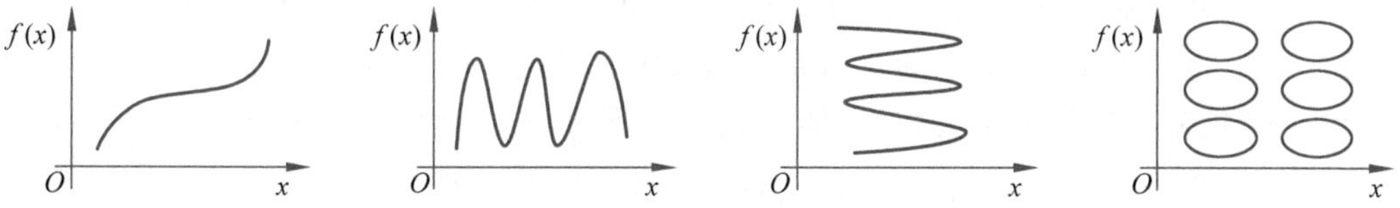

(a) 一对一　(b) 多对一　(c) 一对多　(d) 多对多

图 3-5　函数映射

3.3.1　自变量与因变量

不难理解，客观事物是导致人类认知对外界刺激做出本能反应的根本。同类事物之间既有相似性，又有区别。人类智能就是时时刻刻在不知不觉中发现客观事物的区别与联系。类似地，观测对象的不同是导致人工智能方法给出不同评定结论或做出不同决策的根本原因。也就是说，观测对象 x 与其评定结果 y 的对应关系中，一般前者是客观存在，观测对象 x 的改变导致评定结果 y 的不同。因此，数学上将观测对象 x 称作映射关系 f 的自变量。对应地，观测对象集合 A 中的元素是自变量 x 在映射关系 f 中所有可能的取值。因此，将集合 A 称作映射 f 的定义域。有必要指出的是，函数映射的定义并未限定自变量的数据类型。也就是说，自变量可以是标量、向量，甚至矩阵。

如上文所述，观测对象 x 的改变导致评定结果 y 的不同。也就是说，评定结果 y 的取值因自变量 x 的取值不同而不同。因此，数学上将评定结果 y 称作映射关系 f 的因变量。因变量的每个取值，称作对应函数的函数值。对应地，将评定结果 y 所有可能的取值构成的集合 B 称作映射 f 的值域。有必要指出的是，函数映射的定义并未限定其因变量的数据类型，理论上来说，因变量可以是标量、向量，甚至矩阵。但是，常见的因变量评定结果一般是标量。

3.3.2　多元函数

数据驱动的人工智能方法很少直接操作收集到的待观测对象数据，而是从不同角度提取描述待观测对象特征的多个值，将特征值组成特征向量，再基于特征向量对待观测对象做出评定。不难发现，在这种情况下，人工智能方法就是要找到一个尽可能逼近真实情况的函数 f，用于将每个观测对象的特征向量 $\boldsymbol{x}=[x_1,x_2,\cdots,x_n]$与某个评定结果 y 之间建立映射关系，即使得 $y=f(\boldsymbol{x})$恒成立。不难理解，此时映射函数 f 的自变量不再是一个标量值，而是由多个值 $x_1,x_2,\cdots,x_n$ 组成。具有这种特性的函数，称作多元函数。为了体现其多元属性，有时也将 $y=f(\boldsymbol{x})$写作 $y=f(x_1,x_2,\cdots,x_n)$的形式。也有书籍将多元函数称作多自变量函数，其中，$x_1,x_2,\cdots,x_n$ 均是函数 $y=f(x_1,x_2,\cdots,x_n)$的自变量。需要指出的是，在卷积神经网络中，输出图像像素值通常由输入图像对应位置周围几个像素的权重均值决定。若将输入图像对应位置及其周围像素视作多个自变量，将作为输出图像像素值的权重均值视作因变量，则图像像素值与卷积结果之间构成一个多元函数映射。有必要说明的是，当卷积核尺寸为 1×1 时，卷积核仅由一个标量值构成，若考虑权重归一化问题，则此标量值为 1。此时输入图像与输出图像像素值之间的对应关系退化为单元函数映射。有必要说明的是，多元函数并不要求函数的自变量均为同一数据类型的变量。也就是说，一个三元函数的自变量可以是标量、向量、矩阵的任意组合。例如，对于线性分类问题来说，人工智能方法通常是基于已知经验数据集优化模型函数 $\sum_{\boldsymbol{x},\hat{y}}(\hat{y}-\boldsymbol{w}\boldsymbol{x}^{\mathrm{T}}-b)^2$。不难理解，在观测对象集合中所有元素 $\boldsymbol{x}$ 及人类对其智能认知评定 $\hat{y}$ 已知的情况下，权重行向量 $\boldsymbol{w}$ 与截距标量 b 均是该线性分类优化函数的自变量。也就是说，该线性分类优化模型可记作 $f(\boldsymbol{w},b)=\sum_{\boldsymbol{x},\hat{y}}(\hat{y}-\boldsymbol{w}\boldsymbol{x}^{\mathrm{T}}-b)^2$。

注

关于卷积的更多内容详见第 6 章，关于优化的更多内容详见第 8 章。

3.3.3 复合函数

不难发现，上文涉及的函数表达式均比较简单，且其因变量即是最终评定结果。换言之，函数的因变量直接作为对待观测对象的评定，而不再作为其他函数的输入自变量。数学上，将这类函数称作简单函数。在人工智能领域，许多处理方法涉及更复杂的函数形式。它们通常由某些简单函数的输出作为其他简单函数的输入进而复合而成，称作复合函数。给定任意函数 $u=g(x)$ 与 $y=f(u)$，若 $u=g(x)$ 的值域与 $y=f(u)$ 的定义域相等，则称 $y=f(g(x))$ 为函数 $u=g(x)$ 与 $y=f(u)$ 的复合函数，简记作 $y=f(g(x))$。

注

①有必要提出的是，复合函数并不严格要求 $u=g(x)$ 的值域与 $y=f(u)$ 的定义域相等。实际上，只要后者与前者交集为非空集合，则可定义复合函数 $y=f(g(x))$。此时，复合函数的定义域为 $u=g(x)$ 的值域与 $y=f(u)$ 的定义域的交集。②有书籍将函数 $u=g(x)$ 与函数 $y=f(u)$ 的复合函数记作 $y=(f\circ g)(x)$。本书不采用这种记法的原因是第 1 章中已将$\circ$定义为分量乘法运算符。

具体地，复合函数一个直接的例子是多层全连接神经网络中多结点输入与多结点输出的对应关系。设输入层结点个数为 n_0，第 i 个结点的输入值为 x_i，记 $\boldsymbol{x}=[x_1,x_2,\cdots,x_{n_0}]$。第一隐层结点个数为 n_1，记第一隐层中第 j 个结点的输入为 y_j，其与输入层第 i 个结点的连接权重记作 $w_{i,j}^1$，其中，$j=1,2,\cdots,n_1$。显然，$y_j=\boldsymbol{w}_{:,j}^1\boldsymbol{x}^{\mathrm{T}}-b_j^1=\sum_{i=1}^{n_0}w_{i,j}^1x_i-b_j^1$，其中，$b_j^1$ 为第一隐层第 j 个结点对应线性模型的截距。记 $\boldsymbol{y}=[y_1,y_2,\cdots,y_{n_1}]$、$\boldsymbol{W}^1=[(\boldsymbol{w}_{:,1}^1)^{\mathrm{T}},(\boldsymbol{w}_{:,2}^1)^{\mathrm{T}},\cdots,(\boldsymbol{w}_{:,n_1}^1)^{\mathrm{T}}]$、$\boldsymbol{b}^1=[b_1^1,b_2^1,\cdots,b_{n_1}^1]$，则输入层结点与第一隐层结点输入值之间构成函数映射关系，记作 $\boldsymbol{y}=f_1(x,\boldsymbol{W}^1,\boldsymbol{b}^1)$。若令第二隐层结点个数为 n_2，记第二隐层中第 k 个结点的输入为 z_k，其与第一隐层第 j 个结点的连接权重记作 $w_{j,k}^2$，其中，$k=1,2,\cdots,n_2$。不难证明，$z_k=\boldsymbol{w}_{:,k}^2\boldsymbol{y}^{\mathrm{T}}-b_k^2=\sum_{j=1}^{n_1}w_{j,k}^2y_j-b_k^2$，其中，$b_k^2$ 为第二隐层第 k 个结点对应线性模型的截距。记 $\boldsymbol{z}=[z_1,z_2,\cdots,z_{n_2}]$、$\boldsymbol{W}^2=[(\boldsymbol{w}_{:,1}^2)^{\mathrm{T}},(\boldsymbol{w}_{:,2}^2)^{\mathrm{T}},\cdots,$

$(\boldsymbol{w}^2_{:,n_2})^{\mathrm{T}}]$、$\boldsymbol{b}^2=[b^2_1,b^2_2,\cdots,b^2_{n_2}]$，则第一隐层输出与第二隐层结点输入值之间构成函数映射关系，记作 $\boldsymbol{z}=f_2(\boldsymbol{y},\boldsymbol{W}^2,\boldsymbol{b}^2)$。考虑第一隐层中第 j 个结点的输入是由输入层所有结点的加权均值 $\sum_{i=1}^{n_0} w^1_{i,j}x_i$ 平移 b^1_j 得到，第二隐层中的第 k 个结点的输入 z_k 可表示为输入层结点的函数，即 $z_k=\sum_{j=1}^{n_1} w^2_{j,k}\left(\sum_{i=1}^{n_0} w^1_{i,j}x_i-b^1_j\right)-b^2_k$。实际上，由输入层与第一隐层之间、第一隐层与第二隐层之间的两个函数映射，可直接得到输入层与第二隐层之间的函数映射关系，即 $\boldsymbol{z}=f_2(f_1(\boldsymbol{x},\boldsymbol{W}^1,\boldsymbol{b}^1),\boldsymbol{W}^2,\boldsymbol{b}^2)$。随着神经网络深度的增加，最终输出与输入层之间的函数映射关系复合程度越高，表达式越复杂，表达能力越强。

注

需要说明的是，若给定函数的自变量与因变量都可表示成另外一组变量的函数，则给定函数是该组变量的复合函数。分别给出自变量与因变量相对于该组变量的函数表达式，将其称作给定函数的参数方程。

3.3.4　连续性、单调性、奇偶性

对于人工智能应用来说，以观测对象的特征向量为自变量，以对观测对象的评定作为因变量构造的函数映射通常具有很好的性质。n 维特征空间内与给定点 P 的欧氏距离不大于δ 的所有点构成的集合，称作 P 点的δ 邻域。独立元素点 P 构成的集合在P 点的 δ 邻域中的相对补集，称作 P 点的δ 去心邻域。给定定义在 n 维特征子空间 A 上的任意函数 f，对于定义域 A 内任意元素 $\boldsymbol{x}_0$，若 f 在 $\boldsymbol{x}_0$ 去心邻域内均有定义，且存在一个与 f 函数值数据类型相同的值$\boldsymbol{c}$，对于任意给定的不论多小的正实数 ε，总存在正实数 δ，使得当$\boldsymbol{x}$ 满足不等式 $\|\boldsymbol{x}-\boldsymbol{x}_0\|<\delta$ 时，对应的函数值 $f(\boldsymbol{x})$都满足不等式 $\|f(\boldsymbol{x})-\boldsymbol{c}\|<\varepsilon$，那么值 $\boldsymbol{c}$ 称作当 $\boldsymbol{x}\to\boldsymbol{x}_0$ 时函数 f 的极限，记作 $\lim\limits_{x\to x_0} f(\boldsymbol{x})=\boldsymbol{c}$。进一步地，若函数 f 在 $\boldsymbol{x}_0$ 处的函数值 $f(\boldsymbol{x}_0)=\boldsymbol{c}$，则称函数 f 在 $\boldsymbol{x}_0$ 处连续，将 $\boldsymbol{x}_0$ 称为函数 f 的连续点，否则称 $\boldsymbol{x}_0$ 为函数 f 的间断点。

与之对应地，给定函数 f 定义域内任意一点 $\boldsymbol{x}_0=[x_{0,1},x_{0,2},\cdots,x_{0,j},\cdots,x_{0,n}]$，对于指定维度分量 x_i 以及任意正实数 δ，若集合 $S=\{\boldsymbol{x}=[x_1,x_2,\cdots,x_i,\cdots,x_n]\mid\|\boldsymbol{x}-\boldsymbol{x}_0\|<\delta\}$ 是函数 f 定义域的子集，其中对于任意的 $j\neq i$ 有 $x_j=x_{0,j}$，则称集合 S 为 $\boldsymbol{x}_0$ 点沿维度 i 方向的δ 邻域。集合$\{\boldsymbol{x}_0\}$在 $\boldsymbol{x}_0$ 点沿维度 i 方向的δ 邻域中的相对补集，称作 $\boldsymbol{x}_0$ 点沿维度 i 方向的δ 去心邻域。对于定义域内任意元素 $\boldsymbol{x}_0$，若 f 在$\boldsymbol{x}_0$ 点沿维度 i 方向的去心邻域内均有定义，且存在一个与 f 函数值数据类型相同的常数$\boldsymbol{c}$，对于任意给定的不论多小的正实数 ε，总存在正实数 δ，使得当与元素 $\boldsymbol{x}_0$ 的 i 维分量不同其他分量相同的$\boldsymbol{x}$ 满足不等式 $\|\boldsymbol{x}-\boldsymbol{x}_0\|<\delta$ 时，对应的函数值 $f(x)$均满足不等式 $\|f(x)-\boldsymbol{c}\|<\varepsilon$，那么常数值 $\boldsymbol{c}$ 称作当$\boldsymbol{x}$ 沿维度$\boldsymbol{i}$ 方向靠近$\boldsymbol{x}_0$ 时函数 f 的极限，记作 $\lim\limits_{x\to x_{0,i}} f(\boldsymbol{x})=\boldsymbol{c}$。进一步地，若函数 f 在$\boldsymbol{x}_0$ 处的函数值 $f(\boldsymbol{x}_0)=\boldsymbol{c}$，则称函数 f 在$\boldsymbol{x}_0$ 处沿维度 i 方向连续，将 x_0 称为函数 f 的沿维度i 方向的连续点。不难理解，当函数 f 在 $\boldsymbol{x}_0$ 处沿各维度方向的极限值均存

在，且与其在该处的函数值均相等时，称函数 f 在 $\boldsymbol{x}_0$ 处连续，将 $\boldsymbol{x}_0$ 称为函数 f 的连续点，否则称 $\boldsymbol{x}_0$ 为函数 f 的间断点。

若将上述自变量不等式描述中的欧氏距离替换为自变量任意元素 $\boldsymbol{x}$ 与 $\boldsymbol{x}_0$ 的差，考虑差值的符号，将不等式划分为左右两部分，分别对应 $\boldsymbol{x}_0$ 点的左邻域与右邻域，则函数 f 在 $\boldsymbol{x}_0$ 处沿维度 i 方向连续又可分为左连续与右连续，对应的函数极限，称作函数 f 沿维度 i 方向的左极限与右极限。不难理解，左右极限相等是函数 f 沿维度 i 方向连续的充要条件。为便于理解，图 3-6 给出一个自变量与因变量均为一维标量的函数连续性示例。

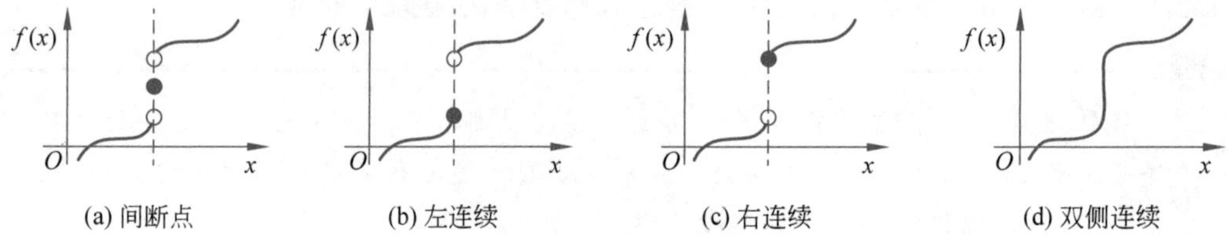

图 3-6　函数连续性

给定任意函数 $\boldsymbol{y}=f(\boldsymbol{x})$，若其自变量 $\boldsymbol{x}$ 与因变量 $\boldsymbol{y}$ 各自对应的数据之间均可比较大小，且因变量 $\boldsymbol{y}$ 随自变量 $\boldsymbol{x}$ 增大而增大，则称函数 f 为单调增函数；反之，若因变量 $\boldsymbol{y}$ 随自变量 $\boldsymbol{x}$ 增大而减小，则称函数 f 为单调减函数。单调增函数和单调减函数，统称为单调函数。以上描述可形式化为：设函数 $\boldsymbol{y}=f(\boldsymbol{x})$ 的定义域为 A，对任意元素 $\boldsymbol{x}_1\in A$ 与 $\boldsymbol{x}_2\in A$，满足不等式 $\boldsymbol{x}_1>\boldsymbol{x}_2$ 时，$f(\boldsymbol{x}_1)>f(\boldsymbol{x}_2)$ 恒成立，则称函数 f 为单调增函数；若任意元素 $\boldsymbol{x}_1\in A$ 与 $\boldsymbol{x}_2\in A$，满足不等式 $\boldsymbol{x}_1>\boldsymbol{x}_2$ 时，$f(\boldsymbol{x}_1)<f(\boldsymbol{x}_2)$ 恒成立，则称函数 f 为单调减函数。

> **注**
>
> 若将上述定义中的不等式符号对应修改为大于或等于或者小于或等于符号，则分别称函数为增函数或者减函数。

若取反操作对其自变量 $\boldsymbol{x}$ 与因变量 $\boldsymbol{y}$ 各自对应的数据有效，则称自变量 $\boldsymbol{x}$ 取反时因变量 $\boldsymbol{y}$ 也取反的函数 f 为奇函数；反之，若自变量 $\boldsymbol{x}$ 取反时，因变量 $\boldsymbol{y}$ 取值不变，则称函数 $\boldsymbol{y}=f(\boldsymbol{x})$ 为偶函数。以上描述可形式化为：设函数 $\boldsymbol{y}=f(\boldsymbol{x})$ 的定义域为 A，对任意元素 $\boldsymbol{x}\in A$，若 $-\boldsymbol{x}\in A$ 且 $f(-\boldsymbol{x})=-f(\boldsymbol{x})$ 恒成立，则称函数 f 为奇函数；对任意元素 $\boldsymbol{x}\in A$，若 $-\boldsymbol{x}\in A$ 且 $f(-\boldsymbol{x})=f(\boldsymbol{x})$ 恒成立，则称函数 f 为偶函数。不难理解，奇函数值域空间关于原点对称，偶函数值域空间关于 $\boldsymbol{x}=0$ 超平面对称。

3.3.5　函数凸性与极值

目前，人工智能方法求解逼近真实映射函数的过程，通常由最优化一个目标函数来实现。更多内容详见第 8 章。有必要指出的是，不是所有的函数都适合用作目标函数，设计中需考虑目标函数的凸性与极值。给定定义在 n 维特征子空间 A 上的任意函数 f，对于定义域 A 内任意元素 $\boldsymbol{x}_0$，若存在正实数 δ 使得 f 在 $\boldsymbol{x}_0$ 的 δ 邻域内均有定义，且当 $\boldsymbol{x}$ 满足

不等式 $\|\boldsymbol{x}-\boldsymbol{x}_0\|<\delta$ 时，对应的函数值 $f(\boldsymbol{x})$ 均满足不等式 $f(\boldsymbol{x})<f(\boldsymbol{x}_0)$，则称 $\boldsymbol{x}_0$ 为函数 $f(\boldsymbol{x})$ 的局部极大值点，$f(\boldsymbol{x}_0)$ 为函数 $f(\boldsymbol{x})$ 的局部极大值。对应地，若 $\boldsymbol{x}$ 满足不等式 $\|\boldsymbol{x}-\boldsymbol{x}_0\|<\delta$ 时，对应的函数值 $f(\boldsymbol{x})$ 均满足不等式 $f(\boldsymbol{x})>f(\boldsymbol{x}_0)$，则称 $\boldsymbol{x}_0$ 为函数 $f(\boldsymbol{x})$ 的局部极小值点，$f(\boldsymbol{x}_0)$ 为函数 $f(\boldsymbol{x})$ 的局部极小值。需要指出的是，函数的局部极大值与局部极小值，均称作函数的局部极值；对应的极大值点与极小值点，统称为局部极值点。有必要说明的是，若函数 $f(\boldsymbol{x})$ 的值域是有界的，则其极大值与所有局部极大值中的最大值相等，其极小值与所有局部极小值中的最小值相等。

给定任意函数 f，若其定义域 A 是凸集，也就是说，对于定义域内任意元素 $\boldsymbol{x}_1\in A$ 与 $\boldsymbol{x}_2\in A$，以及任意实数 $0\leqslant\lambda\leqslant 1$，$\lambda\boldsymbol{x}_1+(1-\lambda)\boldsymbol{x}_2\in A$ 恒成立。如图 3-7(b)所示，定义域 A 内元素 $\lambda\boldsymbol{x}_1+(1-\lambda)\boldsymbol{x}_2$ 的函数值与元素 $\boldsymbol{x}_1$ 与 $\boldsymbol{x}_2$ 的函数值之间若满足不等式 $f(\lambda\boldsymbol{x}_1+(1-\lambda)\boldsymbol{x}_2)\leqslant\lambda f(\boldsymbol{x}_1)+(1-\lambda)f(\boldsymbol{x}_2)$，则称函数 f 为凸集定义域 A 上的凸函数。若对于定义域内任意元素 $\boldsymbol{x}_1\in A$ 与 $\boldsymbol{x}_2\in A$，以及任意实数 $0\leqslant\lambda\leqslant 1$，不等式 $f(\lambda\boldsymbol{x}_1+(1-\lambda)\boldsymbol{x}_2)<\lambda f(\boldsymbol{x}_1)+(1-\lambda)f(\boldsymbol{x}_2)$ 恒成立，则称 f 为凸集定义域 A 上的严格凸函数。与之对应地，如图 3-7(c)所示，若对于定义域内任意元素 $\boldsymbol{x}_1\in A$ 与 $\boldsymbol{x}_2\in A$，以及任意实数 $0\leqslant\lambda\leqslant 1$，不等式 $f(\lambda\boldsymbol{x}_1+(1-\lambda)\boldsymbol{x}_2)\geqslant\lambda f(\boldsymbol{x}_1)+(1-\lambda)f(\boldsymbol{x}_2)$ 恒成立，则称 f 为凸集定义域 A 上的凹函数；若不等式 $f(\lambda\boldsymbol{x}_1+(1-\lambda)\boldsymbol{x}_2)>\lambda f(\boldsymbol{x}_1)+(1-\lambda)f(\boldsymbol{x}_2)$ 恒成立，则称 f 为凸集定义域 A 上的严格凹函数。不难发现，线性函数既是凸函数又是凹函数。这是因为，如图 3-7(a)所示，对于定义域内任意元素 $\boldsymbol{x}_1\in A$ 与 $\boldsymbol{x}_2\in A$，以及任意实数 $0\leqslant\lambda\leqslant 1$，线性函数函数值之间满足等式 $f(\lambda\boldsymbol{x}_1+(1-\lambda)\boldsymbol{x}_2)=\lambda f(\boldsymbol{x}_1)+(1-\lambda)f(\boldsymbol{x}_2)$。

不难证明，若 $f(\boldsymbol{x})$ 为凸集定义域 A 上的凸/凹函数，则对于任意正实数 $\beta>0$，函数 $\beta f(\boldsymbol{x})$ 也是凸集定义域 A 上的凸/凹函数；若 $f_1(\boldsymbol{x})$ 与 $f_2(\boldsymbol{x})$ 均为凸集定义域 A 上的凸/凹函数，则函数 $f_1(\boldsymbol{x})+f_2(\boldsymbol{x})$ 也是凸集定义域 A 上的凸/凹函数；若 $f(\boldsymbol{x})$ 为凸集定义域 A 上的凸函数，则对于任意实数 β，集合 $A_\beta=\{\boldsymbol{x}\mid\boldsymbol{x}\in A\,\&\,f(\boldsymbol{x})\leqslant\beta\}$ 是凸集；与之对应地，若 $f(\boldsymbol{x})$ 为凹函数，则集合 $A_\beta=\{\boldsymbol{x}\mid\boldsymbol{x}\in A\,\&\,f(\boldsymbol{x})\geqslant\beta\}$ 是凸集；若 $f(\boldsymbol{x})$ 为凸集定义域 A 上的凸/凹函数，则 $f(\boldsymbol{x})$ 的任意一个局部极小值点/极大值点就是 $f(\boldsymbol{x})$ 的极小值点/极大值点，并且所有极值点构成的集合是凸集。

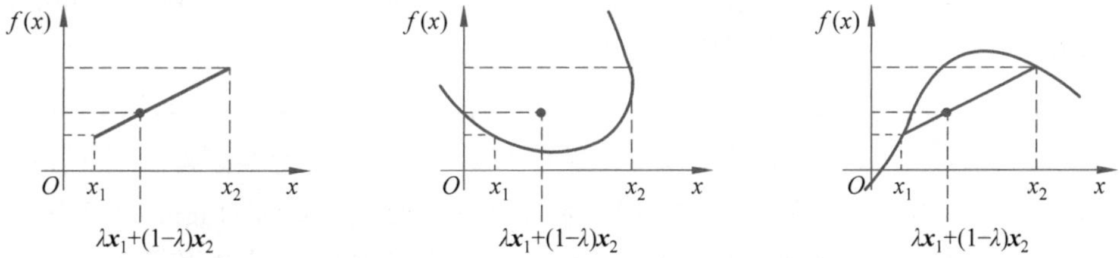

(a) 线性函数　(b) 凸函数　(c) 凹函数

图 3-7　函数凹凸性

> 注：有必要指出的是，可以证明，凸函数一定是连续函数。

3.3.6 激活函数

如前文所述，由输入层与第一隐层、第一隐层与第二隐层之间的函数映射，可得输入层与第二隐层之间的函数映射 $\boldsymbol{z}=f_2(f_1(\boldsymbol{x},\boldsymbol{W}^1,\boldsymbol{b}^1),\boldsymbol{W}^2,\boldsymbol{b}^2)$，其中，$z_k=\sum_j^{n_1} w_{j,k}^2\left(\sum_i^{n_0} w_{i,j}^1 x_i-b_j^1\right)-b_k^2$。不难发现，虽然随着神经网络层数增加，最终输出与初始输入变量 $\boldsymbol{x}$ 之间的函数映射关系复合程度变得更高，表达式更加复杂，但是其函数值仍然是输入自变量 $\boldsymbol{x}$ 的线性组合。也就是说，无论神经网络层数有多少，最终输出都是输入的线性组合，只是权重的表达更加复杂而已，这是最原始的感知机模型。由于权重值的个数与自变量 $\boldsymbol{x}$ 的取值一一对应，所以这样的神经网络相当于对线性模型的权重进行了细化。而其逼近真实函数的能力与没有隐藏层的神经网络本质上没有区别。有必要引入非线性函数对输出结果进行评定，从而增强多层神经网络的表达能力，使其不再只是输入变量的线性组合，几乎可以逼近任意函数。引入的对隐层输出结果进行非线性评定的函数，称作激活函数。这是因为，该类函数通常对大于一定阈值的隐层输出结果给出增强响应，而对于小于该阈值的输出结果进行抑制。

> **注**
>
> 基于阈值实现函数输出影响值的控制是以人类智能为基础的。例如，人类视觉只能识别一定能量范围内的光，人类听觉只能辨别一定分贝的声音。

Sigmoid 函数是人工智能领域最早用于对隐层输出结果进行非线性评定的函数，也是最常用的非线性激活函数之一。对于任意的实数标量 x，Sigmoid 函数定义为

$$f_{\text{sig}}(x)=\frac{1}{1+\mathrm{e}^{-x}} \tag{3-9}$$

如图 3-8(a)所示，Sigmoid 函数实际为一个阶跃函数的平滑近似，将连续实型输入变换为 0 和 1 之间的实数输出。显然，其定义域为 $(-\infty\rightarrow+\infty)$，值域为 $(0\rightarrow+1)$。不难发现，当 x 远大于 0，即 $x>>0$ 时，$f_{\text{sig}}(x)\rightarrow 1$；当 x 远小于 0，即 $x<<0$ 时，$f_{\text{sig}}(x)\rightarrow 0$。另外，Sigmoid 函数的因变量均值为 0.5，不是 0 中心化的。以上两个特点给 Sigmoid 激活函数在应用中解决实际问题时带来不少负面影响。

> **注**
>
> 关于 Sigmoid 激活函数以上两个特点给数据驱动的人工智能方法求解带来的负面影响，3.4.2 节将给出详细解释。另外，有必要说明的是，领域内 Sigmoid 函数又被称作 Logistic 函数，是线性回归模型的基础。有必要强调的是，表达变量取值的属性时，本书采用→表示逼近；表达区间属性时，本书采用→实现区间与二维向量的区分。

与之对应地，tanh 激活函数是一个函数值 0 中心化的函数，解决了非 0 中心化激活函数给数据驱动的人工智能方法求解带来的负面影响。其表达式为

$$\tanh(x)=\frac{\mathrm{e}^{x}-\mathrm{e}^{-x}}{\mathrm{e}^{x}+\mathrm{e}^{-x}} \tag{3-10}$$

如图 3-8(b)所示，tanh 函数也是一个阶跃函数的平滑近似。它将连续实型输入变换为$-1\sim1$的实数输出。显然，其定义域为$(-\infty\rightarrow+\infty)$，值域为$(-1\rightarrow+1)$。不难发现，当 x 远大于 0，即 $x>>0$ 时，$\tanh(x)\rightarrow1$；当 x 远小于 0，即 $x<<0$ 时，$\tanh(x)\rightarrow-1$。显然，tanh 函数为奇函数，其函数均值为 0。

Relu 激活函数解决了自变量绝对值大到一定程度时，因变量取值将基本保持不变的现象给数据驱动的人工智能方法求解带来的负面影响。其表达式为

$$\text{Relu}(x)=\max(0,x) \tag{3-11}$$

如图 3-8(c)所示，Relu 函数将连续实型输入变换为$0\sim+\infty$的实数输出。显然，其定义域为$(-\infty\rightarrow+\infty)$，值域为$[0\rightarrow+\infty)$。不难发现，当 $x>0$ 时，Relu 函数是一条与 x 轴夹角为 45°的直线；当 $x<0$ 时，Relu 函数是一条水平线，其函数值恒等于 0。$x=0$ 是 Relu 函数的连续点，且 $\text{Relu}(0)=0$。

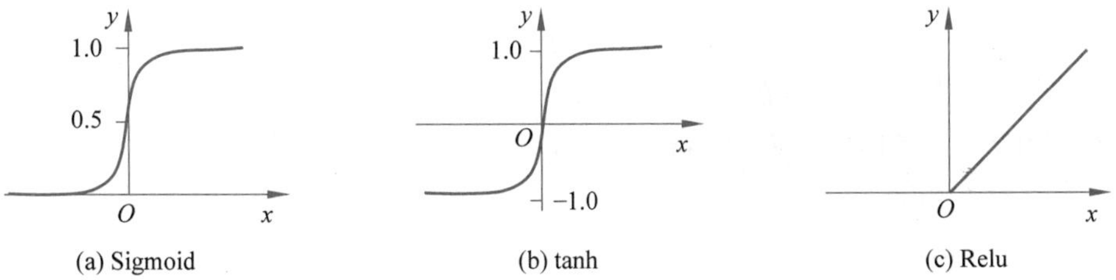

图 3-8　激活函数

注

需要说明的是，以上只是激活函数家族的典型代表。读者需要了解，在人工智能领域还有许多其他类型的激活函数。感兴趣的读者可查阅相关资料。

3.4 导　　数

多数数据驱动的人工智能方法将待解决问题转换为目标函数的最优化问题。由前文函数的定义可知，任意函数的函数值均随自变量取值的变化而变化。而优化求解过程中往往需要考虑因变量随自变量的变化而变化的快慢程度。

3.4.1 函数可导与泰勒展开

数学上，上文提到的因变量随自变量的变化而变化的快慢程度，称作导数。形式化地，仅考虑自变量与因变量均为标量实数值的情况，给定任意函数 $y=f(x)$，设其在定义域内 x_0 点的某 $\delta>0$ 邻域内有定义，即当自变量 x 在 x_0 处有增量 $|\Delta x|<\delta$ 时，$x_0+\Delta x$ 也在定义域内，则函数 f 的因变量取得增量 $\Delta y=f(x_0+\Delta x)-f(x_0)$。若存在常数 c，对于任意给定的不论多小的正实数 ε，总存在正实数 δ，使得当 $|\Delta x|<\delta$ 成立时，不等式 $|\Delta y/\Delta x-c|<\varepsilon$ 恒成立。也就是说，Δx 趋向 0 时，因变量增量 Δy 与自变量增量 Δx 的比值极限存在，则称函数 f 在 x_0 处可导，并称此时的极限值 c 为函数 f 在 x_0 处的导数，

记作 $f'(x_0)$、$y'|x=x_0$ 或 $\mathrm{d}f(x)/\mathrm{d}x|x=x_0$、$\mathrm{d}y/\mathrm{d}x|x=x_0$。以上表述可形式化为

$$f'(x_0)=\lim_{\Delta x\to 0}\frac{\Delta y}{\Delta x}=\lim_{\Delta x\to 0}\frac{f(x_0+\Delta x)-f(x_0)}{\Delta x} \tag{3-12}$$

不难证明，f 在 x_0 处的导数为函数曲线在 x_0 处的切线的斜率。不难理解，若将自变量增量趋向 0 的方式分为由 0 的左侧趋向 0 与由 0 的右侧趋向 0，对应的增量比值极限仍然存在，则对应的极限称作函数 f 在 x_0 处的左导数与右导数，分别记作 $f'(x_0-0)$、$f'(x_0+0)$。有必要指出的是，函数 f 在 x_0 处可导的充要条件是其左右导数都存在且相等。若函数 $y=f(x)$在开区间 S 内每一点都可导，则称函数 $y=f(x)$在区间 S 上可导。不难理解，此时对于任意元素 $x\in S$，都存在唯一导数值 $f'(x)$与之对应。显然，区间内实数元素 x 与导数值 $f'(x)$之间构成一个新的函数映射，称之为函数 $y=f(x)$的导函数，记作 $f'(x)$、y' 或 $\mathrm{d}f(x)/\mathrm{d}x$、$\mathrm{d}y/\mathrm{d}x$。对应地，函数 $y=f(x)$ 在 x_0 处的导数，记作 $f'(x_0)$、$y'|x_0$ 或 $\mathrm{d}f(x_0)/\mathrm{d}x$、$\mathrm{d}y/\mathrm{d}x|x_0$。不难发现，函数导数的定义与函数连续性的定义有许多相似之处。实际上，函数连续是其可导的必要非充分条件。例如，Relu 函数在 $x\neq 0$ 处既连续又可导，但在 $x=0$ 处是连续不可导的。这是因为，如图 3-11(c)所示，Relu 函数在 $x>0$ 区间内导数为 1，在 $x<0$ 区间内导数为 0，而在 $x=0$ 处 Relu 函数的左导数与右导数不相等，分别为 0 与 1。

注

有必要指出的是，若函数 $y=f(x)$在定义域内 x_0 处，左右导数 $f'(x_0-0)$与 $f'(x_0+0)$均存在，定义 $a=\min(f'(x_0-0),f'(x_0+0))$、$b=\max(f'(x_0-0),f'(x_0+0))$，则集合$[a\to b]$内任意元素定义为函数 $y=f(x)$在 x_0 处的次导数。显然，若函数$y=f(x)$在 x_0 处左右导数相等，则集合$[a\to b]$内只有一个元素。所以，函数 $y=f(x)$在 x_0 处可导是其在该处存在次导数的充分非必要条件。次导数的关键作用在于，可对不十分光滑的函数给出取极值条件。

由函数单调性及其导函数的定义不难发现，函数的单调性与导数的符号强相关。具体地，若函数 $y=f(x)$为单调增函数，则 $f'(x)>0$；若函数 $y=f(x)$为单调减函数，则 $f'(x)<0$；反过来，若 $f'(x)>0$，则存在 x 的邻域，函数 $y=f(x)$在此邻域内单调增；若 $f'(x)<0$，则存在 x 的邻域，函数 $y=f(x)$在此邻域内单调减。进一步地，若函数由增变减，则其导数必由正变负。考虑导函数的连续性，在单调增区间与单调减区间的邻接处必然存在一点 x_0，使得 $f'(x_0)=0$，则此点称作函数 $f(x)$的驻点。也就是说，若函数在局部极大值处可导，如图 3-9(b)所示，则其导数为 0；若函数由减变增，情况类似：函数在局部极小值处可导，如图 3-9(c)所示，则其导数为 0。有必要说明的是，如图 3-9(a)所示，函数极值点不是函数在此处导数为 0 的充分条件。另一方面，由定义域内 x_0 处导数为 0，不能得出 x_0 处为极值点的结论。也就是说，函数极值点不是函数在此处导数为 0 的必要条件。图 3-9(d)给出一个函数驻点非极值点的例子。但是，若定义域内 x_0 处导数为 0，且在 x_0 的左邻域与右邻域内导数变号，则 x_0 是极值点。

以上定义的函数 f 的导函数，称作 f 的一阶导函数。若函数 f 的导函数在同一区间上仍然可导，则该区间函数 f 的导函数值与导函数的导数值之间也构成新的函数映射。

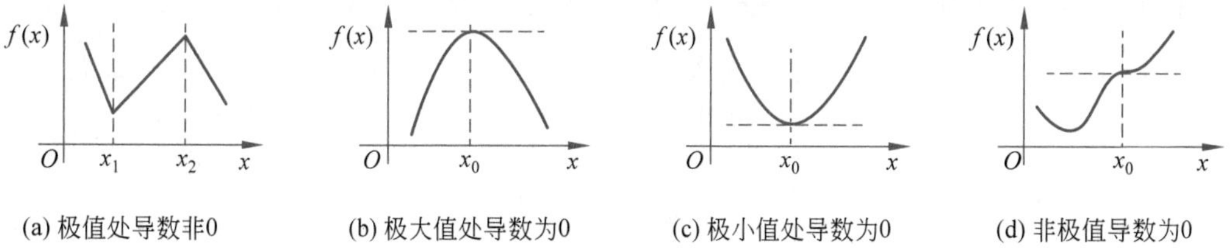

图 3-9　导数与极值的关系

此时，称导函数的导函数为原函数 f 的二阶导函数。类似地，可定义函数 f 的任意高阶导函数。数学上，将函数 f 的 n 阶导函数记作 $f^{(n)}$。为了一致性，有时也将原函数 f 写成 $f^{(0)}$。将前文定义的一阶导函数 f'写成 $f^{(1)}$。

有必要说明的是，除上文提到的导数在目标函数最优化中的作用之外，其还可用于评定函数的凹凸性。如图 3-10 所示，凸函数因变量变化率随自变量增大而增大，凹函数因变量变化率随自变量增大而减小。因此，设函数 $y=f(x)$在 x_0 处存在二阶导数，若 f 为凸函数，则其二阶导函数 $f^{(2)}$ 在 x_0 处的取值大于 0；若 f 为凹函数，则其二阶导函数 $f^{(2)}$ 在 x_0 处的取值小于 0。

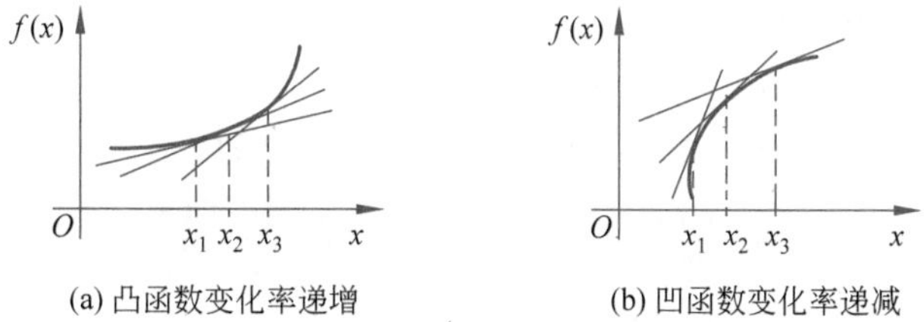

图 3-10　函数导数与凹凸性关系

> **注**　有必要指出的是，关于优化问题以及导数在优化中的作用详见第 8 章。

如上文所述，函数的一阶导数可用于最优化问题中求目标函数的极值，二阶导数可用于判别函数的凹凸性。除此之外，其实函数的所有阶导数对于函数值的估计都具有指导性作用。具体地，若函数 $f(x)$在包含 x_0 的某闭区间$[a \to b]$上具有任意阶导数，且在开区间$(a \to b)$上具有高一阶导数，则对闭区间$[a \to b]$内任意一点 x 有

$$f(x)=\frac{f(x_0)}{0!}+\frac{f'(x_0)}{1!}(x-x_0)+\frac{f''(x_0)}{2!}(x-x_0)^2+\cdots+\frac{f^{(n)}(x_0)}{n!}(x-x_0)^n+\cdots \tag{3-13}$$

需要指出的是，式(3-13)称作函数 $f(x)$在 x_0 处的泰勒展开式。数学上，将若干项的和称作级数。显然，式(3-13)等号右端是一个无穷项级数。若函数 $f(x)$的高阶导数求解困难，甚至根本不存在，抑或是对函数值的评估不要求过高精度，则式(3-13)可改写为：

$$f(x)=\frac{f(x_0)}{0!}+\frac{f'(x_0)}{1!}(x-x_0)+\frac{f''(x_0)}{2!}(x-x_0)^2+\cdots+\frac{f^{(n)}(x_0)}{n!}(x-x_0)^n+R_n(x) \tag{3-14}$$

其中，$R_n(x)$称作泰勒余项，是$(x-x_0)^n$的高阶无穷小，即$\lim\limits_{x-x_0\to 0}(R_n(x)/(x-x_0)^n)=0$记作$o(x-x_0)^n$。不难发现，若定义函数$f(x)$为上式等号右侧前$n$项的和，则泰勒余项$R_n(x)$即为估计误差。可以证明，此误差与函数$f(x)$的$n+1$阶导数有关，即

$$R_n(x)=\frac{f^{(n+1)}(\xi)}{(n+1)!}(x-x_0)^{n+1} \tag{3-15}$$

其中，ξ介于x_0与x之间。

注

与一元函数类似，多元函数也有类似展开式。但形式更为复杂，感兴趣的读者可在3.4.3～3.4.5节找到一些蛛丝马迹，更多内容可查阅相关资料。另外，有必要说明的是，式(3-15)只是众多余项表达式中的一种。不同余项虽然表达式不同，但其相互间存在联系。感兴趣的读者可查阅相关资料。

3.4.2 求导法则

根据函数导数的定义不难证明，若函数$u(x)$与$v(x)$在x点处均可导，则它们的和、差、积、商在此处也可导，并且

$$\begin{aligned}&(u(x)\pm v(x))'=u'(x)\pm v'(x)\\&(u(x)v(x))'=u'(x)v(x)+u(x)v'(x)\\&\left(\frac{u(x)}{v(x)}\right)'=\frac{u'(x)v(x)-u(x)v'(x)}{v^2(x)}\end{aligned} \tag{3-16}$$

有必要说明的是，商的求导法需要确保分母不为0。

不难证明，给定任意函数$x=f(y)$，若其在定义域子集区间I_y上可导，导数$f'(y)$均不为0，且存在以其值域区间I_x为定义域的反函数$y=f^{-1}(x)$，则$y=f(x)$在区间I_x上也可导，并且

$$(f^{-1}(x))'=\frac{1}{f'(y)} \tag{3-17}$$

以上结论，称作反函数求导法则。

可以证明，若函数$u=\varphi(x)$在x点处可导，而函数$y=f(u)$在$u=\varphi(x)$处可导，则复合函数$y=f(\varphi(x))$在x点可导，并且

$$(f(\varphi))'(x)=f'(u)\varphi'(x) \tag{3-18}$$

以上结论可推广到任意有限个函数复合的情形。此时，复合函数的导数等于有限个函数在对应点相对各自自变量导数的乘积。不难发现，复合函数的求导就像锁链一样一环套一环，故称作函数求导的链式法则。由前文关于Sigmoid激活函数的定义不难发现，Sigmoid函数可视作以下函数的复合：$r=f_1(x)=-x$，$u=f_2(r)=\mathrm{e}^r$，$v=f_3(u)=1+u$，$y=f_4(v)=1/v$。由链式法则可得，$f_{\text{sig}}(x)=f_4(f_3(f_2(f_1(x))))$且

$$\begin{aligned}f'_{\text{sig}}(x)&=f'_4(v)f'_3(u)f'_2(r)f'_1(x)\\&=\frac{-1}{v^2}\cdot 1\cdot \mathrm{e}^r\cdot(-1)\end{aligned}$$

$$=\frac{\mathrm{e}^{-x}}{(1+\mathrm{e}^{-x})^2}$$

$$=\frac{1}{1+\mathrm{e}^{-x}}\left(1-\frac{1}{1+\mathrm{e}^{-x}}\right) \tag{3-19}$$

不难发现，$f'_{\text{sig}}(x)=f_{\text{sig}}(x)(1-f_{\text{sig}}(x))$，其形状曲线如图 3-11(a)所示。类似地，可得 $\tanh(x)$ 函数的导函数等于 $1-\tanh^2(x)$，其形状曲线如图 3-11(b)所示。显然，激活函数 Sigmoid 与 tanh 的导函数均是其原函数的复合函数。这一性质也是 Sigmoid 与 tanh 函数常用作非线性激活函数的重要原因之一。但是，由 $f'_{\text{sig}}(x)$ 导函数曲线不难发现，其函数值均小于 1，最大值为 0.25。为提升神经网络逼近任意真实函数的能力，通常多层网络的每层输出均由激活函数进行复合。由复合函数求导法则不难发现，作为复合函数组成部分的激活函数，在求导过程中与一个乘数因子对应，小于 1 的导数值，使得复合函数的导数变小。复合层数越多，层数变小越明显。复合层数达到一定程度时，导数甚至接近消失。另一方面，考虑单实变量 x 的线性函数 $y=wx+b$。由函数求导法则，可得 $\mathrm{d}y/\mathrm{d}w=x$。由图 3-8(a)可知，Sigmoid 的函数值全大于 0，是非 0 中心化的。也就是说，若实变量 x 为上层 Sigmoid 激活函数的输出，则当前层反向求导时 $\mathrm{d}y/\mathrm{d}w>0$ 恒成立。显然，若模型训练过程中，采用 $\eta(\mathrm{d}y/\mathrm{d}w)$ 的步长更新权重因子 w 的值，则权重值 w 一直增长，其中，正实数 η 为学习率。以上两点使得 Sigmoid 激活函数给数据驱动的人工智能模型的优化求解带来困难。由图 3-8(b)可得，tanh 的输出是 0 中心化的。也就是说，若实变量 x 为激活函数 tanh 的输出，则 $\mathrm{d}y/\mathrm{d}w$ 有正有负，更有利于权重值 w 的更新。但是由于 $0<\tanh'(x)\leqslant 1$，所以复合函数导数变小，甚至接近消失的问题仍未得到解决。不难理解，由于 Relu 函数的取值范围为$[0\to+\infty)$，所以复合函数导数变小，甚至接近消失的问题得到很好的解决。但是，除因其原函数非 0 中心化的特点使得目标函数收敛速度变慢，甚至不能收敛之外，如图 3-11(c)所示，当 $x<0$ 时，Relu 函数的导数为 0，对应神经元将无法被激活。

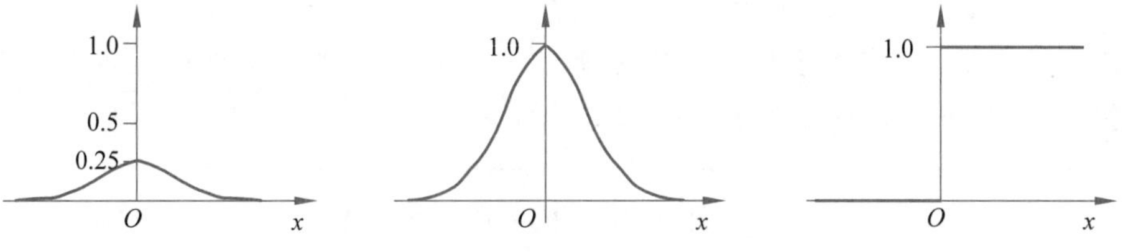

(a) $f'_{\text{sig}}(x)$　(b) $\tanh'(x)$　(c) $\text{Relu}'(x)$

图 3-11　激活函数的导函数

3.4.3　偏导数与雅可比矩阵

上文定义函数的导数时，仅考虑自变量与因变量均为标量实数值的情况。也就是说，可导函数是单变量函数。若一个函数是多元函数，例如，其自变量取值为描述待观测对象特征的向量，其因变量随各个自变量分量的变化而变化的快慢程度，在数学上称作偏导数。形式化地，给定任意多元函数 $y=f(\boldsymbol{x})$，其中，$\boldsymbol{x}=[x_1,x_2,\cdots,x_n]$，设其在 n 维定义

域空间内 $\boldsymbol{x}_0=[x_{0,1},x_{0,2},\cdots,x_{0,n}]$处沿 i 维方向的某 δ 邻域内有定义，则当自变量的第 i 维分量 $x_{0,i}$ 有增量 Δx_i 时，$[x_{0,1},x_{0,2},\cdots,x_{0,i}+\Delta x_i,\cdots,x_{0,n}]$也在定义域内，其中，$|\Delta x_i|<\delta$。此时，函数 $y=f(\boldsymbol{x})$的因变量取得增量为 $\Delta y=f([x_{0,1},x_{0,2},\cdots,x_{0,i}+\Delta x_i,\cdots,x_{0,n}])-f(\boldsymbol{x}_0)$。若存在常数 c，对于任意给定的不论多小的正实数 ε，总存在正实数 δ，使得当$|\Delta x_i|<\delta$ 成立时，不等式$|\Delta y/\Delta x_i-c|<\varepsilon$ 恒成立。也就是说，Δx_i 趋向 0 时，因变量增量 Δy 与自变量增量比值 Δx_i 的极限存在，则称函数 f 在 $x_0=[x_{0,1},x_{0,2},\cdots,x_{0,n}]$处对分量 x_i 可导，并称此时的极限值 c 为函数 f 在 $x_0=[x_{0,1},x_{0,2},\cdots,x_{0,n}]$处对 x_i 的偏导数，记作 $f'_{x_i}(x_0)$、$y'_{x_i}|x=x_0$ 或$\partial f(x_0)/\partial x_i$、$\partial y/\partial x_i|x=x_0$。以上表述可形式化为

$$f'_{x_i}(\boldsymbol{x}_0)=\lim_{\Delta x_i\to 0}\frac{\Delta y}{\Delta x_i}=\lim_{\Delta x_i\to 0}\frac{f([x_{0,1},x_{0,2},\cdots,x_{0,i}+\Delta x_i,\cdots,x_{0,n}])-f(\boldsymbol{x}_0)}{\Delta x_i} \tag{3-20}$$

不难证明，f 在 x_0 处对 x_i 的偏导数为函数曲线在 x_0 处的沿 x_i 方向切线的斜率。不难理解，若将自变量增量趋向 0 的方式分为由 0 的左侧趋向 0 与由 0 的右侧趋向 0，对应的增量比值极限仍然存在，则对应极限分别称作函数 f 在 x_0 处对 x_i 的左偏导数与右偏导数分别记作 $f'_{x_i}(\boldsymbol{x}_0-0)$、$f'_{x_i}(\boldsymbol{x}_0+0)$。有必要指出的是，函数 f 在 $\boldsymbol{x}_0$ 处对 x_i 可导的充分条件是其左右导数都存在且相等。若函数 $y=f(\boldsymbol{x})$在定义域内任意点处对 x_i 都可导，则称函数 $y=f(\boldsymbol{x})$在区间上对 x_i 可导。不难理解，此时对于任意元素 $\boldsymbol{x}\in S$，都存在唯一的偏导数值 $f'_{x_i}(\boldsymbol{x})$与之对应。显然，定义域内任意元素 $\boldsymbol{x}$ 与偏导数值 $f'_{x_i}(\boldsymbol{x})$之间构成一个新的函数映射，称为函数 $y=f(\boldsymbol{x})$对 x_i 的偏导函数，记作 $f'_{x_i}(\boldsymbol{x})$、y'_{x_i} 或$\partial f(\boldsymbol{x})/\partial x_i$、$\partial y/\partial x_i$。

注

有必要指出的是，若函数 $y=f(x)$在定义域内 x_0 处，对 x_i 的左右导数 $f'_{x_i}(\boldsymbol{x}_0-0)$与 $f'_{x_i}(\boldsymbol{x}_0+0)$均存在，定义 $a=\min(f'_{x_i}(\boldsymbol{x}_0-0),f'_{x_i}(\boldsymbol{x}_0+0))$、$b=\max(f'_{x_i}(\boldsymbol{x}_0-0),f'_{x_i}(\boldsymbol{x}_0+0))$，则集合$[a\to b]$内任意元素定义为函数 $y=f(x)$在 x_0 处对 x_i 的次导数。多元函数所有次导数构成的向量，称作次梯度。更多关于梯度的内容详见 3.4.4 节，更多关于次梯度的内容详见 8.8 节。

以上定义的函数 f 的偏导函数，称作 f 的一阶偏导函数。若函数 f 的偏导函数在定义域内对各自变量仍可导，则函数 f 的偏导函数值与偏导函数的偏导数值之间也构成新的函数映射。此时，称偏导函数的偏导函数为原函数 f 的二阶偏导函数。函数 f 的 x_i 偏导函数的 x_i 偏导函数，记作$\partial(\partial f(\boldsymbol{x})/\partial x_i)/\partial x_i$，可简记作$\partial^2 f(\boldsymbol{x})/\partial x_i^2$ 或 $f''_{x_i}(\boldsymbol{x})$。类似地，可定义函数 f 的任意高阶偏导函数。需要说明的是，函数的高阶偏导函数不要求求导变量为同一自变量。如函数 f 的 x_i 偏导函数的 x_j 偏导函数，记作$\partial(\partial f(\boldsymbol{x})/\partial x_i)/\partial x_j$，可简记作$\partial^2 f(\boldsymbol{x})/\partial x_i\partial x_j$ 或 $f''_{x_ix_j}(\boldsymbol{x})$。有必要指出的是，不难证明 $f''_{x_ix_j}(\boldsymbol{x})=f''_{x_jx_i}(\boldsymbol{x})$。也就是说，同阶偏导函数与求导次序无关。

给定任意多元函数 $y=f(x_1,x_2,\cdots,x_n)$，设其各自变量 x_i 均是另一变量 x 的函数，其中，$i\in\{1,2,\cdots,n\}$，则多元函数 $y=f(x_1,x_2,\cdots,x_n)$是自变量 x 的复合函数。由导数

定义以及复合函数求导法则，不难证明

$$\frac{\mathrm{d}f}{\mathrm{d}x}=\frac{\partial f}{\partial x_1}\frac{\mathrm{d}x_1}{\mathrm{d}x}+\frac{\partial f}{\partial x_2}\frac{\mathrm{d}x_2}{\mathrm{d}x}+\cdots+\frac{\partial f}{\partial x_n}\frac{\mathrm{d}x_n}{\mathrm{d}x} \tag{3-21}$$

式(3-21)称作函数 $y=f(x_1,x_2,\cdots,x_n)$ 对自变量 x 的全导数公式。需要指出的是，对于任意中间变量 x_j，若其不是变量 x 的函数，则多元函数 f 对自变量 x 的全导数公式中第 j 项不存在，其中，$j\in\{1,2,\cdots,n\}$。另外，若 x 不是自变量 x_j 的唯一自变量，则上式中第 j 项中 $\mathrm{d}x_j/\mathrm{d}x$ 应该是偏导数 $\partial x_j/\partial x$。

以上所有关于导数的介绍中，因变量均是实数标量值。对于任意的 n 维向量 $\boldsymbol{x}=[x_1,x_2,\cdots,x_n]$，若其与另一 m 维向量 $\boldsymbol{y}=[y_1,y_2,\cdots,y_m]$ 存在对应关系，则可将这种对应关系视作一个函数映射 F。F 将输入空间内任意 n 维向量 $\boldsymbol{x}=[x_1,x_2,\cdots,x_n]$ 变换到 m 维向量空间得到 $\boldsymbol{y}=[y_1,y_2,\cdots,y_m]$。不难理解，向量 $\boldsymbol{y}=[y_1,y_2,\cdots,y_m]$ 的任意分量 y_i 均与向量 $\boldsymbol{x}=[x_1,x_2,\cdots,x_n]$ 中所有分量构成对应关系，也就是说，函数映射 F 可拆解成 m 个多元函数，即 $y_i=f_i(x_1,x_2,\cdots,x_n)$，其中，$i=1,2,\cdots,m$。不难发现，若偏导数都存在，则每个多元函数有 n 个偏导数，每个偏导数可记作 $\partial f_i/\partial x_j$，其中，$j=1,2,\cdots,n$。显然，所有的偏导函数可构成一个 m 行 n 列的矩阵

$$\boldsymbol{J}_F=\begin{bmatrix}\frac{\partial f_1}{\partial x_1} & \frac{\partial f_1}{\partial x_2} & \cdots & \frac{\partial f_1}{\partial x_n}\\ \frac{\partial f_2}{\partial x_1} & \frac{\partial f_2}{\partial x_2} & \cdots & \frac{\partial f_2}{\partial x_n}\\ \vdots & \vdots & \ddots & \vdots\\ \frac{\partial f_m}{\partial x_1} & \frac{\partial f_m}{\partial x_2} & \cdots & \frac{\partial f_m}{\partial x_n}\end{bmatrix} \tag{3-22}$$

该矩阵称作雅可比矩阵，记作 $\boldsymbol{J}_F(x_1,x_2,\cdots,x_n)$ 或 $\partial(y_1,y_2,\cdots,y_m)/\partial(x_1,x_2,\cdots,x_n)$。需要指出的是，式(3-22)定义的雅可比矩阵本身没有实际意义，只有作用于一个具体变量值时才有意义。由上文所述，函数映射 F 的输入变量是 n 维向量，输出变量是 m 维向量，也就是说，函数映射 F 与一个线性变换相对应。不难发现，$\boldsymbol{J}_F(x_1,x_2,\cdots,x_n)$ 也是一个线性变换，对于给定自变量 $\boldsymbol{x}=[x_1,x_2,\cdots,x_n]$，$\boldsymbol{J}_F(x_1,x_2,\cdots,x_n)$ 将其线性变换为 $\boldsymbol{y}=[y_1,y_2,\cdots,y_m]$，即 $\boldsymbol{y}=\boldsymbol{J}_F(\boldsymbol{x})$。给定 n 维向量空间任意一点 $\boldsymbol{x}_0$，若函数映射 F 的各偏导数均存在，则式(3-22)定义的雅可比矩阵 $\boldsymbol{J}$ 相当于函数映射 F 在 $\boldsymbol{x}_0$ 点的导数。此时，雅可比矩阵 $\boldsymbol{J}$ 代表的线性变换是在 $\boldsymbol{x}_0$ 点处对函数映射 F 的最优线性逼近。由泰勒展开式可得

$$F(\boldsymbol{x})\approx F(\boldsymbol{x}_0)+\boldsymbol{J}_F(\boldsymbol{x}_0)(\boldsymbol{x}-\boldsymbol{x}_0)^{\mathrm{T}} \tag{3-23}$$

其误差为泰勒余项 $R_1(x)$。

注

人工智能算法优化求解过程中常遇到对向量或矩阵变量求导的情形。此时遵循一个规则，即相当于对各分量分别求偏导，再将偏导依次组装成与被求导变量结构一致的向量或矩阵。例如，线性方程 $y=\boldsymbol{w}\boldsymbol{x}^{\mathrm{T}}$ 对权重 $\boldsymbol{w}$ 求导结果为 $\mathrm{d}y/\mathrm{d}\boldsymbol{w}=\boldsymbol{x}$，对 $\boldsymbol{x}$ 求导结果为 $\mathrm{d}y/\mathrm{d}\boldsymbol{x}=\boldsymbol{w}$，对 $\boldsymbol{x}^{\mathrm{T}}$ 求导结果为 $\mathrm{d}y/\mathrm{d}\boldsymbol{x}^{\mathrm{T}}=\boldsymbol{w}^{\mathrm{T}}$。

3.4.4 方向导数与梯度

不难发现，上文定义的函数偏导数是对函数因变量随自变量 $\boldsymbol{x}=[x_1,x_2,\cdots,x_n]$ 沿其定义域空间内任一主轴方向变化而变化的快慢程度的评价。与之对应地，给定任意多元函数 $y=f(\boldsymbol{x})$，其中，$\boldsymbol{x}=[x_1,x_2,\cdots,x_n]$ 为描述待观测对象特征的向量，其因变量 y 随自变量 $\boldsymbol{x}$ 在 n 维定义域空间内 $\boldsymbol{x}_0=[x_{0,1},x_{0,2},\cdots,x_{0,n}]$ 处沿 $\boldsymbol{l}=[l_1,l_2,\cdots,l_n]$ 向量方向变化和变化的快慢程度，称作函数 $y=f(\boldsymbol{x})$ 的方向导数。形式化地，给定任意多元函数 $y=f(x_1,x_2,\cdots,x_n)$，设其在 n 维定义域空间内 $\boldsymbol{x}_0=[x_{0,1},x_{0,2},\cdots,x_{0,n}]$ 处沿 $\boldsymbol{l}=[l_1,l_2,\cdots,l_n]$ 方向的某 δ 邻域内有定义，则当自变量取值为 n 维空间内沿 $\boldsymbol{l}=[l_1,l_2,\cdots,l_n]$ 方向的任意点 $\boldsymbol{x}=[x_1,x_2,\cdots,x_n]$ 时，只要 $\rho=\|\boldsymbol{x}-\boldsymbol{x}_0\|<\delta$ 则 $\boldsymbol{x}$ 也在定义域内。若此时函数 $y=f(x_1,x_2,\cdots,x_n)$ 的因变量增量为 $\Delta y=f(\boldsymbol{x})-f(\boldsymbol{x}_0)$ 且存在常数 c，对于任意给定的不论多小的正实数 ε，总存在正实数 δ，使得当 $\rho=\|\boldsymbol{x}-\boldsymbol{x}_0\|<\delta$ 成立时，不等式 $|\Delta y/\rho-c|<\varepsilon$ 恒成立。也就是说，ρ 趋向 0 时，因变量增量 Δy 与自变量沿 $l=[l_1,l_2,\cdots,l_n]$ 方向的增量 ρ 的极限存在，则称函数 f 在 $\boldsymbol{x}_0$ 处沿 $\boldsymbol{l}$ 方向可导，并称此时的极限值 c 为函数 f 在 $\boldsymbol{x}_0$ 处沿 $\boldsymbol{l}$ 方向的方向导数，记作 $f'_l(\boldsymbol{x}_0)$、$y'_l|\boldsymbol{x}=\boldsymbol{x}_0$ 或 $\partial f(\boldsymbol{x}_0)/\partial \boldsymbol{l}$、$\partial y/\partial \boldsymbol{l}|\boldsymbol{x}=\boldsymbol{x}_0$。以上表述可形式化为

$$f'_l(\boldsymbol{x}_0)=\lim_{\rho\to 0}\frac{\Delta y}{\rho}=\lim_{\rho\to 0}\frac{f(\boldsymbol{x})-f(\boldsymbol{x}_0)}{\rho} \tag{3-24}$$

其中，$\rho=\|\boldsymbol{x}-\boldsymbol{x}_0\|$。不难证明，$f$ 在 $\boldsymbol{x}_0$ 处沿 $\boldsymbol{l}$ 方向的方向导数为函数值曲线在 $\boldsymbol{x}_0$ 处沿 $\boldsymbol{l}$ 方向切线的斜率。若函数 $y=f(x_1,x_2,\cdots,x_n)$ 在定义域内任意点 $\boldsymbol{x}_0$ 处沿 $\boldsymbol{l}$ 方向均可导，则称函数 $y=f(x_1,x_2,\cdots,x_n)$ 在定义域内对 $\boldsymbol{x}$ 可导。不难理解，此时对于定义域内任意元素 $\boldsymbol{x}$，都存在一个唯一的沿 $\boldsymbol{l}$ 方向的方向导数 $f'_l(\boldsymbol{x})$ 与之对应。显然，定义域内任意元素 $\boldsymbol{x}$ 与沿 $\boldsymbol{l}$ 方向的方向导数 $f'_l(\boldsymbol{x})$ 之间构成一个新的函数映射，称为函数 $y=f(\boldsymbol{x})$ 沿 $\boldsymbol{l}$ 方向的方向导数，记作 $f'_l(\boldsymbol{x})$、y'_l 或 $\partial f(\boldsymbol{x}_0)/\partial \boldsymbol{l}$、$\partial y/\partial \boldsymbol{l}$。不难证明

$$f'_l(\boldsymbol{x})=f'_{x_1}(\boldsymbol{x})\cos\alpha_1+f'_{x_2}(\boldsymbol{x})\cos\alpha_2+\cdots+f'_{x_n}(\boldsymbol{x})\cos\alpha_n \tag{3-25}$$

其中，$\alpha_1,\alpha_2,\cdots,\alpha_n$ 为 $\boldsymbol{l}$ 方向向量的方向角，即 $\cos\alpha_i=l_i/\|\boldsymbol{l}\|$。依定义不难发现，函数 $y=f(x_1,x_2,\cdots,x_n)$ 沿 n 维特征空间内任意主轴方向的方向导数，即是该函数对于对应分量的偏导数。此时，考虑特征空间基向量正交性，选定主轴后，对应方向角的余弦等于 1，与其他轴向的方向角余弦等于 0。函数 $y=f(x_1,x_2,\cdots,x_n)$ 沿所有主轴方向的方向导数构成的向量 $[f'_{x_1},f'_{x_2},\cdots,f'_{x_n}]$ 与自变量 $\boldsymbol{x}$ 之间构成对应关系，将其称作梯度函数，记作 $\mathrm{grad}f$ 或 ∇f。有必要说明的是，$\nabla=[\partial/\partial x_1,\partial/\partial x_2,\cdots,\partial/\partial x_n]$ 为汉密尔顿算子，又称 Nabla 算子。该算子本身没有实际意义，只有作用于一个具体函数变量时才有意义。给定 n 维特征定义域空间内任意元素 $\boldsymbol{x}$，与其对应的梯度函数值，称作函数 $y=f(x_1,x_2,\cdots,x_n)$ 在 $\boldsymbol{x}$ 点的梯度，记作 $\mathrm{grad}f(\boldsymbol{x})$ 或 $\nabla f(\boldsymbol{x})$。令 $\boldsymbol{\alpha}=[\cos\alpha_1,\cos\alpha_2,\cdots,\cos\alpha_n]$，则式(3-24)可改写为 $f'_l(\boldsymbol{x})=\langle\nabla f(\boldsymbol{x}),\boldsymbol{\alpha}\rangle$。显然，不难证明，$\boldsymbol{\alpha}$ 为 $\boldsymbol{l}$ 方向上的单位向量，当 $\boldsymbol{\alpha}$ 与 $\nabla f(\boldsymbol{x})$ 方向一致时，方向导数 $f'_l(\boldsymbol{x})$ 取得最大值。换言之，梯度方向是方向导数，也即函数 $y=f(x_1,x_2,\cdots,x_n)$ 变化率最大的方向。

由梯度的定义，不难证明，$\nabla(f\pm g)=\nabla f\pm\nabla g$、$\nabla(fg)=f\nabla g+g\nabla f$、$\nabla(f/g)=$

$(g\nabla f-f\nabla g)/g^2$、$\nabla(f(g))=f'(g)\nabla g$。

> 注
>
> 与一元函数类似，多元函数的一阶泰勒展开式与函数梯度直接相关。具体地，$f(\boldsymbol{x})=f(\boldsymbol{x}_0)+\nabla f(\boldsymbol{x}_0)(\boldsymbol{x}-\boldsymbol{x}_0)^{\mathrm{T}}+R_1(\boldsymbol{x})$。

3.4.5　Hessian 矩阵与函数凸性

如前文所述，对于单变量函数来说，由函数的二阶导数可分析函数的凸性。类似地，给定任意多元函数 $y=f(x_1,x_2,\cdots,x_n)$，保持其他变量不变，函数 $y=f(x_1,x_2,\cdots,x_n)$ 可视作以 x_i 为自变量的单变量函数，对应地，对 x_i 的二阶偏导数可用于分析多元函数 $y=f(x_1,x_2,\cdots,x_n)$ 沿 x_i 轴向的凸性。需要说明的是，x_i 轴向可用 n 维单位向量 $\boldsymbol{e}_i$ 来表示。$\boldsymbol{e}_i$ 中除第 i 个分量为 1，其他分量均为 0。将所有自变量考虑进来，并单位化处理，令 $l_i=x_i/\|[x_1,x_2,\cdots,x_n]\|$，则多元函数 $y=f(x_1,x_2,\cdots,x_n)$ 沿 $\boldsymbol{l}=[l_1,l_2,\cdots,l_n]$ 向的方向导数 $f'_l(\boldsymbol{x})=\boldsymbol{l}(\nabla f(\boldsymbol{x}))^{\mathrm{T}}=\sum_{i=1}^{n}l_i f'_{x_i}(\boldsymbol{x})$。若函数 $y=f(x_1,x_2,\cdots,x_n)$ 足够光滑，沿 $\boldsymbol{l}=[l_1,l_2,\cdots,l_n]$ 向的二阶方向导数存在，则

$$f''_l(x)=\sum_{i=1}^{n}l_i(\boldsymbol{l}(\nabla f'_{x_i}(x))^{\mathrm{T}})=\sum_{i=1}^{n}l_i\sum_{j=1}^{n}l_j f''_{x_ix_j}(\boldsymbol{x}) \tag{3-26}$$

显然，若令

$$\boldsymbol{H}_f=\begin{bmatrix} f''_{x_1x_1} & f''_{x_1x_2} & \cdots & f''_{x_1x_n} \\ f''_{x_2x_1} & f''_{x_2x_2} & \cdots & f''_{x_2x_n} \\ \vdots & \vdots & \ddots & \vdots \\ f''_{x_nx_1} & f''_{x_nx_2} & \cdots & f''_{x_nx_n} \end{bmatrix} \tag{3-27}$$

则式(3-26)可改写为 $f''_l(\boldsymbol{x})=\boldsymbol{l}H_f(\boldsymbol{x})\boldsymbol{l}^{\mathrm{T}}$。需要指出的是，式(3-27)定义的矩阵，称作 Hessian 矩阵。该矩阵本身没有实际意义，只有作用于一个具体变量值时才有意义。由偏导数求导与次序无关可知，对于定义域内任意元素 $\boldsymbol{x}=[x_1,x_2,\cdots,x_n]$，Hessian 矩阵 $H_f(\boldsymbol{x})$ 均为实对称阵。不难理解，若 $\boldsymbol{H}_f(\boldsymbol{x})$ 为半正定矩阵，则对于任意的求导方向 $\boldsymbol{l}=[l_1,l_2,\cdots,l_n]$，二阶导数 $f''_l(\boldsymbol{x})=\boldsymbol{l}\boldsymbol{H}_f(\boldsymbol{x})\boldsymbol{l}^{\mathrm{T}}\geqslant 0$ 恒成立。也就是说，对于任意方向来说，函数 $y=f(x_1,x_2,\cdots,x_n)$ 的导数在 x 点的邻域内均不小于 $\boldsymbol{x}$ 点处的导数。不难理解，此时函数 $y=f(x_1,x_2,\cdots,x_n)$ 为凸函数。类似地，若对于定义域内任意元素 $\boldsymbol{x}=[x_1,x_2,\cdots,x_n]$，$\boldsymbol{H}_f(\boldsymbol{x})$ 均为半负定矩阵，则函数 $y=f(x_1,x_2,\cdots,x_n)$ 为凹函数。进一步地，若对于定义域内任意元素 $\boldsymbol{x}=[x_1,x_2,\cdots,x_n]$，$\boldsymbol{H}_f(\boldsymbol{x})$ 均为正定矩阵，则函数 $y=f(x_1,x_2,\cdots,x_n)$ 为严格凸函数；若对于定义域内任意元素 $\boldsymbol{x}=[x_1,x_2,\cdots,x_n]$，$\boldsymbol{H}_f(\boldsymbol{x})$ 均为负定矩阵，则函数 $y=f(x_1,x_2,\cdots,x_n)$ 为严格凹函数。

> 注
>
> 与一元函数类似，多元函数的二阶泰勒展开式与函数梯度直接相关。具体地，$f(\boldsymbol{x})=f(\boldsymbol{x}_0)+\nabla f(\boldsymbol{x}_0)(\boldsymbol{x}-\boldsymbol{x}_0)^{\mathrm{T}}+(1/2)(\boldsymbol{x}-\boldsymbol{x}_0)H_f(\boldsymbol{x}_0)(\boldsymbol{x}-\boldsymbol{x}_0)^{\mathrm{T}}+R_2(\boldsymbol{x})$。

3.4.6 凸函数成立条件

由 3.3.5 节定义可得，给定任意凸函数 f，若其定义域为 A，则 $\forall \boldsymbol{x}_1 \in A$ 与 $\forall \boldsymbol{x}_2 \in A$，及任意实数 $0 \leqslant \lambda \leqslant 1$，不等式 $f(\lambda \boldsymbol{x}_1+(1-\lambda)\boldsymbol{x}_2) \leqslant \lambda f(\boldsymbol{x}_1)+(1-\lambda)f(\boldsymbol{x}_2)$ 恒成立。显然，$\lambda=0$ 或 $\lambda=1$ 时，上式取等号，即 $f(\boldsymbol{x}_2)=f(\boldsymbol{x}_2)$ 或 $f(\boldsymbol{x}_1)=f(\boldsymbol{x}_1)$。若 $\lambda \neq 0$，则

$$\begin{aligned} f(\boldsymbol{x}_1) &\geqslant \frac{f(\lambda \boldsymbol{x}_1+(1-\lambda)\boldsymbol{x}_2)-(1-\lambda)f(\boldsymbol{x}_2)}{\lambda} \\ &= f(\boldsymbol{x}_2)+\frac{f(\lambda \boldsymbol{x}_1+(1-\lambda)\boldsymbol{x}_2)-f(\boldsymbol{x}_2)}{\lambda} \\ &= f(\boldsymbol{x}_2)+\frac{f(\boldsymbol{x}_2+\lambda(\boldsymbol{x}_1-\boldsymbol{x}_2))-f(\boldsymbol{x}_2)}{\lambda} \end{aligned} \tag{3-28}$$

又因为 $f(\boldsymbol{x}_2+\lambda(\boldsymbol{x}_1-\boldsymbol{x}_2))$ 在 $\boldsymbol{x}_2$ 处可泰勒展开为

$$f(\boldsymbol{x}_2+\lambda(\boldsymbol{x}_1-\boldsymbol{x}_2))=f(\boldsymbol{x}_2)+\lambda \nabla f(\boldsymbol{x}_2)(\boldsymbol{x}_1-\boldsymbol{x}_2)^{\mathrm{T}}+o(\lambda(\boldsymbol{x}_1-\boldsymbol{x}_2)) \tag{3-29}$$

所以，当 $\lambda \to 0$ 时，即在 $\boldsymbol{x}_2$ 处附近，式(3-28)可改写为

$$f(\boldsymbol{x}_1) \geqslant f(\boldsymbol{x}_2)+\nabla f(\boldsymbol{x}_2)(\boldsymbol{x}_1-\boldsymbol{x}_2)^{\mathrm{T}} \tag{3-30}$$

考虑对称性，当 $1-\lambda \to 0$ 时，即在 $\boldsymbol{x}_1$ 处附近，有

$$f(\boldsymbol{x}_2) \geqslant f(\boldsymbol{x}_1)+\nabla f(\boldsymbol{x}_1)(\boldsymbol{x}_2-\boldsymbol{x}_1)^{\mathrm{T}} \tag{3-31}$$

显然，式(3-30)或式(3-31)为函数 f 为凸函数的必要条件。

另一方面，若上式成立，设 $\boldsymbol{x}_3=\lambda \boldsymbol{x}_1+(1-\lambda)\boldsymbol{x}_2$，则有

$$f(\boldsymbol{x}_1) \geqslant f(\boldsymbol{x}_3)+\nabla f(\boldsymbol{x}_3)(\boldsymbol{x}_1-\boldsymbol{x}_3)^{\mathrm{T}} \tag{3-32}$$

$$f(\boldsymbol{x}_2) \geqslant f(\boldsymbol{x}_3)+\nabla f(\boldsymbol{x}_3)(\boldsymbol{x}_2-\boldsymbol{x}_3)^{\mathrm{T}} \tag{3-33}$$

式(3-32)乘以 λ 与式(3-33)乘以 $1-\lambda$ 相加，得

$$\begin{aligned} \lambda f(\boldsymbol{x}_1)+(1-\lambda)f(\boldsymbol{x}_2) &\geqslant f(\boldsymbol{x}_3)+\nabla f(\boldsymbol{x}_3)(\lambda(\boldsymbol{x}_1-\boldsymbol{x}_3)T+(1-\lambda)(\boldsymbol{x}_2-\boldsymbol{x}_3)^{\mathrm{T}}) \\ &= f(\boldsymbol{x}_3)+\nabla f(\boldsymbol{x}_3)(\lambda \boldsymbol{x}_1^{\mathrm{T}}-\lambda \boldsymbol{x}_3^{\mathrm{T}}+(1-\lambda)\boldsymbol{x}_2^{\mathrm{T}}-(1-\lambda)\boldsymbol{x}_3^{\mathrm{T}}) \\ &= f(\boldsymbol{x}_3)+\nabla f(\boldsymbol{x}_3)(\lambda \boldsymbol{x}_1^{\mathrm{T}}+(1-\lambda)\boldsymbol{x}_2^{\mathrm{T}}-\boldsymbol{x}_3^{\mathrm{T}}) \\ &= f(\lambda \boldsymbol{x}_1+(1-\lambda)\boldsymbol{x}_2) \end{aligned} \tag{3-34}$$

显然，式(3-30)或式(3-31)为函数 f 为凸函数的充分条件。

综上，定义域为 A 的函数 f 是凸函数的充要条件是，对于 $\forall \boldsymbol{x}_1 \in A$ 与 $\forall \boldsymbol{x}_2 \in A$，式(3-30)与式(3-31)恒成立。二式又称作凸函数成立的一阶充要条件。直观地讲，凸函数的一阶充要条件表明凸函数切线或切平面总是在函数下方。

有必要指出的是，3.4.5 节给出的 Hessian 矩阵半正定是对应函数为凸函数的充分条件。实际上，这一条件是凸函数成立的二阶充要条件。这是因为，由泰勒展开式，得

$$f(\boldsymbol{x}+\lambda \Delta x)=f(\boldsymbol{x})+\lambda \nabla f(\boldsymbol{x})\Delta x^{\mathrm{T}}+\frac{\lambda^2}{2}\Delta \boldsymbol{x} \nabla^2 f(\boldsymbol{x})\Delta \boldsymbol{x}^{\mathrm{T}}+o(\lambda^2 \Delta \boldsymbol{x} \Delta \boldsymbol{x}^{\mathrm{T}}) \tag{3-35}$$

由凸函数的一阶必要条件 $f(\boldsymbol{x}+\lambda \Delta \boldsymbol{x}) \geqslant f(\boldsymbol{x})+\lambda \nabla f(\boldsymbol{x})\Delta \boldsymbol{x}^{\mathrm{T}}$，得

$$\frac{\lambda^2}{2}\Delta \boldsymbol{x} \nabla^2 f(\boldsymbol{x})\Delta \boldsymbol{x}^{\mathrm{T}}+o(\lambda^2 \Delta \boldsymbol{x} \Delta \boldsymbol{x}^{\mathrm{T}}) \geqslant 0 \tag{3-36}$$

上式两端除以 λ^2，并使得 $\lambda^2 \to 0^+$，即在 $\boldsymbol{x}$ 处附近，有

$$\Delta \boldsymbol{x} \nabla^2 f(\boldsymbol{x}) \Delta \boldsymbol{x}^{\mathrm{T}} \geqslant 0 \tag{3-37}$$

考虑到 $\Delta \boldsymbol{x}$ 的方向任意性,得 $\nabla^2 f(\boldsymbol{x})$ 半正定。此处 $\nabla^2 f(\boldsymbol{x})$ 实际为二阶偏导数构成的矩阵。必要性得证。

另一方面,若 $\nabla^2 f(\boldsymbol{x})$ 半正定,则 $\lambda^2 \to 0^+$ 时,式(3-36)成立。也就是说,结合式(3-35)得 $f(\boldsymbol{x}+\lambda\Delta\boldsymbol{x}) \geqslant f(\boldsymbol{x})+\lambda\nabla f(\boldsymbol{x})\Delta x^{\mathrm{T}}$。令 $\boldsymbol{y}=\boldsymbol{x}+\lambda\Delta\boldsymbol{x}$,则 $f(\boldsymbol{y}) \geqslant f(\boldsymbol{x})+\nabla f(\boldsymbol{x})(\boldsymbol{y}-\boldsymbol{x})^{\mathrm{T}}$。显然,此式为凸函数的一阶充分条件。充分性得证。

3.4.7 散度

由梯度的定义不难发现,其是多自变量单值函数的偏导数组成的向量。而多值多变量函数的偏导数可组成相当于一阶导数的雅可比矩阵。除此之外,若多值函数值的个数与自变量的个数相等,也就是说,对应的函数相当于在同维度空间内进行向量变换,此时,同位置函数值分量对自变量分量偏导数的和,称作函数的散度。形式化地,以 n 维向量 $\boldsymbol{x}=[x_1,x_2,\cdots,x_n]$ 为自变量的函数 F 将 $\boldsymbol{x}$ 映射为另一同维向量 $\boldsymbol{y}=[y_1,y_2,\cdots,y_n]$,即 $\boldsymbol{y}=F(\boldsymbol{x})$,则函数 F 的散度

$$\operatorname{div}F=\frac{\partial F_1}{\partial x_1}+\frac{\partial F_2}{\partial x_2}+\cdots+\frac{\partial F_n}{\partial x_n}=\frac{\partial y_1}{\partial x_1}+\frac{\partial y_2}{\partial x_2}+\cdots+\frac{\partial y_n}{\partial x_n} \tag{3-38}$$

由于汉密尔顿算子 $\nabla=[\partial/\partial x_1,\partial/\partial x_2,\cdots,\partial/\partial x_n]$,所以 $\operatorname{div}F=<\nabla,F>=<\nabla,\boldsymbol{y}>$。需要说明的是,以上关于散度的定义是狭义的。数据驱动的人工智能方法常需要应对将一个矢量空间与一标量区间建立对应关系,例如,给特征空间内任意向量一个评定标签或实数值,广义散度即是实现这类对应关系的函数映射。由于散度将向量与一个标量对应,而给定任意多变量单值函数 f,其梯度 ∇f 是一个分量数与自变量个数相等的向量,所以 $\operatorname{div}\nabla f$ 有定义。具体地,$\operatorname{div}\nabla f=\partial^2 f/\partial x_1^2+\partial^2 f/\partial x_2^2+\cdots+\partial^2 f/\partial x_n^2$。定义 $\nabla^2=[\partial^2/\partial x_1^2,\partial^2/\partial x_2^2,\cdots,\partial^2/\partial x_n^2]$,则 $\operatorname{div}\nabla f=<\nabla,\nabla f>=\nabla^2 f$。需要说明的是,$\nabla^2$ 称作拉普拉斯算子。不难证明,对于任意输出为常向量的函数 C,其散度 $<\nabla,C>=0$;若 k 为常数,则 $<\nabla,kF>=k<\nabla,F>$;任意两个同类型函数 F 与 G 和/差的散度为 $<\nabla,F\pm G>=<\nabla,F>\pm<\nabla,G>$;若函数 f 为与函数 F 输入变量相同的单值函数,则 $<\nabla,fF>=f<\nabla,F>+<F,\nabla f>$。

3.5 微 积 分

目前,人工智能方法逼近真实映射函数的过程,一般通过设计一个目标函数,将待解决实际问题转换为目标函数的最优化问题。在目标函数的设计与求解过程中都离不开微积分的相关知识。本节主要介绍微分与积分相关基础知识。

3.5.1 微分

与导数描述函数值变化的快慢程度不同,微分描述的是函数值变化的大小。对于任意的单自变量单值函数 $y=f(x)$,给定其定义域内任意一点 x_0,若函数 $y=f(x)$ 在该点的 δ 邻域内均有定义,那么对于任意另外一点 $x_0+\Delta x$,如果 $x_0+\Delta x\in[x_0-\delta \to x_0+\delta]$,

则两点的函数值增量 $\Delta y=f(x_0+\Delta x)-f(x_0)$。如果对于任意自变量增量 $|\Delta x|\leqslant\delta$，函数值增量 Δy 均可改写为 $\Delta y=A\Delta x+o(\Delta x)$ 的形式，其中，A 是与 Δx 无关的常数，$o(\Delta x)$是自变量增量 Δx 高阶无穷小，也就是说，$\lim\limits_{\Delta x\to 0} o(\Delta x)/\Delta x=0$，则称函数 $y=f(x)$在 x_0 点可微，并称 $A\Delta x$ 为函数 $y=f(x)$在 x_0 点相对于自变量增量 Δx 的微分，记作 $\mathrm{d}y|x=x_0$ 或 $\mathrm{d}f(x_0)$。不难理解，函数 $y=f(x)$在 x_0 点的微分是其函数值在该点增量的线性主部。由定义不难发现，函数 $y=f(x)$的微分是自变量增量的线性函数，并且 $\lim\limits_{\Delta x\to 0}\Delta y/\mathrm{d}y=1+\lim\limits_{\Delta x\to 0}(o(\Delta x)/A\Delta x)=1$。不难理解，若 $A\neq 0$，则函数值增量 Δy 与函数微分 $\mathrm{d}y$ 是 $\Delta x\to 0$ 的等价无穷小。又因为 A 是常数，所以 $\Delta y=\mathrm{d}y+o(\mathrm{d}y)$。类似地，若自变量也存在微分 $\mathrm{d}x$，则 $\Delta x=\mathrm{d}x+o(\mathrm{d}x)$。需要指出的是，虽然 A 是与 Δx 无关的常数，但其与函数 $y=f(x)$及 x_0 点有关。

不难证明，函数 $y=f(x)$在 x_0 点可导，是其在该点可微的充要条件，并且若函数 $y=f(x)$在 x_0 点可微，则 $A=f'(x_0)$。一般化地，函数 $y=f(x)$在定义域内任意点 x 的微分，称作函数 $y=f(x)$的微分，记作 $\mathrm{d}y$ 或 $\mathrm{d}f(x)$，且 $\mathrm{d}y=f'(x)\Delta x$。为求自变量的微分，构建一个函数 $y=x$，则函数 y 的微分 $\mathrm{d}y$ 等于自变量 x 的微分 $\mathrm{d}x$，即 $\mathrm{d}x=\mathrm{d}y=\Delta x$。用自变量微分代替自变量增量，则 $\mathrm{d}y=f'(x)\mathrm{d}x$。显然，函数微分 $\mathrm{d}y$ 与自变量微分 $\mathrm{d}x$ 的商，简称“微商”，等于函数的导数，即 $f'(x)=\mathrm{d}y/\mathrm{d}x$。

与求导法则类似，根据函数微分的定义不难证明，若函数 $u(x)$与 $v(x)$在定义域内 x 点可微，且微分分别为 $\mathrm{d}u$ 与 $\mathrm{d}v$，则它们的和、差、积、商在此处也可微，并且

$$\mathrm{d}(u(x)\pm v(x))=\mathrm{d}u(x)\pm\mathrm{d}v(x)$$
$$\mathrm{d}(u(x)v(x))=v(x)\mathrm{d}u(x)+u(x)\mathrm{d}v(x)$$
$$\mathrm{d}\left(\frac{u(x)}{v(x)}\right)=\frac{v(x)\mathrm{d}u(x)-u(x)\mathrm{d}v(x)}{v^2(x)} \tag{3-39}$$

有必要说明的是，对于商的微分法则需要确保分母不为 0。可以证明，若函数 $u=\varphi(x)$在 x 点处可微，即 $\mathrm{d}u=\varphi'(x)\mathrm{d}x$，而函数 $y=f(u)$在 $u=\varphi(x)$处可导，即 $\mathrm{d}y=f'(u)\mathrm{d}u$，则复合函数 $y=f(\varphi(x))$在 x 点可微，并且 $\mathrm{d}(f(\varphi(x))=f'(u)\varphi'(x)\mathrm{d}x$。以上结论可推广到任意有限个函数复合的情形。此时，复合函数的微分等于有限个函数在对应点相对各自变量导数以及自变量微分的乘积。

给定任意多元函数 $y=f(\boldsymbol{x})$，其中，$\boldsymbol{x}=[x_1,x_2,\cdots,x_n]$，对于定义域内任意一点 $\boldsymbol{x}_0$，若函数 $y=f(\boldsymbol{x})$在该点的 δ 邻域内均有定义，那么对于任意另外一点 $\boldsymbol{x}_0+\Delta\boldsymbol{x}$，如果 $\|\Delta\boldsymbol{x}\|\leqslant\delta$，则两点的函数值增量 $\Delta y=f(\boldsymbol{x}_0+\Delta\boldsymbol{x})-f(\boldsymbol{x}_0)$。如果对于任意自变量增量 $\|\Delta\boldsymbol{x}\|\leqslant\delta$，函数值增量 Δy 均可改写为 $\Delta y=\langle\boldsymbol{v},\Delta\boldsymbol{x}\rangle+o(\|\Delta\boldsymbol{x}\|)$的形式，其中，$\boldsymbol{v}$ 是与 $\Delta\boldsymbol{x}$ 无关的常向量，$o(\|\Delta\boldsymbol{x}\|)$是自变量增量 $\|\Delta\boldsymbol{x}\|$ 高阶无穷小，则称函数 $y=f(\boldsymbol{x})$在 $\boldsymbol{x}_0$ 点可微，并称 $\langle\boldsymbol{v},\Delta\boldsymbol{x}\rangle$ 为函数 $y=f(\boldsymbol{x})$在 $\boldsymbol{x}_0$ 点相对于自变量增量 $\Delta\boldsymbol{x}$ 的全微分，记作 $\mathrm{d}y|\boldsymbol{x}=\boldsymbol{x}_0$ 或 $\mathrm{d}f(\boldsymbol{x}_0)$。需要指出的是，虽然 $\boldsymbol{v}$ 是与 $\Delta\boldsymbol{x}$ 无关的常数，但其与函数 $y=f(\boldsymbol{x})$及 $\boldsymbol{x}_0$ 点有关。

不难证明，函数 $y=f(\boldsymbol{x})$在 $\boldsymbol{x}_0$ 点对自变量各分量的偏导数均存在，是其在该点可微的充要条件。并且若函数 $y=f(\boldsymbol{x})$在 $\boldsymbol{x}_0$ 点可微，则 $\boldsymbol{v}=\nabla f(\boldsymbol{x}_0)$。一般化地，函数 $y=f(\boldsymbol{x})$在定义域内任意点 $\boldsymbol{x}$ 的全微分，称作函数 $y=f(\boldsymbol{x})$的全微分，记作 $\mathrm{d}y$ 或 $\mathrm{d}f(\boldsymbol{x})$。

3.5.2　密切圆与曲率

数据驱动的人工智能方法中涉及较多的曲线、曲面、超平面概念。定义任意给定曲线或曲面的弯曲程度显得尤为重要。由导数的定义不难发现，给定函数 $y=f(x)$ 定义域内任意一点 x_0，取其周围任意一点 x，由对应点因变量增量 $\Delta y=f(x)-f(x_0)$ 与自变量增量 $\Delta x=x-x_0$ 的比值估计 x_0 点的导数，此时 $f(x_0)$ 与 $f(x)$ 之间的连线构成函数 $y=f(x)$ 的一条割线。因变量增量 Δy 与自变量增量 Δx 的比值即是此割线的斜率。当 x 无限靠近 x_0 时，增量比即是函数 $y=f(x)$ 在 x_0 点的导数。此时，割线变成只有 x_0 点处与函数 $y=f(x)$ 相连的切线，导数值即是此切线的斜率，即 $\tan\alpha=y'$，其中，α 为切向角。由微分与导数的关系，不难证明，$\mathrm{d}\alpha=y''/(1+(y')^2)\mathrm{d}x$。由函数曲线、割线、切线的位置关系，以及函数微分的定义可以证明，$s'(x)=\sqrt{1+(y')^2}$，即弧微分 $\mathrm{d}s=\sqrt{1+(y')^2}\,\mathrm{d}x$。不难理解，若 $y=f(x)$ 的函数曲线足够平滑，其上 $(x_0,f(x_0))$ 点到 $(x_0+\Delta x,f(x_0+\Delta x))$ 点的弧长为 Δs，切线角变化为 $\Delta\alpha$，定义 $\lim\limits_{\Delta s\to 0}|\Delta\alpha/\Delta s|=|\mathrm{d}\alpha/\mathrm{d}s|$ 为函数 $y=f(x)$ 在点 x_0 处的曲率，记作 $K_f(x_0)=|\mathrm{d}\alpha/\mathrm{d}s|$。不难证明

$$K_f(x_0)=\frac{|f''(x_0)|}{(1+(f'(x_0))^2)^{\frac{3}{2}}} \tag{3-40}$$

与曲线、割线、切线之间关系类似，在定义区间内取 x_0 点左右邻接点：$x_0-\delta$、$x_0+\delta$。则以 $f(x_0-\delta)$、$f(x_0)$、$f(x_0+\delta)$ 三点唯一确定一个圆。当 $\delta\to 0$ 时，得到的圆是对函数 $y=f(x)$ 在 x_0 点处的最佳圆近似，称作函数 $y=f(x)$ 在 x_0 点处的密切圆。不难验证，曲线平坦处，密切圆半径较大；曲线弯曲处，密切圆半径较小。也就是说，函数曲线在 x_0 点处的曲率 $K(x_0)$ 可用密切圆半径来定义。不难证明，对于半径为 R 圆来说，$\Delta s=R\Delta\alpha$。所以，圆的曲率等于半径的倒数，x_0 处密切圆的半径等于曲率的倒数 $1/K_f(x_0)$。需要指出的是，密切圆也称为曲线的曲率圆。x_0 处密切圆半径，称作函数 $y=f(x)$ 在 x_0 点处的曲率半径。x_0 取不同值时密切圆圆心轨迹称作函数 $y=f(x)$ 的渐屈线；反过来，函数 $y=f(x)$ 称作密切圆的圆心轨迹的渐伸线。

3.5.3　不定积分

由前文导数与微分的定义不难发现，可由一个函数求其导函数。反之，若已知一个导函数，能否确定其原函数呢？设函数 $f(x)$ 在某区间上有定义，若该区间上存在一个函数 $F(x)$，使得对于该区间内任意元素 x，等式 $F'(x)=f(x)$ 恒成立，则称函数 $F(x)$ 为函数 $f(x)$ 在该区间上的一个原函数。需要强调的是，与函数的导函数表达式唯一不同，导函数的原函数并不唯一。由求导法则可知，若函数 $F(x)$ 为函数 $f(x)$ 的原函数，则对于任意实常数 C，函数 $F(x)+C$ 也为函数 $f(x)$ 的原函数。这是因为，$(F(x)+C)'=F'(x)=f(x)$。不难理解，若存在函数 $f(x)$ 的一个原函数 $F(x)$，则有无穷多个函数均是函数 $f(x)$ 的原函数。将函数 $f(x)$ 的全体原函数称作函数 $f(x)$ 的不定积分，记作 $\int f(x)\mathrm{d}x$，且 $\int f(x)\mathrm{d}x=F(x)+C$，其中，$f(x)$ 称作积分函数，x 称作积分变量，$\int$ 称作

积分符号。由定义可得，先积分再求导结果不变，即$\left(\int f(x)\mathrm{d}x\right)'=f(x)$；先求导再积分结果差一个常数，即$\int F'(x)\mathrm{d}x=F(x)+C$；被积函数中常数因子可提到积分符号外，即$\int kf(x)\mathrm{d}x=k\int f(x)\mathrm{d}x$；函数和/差的积分等于函数积分的和/差，即$\int (f(x)\pm g(x))\mathrm{d}x=\int f(x)\mathrm{d}x\pm\int g(x)\mathrm{d}x$。

不难理解，若函数$y=f(x_1,x_2,\cdots,x_n)$为一单值多元函数，若存在一个函数$F(x_1,x_2,\cdots,x_n)$使得在x_i轴向指定区间内等式$F'_{x_i}(x_1,x_2,\cdots,x_n)=f(x_1,x_2,\cdots,x_n)$恒成立，则称函数$F(x_1,x_2,\cdots,x_n)$为函数$y=f(x_1,x_2,\cdots,x_n)$在$x_i$轴向该区间上的一个原函数，其中，$i\in\{1,2,\cdots,n\}$。将函数$y=f(x_1,x_2,\cdots,x_n)$沿$x_i$轴向的全体原函数，称作函数$y=f(x_1,x_2,\cdots,x_n)$对于$x_i$分量的不定积分，记作$\int f(x_1,x_2,\cdots,x_n)\mathrm{d}x_i$，且$\int f(x_1,x_2,\cdots,x_n)\mathrm{d}x_i=F(x_1,x_2,\cdots,x_n)+C$。进一步地，可定义多重积分为：将函数$y=f(x_1,x_2,\cdots,x_n)$沿$x_i,\cdots,x_j$轴向的全体原函数，称作函数$y=f(x_1,x_2,\cdots,x_n)$对于$x_i,\cdots,x_j$分量的不定积分，记作$\int\cdots\int f(x_1,x_2,\cdots,x_n)\mathrm{d}x_i\cdots\mathrm{d}x_j$，且$\int\cdots\int f(x_1,x_2,\cdots,x_n)\mathrm{d}x_i\cdots\mathrm{d}x_j=F(x_1,x_2,\cdots,x_n)+C$，其中，$i,j\in\{1,2,\cdots,n\}$且$i\neq j$。

3.5.4 定积分

求和级数在数据驱动的人工智能模型目标函数设计及其求解过程中十分常见。形式化地，设$y=f(x)$在开区间$(a\rightarrow b)$上有定义，对于任意正整数n，定义$x_i=a+i(b-a)/n$，则级数$S_f(n)=\sum_{i=0}^{n-1}f(x_i)(x_{i+1}-x_i)$为函数$y=f(x)$曲线与$x$轴围成面积的矩形细分估计。需要说明的是，若在某子区间内，$y=f(x)$均小于0，则对应区间内函数曲线的与x轴围成的面积为负数。不难理解，n越大估计误差越小。若$\lim\limits_{n\rightarrow\infty}S_f(n)$存在，则该极限为函数曲线$y=f(x)$与$x$轴围成的面积，将其定义为函数$y=f(x)$在开区间$(a\rightarrow b)$上的定积分，即

$$\int_a^b f(x)=\lim_{n\rightarrow\infty}S_f(n)=\lim_{n\rightarrow\infty}\sum_{i=0}^{n-1}f(x_i)(x_{i+1}-x_i) \tag{3-41}$$

需要指出的是，函数的不定积分为一簇函数，而函数的定积分为一个实数值。由定积分的几何意义可知，若积分上下界相等，则定积分为0。进一步地，不难理解，积分区间的开闭性不影响定积分结果。

设函数$y=f(x)$在开区间$(a\rightarrow b)$上连续，则存在$\xi\in(a\rightarrow b)$，使得等式

$$\int_a^b f(x)=f(\xi)(b-a) \tag{3-42}$$

成立。这称作积分中值定理。由函数$y=f(x)$在开区间$(a\rightarrow b)$上连续，可得若m与M分别为$y=f(x)$在开区间$(a\rightarrow b)$上的最小值与最大值，则在开区间$(a\rightarrow b)$上$m\leqslant f(x)\leqslant M$。进一步地，$\int_a^b m\mathrm{d}x\leqslant\int_a^b f(x)\mathrm{d}x\leqslant\int_a^b M\mathrm{d}x$。根据积分即是函数曲线与坐标

轴围成图形面积的几何意义，得 $m \leqslant \int_a^b f(x)\mathrm{d}x/(b-a) \leqslant M$。由于函数 $y=f(x)$ 在开区间 $(a \to b)$ 上连续，且 m 与 M 分别对应区间上的最小函数值与最大函数值，所以函数 $y=f(x)$ 的值域为 $[m \to M]$。易得，存在 $\xi \in (a \to b)$，使得式(3-42)成立。

如上文所述，定积分是一个数值，几何上与面积有关。那么，如何计算定积分呢？定义 $y=\varnothing(x)=\int_a^x f(x)\mathrm{d}x$ 为一变上限积分函数，其中，a 为函数 $f(x)$ 定义域内任意一点。对于函数 $\varnothing(x)$ 来说，自变量增量 Δx 时，因变量增量 $\Delta y=\varnothing(x+\Delta x)-\varnothing(x)=\int_a^{x+\Delta x} f(x)\mathrm{d}x-\int_a^x f(x)\mathrm{d}x$。由积分的几何意义可得，$\Delta y=\int_x^{x+\Delta x} f(x)\mathrm{d}x$。由积分中值定理，$\Delta y=\int_x^{x+\Delta x} f(x)\mathrm{d}x=f(\xi)\Delta x$，其中，$\xi \in (x \to x+\Delta x)$。不难理解，$\lim\limits_{\Delta x \to 0}\Delta y/\Delta x=\lim\limits_{\xi \to x} f(\xi)=f(x)$。所以，$\varnothing'(x)=f(x)$，即 $\varnothing(x)=F(x)+C$，其中，函数 $F(x)$ 为函数 $f(x)$ 的原函数。由变上限积分函数的定义，易得 $\varnothing(a)=0$。因此，$C=-F(a)$，即得 $\varnothing(x)=F(x)-F(a)$。显然，$\varnothing(b)=\int_a^b f(x)\mathrm{d}x=F(b)-F(a)$。上式称作牛顿-莱布尼兹公式，也记作 $\int_a^b f(x)\mathrm{d}x=F(x)\Big|_a^b$。

注

多重定积分相当于多个定积分的组合，计算时可按任意次序依次计算各个定积分。

3.6　泛函数分析

以上定义的函数均是由值型变量到值型变量的映射。实际上，函数映射的定义并未限制其定义域与值域的数据类型。如前文所述，设待解决问题的观测对象及其评定值之间的真实函数映射为 f，而数据驱动的人工智能方法试图找到一个估计函数 g，使得 g 尽可能逼近 f。也就是说，给定函数集合 S，人工智能方法求解如下模型 $\arg\min\limits_{g \in S, g}(D(f,g))$，其中，函数 $D(f,g)$ 用于评价估计函数 g 与真实函数 f 的差异度。需要指出的是，以上模型的定义域是函数集合，更普适地若考虑所有可能的函数，则该集合构成一个函数空间。以函数为自变量的函数，称作泛函。由前文弧微分的定义，可得曲线弧长 $s=\int\sqrt{1+(y')^2}\,\mathrm{d}x$。显然，曲线弧长 s 是函数 $y=f(x)$ 一阶导函数的函数。也就是说，曲线弧长公式是一个泛函。一个可能的最优化问题是，求解使得指定区间内弧长最短的曲线方程。不难理解，上文定义的泛函模型求解要困难得多，现有的数据驱动的人工智能方法，多采用选定一类函数，如线性模型、通过激活函数构造的非线性模型等，由训练集学习最优控制参数的策略降低问题求解难度。

注

关于目标函数的更多内容详见 5.7 节与 7.3 节，关于函数优化详见第 8 章。

3.6.1 基函数与函数内积

与积分定义类似，给定区间$[a\to b]$上的任意函数f，对于任意正整数n，定义$x_i=a+i\Delta x$，其中，$i\in\{0,1,\cdots,n\}$且$\Delta x=(b-a)/n$，则函数f可由n维向量$\boldsymbol{v}_f=[f(x_1),f(x_2),\cdots,f(x_n)]$近似表达。当$n\to+\infty$，也即$\Delta x\to 0$时，无限维向量$\boldsymbol{v}_f$与函数$f$无限接近，可认为二者相等。需要说明的是，对于自变量取值其他类型值的函数，如向量、矩阵等，以上表达仍然成立。不难理解，由于函数与向量如此相似，可定义任意两个函数f与g的内积

$$<f,g>=<\boldsymbol{v}_f,\boldsymbol{v}_g>=\lim_{\Delta x\to 0}\sum_i^n f(x_i)g(x_i)\Delta x \tag{3-43}$$

由微积分定义，不难理解式(3-43)可改写为

$$<f,g>=\int f(x)g(x)\mathrm{d}x \tag{3-44}$$

需要指出的是，以上定义的函数内积即是函数的函数，是一个泛函。类似地，可定义函数加法为无限维向量相加；函数数乘为无限维向量数乘。需要说明的是，由定义可得，自变量为非标量值，比如向量时，式(3-44)定义的函数内积仍然成立。

3.6.2 特征值与特征函数

与一元函数$f(x)$可视作一无限维向量类似，二元函数$K(x,y)$可视作一个无限个无限维向量构成的矩阵$\boldsymbol{K}$。若$K(x,y)=K(y,x)$，且对于任意的一元函数$f(x)$均有

$$\iint f(x)K(x,y)f(y)\mathrm{d}x\mathrm{d}y\geqslant 0 \tag{3-45}$$

则称二元函数$K(x,y)$对应的矩阵$\boldsymbol{K}$是对称半正定的。与特征值与特征向量类似，给定对称半正定函数$K(x,y)$，若存在一元非零函数φ与实数λ，使得

$$\int K(x,y)\varphi(y)\mathrm{d}y=\lambda\varphi(x) \tag{3-46}$$

则称一元函数φ是$K(x,y)$的特征函数，实数λ为对应的特征值。由于$K(x,y)=K(y,x)$，所以

$$\int K(x,y)\varphi(x)\mathrm{d}x=\int K(y,x)\varphi(x)\mathrm{d}x=\lambda\varphi(y) \tag{3-47}$$

对于两个不同特征值λ_1与λ_2，与其对应的特征函数分别为φ_1与φ_1，则

$$\begin{aligned}\int\lambda_1\varphi_1(x)\varphi_2(x)\mathrm{d}x&=\int\left(\int K(x,y)\varphi_1(y)\mathrm{d}y\right)\varphi_2(x)\mathrm{d}x\\&=\int\left(\int K(x,y)\varphi_2(x)\mathrm{d}x\right)\varphi_1(y)\mathrm{d}y\\&=\int\lambda_2\varphi_2(y)\varphi_1(y)\mathrm{d}y\end{aligned} \tag{3-48}$$

由于$\lambda_1\neq\lambda_2$，且与φ_1与φ_2均为非零函数，所以

$$<\varphi_1,\varphi_2>=\int\varphi_1(x)\varphi_2(x)\mathrm{d}x=\int\varphi_1(y)\varphi_2(y)\mathrm{d}y=0 \tag{3-49}$$

也就是说，特征函数相互正交。

注

以上并未明确指出一元函数 $f(x)$、$\varphi(x)$，以及二元函数 $K(x,y)$ 的定义域。实际上，只需保证二元函数 $K(x,y)$ 任意一维变量的取值区间是一元函数 $f(x)$、$\varphi(x)$ 定义区间的子集，则式(3-45)～式(3-49)均有意义。

由于与二元函数 $K(x,y)$ 对应的矩阵是无限维的，所以存在无穷多个特征值 $\{\lambda_i\}_{i=1}^{\infty}$ 与特征函数 $\{\varphi_i\}_{i=1}^{\infty}$。与对称阵可用特征向量与特征值表达类似，

$$K(x,y)=\sum_{i=1}^{\infty}\lambda_i\varphi_i(x)\varphi_i(y) \tag{3-50}$$

3.6.3　线性空间与线性映射

由于线性方程由变量间相加与数乘构成，将加法与数乘定义为线性运算。给定集合 S，若其上定义了满足交换律与结合律的加法运算，满足分配律的数乘运算，运算结果仍属于集合 S，并且在集合 S 中存在加法逆元与零元、数乘幺元与零元，则称 S 为线性空间。显然，向量空间以及符合以上函数内积、加法、数乘定义的函数集合均是线性空间。给定线性空间任意一组元素 $x_1,x_2,\cdots,x_n$，若存在非全零实数 $k_1,k_2,\cdots,k_{n-1}$，使得 $x_n=k_1x_1+k_2x_2+\cdots+k_{n-1}x_{n-1}$，则称 x_n 可由 $x_1,x_2,\cdots,x_{n-1}$ 线性表示，也称 x_n 是 $x_1,x_2,\cdots,x_{n-1}$ 的线性组合。给定线性空间任意一组元素 $x_1,x_2,\cdots,x_n$，若其中至少一个元素可由其余元素线性表示，则称 $x_1,x_2,\cdots,x_n$ 线性相关。否则，称 $x_1,x_2,\cdots,x_n$ 线性无关。对于任意线性空间，给定空间内一组元素，若其线性无关，但空间内任意其他元素均可由该组元素线性表示，则这一组元素为该线性空间的一组基。不难证明，线性空间的基不唯一。若基内元素两两正交，则称该组基为正交基。与向量空间内任一向量可由基向量表示类似，函数空间内任一函数可由基函数表示。不同之处在于，基向量维度有限，而函数空间的基函数向量维度无限。类似地，内积为 0 的两个函数是正交的；函数空间可由一组正交基函数构成。有必要指出的是，傅里叶变换基、小波变换基是函数空间基函数的两个典型代表，感兴趣的读者可查阅相关资料加深理解。

设 V 与 W 为两个线性空间，若存在函数映射 $F: V\to W$ 满足：$F(x+y)=F(x)+F(y)$ 与 $F(\lambda x)=\lambda F(x)$，其中，$\lambda$ 为常实数，则称 F 线性映射。由求导法则不难理解，$\mathrm{d}(f+g)/\mathrm{d}x=\mathrm{d}f/\mathrm{d}x+\mathrm{d}g/\mathrm{d}x$、$\mathrm{d}(\lambda f)/\mathrm{d}x=\lambda\mathrm{d}f/\mathrm{d}x$。显然，定义在线性空间上的求导运算 $\mathrm{d}/\mathrm{d}x$ 是一个线性映射。需要指出的是，线性映射可转换为两个线性空间基向量坐标间的矩阵乘法。

注

关于线性空间与线性映射的更多内容详见 6.1 节。

3.6.4　对偶空间与对偶基

设 S 为线性空间，若其上定义的所有线性映射的集合也构成一个线性空间，则将该

线性空间称作 S 的对偶空间，记作 S^*。不难发现，若线性空间 S 也是函数的集合，则对偶空间里的任意元素均是一个函数的线性映射函数，称作线性泛函。若线性空间 S 的维度为 n，对于空间内任意一组基 $\varepsilon_1,\varepsilon_2,\cdots,\varepsilon_n$，定义 S 上的 n 个线性函数 $f_1,f_2,\cdots,f_n$，若 $i=j$，则 $f_i(\varepsilon_j)=1$，否则 $f_i(\varepsilon_j)=0$。设存在常数 $k_1,k_2,\cdots,k_n$，使得 $k_1f_1+k_2f_2+\cdots+k_nf_n=0$。依次代入 $\varepsilon_1,\varepsilon_2,\cdots,\varepsilon_n$，由线性函数 $f_1,f_2,\cdots,f_n$ 的定义可得 $k_1=k_2=\cdots=k_n=0$。故函数 $f_1,f_2,\cdots,f_n$ 线性无关。由 $\varepsilon_1,\varepsilon_2,\cdots,\varepsilon_n$ 是线性空间 S 的一组基，可得对于任意元素 $\alpha\in S$，存在非全零常数 $x_1,x_2,\cdots,x_n$，使得 $\alpha=x_1\varepsilon_1+x_2\varepsilon_2+\cdots+x_n\varepsilon_n$ 成立。由线性函数 $f_1,f_2,\cdots,f_n$ 的定义，可得 $f_i(\alpha)=x_1f_i(\varepsilon_1)+x_2f_i(\varepsilon_2)+\cdots+x_nf_i(\varepsilon_n)=x_if_i(\varepsilon_i)=x_i$。所以，$\alpha=f_1(\alpha)\varepsilon_1+f_2(\alpha)\varepsilon_2+\cdots+f_n(\alpha)\varepsilon_n$。给定对偶空间 S^* 内任意线性函数 f，由其性质可得 $f(\alpha)=f_1(\alpha)f(\varepsilon_1)+f_2(\alpha)f(\varepsilon_2)+\cdots+f_n(\alpha)f(\varepsilon_n)$。由于 α 为 S 空间内任意元素，所以 $f=f(\varepsilon_1)f_1+f(\varepsilon_2)f_2+\cdots+f(\varepsilon_n)f_n$。考虑 f 的任意性，$f(\varepsilon_i)$ 不全为 0。也就是说，对偶空间 S^* 内任意线性函数 f 均可由线性函数 $f_1,f_2,\cdots,f_n$ 线性表示。综上，$f_1,f_2,\cdots,f_n$ 是对偶空间 S^* 的一组基，将其称作 $\varepsilon_1,\varepsilon_2,\cdots,\varepsilon_n$ 的对偶基。

3.6.5 希尔伯特空间

由集合的确定性不难发现，给定任意集合，则其内的元素是确定可列的。一般地，将有限维集合元素的全体，称作空间。若在集合空间内定义了一种衡量不同元素间差异的距离度量，则将此时的空间称作度量空间。具体地，距离的定义不局限于被熟知的欧氏距离。任何满足非负性、同一性、对称性、三角不等式的度量均可作为度量集合空间内不同元素的差异程度。进一步地，在定义了距离的度量空间中增加线性约束，如前文所述的满足交换律与结合律的加法运算，满足分配律的数乘运算，且运算封闭，存在加法逆元与零元、数乘幺元与零元，则此时的集合空间称作线性空间。在此基础上，在空间内定义了任意元素的尺寸度量，则称作赋范空间。需要说明的是，元素尺寸的度量在人工智能领域称作范数。关于范数的更多内容详见第 7 章。这也是空间被称作赋范空间的原因。给定赋范空间，若在其上定义了内积运算，则该空间称作内积空间。需要说明的是，此处内积的定义是广义的；定义了内积的空间，隐含定义了范数，反过来则不成立。有必要指出的是，欧氏空间即是由有限维、距离度量、线性约束、尺度度量、内积运算约束的空间的一个实例。

对于给定内积空间，将其内任意多个元素按其尺寸由小到大排列形成了一个序列，若随着元素在序列中序数的增加，它们之间的尺寸差异越来越小。或者说，去掉有限个元素后，序列内元素间的最大距离小于任意正数。这样的序列称作柯西序列。若内积空间中任一柯西序列的极限也属于这个空间时，则称这个空间是完备的。完备的内积空间称作希尔伯特空间。欧氏空间内所有与原点欧氏距离为有限值的点构成的集合，就是一个希尔伯特空间，称作 l^2 空间。另外，可以证明，单位区间上平方可积的函数构成的集合，在函数加法、乘法的约束下，构成一个线性空间。再将前文定义的函数内积，以及元素自身内积作为其尺寸度量，则平方可积函数在函数线性运算和前文定义的内积约束下构成一个希尔伯特空间，称作 L^2 空间。

如前文所述，二元函数 K 对应的矩阵 $\boldsymbol{K}$ 存在无穷多个特征值 $\{\lambda_i\}_{i=1}^{\infty}$ 与特征函数 $\{\varphi_i\}_{i=1}^{\infty}$。实际上，以正交特征函数 $\{\sqrt{\lambda_i}\varphi_i\}_{i=1}^{\infty}$ 为基的函数空间是一个希尔伯特空间 $\mathscr{H}$。设函数 f 是该空间内任意一点，则 $f=\sum_{i=1}^{\infty} f_i\sqrt{\lambda_i}\varphi_i$。与欧氏空间类似，函数 f 在该希尔伯特空间 $\mathscr{H}$ 内的坐标可用行向量 $[f_1,f_2,\cdots]_{\mathscr{H}}$ 表示。给定该空间内另一函数 $g=[g_1,g_2,\cdots]_{\mathscr{H}}$，则 $<f,g>_{\mathscr{H}}=\sum_{i=1}^{\infty} f_i g_i$。对于二元函数 K，用 $K(x,y)$ 表示其在 (x,y) 点处的函数值，为一标量。与矩阵定义类似，用 $\boldsymbol{K}(x,:)$ 表示矩阵 $\boldsymbol{K}$ 的第 x 行，由式(3-50)可得

$$\boldsymbol{K}(x,:)=\sum_{i=1}^{\infty}\lambda_i\varphi_i(x)\varphi_i \tag{3-51}$$

由于 $\{\sqrt{\lambda_i}\varphi_i\}_{i=1}^{\infty}$ 为 $\mathscr{H}$ 空间的基，所以在 $\mathscr{H}$ 空间内 $\boldsymbol{K}(x,:)=[\sqrt{\lambda_1}\varphi_1(x),\sqrt{\lambda_2}\varphi_2(x),\cdots]$。类似地，$\boldsymbol{K}(:,y)=[\sqrt{\lambda_1}\varphi_1(y),\sqrt{\lambda_2}\varphi_2(y),\cdots]$。易得，

$$<\boldsymbol{K}(x,:),\boldsymbol{K}(:,y)>_{\mathscr{H}}=\sum_{i=1}^{\infty}\lambda_i\varphi_i(x)\varphi_i(y)=K(x,y) \tag{3-52}$$

也就是说，给定二元函数 $K(x,y)$，只要其对应的矩阵 $\boldsymbol{K}$ 对称且满足式(3-45)定义的半正定性，则隐式定义了一个希尔伯特空间。这样的二元函数称作核函数。与之对应的希尔伯特空间，称作再生核希尔伯特空间。

注

关于核函数的更多细节内容，请读者参阅第 9 章。

小　　结

本章介绍了人工智能领域涉及的函数与泛函相关知识。现对本章核心内容总结如下。

(1) 确定的多个对象构成的整体，称作集合。

(2) 历史数据在人工智能领域通常被分成训练集、验证集两部分。

(3) 集合交、并运算满足结合律、交换律。二者的混合运算满足分配律。

(4) 存在超平面将同一空间中非空不相交凸集区分开。

(5) 连续实数集合，称作区间。

(6) 多数人工智能任务可视作由历史数据中挖掘原数据与标签数据间的函数映射关系，并将其应用于新样本标签预测。

(7) 视自变量个数差异，函数分为单元函数与多元函数。

(8)函数因变量为另一函数的自变量，则原函数自变量与对应函数因变量构成复合函数。

(9) 激活函数是复合函数的典型代表。

(10) 连续性、奇偶性、单调性是函数的重要属性。

(11) 函数凸性与极值问题是人工智能模型优化中的常见问题。

(12) 连续是可导的必要非充分条件。

(13) 高阶可导区间内,函数可改写成其各阶导数的级数。

(14) 复合函数求导遵循链式法则。

(15) Sigmoid 激活函数存在梯度消失与权重更新偏置问题。

(16) 基于单元自变量求得的导数是多元函数的偏导数。

(17) 各偏导数构成的向量称作梯度。

(18) 梯度方向是方向导数取得最大值的方向。

(19) 凸函数成立存在一阶充要条件与二阶充要条件。

(20) 因变量与自变量微分的商就是导数。

(21) 曲率等于密切圆半径的倒数。

(22) 不定积分的结果,是以积分函数为导函数的一簇函数。

(23) 函数在给定连续区间上的定积分等于区间内某点的函数值与区间长度的乘积。

(24) 以函数为自变量的函数,称作泛函。

(25) 将函数值视作无限维向量,可定义函数内积。

(26) 二元对称函数可用特征函数与特征值表示。

(27) 对偶空间的基称作原空间基的对偶基。

(28) 对应矩阵满足半正定性的二元对称函数隐式定义了一个希尔伯特空间。

习　　题

(1) 试证明集合运算满足分配律。

(2) 试证明集合运算满足德摩根律。

(3) 设 $S_1=[i_1\rightarrow s_1]$ 与 $S_2=[i_2\rightarrow s_2]$,对于 $\forall x\in S_1$、$\forall y\in S_2$,定义变量 $z=x-y$ 的所有可能的取值构成的区间 S 为区间 S_1 与 S_2 相减的结果。基于以上定义,

① 设 $S_1=[-1\rightarrow 2]$、$S_2=[-1\rightarrow 1]$,给出 S_1-S_2 的结果;

② 试证明 $S_1-S_2=[i_1-s_2\rightarrow s_1-i_2]$。

(4) 给出 $\tanh(x)$ 函数的导数等于 $1-\tanh^2(x)$ 的证明过程。

(5) 设 $u=g(x_1,x_2,\cdots,x_n)$、$y=f(u)$,试证明 $\nabla_x(f(g))=f'(g)\nabla_x g$。

(6) 试证明函数 $y=f(x)$ 在 x_0 点可导,是其在该点可微的充要条件。

(7) 试求 tanh 激活函数的反函数。

(8) 给定式(3-9)所示的 Sigmoid 激活函数,

① 试求其二阶导函数,并尝试将其写成 Sigmoid 激活函数的形式;

② 给出 Sigmoid 激活函数在 $x=0$ 处的二阶泰勒展开式。

(9) 给定式(3-10)所示的 tanh 激活函数,

① 试分析 tanh 激活函数的奇偶性;

② 试分析 tanh 激活函数的单调性;

③ 试求 tanh 激活函数的反函数。

(10) 已知 $y=x_1+(x_2-1)^2+(x_3-1)^3+2$，

① 由凸函数成立的一阶充要条件讨论函数凸性；

② 由凸函数成立的二阶充要条件讨论函数凸性。

(11) 已知 $y=2(x-1)^4+3$，

① 试求其在 $x=3$ 处的一阶导数；

② 试求其二阶导函数；

③ 试求其在 $x=1$ 处的密切圆圆心。

(12) 已知函数 $f(x)=2x+1$ 与 $g(x)=x^2-1$ 的定义域均为$[-2\rightarrow 1]$，试求函数内积$\langle f,g\rangle$。

参考文献

[1] 同济大学数学系. 高等数学. 7 版. 北京：高等教育出版社，2014.

[2] Walter R. 泛函分析. 2 版. 刘培德，译. 北京：机械工业出版社，2020.

[3] 郭懋正. 实变函数与泛函分析. 北京：北京大学出版社，2005.

[4] 左飞. 机器学习中的数学修炼. 北京：清华大学出版社，2020.

[5] 孙博. 机器学习中的数学. 北京：中国水利水电出版社，2019.

[6] Bin Shi，Iyengar S S. 机器学习的数学理论. 李飞，译. 北京：机械工业出版社，2020.

[7] 张恭庆. 现代数学基础——变分学讲义. 北京：高等教育出版社，2011.

第4章 条件概率与贝叶斯

现有的数据驱动的人工智能技术，由训练样本中发现并总结规律的过程，直接或间接与概率与数理统计相关。例如，线性分类模型可视作在训练数据集的分布规律中发现一个比较合理的分类边界。考虑模型泛化能力的前提下，此边界被认为是对训练数据集统计信息的完美诠释。简单来说，概率是用来度量即将发生事件的可能性的。在人工智能领域，基于已知属性值，预测观测样本类别可采用贝叶斯决策模型，计算待观测样本属于各个类别的概率，然后选择概率最大者作为样本类别。本章结合实例介绍人工智能领域涉及的概率与数理统计知识点，重点讲述条件概率与贝叶斯决策方法。

4.1 事件与概率

随机事件与随机变量是概率与数理统计中的基本概念。在给出其定义之前，有必要说明随机试验与样本空间的概念。

4.1.1 随机试验

结果的不确定性是随机试验的显著特征。除此之外，随机试验具有如下特点。

(1) 相同条件下，试验可重复进行。

(2) 试验结果可能不止一个，但所有可能的结果事先已知。

(3) 每次试验结果是所有可能结果中的一个，但事先不可预知。

若进一步限定多次试验相互独立，且结果只有发生和不发生两种情况，则此类随机试验称作伯努利试验。

以训练数据放回式重采样为例，显然，相同条件下，重采样试验可重复进行；采样的所有可能取值事先已知；数据被选中后，其取值是确定的，但事先不知。不难理解，训练数据放回式重采样是随机试验。

4.1.2 样本空间

对于随机试验来说，以所有可能的试验结果为元素的集合，称作样本空间，记作 $\mathscr{X}$。例如，放回式重采样试验中数据只有“＋”“－”例两类，则该随机试验的样本空间可表示为{+,-}。不难理解,图像分类任务也是一个随机试验。假设分类模型将图像划分为火车、轮船、小鸟、鲜花、其他物体五类,则该随机试验的样本空间为{'火车','轮船','小鸟','鲜花','其他'}。

注

此处的样本空间与人工智能领域通常意义上的样本空间不完全一致。此处的样本空间由样本预测结论的可能取值构成,而人工智能领域通常意义上的样本空间,指的是样本个体本身所张成的空间。除非特殊说明,本章所述样本空间均为前者。

4.1.3 随机事件

随机试验的样本空间子集定义为随机事件。在每次试验中,当且仅当试验结果与该子集中任意一个元素相同时,称作该随机事件发生。例如,“图像中的物体是火车或轮船吗?”构成一个随机事件,记作 A。其可能的结果构成的集合是前文图像分类任务随机试验样本空间的子集,即{'火车','轮船'}$\subset$ {'火车','轮船','小鸟','鲜花','其他'}。若给定图像的预测结论为“火车”或“轮船”,则称随机事件 A 发生。

再举一个例子:猜硬币游戏中,猜中硬币是一元硬币或五角硬币,即可得到对应奖励。显然,该随机实验的样本空间为{'一元硬币','五角硬币'}。需要说明的是,每轮游戏只有一次机会。这时“硬币是一元硬币”和“硬币是五角硬币”分别称作两个随机事件,记作事件 A 和事件 B。若硬币确实为一元面值,则称事件 A 发生;若硬币确实为五角硬币,则称事件 B 发生。

4.1.4 概率

如 4.1.1 节所述,随机试验结果事件不可预知。也就是说,给定事件是否发生提前是不知道的。但从实际统计来看,事件是否发生是有规律可循的。概率是对事件发生可能性大小的度量。给定事件 A,其发生的概率记作 $P(A)$。若事件 A 根本不可能发生,则 $P(A)=0$;若事件 A 肯定发生,则 $P(A)=1$。更一般地,$P(A)\in[0\rightarrow1]$。以上述猜硬币游戏为例,假设 $P(\text{一元})=0.6$ 与 $P(\text{五角})=0.4$ 分别是“硬币是一元硬币”和“硬币是五角硬币”的可能性,则“事件 A:硬币是一元硬币”和“事件 B:硬币是五角硬币”发生的概率,分别记作 $P(A)=0.6$、$P(B)=0.4$。此时,若没有更多可用信息,则游戏者可通过对任意预测样本均给出“是一元硬币”的结论,以尽可能地提升预测准确度,从而获得更多奖励。

注

有必要说明的是,抛开其他相关因素,硬币是一元硬币还是五角硬币的可能性与市场上流通硬币的多少直接相关。也就是说,若市场流通硬币中一元硬币更多,则任意给定一枚硬币,其是一元硬币的可能性比其是五角硬币的可能性要大。从这个角度来看,概率等于事件发生的频率。实际上,由大数定律可知,随着试验次数增多,若给定事件发生的频率趋向一个常数值,则此常数称作该事件发生的概率。更多关于大数定律的内容,感兴趣的读者可检阅相关资料。

形式化地，设 E 是随机试验，$\mathscr{X}$ 为它的样本空间，对于每一个事件 A_i 赋予一个实数 $P(A_i)$，将其称作 A_i 事件的概率，当且仅当定义在集合上的函数 $P(\cdot)$ 满足：$P(A_i)\geqslant 0$、$P(\mathscr{X})=1$；且对于任意的 $i\neq j$，若 $A_i\cap A_j=\varnothing$，则 $P(A_1\cup A_2\cup\cdots)=P(A_1)+P(A_2)+\cdots$ 恒成立。

由前文可知，事件与样本空间子集对应。因此，若 $A\cup B=\mathscr{X}$ 且 $A\cap B=\varnothing$，则称 A 与 B 互为对立事件。结合第 2 章集合的定义不难理解，给定事件 A，其对立事件记作 $\bar{A}$。显然，$P(\bar{A})=1-P(A)$。

4.1.5 条件概率

在许多实际的人工智能应用场景中，我们对某些先决条件下的概率更感兴趣。比如在流行病学分析中，对不同组（如 35～50 岁的亚洲女性或 40～60 岁的亚洲男性）人群患糖尿病的概率更感兴趣，这种带前提条件的概率，称作条件概率。又比如上述猜硬币游戏中，若需分析第二枚硬币是一元硬币的前提下，第一枚硬币也是一元硬币的概率，这也是条件概率的一个例子。

形式化地，在事件 B 发生的前提下，事件 A 发生的概率称为条件概率，记作 $P(A|B)$。具体地，

$$P(A\mid B)=\frac{P(A,B)}{P(B)} \tag{4-1}$$

其中，$P(A,B)=P(B,A)$，为事件 A 与 B 同时发生的概率，也即 $P(A\cap B)$。显然，若不可能同时发生，即 $A\cap B=\varnothing$，则 $P(A,B)=P(B,A)=0$。

4.1.6 事件独立性

不难发现，一般而言，$P(A)\neq P(A|B)$。如果等号成立，即 $P(A)=P(A|B)$，则表示事件 B 的发生对事件 A 的发生概率没有影响。此时，称作事件 A 独立于条件事件 B。反之，若 $P(B)=P(B|A)$，则称事件 B 独立于条件事件 A。形式化地，若 A 与 B 相互独立，则 $P(A)=P(A|B)$ 必然成立。代入式(4-1)，可得 $P(A,B)=P(A)P(B)$。也就是说，事件 A 与 B 相互独立与事件 A 与 B 满足条件 $P(A,B)=P(A)P(B)$ 是等价的。实际上，若事件 A 独立于条件事件 B，则 $P(A)=P(A|B)$ 成立，代入式(4-1)，可得 $P(A,B)=P(A)P(B)$。也就是说

$$P(B\mid A)=\frac{P(A,B)}{P(A)}=P(B) \tag{4-2}$$

同时成立。显然，此时事件 B 也独立于条件事件 A。

类似地，对于任意三个事件 A,B,C，如果有

$$\begin{cases}P(A,B)=P(A)P(B)\\P(B,C)=P(B)P(C)\\P(A,C)=P(A)P(C)\\P(A,B,C)=P(A)P(B)P(C)\end{cases} \tag{4-3}$$

同时成立，则称 A,B,C 相互独立。

更一般地，对于事件 $A_1, A_2, \cdots, A_n$ 来说，任意满足如下条件的 s：$1 < s \leqslant n$，若存在有序序列 $i_1, i_2, \cdots, i_s$，其中，$1 \leqslant i_1 < i_2 < \cdots < i_s \leqslant n$，使得

$$P(A_{i_1} A_{i_2} \cdots A_{i_s}) = P(A_{i_1}) P(A_{i_2}) \cdots P(A_{i_s}) \tag{4-4}$$

恒成立，则事件 $A_1, A_2, \cdots, A_n$ 是相互独立的，其中，n 是大于 1 的正整数。

4.1.7　全概率

若事件复杂度较高，表达或求解困难，为求得该事件的概率，通常可把其划分成若干个简单事件来处理。也就是说，若事件 $B_1, B_2, \cdots, B_n$ 构成试验样本空间 $\mathscr{X}$ 的一个完备组，即 $\mathscr{X} = \bigcup_{i=1}^{n} B_i$ 且 $B_i \cap B_{j \& j \neq i} = \varnothing$。显然，它们两两互不相容（交集为空），并集为全集，并且 $P(B_i) > 0$ 恒成立。不难证明，对于任一事件 A 有

$$P(A) = P(A \mid B_1)P(B_1) + P(A \mid B_2)P(B_2) + \cdots + P(A \mid B_n)P(B_n) \tag{4-5}$$

或者

$$P(A) = P(A, B_1) + P(A, B_2) + \cdots + P(A, B_n) \tag{4-6}$$

式(4-6)称为全概率公式。有必要提出的是，条件概率与全概率公式是贝叶斯决策论的基础，详见 4.5 节。实际上，$P(A) = P(A \cap \mathscr{X}) = P(A \cap (\bigcup_{i=1}^{n} B_i))$，再由集合交并运算分配律可得式(4-5)。

4.2　随机变量及其概率分布

数据驱动的人工智能领域，给定待预测样本，其正确的预测结论虽然未知，但却是确定的、有规律可循的。也就是说，若给定其可能的取值空间，则对于任意样本，其正确的预测结论服从某种分布规律。

4.2.1　随机变量

给定一个变量 X，设其在数轴上的取值依赖于随机试验的结果，则称此变量为随机变量。也就是说，随机变量与定义在样本空间上的一个函数映射对应。有必要指出的是，样本空间被映射到数字空间，以便于引入相关数学方法用于研究随机试验。例如，在猜硬币面值试验中，将一元硬币与 1 对应，五角硬币与 0 对应，那么样本空间{一元硬币，五角硬币}与定义域为{0,1}的随机变量 X 之间建立了一一对应关系。其中，随机变量 X 的任一取值 $x \in \{0,1\}$。显然，随机变量的任一取值均构成样本空间的子集，也就是说，$X = x$ 构成一个随机事件。例如，"硬币是一元硬币""硬币是五角硬币"分别对应两个随机事件。

注　通常地，随机变量用大写斜体字母表示，其取值用对应的小写斜体字母表示。

若随机变量仅取值于数轴上有限个或无限可列个孤立点，则称此随机变量为离散型随机变量；若随机变量取值范围为数轴上的连续区间，则称该随机变量为连续型随机变量。

4.2.2 概率分布

设 X 为一个随机变量，对于其定义域(与样本空间 $\mathcal{X}$ 对应)内任意取值 x，显然 $X\leqslant x$ 与样本空间 $\mathcal{X}$ 的某一子集对应。也就是说，$X\leqslant x$ 是一个随机事件，该事件发生的概率可记作 $P(X\leqslant x)$。将该事件的概率称为随机变量 X 的累计概率分布函数，简称分布函数，记作 $F(x)$。显然，任意随机变量的概率分布函数，具备如下性质。

(1) $F(x)$为单调非降函数；

(2) $0\leqslant F(x)\leqslant 1$；

(3) $\lim\limits_{x\to-\infty} F(x)=0$；

(4) $\lim\limits_{x\to+\infty} F(x)=1$。

设 X 为离散型随机变量，其所有可能取值构成集合$\{x_1,x_2,\cdots,x_n\}$。若 $P(X=x_i)=p_i$，其中，$i=1,2,\cdots,n$，则将表 4-1 称为随机变量 X 的概率分布列，记作 $f(x_i)=p_i$。

表 4-1 离散型随机变量概率分布情况示例

X	x_1	x_2	…	x_i	…	x_n
P	p_1	p_2	…	p_i	…	p_n

显然，其分布函数可表示为

$$F(x)=\sum_{x_i\leqslant x} f(x_i) \tag{4-7}$$

设 X 为连续型随机变量，其所有可能取值构成区间$(a\to b)$，且 a 与 b 可分别取值$-\infty$与$+\infty$，给定任意区间子集$[c\to d]$，满足条件 $a<c$、$d<b$，且使得随机事件 $c\leqslant X\leqslant d$ 的概率

$$P(c\leqslant X\leqslant d)=\int_c^d f(x)\mathrm{d}x \tag{4-8}$$

其中，$f(x)\geqslant 0$，且

$$\int_a^b f(x)\mathrm{d}x=1 \tag{4-9}$$

则称 $f(x)$为随机变量 X 的概率密度函数。相应地，事件 $X\leqslant x$ 发生的概率

$$P(X\leqslant x)=\int_{-\infty}^x f(x)\mathrm{d}x \tag{4-10}$$

称作连续随机变量 X 的概率分布函数，记作 $F(x)$。

由式(4-8)不难发现，若 $c=d$，则 $P(X=c)=P(X=d)=0$。此时，事件 $X=c$ 为零概率事件。需要说明的是，不可能事件肯定是零概率事件，但零概率事件不一定是不可能事件。进一步地，连续变量对应定义区间取值的概率与区间端点的开闭性无关。另外，由式(4-10)易得，若 $X=x$ 处，分布函数 $F(x)$的导数存在，则 $F'(x)=f(x)$。

4.2.3 独立同分布

若多个随机变量的概率分布函数完全相同，且随机变量取值相互独立，则称其独立同

分布，简记为 i.i.d。在数据驱动的人工智能领域，独立同分布通常作为数据分布特性的一个重要假设。例如，对于监督模型来说，训练数据集和测试数据集被假设满足同一分布，且训练数据集与测试数据集中所有样本均独立地从该分布曲线上采样得到。独立同分布是通过训练数据集优化的模型能够在测试集上获得良好性能的一个基本前提。这也是训练样本越多，通常来说监督模型精度越高的原因。

注

以上只讨论了一维随机变量的情况，对于自变量是两个或多个随机变量的情况，离散型随机变量的概率分布或累计概率分布函数的定义域为各随机变量取值的任意组合；连续型随机变量的概率密度函数或概率分布函数的定义域为各随机变量定义域张成的多维空间。对应函数称作联合分布列、联合累计概率分布函数、联合概率密度函数、联合概率分布函数。另外，有必要指出的是，对于多随机变量的情况，若只考虑其中一个随机变量的概率密度函数（概率分布）或分布函数（累计概率分布），则相当于沿其他维度对对应函数进行求和（离散型）或积分（连续型）处理。处理结果称作边缘分布列、边缘累计概率分布函数、边缘概率密度函数、边缘概率分布函数。

4.3　样本统计量

由前文可知，样本空间 $\mathscr{X}$ 与随机变量 X 定义域内元素一一对应，对于随机试验来说，其每次取值 x 可能相同也可能不同。经过 n 次试验，随机变量 X 取得规模为 n 的抽样样本集 $\{X_1,X_2,\cdots,X_n\}$，其取值分别记作 $x_1,x_2,\cdots,x_n$。以图像分类任务为例，样本 x_i 与图像一一对应，可以是图像本身，也可以是图像的特征表达。样本统计量用于反映总体样本的分布特点，在智能分析任务中起关键作用，比如中心化处理、归一化处理等。相关内容详见第 7 章。本节重点关注样本统计量与总体参数的关联关系。

4.3.1　均值

给定 n 样本 $X_1,X_2,\cdots,X_n$，设其观测值为 $x_1,x_2,\cdots,x_n$，则样本观测值的均值定义为

$$\bar{x}=\frac{1}{n}\sum_{i=1}^{n}x_i \tag{4-11}$$

一般化地，若随机变量 X 的规模大小为 n 的抽样样本构成集合 $\{X_1,X_2,\cdots,X_n\}$，则样本均值定义为 $\overline{X}=\sum_{i=1}^{n}X_i/n$。

不难发现，样本均值与观测样本取值及个数强相关。有必要说明的是，人工智能领域的基础聚类算法 K-means 的聚类中心即是类内元素的样本均值。另外，样本均值在样本中心化处理中起关键作用。需要指出的是，若给定样本即是待解决问题的全部，即 $n=N$，则此时的样本均值，称作总体均值，记作 μ。若给定样本是待解决问题对应样本的子集，即 $n<N$，则此时的样本均值是已知样本的统计量。

4.3.2 样本方差

给定样本的均值用于描述样本分布的中心位置，并不能用于描述分布的形状特征。而方差则可用于描述样本间的偏离程度。在数理统计中总体方差定义为每个样本与样本总体均值的平均平方差，即

$$\sigma^2=\frac{\sum_{i=1}^{N}(x_i-\mu)^2}{N} \tag{4-12}$$

其中，σ 称作总体标准差。显然，总体方差越大，样本偏离越明显。其中，与均值作差的目的在于方差用于评价样本距中心点的偏离程度。

实际中，总体均值很难得到，应用样本均值代替总体均值，经校正后，样本观测值方差定义为

$$s^2=\frac{\sum_{i=1}^{n}(x_i-\bar{x})^2}{n-1} \tag{4-13}$$

其中，s 称作样本标准差，又称统计标准差。一般化地，对于随机变量 X 的规模大小为 n 的抽样样本构成的集合$\{X_1,X_2,\cdots,X_n\}$，定义样本方差为 $S^2=\left(\sum_{i=1}^{n}(X_i-\bar{X})^2\right)\Big/(n-1)$。需要指出的是，用已知样本统计量估计总体样本的统计值必然导致估计偏差。上式校正的目的，即是使得式(4-13)定义的样本方差是总体样本方差的无偏估计。关于参数估计及其无偏性，详见4.6节。

4.3.3 期望

由式(4-11)可知，样本均值与样本数量相关。实际上，样本均值是总体样本均值的无偏估计。也就是说，随着样本规模逐渐增大，样本均值无限接近总体样本均值。而总体样本均值，又称样本值的期望是统计意义上的均值，与样本数量无关。给定离散型随机变量 X，若其所有可能取值构成集合$\{x_1,x_2,\cdots,x_n\}$，对应概率分布列为 $f(x_i)$，则 X 的数学期望定义为

$$\mu=E(X)=\sum_{i=1}^{N}x_if(x_i) \tag{4-14}$$

如果 X 是连续型随机变量，设其概率密度函数为 $f(x)$，则 X 的期望定义为

$$\mu=E(X)=\int_{-\infty}^{+\infty}xf(x)\mathrm{d}x \tag{4-15}$$

可以证明，若样本规模足够，则样本均值逼近样本值的期望。另外，设随机变量 X 及其函数 $g(X)$的数学期望均存在，若 X 为离散型变量，则

$$E(g(X))=\sum_{i=1}^{N}g(x_i)f(x_i) \tag{4-16}$$

若 X 为连续型变量，则

$$E(g(X))=\int_{-\infty}^{+\infty}g(x)f(x)\mathrm{d}x \tag{4-17}$$

有必要指出的是，设 $g(X)$、$h(X)$是随机变量 X 的函数，c 是任意常数，由期望的定义不难证明：$E(c)=c$、$E(cg(X))=cE(g(X))$、$E(g(x)\pm h(X))=E(g(x))\pm E(h(X))$。

4.3.4 概率方差

设 X 为一随机变量，如果期望 $E(X-E(X))^2$ 存在，则称 $E(X-E(X))^2$ 为随机变量 X 的概率方差，又称总体方差，记作 $D(X)$或 $\mathrm{Var}(X)$。由期望的定义，以及式(4-16)和式(4-17)可知，若 X 为离散型随机变量，则

$$D(X)=\sum_{i=1}^{N}(x_i-E(X))^2 f(x_i) \tag{4-18}$$

若 X 为连续型随机变量，则

$$D(X)=\int_{-\infty}^{+\infty}(x-E(X))^2 f(x)\mathrm{d}x \tag{4-19}$$

另外，由期望的性质及 $D(X)=E(X-E(X))^2$ 可得

$$\begin{aligned} D(X) &= E(X^2-2XE(X)+(E(X))^2) \\ &= E(X^2)-2E(X)E(X)+(E(X))^2 \\ &= E(X^2)-(E(X))^2 \end{aligned} \tag{4-20}$$

需要说明的是，与统计标准差类似，将$\sqrt{D(X)}$称作概率标准差或总体标准差。

> **注**
>
> 设随机变量 X 的均值与方差分别为 μ 与 σ^2，若规模大小为 n 的抽样样本集$\{X_1, X_2,\cdots,X_n\}$均来自 X，可以证明 $E(\overline{X})=\mu$ 与 $D(\overline{X})=\sigma^2/n$ 恒成立，且 $E(S^2)=\sigma^2$。

4.3.5 协方差

由以上关于方差的定义不难发现，方差用于描述同一随机变量取值相对于期望的分散程度。更一般地，设 X、Y 为两个随机变量，其期望分别记作 $E(X)$、$E(Y)$。则随机变量 X、Y 的总体分散程度的期望，定义为

$$\begin{aligned} \mathrm{Cov}(X,Y) &= E((X-E(X))(Y-E(Y))) \\ &= E(XY)-E(X)E(Y) \end{aligned} \tag{4-21}$$

有必要指出的是，式(4-21)称作随机变量 X、Y 的协方差。显然，若 X、Y 相互独立，则 $E(XY)=E(X)E(Y)$，即 $\mathrm{Cov}(X,Y)=0$。需要说明的是，若 $\mathrm{Cov}(X,Y)=0$，不能得出 X、Y 相互独立的结论。不难发现，当 $X=Y$ 时，$\mathrm{Cov}(X,Y)=D(X)$。

由定义可得，$\mathrm{Cov}(X,Y)=\mathrm{Cov}(Y,X)$；若 X_1、X_2 为两个随机变量，则 $\mathrm{Cov}(X_1\pm X_2, Y)=\mathrm{Cov}(X_1,Y)\pm\mathrm{Cov}(X_2,Y)$；对于任意常数 a、b，有 $\mathrm{Cov}(aX,bY)=ab\mathrm{Cov}(X,Y)$恒成立。

不难理解，协方差可用于描述随机变量 X、Y 的相关程度。但是，若量纲不同，则协方差在数值上表现出很大差异。因此，定义量纲无关系数

$$\rho_{XY}=\frac{\mathrm{Cov}(X,Y)}{\sqrt{D(X)}\sqrt{D(Y)}} \tag{4-22}$$

有必要说明的是，式(4-22)定义的量纲无关系数称作随机变量 X、Y 的“皮尔森(Pearson)相关系数”。关于皮尔森相关系数的更多内容详见 2.8 节。显然，若 $\rho_{XY}=0$，则 X、Y 不相关。若 $\rho_{XY}=1$，则 $X=Y$。反之亦然。

4.3.6 协方差矩阵

给定一组 n 个随机变量 $X_1,X_2,\cdots,X_n$，简记为 $\boldsymbol{X}=[X_1,X_2,\cdots,X_n]$。若定义 $E(\boldsymbol{X})=[E(X_1),E(X_2),\cdots,E(X_n)]$，则称矩阵

$$\boldsymbol{\Sigma}(\boldsymbol{X})=\begin{bmatrix}\sigma_{11} & \sigma_{12} & \cdots & \sigma_{1n}\\ \sigma_{21} & \sigma_{22} & \cdots & \sigma_{2n}\\ \vdots & \vdots & & \vdots\\ \sigma_{n1} & \sigma_{n2} & \cdots & \sigma_{nn}\end{bmatrix} \quad 和 \quad \boldsymbol{R}(\boldsymbol{X})=\begin{bmatrix}1 & \rho_{12} & \cdots & \rho_{1n}\\ \rho_{21} & 1 & \cdots & \rho_{2n}\\ \vdots & \vdots & & \vdots\\ \rho_{n1} & \rho_{n2} & \cdots & 1\end{bmatrix}$$

为 $\boldsymbol{X}$ 的协方差矩阵和相关系数矩阵，其中，$\sigma_{ij}=\mathrm{Cov}(X_i,X_j)$、$\rho_{ij}=\rho_{X_iX_j}$、$i=1,2,\cdots,n$ 且 $j=1,2,\cdots,n$。

显然，$\boldsymbol{\Sigma}(\boldsymbol{X})$ 与 $\boldsymbol{R}(\boldsymbol{X})$ 均为实对称阵。实际上，二者均为半正定矩阵，这是因为，$\boldsymbol{\Sigma}(\boldsymbol{X})$ 可改写为 $\boldsymbol{\Sigma}(\boldsymbol{X})=E((\boldsymbol{X}-E(\boldsymbol{X}))^{\mathrm{T}}(\boldsymbol{X}-E(\boldsymbol{X})))$。给定任意 n 维行向量 y，

$$\begin{aligned}\boldsymbol{y}\boldsymbol{\Sigma}(\boldsymbol{X})\boldsymbol{y}^{\mathrm{T}}&=\boldsymbol{y}E((\boldsymbol{X}-E(\boldsymbol{X}))^{\mathrm{T}}(\boldsymbol{X}-E(\boldsymbol{X})))\boldsymbol{y}^{\mathrm{T}}\\ &=E(\boldsymbol{y}(\boldsymbol{X}-E(\boldsymbol{X}))^{\mathrm{T}}(\boldsymbol{X}-E(\boldsymbol{X}))\boldsymbol{y}^{\mathrm{T}})\\ &=E(((\boldsymbol{X}-E(\boldsymbol{X}))\boldsymbol{y}^{\mathrm{T}})^{\mathrm{T}}((\boldsymbol{X}-E(\boldsymbol{X}))\boldsymbol{y}^{\mathrm{T}}))\\ &=E(\|(\boldsymbol{X}-E(\boldsymbol{X}))\boldsymbol{y}^{\mathrm{T}}\|_2^2)\geqslant 0\end{aligned} \tag{4-23}$$

不难发现，矩阵 $\boldsymbol{\Sigma}(\boldsymbol{X})$ 是半正定的。类似地，可证明相关系数矩阵 $\boldsymbol{R}(\boldsymbol{X})$ 也是半正定的。

有必要指出的是，协方差矩阵的一个典型应用场景是 PCA 降维。假设高维特征样本的维度为 d，将其进行中心化处理后，构建高维特征样本的协方差矩阵，求其特征值，并将协方差矩阵的特征值从大到小排列，取前 $\tilde{d}$ 个特征值对应的矩阵特征向量作为样本的主成方向，其中 $\tilde{d}<d$，并将高维样本向此方向作投影处理，达到降低维度的目的。

4.4 常见的概率分布

由概率分布函数的定义可知，随机变量的概率分布几乎可以是任意形式。具体问题需要具体分析。本节主要介绍几种常见的概率分布函数。

4.4.1 二项分布

如前文所述，若随机试验结论只有两种，比如事件是否发生，由大数定律得事件发生的概率，记作 p；则事件不发生概率为 $1-p$。进一步假设多次试验相互独立，则该随机试验称为伯努利(Bernoulli)试验，若记 n 次试验中事件发生的次数为随机变量 X，则随机变

量 X 服从二项(Binomial)分布,记作 $X\sim B(n,p)$。n 次试验中事件发生 k 次的概率为

$$P_b(X=k)=C_n^k p^k(1-p)^{n-k} \tag{4-24}$$

其中,$k=0,1,2,\cdots,n$。也就是说,服从二项分布的随机变量 X 的概率分布列为 $f(k)=P_b(X=k)$。有必要说明的是,$n=1$ 时的二项分布称作 0-1 分布,也称作伯努利分布。人工智能领域许多事件服从 0-1 分布,多次试验的结果服从二项分布,比如二分类问题中预测样本中正样本的个数。

4.4.2 泊松分布

二项分布关注事件总体发生次数,而现实生活中单位时间内事件发生情况有时更具指导意义。设单位时间内随机事件的平均发生率为 a,则给定时间 t 内事件平均发生次数 $\lambda=ta$。记时间 t 内事件发生次数为随机变量 X,则随机变量 X 服从泊松(Poisson)分布,记作 $X\sim P(\lambda)$。其在该时间内发生 k 次的概率

$$P_p(X=k)=\frac{\lambda^k}{k!}\mathrm{e}^{-\lambda} \tag{4-25}$$

需要指出的是,若二项分布的 n 很大而 p 很小,则泊松分布与二项分布近似等价。这是因为,令 $p=\lambda/n$,由式(4-24)可知

$$\begin{aligned}
\lim_{n\to\infty}P(X=k)&=\lim_{n\to\infty}C_n^k p^k(1-p)^{n-k}\\
&=\lim_{n\to\infty}\frac{n!}{(n-k)!\,k!}\left(\frac{\lambda}{n}\right)^k\left(1-\frac{\lambda}{n}\right)^{n-k}\\
&=\lim_{n\to\infty}\frac{n!}{n^k(n-k)!}\,\frac{\lambda^k}{k!}\underbrace{\left(1-\frac{\lambda}{n}\right)^n}_{\exp(-\lambda)}\underbrace{\left(1-\frac{\lambda}{n}\right)^{-k}}_{1}\\
&=\lim_{n\to\infty}\frac{n(n-1)\cdots(n-k+1)}{n^k}\left(\frac{\lambda^k}{k!}\right)\underbrace{\left(1-\frac{\lambda}{n}\right)^n}_{\exp(-\lambda)}\underbrace{\left(1-\frac{\lambda}{n}\right)^{-k}}_{1}\\
&=\left(\frac{\lambda^k}{k!}\right)\lim_{n\to\infty}\underbrace{\left(\left(1-\frac{1}{n}\right)\left(1-\frac{2}{n}\right)\cdots\left(1-\frac{k-1}{n}\right)\right)}_{1}\underbrace{\left(1-\frac{\lambda}{n}\right)^n}_{\exp(-\lambda)}\underbrace{\left(1-\frac{\lambda}{n}\right)^{-k}}_{1}\\
&=\left(\frac{\lambda^k}{k!}\right)\exp(-\lambda)
\end{aligned} \tag{4-26}$$

4.4.3 指数分布与伽马分布

由前文可知,泊松分布用于描述给定时间间隔 t 内事件 X 发生的次数,即 $X\sim P(\lambda)$。对应地,若事件连续两次发生的时间间隔定义为随机变量 T,则 $P(T>t)=P(X=0)=\mathrm{e}^{-\lambda}$。也就是说,事件连续两次发生的时间间隔大于给定时间间隔 t 的概率等于该事件在给定时间间隔 t 内未发生的概率。由于 $\lambda=at$,式(4-25)可改写为

$$P(X=k,t)=\frac{(at)^k}{k!}\mathrm{e}^{-at} \tag{4-27}$$

也就是说,$P(T>t)=P(X=0,t)=\mathrm{e}^{-at}$。显然,$P(T\leqslant t)=1-\mathrm{e}^{-at}$。不难理解,该式即

是概率分布函数，对应概率密度函数为

$$f_e(t)=\begin{cases}a\mathrm{e}^{-at}, & t\geqslant 0\\ 0, & t<0\end{cases} \tag{4-28}$$

换元，可得

$$f_e(x)=\begin{cases}\lambda\mathrm{e}^{-\lambda x}, & x\geqslant 0\\ 0, & x<0\end{cases} \tag{4-29}$$

此时，称随机变量 X 服从指数(Exponential)分布，记作 $X\sim E(\lambda)$。有必要指出的是，指数分布具备无记忆性特征。也就是说，当 $x,s\geqslant 0$ 时，有 $P(X>x+s|X>x)=P(X>s)$ 恒成立。

不难发现，指数分布用于解决“给定随机事件连续发生，需要间隔多久”的问题。那么，对于多个随机事件来说，如何求其全部发生？需要等待多久？伽马(Gamma)分布对这一问题给出了答案。随机变量 X 服从伽马分布，可简记作 $X\sim Ga(\alpha,\lambda)$。服从伽马分布的随机变量 X 的概率密度函数定义为

$$f_\Gamma(x)=\begin{cases}\dfrac{\lambda^\alpha x^{\alpha-1}\mathrm{e}^{-\lambda x}}{\Gamma(\alpha)}, & x\geqslant 0\\ 0, & x<0\end{cases} \tag{4-30}$$

其中，$\Gamma(x)=\int_0^\infty t^{x-1}\mathrm{e}^{-t}\mathrm{d}t$ 称作伽马函数。可将其理解为阶乘在实数域上的推广，其中，$\Gamma(x+1)=x\Gamma(x)$，其离散形式为 $\Gamma(n)=(n-1)!$。显然，若 $\alpha=1$，则式(4-30)退化为指数分布的概率密度函数。也就是说，伽马分布可以看作 α 个指数分布的“和”。

4.4.4 贝塔分布

与伽马分布类似，进一步定义贝塔函数

$$\mathrm{Be}(\alpha,\beta)=\frac{\Gamma(\alpha)\Gamma(\beta)}{\Gamma(\alpha+\beta)} \tag{4-31}$$

则函数

$$f_{\mathrm{Be}}(x)=\frac{1}{\mathrm{Be}(\alpha,\beta)}x^{\alpha-1}(1-x)^{\beta-1} \tag{4-32}$$

为贝塔(Beta)分布的概率密度函数。随机变量 X 服从贝塔分布，可简记作 $X\sim\mathrm{Be}(\alpha,\beta)$。需要指出的是，贝塔分布是二项分布的共轭先验分布。相关内容详见 4.6.9 节。

4.4.5 高斯分布及其变形

高斯分布又称正态(Normal)分布。自然界中的很多随机变量都近似地服从正态分布。由大数定律和中心极限定理可知，对于任一概率分布形式未知的随机变量，有理由相信其近似服从正态分布。对于一维随机变量 X，若其服从高斯分布，则其概率密度函数由均值 μ 和方差 σ^2 共同决定，记作 $X\sim N(\mu,\sigma^2)$。形式化地，其概率密度函数可写成

$$f_n(x)=\frac{1}{\sigma\sqrt{2\pi}}\mathrm{e}^{-\frac{(x-\mu)2}{2\sigma 2}} \tag{4-33}$$

均值 $\mu=0$ 和方差 $\sigma^2=1$ 的正态分布，称作标准正态分布。任何一个正态分布都可以

通过定义新随机变量 $Y=(X-\mu)/\sigma$ 转换为标准正态分布。需要指出的是，若随机变量 $X\sim N(\mu,\sigma^2)$，给定来自 X 的规模大小为 n 的抽样样本集 $\{X_1,X_2,\cdots,X_n\}$，则 $\overline{X}=\sum_{i=1}^{n}X_i/n$ 也服从正态分布。又因为 $E(\overline{X})=\mu$ 与 $D(\overline{X})=\sigma^2/n$，所以 $\overline{X}\sim N(\mu,\sigma^2/n)$。

有必要说明的是，虽然高斯概率密度函数是连续且定义在整个实数空间上的，实际应用中往往需要截断处理。此时，通常需要遵循 3σ 原则，即取 $x\in[\mu-3\sigma\rightarrow\mu+3\sigma]$ 范围的概率密度函数值。这是因为，此区间内概率密度函数下的面积与整个函数下面积比值达到 99.74%。也就是说，区间内的值基本涵盖所有关键信息，区间外取值的概率总共不超过 0.3%，可忽略不计。

实际应用中，假设样本数据服从正态分布，除因正态分布在自然界中普遍存在，以及大数定律和中心极限定理推论之外，正态分布遵循熵最大原理是另一个原因。给定随机变量 X，设其期望与方差分别为 μ 与 σ^2。也就是说，$E(X)=\mu$、$D(X)=E(X^2)-E^2(X)=\sigma^2$，所以 $E(X^2)=\sigma^2+\mu^2$。其取得任意样本值 x 的概率密度，记作 $f(x)$，则其熵值定义为 $H(X)=-\int f(x)\ln f(x)\mathrm{d}x$。不难得到，熵最大化问题等价于

$$\arg\max_{p(x)} H(X)=-\int f(x)\ln f(x)\mathrm{d}x$$
$$\text{s.t.} E(X)=\mu \text{ 且 } E(X^2)=\mu^2+\sigma^2 \tag{4-34}$$

以上问题显然为条件极值问题，采用拉格朗日乘数法，定义

$$\begin{aligned}L(f(x),\lambda_1,\lambda_2)&=-\int f(x)\ln f(x)\mathrm{d}x+\lambda_1(E(X)-\mu)+\lambda_2(E(X^2)-\mu^2-\sigma^2)\\&=-\int f(x)\ln f(x)\mathrm{d}x+\lambda_1\left(-\int xf(x)\mathrm{d}x-\mu\right)+\\&\quad\lambda_2\left(-\int x^2f(x)\mathrm{d}x-\mu^2-\sigma^2\right)\end{aligned} \tag{4-35}$$

为求得最优 $f(x)$，式(4-35)两边对 $f(x)$ 求导，得

$$\frac{\partial L}{\partial f(x)}=-\ln f(x)-1-\lambda_1x-\lambda_2x^2=0 \tag{4-36}$$

解得，$f(x)=\exp(-(1+\lambda_1x+\lambda_2x^2))$。不难发现，当 $\lambda_1^2\lambda_2^{-1}=4(1+\ln(\sqrt{2\pi}\sigma))$，且 $\mu=-(1/2)\lambda_1\lambda_2^{-1}$、$\sigma^2=\lambda_2^{-1}$ 时，最优概率分布函数可改成为正态分布 $f(x)=(1/\sqrt{2\pi}\sigma)\exp(-(x-\mu)^2/\sigma^2)$。

注

需要指出的是，关于信息熵的更多细节详见第 5 章。关于条件极值与拉格朗日乘数法的更多细节详见 8.10 节。

1. 多元高斯分布

给定一组 n 个随机变量 $X_1,X_2,\cdots,X_n$，简记为 $\boldsymbol{X}=[X_1,X_2,\cdots,X_n]$，各随机变量的均值也可写成行向量形式，即 $\boldsymbol{\mu}=[\mu_1,\mu_2,\cdots,\mu_n]$，则 n 维变量的高斯概率密度函数定

义为

$$f_n(\boldsymbol{x})=\frac{1}{(2\pi)^{\frac{n}{2}}\det(\boldsymbol{\Sigma}(X))^{1/2}}\exp\left\{-\frac{1}{2}(\boldsymbol{x}-\boldsymbol{\mu})(\boldsymbol{\Sigma}(X))^{-1}(\boldsymbol{x}-\boldsymbol{\mu})^{\mathrm{T}}\right\} \tag{4-37}$$

其中，$\boldsymbol{\Sigma}(\boldsymbol{X})$为协方差矩阵，$\det(\boldsymbol{\Sigma}(\boldsymbol{X}))$为协方差矩阵的行列式。

2. 卡方(χ^2)分布

给定 n 个随机变量 $X_1,X_2,\cdots,X_n$，设其相互独立且各自均服从标准正态分布，即 $X_i\sim N(0,1),i=1,2,\cdots,n$。令 $X=\sum_{i=1}^{n}X_i^2$，则称随机变量 X 为自由度等于 n 的卡方变量，其分布称作自由度为 n 的卡方分布，记作 $X\sim\chi^2(n)$，或简记为 $X\sim\chi_n^2$。此时，随机变量 X 的概率密度函数为

$$f_{\chi^2}(x)=\begin{cases}\dfrac{1}{2^{n/2}\Gamma(n/2)}x^{n/2-1}\mathrm{e}^{-x/2}, & x>0\\ 0, & x\leqslant 0\end{cases} \tag{4-38}$$

有必要指出的是，χ^2 分布具备可加性。也就是说，若 $Z_1\sim\chi_n^2$、$Z_2\sim\chi_m^2$，且 Z_1、Z_2 相互独立，则 $Z_1+Z_2\sim\chi_{n+m}^2$。可以证明，若随机变量 $X\sim N(\mu,\sigma^2)$，给定来自 X 的规模大小为n 的抽样样本集$\{X_1,X_2,\cdots,X_n\}$，设其样本均值与方差分别为 $\overline{X}$ 与S^2，则有$(n-1)S^2/\sigma^2\sim\chi^2(n-1)$，且 $\overline{X}$ 与 S^2 相互独立。

3. t 分布

设随机变量 X 服从标准正态分布，随机变量 Y 服从自由度为 n 的卡方分布，即 $X\sim N(0,1)$、$Y\sim\chi_n^2$，且二者相互独立，则称随机变量 $T=X/\sqrt{Y/n}$ 为自由度等于n 的t 变量，其分布称作自由度为 n 的t 分布，记作 $T\sim t(n)$，或简记为 $X\sim t_n$。此时，随机变量 T 的概率密度函数为

$$f_T(t)=\frac{\Gamma((n+1)/2)}{\sqrt{n\pi}\,\Gamma(n/2)}\left(1+\frac{t^2}{n}\right)^{-(n+1)/2},\quad -\infty<t<+\infty \tag{4-39}$$

可以证明，若随机变量 $X\sim N(\mu,\sigma^2)$，给定来自 X 的规模大小为 n 的抽样样本集$\{X_1,X_2,\cdots,X_n\}$，设其样本均值与方差分别为 $\overline{X}$ 与 S^2，则有$(\overline{X}-\mu)/(S/\sqrt{n})\sim t(n-1)$。

4. F 分布

给定任意随机变量 X 与 Y，若 $X\sim\chi_m^2$、$Y\sim\chi_n^2$，且 X 与 Y 相互独立，则称随机变量 $F=(X/m)/(Y/n)$为自由度为 m 和 n 的 F 变量，其分布称作自由度为 m 和 n 的 F 分布，记作 $F\sim F(m,n)$，或简记为 $F\sim F_{m,n}$。若随机变量 X 服从自由度为m 和 n 的 F 分布，则其概率密度函数

$$f_F(x)=\begin{cases}\dfrac{\Gamma((m+n)/2)}{\Gamma(m/2)\Gamma(n/2)}m^{m/2}n^{n/2}x^{m/2-1}(n+mx)^{-(m+n)/2}, & x>0\\ 0 & ,x\leqslant 0\end{cases} \tag{4-40}$$

可以证明，若随机变量 $X\sim N(\mu_1,\sigma_1^2)$、$Y\sim N(\mu_2,\sigma_2^2)$，给定来自 X 的规模大小为 n_1 的抽样样本集 $\{X_1,X_2,\cdots,X_{n_1}\}$，来自 Y 的规模大小为 n_2 的抽样样本集 $\{Y_1,Y_2,\cdots,Y_{n_2}\}$，设两者相互独立，且前者样本均值与方差分别为 $\bar{X}$ 与 S_1^2，后者样本均值与方差分别为 $\bar{Y}$ 与 S_2^2，则有 $(S_1^2/S_2^2)/(\sigma_1^2/\sigma_2^2)\sim F(n_1-1,n_2-1)$。

4.4.6　其他分布

1. 均匀分布

给定连续型随机变量 X，若其定义域为闭区间 $[a\rightarrow b]$，且其取定义域内不同值的概率相等，则称 X 在区间 $[a\rightarrow b]$ 上服从均匀分布，记作 $X\sim U(a,b)$。其概率密度函数为

$$f_u(x)=\begin{cases}0 & x<a\cup x>b\\ \dfrac{1}{b-a} & a\leqslant x\leqslant b\end{cases}\tag{4-41}$$

2. 几何分布

二项分布用于评估随机事件 X 在 n 次试验中发生 k 次的概率。几何分布用于评估 n 次伯努利试验中，试验 k 次事件才第一次发生的概率。也就是说，前 $k-1$ 次事件均未发生。若记 n 次试验中事件第一次发生时试验的次数为随机变量 X，则随机变量 X 服从几何(Geometric)分布，记作 $X\sim \mathrm{Ge}(p)$。易得，几何分布的概率分布为

$$P_{\mathrm{Ge}}(X=k)=p(1-p)^{k-1}\tag{4-42}$$

> 注
>
> 对于随机变量 X 来讲，若 $P(X>z_\alpha)=\alpha$，则称 z_α 为随机变量 X 所服从分布函数的 α 分位点。需要指出的是，分布函数的分位点与假设检验中的拒绝域强相关，相关内容详见 4.7 节。

4.5　贝叶斯决策

4.5.1　离散型贝叶斯公式

设事件 $B_1,B_2,\cdots,B_n$ 构成事件样本空间 $\mathscr{X}$ 的一个完备组，也就是说，$\mathscr{X}=\bigcup_{i=1}^{n}B_i$ 且 $B_i\cap B_{j\&j\neq i}=\varnothing$，并且 $P(B_i)>0$ 恒成立，则对于任一事件 A 有条件概率 $P(B_i|A)=P(B_i,A)/P(A)$。由全概率公式，得

$$P(B_i\mid A)=\frac{P(B_i)P(A\mid B_i)}{P(A)}=\frac{P(B_i)P(A\mid B_i)}{\sum_{j=1}^{n}P(A\mid B_j)P(B_j)}\tag{4-43}$$

其中，$P(A)$、$P(B_i)$ 称作事件 A 与事件 B_i 的先验概率。由于 $P(B_i|A)$ 是事件 A 已知

之后事件 B_i 发生的条件概率，故称作事件 B_i 的后验概率。类似地，$P(A|B_i)$称作事件 A 的后验概率。有必要指出的是，式(4-43)称作贝叶斯公式。另外，对于多条件事件，不难推导得出

$$P(B_i \mid A_1,A_2,\cdots,A_m)=\frac{P(B_i)P(A_1 \mid B_i)P(A_2 \mid B_i,A_1)\cdots P(A_m \mid B_i,A_1,A_1,\cdots,A_{m-1})}{P(A_1)P(A_2 \mid A_1)P(A_3 \mid A_1,A_2),\cdots,P(A_m \mid A_1,A_1,\cdots,A_{m-1})} \tag{4-44}$$

式(4-44)称作多条件变量贝叶斯公式。

不难理解，若事件 A 与人工智能中的特征向量相对应，事件 B_i 与某个类别相对应，则贝叶斯公式告诉我们，类别的后验概率 $P(B_i|A)$(特征向量已知)等于其先验概率 $P(B_i)$与一个调整因子的乘积。这被称作贝叶斯推断。此调整因子等于特征向量的后验概率 $P(A|B_i)$与其先验概率 $P(A)$的商。这就是贝叶斯决策的含义。也就是说，先预估一个先验概率 $P(B_i)$，然后加入实验结果，若调整因子取值大于 1，则先验概率 $P(B_i)$被增强，事件 B_i 发生的可能变大；若调整因子取值等于 1，则加入的实验无助于判断事件 B_i 发生的可能性；若调整因子取值小于 1，则先验概率 $P(B_i)$被削弱，事件 B_i 的可能性变小。

再来看一个具体的例子，如前文猜硬币游戏所述，游戏时若未知硬币任何信息，则只能胡乱猜测，答案可能是“一元硬币”，也可能是“五角硬币”，这是不得已采取的无偏好决策策略。但是，假设硬币市面流通比例已知，例如，一元硬币多于五角硬币，那么猜测时赋予“一元硬币”更高概率，“五角硬币”更低概率。这里的假设条件即是先验知识，且与当前被猜对象的性质无任何相关性，却与其同类对象的某些天然属性相关。因此，这种根据历史经验来对新事物做出决策的策略被称作先验决策。先验决策没有考虑待识别事物的个性化特征，比如在游戏之前提供一个关于硬币重量的线索。游戏者可通过被猜硬币的重量与五角硬币和一元硬币的相近程度判别硬币的面值。这种决策策略借助待识别对象的个性化信息提升准确度，称作后验概率。

由贝叶斯公式可得，后验概率与先验概率以及类内同属性事件发生的概率相关。离散型贝叶斯可解决根据硬币重量，判别其面值的离散型问题。这里所说的离散不是重量这一物理量本身，而是指市面上流通硬币的重量是可枚举的。显然，对于面值是五角的硬币来说，其重量与一元硬币“相等”的概率是 0。相对应地，其重量与五角硬币“相等”的概率是 1。对于面值是一元的硬币来说，情况类似。

4.5.2 连续型贝叶斯公式

对于连续型随机变量 X，不可直接由 X 的取值，例如 $X=x$，改写离散型贝叶斯公式为

$$P(B_i \mid X=x)=\frac{P(B_i)P(X=x \mid B_i)}{P(X=x)}=\frac{P(B_i)P(X=x \mid B_i)}{\sum_{j=1}^{n}P(X=x \mid B_j)P(B_j)} \tag{4-45}$$

这是因为，由连续型随机变量的概率分布函数可知，$P(X=x)$取值为 0。一种可能的策略是将连续型变量进行离散化处理，随之而来的问题是，离散尺度的选择问题，详见 4.5.5 节。

对于连续型条件变量，不做离散化处理，只需将贝叶斯公式修改为

$$P(B_i \mid X=x)=\frac{P(B_i)f_X(X=x \mid B_i)}{f_X(X=x)}=\frac{P(B_i)f_X(X=x \mid B_i)}{\sum_{j=1}^{n} f_X(X=x \mid B_j)P(B_j)} \tag{4-46}$$

其中，f_X 为随机变量 X 的概率密度函数。具体地，$f_X(X=x)$为总体概率密度；$f_X(X=x|B_i)$为条件概率密度。有必要说明的是，如前文所述，以积分上界为自变量的概率密度函数的不定积分即是概率分布函数。我们从两种角度理解连续型贝叶斯公式。首先，连续型变量取指定值的概率为零。但是在一定范围内取值，其概率即是密度函数在此范围内的积分。因此，概率密度函数可以看作积分区间取值为无穷小的概率函数。其次，贝叶斯决策并不是要计算得到准确的概率值，这与贝叶斯估计不同。其决策的本质是对比后验概率的大小。只要不改变后验概率的大小关系，就不会对决策结果产生影响。关于贝叶斯估计，详见 4.6.9 节。

类似地，若事件 B 取值也为连续型，设其可用连续型随机变量 Y 表示，则贝叶斯公式可进一步改写为

$$\begin{aligned} P(Y=y \mid X=x) &= \frac{f_Y(Y=y)f_X(X=x \mid Y=y)}{f_X(X=x)} \\ &= \frac{f_Y(Y=y)f_X(X=x \mid Y=y)}{\int f_X(X=x \mid Y=y)f_Y(Y=y)\mathrm{d}y} \end{aligned} \tag{4-47}$$

其中，f_Y 为随机变量 Y 的概率密度函数。具体地，$f_X(Y=y)$为先验概率密度。需要指出的是，一般地，概率密度函数的形式是未知的。实际应用中，通常假设随机变量服从一定的概率分布，再由已知样本估计分布函数中的未知参数。关于参数估计详见 4.6 节。

4.5.3　最小错误率贝叶斯决策

如前文所述的猜硬币游戏，为获得更多奖励，游戏的本质是保证游戏者获得较高的命中率。也就是说，使得游戏者尽可能少猜错。不难理解，对于二类决策问题，设两类样本构成的集合分别记作 ω_1、ω_2，则贝叶斯后验决策在样本 x 上的错误概率为

$$P(\mathrm{e} \mid x)=\begin{cases} P(\omega_2 \mid x) & \text{如果决策 } x \in \omega_1 \\ P(\omega_1 \mid x) & \text{如果决策 } x \in \omega_2 \end{cases} \tag{4-48}$$

也就是说，若待识别对象真实情况属于第 1 类 ω_1，而贝叶斯后验决策将其识别为第 2 类 ω_2，则在此样本对象上的错误概率为第 1 类的后验概率，即 $P(\omega_1|x)$。对应地，将第 2 类对象识别为第 1 类对象的错误概率为第 2 类的后验概率，记作 $P(\omega_2|x)$。由于是二分类问题，所以 $P(\omega_1|x)+P(\omega_2|x)=1$ 恒成立。因此，决策为第 1 类的错误概率应该为 1 减去该类后验概率，即 $1-P(\omega_1|x)$，也即第 2 类的后验概率 $P(\omega_2|x)$。所以，决策错误率定义为错误概率的期望，即

$$P(\mathrm{e})=\int P(\mathrm{e} \mid x)f(x)\mathrm{d}x \tag{4-49}$$

其中，所有样本被假定独立同分布，其概率密度函数记作 $f(x)$。设决策边界 t 将决策空间划分为两部分 $\mathscr{R}_1$ 与 $\mathscr{R}_2$，则决策错误率公式可改写为

$$P(\mathrm{e})=\int_{\mathscr{R}_1}P(\omega_2\mid x)f(x)\mathrm{d}x+\int_{\mathscr{R}_2}P(\omega_1\mid x)f(x)\mathrm{d}x \tag{4-50}$$

由贝叶斯公式可得

$$P(\mathrm{e})=\int_{\mathscr{R}_1}f(x\mid\omega_2)P(\omega_2)\mathrm{d}x+\int_{\mathscr{R}_2}f(x\mid\omega_1)P(\omega_1)\mathrm{d}x \tag{4-51}$$

或者

$$\begin{aligned}P(\mathrm{e})&=P(x\in\mathscr{R}_1,\omega_2)+P(x\in\mathscr{R}_2,\omega_1)\\&=P(x\in\mathscr{R}_1\mid\omega_2)P(\omega_2)+P(x\in\mathscr{R}_2\mid\omega_1)P(\omega_1)\\&=P(\omega_2)\int_{\mathscr{R}_1}f(x\mid\omega_2)\mathrm{d}x+P(\omega_1)\int_{\mathscr{R}_2}f(x\mid\omega_1)\mathrm{d}x\end{aligned} \tag{4-52}$$

为使得后验错误率最小，即

$$\arg\min_t P(\mathrm{e})=\arg\min_t\left(\int P(\mathrm{e}\mid x)f(x)\mathrm{d}x\right) \tag{4-53}$$

式(4-53)定义的错误率最小的分类决策，称为最小错误率贝叶斯决策。

由错误率公式不难发现，其表达式为错误概率与样本概率密度的乘积。两个乘积因子 $P(\mathrm{e}|x)$ 与 $f(x)$ 均为非负实数。因此，最小化错误率 $P(\mathrm{e})$ 等价于针对每个样本对象最小化其决策错误概率 $P(\mathrm{e}|x)$。由式(4-48)错误概率与后验概率的关系，以及关系式 $P(\omega_1|x)+P(\omega_2|x)=1$，可得错误率最小决策就是后验概率最大决策。这种决策规则就是将待识别样本归类为后验概率大的类别。因此，最小错误率贝叶斯决策的决策规则可简化为，若 $P(\omega_1|x)>P(\omega_2|x)$，则 $x\in\omega_1$；否则，$x\in\omega_2$。也就是说，最小错误率贝叶斯决策规则可转换为 $\arg\max\limits_i(P(\omega_i|x))$。

由贝叶斯公式可得

$$P(\omega_i\mid x)=\frac{f(x\mid\omega_i)P(\omega_i)}{f(x)}=\frac{f(x\mid\omega_i)P(\omega_i)}{\sum_{i=1}^{2}f(x\mid\omega_i)P(\omega_i)}$$

有必要指出的是，对待解决问题来说，类先验概率 $P(\omega_i)$ 和类条件概率密度 $f(x|\omega_i)$ 是已知的，其中，$i=1,2$。因此，最小错误率贝叶斯决策还可表示为 $\arg\max\limits_i(f(x|\omega_i)P(\omega_i))$。这是因为，对于任意类别来说，上式分母相等。有必要说明的是，以上最小错误率贝叶斯决策还可进一步改写为其他等价形式。

以上问题是在两类决策的前提下讨论的，但是现实生活中我们遇到的很多都是多分类问题。例如，走进超市，看到各种商品，我们即能分辨出牛奶、肉类、面包、水果等。又例如，我们能够轻松识别一只狗是金毛、哈士奇、博美还是萨摩等。那么这种多类问题又怎样使用贝叶斯进行决策呢？

针对多类决策问题，设类别个数为 C，则只需将决策规则的比较扩展到多个类别即可。与二分类最小错误率贝叶斯决策的错误率计算方式类似，多类别最小错误率贝叶斯决策的错误率也是将各类别样本识别为与其相背类别概率的和。不同的是，多类别决策过程中，特征空间被分割成多个区域，分别记作 R_i。其中，$i=1,2,\cdots,C(C-1)$。可能错分的情况很多，平均错误概率的项数，由多类中抽取两类的组合数量决定，即

$$P(\mathrm{e})=\sum_{i=1}^{C}\sum_{j=1,j\neq i}^{C}P(x\in\mathscr{R}_i\mid\omega_j)P(\omega_j) \tag{4-54}$$

由于项数多，计算量大，通常利用正确率 $P(c)$ 与错误率 $P(\mathrm{e})$ 和为 1 的事实，通过计算平均正确率来间接得到错误率。此时，平均错误率的计算公式为

$$P(\mathrm{e})=1-P(c)=1-\sum_{j=1}^{C}P(\omega_j)\int_{\mathscr{R}_j}f(x\mid\omega_j)\mathrm{d}x \tag{4-55}$$

4.5.4 最小风险贝叶斯决策

不难发现，最小错误率决策认为决策错误带来的损失是相同的。实际上，将 ω_1 识别为 ω_2 与将 ω_2 识别为 ω_1 带来的损失，在许多情形下差异明显。例如，无论是院方还是患者，漏诊与错诊给其带来的损失均不相同。最小错误率贝叶斯决策时，可通过添加权重系数为 0 的附加项对公式进行补全，使得正确决策对错误率的贡献度为 0，而错误决策贡献度为 1。也就是说，错误决策被完全否定，正确分类被完全肯定，并且两类错误被等同对待。形式化地，式(4-50)可改写为

$$\begin{aligned}P(\mathrm{e})=&1\times\int_{\mathscr{R}_1}P(\omega_2\mid x)f(x)\mathrm{d}x+0\times\int_{\mathscr{R}_2}P(\omega_2\mid x)f(x)\mathrm{d}x+\\&0\times\int_{\mathscr{R}_1}P(\omega_1\mid x)f(x)\mathrm{d}x+1\times\int_{\mathscr{R}_2}P(\omega_1\mid x)f(x)\mathrm{d}x\end{aligned} \tag{4-56}$$

更一般地，将错误决策贡献度进一步细化，可在平均错误率中引入损失函数。损失函数代表了对于实际状态为某一类别的待决策对象，采用指定决策策略所带来的决策错误损失。对于多类问题，决策损失函数可以用如表 4-2 所示的损失决策表给出。

表 4-2　损失决策表

决　策	真实状态					
	ω_1	ω_2	…	ω_j	…	ω_c
α_1	$\lambda(\alpha_1,\omega_1)$	$\lambda(\alpha_1,\omega_2)$	…	$\lambda(\alpha_1,\omega_j)$	…	$\lambda(\alpha_1,\omega_c)$
α_2	$\lambda(\alpha_2,\omega_1)$	$\lambda(\alpha_2,\omega_2)$	…	$\lambda(\alpha_2,\omega_j)$	…	$\lambda(\alpha_2,\omega_c)$
⋮	⋮	⋮		⋮		⋮
α_i	$\lambda(\alpha_i,\omega_1)$	$\lambda(\alpha_i,\omega_2)$	…	$\lambda(\alpha_i,\omega_j)$	…	$\lambda(\alpha_i,\omega_c)$
⋮	⋮	⋮		⋮		⋮
α_k	$\lambda(\alpha_k,\omega_1)$	$\lambda(\alpha_k,\omega_2)$	…	$\lambda(\alpha_k,\omega_j)$	…	$\lambda(\alpha_k,\omega_c)$

易得，对于上述最小错误率决策来说，如果 $x\in\omega_j$，则决策损失函数 $\lambda(\alpha(x),\omega_j)=0$；否则 $\lambda(\alpha(x),\omega_j)=1$。

不难理解，给定任意决策器，设其对于任意样本 x 的决策结论为 $\alpha(x)$，设其真实态应为 ω_i，则该决策器对于样本 x 的决策错误风险，可记作 $R(\alpha(x)\mid x)=\sum_{i=1}^{C}\lambda(\alpha(x),\omega_i)P(\omega_i\mid x)$。最小风险贝叶斯就是最小化期望风险，即

$$\arg\min_{\alpha}R(\alpha)=\arg\min_{\alpha}\left(\int R(\alpha(x)\mid x)f(x)\mathrm{d}x\right) \tag{4-57}$$

显然，$R(\alpha(x)|x)\geqslant0$，$f(x)\geqslant0$ 且与 α 无关。因此，式(4-57)等价于对于所有样本，

$\arg\min_{\alpha} R(\alpha(x)|x)$，也即$\arg\min_{j} R(\alpha_j|x)$。显然，最小风险贝叶斯决策的核心是比较后验概率以决策损失为权重的加权均值，也即条件风险值。假设识别正确带来的损失小于识别错误带来的损失，如式(4-56)所示，若识别错误的损失为1，识别正确的损失为0，则最小风险贝叶斯决策就转换成了最小错误率贝叶斯决策。

4.5.5 朴素贝叶斯分类

数据驱动的人工智能领域中，朴素贝叶斯分类占据重要地位。设给定样本特征向量 $\boldsymbol{x}$ 为 d 维行向量，即 $\boldsymbol{x}=[x_1,x_2,\cdots,x_d]$。类别标签集合为 $\boldsymbol{y}=\{y_1,y_2,\cdots,y_L\}$。由贝叶斯公式可得，样本 $\boldsymbol{x}$ 的属于 y_k 类别的后验概率

$$P(y_k \mid \boldsymbol{x})=\frac{P(y_k)P(\boldsymbol{x} \mid y_k)}{P(\boldsymbol{x})} \tag{4-58}$$

最小错误率贝叶斯选择后验概率最大类别作为样本的类别。不难理解，对于任意类别来说，$P(\boldsymbol{x})$相当于常数，保持不变。这是因为，样本的概率分布与其属于哪一类别没有直接关系。也就是说，后验概率最大等价于类先验概率与类条件概率的乘积最大，即 $\arg\max_{k}(P(y_k|\boldsymbol{x}))\Leftrightarrow\arg\max_{k}(P(y_k)P(\boldsymbol{x}|y_k))$。属性条件独立性假设是朴素贝叶斯分类中“朴素”二字的真实含义。也就是说，朴素贝叶斯分类中类条件概率进一步等价于 $P(\boldsymbol{x} \mid y_k)=\prod_{i=1}^{d}P(x_i \mid y_k)$。

有必要指出的是，类的先验概率 $P(y_k)$可由训练样本集中各类样本出现频率来估计。若样本属性为离散型变量，则 $P(x_i|y_k)$可由 y_k 类内属性为 x_i 的样本比例来估计。若样本属性为连续型变量时，一种策略是将其离散化处理。随之而来的问题是离散处理粒度对结果影响较大。过小则对应区间内样本太少，概率估计不准确；过大则对应区间内样本类别多样，导致分类边界错误。另一种策略是可以假设该属性服从某种概率分布，由训练样本估计概率分布函数中的未知参数。由前文可知，当概率分布完全未知时，高斯分布是个不错的选择。其控制参数均值与方差，可由样本均值和方差来估计。由训练样本统计量估计总体样本统计量的理论依据，以及由此导致的误差，详见4.6节。

另外，不难发现，若任一类条件概率为0，则由独立性假设支持的连乘结果必然为0。也就是说，仅由样本比例来估计类条件概率因受训练样本集规模及分布影响，鲁棒性较差。为解决这一问题，最有效的方法之一是等效扩大样本数量，即为观察样本增加 m 个等效样本，采用 m 估计法修正样本比例，即定义类条件概率为

$$P(x_i \mid y_k)=\frac{n_i+mp}{n+m} \tag{4-59}$$

其中，n_i 为 y_k 类内属性为 x_i 的样本数量，n 为 y_k 类内样本总体数量，p 为类条件概率 $P(x_i|y_k)$的先验估计。除此之外，由于概率 $P(x_i|y_k)$取值范围为$[0\rightarrow 1]$，所以随着属性维度 d 增大，则 $P(\boldsymbol{x} \mid y_k)=\prod_{i=1}^{d}P(x_i \mid y_k)$ 越来越小。因此，通常通过取对数操作将连乘转换为连加操作，以消除数值下溢影响，详见4.6.7节。

4.6 参数估计

不难理解,即便训练样本集足够大,其仍只是真实样本空间的部分抽样。这是因为,一方面,过于庞大的训练集必然导致计算负担提升;另一方面,多数情况下,获得真实样本的全集并不容易,甚至是不可能的。在这种情况下,通常采用抽样样本的统计量来估计真实样本的分布控制参数。例如,用样本均值 $\bar{x}$ 作为总体均值 μ 的估计值,用样本方差 s^2 作为总体方差 σ^2 的估计值。4.5.5 节所述类条件连续型样本属性概率分布控制参数的推断估计即是参数估计的一个典型应用场景。

4.6.1 估计量与估计值

参数估计中,用于估计总体样本参数的统计量,称作估计量。若总体样本 X 的概率分布形式已知,记作 $F(x;\theta)$,其中,θ 为待估参数。给定规模大小为 n 的抽样样本集 $\{X_1,X_2,\cdots,X_n\}$,设其样本取值构成集合$\{x_1,x_2,\cdots,x_n\}$,则待估参数 θ 的估计值,可由$\{x_1,x_2,\cdots,x_n\}$估计,并将其记作 $\widetilde{\theta}(x_1,x_2,\cdots,x_n)$。对应地,取得估计值 $\widetilde{\theta}(x_1,x_2,\cdots,x_n)$的抽样样本统计量 $\widetilde{\theta}(X_1,X_2,\cdots,X_n)$,称作待估参数 θ 的估计量。显然,估计量是样本的函数,样本取值不同,估计值一般不相同。

4.6.2 点估计与区间估计

设总体分布函数形式已知,但它的一个或多个参数未知。以上描述中,均是将抽样样本统计量的取值,作为总体参数的估计值,这就是参数估计中的点估计。例如,期末时选拔部分学生,以其成绩的均值作为同年级学生平均成绩的估计值。又例如,以抽检合格率作为产品合格率的估计值。不难理解,抽样样本集足够大时,参数的点估计值无限接近于总体参数值。但是,构造足够大的抽样样本集显然是不切实际的。换个来角度来说,多次重复抽样的话,估计值的期望可认为趋向于总体参数值。有必要说明的是,即便如此,由于抽样的随机性,每次抽样的估计值与总体参数值之间的差距存在波动性。也就是说,抽样估计值与总体参数值的接近程度不尽相同。

为此,引入估计误差,参数估计不完全依赖于一个点估计值,而是围绕点估计值构造总体参数的一个区间。此区间由样本统计量加减估计误差而得到,给出总体参数值所在范围,与点估计的精确程度相关。不难理解,区间越小,点估计值稳定性越强;区间越大,点估计值稳定性越差。有必要说明的是,由抽样随机性引起样本参数与总体真值之间的误差,称作抽样误差;样本统计量的标准差反映样本统计量估计总体参数时,可能出现的平均差错,称作标准误差。有必要指出的是,标准差用于衡量抽样样本个体间差异,即其与均值的离散程度;标准误差用于评价抽样样本均值对总体均值的变异程度。不难理解,随着抽样样本量 n 增大,标准差趋向某个稳定值,即样本标准差 s 越接近总体标准差 σ;而标准误差则随着样本量 n 的增大逐渐减小,即样本均值 $\bar{x}$ 越接近总体均值 μ。

4.6.3 置信区间与水平

不难理解，区间估计给出的包含待估计参数真实值的一个区间，并在某种程度上确信待估计参数的真实值肯定落入这一区间。因此，区间估计估计出的参数取值区间，又称作置信区间。区间两端分别称作置信下限和置信上限。

形式化地，设总体样本 X 服从参数为 θ 的概率分布，即 $X \sim F(\theta)$。若参数 θ 的取值空间记作 Θ。对于给定值 α，若 $0<\alpha<1$，且抽样样本 $\{X_1, X_2, \cdots, X_n\}$ 的统计量 $\breve{\theta}(X_1, X_2, \cdots, X_n) < \hat{\theta}(X_1, X_2, \cdots, X_n)$，对于任意 $\theta \in \Theta$，满足

$$P(\breve{\theta}(X_1, X_2, \cdots, X_n) < \theta < \hat{\theta}(X_1, X_2, \cdots, X_n)) \geqslant 1-\alpha \tag{4-60}$$

则称区间$(\breve{\theta} \rightarrow \hat{\theta})$是参数的置信水平为 $1-\alpha$ 的置信区间。对应地，$\breve{\theta}$ 和 $\hat{\theta}$ 分别称为置信水平为 $1-\alpha$ 的双侧置信区间$(\breve{\theta} \rightarrow \hat{\theta})$的置信下限和上限。

4.6.4 估计量的评价

就部分抽样样本来估计总体样本分布参数来说，不考虑误差的情况下，可用于参数估计的估计量远不止一个。例如，可以用抽样样本均值来估计总体样本均值，也可以用中位数来估计。那么，如何评定用于同一参数估计的估计量的好坏呢？具体地，好的估计量应满足以下三个特性。

1. 无偏性

估计量的数学期望等于被估计的总体参数。形式化地，若估计量 $\tilde{\theta}(X_1, X_2, \cdots, X_n)$ 的数学期望存在，且对于待估参数取值空间 Θ 内任意 θ 有 $E(\tilde{\theta})=\theta$，则称 $\tilde{\theta}$ 是 θ 的无偏估计量，如图 4-1(a)所示。实际中，常以 $E(\tilde{\theta})-\theta$ 作为以 $\tilde{\theta}$ 估计 θ 的估计偏差，如图 4-1(b)所示。无偏估计意味着估计偏差为 0。无偏性说明，不同抽样集中不同样本值得到的估计值 $\tilde{\theta}$ 可能大于 θ，也可能小于 θ。统计地看，多次抽样估计值 $\tilde{\theta}$ 的均值与待估计参数 θ 取值保持一致。也就是说，一个好的估计量在某次抽样中可能与待估计参数存在明显误差，但总体来看有向待估计参数值逼近的趋势。需要指出的是，前文将样本方差定义为 $s^2=\sum_{i=1}^{n}(x_i-\bar{x})^2/(n-1)$，而不是 $\sum_{i=1}^{n}(x_i-\bar{x})^2/n$。就是因为，前者是总体方差的无偏估计，而后者却不是。

2. 有效性

有必要指出的是，一个待估计参数可以有不同的无偏估计量。如图 4-2(a)所示，不难理解，虽然两个估计量 $\tilde{\theta}_1$ 与 $\tilde{\theta}_2$ 均是参数 θ 的无偏估计，显然，估计量方差越小，估计量越稳定有效。形式化地，设估计量 $\tilde{\theta}_1(X_1, X_2, \cdots, X_n)$ 与 $\tilde{\theta}_2(X_1, X_2, \cdots, X_n)$ 均是 θ 的无偏估计，若对于待估参数取值空间 Θ 内任意 θ 有

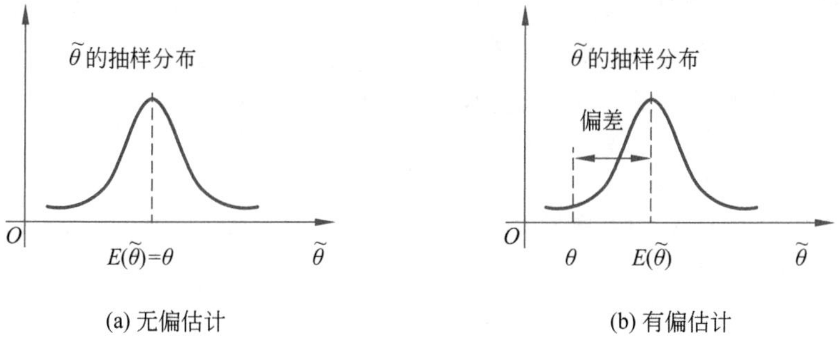

图 4-1　参数估计的无偏性

$$D(\widetilde{\theta}_1) \leqslant D(\widetilde{\theta}_2) \tag{4-61}$$

且至少存在一个 θ 使得式(4-61)不等号成立，则称 $\widetilde{\theta}_1$ 较 $\widetilde{\theta}_2$ 更有效。

3. 一致性

无偏性与有效性均是建立在样本集规模 n 固定前提下的。不难理解，如图 4-2(b)所示，对于任一用于参数估计的抽样样本统计量来讲，随着抽样样本集规模增大，其估计误差应逐步减小。这一特性称作参数估计的一致性。形式化地，设样本统计量 $\widetilde{\theta}(X_1, X_2, \cdots, X_n)$为参数 θ 的估计量，若对于待估参数取值空间 Θ 内任意 θ，当 $n \to \infty$ 时，$\widetilde{\theta}(X_1, X_2, \cdots, X_n)$依概率收敛于 θ，即对于任意的 θ，总存在一个 $\varepsilon < 0$，使得

$$\lim_{n \to \infty} P\{|\widetilde{\theta} - \theta| < \varepsilon\} = 1 \tag{4-62}$$

恒成立，则称 $\widetilde{\theta}$ 为 θ 的一致性估计量。

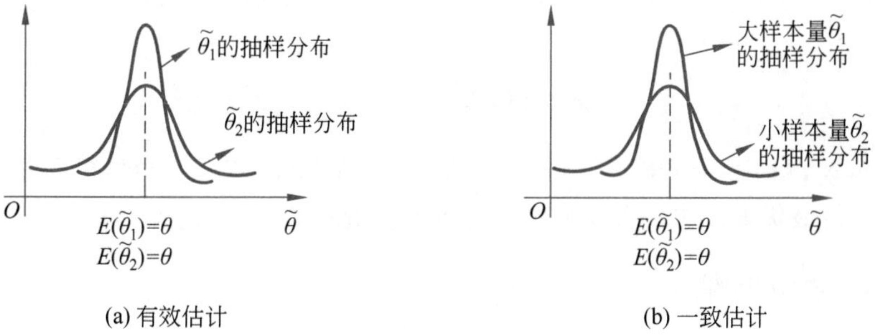

图 4-2　参数估计的有效性与一致性

4.6.5　矩估计

设 X 为一随机变量，若 $E(X^k)$存在，则称之为 X 的 k 阶原点矩，简称 k 阶矩。例如，随机变量的数学期望是 1 阶原点矩，而方差是 2 阶矩与 1 阶矩平方的差。设$\{X_1, X_2, \cdots, X_n\}$为 X 的抽样样本集，则 $A_k = \sum_{i=1}^{n} X_i^k \Big/ n$ 为抽样样本的 k 阶矩。不难证明，样本 k 阶矩

是总体k阶矩的无偏估计。例如，样本均值$\bar{x}$是样本1阶矩，其是总体1阶矩即总体期望的无偏估计。形式化地，设X为连续型随机变量，概率密度为$f(x;\theta_1,\theta_2,\cdots,\theta_k)$，其中，$\theta_1,\theta_2,\cdots,\theta_k$为待估参数。显然，总体的前$k$阶矩可表示为

$$E(X^l)=\int_{-\infty}^{+\infty}x^l f(x;\theta_1,\theta_2,\cdots,\theta_k)\mathrm{d}x \tag{4-63}$$

其中，$l=1,2,\cdots,k$；若X为离散型随机变量，分布律为$P(X=x)=p(x;\theta_1,\theta_2,\cdots,\theta_k)$，则其前$k$阶矩可表示为

$$E(X^l)=\sum_x x^l p(x;\theta_1,\theta_2,\cdots,\theta_k) \tag{4-64}$$

不难发现，无论是连续型还是离散型随机变量，其前k阶矩均是待估参数$\theta_1,\theta_2,\cdots,\theta_k$的函数。因此，可构造总体的前$k$阶矩，得包含$k$个未知参数的$k$个方程，用总体的前$k$阶矩表示待估参数。基于上文描述的样本$k$阶矩是总体$k$阶矩的无偏估计的结论，将抽样样本的前$k$阶矩对应替换总体$k$阶矩，完成$k$个待估参数的无偏估计。

4.6.6 最小二乘估计

与矩估计不同，最小二乘估计通过最小化预测值与真实值之间的误差，求解最优参数。形式化地，给定m个样本及其真实值构成的训练集$\{(\boldsymbol{x}_1,y_1),(\boldsymbol{x}_2,y_2),\cdots,(\boldsymbol{x}_m,y_m)\}$，其中，$\boldsymbol{x}_i$代表第$i$个样本的长度为$d$的特征向量$\boldsymbol{x}_i=[x_{i,1},x_{i,2},\cdots,x_{i,d}]$，$y_i$代表该样本对应的真实值。线性回归模型试图构建函数$f(\boldsymbol{x}_i)=\boldsymbol{w}\boldsymbol{x}_i^{\mathrm{T}}+b$，使得对于每个样本估计值与真实值尽可能接近，即$f(\boldsymbol{x}_i)\approx y_i$。其中，参数$\boldsymbol{w}$与特征向量维度相同。最小二乘估计通过最小化以下目标函数实现未知参数w与b的估计

$$\arg\min_{\boldsymbol{w},b}\frac{1}{2m}\sum_{i=1}^{m}(\boldsymbol{w}\boldsymbol{x}_i^{\mathrm{T}}+b-y_i)^2 \tag{4-65}$$

进一步地，若定义$\hat{\boldsymbol{w}}=[\boldsymbol{w},b]$、$\boldsymbol{y}=[y_1,y_2,\cdots,y_m]$、$\boldsymbol{X}=[\hat{\boldsymbol{x}}_1^{\mathrm{T}},\hat{\boldsymbol{x}}_2^{\mathrm{T}},\cdots,\hat{\boldsymbol{x}}_m^{\mathrm{T}}]$，其中，$\hat{\boldsymbol{x}}_i=[\boldsymbol{x}_i,1]$，则式(4-65)可改写为

$$\arg\min_{\hat{\boldsymbol{w}}}(\hat{\boldsymbol{w}}\boldsymbol{X}-y)(\hat{\boldsymbol{w}}\boldsymbol{X}-y)^{\mathrm{T}} \tag{4-66}$$

若矩阵$\boldsymbol{X}\boldsymbol{X}^{\mathrm{T}}$正定，解得$\hat{\boldsymbol{w}}^*=\boldsymbol{y}\boldsymbol{X}^{\mathrm{T}}(\boldsymbol{X}\boldsymbol{X}^{\mathrm{T}})^{-1}$。否则，存在多个解，可采用归纳偏好或正则化法求得最优解。更多关于归纳偏好或正则化的内容详见第7章。

4.6.7 最大似然估计

设待估参数θ为离散型随机变量，抽样样本均来自离散型随机变量X，构成集合$\{X_1,X_2,\cdots,X_n\}$，将其视作来自同一分布的n个随机变量，对应观测值为$\boldsymbol{x}_1,\boldsymbol{x}_2,\cdots,\boldsymbol{x}_n$时，由贝叶斯公式可得

$$P(\theta\mid X_1=\boldsymbol{x}_1,X_2=\boldsymbol{x}_2,\cdots,X_n=\boldsymbol{x}_n)=\frac{P(X_1=\boldsymbol{x}_1,X_2=\boldsymbol{x}_2,\cdots,X_n=\boldsymbol{x}_n\mid\theta)P(\theta)}{P(X_1=\boldsymbol{x}_1,X_2=\boldsymbol{x}_2,\cdots,X_n=\boldsymbol{x}_n)} \tag{4-67}$$

令式(4-67)中$X_1=\boldsymbol{x}_1,X_2=\boldsymbol{x}_2,\cdots,X_n=\boldsymbol{x}_n$均可简记作$\boldsymbol{x}_1,\boldsymbol{x}_2,\cdots,\boldsymbol{x}_n$，则不难理解，$P(\boldsymbol{x}_1,\boldsymbol{x}_2,\cdots,\boldsymbol{x}_n)$描述的是样本观测值集$\{\boldsymbol{x}_1,\boldsymbol{x}_2,\cdots,\boldsymbol{x}_n\}$发生的概率与参数$\theta$无关。也就

是说，$P(\theta|\boldsymbol{x}_1,\boldsymbol{x}_2,\cdots,\boldsymbol{x}_n)\propto P(\boldsymbol{x}_1,\boldsymbol{x}_2,\cdots,\boldsymbol{x}_n|\theta)P(\theta)$，其中，$P(\theta)$是待估参数 θ 的先验概率，即样本观测值集$\{\boldsymbol{x}_1,\boldsymbol{x}_2,\cdots,\boldsymbol{x}_n\}$未知时，对待估参数 θ 概率分布的先验认知。$P(\boldsymbol{x}_1,\boldsymbol{x}_2,\cdots,\boldsymbol{x}_n|\theta)$是给定参数 θ 的情况下，样本观测值集$\{\boldsymbol{x}_1,\boldsymbol{x}_2,\cdots,\boldsymbol{x}_n\}$发生的概率，称作似然。实际上，概率 $P(\boldsymbol{x}_1,\boldsymbol{x}_2,\cdots,\boldsymbol{x}_n|\theta)$的取值随待估参数 θ 取值变化而变化，是待估参数 θ 的函数。因此，$P(\boldsymbol{x}_1,\boldsymbol{x}_2,\cdots,\boldsymbol{x}_n|\theta)$又称作参数 θ 相对于样本观测值集$\{\boldsymbol{x}_1,\boldsymbol{x}_2,\cdots,\boldsymbol{x}_n\}$的似然函数，简称似然函数。$P(\theta|\boldsymbol{x}_1,\boldsymbol{x}_2,\cdots,\boldsymbol{x}_n)$是待估参数 θ 的后验概率，可视作样本观测值集$\{\boldsymbol{x}_1,\boldsymbol{x}_2,\cdots,\boldsymbol{x}_n\}$已知时，对待估参数 θ 概率分布先验认知的修正。不难理解，由式(4-67)可得，对于后验概率 $P(\theta|\boldsymbol{x}_1,\boldsymbol{x}_2,\cdots,\boldsymbol{x}_n)$来说，$P(\theta)$也可视作常数。也就是说，$P(\theta|\boldsymbol{x}_1,\boldsymbol{x}_2,\cdots,\boldsymbol{x}_n)\propto P(\boldsymbol{x}_1,\boldsymbol{x}_2,\cdots,\boldsymbol{x}_n|\theta)$。由 4.5.3 节可知，最小错误率贝叶斯决策就是最大后验概率决策。最大化后验概率相当于最大化似然函数。最大似然估计就是通过最大化参数条件概率 $P(\boldsymbol{x}_1,\boldsymbol{x}_2,\cdots,\boldsymbol{x}_n|\theta)$，即最大似然函数，找到最优参数估计值。考虑样本抽取的相互独立性，得

$$P(\boldsymbol{x}_1,\boldsymbol{x}_2,\cdots,\boldsymbol{x}_n \mid \theta)=\prod_{j=1}^{n} P(\boldsymbol{x}_j \mid \theta) \tag{4-68}$$

此概率反映了在概率分布的待估参数取值为 θ 时，得到样本观测值集$\{\boldsymbol{x}_1,\boldsymbol{x}_2,\cdots,\boldsymbol{x}_n\}$的概率。从这个角度来讲，既然已取得样本观测值集$\{\boldsymbol{x}_1,\boldsymbol{x}_2,\cdots,\boldsymbol{x}\}$，也就表明取得这一难测值集的可能性最大。

另外，不难理解，参数估计的问题可转换为，概率分布类型已知(通常假设其服从某一分布)，但控制参数未知的情况下，抽样得到了 n 个样本，那么这些样本最可能来自哪个参数值控制下的概率分布呢？易得，最可能与概率最大等价，即问题转换为从参数空间 Θ 中寻找一个最优参数 $\hat{\theta}$，使得似然函数 $P(\boldsymbol{x}_1,\boldsymbol{x}_2,\cdots,\boldsymbol{x}_n|\theta)$最大化。一般地，使得似然函数值最大的参数 $\hat{\theta}$ 是已知抽样样本观测值 $\boldsymbol{x}_1,\boldsymbol{x}_2,\cdots,\boldsymbol{x}_n$ 的函数，记作 $\hat{\theta}=\theta(\boldsymbol{x}_1,\boldsymbol{x}_2,\cdots,\boldsymbol{x}_n)$，称作参数 θ 的最大似然估计量。其值由式 $\hat{\theta}=\arg\max\limits_{\theta} P(\boldsymbol{x}_1,\boldsymbol{x}_2,\cdots,\boldsymbol{x}_n|\theta)$求得。有必要指出的是，由于参数 θ 相对于单个样本的似然函数 $P(\boldsymbol{x}_j|\theta)$的取值范围均为$(0\to1)$，$n$ 个样本连乘必然导致结果下溢风险，因此，为避免多概率连乘引起的数值下溢影响，通常定义对数似然函数

$$L(\theta)=\ln\prod_{j=1}^{n} P(\boldsymbol{x}_j \mid \theta)=\sum_{j=1}^{n}\ln P(\boldsymbol{x}_j \mid \theta) \tag{4-69}$$

需要指出的是，若待估参数 θ 为连续型随机变量，抽样样本也均来自连续型随机变量 X，由贝叶斯公式可知，为实现待估参数的最大似然估计，只需将似然函数中的概率分布 $P(\boldsymbol{x}_j|\theta)$替换为概率密度函数 $f(\boldsymbol{x}_j|\theta)$。

在线性模型中，考虑真实值 y_j 服从均值为 $f(\boldsymbol{x}_j;\hat{\boldsymbol{w}})=\hat{\boldsymbol{w}}\boldsymbol{x}_j^{\mathrm{T}}$，方差为 σ^2 的高斯分布，即 $P(y_j|\boldsymbol{x}_j)=(1/\sqrt{2\pi}\sigma)\exp(-(y_j-f(\boldsymbol{x}_j;\hat{\boldsymbol{w}}))^2/2\sigma^2)$，则

$$\begin{aligned}\arg\max_{\hat{\boldsymbol{w}}} L(\hat{\boldsymbol{w}}) &= \sum_{j=1}^{n}\ln P(y_j \mid \boldsymbol{x}_j)\\ &=-\frac{n}{2}\ln(2\pi)-n\ln\sigma-\frac{1}{2\sigma^2}\sum_{j=1}^{n}(y_j-f(\boldsymbol{x}_j;\hat{\boldsymbol{w}}))^2\end{aligned}$$

$$\Leftrightarrow \arg\min_{\hat{\boldsymbol{w}}} \sum_{j=1}^{n} (y_j - f(\boldsymbol{x}_j ; \hat{\boldsymbol{w}}))^2 \tag{4-70}$$

不难发现,最大似然估计和最小二乘估计本质等价。

4.6.8 最大后验概率估计

最大似然估计认为待估参数虽然未知,但取值固定。正如前文所述,在观测样本之前,据先验认知待估参数服从某一先验分布。而当观测到部分样本后,待估参数的分布可进一步修正。也就是说,对于连续型随机变量,有

$$\begin{cases} f(\boldsymbol{x}_1) = \int f(\boldsymbol{x}_1 \mid \theta) f(\theta) \mathrm{d}\theta \\ f(\boldsymbol{x}_2) = \int f(\boldsymbol{x}_2 \mid \theta) f(\theta \mid \boldsymbol{x}_1) \mathrm{d}\theta \\ \vdots \\ f(\boldsymbol{x}_{i+1}) = \int f(\boldsymbol{x}_{i+1} \mid \theta) f(\theta \mid \boldsymbol{x}_1, \boldsymbol{x}_2, \cdots, \boldsymbol{x}_i) \mathrm{d}\theta \end{cases} \tag{4-71}$$

不难理解,随着样本规模增长,计算代价增长显著。最大后验概率估计提供了折中方案,即

$$\arg\max_{\theta} \left(\sum_{j=1}^{n} \ln f(\boldsymbol{x}_j \mid \theta) + \ln f(\theta) \right) \tag{4-72}$$

最大化后验概率估计除最大化似然函数外,还要最大化先验概率。因此,最大后验估计能够使得参数值向从训练数据中无法获得的先验偏移。若先验分布为均匀分布,则其未提供对参数取值有价值的任何信息,此时最大后验概率估计等于最大似然估计。不难理解,可认为最大似然估计是先验分布为均匀分布的最大后验概率估计。另外,样本量的增加将弱化先验的作用,这与后天学习改变认知不谋而合。

4.6.9 贝叶斯估计与共轭分布

除以上几种参数估计方法外,可把随机变量概率密度函数的参数估计问题看作一个贝叶斯决策问题,只不过此时要决策的不是离散的类别,而是连续型参数的取值。把待估参数 θ 看作具有先验概率分布密度 $f(\theta)$ 的随机变量,其取值与随机变量 X 的抽样样本集 $\mathscr{X}=\{\boldsymbol{x}_1, \boldsymbol{x}_2, \cdots, \boldsymbol{x}_n\}$ 有关。对于最小风险贝叶斯来说,将参数 θ 估计为 $\widetilde{\theta}$ 带来的损失定义为 $\lambda(\widetilde{\theta}, \theta)$,若样本空间为 $\mathscr{X}$,参数空间为 Θ,则用 $\widetilde{\theta}$ 来估计 θ 时总的风险期望定义为

$$\begin{aligned} R &= \int_{\mathscr{X}} \int_{\Theta} \lambda(\widetilde{\theta}, \theta) f(\boldsymbol{x}, \theta) \mathrm{d}\theta \mathrm{d}\boldsymbol{x} \\ &= \int_{\mathscr{X}} \int_{\Theta} \lambda(\widetilde{\theta}, \theta) f(\theta \mid \boldsymbol{x}) f(\boldsymbol{x}) \mathrm{d}\theta \mathrm{d}\boldsymbol{x} \end{aligned} \tag{4-73}$$

其中,$f(\boldsymbol{x}, \theta)$ 为样本 $\boldsymbol{x}$ 与参数 θ 的联合概率密度。定义样本 $\boldsymbol{x}$ 下的条件风险为

$$R(\widetilde{\theta} \mid \boldsymbol{x}) == \int_{\Theta} \lambda(\widetilde{\theta}, \theta) f(\theta \mid \boldsymbol{x}) \mathrm{d}\theta \tag{4-74}$$

则式(4-73)可改写为

$$R = \int_{\mathscr{X}} R(\tilde{\theta} \mid \boldsymbol{x}) f(\boldsymbol{x}) \mathrm{d}\boldsymbol{x} \tag{4-75}$$

与贝叶斯决策类似，式(4-75)是在所有可能的条件风险的积分，由密度函数与条件风险的非负性，风险期望最小化等价于对所有样本求条件风险最小，即最优参数估计

$$\theta^* = \arg\min_{\tilde{\theta}} R(\tilde{\theta} \mid \mathscr{X}) = \arg\min_{\tilde{\theta}} \int_{\Theta} \lambda(\tilde{\theta}, \theta) f(\theta \mid \mathscr{X}) \mathrm{d}\theta \tag{4-76}$$

可以证明，若损失函数定义为平方差损失，即 $\lambda(\tilde{\theta}, \theta) = (\theta - \tilde{\theta})^2$，则在样本 $\boldsymbol{x}$ 条件下参数 θ 的贝叶斯估计为

$$\theta^* = E(\theta \mid \boldsymbol{x}) = \int_{\Theta} \theta f(\theta \mid \boldsymbol{x}) \mathrm{d}\theta \tag{4-77}$$

类似地，给定抽样样本集 $\mathscr{X} = \{\boldsymbol{x}_1, \boldsymbol{x}_1, \cdots, \boldsymbol{x}_n\}$ 时，参数 θ 的贝叶斯估计为

$$\theta^* = E(\theta \mid \mathscr{X}) = \int_{\Theta} \theta f(\theta \mid \mathscr{X}) \mathrm{d}\theta \tag{4-78}$$

其中，抽样样本集 $\mathscr{X} = \{\boldsymbol{x}_1, \boldsymbol{x}_1, \cdots, \boldsymbol{x}_n\}$ 条件参数概率密度函数可由贝叶斯公式计算得到，即

$$f(\theta \mid \mathscr{X}) = \frac{f(\mathscr{X} \mid \theta) f(\theta)}{f(\mathscr{X})} = \frac{f(\theta) \sum_{i=1}^{n} f(\boldsymbol{x}_i \mid \theta)}{\int_{\Theta} f(\mathscr{X} \mid \theta) f(\theta) \mathrm{d}\theta} \tag{4-79}$$

有必要指出的是，若先验分布和似然函数使得后验分布具有和先验分布同样的形式，那么就称先验分布和似然函数是共轭的。例如，贝塔分布和二项分布是共轭的；伽马分布作为先验，用泊松分布作为似然，二者相乘得到的函数与伽马分布函数形式相同。也就是说，伽马分布和泊松分布是共轭的，前者是后者的共轭先验。

1. 正态分布的共轭分布

设总体样本 X 服从均值为 θ，方差为 σ^2 的正态分布，即 $X \sim N(\theta, \sigma^2)$，其中，$\sigma^2$ 已知；若未知参数均值 θ 服从均值为 μ_θ，方差为 σ_θ^2 的正态分布，即 $\theta \sim N(\mu_\theta, \sigma_\theta^2)$，其中，$\mu_\theta$ 与 σ_θ^2 均已知，则

$$\begin{aligned} f(\theta \mid x_1, x_2, \cdots, x_n) &\propto \prod_{j=1}^{n} f(x_j \mid \theta) f(\theta) \\ &\propto \exp\left(-\frac{1}{2\sigma^2} \sum_{j=1}^{n} (x_j - \theta)^2 - \frac{1}{2\sigma_\theta^2} (\theta - \mu_\theta)^2\right) \end{aligned} \tag{4-80}$$

不难发现，式(4-80)中除 θ 外其余变量均已知，并且式(4-80)是 θ 的二次函数，即其总可以写成高斯概率密度函数的形式。也就是说，先验正态分布与似然正态分布函数使得后验概率服从正态分布，即正态分布的共轭分布仍是正态分布。

2. 二项分布与贝塔分布共轭

设总体样本 X 服从 $n=1$ 参数为 θ 的二项分布，即 $X \sim B(1, \theta)$；若未知参数 $\theta \sim \mathrm{Be}(\alpha, \beta)$，其中，$\alpha$ 与 β 均已知，则

$$
\begin{aligned}
f(\theta \mid x_1, x_2, \cdots, x_n) &\propto \prod_{j=1}^{n} f(x_j \mid \theta) f(\theta) \\
&= \theta^{\sum_{j=1}^{n} x_j} (1-\theta)^{\sum_{j=1}^{n}(1-x_j)} \frac{1}{\mathrm{Be}(\alpha,\beta)} \theta^{\alpha-1} (1-\theta)^{\beta-1} \\
&\propto \theta^{\left(\alpha+\sum_{j=1}^{n} x_j\right)-1} (1-\theta)^{\left(\beta+\sum_{j=1}^{n}(1-x_j)\right)-1} \\
&= \theta^{(\alpha+n\bar{x})-1} (1-\theta)^{(\beta+n-n\bar{x})-1}
\end{aligned} \tag{4-81}
$$

显然，后验概率仍然服从贝塔分布。也就是说，先验贝塔分布与似然 0-1 分布函数使得后验概率仍服从贝塔分布，即贝塔分布的共轭分布是 0-1 分布。

3. 伽马分布与泊松分布共轭

设总体样本 X 服从参数为 θ 的泊松分布，即 $X \sim P_o(\theta)$；若未知参数 $\theta \sim \mathrm{Ga}(\alpha,\lambda)$，其中，$\alpha$ 与 λ 均已知，则

$$
\begin{aligned}
f(\theta \mid x_1, x_2, \cdots, x_n) &\propto \prod_{j=1}^{n} f(x_j \mid \theta) f(\theta) \\
&= \theta^{n\bar{x}} \mathrm{e}^{-n\theta} \theta^{\alpha-1} \mathrm{e}^{-\lambda\theta} \\
&= \theta^{(n\bar{x}+\alpha)-1} \mathrm{e}^{-(\lambda+n)\theta}, \quad \theta \geqslant 0
\end{aligned} \tag{4-82}
$$

显然，后验概率仍服从伽马分布。也就是说，先验伽马分布与似然泊松分布使得后验概率仍服从伽马分布，即伽马分布的共轭分布是泊松分布。

4.7 假设检验

与参数估计对待估参数给出具体估计值不同，假设检验利用抽样样本，提出关于样本总体的假设，并用抽样样本检验假设的正确性。有必要指出的是，虽然角度不同，但是其与参数估计均是利用抽样样本对样本总体进行某种推断，是统计推断的两个重要组成部分。特别地，假设检验适合总体分布完全未知，或只知其形式，而参数未知的情况下，对总体未知特性的假设与决策。具体地，假设检验是先对总体特性提出两个对立假设，然后利用样本信息判断接受或拒绝哪一假设。

4.7.1 原假设与备择假设

原假设与备择假设在假设检验中相互独立、互补。前者又称“H_0 假设”或“零假设”。原假设一般是想要拒绝的假设，通常为=、≥、≤。后者又称“H_1 假设”，一般是想要接受的假设，通常为≠、<、>。一般地，比较对象为抽样样本检验统计量取值与某一控制阈值或对应总体参数取值。例如，由样本观测均值 $\bar{x}$，估计总体均值 μ，零假设为 $H_0:\mu=\bar{x}$，择备假设为 $H_1:\mu\neq\bar{x}$。

4.7.2 弃真与取伪

不难理解，由于对假设的决策依据仅仅是当前抽样样本集，实际情况下 H_0 为真时，

仍有可能做出拒绝 H_0 假设的决策。此类错误称作弃真错误或第Ⅰ类错误。犯此类错误的概率，记作 $P\{H_0$ 为真却被拒绝$\}$。虽然无法从根本上消除这类错误，但是希望将其控制在一定范围内，即给定一个较小的数 α，使得 $P\{H_0$ 为真却被拒绝$\}\leqslant\alpha$ 恒成立。需要指出的是，当检验统计量取其值域子空间内任意值时，原假设 H_0 被拒绝，则称该子空间构成的区域为拒绝域，而拒绝域的边界，称作临界点。检验统计量值域内其他区域构成接受域。需要说明的是，假设检验通常是比较检验统计量绝对值小于给定阈值的概率。这与概率密度函数的分位点强相关。例如，假设原假设 H_0 实际为真，为使得犯第Ⅰ类错误的概率控制在一定范围内，则检验统计量 Z 的绝对值大于或等于阈值 k（拒绝原假设 H_0）的概率小于较小数 α，即 $P(|z|\geqslant k)\leqslant\alpha$。显然，阈值 k 的取值等于检验统计量 Z 的概率密度函数的 $\alpha/2$ 分位点。不难理解，由于 α 是一个很小的数，所以拒绝域内原假设为真只有很小概率发生。也就是说，原假设为真落入拒绝域是小概率事件。一旦发生即拒绝原假设，接受备择假设。显然，α 越小越不容易推翻原假设。

相反地，也存在实际情况下 H_0 为假时，做出接受 H_0 假设的决策。将此类错误称作取伪错误或第Ⅱ类错误。犯此类错误的概率，记作 $P\{H_0$ 为假却被接受$\}$。类似地，由于抽样样本是对总体的部分抽样，所以无法从根本上消除这类错误，但是希望将其控制在一定范围内，即给定一个较小的数 β，使得 $P\{H_0$ 为假却被接受$\}\leqslant\beta$ 恒成立。

不难理解，制定检验准则时，应尽可能使得以上两类错误概率均较小。不幸的是，抽样样本容量一定时，减少二者中任意一个，另一个发生的概率必然增大。增大抽样样本容量是解决这一矛盾唯一有效的方法。

注

假设检验中接受或拒绝原假设的依据是小概率原理，即发生概率很小的随机事件在单次试验中几乎是不可能发生的。

4.7.3 显著性水平与 p-value

由上文可得，两类错误相互影响。因此，在实际应用中，总是控制犯第Ⅰ类错误的概率，即使其不大于 α。这种只关注第Ⅰ类错误发生的概率而不考虑犯第Ⅱ类错误概率的检验方法，称作显著性检验。控制参数 α，称作显著性水平。对应地，$1-\alpha$ 称作置信水平。不难理解，显著性水平指原假设实际为真时，检验统计量落在拒绝域的概率。由弃真错误定义可得，显著性水平 α 越小，犯第Ⅰ类错误的概率越小。显著性水平需要根据待解决问题提前确定。通常地，显著性水平取 0.1、0.05、0.01、0.005 等值。

由前文可知，显著性水平 α 决定了拒绝域的大小与位置。给定显著性水平 α 就等于确定了拒绝域，此过程与样本无关。也就是说，犯第Ⅰ类错误的概率只取决于拒绝域，不依赖于样本。若想评价由给定样本因拒绝原假设而犯错的概率，则需定义 p-value。原假设成立的前提下，出现与样本相同或者更极端情况的概率，定义为 p-value。需要说明的是，p-value 并不是一个确定的数值，而是一个样本统计量，是抽样样本集 $\mathscr{X}=\{\boldsymbol{x}_1,\boldsymbol{x}_2,\cdots,\boldsymbol{x}_n\}$ 的函数。对于离散型随机变量 X 来说，若更极端定义为 $X>g(\mathscr{X})$，则

$$\text{p-value}=\sum_{g_i \geqslant g(\mathscr{D})} P(X=g_i \mid H_0) \tag{4-83}$$

对于连续型随机变量 X 来说，则

$$\text{p-value}=\int_{g_i \geqslant g(\mathscr{D})} f(X=g_i \mid H_0)\mathrm{d}g_i \tag{4-84}$$

其中，$f(X=g_i|H_0)$为条件概率密度函数。

4.7.4 双侧检验与单侧检验

根据检验假设形式的不同，假设检验又分为双侧检验和单侧检验两种。具体地，备择假设没有方向性的检验方式，即形式为≠，则称为双侧检验。对应的备择假设，称作双侧备择假设。相反地，若备择假设带有方向性，即形式为＜或＞，则称该类备择假设为单侧备择假设。基于此假设条件的假设检验方法，称作单侧检验。具体地，前者称作左侧备择假设，对应检验称作左侧检验；后者称作右侧备择假设，对应检验称作右侧检验；

4.7.5 代表性检验统计量与方法

给定随机变量 $X\sim N(\mu,\sigma^2)$，若方差 σ^2 已知，假设其均值为 μ_0，并用检验统计量 $Z=(\overline{X}-\mu_0)/(\sigma/\sqrt{n})$来确定拒绝域的检验方法，称为 Z 检验。需要指出的是，若此时零假设为真，即 $\mu=\mu_0$ 为真，由 $\overline{X}\sim N(\mu,\sigma^2/n)$可得 $Z\sim N(0,1)$；进一步地，方差 σ^2 未知时，由于样本方差 S^2 是总体方差 σ^2 的无偏估计，故用 S^2 代替 σ^2，定义 $t=(\overline{X}-\mu_0)/(S/\sqrt{n})$为检验统计量。由于$(\overline{X}-\mu)/(S/\sqrt{n})\sim t(n-1)$，当观测值$|t|$大于指定阈值参数 k 的概率大于或等于显著性水平 α 时，接受零假设。上述假设检验法，称作 t 检验。

以上两种检验均是针对正态总体均值的，对于方差来说，给定随机变量 $X\sim N(\mu,\sigma^2)$，若均值与方差均未知，假设其方差为 σ_0^2。由于 S^2 是 σ^2 的无偏估计，故当零假设为真时，观察值 s^2 与 σ_0^2 的比值接近于 1。于是，定义检验统计量 $\chi^2=((n-1)S^2)/\sigma_0^2$ 来确定拒绝域。由于该检验统计量$((n-1)S^2)/\sigma_0^2$ 服务分布参数为 $n-1$ 的 χ^2 分布，即$(n-1)S^2/\sigma_0^2\sim\chi^2(n-1)$，故此时的假设检验称作 χ^2 检验。

小　结

本章结合部分实例对人工智能领域涉及的概率与数理统计知识点进行了系统介绍，重点讲解了条件概率与贝叶斯决策方法。现对本章核心内容总结如下。

(1) 随机试验相同条件下可重复进行，其所有可能结果事先已知，每次试验结果唯一确定且事先不可预知。

(2) 随机试验的所有可能结果构成样本空间。

(3) 样本空间子集定义为随机事件。

(4) 概率是事件发生可能性大小的度量。

(5) 带先决条件的概率，称作条件概率，在实际应用场景中具有重要意义。

(6) 独立事件共同发生的概率等于其各自发生概率的乘积。

（7）随机变量是定义域为随机试验样本空间的数值型变量。

（8）概率分布列与密度函数是描述离散与连续型随机变量概率分布特征的重要数学工具。

（9）样本均值与方差样本统计量的典型代表，一般将其定义为总体均值与方差的无偏估计。

（10）协方差矩阵是半正定矩阵。

（11）二项分布、泊松分布、指数分布、伽马分布、贝塔分布、高斯分布、均匀分布、几何分布是随机变量常见的概率分布形式。

（12）贝叶斯决策的理论基础是贝叶斯公式。

（13）最小错误率贝叶斯决策是最小风险贝叶斯决策的特例。

（14）条件独立性假设是朴素贝叶斯分类的根本。

（15）参数估计与假设检验是统计推断的两个重要组成部分。

（16）无偏性、有效性、一致性是参数估计量应具备的基本特性。

（17）最小二乘估计与最大似然估计本质上等价。

（18）若先验分布为均匀分布，则最大后验概率估计退化为最大似然估计。

（19）贝叶斯估计是连续型变量的贝叶斯决策问题。

（20）假设检验基于小概率原理，即小概率事件发生是推翻原假设的有力依据。

习　　题

（1）理论上，基于大小为 N 的随机试验样本空间可构建多少个随机事件？

（2）考虑 n 分类问题，若事件 A_i 代表某次试验样本为第 i 类样本，其中，$i=1,2,\cdots,n$，试回答以下问题：

① 试证明对于任意 $i\neq j$，$A_i\cap A_j=\varnothing$ 恒成立，即 A_i 与 A_j 互不相容；

② 试证明 $P(A_1\cup A_2\cup\cdots\cup A_n)=P(A_1)+P(A_2)+\cdots+P(A_n)$ 恒成立。

（3）若事件 $B_1,B_2,\cdots,B_n$ 构成样本空间 $\mathscr{X}$ 的一个完备组，即 $\mathscr{X}=\bigcup\limits_{i=1}^{n}B_i$ 且 $B_i\cap B_{j\&j\neq i}=\varnothing$。试证明，对任一事件 A 有 $P(A)=P(A,B_1)+P(A,B_2)+\cdots+P(A,B_n)$ 恒成立。

（4）试证明式(4-5)给出的全概率公式。

（5）已知全国 18 岁以上成年女性平均身高为 155.8cm。某次人口身高信息普查女性部分身高数据如下：153.3cm，160.2cm，170.0cm，152.2cm，160.5cm。试计算女性身高样本数据均值，并分析其与总体均值存在偏差的原因。

（6）已知离散型随机变量 X 的分布列如表 4-3 所示。

表 4-3　离散型随机变量 X 的分布列

X	-2	-1	0	1	2	3
P	0.15	0.15	0.1	0.2	0.1	0.3

① 试求 $E(X)$；

② 试求 $D(X)$。

(7) 对于连续型随机变量，试证明其取定义域内任意值的概率为 0。

(8) 已知 5 个样本的特征向量分别为 $x_1=[1,1]$、$x_2=[-1,-1]$、$x_3=[2,2]$、$x_4=[-2,-2]$、$x_5=[0,0]$，其两个分量维度分别为两个随机变量 X 与 Y，

① 试证明 X 与 Y 的皮尔森相关系数为 1；

② 给出随机变量 X 与 Y 的协方差矩阵和相关系数矩阵。

(9) 试给出二项分布的概率分布函数表达式。

(10) 试证明若 $Z_1\sim\chi_n^2$、$Z_2\sim\chi_m^2$，且 Z_1、Z_2 相互独立，则 $Z_1+Z_2\sim\chi_{n+m}^2$。

(11) 假设在某个局部地区细胞识别中正常(ω_1)和异常(ω_2)两类的先验概率分别为 $P(\omega_1)=0.9$，$P(\omega_2)=0.1$，现有一细胞，观察值为 x，从条件概率密度曲线上分别查得 $p(x|\omega_1)=0.2$，$p(x|\omega_2)=0.4$。

① 基于最小错误率贝叶斯决策判别该细胞是否正常；

② 利用如表 4-4 所示决策表，采用最小风险贝叶斯决策判别该细胞是否正常。

表 4-4 决策表

决策	状态	
	ω_1	ω_2
α_1	0	6
α_2	1	0

(12) 试举例说明共轭分布的作用与意义。

参考文献

[1] 平冈和幸，堀玄. 程序员的数学概率统计[M]. 陈筱烟，译. 北京：人民邮电出版社，2016.
[2] Sheldon M R.概率论基础教程[M]. 童行伟，梁宝生，译. 9 版. 北京：机械工业出版社，2015.
[3] 盛骤，试式千，潘承毅. 概率论与数理统计[M]. 4 版. 北京：高等教育出版社，2008.
[4] 张学工. 模式识别[M]. 3 版. 北京：清华大学出版社，2010.
[5] Vladimir N V. 统计学习理论[M]. 许建华，张学工，译. 北京：电子工业出版社，2015.
[6] 张晓明. 人工智能基础数学知识[M]. 北京：人民邮电出版社，2020.

第5章

信息论与熵

现有的人工智能技术与相对成熟的信息论有着千丝万缕的联系。例如，特征抽取与选择其实就是剔除冗余信息，对数据进行"压缩编码"，从而实现其高效表示的一种方式。从训练集所有数据的"编码结果"中发现规律其实就是一种解码过程。需要说明的是，信息论的发展本质是为了提升数据传输的质量与速度。而人工智能处理技术面对的是从已有数据中发现规律，并用于实现对新数据类别或评估结果的正确预测。因此，与信息论中解码器实现数据高质量恢复不同，人工智能算法的解码过程关注隐藏在数据背后的规律的显式表达。除此之外，给定预测集 $X=\{\boldsymbol{x}_1,\boldsymbol{x}_2,\cdots,\boldsymbol{x}_N\}$，设其对应的真实值变量 $\hat{Y}$ 服从某一分布 $\hat{\Gamma}$。数据驱动的人工智能算法的本质是使得预测值变量 Y 的分布函数 Γ 与真实分布 $\hat{\Gamma}$ 尽可能相等。这一目标通常由最小化交叉熵损失函数来实现。本章重点介绍人工智能领域涉及的信息论知识。

5.1 人工智能与信息论

有人说"人工智能与信息论构成一枚硬币的正反两面"。实际上，发展更加成熟的信息论为人工智能技术的成长提供了许多营养供给。例如，数据驱动的 Encoder-Decoder 模型本质上是一个单工通信系统。这一点从其名字中即可发现一些蛛丝马迹。不同的是，通信系统中的编码与解码重点关注的是信息传播的便捷性，即便存在编码损失、传输干扰，其解码结果通常是对原数据的"保真恢复"。而人工智能技术更关注海量数据中对待解决问题有指导意义信息的有效表达(编码)，以及从有价值信息中推演(解码)待解决问题答案的问题。也就是说，通常地，人工智能领域中的解码技术并不是为了完全恢复编码前的数据，而是从中发现蕴藏其中的与待解决问题相关的规律、模式。例如，给定句子对 $\langle X,Y\rangle$，自然语言翻译领域的 Encoder-Decoder 模型可实现由语句 X 到语句 Y 的翻译工作。具体地，若语句 X 由 n 个词组构成，设第 i 个词组的嵌入表示为 x_i，则 $X=\{\boldsymbol{x}_1,\boldsymbol{x}_2,\cdots,\boldsymbol{x}_n\}$，其中，$i=1,2,\cdots,n$。与之对应地，语句 Y 由 m 个词组构成，第 j 个词组的嵌入表示为 $\boldsymbol{y}_j$，则 $Y=\{\boldsymbol{y}_1,\boldsymbol{y}_2,\cdots,\boldsymbol{y}_m\}$，其中，$j=1,2,\cdots,m$。需要说明的是，在自然翻译领域，词组的嵌入表示通常指的是该词组的特征向量表示。另外，构成一个句子的词组的嵌入表达是有序的。在以上形式化表达的基础上，编码任务即是找到语句 X 的中间语义表示 $\boldsymbol{S}$，即 $\boldsymbol{S}=\mathscr{E}(\boldsymbol{x}_1,\boldsymbol{x}_2,\cdots,\boldsymbol{x}_n)$。与之对应地，对于解码器来说，其任务是根据语句 X 的中间语义表示 $\boldsymbol{S}$ 和之前已翻译完成的 k 个词组$\{\tilde{\boldsymbol{y}}_1,\tilde{\boldsymbol{y}}_2,\cdots,\tilde{\boldsymbol{y}}_k\}$，来重构第 $k+1$ 个词组 $\tilde{\boldsymbol{y}}_{k+1}$，其中，$1\leqslant k<m$。也即，$\tilde{\boldsymbol{y}}_{k+1}=\mathscr{D}(\boldsymbol{S};\tilde{\boldsymbol{y}}_1,\tilde{\boldsymbol{y}}_2,\cdots,\tilde{\boldsymbol{y}}_k)$。其中，$k=1,2,\cdots,m-1$。

其实，从不确定性较高的海量数据中得到确定性答案的过程，是一个信息不确定度不断下降的过程。在信息论中，信息的不确定性是由信息熵来表达的。信息熵在决策树分类、特征选择、损失函数构建等方面均起着重要作用。本章接下来将就人工智能领域中的编码、解码、熵相关信息论知识展开详细介绍。

注

有必要指出的是，实际上，人工智能与信息论两个学科互相交叉。但主要还是人工智能借用更加成熟的信息论方法，用于推进其理论研究进展，拓展其应用场景。一个比较典型的例子就是借鉴信息理论创造和改进学习算法，甚至已经衍生出一个称作信息理论学习的研究方向。

5.2 特征编码

数据驱动的人工智能方法通常由原始数据集 D 中抽取特征向量，并组成特征矩阵 F，即寻找映射 $f: D\rightarrow F$。这一过程可由人工设计完成，也可由包括神经网络在内的智能模型来生成。由特征矩阵 F 来表示待分析数据 D 本质上就是实现对 D 的有效编码。具体地，每种特征的结构、取值范围、长度，以及特征与特征之间的组合方式均是信息编码的体现。

5.2.1 直接编码

设一特征向量由体重与性别两种特征值构成。不难理解，由于体重取连续浮点值，其测量结果可直接写入特征向量。不考虑生物学上的特殊情况，性别特征取值有“男”与“女”两种。也就是说，一个二进制位的两种取值状态足以实现对性别特征的编码表达。类似地，若某一特征由 N 个不同状态取值构成，则其取值可用$\{0,1,\cdots,N-1\}$表示。需要说明的是，若存在取值未知特征，则需要多增加一个状态，用于表示缺失值。若一个特征向量由性别、归属地、浏览器工具三类特征构成，且性别特征 S 取值空间为{男，女}，归属地 L 取值空间为{亚洲，欧洲，非洲，美洲}，浏览器工具 B 取值空间为{Chrome, IE, 360, Firefox, Safari}，则以上三类特征可直接编码表示为 $S=\{0,1\}$，$L=\{0,1,2,3\}$，$B=\{0,1,2,3,4\}$。不难理解，对于样本“来自欧洲使用 Firefox 的男性”来说，其特征向量的一种直接编码结果为[0,1,3]。需要说明的是，实际上 0,1,3 的任意“拼接”均可用于表示以上样本，主要取决于特征向量中不同特征所处位置的差异性。这本身也是特征编码的一种体现。

注

并不是连续值型变量一定不需要重新编码。特别地，在有些应用场景下，连续型变量需要离散化处理以解决实际问题。

5.2.2 One-hot 编码

又称一位有效编码。该编码方法用一个二进制位独立表达特征的某一取值状态，并且编码结果中有且仅有一个二进制位是有效位。也就是说，对于包含 4 种取值的某特征，直接编码采用 2 个比特位来表示其各个取值状态。而 One-hot 编码采用 4 个比特位来表示，每个比特位与一个状态对应。也就是说，一位有效编码码字总位数取决于特征状态数，每一个码字里“1”的位置，代表对应状态生效。例如，包含 4 种取值特征编码依次为 0001、0010、0100、1000。若一个特征向量由性别、归属地、浏览器工具三类特征构成，且性别特征 S 取值空间为{男，女}，归属地 L 取值空间为{亚洲，欧洲，非洲，美洲}，浏览器工具 B 取值空间为{Chrome，IE，360，Firefox，Safari}，则以上三类特征的 One-hot 编码可分别对应表示为 $S=\{01,10\}$，$L=\{0001,0010,0100,1000\}$，$B=\{00001,00010,00100,01000,10000\}$。不难理解，对于样本“来自欧洲使用 Firefox 的男性”来说，其特征向量的 One-hot 编码结果为[01，00， 0000，0010，0000，0000， 00000，00000，00000，01000，00000]，可进一步简写为[1，0， 0，1，0，0， 0，0，0，1，0]。

5.2.3 Dummy 编码

Dummy 编码又称哑变量编码、虚拟变量编码。不难发现，One-hot 编码保证每个取值只有一种状态被“激活”，即只有一个状态位取值为 1，其他状态位均被设置为 0。实际上，若一个离散型特征变量只有 N 种不同取值状态，则用 $N-1$ 位即可表达其所有状态取值情况。这是因为，例如，若归属地 L 取值空间为{亚洲，欧洲，非洲，美洲}，则不是亚洲、欧洲、非洲的归属地，必然是美洲。也就是说，若前三个归属地依次编码为 0001，0010，0100，则全 0 状态位 0000 即可代表美洲。以上编码可进一步化简为 001，010，100，000。

注

有必要说明的是连续型变量的离散化处理，如有效编码与哑变量编码，均可提升模型的非线性能力。这是因为，就线性模型来说，给定连续型变量 x，其权重控制参数只有一个，设为 w；而离散化处理后，其对应取值为 N 个，记作 $x_1,x_2,\cdots,x_n$，权重控制参数也由原来的一个增加为 N 个。显然，这使得对变量 x 的控制参数管理更加精细。这显然可以提升原模型的非线性表达能力。除此之外，与由一个很大的权值管理一个特征相比，拆分成众多小权值管理这个特征，可降低特征值扰动、异常数据对模型稳定性的影响，进而使得模型鲁棒性更强。

5.3 压缩编码

信息论中编码的主要任务是尽可能保证信息完整性的前提下，降低其对传输带宽或存储空间的占用。也就是说，其背后均蕴含着对数据的压缩处理思想。这一点与数据驱动的人工智能领域涉及的多项技术紧密相关。

5.3.1 聚类

聚类的目的通常是将数据集中样本划分为若干互不相交的子集，使得每个子集与一个现实中的概念相对应，并用子集"中心"作为对应概念的抽象表达。形式化地，给定包含 m 个样本的数据集 $D=\{\boldsymbol{x}_1,\boldsymbol{x}_2,\cdots,\boldsymbol{x}_m\}$，其中每个样本均由一个 n 维特征向量来表示，即 $\boldsymbol{x}_i=[x_{i,1},x_{i,2},\cdots,x_{i,n}]$，其中 $i=1,2,\cdots,m$。设某一聚类算法将样本数据集 D 划分为 k 个互不相交子集，分别记作 $D_1,D_2,\cdots,D_k$，其中，$D=\bigcup\limits_{j=1}^{k}D_j$ 且 $D_j\cap D_{l\neq j}=\varnothing$。若 k 个子集对应语义分别记作 S_j，其中，$j=1,2,\cdots,k$，则聚类的实质是在样本数据集 D 与语义概念之间建立映射 F。也就是说，F 实现了样本数据集 D 的语义压缩编码。

> 注
>
> 数据驱动的人工智能领域存在许多聚类方法，大致可划分为 K 均值聚类、模糊 C 均值聚类、高斯混合聚类、密度聚类、谱聚类等。感兴趣的读者可查阅相关资料。

5.3.2 特征降维

在数据驱动的人工智能领域，用于解决实际问题的方法是否有效，与样本数据的特征表达强相关。不幸的是，特征向量维度的增加，导致样本数据在其空间内的分布密度急剧降低。与此同时，维度的增加必然给样本间距离的度量带来额外开销。这在人工智能领域被称作维度灾难。解决这一问题的有效途径之一，是特征降维。这是因为，很多时候虽然特征向量分布在高维空间，但是待求解问题的解只与这一高维空间中的一个低维嵌入相关。显然，随机剔除组成整个特征向量的部分特征值，可以起到缓解维度灾难的作用。但这不可避免地导致有价值信息的丢失。因此，一类特征降维方法基于降低特征维度的同时，确保高维空间中样本距离在低维空间中保持不变的前提。

形式化地，给定包含 m 个样本的数据集 $S=\{\boldsymbol{x}_1,\boldsymbol{x}_2,\cdots,\boldsymbol{x}_m\}$，其中每个样本均由一个 n 维特征向量来表示，即 $\boldsymbol{x}_i=[x_{i,1},x_{i,2},\cdots,x_{i,n}]$，其中，$i=1,2,\cdots,m$。所有样本构成特征矩阵 $\boldsymbol{A}\in R^{m\times n}$，则样本间距离在 n 维特征空间内构成 m 阶距离矩阵 $\boldsymbol{D}$。其中，第 i 行 j 列元素为样本 $\boldsymbol{x}_i$ 与样本 $\boldsymbol{x}_j$ 之间的欧氏距离，记作 $D_{i,j}=d_{欧}(\boldsymbol{x}_i,\boldsymbol{x}_j)=\|\boldsymbol{x}_i-\boldsymbol{x}_j\|$。若降维后样本特征向量长度由 n 维缩减为 d 维，其中，$d\leqslant n$，则样本新特征向量构成特征矩阵 $\boldsymbol{Z}\in R^{m\times d}$。样本 $\boldsymbol{x}_i$ 与 $\boldsymbol{x}_j$ 在 d 维空间中与特征矩阵 $\boldsymbol{Z}$ 中第 i 行、第 j 行元素 $\boldsymbol{z}_i$ 与 $\boldsymbol{z}_j$ 一一对应。为保持距离不变性，也就是说，$D_{i,j}=\|\boldsymbol{z}_i-\boldsymbol{z}_j\|$ 恒成立。与距离矩阵 $\boldsymbol{D}$ 类似，构造降维后样本特征向量间内积矩阵 $\boldsymbol{B}$，其中，$B_{i,j}=\boldsymbol{z}_i\boldsymbol{z}_j^{\mathrm{T}}$，显然其为 m 阶矩阵。也就是说，

内积矩阵 $\boldsymbol{B}$ 与特征矩阵 $\boldsymbol{Z}$ 之间存在如下关系：$\boldsymbol{B}=\boldsymbol{Z}\boldsymbol{Z}^{\mathrm{T}}$。由 $D_{i,j}=\|\boldsymbol{z}_i-\boldsymbol{z}_j\|$，可得

$$\begin{aligned}D_{i,j}^2&=\|\boldsymbol{z}_i\|^2+\|\boldsymbol{z}_j\|^2-2\boldsymbol{z}_i\boldsymbol{z}_j^{\mathrm{T}}\\&=B_{i,i}+B_{j,j}-2B_{i,j}\end{aligned}\tag{5-1}$$

设降维后样本已中心化处理，即 $\sum_{i=1}^{m}z_i=0$。易得

$$\sum_{i=1}^{m}B_{i,j}=\sum_{i=1}^{m}\boldsymbol{z}_i\boldsymbol{z}_j^{\mathrm{T}}=\left(\sum_{i=1}^{m}\boldsymbol{z}_i\right)\boldsymbol{z}_j^{\mathrm{T}}=0\tag{5-2}$$

类似地，$\sum_{j=1}^{m}B_{i,j}=0$。

注

中心化的作用与意义详见第 7 章。另外，降维后样本中心化处理后，内积矩阵实际应对样本的协方差矩阵。

结合以上各式，可得

$$\sum_{i=1}^{m}D_{i,j}^2=\mathrm{tr}(\boldsymbol{B})+mB_{j,j}\tag{5-3}$$

$$\sum_{j=1}^{m}D_{i,j}^2=\mathrm{tr}(\boldsymbol{B})+mB_{i,i}\tag{5-4}$$

$$\sum_{i=1}^{m}\sum_{j=1}^{m}D_{i,j}^2=2m\,\mathrm{tr}(\boldsymbol{B})\tag{5-5}$$

其中，$\mathrm{tr}(\boldsymbol{B})$表示矩阵 $\boldsymbol{B}$ 的迹。结合式(5-1)，易得

$$\begin{aligned}B_{i,j}&=-\frac{1}{2}(D_{i,j}^2-B_{i,i}-B_{j,j})\\&=-\frac{1}{2}\left(D_{i,j}^2-\frac{1}{m}\sum_{i=1}^{m}D_{i,j}^2-\frac{1}{m}\sum_{j=1}^{m}D_{i,j}^2+\frac{1}{m^2}\sum_{i=1}^{m}\sum_{j=1}^{m}D_{i,j}^2\right)\end{aligned}\tag{5-6}$$

也就是说，降维后的任意样本对之间的内积可由降维前二者间的欧几里得距离唯一表示。由 1.16.2 节可知，只需对内积矩阵 $\boldsymbol{B}$ 进行特征值分解便可以得到特征矩阵 $\boldsymbol{Z}$。不难理解，降维后的特征向量可视作对原始特征向量的压缩编码。

5.3.3 特征选择

特征降维是解决“维度灾难”的有效途径之一。若特征集中部分特征对待解决问题的求解有指导性意义，则称为相关特征，否则称为无关特征。由给定特征集选择出相关特征子集，有助于降维或降低待解决问题的难度。需要说明的是，特征降维关注的是特征向量的长度。降维后的向量中任意元素段均可能失去原有语义。而特征选择更关注特征类别的取舍，被选中特征的完整性并未被破坏。特征选择必须保证不丢失对待解问题求解重要的特征。待求解问题不同，相关特征也不尽相同。

有必要指出的是，给定特征集合，若没有任何先验知识，遍历所有的可能子集不可避免地导致组合爆炸问题。一种可能的解决方法是，构造候选子集，对其进行评价，并由评

价结论修正候选子集。持续以上步骤直到无法找到更优的候选子集为止。形式化地，给定特征集合 $A=\{a_1,a_2,\cdots,a_d\}$，最小候选集只有一个特征构成。也就是说，首先对特征集合中的 d 个特征依次进行评价。假设 a_3 最优，则 $A_1=\{a_3\}$ 为当前最优候选子集。然后将除特征 a_3 之外的其他 $d-1$ 个特征与 a_3 依次构成包含两个特征元素的候选子集。假设 $A_2=\{a_3,a_1\}$ 最优，且优于 $\{a_3\}$，则将 $\{a_3,a_1\}$ 作为本轮候选特征子集。直到第 $k+1$ 轮时拥有 $k+1$ 个特征最优候选子集 A_{k+1} 的评价结果均不如第 k 轮生成的拥有 k 个特征的最优候选子集 A_k，则 A_k 为最终的特征选择结果。

注

除采取逐轮搜索增加相关特征的最优候选子集外，还可由全集出发，采用逐轮减少无关特征数量的搜索策略。或者将二者有机结合。另外需要指出的是，上述搜索策略均是基于贪心机制的，可能陷入局部最优。

由以上描述不难发现，最优候选子集的构造过程离不开对其优化程度的评价。信息增益是这类评价中的典型代表。给定特征子集 B，假定根据其取值可将样本数据集 D 划分为 v 个子集，即 $\{D_1,D_2,\cdots,D_v\}$，其中每个子集中的样本在特征子集 B 上取值相同，则特征子集 B 的信息增益定义为

$$G(B)=\mathrm{Ent}(D)-\sum_{i=1}^{v}\frac{\mathrm{card}(D_i)}{\mathrm{card}(D)}\mathrm{Ent}(D_i) \tag{5-7}$$

其中，$\mathrm{Ent}(D)$ 与 $\mathrm{Ent}(D_i)$ 为样本数据集 D 及其子集 D_i 的信息熵。

注

信息熵与各类样本占总体的比值有关。熵值越大表示数据类别多样性越强。反之，数据类别单一，纯度更高。因此，若特征子集使得式(5-7)定义的信息增益越大，则意味着此候选子集更有利于类别划分。关于信息熵的定义与性质详见 5.7 节。有必要说明的是，以上定义的信息增益只是候选子集评价的一种途径，任何一种可判断划分差异性的评价均可用于最优候选子集筛选。另外，有必要指出的是，特征权重正则化也是特征选择的一种有效策略。关于正则化详见第 7 章。

5.3.4 稀疏编码

来看现实生活中的实例，通常图书均有目录，字典有拼音查字法、部首查字法等，这里的目录以及多种不同的查字方法，实际是在海量信息与其代表的核心信息之间建立了一个快速定位索引。换个角度，给定一份文档以及一本字典，则该文档中同一汉字出现的频次构成一个特征向量。此特征向量的长度为字典中包含汉语的个数。通常地，受主题及上下文环境影响，一份文档不可能涵盖字典中所有的汉字。也就是说，生成的特征向量中包含多个零元，具备稀疏性。不难理解，维度相同时，稀疏分布的样本更易区分。构造字典使得特征表达具备稀疏性是数据驱动的人工智能解决实际问题的一种有效策略。

形式化地，给定样本数据集 $D=\{\boldsymbol{x}_1,\boldsymbol{x}_2,\cdots,\boldsymbol{x}_m\}$，其中每个样本均由一个 n 维特征向

量来表示，即 $\boldsymbol{x}_i=[x_{i,1},x_{i,2},\cdots,x_{i,n}]$，其中，$i=1,2,\cdots,n$。所有样本构成特征矩阵 $\boldsymbol{A}\in R^{m\times n}$。构造词汇量规模为 k 的字典矩阵 $\boldsymbol{B}\in R^{k\times n}$，使得任意特征向量 $\boldsymbol{x}_i=[x_{i,1},x_{i,2},\cdots,x_{i,n}]$均与其编码后的特征向量 $\boldsymbol{y}_i=[y_{i,1},y_{i,2},\cdots,y_{i,k}]$保持线性关系，即 $\boldsymbol{x}_i=\boldsymbol{y}_i\boldsymbol{B}$。为求得字典矩阵 $\boldsymbol{B}$ 及稀疏表达的特征向量集$\{\boldsymbol{y}_1,\boldsymbol{y}_2,\cdots,\boldsymbol{y}_m\}$，最小化如下目标函数：

$$\min_{B,\{y_1,y_2,\cdots y_m\}}\sum_{i=1}^{m}\left(\left\|\boldsymbol{x}_i-\boldsymbol{y}_i\boldsymbol{B}\right\|_2^2+\lambda\left\|\boldsymbol{y}_i\right\|_1\right) \tag{5-8}$$

其中，上式第二项编码后特征向量的 1-范数，起正则化作用。关于范数与正则化详见第 7 章。

注

有必要说明的是，物极必反。当稀疏到一程度时，再增加样本特征表达的稀疏性可能给待解决问题的求解带来新的挑战。

5.3.5 压缩感知

给定样本的 n 维特征向量 $\boldsymbol{x}$，考虑线性变换构成矩阵 $\boldsymbol{\Phi}\in R^{n\times m}$，且满足 $\boldsymbol{y}=\boldsymbol{x\Phi}$，显然变换结果 $\boldsymbol{y}$ 为 m 维向量，其中，$m<<n$。也就是说，线性变换矩阵 $\boldsymbol{\Phi}$ 实现了特征向量的压缩编码。但是，给定变换结果 m 维特征向量 $\boldsymbol{y}$ 以及变换矩阵 $\boldsymbol{\Phi}$，几乎不可能恢复原特征向量 $\boldsymbol{x}$。这是因为，由于 $m<<n$，所以 $\boldsymbol{y}=\boldsymbol{x\Phi}$ 构成欠定方程组，即方程个数小于变量个数。即便少数变量相互间具备线性关系，方程组解仍不唯一。幸运的是，假设存在另一个线性变换 $\boldsymbol{\Psi}\in R^{n\times n}$，使得 $\boldsymbol{x}=\boldsymbol{s\Psi}$。显然，$s$ 也是一个 n 维特征向量。也就是说，$\boldsymbol{y}=\boldsymbol{x\Phi}$ 可改写为 $\boldsymbol{y}=\boldsymbol{s\Psi\Phi}$。令 $\boldsymbol{A}=\boldsymbol{\Psi\Phi}$，则可得出如下结论：若能根据特征向量 $\boldsymbol{y}$ 恢复出特征向量 $\boldsymbol{s}$，则可依据 $\boldsymbol{x}=\boldsymbol{s\Psi}$ 进一步恢复出原特征向量 $\boldsymbol{x}$。有必要说明的是，乍看起来，由特征向量 $\boldsymbol{y}$ 恢复出特征向量 $\boldsymbol{s}$ 仍然是一个由 m 维特征向量恢复 n 维特征向量的问题，且变换矩阵 $\boldsymbol{A}$ 仍然是 $n\times m$ 的。也就是说，这仍然是一个求解欠定方程组的问题。有趣的是，若特征向量 $\boldsymbol{s}$ 是稀疏的，即多个位置的特征值为 0，则 $\boldsymbol{sA}$ 构成欠定方程组的可能性减小，有利于上述问题的求解。

不难理解，上述变换矩阵 $\boldsymbol{A}$ 与稀疏编码中字典作用类似，用于将特征向量转换为稀疏表示。但是，与特征选择与稀疏编码不同的是，压缩感知从特征向量本身具备的稀疏性出发，由部分非 0 特征恢复完整向量。幸运的是，通常在原定义域上不具备稀疏性的数据，经过某种线性变换后，在变换域上表现出稀疏性。可能的变换包括傅里叶变换、余弦变换、小波变换等。感兴趣的读者可参阅相关材料。

5.4 决策编码

数据驱动的人工智能方法从历史数据中发现规律，实现对未知样本的正确决策。其本质是构造数据与决策结果之间的函数映射。其间通常借助特征向量对数据进行全面、深入、细致的描述。如前文所述，这一数据到特征的转换过程与信息论中数据编码思想相对应。实际上，函数映射的表达形式、求解过程也与信息编码有类似之处。接下来，将详细介绍相关内容。

5.4.1 假设空间

对于待求解问题来说，选定模型后，数据驱动的人工智能方法通常可视作参数最优化过程。假设一个模型共有 m 个可变参数，记作 $\theta_1,\theta_2,\cdots,\theta_m$。不难理解，所有参数一起构成一个 m 维假设空间 Θ。而各参数的取值范围则定义了对应维度的界。理想的人工智能方法是在假设空间 Θ 内找到一个最优参数向量$[\hat{\theta}_1,\hat{\theta}_2,\cdots,\hat{\theta}_m]$。

5.4.2 版本空间

不难理解，假设空间通常很大，而训练数据集毕竟有限可数。与欠定线性方程组存在多个可能解类似，数据驱动的人工智能方法很可能由有限训练样本得到多个参数向量。也就是说，存在着多个假设与训练集保持一致。这些假设构成解的“版本空间”。有必要说明的是，构成“版本空间”的多个参数向量对新样本的预测必然存在结论差异风险。这给人工智能决策模型的选择带来不确定因素。这一点与压缩感知中线性变换矩阵的欠定性导致的方程组解不唯一问题类似。解决这一问题的有效策略是引入“归纳偏好”机制，这与压缩感知采用的稀疏性机制有异曲同工之妙。例如，偏好位置的特征值保持不变，其他位置置 0。这一机制的设计灵感来自于人类通常对某大类事物中部分事物具有特殊偏好的事实。需要指出的是，式(5-8)中的 1-范数正则化其实就是对解空间中模较小的参数向量的一种归纳偏好。

> 注
>
> 关于范数与正则化详见第 7 章。

5.4.3 决策平面

以线性二分类为例，给定样本数据集 $D=\{\boldsymbol{x}_1,\boldsymbol{x}_2,\cdots,\boldsymbol{x}_m\}$，其中每个样本均由一个 n 维特征向量来表示，即 $\boldsymbol{x}_i=[x_{i,1},x_{i,2},\cdots,x_{i,n}]$，其中，$i=1,2,\cdots,m$。设各样本真实标签依次为 $\hat{y}_1,\hat{y}_2,\cdots,\hat{y}_m$。也就是说，样本数据 $\boldsymbol{x}_i$ 及其真实标签 $\hat{y}_i$ 之间构成数对$\langle\boldsymbol{x}_i,\hat{y}_i\rangle$，其中，$i=1,2,\cdots,m$。另外，实际上真实标签 $\hat{y}_1$ 为二值变量。具体地，若样本数据 $\boldsymbol{x}_i$ 为正例，则 $\hat{y}_i=1$；否则 $\hat{y}_i=0$。线性分类的本质是寻找最优参数向量 $\boldsymbol{w}=[w_1,w_2,\cdots,w_{n+1}]$，使得给定待预测样本 $\boldsymbol{x}=[x_1,x_2,\cdots,x_n]$，当 $\boldsymbol{w}[\boldsymbol{x},1]^{\mathrm{T}}>0$ 时，样本 $\boldsymbol{x}$ 被归类为正例；当 $\boldsymbol{w}[\boldsymbol{x},1]^{\mathrm{T}}<0$ 时，样本 $\boldsymbol{x}$ 被归类为负例。对应地，方程 $\boldsymbol{w}[\boldsymbol{x},1]^{\mathrm{T}}=0$ 即构成了这一问题的决策平面。分类模型确定后，决策面方程中的控制参数值由训练样本数据集 $D=\{\boldsymbol{x}_1,\boldsymbol{x}_2,\cdots,\boldsymbol{x}_m\}$唯一确定。也就是说，就给定的分类问题来说，决策面方程就是对其已知训练样本数据的一种编码表达。

5.4.4 纠错输出码

延续上文的分类问题，待解决问题不是二分类任务而是一个多分类任务。也就是说，样本数据 $\boldsymbol{x}_i$ 的真实标签 $\hat{y}_1$ 有多个取值。设类别个数记作 N，且真实标签所有取值构成集合$\{0,1,2,\cdots,N-1\}$。如何借助二分类器完成多分类任务，是数据驱动人工智能研究需要解决的一个问题。有必要指出的是，有些二分类模型可直接推广，用于解决多分类问题，如KNN、朴素贝叶斯等。更一般地，通常将多分类问题拆解为多个二分类问题，为每个二分类任务训练一个分类器。不难理解，这里的拆分过程与信息论中的编码思想不谋而合。

领域内经典的拆分策略包括一对一、一对其余、多对多三种。对于一对一分类来讲，给定样本数据集$D=\{x_1,x_2,\cdots,x_m\}$及其真实标签值$\hat{y}_1,\hat{y}_2,\cdots,\hat{y}_m$，其中$\hat{y}_i\in\{0,1,2,\cdots,N-1\}$，以类别标签为基准将样本数据划分为$N$个子集。再将各子集两两配对，构成正反例，并分别训练一个二分类器。显然，类别数目为N时，一对一策略将引入$N(N-1)/2$个二分类器。这必然导致分类器训练代价大幅上涨。与之对应地，一对其余策略将产生N个分类器，开销更小。多对多拆分策略是以上两种策略的范化版本。纠错输出码在该拆分策略中比较常见。该策略将类别与行对应，将分类器与列对应，如图5-1所示，若分类器与类别相交处为$+1$，则表示该分类器将此类别样本视作正例；若为-1则表示该分类器将此类别样本视作负例；若为0则表示该分类器对该类别样本不做识别处理。由图5-1不难发现，以上三类拆分策略均可采用纠错输出码来表示。

	f_1	f_2	f_3	f_4	f_5
C_1	+1	-1	+1	-1	-1
C_2	-1	+1	-1	-1	-1
C_3	-1	-1	+1	-1	+1
C_4	-1	+1	-1	+1	+1

(a) 多对多

	f_1	f_2	f_3	f_4
C_1	+1	-1	-1	-1
C_2	-1	+1	-1	-1
C_3	-1	-1	+1	-1
C_4	-1	-1	-1	+1

(b) 一对其余

	f_1	f_2	f_3	f_4	f_5	f_6
C_1	+1	+1	+1	0	0	0
C_2	-1	0	0	+1	+1	0
C_3	0	-1	0	-1	0	+1
C_4	0	0	-1	0	-1	-1

(c) 一对一

图5-1 纠错输出码示例

5.5 决策解码

信息论中编码是为了压缩数据，提升传输性能。接收端需要对数据进行解码恢复操作。虽然人工智能领域的编码、解码应用与其不完全相同，但多数情况下，是需要对编码结果进行类似解码操作的。

5.5.1 聚类

给定包含m个样本的数据集$D=\{\boldsymbol{x}_1,\boldsymbol{x}_2,\cdots,\boldsymbol{x}_m\}$，其中每个样本均由一个$n$维特征向量来表示，即$\boldsymbol{x}_i=[x_{i,1},x_{i,2},\cdots,x_{i,n}]$，其中，$i=1,2,\cdots,m$。设某一聚类算法将样本数据集$D$划分为$k$个互不相交的子集，分别记作$D_1,D_2,\cdots,D_k$，其中，$D=\bigcup_{j=1}^{k}D_j$且$D_j\cap D_{l\neq j}=\varnothing$。设$k$个子集聚类中心，记作$\boldsymbol{c}_o$。对于预测样本$\boldsymbol{y}$，若其与各聚类中心的距离构成集合$S=\{d(\boldsymbol{y},\boldsymbol{c}_1),d(\boldsymbol{y},\boldsymbol{c}_2),\cdots,d(\boldsymbol{y},\boldsymbol{c}_k)\}$，则预测样本$\boldsymbol{y}$应归类为第

$$\arg\min_{o}(d(\boldsymbol{y},\boldsymbol{c}_o)) \tag{5-9}$$

类。其中，$o=1,2,\cdots,k$。

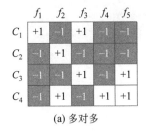

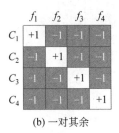

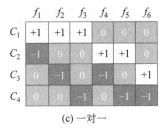

5.5.2 线性分类

如前文所述，分类平面可视作训练数据的编码。对线性二分类平面来说，参数向量 $\boldsymbol{w}$ 包含训练数据的编码信息。给定待预测样本 $\boldsymbol{x}$，当 $\boldsymbol{w}[\boldsymbol{x},1]^{\mathrm{T}}>0$ 时，样本 $\boldsymbol{x}$ 被归类为正例；当 $\boldsymbol{w}[\boldsymbol{x},1]^{\mathrm{T}}<0$ 时，样本 $\boldsymbol{x}$ 被归类为负例。显然，预测过程即是对训练数据编码的参数向量 $\boldsymbol{w}$ 的解码过程。

5.5.3 纠错输出码

仍以纠错输出码为例，与分类问题拆分与编码相对应类似，各分类器预测结果的集成与解码相对应。如图 5-2 所示，对于预测样本 $\boldsymbol{x}$ 来说，不同的分类器预测其为正负例的情况组成行向量。计算此向量与纠错输入码各编码行的距离，如图 5-2 所示，二者的曼哈顿距离构成图示中的列向量。其中，最小值所在行所属类别即为样本 $\boldsymbol{x}$ 的预测结果。

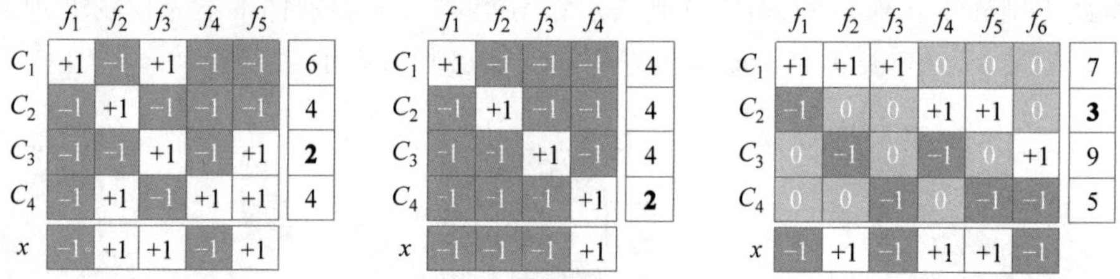

(a) 多对多　　(b) 一对其余　　(c) 一对一

图 5-2 纠错输出码解码示例

5.5.4 特征降维

对于 PCA 降维来说，设原中心化样本特征向量长度为 d，由样本协方差矩阵 $\boldsymbol{XX}^{\mathrm{T}}$ 前 d' 大的特征值对应的特征向量 $\boldsymbol{w}_1,\boldsymbol{w}_2,\cdots,\boldsymbol{w}_{d'}$ 构成的投影矩阵 $\boldsymbol{W}=[\boldsymbol{w}_1;\boldsymbol{w}_2;\cdots;\boldsymbol{w}_{d'}]$，对新样本特征向量 y 进行降维处理，即是对降维压缩编码进行解码处理，新样本特征向量 y 的降维结果为 $\boldsymbol{Wy}^{\mathrm{T}}$，其长度为 d'。

5.6 自 编 码

前文所述特征选择、降维均建立在特征提取基础上。当前流行的神经网络模型，采用由多个隐层构成的自编码器完成对训练数据显著特征的提取。通常地，自编码器由一个编码器和一个解码器构成。编码过程对应一个函数映射 f，负责将样本 $\boldsymbol{x}$ 编码为特征 $\boldsymbol{h}$，即 $\boldsymbol{h}=f(\boldsymbol{x})$。有必要说明的是，也有书籍将此编码结果称作隐藏码。另外，有必要指出的是，根据待解决问题的不同，解码器 $\boldsymbol{r}=g(\boldsymbol{h})$ 的形式各不相同。

5.6.1 恒等变换

如果解码器对应的函数映射是编码器函数映射的逆映射，即 $g=f^{-1}$，则 $g(f(\boldsymbol{x}))=\boldsymbol{x}$。

显然，此编/解码器对实现样本 $\boldsymbol{x}$ 的恒等变换。不难理解，恒等变换的编/解码器对只是将输入数据原封不动地输出出来，这更接近信息论中编码、解码为实现信息保真传输的理念，却在实际的人工智能应用中徒增计算量，对问题的解决无任何增益。实际上，在人工智能应用中更关心输出结果与待解决问题的对应性，而不是其保真度。

5.6.2　欠完备自编码

通常地，自编码是为了由样本 $\boldsymbol{x}$ 中提取与待解决问题有益的特征 $\boldsymbol{h}$。若限制 $\boldsymbol{h}$ 的维度小于样本 $\boldsymbol{x}$ 的维度，则实现这种映射的编码器，被称作是欠完备的。与特征降维类似，欠完备的自编码器用于剔除冗余，捕获显著特征。形式化地，给定输入样本空间 $\mathscr{X}$、特征空间 $\mathscr{H}$，自编码器求解存在于二者之间的函数映射 $f: \mathscr{X}\to\mathscr{H}$；而解码器用于由捕获的显著特征恢复输入样本，即构建由 $\mathscr{H}$ 到 $\mathscr{X}$ 的映射 $g:\mathscr{H}\to\mathscr{X}$，使得自编码输出与输入近似相等。一般地，此类问题归结为损失函数最优化问题。形式化地，自编码问题可描述为

$$\arg\min_{g,f} L(\boldsymbol{x}, g(f(\boldsymbol{x}))) \tag{5-10}$$

若 L 定义为均方误差且解码器是线性的，则此时欠完备自编码器学习出与 PCA 降维类似的生成子空间，二者等价。有必要指出的是，编码器函数与解码器函数均可以是非线性函数，从而使得自编码器具备更强大的表达能力。只不过，如果二者被赋予过大的表达能力，则自编码器实现输入样本简单复制的风险将明显提高。也就是说，此时自编码器不能从输入样本集中学习到任何有用信息。

5.6.3　稀疏自编码

除编、解码器表达能力强增加样本复制风险外，隐藏编码 $\boldsymbol{h}$ 维数大于输入样本 $\boldsymbol{x}$ 维度时，即便是表达能力稍差的线性编、解码器，样本复制风险也将增强。此时的自编码器，称作过完备自编码器。解决此问题的一种有效方法是在目标损失函数中引入正则项约束。形式化地，此时的自编码问题可描述为

$$\arg\min_{g,f}(L(\boldsymbol{x}, g(f(\boldsymbol{x}))) + R(f(\boldsymbol{x}))) \tag{5-11}$$

其中，$R(f(\boldsymbol{x}))$在数据驱动的人工智能领域通常又称作归纳偏好，用于产生稀疏解。通常地，正则项 $R(f(\boldsymbol{x}))$一般取 $\boldsymbol{h}$ 的 p-范数。

> **注**
>
> 若隐藏编码维数正好等于输入样本维数，则称作完备的。关于正则化与范数详见第 7 章。

5.6.4　收缩自编码器

与稀疏自编码硬性偏好归纳某一类参数不同，收缩自编码器通过引入一个与输入样本相关的正则化项，迫使自编码器学习训练数据分布特性。例如，定义正则化项 $R(f(\boldsymbol{x}),\boldsymbol{x})=\lambda\sum_{i=1}^{d'}\|\nabla_x f(\boldsymbol{x})\|_2^2$，其中，$\|\nabla_x f(\boldsymbol{x})\|_2^2$ 为 $f(\boldsymbol{x})$沿 x 方向梯度向量 2-范数

的平方，则收缩自编码器的目标函数可表示为

$$\arg\min_{g,f}(L(\boldsymbol{x},g(f(\boldsymbol{x})))+R(f(\boldsymbol{x}),\boldsymbol{x})) \tag{5-12}$$

5.7 不确定性与熵

如5.3.3节所述，信息熵在特征选择中起重要作用。除此之外，作为信息不确定性的一种度量方式，信息熵在目标函数构建、决策树模型生成等方面发挥不可或缺的作用。本节重点介绍人工智能领域涉及的与信息熵相关的内容。

5.7.1 定义与性质

给出信息熵的定义之前，有必要介绍信息多少的量度——信息量的概念。信息论中，认为信源信息具备随机性。也就是说，未收到信源信息之前，无法确定信源信息内容。而通信的目的是使得接收者在收到信源信息后，能够尽可能多地解除对信源信息的不确定度。被解除的不确定度，实际上就是通信中传送的信息量。不难理解，信息量具有以下两个重要特点。

1. 与事件发生概率负相关

也就是说，发生概率越大的事件所包含的信息量越少。一个众所周知的必然事件，带来的信息量近乎为0；发生概率越小的事件，其不确定性越大，为解除对其的不确定度，则需要更大的信息量。例如，一个特别优秀经常考班级第一名的学生，这次又考了第一名(高概率)，大家会普遍认为这很正常(无信息量)；相反地，若其考了倒数第一名(低概率)，则肯定会在班级内成为爆炸性新闻(信息量很多，比如必然带来“故意考砸了?”“近期贪玩了?”等相关猜测)。

2. 不相关事件同时发生时，信息量可加

也就是说，给定两个不相关事件A、B，设其发生概率分别为$P(A)$、$P(B)$，则二者同时发生的概率$P(A,B)=P(A)P(B)$。若事件A、B携带的信息量分别记作$h(A)$、$h(B)$，则二者同时发生时携带的信息量$h(A,B)=h(A)+h(B)$。

结合以上两点，给定离散型随机变量X，其在$X=x_i$处提供的信息量定义为

$$h(X=x_i)=-\log_a f(x_i) \tag{5-13}$$

其中，$f(x_i)$为随机变量X取值为x_i的概率分布列。由以上描述不难发现，信息量是对已知信息不确定度的量度。信息熵定义为信息量的期望，即

$$\mathrm{Ent}(X)=-\sum_{i=1}^{n}f(x_i)\log_a(f(x_i)) \tag{5-14}$$

其中，$\{x_1,x_2,\cdots,x_n\}$为离散型随机变量X所有可能取值构成的集合。类似地，若随机变量X为连续型，则信息熵定义为

$$\mathrm{Ent}(X)=-\int_{-\infty}^{+\infty}f(x)\log_a(f(x))\mathrm{d}x \tag{5-15}$$

其中，$f(x)$为连续型随机变量 X 的概率密度函数。需要说明的是，若 $f(x_i)=0$ 或 $f(x)=0$，定义形如 $0\log_a(0)$的表达式为 0。另外，对数函数不局限于采用特定的底：以 2 为底，则熵的单位称为比特(bit)；若以自然对数 e 为底，熵的单位称为奈特(nat)。不难发现，信息熵为非负数，且随机变量 X 取值个数越多，信息熵越大，相应的信息越难以辨识，也即“混乱程度”越大。当随机变量服从均匀分布时，熵取得最大值 $\log_a n$，即 $0\leqslant \mathrm{Ent}(X)\leqslant \log_a n$。例如，离散型随机变量 X 等概率地取两个值，即 $n=2$。以 2 为底的信息熵值为 $\mathrm{Ent}(X)=-(1/2)\log_2(1/2)-(1/2)\log_2(1/2)=1$；若其等概率地取四个值，即 $n=4$，则以 2 为底的信息熵值为 $\mathrm{Ent}(X)=-4((1/4)\log_2(1/4))=2$。

5.7.2 联合熵

式(5-14)和式(5-15)定义的信息熵中只有一个随机变量，称作独立熵。给定离散型随机变量 X、Y，则它们的联合信息熵定义为

$$\mathrm{Ent}(X,Y)=-\sum_{i=1}^{n}\sum_{j=1}^{m}f(x_i,y_j)\log_a(f(x_i,y_j)) \tag{5-16}$$

其中，$\{x_1,x_2,\cdots,x_n\}$为离散型随机变量 X 所有可能取值构成的集合；$\{y_1,y_2,\cdots,y_m\}$为离散型随机变量 Y 所有可能取值构成的集合；$f(x_i,y_j)$为随机变量 X、Y 的联合概率分布列。类似地，若随机变量 X、Y 均为连续型，则它们的联合信息熵定义为

$$\mathrm{Ent}(X,Y)=-\int_{-\infty}^{+\infty}\int_{-\infty}^{+\infty}f(x,y)\log_a(f(x,y))\mathrm{d}x\mathrm{d}y \tag{5-17}$$

其中，$f(x,y)$为连续型随机变量 X、Y 的联合概率密度函数。

更一般地，多离散型随机变量 $X_1,X_2,\cdots,X_n$ 的联合熵定义为

$$\mathrm{Ent}(X_1,X_2,\cdots,X_n)=-\sum_{i1=1}^{n1}\sum_{i2=1}^{n2}\cdots\sum_{in=1}^{nn}f(x_{i1},x_{i2},\cdots,x_{in})\log_a f(x_{i1},x_{i2},\cdots,x_{in}) \tag{5-18}$$

其中，$\{x_1,x_2,\cdots,x_{nj}\}$为离散型随机变量 X_j 所有可能取值构成的集合。若随机变量 $X_1,X_2,\cdots,X_n$ 均为连续型，则其联合熵定义为

$$\mathrm{Ent}(X_1,X_2,\cdots,X_n)=-\int_{-\infty}^{+\infty}\int_{-\infty}^{+\infty}\cdots\int_{-\infty}^{+\infty}f(x_1,x_2,\cdots,x_n)\log_a f(x_1,x_2,\cdots,x_n)\mathrm{d}x_1\mathrm{d}x_2\cdots\mathrm{d}x_n \tag{5-19}$$

其中，$n\geqslant 1$。有必要指出的是，若 n 个随机变量部分为离散的，部分为连续的，则对应变量位置采用求和或积分操作，操作数为概率分布列函数或概率密度函数。

联合熵具有如下性质。

1. 非负性

即 $\mathrm{Ent}(X_1,X_2,\cdots,X_n)\geqslant 0$。

2. 联合熵大于各独立熵

即 $\mathrm{Ent}(X_1,X_2,\cdots,X_n)>\max\{\mathrm{Ent}(X_1),\mathrm{Ent}(X_2),\cdots,\mathrm{Ent}(X_n)\}$。

3. 联合熵小于所有变量独立熵之和

即 $\mathrm{Ent}(X_1,X_2,\cdots,X_n)<\mathrm{Ent}(X_1)+\mathrm{Ent}(X_2)+\cdots+\mathrm{Ent}(X_n)$。

5.7.3 条件熵

在许多实际的人工智能应用场景中，我们对先决条件下随机变量的信息熵更感兴趣。例如，成绩很优秀的同学本次考试成绩较差，并且他的好友告诉大家该同学最近常与自己通宵打游戏。那么，大家对于该同学成绩明显下降原因的不确定的度将明显减小。结合条件概率的定义，先决事件 $X=x_i$ 发生时，离散型随机变量 Y 的信息熵定义为

$$\mathrm{Ent}(Y \mid X=x_i)=-\sum_{j=1}^{m} f(y_j \mid x_i)\log_a(f(y_j \mid x_i)) \tag{5-20}$$

其中，$f(y_j|x_i)$为随机变量 X 取值为 x_i 时随机变量 Y 的概率分布列。若随机变量 Y 为连续型，则式(5-20)可改写为

$$\mathrm{Ent}(Y \mid X=x_i)=-\int_{-\infty}^{+\infty} f(y \mid x_i)\log_a(f(y \mid x_i))\mathrm{d}y \tag{5-21}$$

其中，$f(y|x_i)$为随机变量 X 取值为 x_i 时随机变量 Y 的概率密度函数。进一步地，离散型随机变量 X 条件下离散型随机变量 Y 的信息熵定义为式(5-20)的数学期望，即

$$\begin{aligned}\mathrm{Ent}(Y \mid X) &= -\sum_{i=1}^{n} f(x_i)\sum_{j=1}^{m} f(y_j \mid x_i)\log_a(f(y_j \mid x_i)) \\ &= -\sum_{i=1}^{n}\sum_{j=1}^{m} f(x_i,y_j)\log_a(f(y_j \mid x_i))\end{aligned} \tag{5-22}$$

其中，$f(x_i)$为随机变量 X 的概率分布列；$f(x_i,y_j)$为随机变量 X 与 Y 的联合概率分布列。连续型随机变量 X 条件下离散型随机变量 Y 的信息熵定义为式(5-20)的数学期望，即

$$\begin{aligned}\mathrm{Ent}(Y \mid X) &= -\int_{-\infty}^{+\infty} f(x)\sum_{j=1}^{m} f(y_j \mid x)\log_a(f(y_j \mid x))\mathrm{d}x \\ &= -\int_{-\infty}^{+\infty}\sum_{j=1}^{m} f(x,y_j)\log_a(f(y_j \mid x))\mathrm{d}x\end{aligned} \tag{5-23}$$

其中，$f(x)$为随机变量 X 的概率密度函数；$f(y_j|x)$为随机变量 X 取值为 x 时随机变量 Y 的概率分布列；$f(x,y_j)$为随机变量 Y 的所有取值对应的随机变量 X 的概率密度函数。离散型随机变量 X 条件下连续型随机变量 Y 的信息熵定义为式(5-21)的数学期望，即

$$\begin{aligned}\mathrm{Ent}(Y \mid X) &= -\sum_{i=1}^{n} f(x_i)\int_{-\infty}^{+\infty} f(y \mid x_i)\log_a(f(y \mid x_i))\mathrm{d}y \\ &= -\sum_{i=1}^{n}\int_{-\infty}^{+\infty} f(x_i,y)\log_a(f(y \mid x_i))\mathrm{d}y\end{aligned} \tag{5-24}$$

其中，$f(y|x_i)$为随机变量 X 取值为 x_i 时随机变量 Y 的概率密度函数；$f(x_i,y)$为随机变量 X 的所有取值对应的随机变量 Y 的概率密度函数。连续型随机变量 X 条件下连续型随机变量 Y 的信息熵定义为式(5-21)的数学期望，即

$$\mathrm{Ent}(Y \mid X) = -\int_{-\infty}^{+\infty} f(x)\int_{-\infty}^{+\infty} f(y \mid x)\log_a(f(y \mid x))\mathrm{d}y\mathrm{d}x$$
$$= -\int_{-\infty}^{+\infty}\int_{-\infty}^{+\infty} f(x,y)\log_a(f(y \mid x))\mathrm{d}y\mathrm{d}x \tag{5-25}$$

其中，$f(y|x)$为随机变量 Y 的条件概率密度函数；$f(x,y)$为随机变量 X 与 Y 的联合概率密度函数。

5.7.4　交叉熵与损失函数

数据驱动的人工智能方法的有效性建立在训练样本集与预测样本集的独立同分布前提假设之下。理想地，二者均应与真实总体样本服从同一分布。不难理解，由于训练样本集与预测样本集均是总体样本的有限抽样，由训练样本集得到的总体样本的分布估计不可避免地存在估计误差。现有方法保证模型泛化能力的根本即是利用有限抽样样本尽可能准确地估计总体样本分布情况。那么，如何度量同一变量的两个分布之间的差异性或相似性呢？

交叉熵用于度量两个概率分布间的差异性信息。假设连续型随机变量 X 的两个分布的概率密度函数分别为 $f_0(x)$和 $f_1(x)$，其中，$f_0(x)$为真实分布，$f_1(x)$为估计到的非真实分布，则二者的交叉熵定义为

$$\mathrm{Ent}(f_0,f_1) = -\int_{-\infty}^{+\infty} f_0(x)\log_a f_1(x)\mathrm{d}x \tag{5-26}$$

由于 $f_0(x)$与 $f_1(x)$均为随机变量 X 的概率密度函数，所以 $f_0(x)\in[0\rightarrow 1]$、$f_1(x)\in[0\rightarrow 1]$且

$$\int_{-\infty}^{+\infty} f_0(x)\mathrm{d}x = \int_{-\infty}^{+\infty} f_1(x)\mathrm{d}x = 1 \tag{5-27}$$

可进一步推导

$$\int_{-\infty}^{+\infty} f_0(x)\log_a f_1(x)\mathrm{d}x - \int_{-\infty}^{+\infty} f_0(x)\log_a f_0(x)\mathrm{d}x = \int_{-\infty}^{+\infty} f_0(x)\log_a\left(\frac{f_1(x)}{f_0(x)}\right)\mathrm{d}x \tag{5-28}$$

易得，当 $a\geqslant e$ 时，$\log_a(x)\leqslant x-1$ 恒成立，所以

$$\mathrm{Ent}(f_0) - \mathrm{Ent}(f_0,f_1) \leqslant \int_{-\infty}^{+\infty} f_0(x)\left(\frac{f_1(x)}{f_0(x)} - 1\right)\mathrm{d}x$$
$$= \int_{-\infty}^{+\infty}(f_1(x) - f_0(x))\mathrm{d}x$$
$$= \int_{-\infty}^{+\infty} f_1(x)\mathrm{d}x - \int_{-\infty}^{+\infty} f_0(x)\mathrm{d}x = 0 \tag{5-29}$$

显然，$\mathrm{Ent}(f_0)\leqslant\mathrm{Ent}(f_0,f_1)$恒成立。式(5-29)称作吉布斯不等式，当且仅当 $f_0=f_1$ 时等号成立。有必要指出的是，对于离散型随机变量上述各式仍然成立，只是对应积分需要改为求和操作；同时，概率密度函数改为概率分布列函数。

人工智能领域常把交叉熵用于评价模型预测结果的分布情况与训练集实际分布的误差大小。不难理解，当交叉熵取得极小值时，模型预测的分布与训练样本实际分布相同。需要说明的是，实际上，若学习过程是让预测分布与训练样本分布完全相同，则必然导致

过拟合。这是因为，如前文所述，训练样本是总体样本的有限抽样，其与总体样本的分布通常存在偏差。例如，对于二分类任务来说，假设对于任意样本 x_i 其真实标签为 y_i，例如，x_i 为正例，则 $y_i=1$；否则 $y_i=0$。而训练模型输出样本 x_i 属于两类的概率，分别记作 $\hat{y}$ 与 $1-\hat{y}$，则二分类任务转换为如下损失函数的最优化问题

$$\min\left(-\sum_{i=1}^{N}(y_i\log_a(\hat{y})+(1-y_i)\log_a(1-\hat{y}))\right) \tag{5-30}$$

其中，N 为训练样本规模。有必要说明的是，式(5-30)只为讲解交叉熵的用处，并未考虑过拟合问题。

> 注
>
> 关于损失函数与过拟合的更多内容，详见第 7 章。

5.7.5 相对熵与 KL 散度

实际上，前文吉布斯不等式推导式的左端或式(5-28)定义了连续随机变量 X 的两个概率分布的相对熵，也称作 KL 散度(Kullback-Leible Divergence)，即

$$\begin{aligned} D_{\mathrm{KL}}(f_0 \parallel f_1) &= -\int_{-\infty}^{+\infty} f_0(x)\log_a\left(\frac{f_1(x)}{f_0(x)}\right)\mathrm{d}x \\ &= \int_{-\infty}^{+\infty} f_0(x)\log_a\left(\frac{f_0(x)}{f_1(x)}\right)\mathrm{d}x \\ &= \mathrm{Ent}(f_0,f_1)-\mathrm{Ent}(f_0) \end{aligned} \tag{5-31}$$

显然，$D_{\mathrm{KL}}(f_0 \parallel f_1)=\mathrm{Ent}(f_0,f_1)-\mathrm{Ent}(f_0)$ 且 $D_{\mathrm{KL}}(f_0 \parallel f_1)\geqslant 0$。另外，不难证明，除非 $f_0=f_1$，否则 $D_{\mathrm{KL}}(f_0 \parallel f_1)\neq D_{\mathrm{KL}}(f_1 \parallel f_0)$。

不难理解，若将 f_0 视作训练样本集的真实分布，将 f_1 视作由训练样本集学习到的总体样本估计，则 $\mathrm{Ent}(f_0)$ 为已知常数。此时，最小化相对熵 $D_{\mathrm{KL}}(f_0 \parallel f_1)$ 等价于最小化交叉熵 $\mathrm{Ent}(f_0,f_1)$。又 $f_0(x)$ 已知，最小化交叉熵 $\mathrm{Ent}(f_0,f_1)$ 也等价于最大化似然估计。

> 注
>
> 受限于篇幅，关于最小化交叉熵等价于最大化似然估计的更多内容感兴趣的读者可查阅相关资料。

5.8 互信息

由前文可知，信息量与不确定度正相关。也就是说，作为信息量的数学期望的信息熵与随机变量的不确定度正相关。例如，对于随机变量 Y 来说，信息熵 $\mathrm{Ent}(Y)$ 代表对 Y 的不确定性度量。那么，由上文可知，若给定提示信息 X，则对 Y 的不确定性度量变为 $\mathrm{Ent}(Y|X)$。将不确定性的减少量 $\mathrm{Ent}(Y)-\mathrm{Ent}(Y|X)$，称作随机变量 X 与 Y 之间的互信息，记作 $I(Y;X)$。不难发现，互信息表示在 X 已知的条件下，Y 信息量的减少量。这与

决策树或特征选择中的信息增益概念相对应，只不过此时的增益为负值。

5.8.1　定义与性质

更直观地，若已完整学到 X 的所有知识，则对 Y 知识的认知理解增量为 $I(Y;X)$。若随机变量 X 与 Y 均为连续型变量，则形式化地

$$
\begin{aligned}
I(Y;X) &= \mathrm{Ent}(Y) - \mathrm{Ent}(Y \mid X) \\
&= -\int_{-\infty}^{+\infty} f(y)\log_a(f(y))\mathrm{d}y + \int_{-\infty}^{+\infty} f(x)\mathrm{Ent}(Y \mid x)\mathrm{d}x \\
&= -\int_{-\infty}^{+\infty}\left(\int_{-\infty}^{+\infty} f(x,y)\mathrm{d}x\right)\log_a(f(y))\mathrm{d}y + \\
&\quad \int_{-\infty}^{+\infty} f(x)\int_{-\infty}^{+\infty} f(y \mid x)\log_a(f(y \mid x))\mathrm{d}y\mathrm{d}x \\
&= -\int_{-\infty}^{+\infty}\int_{-\infty}^{+\infty} f(x,y)\log_a(f(y))\mathrm{d}x\mathrm{d}y + \int_{-\infty}^{+\infty}\int_{-\infty}^{+\infty} f(x,y)\log_a\left(\frac{f(x,y)}{f(x)}\right)\mathrm{d}x\mathrm{d}y \\
&= \int_{-\infty}^{+\infty}\int_{-\infty}^{+\infty} f(x,y)\log_a\left(\frac{f(x,y)}{f(x)f(y)}\right)\mathrm{d}x\mathrm{d}y
\end{aligned}
\tag{5-32}
$$

其中，$f(x)$与 $f(y)$分别为随机变量 X 与 Y 的概率密度函数；$f(x,y)$为随机变量 X 与 Y 的联合概率密度函数；$f(y|x)$为条件概率密度函数。不难理解，上述互信息定义可改写为交叉熵形式，即 $I(Y;X)=D_{\mathrm{KL}}(f(x,y) \parallel f(x)f(y))$。

注

需要说明的是，对于离散型随机变量上述定义仍然有效，只需对应积分操作改为求和，操作数由概率密度函数改为概率分布列函数。

由定义不难证明。

1. $I(X;Y)=I(Y;X)$（对称性）

也就是说，由 Y 得到的关于 X 的信息量与由 X 得到的关于 Y 的信息量是一样的。两者只是观察者的立足点不同。这也是其称为互信息的原因。

2. $I(Y;X)\geqslant 0$（非负性）

也就是说，$\mathrm{Ent}(Y)\geqslant \mathrm{Ent}(Y|X)$即给定提示信息 X，则对 Y 的不确定性程度不可能增加。换句话说，由一个事件侧面推敲另一个事件时，最坏的情况是已知事件无帮助，但不会因知道了一个事件，反而使得对另一个事件的不确定度增加。

3. 当 X 与 Y 相互独立时，$I(Y;X)=0$（无关性）

直觉地，不难理解，不相关随机变量相互间不能提供有益信息。

4. $I(Y;X)\leqslant \mathrm{Ent}(Y)$并且 $I(X;Y)\leqslant \mathrm{Ent}(X)$（极值性）

由互信息的定义和性质 2 直接可得。也就是说，从一个事件推敲另一事件时，得到的

有益信息最多是另一个事件的信息熵那么多，也即不会超过另一个事件自身所含的信息量。另外，由互信息的非负性可得，附加信息不会增加原事件的不确定度，即互信息的信息量最多与原事件信息熵相等。

5.8.2 点互信息

由互信息的定义与性质可知，与协方差和皮尔森相关系数可用于度量随机变量间的相关性类似，互信息也可用于随机变量的相关性度量。这是因为，当两随机变量完全不相关，即相互独立时，互信息为 0。而若其完全相关，如一一对应，则互信息等于原事件的信息熵。有必要指出的是，式(5-32)定义的互信息可视作函数 $g(X,Y)$ 的数学期望，其中，$g(x,y)=\log_a(f(x,y)/(f(x)f(y)))$ 为 $g(X,Y)$ 的概率密度函数或概率分布列。实际上，在数据驱动的人工智能领域，$g(x,y)$ 称作 x 与 y 的“点互信息(Pointwise Mutual Information，PMI)”。例如，对于自然语言处理来说，有时候需要判断一个给定词 x 的情感倾向，假设给定另一正向情感词 y，则二者的 PMI 可用于评价两者的相关性。显然，PMI 越大，则词的正向情感性倾向越明显。若考虑所有正向情感词与待评价词的联合概率分布，则随机变量 X 与 Y 之间的互信息可视作所有可能取值点对 PMI 的加权和，其中权重为二者的联合概率密度或联合概率分布列。

5.8.3 与熵的关系

由互信息定义可得

$$
\begin{aligned}
I(Y;X) &= \int_{-\infty}^{+\infty}\int_{-\infty}^{+\infty} f(x,y)\log_a \frac{f(x,y)}{f(x)f(y)}\mathrm{d}x\,\mathrm{d}y \\
&= \int_{-\infty}^{+\infty}\int_{-\infty}^{+\infty} f(x,y)(\log_a f(x,y)-\log_a f(x)-\log_a f(y))\mathrm{d}x\,\mathrm{d}y \\
&= \int_{-\infty}^{+\infty}\int_{-\infty}^{+\infty} f(x,y)\log_a f(x,y)\mathrm{d}x\,\mathrm{d}y - \int_{-\infty}^{+\infty}\int_{-\infty}^{+\infty} f(x,y)\log_a f(x)\mathrm{d}x\,\mathrm{d}y - \\
&\quad \int_{-\infty}^{+\infty}\int_{-\infty}^{+\infty} f(x,y)\log_a f(y)\mathrm{d}x\,\mathrm{d}y \\
&= \int_{-\infty}^{+\infty}\int_{-\infty}^{+\infty} f(x,y)\log_a f(x,y)\mathrm{d}x\,\mathrm{d}y - \int_{-\infty}^{+\infty} f(x)\log_a f(x)\mathrm{d}x - \\
&\quad \int_{-\infty}^{+\infty} f(y)\log_a f(y)\mathrm{d}y \\
&= \mathrm{Ent}(X)+\mathrm{Ent}(Y)-\mathrm{Ent}(X,Y)
\end{aligned} \tag{5-33}
$$

由条件熵定义可得

$$
\begin{aligned}
\mathrm{Ent}(Y\mid X) &= -\int_{-\infty}^{+\infty} f(x)\int_{-\infty}^{+\infty} f(y\mid x)\log_a(f(y\mid x))\mathrm{d}y\,\mathrm{d}x \\
&= -\int_{-\infty}^{+\infty}\int_{-\infty}^{+\infty} f(x,y)\log_a(f(y\mid x))\mathrm{d}y\,\mathrm{d}x \\
&= -\int_{-\infty}^{+\infty}\int_{-\infty}^{+\infty} f(x,y)\log_a\left(\frac{f(x,y)}{f(x)}\right)\mathrm{d}y\,\mathrm{d}x
\end{aligned}
$$

$$= -\int_{-\infty}^{+\infty}\int_{-\infty}^{+\infty} f(x,y)\log_a f(x,y)\mathrm{d}y\mathrm{d}x + \int_{-\infty}^{+\infty}\int_{-\infty}^{+\infty} f(x,y)\log_a f(x)\mathrm{d}y\mathrm{d}x$$

$$= -\int_{-\infty}^{+\infty}\int_{-\infty}^{+\infty} f(x,y)\log_a f(x,y)\mathrm{d}y\mathrm{d}x + \int_{-\infty}^{+\infty} f(x)\log_a f(x)\mathrm{d}x$$

$$= \mathrm{Ent}(X,Y) - \mathrm{Ent}(X) \tag{5-34}$$

联合上式可得

$$\begin{aligned} I(Y;X) &= \mathrm{Ent}(X) + \mathrm{Ent}(Y) - \mathrm{Ent}(X,Y) \\ &= \mathrm{Ent}(Y) - \mathrm{Ent}(Y \mid X) \\ &= \mathrm{Ent}(X) - \mathrm{Ent}(X \mid Y) \\ &= \mathrm{Ent}(X,Y) - \mathrm{Ent}(Y \mid X) - \mathrm{Ent}(X \mid Y) \end{aligned} \tag{5-35}$$

为便于理解与记忆，图 5-3 给出互信息与独立熵、条件熵、联合熵之间关系的维恩图表示。

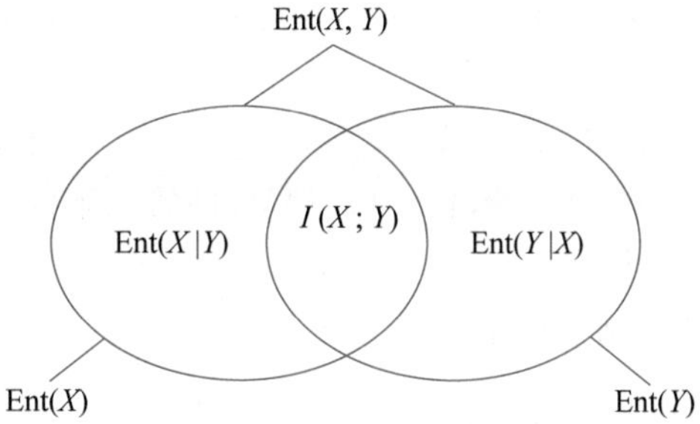

图 5-3　互信息与独立熵、条件熵、联合熵之间的关系

小　结

本章重点介绍人工智能领域涉及的信息论知识。现对本章核心内容总结如下。

(1) 人工智能与信息论有着千丝万缕的联系。

(2) 直接编码、有效编码、哑变量编码是特征编码的典型代表。

(3) 聚类、特征降维、特征选择、稀疏编码、压缩感知均蕴含信息编码思想。

(4) 决策模型的设计与训练也是信息编码的一种体现。

(5) 新样本预测可理解为决策模型的解码过程。

(6) 自编码器由编码器与解码器构成，前者用于学习数据的隐藏特征，后者用于待解决问题的决策求解。

(7) 熵是随机变量携带信息量的数学期望。

(8) 联合熵与条件熵用于多个随机变量携带信息量的估计。

(9) 交叉熵与相对熵用于评估同一随机变量不同分布情况下提供的信息量。

(10) 互信息用于估计给定提示条件下信息量的变化情况，与信息熵密切相关。

习　题

(1) 已知样本点集{[1,2],[0,1],[−1,−2],[2,1],[1,0],[−2,−1]},对应标签分别为{1,1,0,0,0,1},回答以下问题:

① 试给出可实现其正确划分的一个线性模型;

② 试预测{[2,3],[3,2],[0,−1]}的标签。

(2) 对于二维线性模型来说,回答以下问题:

① 试给出其假设空间;

② 为确保标签分别为{1,1,1,0,0,0}的样本点集{[1,2],[0,1],[−1,−2],[2,1],[1,0],[−2,−1]}的正确分类,试给出线性模型的版本空间。

(3) 事件 X 有 4 种可能性,取值 A 的概率为 0.25,取值 B 的概率为 0.125,取值 C 的概率为 0.125,取值 D 的概率为 0.5。以 2 为底计算事件 X 的信息量,以及整个事件的熵值。

(4) 给定由顶点{[−5,−5],[−5,5],[5,5],[5,−5]}控制的二维子空间,若某聚类算法得出的聚类中心为{[−1,2],[2,4],[1,−3]},回答以下问题:

① 计算样本点{[0,0],[1,2],[0,4]}到各聚类中心的欧氏距离;

② 采用距离最小原则,判别样本点的类别;

③ 画出分类边界。

(5) 设随机变量 X 服从伯努利分布,分布函数为 $P(X=1)=p$,$P(X=0)=1-p$,$0\leqslant p\leqslant 1$,

① 试给出随机变量 X 的信息熵 $\mathrm{Ent}(X)$公式;

② 以 p 为横轴画出信息熵 $\mathrm{Ent}(X)$的函数曲线。

(6) 给定随机变量 X,Y,试证明其联合熵不小于各独立熵,即 $\mathrm{Ent}(X,Y)\geqslant\max\{\mathrm{Ent}(X),\mathrm{Ent}(Y)\}$。

(7) 举例说明实现恒等变换的自编码在数据驱动的人工智能应用中通常对问题的解决无益。

(8) 给定随机变量 X 与 Y,试证明 $I(X;Y)=I(Y;X)$。

(9) 设离散型随机变量 X 仅有 4 个取值,真实分布为 $p=(0.5,0.25,0.125,0.125)$,非真实分布 $q=(0.25,0.25,0.25,0.25)$,试计算其以 2 为底的交叉熵。

(10) 对于一个四分类任务,设计 f_1,f_2,f_3,f_4,f_5 五个二分类器,结合其如图 5-4 所示的分类编码方案,试回答以下问题:

	f_1	f_2	f_3	f_4	f_5
C_1	+1	−1	+1	−1	−1
C_2	−1	+1	−1	−1	−1
C_3	−1	−1	+1	−1	+1
C_4	−1	+1	−1	+1	+1

图 5-4　分类编码方案

① 试分析对于题干中的四分类任务来说,采用的是一对一、一对其余、多对多中的哪种编码方案?为什么?

② 对于任意给定样本 $\boldsymbol{x}$,f_1,f_2,f_3,f_4,f_5 分类结果分别为−1,+1,+1,−1,+1,试计算其与 C_1,C_2,C_3,C_4 的曼哈顿距离。

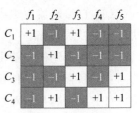

③ 根据②的结果，采用距离最近原则，判别样本 $\boldsymbol{x}$ 的类别。

参考文献

[1] 周志华. 机器学习[M]. 北京：清华大学出版社，2016.

[2] Thomas C，Joy T. 计算机科学丛书：信息论基础[M]. 阮吉寿，张华，译. 2 版. 北京：机械工业出版社，2008.

[3] Ian G，Yoshua B，Aaron C. 深度学习[M]. 赵申剑，黎彧君，符天凡，等译. 北京：人民邮电出版社，2017.

[4] 曹雪虹，张宗橙. 信息论与编码[M]. 3 版. 北京：清华大学出版社，2016.

[5] 傅祖芸. 信息论：基础理论与应用[M]. 4 版. 北京：电子工业出版社，2015.

第6章

线性分析与卷积

数据驱动的人工智能方法于历史抽样数据中挖掘符合总体样本分布特性的规律。这一过程的本质是寻找一个样本到待解决问题之间的函数映射。对于所有函数来说，线性函数可直接表达因变量与自变量之间的关联关系，形式最简单。不难理解，任何更复杂的函数映射关系均可由线性函数复合变换而来。因此，线性模型在人工智能领域的分类决策、特征降维、回归分析中均有重要应用。有必要指出的是，作为线性分析的典型代表，卷积在人工智能应用领域起着举足轻重的作用。本章结合实例介绍线性分析与卷积的数学基础知识。

6.1 线性分析

样本的特征向量实际与特征空间某一坐标位置相对应。人工智能诸多应用中，常在特征空间内进行向量加法和数乘运算。此时，特征空间构成一个线性空间。对线性空间性质的认识，有助于加深对人工智能方法的理解，本节重点介绍相关基础知识。

6.1.1 线性运算

加法和数乘运算，统称为线性运算。例如，只包含加法和数乘运算的多元一次方程即是一种线性运算，如 $y=a_1x_1+a_2x_2+\cdots+a_nx_n$。其中，所有操作数均为实数。另外，数据驱动的人工智能方法涉及的特征向量间的加法与数乘运算，也是一种线性运算。类似地，定义在多个样本的特征向量构成的特征矩阵上的加法与数乘运算，构成矩阵的线性运算。需要说明的是，虽然定义在不同数据类型上的线性运算可能具有不同表达形式，但是线性运算均满足交换律、结合律、分配律，存在零元、幺元、逆元等性质。

6.1.2 线性空间

给定非空集合 S，若以其元素为操作数的加法与数乘运算结果仍属于 S，则称非空集合 S 与定义在其上的加法及数乘运算构成一个线性空间，或简称非空集合 S 为线性空间。形式化地，给定非空集合 S 以及实数域 R，若对于集合中任意两个元素 s_1 与 s_2，在集合 S 内均存在唯一的元素 s_3 与之对应，并称作 s_1 与

s_2 的和，记作 $s_3=s_1+s_2$。其中，$s_1,s_2,s_3\in S$；对于集合中任意元素 s，以及实数域 R 上任意实数 λ，即 $s\in S$、$\lambda\in R$，在集合内 S 均有唯一元素 $\bar{s}$ 与之对应，并称作 s 与 λ 的积，记作 $\bar{s}=\lambda s$。其中，$\bar{s}\in S$。除此之外，以上定义的加法和数乘运算，仍满足以下运算法则：

(1) $s_1+s_2=s_2+s_1$、$\lambda s=s\lambda$。

(2) 对于 $\forall s_3\in S$、$\mu\in R$，$(s_1+s_2)+s_3=s_1+(s_2+s_3)$、$(\mu\lambda)s=\mu(\lambda s)$ 恒成立。

(3) $\exists s_0\in S$，对于 $\forall s\in S$，$s+s_0=s$ 恒成立，其中，s_0 称作加法零元。

(4) 对于 $\forall s\in S$，$\exists s^{-1}\in S$，$s+s^{-1}=s_0$ 恒成立，其中，s^{-1} 称作 s 的加法逆元。

(5) $(\mu+\lambda)s=\mu s+\lambda s$ 恒成立。

(6) $\lambda(s_1+s_2)=\lambda s_1+\lambda s_2$ 恒成立。

(7) $\exists e\in R$，对于 $\forall s\in S$，$es=s$ 恒成立，其中，e 称作数乘幺元。

则称非空集合 S 与定义在其上的加法＋及数乘×运算，构成实数域 R 上的线性空间，记作 $V=\{S,+,\times\}$。不难理解，维数确定的特征向量以及定义在其上的向量加法与数乘运算构成一个线性空间。不难发现，上述定义中，对于任意线性空间来说，加法及数乘运算必不可少，且均定义在对应非空集合上。因此，为了简便，线性空间可用非空集合简化表示。本章以下小节不再区分以上两种表达方式。

注

需要说明的是，若非空集合 S 为实数集，则定义在其上的线性空间中的零元为 0，任意实数的逆元等于其符号相反数；若非空集合 S 为样本特征向量集，则定义在其上的线性空间中的零元为与样本特征向量长度相同的 0 向量，任意向量的逆元等于各分量符号相反数组成的与样本特征向量长度相同的向量。

6.1.3　线性空间基

给定线性空间 $V=\{S,+,\times\}$，若存在 n 个线性无关元素 $s_1,s_2,\cdots,s_n\in S$，即当且仅当乘数 $a_1,a_2,\cdots,a_n\in R$ 全为 0 时，等式 $a_1s_1+a_1s_2+\cdots+a_ns_n=s_0$ 才成立，且对于任意 $s\in S$，均可由 $s_1,s_2,\cdots,s_n$ 线性表示，即存在非全 0 乘数 $a_1,a_2,\cdots,a_n\in R$ 使得 $a_1s_1+a_1s_2+\cdots+a_ns_n=s$ 成立，则称 $s_1,s_2,\cdots,s_n$ 为线性空间 V 的基，记作 $V=\mathrm{span}\{s_1,s_2,\cdots,s_n\}$。其中，$n$ 称作线性空间 V 的维数，记作 $n=\dim(V)$。形式化地，构成该线性空间的非空集合 S 可定义为 $S=\{s=a_1s_1+a_2s_2+\cdots+a_ns_n\mid a_1,a_2,\cdots,a_n\in R\}$。其中，$(a_1,a_2,\cdots,a_n)$ 称作 s 在以 $s_1,s_2,\cdots,s_n$ 为基的线性空间中的坐标。易得，n 维特征向量以及定义在其上的向量加法与数乘运算构成一个 n 维线性空间。

有必要指出的是，设 $s_1,s_2,\cdots,s_n$ 为 n 维特征空间的基，且其均为长度为 n 的行向量，若对于任意的 s_i,s_j，有 $s_is_j^{\mathrm{T}}=0$ 恒成立，其中，$i=1,2,\cdots,n$，$j=1,2,\cdots,n$，且 $i\neq j$，则称 $s_1,s_2,\cdots,s_n$ 为 n 维特征空间的正交基。另一方面，若对于任意的 s_i，有 $\|s_i\|_2=1$ 恒成立，其中，$i=1,2,\cdots,n$，则称 $s_1,s_2,\cdots,s_n$ 为 n 维特征空间的单位基。

6.1.4　线性映射与变换

给定两个线性空间 $V=\{S,+,\times\}$ 与 $U=\{W,+,\times\}$，如果存在从 V 到 U 的映射 F，满足

(1) 对于任意的 $s_1,s_2\in S$,有 $F(s_1+s_2)=F(s_1)+F(s_2)$恒成立;

(2) 对于任意的 $s\in S$、$\lambda\in R$,有 $F(\lambda s)=\lambda F(s)$恒成立。

则称 F 为从 V 到 U 的线性映射。其中,s,s_1,s_2 称为原像,$F(s),F(s_1),F(s_2)$称为 s,s_1,s_2 的像。

进一步地,若 $U=V$,则称定义在 V 上的线性映射为线性变换。若对于任意的 $s\in V$,恒有 $F(s)=s$,则称定义在 V 上的线性变换 F 为恒等变换,记作 $E=F$。类似地,若对于任意的 $s\in V$,定义 $F(s)=s_0$,则称线性变换 F 为零变换。

分别取 $\lambda=0,\lambda=-1$,由线性映射 F 满足的性质(2)不难证得,$F(s_0)=t_0$,$F(-s)=-F(s)$。其中,t_0 为线性空间 U 中的零元。另外,不难证明,由线性空间的定义可得,若 $s_1,s_2,\cdots,s_n\in S$,则对于任意实数 $\lambda_1,\lambda_2,\cdots,\lambda_n\in R$,有 $\sum_{i=1}^{n}\lambda_i s_i\in S$ 恒成立。进一步地,若 F 为以 S 为定义域的线性映射,则 $F\left(\sum_{i=1}^{n}\lambda_i s_i\right)=\sum_{i=1}^{n}\lambda_i F(s_i)$。可以证明,若 $s_1,s_2,\cdots,s_n$ 线性相关,则 $F(s_1),F(s_2),\cdots,F(s_n)$线性相关。这是因为,存在非全 0 实数 $\lambda_1,\lambda_2,\cdots,\lambda_n$,使得 $\lambda_1 s_1+\lambda_2 s_2+\cdots+\lambda_n s_n=s_0$ 成立,即 $F(\lambda_1 s_1+\lambda_2 s_2+\cdots+\lambda_n s_n)=F(s_0)=t_0$。也就是说,$\lambda_1 F(s_1)+\lambda_2 F(s_2)+\cdots+\lambda_n F(s_n)=t_0$,即 $F(s_1),F(s_2),\cdots,F(s_n)$线性相关。

注

有必要指出的是,$s_1,s_2,\cdots,s_n$ 线性无关时,$F(s_1),F(s_2),\cdots,F(s_n)$不一定线性无关。

6.1.5 线性映射的矩阵表达

设 $v_1,v_2,\cdots,v_n$ 为 n 维线性空间 V 的基,$u_1,u_2,\cdots,u_m$ 为 m 维线性空间 U 的基,给定任意从 V 到 U 的线性映射 F,不难证明,对于任意的 v_i,一定存在 m 个实数 $a_{j,i}$,使得

$$F(v_i)=\sum_{j=1}^{m}a_{j,i}u_j \tag{6-1}$$

成立。这是因为,$F(v_i)$为线性空间 U 中的元素,而线性空间 U 中的任意元素均可以用其基来线性表达。将所有 $a_{j,i}$ 写成矩阵形式,即

$$\mathbf{A}=\begin{bmatrix} a_{1,1} & a_{1,2} & \cdots & a_{1,n} \\ a_{2,1} & a_{2,2} & \cdots & a_{2,n} \\ \vdots & \vdots & \ddots & \vdots \\ a_{m,1} & a_{m,2} & \cdots & a_{m,n} \end{bmatrix}$$

则称矩阵 $\mathbf{A}$ 为线性映射 F 在基 $v_1,v_2,\cdots,v_n$ 与 $u_1,u_2,\cdots,u_m$ 下的变换矩阵。式(6-1)可改写为

$$(F(v_1),F(v_2),\cdots,F(v_n))=(u_1,u_2,\cdots,u_m)\mathbf{A} \tag{6-2}$$

6.1.6 坐标变换

设 $v_1,v_2,\cdots,v_n$ 为 n 维线性空间 V 的基,$u_1,u_2,\cdots,u_m$ 为 m 维线性空间 U 的基,给

定任意从 V 到 U 的线性映射 F，在基 $v_1,v_2,\cdots,v_n$ 与 $u_1,u_2,\cdots,u_m$ 下的变换矩阵为 $\boldsymbol{A}$。给定线性空间 V 内任意元素 v，设其在基 $v_1,v_2,\cdots,v_n$ 下的坐标为 $\boldsymbol{x}=[x_1,x_2,\cdots,x_n]$，则 $v=(v_1,v_2,\cdots,v_n)\boldsymbol{x}^{\mathrm{T}}$，且

$$\begin{aligned}F(v)&=F((v_1,v_2,\cdots,v_n)\boldsymbol{x}^{\mathrm{T}})\\&=F(v_1x_1+v_2x_2+\cdots+v_nx_n)\\&=F(v_1x_1)+F(v_2x_2)+\cdots+F(v_nx_n)\\&=x_1F(v_1)+x_2F(v_2)+\cdots+x_nF(v_n)\\&=(F(v_1),F(v_2),\cdots,F(v_n))\boldsymbol{x}^{\mathrm{T}}\end{aligned}\tag{6-3}$$

将式(6-2)代入可得

$$\begin{aligned}F(v)&=((u_1,u_2,\cdots,u_m)\boldsymbol{A})\boldsymbol{x}^{\mathrm{T}}\\&=(u_1,u_2,\cdots,u_m)(\boldsymbol{A}\boldsymbol{x}^{\mathrm{T}})\end{aligned}\tag{6-4}$$

显然，$F(v)$为 v 在 m 维线性空间 U 中的像，设其在基 $u_1,u_2,\cdots,u_m$ 下的坐标为 $\boldsymbol{y}=[y_1,y_2,\cdots,y_m]$，则 $F(v)=(u_1,u_2,\cdots,u_m)\boldsymbol{y}^{\mathrm{T}}$。代入式(6-4)可得，$\boldsymbol{y}^{\mathrm{T}}=\boldsymbol{A}\boldsymbol{x}^{\mathrm{T}}$ 或 $\boldsymbol{y}=\boldsymbol{x}\boldsymbol{A}^{\mathrm{T}}$。

6.2　线性判别

众所周知，样本分类是人工智能方法需要解决的主要任务之一。由第 4 章可见，概率密度函数估计是实现样本所属类别估计的一种有效策略。不幸的是，准确的概率密度函数估计并不是一件易事。实际上，估计概率密度函数不是我们的根本目的，只是为了辅助完成分类任务。线性判别法由待预测样本代入判别函数的函数值预测样本类别。

> **注**
>
> 若直接赋予线性判别模型的实数输出实际意义，则对应模型也可完成回归分析任务。

6.2.1　判别函数

判别函数相当于算法模型，对于待预测样本来说，判别函数的输出与预测结果直接相关。形式化地，对于二分类线性判别来说，设样本特征向量 $\boldsymbol{x}$ 长度为 n，即 $\boldsymbol{x}=[x_1,x_2,\cdots,x_n]$，线性判别法通常通过线性函数 $g(\boldsymbol{x})=\boldsymbol{w}\boldsymbol{x}^{\mathrm{T}}+b$ 的函数值完成样本类别预测。其中，$\boldsymbol{w}=[w_1,w_2,\cdots,w_n]$为权重向量，其值与截距 b 一般由基于训练样本的最优化方法解得。不难理解，若 $g(\boldsymbol{x})=0$，则样本 $\boldsymbol{x}$ 位于决策面上，否则，可根据其符号决策其为正样本或负样本。显然，若样本 $\boldsymbol{x}_1,\boldsymbol{x}_2$ 均位于决策面上，即 $\boldsymbol{w}\boldsymbol{x}_1^{\mathrm{T}}+b=\boldsymbol{w}\boldsymbol{x}_2^{\mathrm{T}}+b=0$。也就是说，$\boldsymbol{w}(\boldsymbol{x}_1^{\mathrm{T}}-\boldsymbol{x}_2^{\mathrm{T}})=0$，即 $\boldsymbol{w}$ 与决策面上任意向量正交，易得，$\boldsymbol{w}$ 是决策面的法向。

不难证明，设 $\boldsymbol{x}_p$ 为样本 $\boldsymbol{x}$ 在决策面上的投影，即 $\boldsymbol{w}\boldsymbol{x}_p^{\mathrm{T}}+b=0$，若 r 为投影距离，且样本 $\boldsymbol{x}$ 在决策面 $g(\boldsymbol{x})>0$ 一侧，即 $\boldsymbol{w}$ 指向一侧，则

$$\boldsymbol{x}=\boldsymbol{x}_p+r\frac{\boldsymbol{w}}{\|\boldsymbol{w}\|}\tag{6-5}$$

易得

$$g(\boldsymbol{x})=\boldsymbol{w}\left(\boldsymbol{x}_p+r\frac{\boldsymbol{w}}{\|\boldsymbol{w}\|}\right)^{\mathrm{T}}+b=\boldsymbol{w}\boldsymbol{x}_p^{\mathrm{T}}+b+r\frac{\boldsymbol{w}\boldsymbol{w}^{\mathrm{T}}}{\|\boldsymbol{w}\|}=r\|\boldsymbol{w}\| \tag{6-6}$$

或写作 $r=g(\boldsymbol{x})/\|\boldsymbol{w}\|$。显然，若样本 $\boldsymbol{x}$ 为零特征向量，即其位于特征空间原点，则 $g(\boldsymbol{x})=b$，此时 $r=b/\|\boldsymbol{w}\|$。不难理解，若 $b>0$，则原点在决策面法向量 $\boldsymbol{w}$ 指向一侧；若 $b<0$，则原点在决策面法向量 $\boldsymbol{w}$ 指向的另一侧；若 $b=0$，则决策面通过特征空间原点。有必要指出的是，若样本 $\boldsymbol{x}$ 在决策面 $g(\boldsymbol{x})<0$ 一侧，即 $\boldsymbol{w}$ 指向的相反一侧，则式(6-5)右侧为减号，得 $r=-g(\boldsymbol{x})/\|\boldsymbol{w}\|$。综合起来，$r=|g(\boldsymbol{x})|/\|\boldsymbol{w}\|$。

注

以上只讨论了二分类问题，对于多分类问题，可采用 5.4.4 节介绍的一对一、一对其余、多对多策略。

6.2.2 判别分析

不难理解，寻找合适的权重向量 $\boldsymbol{w}$ 与截距 b 是线性判别函数可有效预测样本类别的关键。线性判别分析是众多方法中的典型代表。如前文所述，权重向量 $\boldsymbol{w}=[w_1,w_2,\cdots,w_n]$ 为决策面法向量。实际上，对于特征向量长度为 n 的 m 个样本中的任意样本 $\boldsymbol{x}=[x_1,x_2,\cdots,x_n]$ 来说，线性运算 $\boldsymbol{w}\boldsymbol{x}^{\mathrm{T}}$ 与向量内积等价，也就是说，其结果相当于样本特征向量 $\boldsymbol{x}$ 在权重向量 $\boldsymbol{w}$ 上的投影长度与权重向量 $\boldsymbol{w}$ 长度的乘积。因此，对于给定权重向量 $\boldsymbol{w}$ 来说，线性运算 $\boldsymbol{w}\boldsymbol{x}^{\mathrm{T}}$ 之后，全部 m 个样本分布于以原特征空间原点为原点，以权重向量 $\boldsymbol{w}$ 指向为正方向的，一维实数轴上。而决策面与该数轴(即权重向量方向)垂直，将样本一分为二。不难理解，为保证精度，投影后样本应保持如下分布特点：类内样本尽可能聚集在一起；类间样本尽可能相隔较远。而样本聚集或离散程度可由样本方差来度量。

注

本节与 6.2.3 节不再单独考虑截距 b 的原因在于，采用齐次表达形式可将其视作权重向量 $\boldsymbol{w}$ 的组成部分。更多关于线性模型齐次表达的内容详见 3.14 节与 5.4.3 节。

形式化地，设 m 个样本中属于第 1 类的样本构成集合 S_1，属于第 2 类的样本构成集合 S_2，二者包含样本数目分别为 m_1,m_2，且 $m_1+m_2=m$，则向权重向量 $\boldsymbol{w}$ 投影后两类均值

$$\mu_i=\frac{1}{m_i}\sum_{x\in S_i}\boldsymbol{w}\boldsymbol{x}^{\mathrm{T}}=\boldsymbol{w}\left(\frac{1}{m_i}\sum_{x\in S_i}\boldsymbol{x}^{\mathrm{T}}\right)=\boldsymbol{w}\boldsymbol{\mu}_i^{\mathrm{T}} \tag{6-7}$$

其中，

$$\boldsymbol{\mu}_i^{\mathrm{T}}=\frac{1}{m_i}\sum_{x\in S_i}\boldsymbol{x}^{\mathrm{T}} \tag{6-8}$$

为投影前特征空间内第 i 类样本的均值，$i=1,2$。对应地，投影后样本类内方差

$$\sigma_i^2 = \frac{1}{m_i}\sum_{x\in S_i}(\boldsymbol{w}\boldsymbol{x}^{\mathrm{T}} - \mu_i)^2 = \frac{1}{m_i}\sum_{x\in S_i}(\boldsymbol{w}\boldsymbol{x}^{\mathrm{T}} - \boldsymbol{w}\boldsymbol{\mu}_i^{\mathrm{T}})^2 \tag{6-9}$$

不难理解,类内方差越大,则样本越分散;类内方差越小,则样本越聚集。为使得两类类内样本聚集度均高,相当于最小化 $\sigma_1^2+\sigma_2^2$。另外,类间分离程度可采用两类均值间隔长度来度量,即$|\mu_1-\mu_2|$。最大化类间间隔等价于最大化$|\mu_1-\mu_2|$。为保持函数凸性及连续可微可导性,投影后样本分布保持类内样本尽可能聚集在一起,类间样本尽可能相隔较远的目标,可转换为

$$\arg\min_{w} J(\boldsymbol{w},\boldsymbol{x}) = \arg\min_{w} \frac{\sigma_1^2+\sigma_2^2}{(\mu_1-\mu_2)^2} \tag{6-10}$$

其中,

$$\begin{aligned}
\sigma_1^2+\sigma_2^2 &= \frac{1}{m_1}\sum_{x\in S_1}(\boldsymbol{w}\boldsymbol{x}^{\mathrm{T}} - \boldsymbol{w}\boldsymbol{\mu}_1^{\mathrm{T}})^2 + \frac{1}{m_2}\sum_{x\in S_2}(\boldsymbol{w}\boldsymbol{x}^{\mathrm{T}} - \boldsymbol{w}\boldsymbol{\mu}_2^{\mathrm{T}})^2 \\
&= \frac{1}{m_1}\sum_{x\in S_1}(\boldsymbol{w}(\boldsymbol{x}^{\mathrm{T}} - \boldsymbol{\mu}_1^{\mathrm{T}}))^2 + \frac{1}{m_2}\sum_{x\in S_2}(\boldsymbol{w}(\boldsymbol{x}^{\mathrm{T}} - \boldsymbol{\mu}_2^{\mathrm{T}}))^2 \\
&= \frac{1}{m_1}\sum_{x\in S_1}\boldsymbol{w}(\boldsymbol{x}-\boldsymbol{\mu}_1)^{\mathrm{T}}(\boldsymbol{x}-\boldsymbol{\mu}_1)\boldsymbol{w}^{\mathrm{T}} + \frac{1}{m_2}\sum_{x\in S_2}\boldsymbol{w}(\boldsymbol{x}-\boldsymbol{\mu}_2)^{\mathrm{T}}(\boldsymbol{x}-\boldsymbol{\mu}_2)\boldsymbol{w}^{\mathrm{T}} \\
&= \boldsymbol{w}\left(\frac{1}{m_1}\sum_{x\in S_1}(\boldsymbol{x}-\boldsymbol{\mu}_1)^{\mathrm{T}}(\boldsymbol{x}-\boldsymbol{\mu}_1) + \frac{1}{m_2}\sum_{x\in S_2}(\boldsymbol{x}-\boldsymbol{\mu}_2)^{\mathrm{T}}(\boldsymbol{x}-\boldsymbol{\mu}_2)\right)\boldsymbol{w}^{\mathrm{T}} \\
&= \boldsymbol{w}(\boldsymbol{\sigma}_1^2+\boldsymbol{\sigma}_2^2)\boldsymbol{w}^{\mathrm{T}}
\end{aligned} \tag{6-11}$$

并且,

$$\begin{aligned}
(\mu_1-\mu_2)^2 &= (\boldsymbol{w}\boldsymbol{\mu}_1^{\mathrm{T}} - \boldsymbol{w}\boldsymbol{\mu}_2^{\mathrm{T}})^2 \\
&= (\boldsymbol{w}(\boldsymbol{\mu}_1^{\mathrm{T}} - \boldsymbol{\mu}_2^{\mathrm{T}}))^2 \\
&= \boldsymbol{w}(\boldsymbol{\mu}_1-\boldsymbol{\mu}_2)^{\mathrm{T}}(\boldsymbol{\mu}_1-\boldsymbol{\mu}_2)\boldsymbol{w}^{\mathrm{T}}
\end{aligned} \tag{6-12}$$

有必要说明的是,$\boldsymbol{\sigma}_i^2$ 为类内离散度矩阵,$(\boldsymbol{\mu}_1-\boldsymbol{\mu}_2)^{\mathrm{T}}(\boldsymbol{\mu}_1-\boldsymbol{\mu}_2)$为类间离散度矩阵。此时的极值问题可转换为带等式约束条件的优化问题。显然,式(6-10)分子分母均是关于权重向量 $\boldsymbol{w}$ 的二次型。也就是说,成倍缩放权重向量 $\boldsymbol{w}$ 不影响目标函数值 $J(\boldsymbol{w},\boldsymbol{x})$。由于总能在保持 $\boldsymbol{w}$ 方向不变的前提下,通过缩放其模长,使得二次型 $\boldsymbol{w}(\boldsymbol{\mu}_1-\boldsymbol{\mu}_2)^{\mathrm{T}}(\boldsymbol{\mu}_1-\boldsymbol{\mu}_2)\boldsymbol{w}^{\mathrm{T}}=1$ 成立。也就是说,原目标函数的优化问题可转换为满足条件 $\boldsymbol{w}(\boldsymbol{\mu}_1-\boldsymbol{\mu}_2)^{\mathrm{T}}(\boldsymbol{\mu}_1-\boldsymbol{\mu}_2)\boldsymbol{w}^{\mathrm{T}}=1$ 情况下,最小化新目标函数 $\boldsymbol{w}(\boldsymbol{\sigma}_1^2+\boldsymbol{\sigma}_2^2)\boldsymbol{w}^{\mathrm{T}}$ 的问题。关于目标函数优化及条件极值问题详见第 8 章。

6.2.3　非线性问题

线性问题是人工智能应用中最常见的经典问题。但是,在实际应用中,仍需讨论非线性问题的表达与求解方法。如图 6-1(a)所示,前文介绍的线性判别函数可抽象为单层神经网络模型,样本特征向量 $\boldsymbol{x}=[x_1,x_2,\cdots,x_n]$作为输入节点的输入值,结点间连接边上的权重值 $\boldsymbol{w}=[w_1,w_2,\cdots,w_n]$即为特征权重,输出结点的输出值为 $\boldsymbol{w}\boldsymbol{x}^{\mathrm{T}}$。不难理解,若直接将此模型进一步扩展为双层神经网络模型,如图 6-1(b)所示,输入层有 n 个结点,中间层有 o 个结点,并记输入层与中间层第 i 个结点的权重向量为 $\boldsymbol{w}_{:,i}=[w_{1,i},w_{2,i},\cdots,$

$w_{n,i}]$，中间层第 i 个结点的输出为 $y_i=\boldsymbol{w}_{:,i}\boldsymbol{x}^{\mathrm{T}}$，则中间所有结点的输出组成行向量 $\boldsymbol{y}=[y_1,y_2,\cdots,y_o]$。若中间层第 i 个结点与输出结点连接边权重记作 a_i，则最终输出值为 $\boldsymbol{a}\boldsymbol{y}^{\mathrm{T}}$。其中，$\boldsymbol{a}=[a_1,a_2,\cdots,a_o]$。易得

$$\begin{aligned}\boldsymbol{a}\boldsymbol{y}^{\mathrm{T}}&=[a_1,a_2,\cdots,a_o][y_1,y_2,\cdots,y_o]^{\mathrm{T}}\\&=[a_1,a_2,\cdots,a_o][\boldsymbol{w}_{:,1}\boldsymbol{x}^{\mathrm{T}},\boldsymbol{w}_{:,2}\boldsymbol{x}^{\mathrm{T}},\cdots,\boldsymbol{w}_{:,o}\boldsymbol{x}^{\mathrm{T}}]^{\mathrm{T}}\\&=\left(\sum_{j=1}^{o}a_j\boldsymbol{w}_{:,j}\right)\boldsymbol{x}^{\mathrm{T}}\end{aligned}\tag{6-13}$$

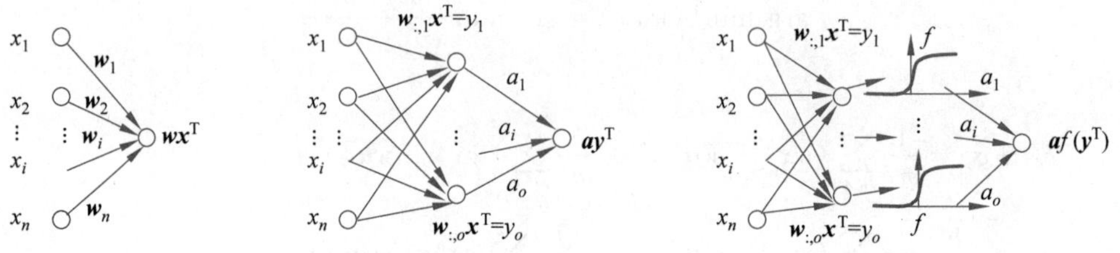

(a) 单层神经网络　(b) 双层神经网络　(c) 激活函数的作用

图 6-1　神经网络对线性/非线性问题的表达

显然，与单层网络相比，样本特征向量各分量对应权重值由一个值变为多个值的组合。但这并不能改变双层神经网络模型仍是线性模型的本质。若对中间层结点输出结果附加一个函数变换 f，如图 6-1(c)所示，则最终输出值为 $\boldsymbol{a}f(\boldsymbol{y}^{\mathrm{T}})$。其中，$f(\boldsymbol{y}^{\mathrm{T}})=[f(y_i),f(y_2),\cdots,f(y_o)]^{\mathrm{T}}$。易得

$$\begin{aligned}\boldsymbol{a}f(\boldsymbol{y}^{\mathrm{T}})&=[a_1,a_2,\cdots,a_o][f(y_1),f(y_2),\cdots,f(y_o)]^{\mathrm{T}}\\&=[a_1,a_2,\cdots,a_o][f(\boldsymbol{w}_{:,1}\boldsymbol{x}^{\mathrm{T}}),f(\boldsymbol{w}_{:,2}\boldsymbol{x}^{\mathrm{T}}),\cdots,f(\boldsymbol{w}_{:,o}\boldsymbol{x}^{\mathrm{T}})]^{\mathrm{T}}\\&=\sum_{j=1}^{o}a_jf(\boldsymbol{w}_{:,j}\boldsymbol{x}^{\mathrm{T}})\end{aligned}\tag{6-14}$$

显然，若函数 f 为恒等变换，即 $f(x)=x$，则式(6-14)与式(6-13)等价。一般地，就神经网络模型来说，f 称为激活函数。关于激活函数的定义，参见 3.3.6 节。不难发现，通常情况下，激活函数给线性模型引入非线性特征。有必要指出的是，一定条件下，低维特征空间的非线性问题，在高维特征空间的线性可分性增强。与之相关的核函数映射理论详见第 9 章。

6.3　卷　　积

作为线性模型的典型代表，卷积在人工智能领域影响广泛。近年来，卷积神经网络几乎成为深度学习的流行模型，影响深远。本节讨论与卷积相关的数学基础知识。

6.3.1　定义

设样本特征向量 $\boldsymbol{x}=[x_1,x_2,\cdots,x_n]$，对于线性判别函数 $g(\boldsymbol{x})=\boldsymbol{w}\boldsymbol{x}^{\mathrm{T}}+b$ 来说，$\boldsymbol{w}=[w_1,w_2,\cdots,w_n]$为权重向量。若记 $h(-n/2+i)=w_{i+1}$，$h(n/2)=b$，$f(x-n/2+i)=x_{i+1}$，$f(x+n/2)=1$，其中，$i=0,1,2,\cdots,n-1$，则线性判别函数 $g(\boldsymbol{x})=\boldsymbol{w}\boldsymbol{x}^{\mathrm{T}}+b$ 可改写

为 $g(x)=\sum_{\tau=-n/2}^{n/2} f(x-\tau)h(\tau)$，其称作函数 $f(x)$ 与核函数 $h(\tau)$ 在 x 处的卷积。

注

此处函数的自变量 x 不是样本特征向量 $\boldsymbol{x}$。可理解为定义一个新函数 g，对使得于当前样本 $\boldsymbol{x}$ 来说，在定义域内 x 处有唯一的函数值 $g(x)$ 与其对应。而此函数值 $g(x)$ 可用函数 $f(x)$ 与核函数 $h(\tau)$ 在 x 处的卷积来表达。

不难发现，自变量 x 取定义域内不同值，对应得到多个函数值 $f(x)$。也就是说，卷积运算定义一个称为函数 f 与 h 卷积的新函数 g，记作 $g=f*h$。显然，卷积是通过两个函数 f 与 h 生成第三个函数 g 的一种数学算子。形式化地，设 $f(x)$ 与 $h(x)$ 为两个定义在整数域上的离散函数，则

$$g(x)=\sum_{\tau=-\infty}^{\infty} f(x-\tau)h(\tau) \tag{6-15}$$

称为函数 f 与 h 的卷积函数。若 $f(x)$ 与 $h(x)$ 为两个定义在实数域上的连续函数，则式(6-15)可改写为

$$g(x)=\int_{-\infty}^{\infty} f(x-\tau)h(\tau)\mathrm{d}\tau \tag{6-16}$$

由卷积的离散与连续定义可见，对于给定点 x 来说，卷积可理解为函数 f 经过翻转和平移 x 距离后与函数 h 重叠部分函数值乘积的和。

令 $z=x-\tau$、$y=\tau$，易得，对于给定点 x 来说，其满足方程 $y+z=x$。为便于理解，如图 6-2 所示，给定点 x，离散型卷积以沿定义在 $y+z=x$ 直线上的函数 f 与 h 的乘积和作为该点卷积运算的结果。类似地，若卷积为连续的，一方面沿给定直接方向函数值乘积的求和转换为积分操作；另一方面，因 x 取值为任意实数，所以卷积操作沿斜率为 -1 方向，铺满整个二维空间。

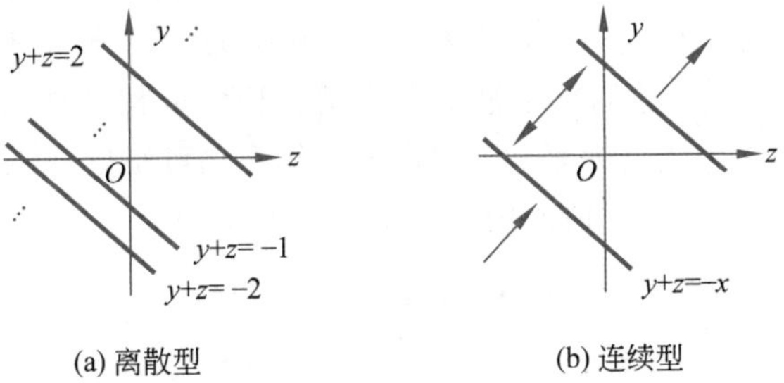

图 6-2　卷积的直观表达

更一般地，对于定义域为整个整数域的多元离散函数 $f(x_1,x_2,\cdots,x_n)$ 与 $h(x_1,x_2,\cdots,x_n)$ 来说，二者间的卷积可进一步扩展定义为 n 维卷积，即

$$(f*g)(x)=\sum_{\tau_1=-\infty}^{\infty}\sum_{\tau_2=-\infty}^{\infty}\cdots\sum_{\tau_n=-\infty}^{\infty} f(x_1-\tau_1,x_2-\tau_2,\cdots,x_n-\tau_n)h(\tau_1,\tau_2,\cdots,\tau_n) \tag{6-17}$$

若 $f(x_1,x_2,\cdots,x_n)$ 与 $h(x_1,x_2,\cdots,x_n)$ 为两个定义在实数域上的连续函数，则式(6-17)可改写为

$$(f*g)(x)=\int_{-\infty}^{\infty}\int_{-\infty}^{\infty}\cdots\int_{-\infty}^{\infty}f(x_1-\tau_1,x_2-\tau_2,\cdots,x_n-\tau_n)h(\tau_1,\tau_2,\cdots,\tau_n)\mathrm{d}\tau_1\mathrm{d}\tau_2\cdots\mathrm{d}\tau_n \tag{6-18}$$

有必要指出的是，在卷积神经网络中，输入层与中间层的输入与一个多值函数相对应。形式化地，实际上该多值函数可视作多个定义域相同的单值函数，分别记作 $f_1(x)$，$f_2(x)$，…，$f_m(x)$。对于输入层来说，每个单值函数通常称作一个通道；而对于中间层来说，每个单值函数称作一个映射。也就是说，m 为通道或映射的个数。在这种情况下，对于任意给定的卷积核 h 来说，式(6-15)定义的卷积可改写为

$$(f*h)(x)=\sum_{\tau=-\infty}^{\infty}\left(\sum_{i=1}^{m}f_i(x-\tau)\right)h(\tau) \tag{6-19}$$

6.3.2 两个例子

为便于理解，考虑掷骰子游戏。设两个骰子表现为 τ 点的概率分别为 $f(\tau)$ 与 $h(\tau)$，其中，$\tau\in\{1,2,\cdots,6\}$。假设两个骰子相互独立，则其取得 5 点的概率可由 $f(5-1)h(1)+f(5-2)h(2)+f(5-3)h(3)+f(5-4)h(4)$ 计算得出。显然，此式符合 $x=5$ 点处函数 f 与 h 的卷积，即其可简记为 $(f*h)(5)=\sum_{\tau=1}^{4}f(5-\tau)h(\tau)$。一般化地，设 $x\in\{2,3,\cdots,6\}$，则

$$(f*h)(x)=\sum_{\tau=1}^{x-1}f(x-\tau)h(\tau)$$

为了直观展示卷积的意义，仍以第 1 章银行贷款的例子辅以说明。一对夫妻向银行申请贷款，但出于对该夫妻的月收入、征信、银行流水等诸多因素的综合考虑银行拒绝了他们的申请。为提高偿还能力评分，夫妻二人决定定期向银行购买定额理财产品。设他们每年将定额本金 a 存入银行，所选理财产品年利率为 $b\%$，长年不变，且按年度自动滚动计算复息。于是，5 年后，他们终于被认定为具有稳定的偿还能力。当然，现实的贷款审核以及存款计息方式可能更为复杂。但以上的例子仍可很好地说明问题。现将以上描述中，夫妻二人拥有的银行存款情况按年度总结于表 6-1 中。

表 6-1 年度存款情况总结

本　金	第 1 年	第 2 年	第 3 年	第 4 年	第 5 年
$+a$	$a(1+b\%)^1$	$a(1+b\%)^2$	$a(1+b\%)^3$	$a(1+b\%)^4$	$a(1+b\%)^5$
	$+a$	$a(1+b\%)^1$	$a(1+b\%)^2$	$a(1+b\%)^3$	$a(1+b\%)^4$
		$+a$	$a(1+b\%)^1$	$a(1+b\%)^2$	$a(1+b\%)^3$
			$+a$	$a(1+b\%)^1$	$a(1+b\%)^2$
				$+a$	$a(1+b\%)^1$
					$+a$

由表 6-1 最后一列可得，5 年后该夫妻二人的个人存款总额为

$$a+a(1+b\%)^1+a(1+b\%)^2+a(1+b\%)^3+a(1+b\%)^4+a(1+b\%)^5$$

若令 $f(x-\tau)=(1+b\%)^{x-\tau}$、$h(\tau)=a$，其中，$x=5$、$\tau=0,1,2,\cdots,5$，则上式可改写为如下卷积形式

$$\sum_{\tau=0}^{5} f(5-\tau)h(\tau)=(f*h)(5)$$

6.3.3　性质

对于连续型卷积来说，给定任意的 x，令 $\xi=x-\tau$，则 $\tau=x-\xi$、$\mathrm{d}\tau=d(x-\xi)=-d\xi$；进一步地，$\tau\to-\infty\Rightarrow\xi=x-\tau\to+\infty$、$\tau\to+\infty\Rightarrow\xi=x-\tau\to-\infty$；式(6-16)可改写为

$$g(x)=\int_{+\infty}^{-\infty} f(\xi)h(x-\xi)\mathrm{d}(-\xi)=\int_{-\infty}^{+\infty} h(x-\xi)f(\xi)\mathrm{d}(\xi)=(h*f)(x) \tag{6-20}$$

也就是说，$(f*h)(x)=(h*f)(x)$，即卷积运算满足交换律。

由卷积定义可得，若函数 h 与 g 的和与函数 f 的卷积函数存在，即 $f*(h+g)$，则

$$\begin{aligned}(f*(h+g))(x)&=\int_{-\infty}^{+\infty} f(x-\tau)(h(\tau)+g(\tau))\mathrm{d}(\tau)\\&=\int_{-\infty}^{+\infty} f(x-\tau)h(\tau)\mathrm{d}(\tau)+\int_{-\infty}^{+\infty} f(x-\tau)g(\tau)\mathrm{d}(\tau)\\&=(f*h)(x)+(f*g)(x)\end{aligned} \tag{6-21}$$

也就是说，卷积运算满足加法分配律。

若函数卷积 $(f*h)*g$ 存在，则

$$\begin{aligned}((f*h)*g)(x)&=(g*(f*h))(x)\\&=\int_{-\infty}^{+\infty} g(x-\tau)\int_{-\infty}^{+\infty} f(\tau-\eta)h(\eta)\mathrm{d}\eta\mathrm{d}\tau\end{aligned} \tag{6-22}$$

令 $l=x-\tau$，$k=\eta+l$，则 $x-k=\tau-\eta$，且式(6-22)可进一步改写为

$$\begin{aligned}((f*h)*g)(x)&=(g*(f*h))(x)\\&=\int_{-\infty}^{+\infty} g(l)\int_{-\infty}^{+\infty} f(x-k)h(k-l)\mathrm{d}(k-l)\mathrm{d}(x-l)\\&=-\int_{+\infty}^{-\infty} f(x-k)\int_{-\infty}^{+\infty} h(k-l)g(l)\mathrm{d}(k-l)\mathrm{d}l\\&=\int_{-\infty}^{+\infty} f(x-k)\int_{-\infty}^{+\infty} h(k-l)g(l)\mathrm{d}l\,\mathrm{d}(k-l)\\&=\int_{-\infty}^{+\infty} f(x-k)\int_{-\infty}^{+\infty} h(k-l)g(l)\mathrm{d}l\,\mathrm{d}(k)\\&=(f*(h*g))(x)\end{aligned} \tag{6-23}$$

也就是说，卷积运算满足结合律。

注

可以证明，以上性质对于离散型卷积仍然成立，并且对于多元函数来说，以上性质也成立。

6.3.4 边界填充

有必要说明的是，在人工智能实际应用中，无论是离散还是连续型卷积，其积分上下界，也即函数的定义域可能不是整个整数或实数空间，而是其子集。更进一步地，数据驱动的人工智能领域中的数据长度通常是有限的。也就是说，在整数或实数空间子集内，数据点个数有限可数，并不连续。这不可避免地导致如图 6-3 所示的边界问题。如图 6-3 所示，卷积函数 $f(x)$的定义域为$\{1,2,3,4\}$，核函数 $h(x)$的定义域为$\{+1,0,-1\}$。易得，若 $x=1,\tau=1$，则 $x-\tau=0$；若 $x=4,\tau=-1$，则 $x-\tau=5$。显然，$0\notin\{1,2,3,4\}$、$5\notin\{1,2,3,4\}$。也就是说，由卷积函数 $f(x)$的定义域可知，$f(0)$与 $f(5)$不存在。如图 6-3(a)与图 6-3(d)所示，此时因越界问题，无法计算$(f*h)(1)=\sum\limits_{\tau=-1}^{+1}f(1-\tau)h(\tau)$与$(f*h)(4)=\sum\limits_{\tau=-1}^{+1}f(4-\tau)h(\tau)$。

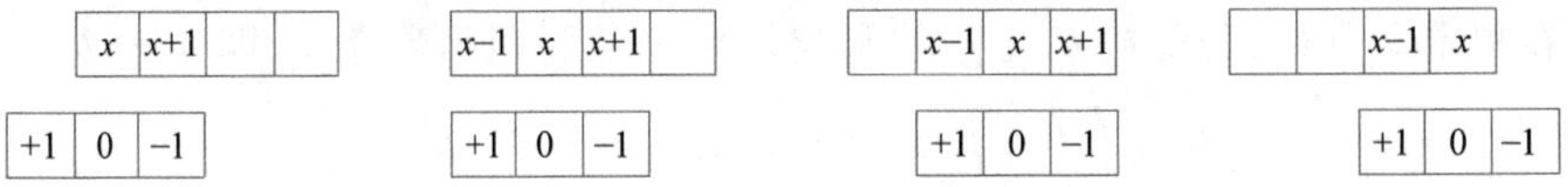

(a) x=1 (b) x=2 (c) x=3 (d) x=4

图 6-3 离散卷积的边界问题

为解决以上问题，最简单直接的办法是，只计算对于所有 τ 取值 $f(x-\tau)$均有意义点处的卷积。也就是说，对于图 6-3 中的例子来说，只计算$(f*h)(2)$与$(f*h)(3)$。有必要指出的是，对于离散有限卷积来说，卷积核函数 $h(x)$的定义域大小通常为奇数，记作 k。如图 6-3 所示，$k=3$。设卷积函数 $f(x)$的定义域大小记作 l，以图 6-3 所示为例，则 $l=4$。若只考虑有意义点处卷积，则卷积结果长度为 $l-k+1=4-3+1=2$。为保证卷积前后，卷积函数 $f(x)$与卷积结果$(f*h)(x)$分辨率一致，通常需要将卷积函数 $f(x)$在边界处进行扩展填充。如图 6-4～图 6-6 所示，补 0、扩展、镜像为三种常见卷积函数边界处理方法。实际应用中采用哪种方法，需要根据问题与需求而定。有必要进一步说明的是，边界补 0 操作最为简单。边界扩展是指，直接将边界处第一个有意义的函数值向两侧延伸填充。边界镜像是指，以边界为基准对待补充区域进行对称填充。

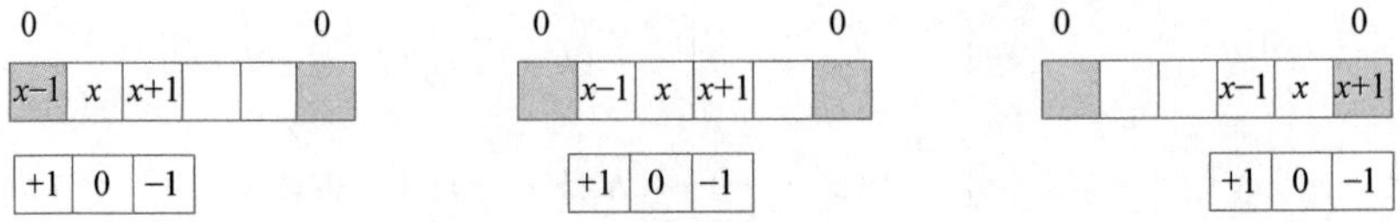

图 6-4 离散卷积边界补 0

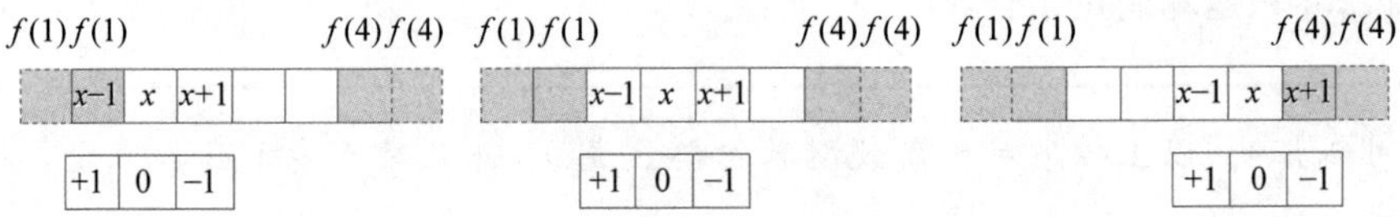

图 6-5 离散卷积边界扩展示意图

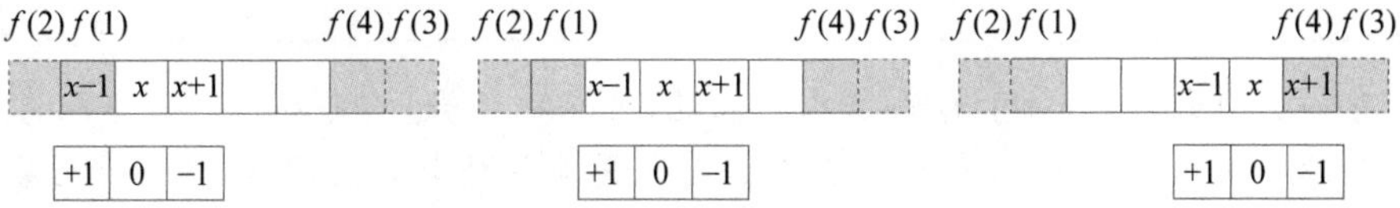

图 6-6　离散卷积边界镜像示意图

> **注**
>
> 图 6-5、图 6-6 仅为说明填充原理，就图中的卷积核来说，扩展填充与镜像填充的结果是一样的。

6.3.5　步长

有必要指出的是，对于离散型卷积来说，在人工智能领域实际应用中，通常进一步改写式(6-15)为

$$(f * h)(x)=\sum_{\tau=-\infty}^{\infty} f(x-a\tau)h(\tau) \tag{6-24}$$

其中，a 为控制参数。图 6-7 给出 $l=7$、$k=3$ 时，a 取三种不同值时，$(f*h)(4)$的卷积计算示意。不难发现，式(6-24)定义的卷积与以 a 为间隔重采样 $f(x)$后，再计算卷积$(f*h)$等价。由于重采样可作为卷积的预处理步骤，因此一般情况下，不将其作为卷积的特殊形式。

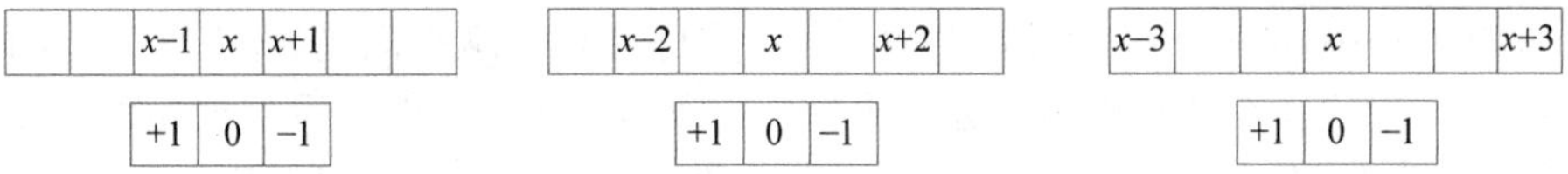

(a) a=1　(b) a=2　(c) a=3

图 6-7　不同控制条件下的卷积

> **注**
>
> 有书籍将 $a>1$ 时的卷积称为空洞卷积，是一种不增加计算负担与过拟合风险，且有效提升卷积核覆盖范围(也有资料称作卷积感受野)的策略。

另一方面，在有些应用场景下，并不需要计算卷积函数 f 定义域内所有点处的卷积，而是以一定规律计算其中的部分值。通常，这一规律可由步长参数 s 来控制。如图 6-8 所示，灰色标记不需要计算该处的卷积。具体地，若 $s=1$，则对定义域内所有点均计算卷积，即 $x\in\{1,2,\cdots,7\}$。若 $s=2$，则仅对定义域内奇数位点计算卷积，即 $x\in\{1,3,5,7\}$。若 $s=3$，则仅对定义域内 $x\in\{1,4,7\}$处的点计算卷积。

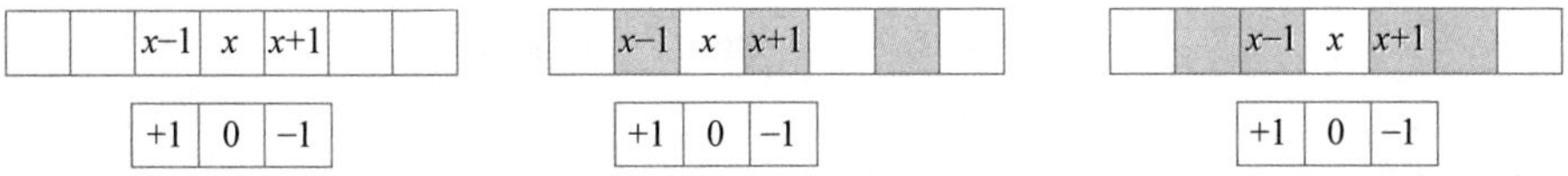

(a) s=1　(b) s=2　(c) s=3

图 6-8　不同步长条件下的卷积

注

有必要指出的是，对于离散型卷积来说，若卷积函数 f 定义域大小为 l，卷积核函数 h 的定义域大小为 k，卷积步长为 s，对边界采取补全填充操作，单侧补充卷积函数值 $p=(k-1)/2$ 个，则卷积后数据长度为 $(l-k+2p)/s+1$。

6.3.6 与线性变换的关系

有必要指出的是，卷积与线性变换存在一一对应关系。这是因为，对于给定的离散形卷积函数 f 与核函数 h，只考虑有意义点处的卷积，不考虑边界填充问题，设函数 f 的定义域长度为 l，其函数值构成行向量 $[f(x_1),f(x_2),\cdots,f(x_l)]$；核函数 h 的定义域长度为 k，其函数值构成行向量 $[h(\tau_1),h(\tau_2),\cdots,h(\tau_k)]$；卷积步长 $s=1$；令 $g=f*h$ 则卷积结果构成行向量 $[g(x_{1+(k-1)/2}),g(x_{2+(k-1)/2}),\cdots,g(x_{l-(k-1)/2})]$，构造如下矩阵

$$\mathbf{A}=\begin{bmatrix} h(\tau_1) & h(\tau_2) & \cdots & h(\tau_k) & 0 & 0 & \cdots & 0 \\ 0 & h(\tau_1) & \cdots & h(\tau_{k-1}) & h(\tau_k) & 0 & \cdots & 0 \\ \vdots & \vdots & \vdots & \ddots & \vdots & \vdots & \vdots & \vdots \\ 0 & \cdots & 0 & \cdots & h(\tau_1) & h(\tau_2) & \cdots & h(\tau_k) \end{bmatrix}$$

其大小为 $(l-k+1)\times l$，则

$$[g(x_{1+(k-1)/2}),g(x_{2+(k-1)/2}),\cdots,g(x_{l-(k-1)/2})]=[f(x_1),f(x_2),\cdots,f(x_l)]\mathbf{A}^{\mathrm{T}} \tag{6-25}$$

也就是说，对于 l 维空间中的向量 $[f(x_1),f(x_2),\cdots,f(x_l)]$ 与 k 维空间中的向量 $[h(\tau_1),h(\tau_2),\cdots,h(\tau_k)]$ 来讲，其卷积 $f*h$ 实际完成 l 维空间到 $l-k+1$ 维空间的坐标变换。进一步地，若将卷积函数进行边界填充处理，使得卷积前后数据长度相等，则矩阵 $\mathbf{A}$ 为大小为 $l\times l$ 的方阵。此时，卷积对应 l 维空间的一个线性变换。

注

以上仅给出了一维卷积的矩阵表达，类似地，对于多维卷积来说，也可以转换为矩阵运算。

6.3.7 几种特殊应用

作为一种数学运算，卷积有着广泛的应用场景。例如，若给定函数 $f(x)$，其局部 k 邻域内的均值构成另一函数 $g(x)$。该函数可由函数 f 与长度为 k 的常值函数 $h(x)=c$ 卷积得到。其中，$c=1/k$。再者，若 $k=3$，则函数 $f(x)$ 与卷积核函数 $h(-1)=0$，$h(0)=-1$，$h(+1)=1$ 的卷积与函数 $f(x)$ 的向后差分等价；类似地，若卷积核函数 $h(-1)=-1$，$h(0)=1$，$h(+1)=0$，则 $f*h$ 与函数 $f(x)$ 的向前差分等价。

6.4 池　　化

池化与卷积，特别是卷积神经网络高度相关。实际上，池化可视作对数据核心信息进行下采样抽取操作。

6.4.1　定义

形式化地，给定定义域为整个实数空间的任意函数 $f(x)$，定义在其上的池化操作构成一个新函数 $g(x)$，其中

$$g(x)=r\left(\bigcup_{\tau=-b}^{+b} f(x-\tau)\right) \tag{6-26}$$

有必要说明的是，r 是一个下采样抽取函数。例如，若 r 是最大值函数，则式(6-26)可改写为

$$g(x)=\max\left(\bigcup_{\tau=-b}^{+b} f(x-\tau)\right) \tag{6-27}$$

若 r 是最小值函数，则式(6-26)可改写为

$$g(x)=\min\left(\bigcup_{\tau=-b}^{+b} f(x-\tau)\right) \tag{6-28}$$

若 r 是均值函数，则式(6-26)可改写为

$$g(x)=\text{avg}\left(\bigcup_{\tau=-b}^{+b} f(x-\tau)\right) \tag{6-29}$$

注

实际上，上述公式中的上下限决定了池化操作的局部覆盖范围。一般地，上下限确定的区间[$x-b \rightarrow x+b$]为被池化函数 $f(x)$ 定义域内以 x 为中心的子集。另外，一般地，池化结果函数 $g(x)$ 的定义域必然小于函数 $f(x)$ 的定义域。这一点由池化的作用与意义所决定，详见 6.4.2 节。

6.4.2　作用与意义

上文提到的核心信息的下采样抽取，在人工智能的处理分析中有什么作用呢？

单独聚焦在池化这一点上，其作用不易理解。考虑多层卷积神经网络模型，若无池化层，则相邻层之间的信息传递与抽取完全依靠卷积核的大小。若想提升相邻层的信息抽取覆盖范围，则只能增加核的尺度或在相邻层之间引入卷积尺度相同的邻接层。这必然引入更多的可变参数。一方面，在训练样本量一定的情况下，参数增多必然增加模型过拟合风险。另一方面，过多的学习参数，必然需要付出更多的训练代价。鉴于如式(6-26)所示的池化函数表达式是确定的，经过池化下采样操作之后，再用原尺寸的卷积核进行层间信息抽取时，相当于增加了卷核函数的视野，却并未引入新的学习参数。

另外，由式(6-26)可知，池化操作从参数 τ 控制的局部区域内抽取核心信息。也就是说，只要参数 τ 选择适当，即便原数据有些许偏移，其池化结果不会改变。换句话说，池化操作可减弱甚至消除数据偏移对人工智能方法最终处理结果的负面影响。

6.4.3　与卷积的关系

如前文所述，池化的操作是明确的，比如是取均值、最大值，还是最小值。因此，池化层的引入，并不会增加卷积神经网络模型的控制参数个数。相反地，为便于计算，部分池

化操作，如均值池化，可转换为卷积运算。另外，与卷积类似，池化也有步长参数，并且通常情况下步长 $s>1$。这是因为，如图 6-9 所示，若步长 $s=1$，则相邻池化操作的覆盖区域存在重叠，导致池化结果中出现同一位置函数值被连续选中的问题，如图 6-9 所示的 $x=3$ 处的函数数值 11。一般地，池化步长与池化区间 $[-b \rightarrow +b]$ 的长度强相关。

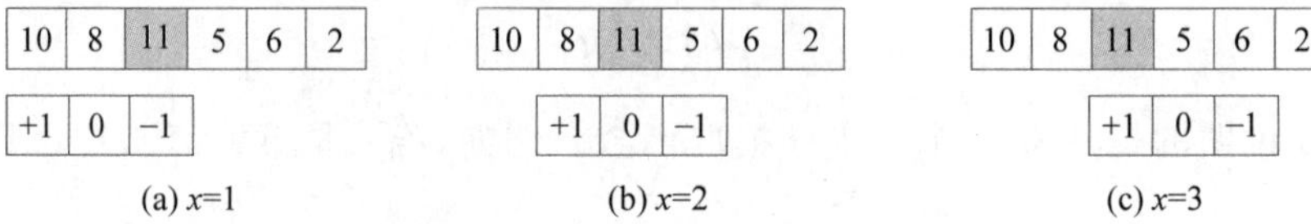

图 6-9　$s=1$ 时的最大值池化示例

形式化地，考虑步长操作对池化的影响，式(6-26)定义的池化运算可改写为

$$g(x)=r\left(\bigcup_{\tau=-b}^{+b} f(s(x-1)+1-\tau)\right) \tag{6-30}$$

6.5 反　卷　积

由式(6-15)与式(6-16)可知，卷积是由卷积函数 f 与核函数 h 构造卷积结果函数 $f*h$ 的算子。反过来说，若函数 $f*h$ 与核函数 h 已知，是否存在一种对应的运算，可恢复原卷积函数 f 呢？反卷积为实现这一目的提供了一种潜在的可能。

6.5.1 作用与意义

由前文所述不难发现，卷积与池化均通过定义某一操作算子，由多个样本数据计算得到一个新值。显然，这是一种多对一关系。再考虑步长的影响，一般地，特别对于池化操作来讲，算法输出结果的数据规模通常小于输入规模，也即前文所述卷积与池化的本质是对样本数据核心信息的抽取。这种输出数据规模小于输入数据规模的操作，通常称作下采样。有必要指出的是，在许多应用场景中，比如图像分割任务，卷积神经网络模型持续的下采样操作的确可以提取图像不同尺度下的特征信息。但是这种操作却无法直接完成像图像分割这样的要求输出与输入数据规模相同的任务。实际上，由多个输入数据点提取到的核心特征，必然与输入数据点均相关，且存在一对多的映射关系。与下采样相对应，由下采样得到的核心特征恢复输入数据的操作称作上采样。其实与下采样对应的“上采样”方法有多种，如线性插值、样条插值、超分辨率生成等。有必要指出的是，与卷积运算直接对应的称作反卷积的运算也是实现样本上采样的一种有效方法。

6.5.2 与线性变换的关系

由式(6-25)不难发现，若卷积结果函数 $g=f*h$ 与核函数 h 已知，设其函数值分别构成长度为 $l-k+1$ 的行向量，以及大小为 $(l-k+1)\times l$ 的矩阵 $\mathbf{A}$，则定义

$$[\tilde{f}(x_1),\tilde{f}(x_2),\cdots,\tilde{f}(x_l)]=[g(x_{1+(k-1)/2}),g(x_{2+(k-1)/2}),\cdots,g(x_{l-(k-1)/2})]\mathbf{A} \tag{6-31}$$

为函数 $g=f*h$ 与核函数 h 的反卷积。需要指出的是，除非矩阵 $\mathbf{A}$ 可逆，且 $\mathbf{A}^{-1}=\mathbf{A}^{\mathrm{T}}$，也即矩阵 $\mathbf{A}$ 为正交矩阵，否则由式(6-31)只能得到长度与 $[f(x_1),f(x_2),\cdots,f(x_l)]$ 相

同的行向量$[\tilde{f}(x_1),\tilde{f}(x_2),\cdots,\tilde{f}(x_l)]$，却不能完全恢复向量$[f(x_1),f(x_2),\cdots,f(x_l)]$的值。这一点也可由第 5 章信息论中数据压缩角度来理解，即卷积运算的多对一关系，相当于对卷积核覆盖数据进行了有损压缩操作。而反卷积试图由少量数据恢复量级更大的数据，除非数据间有隐含的指示关系，否则不可避免地会引入恢复误差。更一般地，此处的矩阵 $\boldsymbol{A}$ 不要求与式(6-25)中的矩阵 $\boldsymbol{A}$ 完全相同，只要矩阵大小满足运算法则即可。

由前文可知，对于离散型卷积来说，若卷积函数 f 定义域大小为 l，卷积核函数 h 的定义域大小为 k，卷积步长为 s，对边界采取补全填充操作，单侧补充卷积函数值 $p=(k-1)/2$ 个，则卷积后数据长度为$(l-k+2p)/s+1$。由反卷积与卷积的对应关系可得，设卷积结果长度为 o，则对于反卷积来说，输入长度为 o，输出长度为 l，且满足 $l=s(o-1)-2p+k$。

6.5.3　卷积表示

由式(6-31)不难发现，与卷积类似，反卷积运算也与线性映射存在一一对应关系。这是因为，若记 $\boldsymbol{B}=\boldsymbol{A}^{\mathrm{T}}$，则式(6-31)可改写为

$$[\tilde{f}(x_1),\tilde{f}(x_2),\cdots,\tilde{f}(x_l)]=[g(x_{1+(k-1)/2}),g(x_{2+(k-1)/2}),\cdots,g(x_{l-(k-1)/2})]\boldsymbol{B}^{\mathrm{T}} \tag{6-32}$$

也就是说，除了式(6-32)的矩阵表达之外，反卷积也可写成卷积的形式。但是，构造与式(6-32)中的矩阵 $\boldsymbol{B}$ 相对应的卷积核并不容易。另外，不难理解，由于参与卷积运算的数据在两次相邻卷积操作中通常部分重叠，也就是说，对一次卷积来说，操作数与结果存在多对一关系。但是，整体来看，除非卷积步长与卷积核大小满足关系 $s>k-1$，否则整个卷积函数中的每个元素也与多个卷积结果值相对应。图 6-10 给出一维反卷积与卷积间关联关系的两个示例，其中，卷积核长度 $k=3$，卷积函数长度 $l=5$，$p=0$。需要指出的是，由于反卷积是由小规模数据恢复大规模数据，而卷积产生的实际效果是减小数据规模，因此，图 6-10 给出的示例中，用卷积计算反卷积前，需对小规模输入数据进行填充操作。与卷积的边界填充不同的是，一方面这一填充不只发生在边界处；另一方面，填充操作与卷积步长的取值直接相关。

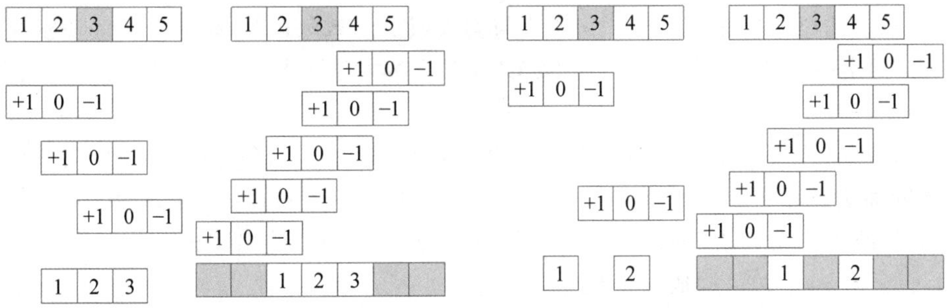

(a) s=1且边界无填充　　　(b) s=2且边界无填充

图 6-10　反卷积的卷积表示

小　结

本章重点介绍人工智能领域涉及的线性分析理论与卷积知识。现对本章核心内容总结如下。

(1) 加法和数乘运算，统称线性运算。

(2) 定义在集合上的线性运算的结果仍属于该集合，则称该集合及定义在其上的线性运算构成一个线性空间。

(3) 只考虑加法和数乘运算时，样本的特征空间是一个线性空间。

(4) 线性空间由其基张成，且空间维度与基个数相等。

(5) 两个线性空间之间的映射，若满足原像和的像与原像像的和相等，且原像数乘的像等于像的数乘，则称为线性映射。

(6) 定义在同一线性空间上的线性映射，称为线性变换。

(7) 线性映射与一个变换矩阵唯一对应。该矩阵与同一样本在两个线性空间中的坐标变换关系相对应。

(8) 线性判别函数多用于线性分类与回归分析任务。

(9) 卷积可理解为函数 f 经过翻转和平移后与函数 h 重叠部分的乘积和。

(10) 卷积满足交换律、加法分配律、结合律。

(11) 多种情况下，离散形卷积需要在边界处做扩展填充处理。

(12) 卷积与线性变换存在一一对应关系。

(13) 池化为卷积神经网络模型引入平移不变性，并能在不增加时间开销的前提下，有效扩大观测视野。

(14) 卷积与池化是数据下采样操作，反卷积是数据上采样操作。

(15) 反卷积只是恢复了数据的长度，并不能完全恢复原始数据值。

(16) 反卷积与线性变换也存在一一对应关系，且可写成卷积形式。

习　题

(1) 试验证实数二阶方阵，及其加法与实数域上的数乘运算，构成一个线性空间。

(2) 给定多项式函数集合 S，以及定义在其上的加法＋与实数乘法×运算，试回答以下问题。

① 验证定义在 S 上的多项式加法运算是否存在零元。若存在，给出 S 内任意多项式函数的加法逆元；

② 验证定义在 S 上的数乘运算是否存在幺元，若存在，给出其幺元；

③ 证明$\{S,+,\times\}$构成一个线性空间。

(3) 给定多项式函数集合 S，以及定义在其上的加法＋与实数乘法×运算，令 $F(f)=f'$，试回答以下问题。

① 试证明对于任意的 $f\in S$，有 $f'\in s$ 恒成立；

② 试证明对于任意的 $f_1 \in S$、$f_2 \in S$，有 $F(f_1+f_2)=F(f_1)+F(f_2)$ 恒成立；

③ 试证明对于任意的 $f \in S$、$\lambda \in R$，有 $F(\lambda f)=\lambda F(f)$ 恒成立。

(4) 给定线性空间 $V=\{S,+,\times\}$，试证明若 $s_1,s_2,\cdots,s_n \in S$，则对于任意实数 $\lambda_1,\lambda_2,\cdots,\lambda_n \in R$，有 $\sum_{i=1}^{n}\lambda_i s_i \in S$ 恒成立。

(5) 结合线性空间与线性映射的定义，试回答以下问题。

① 试证明二维特征向量张成的空间 R^2，以及定义在其上的加法与数乘运算构成一个线性空间；

② 给定二维矩阵 $\boldsymbol{A}=[1,2;2,4]$，试证明对于任意的二维特征向量 $\boldsymbol{x}$，函数映射 $F(\boldsymbol{x})=\boldsymbol{x}\boldsymbol{A}$，构成从 $\{R^2,+,\times\}$ 到 $\{R^2,+,\times\}$ 的线性变换；

③ 验证特征向量 $\boldsymbol{x}_1=[1,0]$ 与 $\boldsymbol{x}_2=[0,1]$ 的线性相关性，以及 $F(\boldsymbol{x}_1)$ 与 $F(\boldsymbol{x}_2)$ 的线性相关性。

(6) 举两个可用卷积替代的数学运算的例子。

(7) 以二维离散卷积为例，证明卷积运算满足交换律、加法分配律、结合律。

(8) 以二维卷积为例，给出一个卷积转换为矩阵运算的例子。

(9) 给定图像 $I(x,y)$，设其定义域为 $\Omega \subset R^2$，试用卷积计算图像中各像素点位置图像灰度的梯度模平方即 $(I_x^2+I_y^2)$，并给出对应的矩阵表达式。

(10) 举例说明最大值池化具备数据平移不变性。

(11) 对于二维池化来说，设 $b=2$，给出与其对应的均值池化的卷积核函数。

(12) 给出图 6-10(b) 中反卷积的卷积矩阵表达形式。

参考文献

[1] Steven J L. 线性代数[M]. 9 版. 张文博，张丽静，译. 北京：机械工业出版社，2015.

[2] 张学工. 模式识别[M]. 3 版. 北京：清华大学出版社，2010.

[3] 周志华. 机器学习[M]. 北京：清华大学出版社，2016.

[4] 王改华. 深度学习：卷积神经网络算法原理与应用[M]. 北京：中国水利水电出版社，2019.

[5] 周浦城，李从利，王勇，等. 深度卷积神经网络原理与实践[M]. 北京：电子工业出版社，2020.

第7章

正则化与范数

现有的数据驱动的人工智能方法设计特定的算法模型，用于挖掘训练样本集中的有价值信息，并对其进行有效表达，进而指导完成对新样本的预测任务。为确保预测精度，模型的复杂程度与训练样本集的规模相互制约。不难理解，若相对于训练样本规模来说，模型复杂度较高，参数空间较大，表达能力较强，则易导致过拟合问题。相反地，若训练样本较多，而模型复杂度较低，则易导致欠拟合问题。过拟合对训练样本中的信息挖掘过度，而欠拟合无法充分发现训练样本中的有价值信息，二者均不可避免地影响模型的泛化能力。目前，归纳偏好是提升模型泛化能力的有效手段。选择更简单模型的奥卡姆剃刀原则是归纳偏好遵循的基本准则。模型正则化正是基于这一准则发展起来的用于提升模型泛化能力的有效策略。除了在模型设计阶段即考虑其正则化问题之外，将模型参数的范数引入模型的寻优过程也可起到很好的模型正则作用。本章详细介绍与模型正则化及范数相关的数学基础知识。

7.1 过拟合问题与正则化

数据驱动的智能方法的学习过程即是基于训练样本寻求选定模型最优解的过程。不难理解，复杂度高的模型控制参数多，表达能力强。若训练样本规模有限，则最优解可能不唯一。一个直观易理解的实例是欠定线性方程组未知变量个数(与模型表达能力对应)决定了假设空间的大小(变量个数即是假设空间的维度)。但是，方程组的解却因为方程个数不足而存在无穷多个。有必要指出的是，采用最小二乘法求解的线性模型本质上即是构造一个线性方程组。若特征向量维度大于样本个数，则构成一个欠定方程组。为得到稳定解，数据驱动的人工智能模型通常需要经过多轮训练(相当于增加方程个数)。若模型表达能力过强，则不可避免地将训练样本中更细节的信息视作普遍知识，从而导致过拟合问题。除简单粗暴地减少训练轮次，提前结束训练之外，模型正则化是降低模型复杂度、减弱其表达力的有效手段之一。本节将就以上描述中涉及的关键知识点展开详细介绍。

注

模型寻优相关内容详见第8章。

7.1.1 泛化能力

不难理解，训练样本毕竟是待解决实际问题的有限抽样，即便规模再大，也不可能等同于总体样本。从另一个角度来说，若总体样本均已知，则待预测样本必然属于训练样本集。显然，此时简单的样本记忆与对比即可实现完全正确的预测。此时，所谓的数据驱动的人工智能似乎失去了意义。当前，借助有限的训练样本，"练就"的对于从未见过的样本的辨识能力，是数据驱动的人工智能方法成功的关键。这种举一反三、学以致用的能力，称作模型的泛化能力。显然，前文所述的过拟合问题导致模型对训练样本的过度挖掘，必然降低模型的泛化能力。而泛化能力其实是人工智能算法应用于实际中取得稳定、理想性能的关键。

7.1.2 过拟合与欠拟合

如前文所述，对于选定的模型来说，数据驱动的人工智能方法成功的关键，在于保证模型的泛化能力。也就是说，不仅要求模型在训练样本集中产生的误差较小，同时希望其在待预测未知样本集上也产生较小误差。不难理解，若前者过小，则易导致后者过大，即发生了过拟合。与过拟合过度挖掘训练样本信息相反，若人工智能模型对训练样本中蕴含的有价值信息挖掘不足，则导致欠拟合问题，同样影响模型的泛化能力。此时，模型在两个样本集上的误差均较大。如图 7-1 所示，若模型表达能力有限或训练轮次较少，则训练样本中的有价值信息挖掘不足，此时模型处于欠拟合状态，训练误差与预测误差均处于高点。随着模型表达能力变强或者训练轮次的增加，训练误差与预测误差均逐步降低，直到取得最优解。继续增强模型表达能力或增加训练轮次，则训练误差继续降低，而预测误差增加，即发生过拟合问题。为便于理解，可将过拟合理解为实际学习中的"死记硬背"学习模式。但是，记住所有知识点，甚至是以前的历史考题，通常并不见得可取得理想考试成绩。这是因为考试出现原题的概率很小，而"死记硬背"的学生并不具备触类旁通的能力。与之对应地，欠拟合与实际学习中未听懂老师所讲知识点类似，同样不能取得理想的考试成绩。欠拟合可通过增加训练轮次，提升模型对训练数据蕴含规律的表达效果来解决。

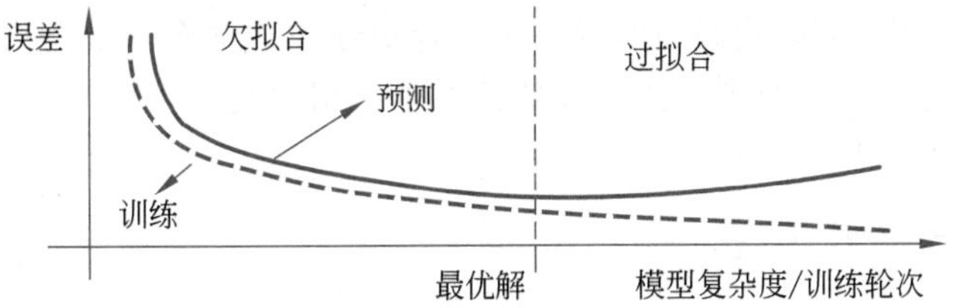

图 7-1　模型误差与样本拟合问题

7.1.3 假设空间与归纳偏好

如前文所述，数据驱动的人工智能方法的学习过程是基于训练样本寻求模型最优解的过程。模型选定后，其控制参数个数以及取值范围即是确定的。也就是说，模型寻优的过程，即是在控制参数空间内探寻最优解的过程，只不过这种探寻过程是在样本先验信息指导下进行的。领域内将选定模型的所有可能解构成的空间，称作假设空间。有必要指出的是，如图 7-2 所示，线性模型与非线性模型的假设空间均为整个二维实数空间，即图中所示二维平面内的任意直线或矩形框线均为对应模型的一个假设。假设空间内每个点与一个潜在的最优模型对应，称作模型的一个假设。有必要说明的是，此处的空间内的点是指模型控制参数空间内的点，而不是如图 7-2 所示二维平面中的点。实际上，假设空间内任意点均与图 7-2 虚线所示的分类线相对应。模型寻优即是在假设空间内找到最优解对应的空间向量或空间位置点，也即一个模型假设。如前文所述，若模型复杂度较高，则控制参数较多。此时，模型的假设空间较大。与此同时，若训练样本个数较少，由于模型控制参数多，表达能力强，很有可能存在多个假设使得模型在训练样本集中的误差最小化。每个假设可由一组参数值来表达，这些参数值组合的全体构成一个集合，称作版本空间。其与假设空间的多个参数向量或空间位置点对应，是假设空间的子集。图 7-2 给出所示线性模型与非线性模型的版本空间中的部分解，如图中虚线所示。

(a) 线性模型　　(b) 非线性模型

图 7-2　假设空间与版本空间示例

不难理解，若版本空间内元素不唯一，对新样本进行预测时，不同假设预测结果很可能不同。为了降低由此导致的预测不定性，为模型寻优引入启发式价值观，指导其有偏好地在假设空间中进行假设筛选，具有重要意义。数据驱动的人工智能模型由训练样本中挖掘有价值信息，并对其进行有效表达，进而用于新样本预测的过程实际上是一种归纳过程。因此，上述偏好筛选，称作归纳偏好。不难理解，归纳偏好本质上通过对模型进行正则化处理，进而隐含实现版本空间多样元素的唯一性筛选。那么，是否存在放之四海而皆准的准则用于指导模型建立“正确的”归纳偏好呢？奥卡姆剃刀原则确保在多个假设中选择最简单的那个作为筛选结果，是归纳偏好遵循的基本原则。这一点也不难理解，若两个模型均可解决同一个问题，我们当然倾向于选择更简单的那个。谁会选择把问题复杂化呢？但是，不幸的是，这一原则其实在多数情况下又引出另一个问题，即评定哪个假设更简单尚无统一标准，因此并不是一件容易的事。

7.1.4　无免费午餐定理

如图 7-2 所示，基于图中的训练样本，模型的版本空间中存在多个最优假设。由于训练样本是待解决问题总体样本的部分抽样，所以选择版本空间中任一假设，均有可能在预测新样本时产生预测误差。这取决于总体样本呈现的数据分布形态，特别是其分布与训练样本分布的一致性程度。也就是说，若一个模型在某个问题上比另一个模型性能更好，则必然存在一个问题使得该模型的性能更差。实际上，无论一个模型多智能，另一个模型多笨拙，它们的期望性能其实相同。这一描述，被称作无免费午餐定理。

形式化地，给定总体样本空间 $\mathscr{X}$，设训练样本集为 $\boldsymbol{X}$，假设空间为 $\boldsymbol{H}$，若给定的智能方法 $\mathscr{L}$ 得出的模型假设记作 h，而函数 f 与待解决问题的真实解对应，则智能方法 $\mathscr{L}$ 在该问题训练集之外的样本集 $\mathscr{X}-X$ 上产生的误差期望为

$$\mathscr{E}_{h,f}=\sum_{x\in\mathscr{X}-X}P(x)I(h(x)\neq f(x)) \tag{7-1}$$

其中，$P(x)$ 为样本 x 出现的概率，$I(h(x)\neq f(x))$ 为指示函数。当 $h(x)\neq f(x)$ 时，指示函数取值为 1，否则其取值为 0。也就是说，预测错误则累积误差，否则不累积。由于假设空间内的所有假设均有可能被智能方法 $\mathscr{L}$ 选中，以上是其选中假设 h 时的误差期望，设其选中该假设的概率为 $P(h|\mathscr{X},\mathscr{L})$，则对于假设空间内的所有假设来讲，其在该待解决问题训练集之外的样本集 $\mathscr{X}-X$ 上产生的误差期望为

$$\mathscr{E}_f=\sum_h\mathscr{E}_{h,f}=\sum_h\sum_{x\in\mathscr{X}-X}P(x)P(h\mid X,\mathscr{L})I(h(x)\neq f(x)) \tag{7-2}$$

显然，以上误差期望建立在当前待解决问题的真实解为 f 的前提下，对于所有可能的待解决问题来说，误差期望

$$\begin{aligned}\mathscr{E}&=\sum_f\mathscr{E}_f=\sum_f\sum_h\sum_{x\in\mathscr{X}-X}P(x)P(h\mid X,\mathscr{L})I(h(x)\neq f(x))\\&=\sum_{x\in\mathscr{X}-X}P(x)\sum_hP(h\mid X,\mathscr{L})\sum_fI(h(x)\neq f(x))\end{aligned} \tag{7-3}$$

对于所有可能的待解决问题来说，假设其出现的概率相同，即 f 服从均匀分布，则

$$\sum_fI(h(x)\neq f(x))=\frac{1}{2}2^{|\mathscr{X}|} \tag{7-4}$$

这是因为，对于二分类问题来说，规模为 $|\mathscr{X}|$ 的总体样本中任意一个均可能是正例或负例。也就是说，一共存在 $2^{|\mathscr{X}|}$ 种情况，每种情况与一个 f 相对应。由于 f 服从均匀分布，所以对于任意样本 $x\in\mathscr{X}$ 来说，将其认定为正例或负例代表真实情况 f 的个数是相等的。进一步地，无论 $h(x)$ 预测结果为正例或负例，f 均有一半与之相等，即 $h(x)\neq f(x)$ 的可能性为 1/2。将式(7-4)代入式(7-3)得

$$\mathscr{E}=\frac{1}{2}2^{|\mathscr{X}|}\sum_{x\in\mathscr{X}-X}P(x)\sum_hP(h\mid X,\mathscr{L})=\frac{1}{2}2^{|\mathscr{X}|}\sum_{x\in\mathscr{X}-X}P(x)\cdot 1 \tag{7-5}$$

也就是说，误差的期望与智能方法无关，即无论一个模型多智能，另一个模型多笨拙，它们的期望性能其实相同。

注

此处未用加粗斜体表示样本的原因在于，我们更关注的是样本对象本身，而不是其特征表示。

有必要说明的是，以上结论是建立在所有"问题"出现机会相同的前提下的。而在实际应用中，我们更关注是其中某一个待解决问题，不关心选中的智能方法在其他问题上的表现如何。这一方面说明脱离具体问题讨论智能方法的优劣是没有意义的，另一方面说明选择匹配的智能方法，制定相应的偏好策略，选择泛化能力更强的假设，对于问题的解决是有益的，且是有理论依据的。

7.2 硬正则化

由前文可知，归纳偏好是提升模型泛化能力的有效手段。虽然选择更简单模型的奥卡姆剃刀原则在许多情况下并不易操作，但还是可为实际问题的解决提供指导性建议。数据驱动的人工智能领域，模型正则化正是在遵循这一原则基础上发展起来的。有必要指出的是，其实领域内许多概念均与正则化密切相关。本节重点介绍相对暴力的硬正则化方法。

7.2.1 数据归一化、标准化

显而易见，数据是驱动当前主流人工智能方法取得成功的关键。若原始样本数据复杂度较高，则设计相对简单的智能模型用于解决实际问题的可能性较小。因此，样本数据表达形式与分布特点的复杂度间接影响着智能模型的复杂度。为了得到理想的智能模型，通常需要对样本数据进行归一化、标准化等处理。

1. 归一化

众所周知，样本数据领域内通常采用多维特征向量来表达。需要注意的是，不同维度位置的特征值取值范围可能不同。设某一位置特征取值范围为[100→101]，另一位置特征取值范围为[0.1→0.2]，则不难理解，比较两个特征相似性时，第二个位置的特征差值必然被第一个位置的差值淹没。导致这一问题出现的原因是不同位置处的特征值量纲不同。同一维度不同样本间特征值的归一化可将值域不同的特征值变换到同一实数域内，相当于转换为同一量纲来表达，从而增强可比性。形式化地，给定描述 m 个样本特征的向量集合$\{\boldsymbol{x}_1,\boldsymbol{x}_2,\cdots,\boldsymbol{x}_m\}$，其中，每个样本均由 n 维特征向量 $\boldsymbol{x}_i=[x_{i,1},x_{i,2},\cdots,x_{i,n}]$来表示，则归一化后的特征向量为 $\widetilde{\boldsymbol{x}}_i=[\widetilde{x}_{i,1},\widetilde{x}_{i,2},\cdots,\widetilde{x}_{i,n}]$，其中

$$\widetilde{x}_{i,j}=\eta\frac{x_{i,j}-\min(\{x_{1,j},x_{2,j},\cdots,x_{m,j}\})}{\max(\{x_{1,j},x_{2,j},\cdots,x_{m,j}\})-\min(\{x_{1,j},x_{2,j},\cdots,x_{m,j}\})} \tag{7-6}$$

η 为任意常数，通常 $\eta=1.0$，此时，$\widetilde{x}_{i,j}\in[0\rightarrow1]$。需要说明的是，式(7-6)给出的归一化又称作线性归一化，如图 7-3 所示。除此之外，还可以定义

$$\widetilde{x}_{i,j}=\eta\frac{x_{i,j}-\text{mean}(\{x_{1,j},x_{2,j},\cdots,x_{m,j}\})}{\max(\{x_{1,j},x_{2,j},\cdots,x_{m,j}\})-\min(\{x_{1,j},x_{2,j},\cdots,x_{m,j}\})} \tag{7-7}$$

其中，mean 为均值操作符。若 $\eta=2.0$，此时，$\widetilde{x}_{i,j}\in[-1\rightarrow1]$。

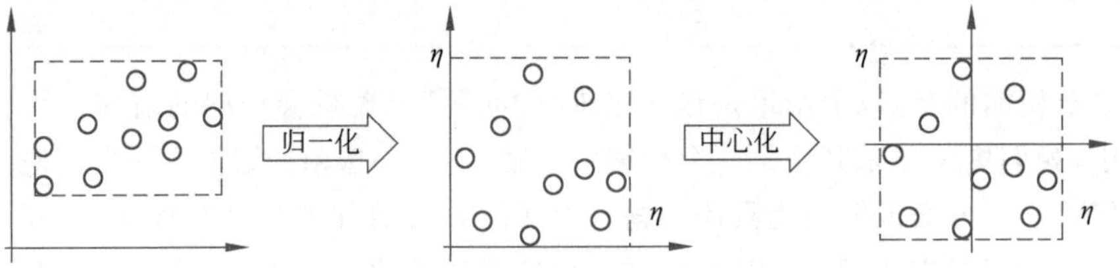

图 7-3 样本特征归一化、标准化示例

2. 标准化

如前文所述，给定描述 m 个样本特征的向量集合$\{\boldsymbol{x}_1,\boldsymbol{x}_2,\cdots,\boldsymbol{x}_m\}$，其中，每个样本均由 n 维特征向量 $\boldsymbol{x}_i=[x_{i,1},x_{i,2},\cdots,x_{i,n}]$来表示，则这 m 个样本在特征空间的分布通常不是以原点为中心的。在许多应用场景下，将样本在特征空间中的分布中心平移到坐标原点，更便于对样本特征的准确描述。如图 7-4 所示，坐标原点平移前后，样本特征的主成分方向发生明显改变，且不难发现以原点为中心的样本特征的主成分方向更为准确。这一点在 PCA 降维中得到很好的应用。形式化地，中心化的样本特征向量为 $\widehat{\boldsymbol{x}}_i=[\widehat{x}_{i,1},\widehat{x}_{i,2},\cdots,\widehat{x}_{i,n}]$，且

$$\widehat{\boldsymbol{x}}_i=\boldsymbol{x}_i-\boldsymbol{\mu} \tag{7-8}$$

其中，$\boldsymbol{\mu}=[\mu_1,\mu_2,\cdots,\mu_n]$为样本特征向量均值，定义为

$$\boldsymbol{\mu}=(1/m)\sum_{i=1}^{m}\boldsymbol{x}_i \tag{7-9}$$

图 7-4　样本特征中心化对主成分方向的影响

由式(7-8)可知，若事先未对样本特征向量进行任何标准化处理，则中心化后的样本仍存在量纲不一致问题。与归一化消除量纲目的类似，进一步定义标准化后无量纲样本特征向量 $\hat{\boldsymbol{x}}_i=[\hat{x}_{i,1},\hat{x}_{i,2},\cdots,\hat{x}_{i,n}]$，且

$$\hat{x}_{i,j}=\frac{\widehat{x}_{i,j}}{\sigma_j} \tag{7-10}$$

其中，σ_j 为样本特征向量第 j 维的标准差，定义为

$$\sigma_j=\sqrt{\frac{\sum_{i=1}^{m}(x_{i,j}-\mu_j)^2}{m-1}} \tag{7-11}$$

$j=1,2,\cdots,n$。

注

另外有必要说明的是，增加训练样本规模可提升模型泛化能力。虽然多数情况下，来自真实条件的样本规模有限，且进一步扩展困难，但是，人为地构造策略通常可起到扩展训练样本规模、抑制过拟合、提升模型泛化能力的作用。流行的构建策略包括坐标空间变换，包括噪声添加在内的附加影响，以及对抗网络生成等。

7.2.2 提前终止训练

由前文图 7-1 可见，随着训练轮次增加，选定的模型对训练样本的“了解”越来越深入，表现为训练误差逐步减小。但是，若将一个选定的模型训练到对训练样本误差为零，则必然导致过拟合问题。当模型在预测样本上的误差由减小转为增加时，则结束模型训练是一种有效的提升模型泛化能力的策略。有必要指出的是，由于无法提前预知待预测样本，因此通常的策略是将训练样本进一步划分为训练集与验证集两部分，分别用于训练与模型误差验证。更多细节详见第 10 章。不难理解，提前终止训练在模型即将过拟合时停止训练，得到泛化能力较强的模型，是一种求解最优模型的正则化策略。

7.2.3 权值共享

作为人工智能算法模型的典型代表，神经网络模型最为流行。特别地，神经网络模型与卷积操作融合衍化出的卷积神经网络模型取得了很大成功。有必要指出的是，卷积神经网络取得成功的一个关键因素在于权值共享概念的引入。如图 7-5(a)所示的输入 5 结点输出 3 结点的全连接神经网络模型，设其输出层位于整个模型的第 $l+1$ 层，输入层位于整个模型的第 l 层，则对于 $l+1$ 层中的第 i 个输入 $z_i^{(l+1)}$ 来说，$z_i^{(l+1)}=\boldsymbol{w}_i^{(l,l+1)}(\boldsymbol{x}^{(l)})^{\mathrm{T}}$。其中，$\boldsymbol{w}_i^{(l,l+1)}=[w_{i,1}^{(l,l+1)},w_{i,2}^{(l,l+1)},\cdots,w_{i,5}^{(l,l+1)}]$、$\boldsymbol{x}^{(l)}=[x_1^{(l)},x_2^{(l)},\cdots,x_5^{(l)}]$、$i=1,2,3$。若 $\boldsymbol{z}^{(l+1)}=[y_1^{(l+1)},y_2^{(l+1)},y_3^{(l+1)}]$、$W^{(l,l+1)}=[\boldsymbol{w}_1^{(l,l+1)};\boldsymbol{w}_2^{(l,l+1)};\boldsymbol{w}_3^{(l,l+1)}]$，则 $(\boldsymbol{z}^{(l+1)})^{\mathrm{T}}=W^{(l,l+1)}(\boldsymbol{x}^{(l)})^{\mathrm{T}}$。不难验证，该模型的参数为 15 个。也就是说，$W^{(l,l+1)}$ 为一个 3×5 的矩阵。

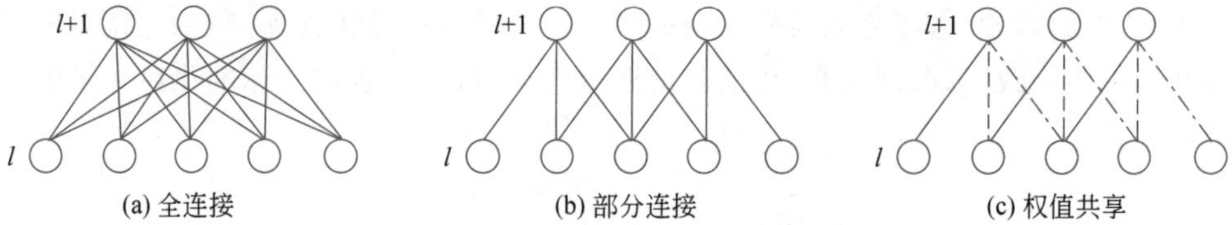

图 7-5 不同的神经元连接方式

实际上，不难证明，对于任意一个给定的全连接神经网络来说，设相邻层的结点数分别为 M 和 N，则只是该两层间的参数(相当于线性模型的权重值)即为 $M\times N$ 个。而对于数据驱动的人工智能应用来说，用于描述样本的原始特征向量通常维度较大，即输入层结点较多。另外，神经网络模型通过增加层数来提高用于样本描述的高层次特征。而随着层内结点数增多、层数增多，模型参数个数都将成倍增加。如前文所述，即便不考虑时间性能，过多的学习参数使得模型表达能力显著增强，随之而来的是模型易过拟合问题。不难理解，如图 7-5(b)所示的部分连接方式以牺牲模型局部感受野的方式，一定程度上缓解了这一问题。此时，模型的控制参数个数为 9 个。形式化地，$z_i^{(l+1)}=\boldsymbol{w}_i^{(l,l+1)}(\boldsymbol{x}_i^{(l)})^{\mathrm{T}}$，其中，$\boldsymbol{w}_i^{(l,l+1)}=[w_{i,1}^{(l,l+1)},w_{i,2}^{(l,l+1)},w_{i,3}^{(l,l+1)}]$、$x_i^{(l)}=[x_i^{(l)},x_{i+1}^{(l)},x_{i+2}^{(l)}]$，其中，$i=1,2,3$。

卷积神经网络模型进一步限制部分连接权值取同一组值，该组权值与一个卷积核相对应，相邻层输出结点间共享这组权值。如图 7-5(c)所示，此时模型的控制参数进一步减少为 3 个，即卷积核的大小。图中同一虚线线型代表同一权值，实线代表不同权值，虽然它们最终也有可能取得同一值。形式化地，$z_i^{(l+1)}=\boldsymbol{w}^{(l,l+1)}(\boldsymbol{x}_i^{(l+1)})^{\mathrm{T}}$，其中，$\boldsymbol{w}^{(l,l+1)}=[w_1^{(l,l+1)},w_2^{(l,l+1)},w_3^{(l,l+1)}]$、$x_i^{(l)}=[x_i^{(l)},x_{i+1}^{(l)},x_{i+2}^{(l)}]$，其中，$i=1,2,3$。

由以上分析不难发现，权值共享的实质是限制模型的参数个数。也相当于，将全连接中的大部分参数设置为 0。因此，权值共享其实是一个对模型的强行正则化。也就是说，模型一旦选定，全连接参数设置为 0 的位置与个数即是确定的。

7.2.4 池化

如 6.4 节所述，池化起到扩大感受野、增强平移不变性的作用。除此之外，若无池化层，则卷积神经网络模型相邻层的输出与输入规模基本保持不变。虽然从相邻层的角度来看，池化对参数个数无任何影响，但是从结果上来说，为得到同样感受野范围内样本的高层次特征表达，无池化层的神经网络需要更多的层数。这不可避免地引入了更多的学习参数。从这个角度来讲，池化相当于对更复杂的模型进行了正则化处理，从而减少了模型的参数个数。

7.2.5 随机失效

如前文所述，权值共享相当于强行将确定位置的连接参数设置为 0，即被舍弃的参数是确定的，且在整个模型寻优过程中保持不变，始终不随训练轮次的增加而更新。与之对应地，训练过程中每一轮次随机以一定概率舍弃部分神经单元，从而使得网络模型结构上更为简单地称为随机失效(Dropout)的策略，同样可起到模型正则化的作用，且已被证明行之有效。有必要说明的是，Dropout 的舍弃不是事先确定的，而是随机发生于训练过程中的。另外，与权值共享舍弃的是部分连接权重不同，随机失效舍弃的对象是以结点为单位的。一旦结点被舍弃，则与其相连的权重全部被舍弃。其次，随机失效的舍弃不是将权重值设置为 0，而是让其保持之前的参数值不变。若下一训练轮次，失效结点未被再次选中，则其重新被激活，对应参数值继续更新。

形式化地，若无 Dropout 机制，则对于某一任意训练轮次，结点数分别为 M 与 N 的相邻 l 与 $l+1$ 层满足关系

$$y_i^{(l+1)}=f(\boldsymbol{w}_i^{(l,l+1)}(\boldsymbol{y}^{(l)})^{\mathrm{T}}) \tag{7-12}$$

其中，$y_i^{(l+1)}$ 为第 $l+1$ 层第 i 个结点的输出，$\boldsymbol{y}^{(l)}=[y_1^{(l)},y_2^{(l)},\cdots,y_M^{(l)},1]$为第 l 层的输出，f 为激活函数，$\boldsymbol{w}_i^{(l,l+1)}=[w_{i,1}^{(l,l+1)},w_{i,2}^{(l,l+1)},\cdots,w_{i,M+1}^{(l,l+1)}]$为权重参数构成的行向量。

给定激活概率 p，引入 Dropout 机制，则第 l 层第 j 个结点被舍弃的概率为 1-p。也就是说，结点被舍弃与否是一个伯努利试验。对应地，第 l 层第 j 个结点被激活的概率服从 0-1 分布。不难理解，第 l 层所有被激活或舍弃与否可记录于一个长度为 $M+1$ 的行向量 $\boldsymbol{r}^{(l)}$。其中，1 代表被激活，0 代表被舍弃。定义$\circ$为元素积，也即向量分量乘，则

$$y_i^{(l+1)}=f(\boldsymbol{w}_i^{(l,l+1)}(\tilde{\boldsymbol{y}}^{(l)})^{\mathrm{T}}) \tag{7-13}$$

其中，$\tilde{\boldsymbol{y}}^{(l)}=\boldsymbol{r}^{(l)}\circ\boldsymbol{y}^{(l)}$。

> 注
>
> 对于线性模型的常数项来说，可将其视作输入值为常数 1 的权重参数。如非需要，本书将不再加以区分。另外，以上描述中，采用齐次思想解决线性模型截距的表达问题。

显而易见，与权值共享类似，Dropout 也是一种限制模型控制参数的策略。不同的是，其限制作用相对于权值共享来说，更加宽松、灵活。也就是说，Dropout 也是一种模型正则化策略。

7.2.6 集成学习

由第 6 章可知，线性模型是最简单有效的模型，对于非线性问题，可采用提升特征空间维度，并将特征向量向对应维度进行变换的方式来增强问题的线性可分性。这一操作的理论基础详见第 9 章。另外，如图 7-6 所示，同一训练样本集得出的多个同类型模型的分类边界如图中虚线所示。若对图中虚线模型的分类结果取均值(或少数服从多数)，新的分类边界如图中实线所示，则不难理解，相较于图中虚线对应模型来说，实线对应的模型有效抑制了分类边界向两类样本的倾斜，鲁棒性更强。也就是说，模型融合可起到正则化作用。有必要说明的是，这一结论同样适应用于不同类型模型间的融合情形。多模型的融合决策机制，在人工智能领域被称作集成学习。由以上分析可见，集成学习可起到模型正则化作用。

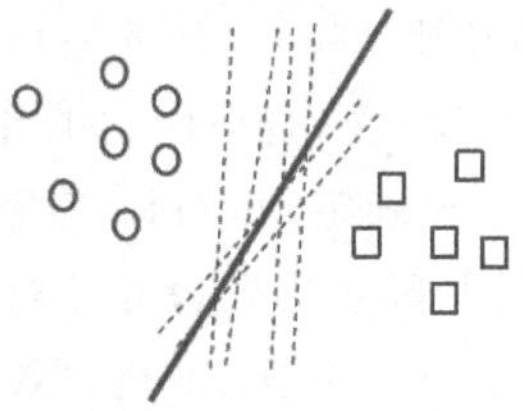

(a) 线性模型

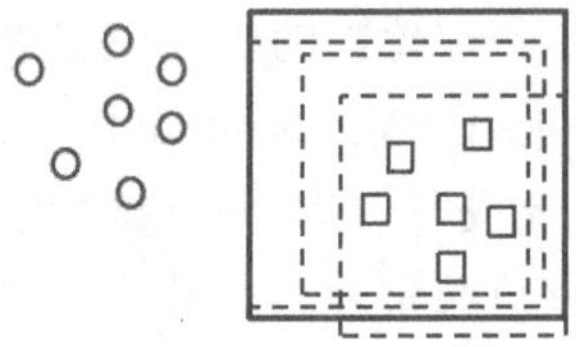

(b) 非线性模型

图 7-6 模型融合

特别地，集成学习模型泛化能力更强可形式化证明。假设存在 K 个以下标 k 为区分的模型最优假设函数 h_k，它们“集成”的结果与函数 G 对应，即 $G=\left(\sum_{k=1}^{K}h_k\right)\Big/K$，待解决问题的真实解为函数 f，则最优假设与真实解间的“平均”误差可表示为

$$
\begin{aligned}
\frac{1}{K}\sum_{k=1}^{K}(h_k-f)^2 &= \frac{1}{K}\sum_{k=1}^{K}((h_k)^2-2h_kf+f^2) \\
&= \frac{1}{K}\sum_{k=1}^{K}(h_k)^2-2Gf+f^2 \\
&= \frac{1}{K}\sum_{k=1}^{K}(h_k)^2-G^2+(G-f)^2
\end{aligned}
$$

$$
\begin{aligned}
&=\frac{1}{K}\sum_{k=1}^{K}(h_k)^2-2G^2+G^2+(G-f)^2\\
&=\frac{1}{K}\sum_{k=1}^{K}(h_k)^2-2G\frac{1}{K}\sum_{k=1}^{K}h_k+G^2+(G-f)^2\\
&=\frac{1}{K}\sum_{k=1}^{K}(h_k-G)^2+(G-f)^2 \qquad (7\text{-}14)
\end{aligned}
$$

显然,除非式(7-14)右侧第一项为 0,否则式(7-14)左侧大于右侧第二项。也就是说,总体来说,h_k 与 f 的方差均值比集成模型 G 与 f 差值的平方大,即集成模型 G 更稳定。有必要指出的是,除非所有的 h_k 均与 G 相等,即 K 个相同模型集成,否则式(7-14)右侧第一项必然大于 0。而完全相同的 K 个模型集成实际上是不可能发生的,因为这与一个模型无异,根本起不到融合互补的作用。另外,式(7-14)右侧第一项其实是不同模型的方差公式,第二项是平均模型与真实解的偏差。

注

不难理解,随机失效实际是集成学习的一个特例。不同的是集成学习通常是参数独立的,随机失效机制使得多个子模型间共享部分参数。

7.2.7　支持向量机

如图 7-7(a)所示,对于训练样本集来说,如果存在多个最优二分类线性模型,如何取舍呢?前文的集成学习采取的是将所有潜在最优的二分类线性模型"融合"在一起。那么,对于其中潜在最优的单一线性模型来说,是否可定义评价它们相互间优劣的评价方法呢?支持向量机模型,将特征空间内训练样本间隔最大化的线性分类器视作最优分类器。这本质上是对最优模型选择的一种硬正则化操作。间隔最大化指的是,分类平面两侧距离分类平面最近的样本点间的距离最大。形式化地,如式(6-6)所示,特征空间内任意样本 $\boldsymbol{x}$ 距离分类平面的距离 r 可表示为 $r=|g(\boldsymbol{x})|/\|\boldsymbol{w}\|$,其中,$g(\boldsymbol{x})$为线性函数,即 $g(\boldsymbol{x})=\boldsymbol{w}\boldsymbol{x}^{\mathrm{T}}+b$。支持向量机模型将满足条件 $g(\boldsymbol{x})\geqslant 1$ 的样本均视作正例,将满足 $g(\boldsymbol{x})\leqslant -1$ 的样本均视作负例。若进一步假设样本 $\boldsymbol{x}$ 的类别标签取值分别为$+1$或-1,记作 y,则支持向量机模型可统一表达为 $yg(\boldsymbol{x})=y(\boldsymbol{w}\boldsymbol{x}^{\mathrm{T}}+b)\geqslant 1$。其中,使得 $g(\boldsymbol{x})=\pm 1$ 的样本点,被称作支持向量。不难理解,正负支持向量距离分类平面的距离均为 $1/\|\boldsymbol{w}\|$,所以正负支持向量之间的距离为 $2/\|\boldsymbol{w}\|$。也就是说,支持向量机模型求解使得 $2/\|\boldsymbol{w}\|$ 取得最大值时的 $\boldsymbol{w}$ 与 b。等价于求解约束条件 $y(\boldsymbol{w}\boldsymbol{x}^{\mathrm{T}}+b)\geqslant 1$ 下,$(1/2)\boldsymbol{w}\boldsymbol{w}^{\mathrm{T}}$ 取得最小值时的 $\boldsymbol{w}$ 与 b。

注

有必要指出的是,除以上介绍的正则化策略以外,决策树模型中的剪枝操作也是模型硬正则化的一个代表性实例。感兴趣的读者可查阅相关资料。另外,关于带约束条件的优化问题详见第 8 章。

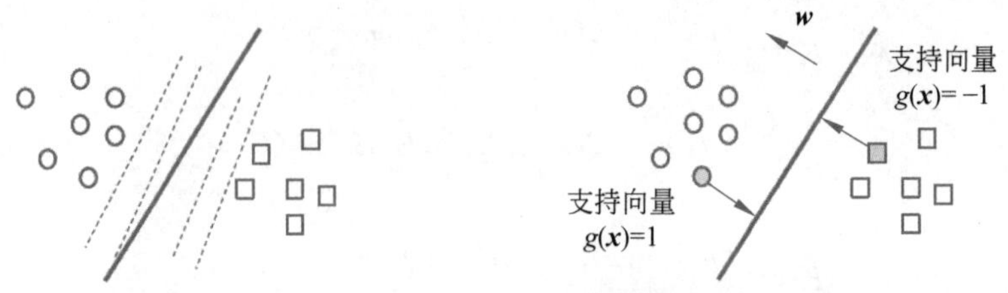

(a) 多个潜在最优分类平面　　(b) 间隔最大化的最优分类平面

图 7-7　支持向量机模型

7.3 软正则化

到目前为止，本章所讲述的实现模型归纳偏好的正则化方法，简单直接。即便是随机失效法，统计来看，每一轮次失效结点的个数也是可事先预估的。为遵循奥卡姆剃刀原则，本节接下来介绍与之对应的，手段相对弱化的正则化方法。

7.3.1 损失函数

实际应用中的人工智能问题通常需要选定模型，从而对待解决问题进行充分表达，寻得最优模型的过程相当于在模型假设空间内寻找一个最优假设 h。该假设与以样本为定义域，以其潜在预测值为值域的函数映射对应。如非强调指出，本书中对假设空间内的假设及其对应的函数映射不再加以区分。理想地，对于总体样本空间 $\mathcal{X}$ 内任意给定样本 $\boldsymbol{x}$，模型预测结果 $h(\boldsymbol{x})$与该样本的真实值 $f(\boldsymbol{x})$相等。实际上，对于任意模型来说，其预测结果与真实值通常存在一定误差。领域内，又将这类误差称作损失，通常由符号 L 来表示。

形式化地，

$$L_{0-1}(h(\boldsymbol{x}),f(\boldsymbol{x}))=\begin{cases}1, & h(\boldsymbol{x})\neq f(\boldsymbol{x})\\0, & h(\boldsymbol{x})=f(\boldsymbol{x})\end{cases} \tag{7-15}$$

称作 0-1 损失函数。有必要指出的是，感知机模型采用的就是 0-1 损失函数。显然，该损失函数在 $h(\boldsymbol{x})=f(\boldsymbol{x})$处不连续。式(7-15)给出的定义太过严格，可放宽限制条件，定义宽松的 0-1 损失函数为

$$L_{0-1,t}(h(\boldsymbol{x}),f(\boldsymbol{x}))=\begin{cases}1, & |h(\boldsymbol{x})-f(\boldsymbol{x})|\geqslant t\\0, & |h(\boldsymbol{x})-f(\boldsymbol{x})|< t\end{cases} \tag{7-16}$$

其中，t 为给定阈值。也就是说，宽松的 0-1 损失函数不要求预测结果与真实值完全相等，而是允许预测存在一定偏差。偏差大小由阈值 t 控制。

除此之外，还可将预测结果与真实值差值的平方作为样本的损失评价，即定义

$$L_2(h(\boldsymbol{x}),f(\boldsymbol{x}))=(h(\boldsymbol{x})-f(\boldsymbol{x}))^2 \tag{7-17}$$

为平方损失函数。显然，平方损失函数为存在唯一极小值点的凸函数。该损失函数常用于最小二乘法模型。

类似地，将预测结果与真实值差值的绝对值

$$L_1(h(\boldsymbol{x}),f(\boldsymbol{x}))=|h(\boldsymbol{x})-f(\boldsymbol{x})| \tag{7-18}$$

称作绝对损失函数。易得,绝对损失函数连续且极小值唯一,但其在 $h(\boldsymbol{x})=f(\boldsymbol{x})$ 处不可导。

另一个领域内常见的损失函数是"对数损失函数"。考虑极大似然估计思想,若记 $P(h(\boldsymbol{x})|\boldsymbol{x};h)$ 为模型假设 h 对于样本 $\boldsymbol{x}$ 给出预测结果 $h(\boldsymbol{x})$ 的概率,则对数损失函数定义为

$$\begin{aligned}L_{\log}(h(\boldsymbol{x}),f(\boldsymbol{x}))&=-\log P(f(\boldsymbol{x})\mid\boldsymbol{x};h)\\&=-\sum_{f(\boldsymbol{x})}I(f(\boldsymbol{x})=h(\boldsymbol{x}))\log P(h(\boldsymbol{x})\mid\boldsymbol{x};h)\end{aligned} \tag{7-19}$$

其中,$I(f(\boldsymbol{x})=h(\boldsymbol{x}))$ 为指示函数。也就是说,真实值与预测值相等时,函数 I 取值为 1,否则为 0。不难理解,对于二分类问题,若样本 $\boldsymbol{x}$ 为正例,则记 $f(\boldsymbol{x})=1$,否则 $f(\boldsymbol{x})=0$。式(7-19)可改写为

$$\begin{aligned}L_{\log}(h(\boldsymbol{x}),f(\boldsymbol{x}))=&-f(\boldsymbol{x})\log P(h(\boldsymbol{x})=1\mid\boldsymbol{x};h)-\\&(1-f(\boldsymbol{x}))\log P(h(\boldsymbol{x})=0\mid\boldsymbol{x};h)\end{aligned} \tag{7-20}$$

有必要说明的是,对数损失函数常用于 Logistic 回归模型,故又称为"Logistic 损失函数"。除此之外,对数损失函数还被称作"交叉熵损失函数",详见式(5-30)。有必要指出的是,Logistic 损失函数与 Logistic 函数既有区别又有联系。关于 Logistic 函数,可参见第 3 章。首先二者表达式不同,但是对于线性二分问题来说,Logistic 损失函数又是由对线性模型进行 Logistic 非线性变换操作推导而来的。

除此之外,支持向量机采用 Hinge 损失函数评价预测结果误差。形式化地,有

$$L_{\text{hinge}}(h(x),f(x))=\max(0,1-f(\boldsymbol{x})h(\boldsymbol{x})) \tag{7-21}$$

易得,式(7-21)等价于若 $f(\boldsymbol{x})h(\boldsymbol{x})\geqslant 1$,则 $L_{\text{hinge}}(h(\boldsymbol{x}),f(\boldsymbol{x}))=0$;否则,$L_{\text{hinge}}(h(\boldsymbol{x}),f(\boldsymbol{x}))=1-f(\boldsymbol{x})h(\boldsymbol{x})$。对于线性二分类问题来说,若样本 $\boldsymbol{x}$ 为正例,记 $f(\boldsymbol{x})=+1$,否则 $f(\boldsymbol{x})=-1$。由前文可知,支持向量机模型使得线性假设 $h(\boldsymbol{x})\geqslant 1$ 时,样本 $\boldsymbol{x}$ 被预测为正例;线性假设 $h(\boldsymbol{x})\leqslant -1$ 时,样本 $\boldsymbol{x}$ 被预测为负例。不难验证,分类正确时,Hinge 损失 $L_{\text{hinge}}(h(\boldsymbol{x}),f(\boldsymbol{x}))=0$;否则,$L_{\text{hinge}}(h(\boldsymbol{x}),f(\boldsymbol{x}))=1-f(\boldsymbol{x})h(\boldsymbol{x})$。考虑 $f(\boldsymbol{x})=+1$、$h(\boldsymbol{x})\geqslant 1$ 的情形,此时 $1-f(\boldsymbol{x})h(\boldsymbol{x})\leqslant 0$;类似地,$f(\boldsymbol{x})=-1$、$h(\boldsymbol{x})\leqslant -1$ 时,$1-f(\boldsymbol{x})h(\boldsymbol{x})\leqslant 0$ 也成立。在这两种情形下,Hinge 损失函数的取值均为 0。相对地,若 $|h(\boldsymbol{x})|<1$,则 $1-f(\boldsymbol{x})h(\boldsymbol{x})>0$。此时,Hinge 损失函数的取值为 $1-f(\boldsymbol{x})h(\boldsymbol{x})$。也就是说,该损失函数不严格要求 $|h(\boldsymbol{x})|\geqslant 1$,其使得 SVM 模型不过度"自信",即允许错误分类发生。

7.3.2 期望风险

有必要强调的是,我们的根本目的不是计算模型对各样本的预测误差,而是寻找使得预测误差最小的假设。对于上文定义的损失函数来说,其取值均为非负数。也就是说,我们的根本目的是在假设空间内搜寻使得所有样本预测误差均取得最小值的假设。换句话说,我们"期望"模型对总体样本中任意实例的预测结果与该样本真实值完全一致。这一期望可转化为样本损失函数期望 $E(L(h(\boldsymbol{x}),f(\boldsymbol{x})))$ 的最小化问题。形式化地,定义代

价函数

$$E_{\exp}(h,f)=\int_{\mathscr{F}} L(h(\boldsymbol{x}),f(\boldsymbol{x}))P(\boldsymbol{x},f(\boldsymbol{x}))\mathrm{d}\boldsymbol{x} \tag{7-22}$$

并称其为期望风险函数。其中，$\mathscr{F}$ 为真实值函数 f 的取值空间，$L(h(\boldsymbol{x}),f(\boldsymbol{x}))$ 为样本 $\boldsymbol{x}$ 的预测损失，可以是 7.3.1 节定义的任意一种损失，但对于当前问题来说，不同样本间的预测误差度量应采用同一损失函数。不难发现，期望风险函数描述的是模型对总体样本的预测结果与样本真实值之间差异性的度量。期望风险越小代表二者之间的差异性越小，即模型的拟合能力越强。显然，理想模型使得总体样本的损失函数均最小，即期望风险最小。

7.3.3 经验风险

需要指出的是，期望风险函数很难实际应用。这是因为，获得待解决问题的总体样本哪怕是它们准确的分布规律基本上是不可能完成的任务。因此，领域内常用经验风险替代期望风险。形式化地，经验风险函数定义为

$$E_{\mathrm{emp}}(h,f)=\sum_{x\in X}L(h(\boldsymbol{x}),f(\boldsymbol{x})) \tag{7-23}$$

其中，X 为训练样本集。不难发现，式(7-23)是基于训练样本集定义的，而训练样本通常是完全已知的历史经验样本。这也是式(7-23)被称作经验风险函数的根本原因。由于经验风险函数是定义在训练样本集上的，所以经验风险越小，模型对训练样本的拟合越好。

> **注**
>
> 由期望风险与经验风险的定义不难发现，前者是全局性的、理想化的、不可求得的；后者是局部性的、现实的、可求解的。

如 4.6.6 节所述，给定 m 个样本及其真实值构成的训练集 $\{(\boldsymbol{x}_1,y_1),(\boldsymbol{x}_2,y_2),\cdots,(\boldsymbol{x}_m,y_m)\}$，其中，$\boldsymbol{x}_i$ 代表第 i 个样本的长度为 d 的特征向量 $\boldsymbol{x}_i=[x_{i,1},x_{i,2},\cdots,x_{i,d}]$，$y_i$ 代表该样本对应的真实值，则线性模型 $g(\boldsymbol{x}_i)=\boldsymbol{w}\boldsymbol{x}_i^{\mathrm{T}}+b$ 最小二乘估计的目标函数为

$$L=\frac{1}{2m}\sum_{i=1}^{m}(\boldsymbol{w}\boldsymbol{x}_i^{\mathrm{T}}+b-y_i)^2 \tag{7-24}$$

线性模型最优解使得式(7-24)取得最小值，反之亦然。因此，最小二乘法最优化等价于

$$\arg\min_{\boldsymbol{w},b}\frac{1}{2m}\sum_{i=1}^{m}(\boldsymbol{w}\boldsymbol{x}_i^{\mathrm{T}}+b-y_i)^2 \tag{7-25}$$

进一步地，若定义 $\hat{\boldsymbol{w}}=[\boldsymbol{w},b]$、$\boldsymbol{y}=[y_1,y_2,\cdots,y_m]$、$\boldsymbol{X}=[\hat{\boldsymbol{x}}_1^{\mathrm{T}},\hat{\boldsymbol{x}}_2^{\mathrm{T}},\cdots,\hat{\boldsymbol{x}}_m^{\mathrm{T}}]$，其中 $\hat{\boldsymbol{x}}_i=[\boldsymbol{x}_i,1]$，则式(7-16)可改写为

$$L=(\hat{\boldsymbol{w}}\boldsymbol{X}-y)(\hat{\boldsymbol{w}}\boldsymbol{X}-y)^{\mathrm{T}} \tag{7-26}$$

此时，线性模型 $g(\boldsymbol{x}_i)=\boldsymbol{w}\boldsymbol{x}_i^{\mathrm{T}}+b$ 的寻优过程等价于

$$\arg\min_{\hat{\boldsymbol{w}}}(\hat{\boldsymbol{w}}\boldsymbol{X}-y)(\hat{\boldsymbol{w}}\boldsymbol{X}-y)^{\mathrm{T}} \tag{7-27}$$

若矩阵 $\boldsymbol{X}\boldsymbol{X}^{\mathrm{T}}$ 正定，解得 $\hat{\boldsymbol{w}}^{*}=\boldsymbol{y}\boldsymbol{X}^{\mathrm{T}}(\boldsymbol{X}\boldsymbol{X}^{\mathrm{T}})^{-1}$。

7.3.4 置信风险

不难理解，直接用经验风险代替期望风险，通过寻找使得经验风险最小的模型作为最优模型，存在较大的过拟合风险。这是因为，训练样本是总体样本的不完全有限抽样。其规模与内容是确定的，所以总能设计并找到一个最优的模型，使得模型在训练样本集上的预测误差为 0。只是模型复杂度可能会很高，这取决于训练样本的规模。

实际上，对于现实中的待预测任务来说，由于训练样本是完全已知的，我们更关注模型对未知样本的预测准确度。领域内，将模型对未知样本的预测误差定义为置信风险。显然，如果能找到直接最小化置信风险的方法，则问题迎刃而解。不幸的是，置信风险的定义是基于未知样本的，无法给出其具体的表达式，求其最优解更无从谈起。如前文所述，对于选定的模型来说，训练样本规模越大，模型过拟合可能性越小，泛化能力越强，置信风险越小。反过来说，若训练样本不变，模型越复杂，则置信风险越大。对于待解决问题来说，训练样本通常是确定的，为降低经验风险，需要提高模型复杂度，而模型复杂度的提升，又必然导致置信风险的增大。因此，置信风险定义为经验风险与模型复杂度控制的和。

形式化地，

$$E_{\mathrm{stu}}(h,f)=E_{\mathrm{emp}}(h,f)+\alpha R(h) \tag{7-28}$$

其中，$R(h)$是定义在假设空间 H 上的泛函，用于描述模型的复杂程度。模型 h 越复杂，$R(h)$取值越大；反之，模型 h 越简单，$R(h)$取值越小。非负参数 α 用以权衡经验风险和模型复杂度的参与度。α 取值越大，$R(h)$作用越明显，模型 h 越简单；α 取值越小，$E_{\mathrm{emp}}(h,f)$作用越明显，模型 h 越复杂。显然，$R(h)$起模型正则作用。特别地，若 $\alpha=0$，结构风险退化为经验风险，正则作用消失。不难理解，使得置信风险较小的模型，需确保其经验风险与模型复杂度同时取值较小。也就是说，置信风险较小的模型往往对训练样本以及未知的预测样本均有较好的预测性能。

> **注**
>
> 也有教材将置信风险称为结构风险，因为模型复杂度侧面反映了模型的结构特点。有必要说明的是，叫法差异不影响对于相关内容的理解。

7.3.5 VC 维与置信风险

如前文所述，训练样本规模与模型复杂度是影响模型置信风险的关键因素。具体地，对于选定模型来说，训练样本越多，置信风险越小。对应地，训练样本规模确定时，模型越复杂，置信风险越大。就线性模型来说，其复杂度可直接由参数个数来评价。那么是否存在可用于衡量任意模型复杂程度的方法呢？答案是肯定的。对于选定的模型来说，假设空间 H 内的所有假设构成一个指示函数集合 $I(H)$，将 $I(H)$所能区分的最大样本数目 q，定义为该函数集合的 VC 维。所谓“区分”指的是，如果存在 q 个样本能够被函数集$I(H)$中的函数按所有可能的 2^q 种形式分开，则称函数集 $I(H)$能够区分这 q 个样本。由定义可见，VC维与模型寻优方法与过程无关，与样本分布特点无关，与目标函数的形式无关，仅与模型及其假设空间有关。不难理解，对于线性指示函数类 $I(\boldsymbol{w}\boldsymbol{x}^{\mathrm{T}}+b>0)$ 来说，若 $\boldsymbol{w}\boldsymbol{x}^{\mathrm{T}}+b>0$，则函数取值为1，否则为0。如图7-8所示，二维平面中任意不在同一条直线上的3个样本点(无论如何取值)总能被一条直线分开。但是，给定平面内任意4个样本点，则总存在其围成的四边形对角顶点类别相同时，线性模型无法将其完全分开的情况。因此，二维平面中线性指示函数的VC维等于3。实际上，n 维空间中线性分类器的VC维为 $n+1$。另外，考虑正弦形指示函数类 $I(x\sin\theta>0)$，对于任意多的一维样本点来说，总存在一个函数 $x\sin\theta^*$，使得样本点可被区分开，即对应模型的VC维为无穷。不难理解，VC维反映了假设空间H的强大程度，VC维越大，模型越复杂，假设空间的表达能力越强。综上，增大训练样本规模，减小VC维，是降低置信风险的两种途径。

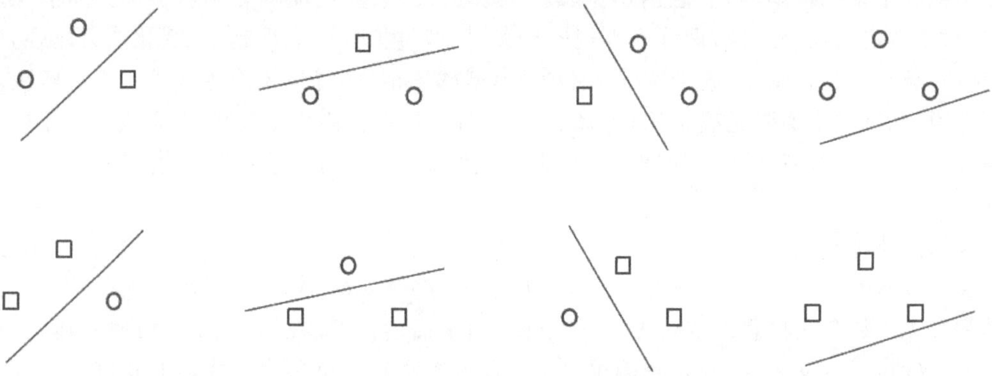

图7-8 线性模型对于3个样本的8种划分

7.3.6 目标函数与支持向量机

由前文可知，泛化能力强的模型具备经验风险与置信风险均小的特点。若经验风险与可侧面描述模型置信风险的模型复杂度可形式化定义，则泛化能力强的模型必然使得该形式化表达取得最小值。领域内，将此时的形式化表达式，称作目标函数。这是因为，寻求最优模型的过程，其实就是最小化该形式化表达式的过程。关于模型最优化与目标函数最小化的更多内容详见第8章。结合7.2.7节内容可知，支持向量机模型的目标函数为 $\arg\min_{w}(1/2)\boldsymbol{w}\boldsymbol{w}^{\mathrm{T}}$。该模型使得样本被完全分类正确，且最大间隔内不存在任何样本点。这一点由对于所有样本 $\boldsymbol{x}$ 均成立的约束条件 $y(\boldsymbol{w}\boldsymbol{x}^{\mathrm{T}}+b)\geqslant 1$ 确保。若进一步放宽限制，允许部分样本分类错误，或落入间隔区域内。分类错误的损失采用式(7-21)定义的Hinge损失函数来评价，则支持向量机的目标函数可改写为

$$\arg\min_{w,b}\left(\frac{1}{2}\boldsymbol{w}\boldsymbol{w}^{\mathrm{T}}+\alpha\sum_{x\in X}\max(0,1-y(\boldsymbol{w}\boldsymbol{x}^{\mathrm{T}}+b))\right) \tag{7-29}$$

其基本思想是最大化间隔的同时，让不满足约束的样本应尽可能少。其中，不满足条件样本个数由控制参数 α 调节。不难理解，式(7-29)第二项用于描述模型在训练样本集 X 上的经验风险，第一项用于模型正则化，降低置信风险，提升泛化能力。

7.4　范数正则化

如前文所述，当前数据驱动的人工智能方法寻求使得包含经验风险和置信风险的目标函数取得最小值的假设，作为待解决问题的模型最优解。经验风险由模型对训练样本的预测结果与真实值的误差来评价，而置信风险一般是对模型假设空间的正则化，以提升模型泛化能力。由公式(7-29)可见，支持向量机模型中的正则化项为$(1/2)\boldsymbol{w}\boldsymbol{w}^{\mathrm{T}}$。具体地，设$\boldsymbol{w}=[w_1,w_2,\cdots,w_n]$，则$\boldsymbol{w}\boldsymbol{w}^{\mathrm{T}}=w_1^2+w_2^2+\cdots+w_n^2$。显然，$w_1^2+w_2^2+\cdots+w_n^2$实际上是权重向量$\boldsymbol{w}=[w_1,w_2,\cdots,w_n]$距离原点的欧氏距离的平方。数学上，将向量与坐标原点的欧氏距离称作向量的 2-范数。有必要说明的是，2-范数并不是领域内作为目标函数中模型正则的唯一选择。本节重点介绍与正则化相关的范数。

7.4.1　定义与性质

范数定义为赋范线性空间内元素“长度”的度量。显然，范数与赋范线性空间内元素构成一一映射。也就是说，范数其实是一个函数映射。若允许赋予赋范线性空间内非零元素零长度，则对应函数映射称作半范数。需要指出的是，并不是任意一种“长度”度量都可用于范数的定义。只有长度的度量满足非负性、齐次性、三角不等性时才可将其称作范数。例如，实数向量空间中所有向量与坐标原点的距离可作为向量长度的度量，其与对应向量之间构成一个函数映射。此时，该实数向量空间是一个赋范线性空间，对应的距离度量就是范数。

形式化地，若S为线性空间，以其为定义域，实数为值域的函数$\|\cdot\|: S\rightarrow R$，满足

(1) 非负性：对于$\forall \boldsymbol{s}\in S$，有$\|\boldsymbol{s}\|\geqslant 0$恒成立，并且$\|\boldsymbol{s}\|=0$时，$\boldsymbol{s}=\boldsymbol{s}_0$。

(2) 齐次性：给定$\boldsymbol{s}\in S$，对于任意实数a，有$\|a\boldsymbol{s}\|=|a|\,\|\boldsymbol{s}\|$恒成立。

(3) 三角不等性：对于$\forall \boldsymbol{s}_1,\boldsymbol{s}_2\in S$，有$\|\boldsymbol{s}_1+\boldsymbol{s}_2\|\leqslant\|\boldsymbol{s}_1\|+\|\boldsymbol{s}_2\|$恒成立。

则$\|\cdot\|$称作线性空间S上的一个范数。定义了范数的线性空间S，则称之为赋范线性空间。

7.4.2　向量范数

不难理解，样本特征向量构成一个线性空间X，其内任意样本$\boldsymbol{x}$，到坐标原点的距离满足范数的定义与性质。设线性空间X的维度为n，由第 2 章闵式距离的定义可得，若将距离公式(2-1)中的参考点$\boldsymbol{y}=[y_1,y_2,\cdots,y_n]$改写为坐标原点，则定义在线性空间$X$上的闵式距离，称作“$p$-范数”。形式化地，给定$n$维线性空间$X$内任意元素$\boldsymbol{x}=[x_1,x_2,\cdots,x_n]$，$p$-范数定义为

$$\|\boldsymbol{x}\|_p=(|x_1|^p+|x_2|^p+\cdots+|x_n|^p)^{\frac{1}{p}} \tag{7-30}$$

其中，$p\in(-\infty,+\infty)$。领域内，向量的p-范数通常也记作L_p范数。

注

向量范数的这种记法与矩阵范数的定义有一定的关系，详见 7.4.3 节。

类似地，当 $p=1$ 时，L_1 范数与以原点为参考点的曼哈顿距离对应，形式化地

$$\|\boldsymbol{x}\|_1=|x_1|+|x_2|+\cdots+|x_n| \tag{7-31}$$

当 $p=2$ 时，L_2 范数与以原点为参考点的欧氏距离对应，即

$$\|\boldsymbol{x}\|_2=\sqrt{x_1^2+x_2^2+\cdots+x_n^2} \tag{7-32}$$

当 $p=\infty$ 时，L_∞ 范数与以原点为参考点的切比雪夫距离对应，即

$$\|\boldsymbol{x}\|_\infty=\max\{|x_1|,|x_2|,\cdots,|x_n|\} \tag{7-33}$$

可以证明，当 $p=-\infty$ 时，

$$\|\boldsymbol{x}\|_{-\infty}=\min\{|x_1|,|x_2|,\cdots,|x_n|\} \tag{7-34}$$

为了完整性，对于样本特征向量 $\boldsymbol{x}=[x_1,x_2,\cdots,x_n]$ 来说，定义其 L_0 范数为其中非零分量的个数。

注

显然，由于 L_0 范数等于非零分量个数。若将其作为模型的正则化，则目标函数取值越小，对应的零分量个数越多，也就是说，模型的控制参数是稀疏的。但是，由于 L_0 范数的优化求解是一个 NP 难问题，其最优凸近似 L_1 范数被广泛应用。

范数的定义是多种多样的，但是它们相互间可能存在一定的等价关系。形式化地，定义于同一向量线性空间 X 上的两个范数 $\|\cdot\|_a$ 与 $\|\cdot\|_b$，若对于任意的向量元素 $\boldsymbol{x}\in X$，不等式 $k_1\leqslant\|\boldsymbol{x}\|_a/\|\boldsymbol{x}\|_b\leqslant k_2$ 恒成立，其中，$k_1\leqslant k_2$ 为固定常数，则称 $\|\cdot\|_a$ 与 $\|\cdot\|_b$ 等价，记作 $\|\cdot\|_a\approx\|\cdot\|_b$。

如图 7-9 所示，以二维参数空间为例，若将模型参数的范数用于正则化经验风险，最优解使得二者达到平衡。想象经验风险与范数的等值线均由无穷大向各自的最小值收缩，对于同一经验风险取值来说，所有可能的模型参数取值，即图中的经验风险等值线，与 L_1 范数的切点比 L_2 范数的切点更有可能位于坐标轴上。也就是说，与 L_2 范数相比，L_1 范数更易获得稀疏解。

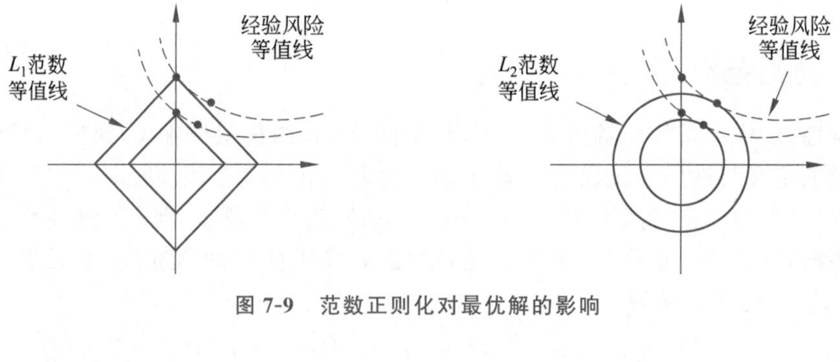

图 7-9 范数正则化对最优解的影响

7.4.3 矩阵范数

对于线性二分类问题来说，基于一组控制参数与样本特征向量内积的符号即可完成样本类别判别任务。而对于多分类问题来说，可采用多组控制参数分别与样本特征向量

作内积，将结果作为对应类别的评价，再通过评价结果间的大小关系，完成样本分类任务。显然，对于多分类问题来说，模型的假设空间由多组参数决定，每组参数内参数个数相同。也就是说，所有参数构成一个矩阵。此时，谈模型正则化的问题，就不得不引入矩阵范数的概念。与向量类似，可以证明所有大小相同的矩阵构成一个线性空间。以该空间为定义域可定义矩阵范数。

与向量类似，给定大小为 $m\times n$ 的矩阵 $\boldsymbol{W}$，其非零元素的个数定义为 $\boldsymbol{W}$ 的 L_0 范数。其所有元素的绝对值之和定义为 $\boldsymbol{W}$ 的 L_1 范数，即

$$\|\boldsymbol{W}\|_{L_1}=\sum_{i=1}^{m}\sum_{j=1}^{n}|W_{i,j}| \tag{7-35}$$

对应地，矩阵 $\boldsymbol{W}$ 各元素平方和的根，定义为 $\boldsymbol{W}$ 的 L_2 范数，又称作矩阵 $\boldsymbol{W}$ 的 Frobenius 范数或 F 范数。形式化地，

$$\|\boldsymbol{W}\|_F=\sqrt{\sum_{i=1}^{m}\sum_{j=1}^{n}(W_{i,j})^2}=\sqrt{\mathrm{tr}(\boldsymbol{W}\boldsymbol{W}^{\mathrm{T}})} \tag{7-36}$$

也就是说，矩阵的 F 范数还可以写成其自身与其转置的矩阵积的迹的形式。

考虑到矩阵的行或列分别构成向量，定义矩阵 $\boldsymbol{W}$ 的 L_{uv} 范数为

$$\|\boldsymbol{W}\|_{L_{uv}}=\|[\|\boldsymbol{W}_{:,1}\|_u,\|\boldsymbol{W}_{:,2}\|_u,\cdots,\|\boldsymbol{W}_{:,n}\|_u]\|_v \tag{7-37}$$

具体地，$u=1$ 且 $v=\infty$ 时，矩阵 $\boldsymbol{W}$ 的 L_{uv} 范数，又称作矩阵 $\boldsymbol{W}$ 的 1-范数或矩阵 $\boldsymbol{W}$ 的列模。也就是说，矩阵 $\boldsymbol{W}$ 的 1-范数等于列元素绝对值和的最大值，即

$$\|\boldsymbol{W}\|_1=\|\boldsymbol{W}\|_{L_{1\infty}}=\max\{\|\boldsymbol{W}_{:,1}\|_1,\|\boldsymbol{W}_{:,2}\|_1,\cdots,\|\boldsymbol{W}_{:,n}\|_1\}. \tag{7-38}$$

对应地，定义 $\boldsymbol{W}$ 的∞-范数等于行元素绝对值和的最大值，即

$$\|\boldsymbol{W}\|_\infty=\|\boldsymbol{W}^{\mathrm{T}}\|_{L_{1\infty}}=\max\{\|\boldsymbol{W}_{1,:}\|_1,\|\boldsymbol{W}_{2,:}\|_1,\cdots,\|\boldsymbol{W}_{m,:}\|_1\} \tag{7-39}$$

$\boldsymbol{W}$ 的∞-范数又称作矩阵 $\boldsymbol{W}$ 的行模。

除此之外，定义

$$\|\boldsymbol{W}\|_2=\sqrt{\lambda_{\max}(\boldsymbol{W}\boldsymbol{W}^{\mathrm{T}})}=\sqrt{\max\{\lambda_1,\lambda_2,\cdots,\lambda_m\}} \tag{7-40}$$

为矩阵 $\boldsymbol{W}$ 的 2-范数，又称谱范数。其中，$\lambda_1,\lambda_2,\cdots,\lambda_m$ 为 n 维方阵 $\boldsymbol{W}\boldsymbol{W}^{\mathrm{T}}$ 的特征值。由矩阵的秩可得，若矩阵 $\boldsymbol{W}$ 是行欠秩的，则其任意行向量均可由其他行向量线性表达；类似地，矩阵 $\boldsymbol{W}$ 是列欠秩的，则其任意列向量均可由其他列向量线性表达。也就是说，两种情况均意味着信息存在冗余。更甚地，给定大小为 $m\times n$ 的矩阵 $\boldsymbol{W}$，若矩阵的秩 $R(\boldsymbol{W})$ 假如远小于 m 和 n，则称矩阵 $\boldsymbol{W}$ 是低秩的。也就是说，以矩阵的秩作为正则化项，可使得模型的解稀疏性变强。不幸的是，与向量的 L_0 范数类似，矩阵的秩 $R(\boldsymbol{W})$ 是非凸的，很难求最优解。幸运的是，与向量的 L_1 范数是 L_0 范数的凸近似类似，矩阵 $\boldsymbol{W}$ 的核范数 $\|W\|_*$ 是矩阵 $\boldsymbol{W}$ 的秩的凸近似，其中，

$$\|\boldsymbol{W}\|_*=\mathrm{tr}(\sqrt{\boldsymbol{W}\boldsymbol{W}^{\mathrm{T}}}) \tag{7-41}$$

设矩阵 $\boldsymbol{U}$ 为 m 阶左奇异方阵，矩阵 $\boldsymbol{V}$ 为 n 阶右奇异方阵，且 $\boldsymbol{U}\boldsymbol{U}^{\mathrm{T}}=\boldsymbol{U}^{\mathrm{T}}\boldsymbol{U}=\boldsymbol{E}_m$，$\boldsymbol{V}\boldsymbol{V}^{\mathrm{T}}=\boldsymbol{V}^{\mathrm{T}}\boldsymbol{V}=\boldsymbol{E}_n$，矩阵 $\boldsymbol{\Sigma}$ 为 $m\times n$ 奇异值矩阵，则 $\boldsymbol{W}=\boldsymbol{U}\boldsymbol{\Sigma}\boldsymbol{V}^{\mathrm{T}}$，进一步地，

$$\begin{aligned}\|\boldsymbol{W}\|_*&=\mathrm{tr}(\sqrt{\boldsymbol{W}\boldsymbol{W}^{\mathrm{T}}})\\&=\mathrm{tr}(\sqrt{\boldsymbol{U}\boldsymbol{\Sigma}\boldsymbol{V}^{\mathrm{T}}\boldsymbol{V}\boldsymbol{\Sigma}^{\mathrm{T}}\boldsymbol{U}^{\mathrm{T}}})\end{aligned}$$

$$
\begin{aligned}
&= \operatorname{tr}\left(\sqrt{\boldsymbol{U}\boldsymbol{\Sigma}\boldsymbol{\Sigma}^{\mathrm{T}}\boldsymbol{U}^{\mathrm{T}}}\right) \\
&= \operatorname{tr}\left(\sqrt{\boldsymbol{U}\sqrt{\boldsymbol{\Sigma}\boldsymbol{\Sigma}^{\mathrm{T}}}\boldsymbol{U}^{-1}\boldsymbol{U}\sqrt{\boldsymbol{\Sigma}\boldsymbol{\Sigma}^{\mathrm{T}}}\boldsymbol{U}^{-1}}\right) \\
&= \operatorname{tr}\left(\boldsymbol{U}\sqrt{\boldsymbol{\Sigma}\boldsymbol{\Sigma}^{\mathrm{T}}}\boldsymbol{U}^{-1}\right) \\
&\overset{\operatorname{tr}(\boldsymbol{P\Lambda P}^{-1})=\operatorname{tr}(\boldsymbol{\Lambda})}{=} \operatorname{tr}\left(\sqrt{\boldsymbol{\Sigma}\boldsymbol{\Sigma}^{\mathrm{T}}}\right) \\
&= \operatorname{tr}(\boldsymbol{\Sigma})
\end{aligned}
\tag{7-42}
$$

也就是说，矩阵 $\boldsymbol{W}$ 的核范数 $\|\boldsymbol{W}\|_*$ 等于其奇异值的和。

注

若矩阵 $\boldsymbol{A}$ 与 $\boldsymbol{B}$ 满足 $\boldsymbol{A}^n=\boldsymbol{B}$，则定义 $\sqrt[n]{\boldsymbol{B}}=\boldsymbol{A}$。此时 $\boldsymbol{A}$ 与 $\boldsymbol{B}$ 均为方阵。由第 1 章矩阵分解知识可得，若矩阵 $\boldsymbol{A}$ 可分解为 $\boldsymbol{A}=\boldsymbol{P\Lambda P}^{-1}$，则 $\boldsymbol{A}^n=\underbrace{\boldsymbol{P\Lambda P}^{-1}\boldsymbol{P\Lambda P}^{-1}\cdots\boldsymbol{P\Lambda P}^{-1}}_{n}=\boldsymbol{P\Lambda}^n\boldsymbol{P}^{-1}=\boldsymbol{B}$。也就是说，$\sqrt[n]{\boldsymbol{B}}=\sqrt[n]{\boldsymbol{P\Lambda}^n\boldsymbol{P}^{-1}}=\boldsymbol{A}=\boldsymbol{P\Lambda P}^{-1}$。

7.4.4 关联关系

设 $\|\cdot\|$ 与 $\|\cdot\|_a$ 分别为矩阵范数与向量范数，若对于任意矩阵 $\boldsymbol{A}$ 与向量 $\boldsymbol{x}$，其维度满足矩阵与向量乘法要求的前提下，不等式

$$
\|\boldsymbol{A}\boldsymbol{x}^{\mathrm{T}}\|_a \leqslant \|\boldsymbol{A}\|\,\|\boldsymbol{x}\|_a \tag{7-43}
$$

恒成立，则称定义在赋范线性空间中的矩阵范数 $\|\cdot\|$ 与定义在对应向量赋范线性空间中的向量范数 $\|\cdot\|_a$ 是相容的。需要指出的是，可以证明，对于任意矩阵范数来说，总能找到一个与其相容的向量范数。

与向量范数类似，矩阵范数的定义也是多种多样的。若定义于同一矩阵线性空间 X 上的两个范数 $\|\cdot\|_a$ 与 $\|\cdot\|_b$，若对于任意的矩阵元素 $\boldsymbol{W}\in X$，不等式 $k_1\leqslant\|\boldsymbol{W}\|_a/\|\boldsymbol{W}\|_b\leqslant k_2$ 恒成立，其中，$k_1\leqslant k_2$ 为固定常数，则称 $\|\cdot\|_a$ 与 $\|\cdot\|_b$ 等价，记作 $\|\cdot\|_a\approx\|\cdot\|_b$。可以证明，同一矩阵线性空间上的任意两种矩阵范数都是等价的。

小　　结

本章重点介绍人工智能领域涉及的正则化与范数相关数据基础。现对本章核心内容总结如下。

(1) 为保证模型泛化能力，过拟合与欠拟合是数据驱动人工智能方法需要解决的两个重要问题。

(2) 无免费午餐定理说明，统计的看模型的数据期望相同。

(3) 对于具体问题来说，选择匹配的智能方法，制定相应的偏好策略，选择泛化能力更强的假设，对于问题的解决是有益的。

(4) 基于奥卡姆剃刀原则的正则化方法，偏好选择“简单”模型，是提升模型泛化能力的有效手段。

（5）数据标准对提升模型泛化能力产生有益效应。

（6）在预测误差增大之前终止训练是提升模型泛化能力的有效手段。

（7）权值共享与池化是强行正则化神经网络模型的代表性策略。

（8）随机失效与集成学习也是硬性正则化模型的典型代表。

（9）支持向量机的最大间隔策略，起到正则化线性模型的作用。

（10）使得期望风险函数取得最小值的模型是理想的最优模型。

（11）只强调经验风险最小极易产生过拟合现象。

（12）置信风险正则化可提升模型泛化能力。

（13）置信风险与模型的 VC 维强相关。

（14）向量或矩阵范数常作为经验风险函数的附加项，起到模型正则化，提升泛化能力的作用。

（15）向量范数与矩阵范数各自内部存在等价关系，相互之间存在相容关系。

习　题

（1）结合实际，举例说明过拟合与欠拟合问题。

（2）举例说明，量纲不同时，样本小数据分量的影响被大分量淹没。

（3）试将图 7-5(b)和图 7-5(c)所示的部分连接神经网络写成矩阵表达形式。

（4）验证二维平面中线性指示函数的 VC 维不等于 4。

（5）试证明对同一训练集可实现正确分类的多个线性模型分别为 $g_1, g_2, \cdots, g_K$，试证明集成模型 $(1/K)\sum_{k=1}^{K} g_k$ 仍可实现训练集的正确分类。

（6）试证明矩阵的 L_1 范数与向量的 L_1 范数是相容的。

（7）试验证三维空间中线型模型的 VC 维为 4。

参考文献

[1]　周志华. 机器学习[M]. 北京：清华大学出版社，2016.

[2]　Roger A H，Charles R J. 矩阵分析[M]. 2 版. 张明尧，张凡，译. 北京：机械工业出版社，2014.

[3]　Nello C，John S T. 支持向量机导论[M]. 李国正，王猛，曾华军，译. 北京：电子工业出版社，2004.

[4]　Ian G，Yoshua B，Aaron C. 深度学习[M]. 赵申剑，黎彧君，符天凡，等译. 北京：人民邮电出版社，2017.

第8章

最优化理论与方法

当前，数据驱动的人工智能问题一般通过基于训练数据搜寻得到选定模型最优参数值的方式得以解决。对于任意选定模型来说，寻求最优解的过程通常与最小化目标函数值的过程相对应。有必要指出的是，在多数情况下，函数最大化问题可转换为最小化问题。除特别说明外，本章所述最优化问题均是目标函数最小化问题。领域内将这一过程称作最优化。虽然待解决问题的差异性，以及选定模型的不同使得目标函数形式多样，但是求解目标函数最优解的方法通常是相似的。本章介绍目标函数最优化相关数学知识。

8.1 最优化的意义与重要性

著名数学家欧拉说过"由于宇宙组成是最完美也是最聪明的造物主之产物，宇宙间万物都遵循某种最大或最小准则。"这句话暗含最优化无处不在思想。根据达尔文进化论，世界万物遵循"优胜劣汰"法则，在给定约束条件下(如气候、能源、地理条件)，历经漫长岁月，演化出了适应自然规律的结构特点与行为习惯。例如，猎豹所进化出的身体结构使它奔跑起来具有很强的爆发力。对于人类来说，最直观的体会莫过于日常生活中的种种选择。任何事情通常均有多种方案可供选择，而不同方案通常导致不同结果。一般地，我们往往选择可达期望结果的最优方案。例如，上班可选路线很多，若我们期望上班不迟到，即尽快到达工作地点，则需要选择最快到达路线。又如，旅游出行方式多样，我们依旧希望最快到达，但手头资金有限，此时只能选择支付得起的最快出行方式。实际上，前者是一个无约束优化问题，而后者被认为是约束优化问题。有必要说明的是，这种"自然而然"的选择不仅存在于人们的日常生活中，还广泛存在于人类社会的各个活动领域中。

概括地说，所谓最优化即是从所有可能方案中选择达到目标的某种"最合理"方案的过程。对于每个最优化问题，至少存在两个要素：一个是可能的方案，另一个是追求的目标。其中，后者是前者的"函数"。例如，解决最快路线选择问题时，设 $\boldsymbol{\theta}$ 为给定路线，$f(\boldsymbol{\theta})$为选择该路线需要花费的时间，则该问题的最优化目标为$\min_{\boldsymbol{\theta}\in\Theta}f(\boldsymbol{\theta})$，其中，$\Theta$ 为所有可选路线构成的集合。上述最快路线选择问题就是一种无约束最优化问题，而最快出行方式问题则是一个带约束最

优化问题。一般地，最优化问题可描述为

$$\begin{cases}\min_{\theta\in\Theta} & f(\boldsymbol{\theta}) \\ \text{s.t.} & h_i(\boldsymbol{\theta})\leqslant 0, \quad i=1,2,\cdots,m \\ & g_j(\boldsymbol{\theta})=0, \quad j=1,2,\cdots,l\end{cases} \tag{8-1}$$

其中，f，h_i，g_j 都是定义域为 Θ 的实值连续函数，通常假定其均具有二阶连续偏导数。具体地，$f(\boldsymbol{\theta})$为目标函数，$h_i(\boldsymbol{\theta})\leqslant 0$ 为不等式约束，$g_j(\boldsymbol{\theta})=0$ 为等式约束。不难理解，若 $m=0$，$l=0$，则式(8-1)约束优化问题转换为无约束优化问题。从这个角度来说，无约束优化问题可视作约束优化问题的特例。

有必要指出的是，满足所有约束的自变量 $\boldsymbol{\theta}$ 取值称作可行解或可行点。也有教材将其称作容许解或容许点。所有可行解构成的集合称作可行解域。最优化问题求解就是在可行解域内找一点 $\hat{\boldsymbol{\theta}}$，使得目标函数 $f(\boldsymbol{\theta})$在该点取极小值。形象地说，最优化相当于盲人爬山。盲人爬山是为了登上山顶，而最优化是为了求取目标函数极小值(或极大值)。盲人登山时，只了解脚下情况(如当前所在位置、地面倾斜坡度等)。最优化求取极值时与盲人类似，只知道当前点信息(如函数值大小、一阶导数梯度的大小和方向等)，但不知道其他位置点信息。不难理解，若存在多个山峰，则盲人登上的山峰未必是最高山峰。类似地，对于多峰非凸函数，最优化求取的可能只是局部极值，而不是全局极值(最值)。人类决策时，知道如何从错误决策中获取经验并据此调整下一次决策。类似地，最优化就是告诉计算机模型参数应如何调整，并逐步逼近最优解。因此，最优化理论在人工智能领域扮演重要角色。

8.2　直　接　法

不难理解，对于一元可导函数 $f(\theta)$来说，函数极值点 $\hat{\theta}$ 处导数为 0，即 $f'(\hat{\theta})=0$。因此，若目标函数极值唯一，则可由目标函数表达式，直接对 $\hat{\theta}$ 求令其导数取值为 0 的解。不难理解，该解即是使得目标函数取得极值的自变量取值，与之对应的函数值即是目标函数的极值。

8.2.1　极值、最值与驻点

一般地，设函数 $f(\boldsymbol{\theta})$在定义域 Θ 内 $\boldsymbol{\theta}_0$ 处的任意 $\boldsymbol{\delta}>0$ 小开邻域 $U(\boldsymbol{\theta}_0,\boldsymbol{\delta})$内有定义，且对于任意的 $\boldsymbol{\theta}\in U(\boldsymbol{\theta}_0,\boldsymbol{\delta})$，恒有 $f(\boldsymbol{\theta})\leqslant f(\boldsymbol{\theta}_0)$，则称 $f(\boldsymbol{\theta}_0)$为函数 $f(\boldsymbol{\theta})$的极大值。对应地，$\boldsymbol{\theta}_0$ 称作函数 $f(\boldsymbol{\theta})$的极大值点。类似地，若对于任意的 $\boldsymbol{\theta}\in U(\boldsymbol{\theta}_0,\boldsymbol{\delta})$，恒有 $f(\boldsymbol{\theta})\geqslant f(\boldsymbol{\theta}_0)$，则称 $f(\boldsymbol{\theta}_0)$为函数 $f(\boldsymbol{\theta})$的极小值。对应地，$\boldsymbol{\theta}_0$ 称作函数 $f(\boldsymbol{\theta})$的极小值点。显然，函数极值是一个局部概念，并且指定区间或定义域内函数极值可能不唯一。除此之外，同一函数的极大值未必一定大于极小值。可以证明，若函数 $f(\boldsymbol{\theta})$在 $\boldsymbol{\theta}_0$ 处可导，且 $\boldsymbol{\theta}_0$ 为函数 $f(\boldsymbol{\theta})$的极值点，则 $\boldsymbol{\theta}_0$ 处导函数等于 0，即 $f'(\boldsymbol{\theta}_0)=0$。需要指出的是，$\boldsymbol{\theta}_0$ 处导函数等于 0 是可导函数该处为函数极值点的必要非充分条件。也就是说，忽略函数 $f(\boldsymbol{\theta})$在 $\boldsymbol{\theta}_0$ 处可导的先决条件，则函数 $f(\boldsymbol{\theta})$在极值点 $\boldsymbol{\theta}_0$ 处不一定有 $f'(\boldsymbol{\theta}_0)=0$。有必要指出

的是，若函数 $f(\boldsymbol{\theta})$ 在 $\boldsymbol{\theta}_0$ 处可导且导函数值为 0，则 $\boldsymbol{\theta}_0$ 称为函数 $f(\boldsymbol{\theta})$ 的驻点。不难验证，函数驻点不一定是函数极值点。

另一方面，给定函数 $f(\boldsymbol{\theta})$，在其定义域 Θ 内存在一点 $\boldsymbol{\theta}_0$，使得对于任意 $\boldsymbol{\theta}\in\Theta$，不等式 $f(\boldsymbol{\theta})\geqslant f(\boldsymbol{\theta}_0)$ 恒成立，则称 $f(\boldsymbol{\theta}_0)$ 为函数 $f(\boldsymbol{\theta})$ 的最小值，$\boldsymbol{\theta}_0$ 称作函数 $f(\boldsymbol{\theta})$ 的最小值点。对应地，若不等式 $f(\boldsymbol{\theta})\leqslant f(\boldsymbol{\theta}_0)$ 恒成立，则称 $f(\boldsymbol{\theta}_0)$ 为函数 $f(\boldsymbol{\theta})$ 的最大值，$\boldsymbol{\theta}_0$ 称作函数 $f(\boldsymbol{\theta})$ 的最大值点。显然，函数的最大值、最小值是比较整个定义区间的函数值得出的，函数的极值是比较极值点附近的函数值得出的。可进一步验证，有极值未必有最值，有最值未必有极值。

8.2.2 一元函数

有必要指出的是，为便于优化求解，人工智能模型的目标函数 f 通常是连续且处处可导的。也就是说，由上文极值定义可得，对于输入只有一个自变量的一元目标函数 $f(\theta)$ 来说，θ_0 处导函数等于 0 是可导函数 $f(\theta)$ 在该处取极值的必要非充分条件。进一步地，设 $f(\theta)$ 在 θ_0 处连续，在 θ_0 处的去心邻域 $(\theta_0-\delta\rightarrow\theta_0)\cup(\theta_0\rightarrow\theta_0+\delta)$ 内可导，若对于任意 $\theta\in(\theta_0-\delta\rightarrow\theta_0)$，$f'(\theta)>0$；对于任意 $\theta\in(\theta_0\rightarrow\theta_0+\delta)$，$f'(\theta)<0$，则 $f(\theta)$ 在 θ_0 处取极大值。若对于任意 $\theta\in(\theta_0-\delta\rightarrow\theta_0)$，$f'(\theta_0)<0$；对于任意 $\theta\in(\theta_0\rightarrow\theta_0+\delta)$，$f'(\theta)>0$，则 $f(\theta)$ 在 θ_0 处取极小值。若符号相同，则 θ_0 为 $f(\theta)$ 非极值驻点。以上称为一元函数极值第一充分条件。除此之外，若 $f(\theta)$ 在 θ_0 处一阶导数为 0，二阶可导，且 $f''(\theta_0)\neq0$，若 $f''(\theta_0)>0$，则 $f(\theta)$ 在 θ_0 处取极小值；若 $f''(\theta_0)<0$，则 $f(\theta)$ 在 θ_0 处取极大值。以上称为一元函数极值的第二充分条件。需要说明的是，多种情况下人工智能模型的目标函数是凸函数，且极值唯一。由导数为 0 的方程即可求得最优解。

> 注
>
> 更多关于凸函数的内容详见 3.3.5 节与 3.4.6 节；更多关于凸优化的内容详见本章接下来的内容。

8.2.3 二元函数

若目标函数 f 有两个输入自变量 θ_1 与 θ_2，记作 $f(\theta_1,\theta_2)$。可以证明，若函数 $f(\theta_1,\theta_2)$ 在点 $(\theta_{1;0},\theta_{2;0})$ 处有偏导数 $f'_{\theta_1}(\theta_{1;0},\theta_{2;0})$ 与 $f'_{\theta_2}(\theta_{1;0},\theta_{2;0})$，且在点 $(\theta_{1;0},\theta_{2;0})$ 处有极值，则有 $f'_{\theta_1}(\theta_{1;0},\theta_{2;0})=0$ 与 $f'_{\theta_2}(\theta_{1;0},\theta_{2;0})=0$。也就是说，二元目标函数偏导数均为 0，是目标函数有极值的必要条件。进一步地，若函数 $f(\theta_1,\theta_2)$ 在点 $(\theta_{1;0},\theta_{2;0})$ 处的某邻域内有二阶偏导数，令 $f'_{\theta_1\theta_1}(\theta_{1;0},\theta_{2;0})=A$、$f'_{\theta_1\theta_2}(\theta_{1;0},\theta_{2;0})=B$、$f'_{\theta_2\theta_2}(\theta_{1;0},\theta_{2;0})=C$，若 $B^2-AC<0$ 且 $A>0$，则函数 $f(\theta_1,\theta_2)$ 在点 $(\theta_{1;0},\theta_{2;0})$ 处取极小值；若 $B^2-AC<0$ 且 $A<0$，则函数 $f(\theta_1,\theta_2)$ 在点 $(\theta_{1;0},\theta_{2;0})$ 处取极大值。若 $B^2-AC>0$，则点 $(\theta_{1;0},\theta_{2;0})$ 不是函数 $f(\theta_1,\theta_2)$ 的极值点。若 $B^2-AC=0$，则点 $(\theta_{1;0},\theta_{2;0})$ 可能是函数 $f(\theta_1,\theta_2)$ 的极值点，也可能不是，需进一步讨论。

8.2.4 多元函数

对一元函数极值条件进一步推广可得，各偏导数存在的多元函数的极值点一定是驻点。也就是说，在极值点处，函数的偏导数均为 0。这是目标函数极值存在的必要条件。有必要强调的是，为便于求解，并保证解的唯一性，人工智能模型对应的目标函数通常是连续可导的。因此，对于 m 维向量 $\boldsymbol{\theta}$ 作为自变量构成的多元目标函数 $f(\boldsymbol{\theta})$ 来说，其在定义域内 $\boldsymbol{\theta}=\hat{\boldsymbol{\theta}}=[\hat{\theta}_1,\hat{\theta}_2,\cdots,\hat{\theta}_m]$ 点处存在极值的必要条件是 $\partial f(\boldsymbol{\theta})/\partial\theta_i|_{\theta_i=\hat{\theta}_i}=0$，其中，$i=1,2,\cdots,m$ 且 m 为自然数。还可写成如下向量形式

$$\left.\frac{\partial f(\boldsymbol{\theta})}{\partial\boldsymbol{\theta}}\right|_{\boldsymbol{\theta}=\hat{\boldsymbol{\theta}}}=\left.\left[\frac{\partial f}{\partial\theta_1},\frac{\partial f}{\partial\theta_2},\cdots,\frac{\partial f}{\partial\theta_m}\right]\right|_{\boldsymbol{\theta}=\hat{\boldsymbol{\theta}}}=\mathbf{0} \tag{8-2}$$

其中，$\mathbf{0}$ 为 m 维 0 向量。也就是说，对于多元目标函数 $f(\boldsymbol{\theta})$，可通过求解方程 $\partial f(\boldsymbol{\theta})/\partial\boldsymbol{\theta}=\mathbf{0}$，得到其极值点。一般地，求得的极值点可能是极小值点，也可能是极大值点。具体情况需要进一步判断。但是对于多数的人工智能模型来说，目标函数通常是凸函数，存在唯一极小值，且优化目标为最小化目标函数值。此时，最小化目标函数值的解即是偏导数为 0 的解。

8.3 无约束迭代法

不难理解，对于复杂函数来说，直接求解方程 $\partial f(\boldsymbol{\theta})/\partial\boldsymbol{\theta}=\mathbf{0}$ 是复杂耗时的。另外，在很多情况下，目标函数的显式表达可能很难获得。因此，在实际应用中，常采用迭代策略，由某一初始状态 $\boldsymbol{\theta}_0$，逐渐逼近最优解 $\hat{\boldsymbol{\theta}}$。

8.3.1 一般迭代法

给定定义域 D，设其初始候选参数点记作 $\boldsymbol{\theta}_0$，即 $\boldsymbol{\theta}_0\in D$。对于任意候选参数点 $\boldsymbol{\theta}_k$ 来说，按某种指定规则 A 生成下一候选参数点 $\boldsymbol{\theta}_{k+1}$，即 $\boldsymbol{\theta}_{k+1}=A(\boldsymbol{\theta}_k)$。其中，$k=0,1,2,\cdots$。若候选参数点序列 $\{\boldsymbol{\theta}_k\}$ 收敛于 $\hat{\boldsymbol{\theta}}$，即 $\lim\limits_{k\to\infty}\boldsymbol{\theta}_k\to\hat{\boldsymbol{\theta}}$，则称与规则 A 对应的生成算法收敛。

8.3.2 下降迭代法

基于上文所述，进一步地，若候选参数点处的目标函数值满足如下关系：$f(\boldsymbol{\theta}_0)>f(\boldsymbol{\theta}_1)>\cdots>f(\boldsymbol{\theta}_k)>\cdots$，则称与规则 A 对应的生成算法为下降迭代法。更具体地，给定定义域 D，设其初始候选参数点记作 $\boldsymbol{\theta}_0$，即 $\boldsymbol{\theta}_0\in D$。对于任意候选参数点 $\boldsymbol{\theta}_k$ 来说，下一候选参数点定义为 $\boldsymbol{\theta}_{k+1}=\boldsymbol{\theta}_k+\eta_k\boldsymbol{d}_k$，使得 $f(\boldsymbol{\theta}_{k+1})<f(\boldsymbol{\theta}_k)$。其中，$k=0,1,2,\cdots$。$\boldsymbol{d}_k$ 为下降搜索方向，由与算法对应的规则确定，例如负梯度方向（详见 8.4 节）。η_k 为按某种规则确定的最佳搜索步长，例如 $\eta_k=\arg\min\limits_{\eta} f(\boldsymbol{\theta}_k+\eta\boldsymbol{d}_k)$。若已满足终止条件则停止迭代，否则继续。终止条件为 $|f(\boldsymbol{\theta}_{k+1})-f(\boldsymbol{\theta}_k)|<\varepsilon_f$ 或 $\|\boldsymbol{\theta}_{k+1}-\boldsymbol{\theta}_k\|_2<\varepsilon_\theta$。其中，$\varepsilon_f$ 与 ε_θ 为控制阈值。

8.4 梯度法

梯度法是无约束迭代法的典型代表。接下来详细介绍其原理与细节。

8.4.1 一阶泰勒展开

对于任意多元目标函数 $f(\boldsymbol{\theta})$来说，其在 $\boldsymbol{\theta}$ 点附近的一阶泰勒展开式为

$$f(\boldsymbol{\theta}+\Delta\boldsymbol{\theta})=f(\boldsymbol{\theta})+\sum_{i=1}^{m}\left(\frac{\partial f(\boldsymbol{\theta})}{\partial\theta_i}\Delta\theta_i\right)+o(\boldsymbol{\theta},\Delta\boldsymbol{\theta}) \tag{8-3}$$

其中，$\Delta\boldsymbol{\theta}$ 为自变量增量，$o(\boldsymbol{\theta},\Delta\boldsymbol{\theta})$为高阶余项。不难理解，当 $\|\Delta\boldsymbol{\theta}\|$ 很小时，高阶余项可忽略不计，进而得到一阶泰勒近似展开式

$$f(\boldsymbol{\theta}+\Delta\boldsymbol{\theta})\approx f(\boldsymbol{\theta})+\nabla f(\boldsymbol{\theta})(\Delta\boldsymbol{\theta})^{\mathrm{T}} \tag{8-4}$$

显然，若能保证$\nabla f(\boldsymbol{\theta})(\Delta\boldsymbol{\theta})^{\mathrm{T}}<0$，则 $f(\boldsymbol{\theta}+\Delta\boldsymbol{\theta})<f(\boldsymbol{\theta})$恒成立。也就是说，为求多元目标函数 $f(\boldsymbol{\theta})$的极小值点 $\hat{\boldsymbol{\theta}}$，可从某一初始点 $\boldsymbol{\theta}_0$ 开始搜索，每次迭代增加一个保证函数值逐渐减小的增量 $\Delta\boldsymbol{\theta}$。经过多次迭代，搜索点接近极小值点。不难理解，为减少迭代次数，目标函数值减小得越快越好。显然，若能找到一个自变量增量 $\Delta\boldsymbol{\theta}$，使得$\nabla f(\boldsymbol{\theta})(\Delta\boldsymbol{\theta})^{\mathrm{T}}$ 取得最小值，则每次迭代目标函数值减小量最大。实际上，我们总能找到与一个$\nabla f(\boldsymbol{\theta})$相反的方向。为使得$\nabla f(\boldsymbol{\theta})(\Delta\boldsymbol{\theta})^{\mathrm{T}}$ 取得最小值，在这一方向上，自变量增量 $\Delta\boldsymbol{\theta}$ 的模长可以取得很大。但是这种操作是不现实的，这是因为，泰勒展开式(8-4)只是目标函数 $f(\boldsymbol{\theta})$在 $\boldsymbol{\theta}$ 点附近的近似，当 $\|\Delta\boldsymbol{\theta}\|$ 取值很大时，不能保证近似精度。

> 注
>
> 式(8-4)可理解为在 $\boldsymbol{\theta}$ 点处(确切地说是其 $\Delta\boldsymbol{\theta}$ 邻域内)由梯度为$\nabla f(\boldsymbol{\theta})$的以 $\Delta\boldsymbol{\theta}$ 为自变量的线性函数来近似原目标函数 $f(\boldsymbol{\theta}+\Delta\boldsymbol{\theta})$。

8.4.2 柯西-施瓦茨不等式

由式(8-4)不难发现，函数值增量$\nabla f(\boldsymbol{\theta})(\Delta\boldsymbol{\theta})^{\mathrm{T}}$ 可写成向量内积形式，即$<\nabla f(\boldsymbol{\theta}),\Delta\boldsymbol{\theta}>$。由 1.5.2 节所述内积的几何意义可得

$$-\|\nabla f(\boldsymbol{\theta})\|\,\|\Delta\boldsymbol{\theta}\|\leqslant\nabla f(\boldsymbol{\theta})(\Delta\boldsymbol{\theta})^{\mathrm{T}}\leqslant\|\nabla f(\boldsymbol{\theta})\|\,\|\Delta\boldsymbol{\theta}\| \tag{8-5}$$

显然，对于任意模长确定的自变量增量 $\Delta\boldsymbol{\theta}$ 来说，若其与目标函数 $f(\boldsymbol{\theta})$在 $\boldsymbol{\theta}$ 点处的梯度$\nabla f(\boldsymbol{\theta})$方向相反，则目标函数值的减小量达到最大。

8.4.3 学习率与梯度降

在保证精度的前提下，为使得目标函数值减小量尽可能大，引入接近于 0 的正实数控制参数 η，使得 $\Delta\boldsymbol{\theta}=-\eta\nabla f(\boldsymbol{\theta})$。此时，$\nabla f(\boldsymbol{\theta})(\Delta\boldsymbol{\theta})^{\mathrm{T}}=-\eta\nabla f(\boldsymbol{\theta})(\nabla f(\boldsymbol{\theta}))^{\mathrm{T}}<0$。需要指出的是，在人工智能领域，控制参数 η 称作学习率，由人工设定，用于保证 $\boldsymbol{\theta}+\Delta\boldsymbol{\theta}$ 在点 $\boldsymbol{\theta}$ 附近可忽略泰勒展开式的高阶余项。不难理解，从初始点 $\boldsymbol{\theta}_0$ 开始，第 $k+1$ 次迭代

时，搜索点定义为 $\boldsymbol{\theta}_{k+1}=\boldsymbol{\theta}_k-\boldsymbol{\eta}\nabla f(\boldsymbol{\theta}_k)$。只要梯度值未达到 0 点，函数值将沿着搜索点序列递减。迭代终止条件是函数的梯度值为 0，或十分接近 0，就是梯度降法求最优解的核心思想。

8.4.4 最速下降法

由上文不难发现，当前搜索点处梯度方向确定后，待解参数的增量方向随之确定，函数值减小量完全由学习率与梯度模确定。若梯度模定长，则减小量是一个定值。幸运的是，梯度模与目标函数值接近最小值点的距离强相关。不难理解，远离最小值点时，梯度模较大；接近最小值点时，梯度模较小。而梯度降法正是借用这一点，优化搜索增量，提升搜索性能的。进一步地，为减少迭代次数，提升最优化时间性能，在保证泰勒展开精度的前提下，选择尽可能大的学习率十分必要。不幸的是，随着迭代过程中搜索点的不同，学习率不尽相同。那么，是否可以在每次迭代过程中找到当前最优的学习率值呢？答案是肯定的。作为梯度降的改进，最速降法通过最优化如下目标函数，在迭代过程中寻求最优学习率：

$$\eta_k=\arg\min_{\eta} f(\boldsymbol{\theta}_k-\eta\nabla f(\boldsymbol{\theta}_k)) \tag{8-6}$$

不难发现，式(8-6)是一个一元函数极值问题。不同的是，优化变量为学习率 η。实际实现过程中，一般取一系列学习率值作为式(8-6)的候选集。分别计算对应目标函数值之后，挑选最优学习率。

8.4.5 批量下降法与随机下降法

不难理解，理想的数据驱动的人工智能模型应适用于所有样本。也就是说，目标函数 $f(\boldsymbol{\theta})$ 与所有训练样本 X 相关。对于监督学习来说，一般目标函数用于确保对于所有样本来说，模型预测标签与真实标签尽可能相等。也就是说，目标函数是预测标签与真实标签的损失度量，即 $f(\boldsymbol{\theta})=\sum_{x\in X}f_x(\boldsymbol{\theta})$。采用梯度下降法，第 $k+1$ 次迭代时，搜索点定义为 $\boldsymbol{\theta}_{k+1}=\boldsymbol{\theta}_k-\eta_k\nabla f(\boldsymbol{\theta}_k)=\boldsymbol{\theta}_k-\eta_k\sum_{x\in X}\nabla f_x(\boldsymbol{\theta}_k)$。此时的梯度下降法，在领域内被称作批量梯度下降法(Batch Gradient Descent，BGD)。不难理解，当训练样本规模 $|X|$ 很大时，每次迭代对所有样本求梯度将十分耗时。随机梯度下降法(Stochastic Gradient Descent，SGD)每次迭代使用一个样本来对参数进行更新，用于提升训练速度。也就是说，第 $k+1$ 次迭代时，搜索点定义为 $\boldsymbol{\theta}_{k+1}=\boldsymbol{\theta}_k-\eta_k\nabla f_x(\boldsymbol{\theta}_k)$。每轮迭代中随机优化某一条训练数据上的损失函数，参数更新速度大大加快。但频繁更新必然带来求解参数稳定性差、抖动性强的问题。

为便于理解，对于批量梯度降来说，每次迭代需要计算 $|X|$ 个样本的梯度。为使得目标函数收敛，可能需要迭代 K 次。而对于随机梯度降来说，每次更新参数只需要一个样本。若采用 $|X|$ 个样本迭代，则最优解被迭代更新 $|X|$ 次。期间，SGD 能保证目标函数收敛于一个合适的最小值。但是，SGD 迭代次数较多，在解空间的搜索过程看起来比较盲目，抖动性较强。为缓解这一矛盾，小批量梯度下降法(Mini-Batch Gradient Descent，MBGD)，是批量梯度下降以及随机梯度下降的一个折中，即每次迭代既不是采用全部样

本，也不是只采用一个样本，而是采用部分训练样本。

8.5 牛 顿 法

梯度法基于目标函数的一阶泰勒展开式，对复杂函数进行优化时，近似精度低。牛顿法基于目标函数的二阶泰勒展开式，采用二阶函数来近似优化目标函数，可有效提升近似精度。

8.5.1 二阶泰勒展开与 Hessian 矩阵

对于任意多元目标函数 $f(\boldsymbol{\theta})$来说，其在 $\boldsymbol{\theta}$ 点附近的二阶泰勒展开式为

$$f(\boldsymbol{\theta}+\Delta\boldsymbol{\theta})=f(\boldsymbol{\theta})+\nabla f(\boldsymbol{\theta})(\Delta\boldsymbol{\theta})^{\mathrm{T}}+\frac{1}{2}(\Delta\boldsymbol{\theta})\boldsymbol{H}_f(\boldsymbol{\theta})(\Delta\boldsymbol{\theta})^{\mathrm{T}}+o(\boldsymbol{\theta},\Delta\boldsymbol{\theta}) \tag{8-7}$$

其中，$\Delta\boldsymbol{\theta}$ 为自变量增量，$o(\boldsymbol{\theta},\Delta\boldsymbol{\theta})$为高阶余项，$\boldsymbol{H}_f$ 为目标函数 $f(\boldsymbol{\theta})$的 Hessian 矩阵，即

$$\boldsymbol{H}_f=\begin{bmatrix} f''_{\theta_1\theta_1} & f''_{\theta_1\theta_2} & \cdots & f''_{\theta_1\theta_m} \\ f''_{\theta_2\theta_1} & f''_{\theta_2\theta_2} & \cdots & f''_{\theta_2\theta_m} \\ \vdots & \vdots & \ddots & \vdots \\ f''_{\theta_m\theta_1} & f''_{\theta_m\theta_2} & \cdots & f''_{\theta_m\theta_m} \end{bmatrix} \tag{8-8}$$

不难理解，当 $\|\Delta\boldsymbol{\theta}\|$ 很小时，高阶余项可忽略不计，进而得到二阶泰勒近似展开式

$$f(\boldsymbol{\theta}+\Delta\boldsymbol{\theta})\approx f(\boldsymbol{\theta})+\nabla f(\boldsymbol{\theta})(\Delta\boldsymbol{\theta})^{\mathrm{T}}+\frac{1}{2}(\Delta\boldsymbol{\theta})\boldsymbol{H}_f(\boldsymbol{\theta})(\Delta\boldsymbol{\theta})^{\mathrm{T}} \tag{8-9}$$

注

式(8-9)可理解为在 $\boldsymbol{\theta}$ 点处(确切地说是其 $\Delta\boldsymbol{\theta}$ 邻域内)原目标函数 $f(\boldsymbol{\theta}+\Delta\boldsymbol{\theta})$可由梯度为$\nabla f(\boldsymbol{\theta})$、二阶偏导数构成的 Hessian 矩阵为 $\boldsymbol{H}_f(\theta)$的以 $\Delta\boldsymbol{\theta}$ 为自变量的二次函数来近似。

为求使得 $f(\boldsymbol{\theta}+\Delta\boldsymbol{\theta})$取最小值的增量 $\Delta\boldsymbol{\theta}$，式(8-9)两端同时对增量 $\Delta\boldsymbol{\theta}$ 求梯度得

$$\nabla f(\boldsymbol{\theta}+\Delta\boldsymbol{\theta})\approx\nabla f(\boldsymbol{\theta})+(\Delta\boldsymbol{\theta})\boldsymbol{H}_f(\boldsymbol{\theta}) \tag{8-10}$$

令函数 $f(\boldsymbol{\theta}+\Delta\boldsymbol{\theta})$对于增量 $\Delta\boldsymbol{\theta}$ 的梯度$\nabla f(\boldsymbol{\theta}+\Delta\boldsymbol{\theta})=0$，即$\nabla f(\boldsymbol{\theta})+(\Delta\boldsymbol{\theta})\boldsymbol{H}_f(\boldsymbol{\theta})\approx 0$，解得

$$\Delta\boldsymbol{\theta}\approx-\nabla f(\boldsymbol{\theta})(\boldsymbol{H}_f(\boldsymbol{\theta}))^{-1} \tag{8-11}$$

注

有必要说明的是，由第 3 章函数性质可得，对于多元可导函数 $f(\boldsymbol{\theta})$来说，函数在 $\boldsymbol{\theta}^*$ 点取得极值的必要条件是$\nabla f(\boldsymbol{\theta}^*)=\boldsymbol{0}$。

8.5.2 一维线性搜索

由于在求解过程中忽略了泰勒展开式中的高阶项，式(8-11)求得的解不一定是目标函数的驻点。另一方面，即便式(8-11)的解是目标函数的驻点，也不能保证其是极小值

点。这是因为,牛顿方向$-\nabla f(\boldsymbol{\theta})(\boldsymbol{H}_f(\boldsymbol{\theta}))^{-1}$不一定是函数值下降方向。更极端的情况是,若初始值远离最优解,$\boldsymbol{H}_f(\boldsymbol{\theta})$不一定正定,牛顿法迭代甚至可能不收敛。因此,与梯度降类似,若采用迭代法,从某一初始点$\boldsymbol{\theta}_0$开始搜索,则有必要每次迭代除了计算牛顿方向之外,对最优步长进行一维搜索。保证精度前提下,为使得目标函数值减小量尽可能大,引入控制参数η,使得$\Delta\boldsymbol{\theta}=-\eta\nabla f(\boldsymbol{\theta})(\boldsymbol{H}_f(\boldsymbol{\theta}))^{-1}$。不难理解,从初始点$\boldsymbol{\theta}_0$开始,第$k+1$次迭代时,搜索点定义为$\boldsymbol{\theta}_{k+1}=\boldsymbol{\theta}_k-\eta\nabla f(\boldsymbol{\theta}_k)(\boldsymbol{H}_f(\boldsymbol{\theta}_k))^{-1}$。只要梯度模未达到 0 点,函数值将沿着搜索点序列递减。迭代终止条件是函数的梯度模为 0,或十分接近 0。以上就是牛顿法求最优解的核心思想。与最速降法类似,在迭代过程中寻求最优学习率

$$\eta_k=\arg\min_{\eta} f(\boldsymbol{\theta}_k-\eta\nabla f(\boldsymbol{\theta}_k)(\boldsymbol{H}_f(\boldsymbol{\theta}_k))^{-1}) \tag{8-12}$$

即迭代过程中$\boldsymbol{\theta}_{k+1}=\boldsymbol{\theta}_k-\eta_k\nabla f(\boldsymbol{\theta}_k)(\boldsymbol{H}_f(\boldsymbol{\theta}_k))^{-1}$。实际实现过程中,一般取一系列学习率值作为式(8-12)的候选集。分别计算对应目标函数值之后,挑选最优学习率。以上策略用于保证迭代过程中,目标函数值稳定下降,称作阻尼牛顿法。

8.6 拟牛顿法

由式(8-11)不难发现,牛顿法在每次迭代过程中,需要计算目标函数$f(\boldsymbol{\theta})$的 Hessian 矩阵$\boldsymbol{H}_f$,并求解一个以该矩阵为系数矩阵的线性方程组。有必要指出的是,抛开包括求解二阶偏导数在内的计算量不谈,该方法不可避免地存在 Hessian 矩阵$\boldsymbol{H}_f$不可逆的风险。除此之外,若目标函数不是二次函数,建立在二阶近似基础上的牛顿法不能保证收敛。为此领域内提出了一系列改进方法,拟牛顿法是其中的典型代表。其核心思想是,用函数的一阶梯度构造一个 Hessian 矩阵的近似矩阵,该矩阵是正定对称阵,用该矩阵代替 Hessian 矩阵进行牛顿法迭代优化。

注

有必要说明的是,由 3.4.5 节内容可知,任意给定的多元函数的 Hessian 矩阵是正定的,保证该函数沿任意方向的二阶方向导数恒大于 0,也就是说,该多元函数是凸函数。

具体地,将目标函数$f(\boldsymbol{\theta})$在$\boldsymbol{\theta}_{k+1}$处泰勒展开,并忽略二次以上的高阶余项,得

$$f(\boldsymbol{\theta})\approx f(\boldsymbol{\theta}_{k+1})+\nabla f(\boldsymbol{\theta}_{k+1})(\boldsymbol{\theta}-\boldsymbol{\theta}_{k+1})^{\mathrm{T}}+\frac{1}{2}(\boldsymbol{\theta}-\boldsymbol{\theta}_{k+1})\boldsymbol{H}_f(\boldsymbol{\theta}_{k+1})(\boldsymbol{\theta}-\boldsymbol{\theta}_{k+1})^{\mathrm{T}} \tag{8-13}$$

注

式(8-13)可理解为在$\boldsymbol{\theta}_{k+1}$点处(确切地说是其$\boldsymbol{\theta}-\boldsymbol{\theta}_{k+1}$邻域内)由梯度为$\nabla f(\boldsymbol{\theta}_{k+1})$、二阶偏导数构成的 Hessian 矩阵为$\boldsymbol{H}_f(\boldsymbol{\theta}_{k+1})$的以$\boldsymbol{\theta}-\boldsymbol{\theta}_{k+1}$为自变量的二次函数来近似原目标函数$f(\boldsymbol{\theta})$。

对式(8-13)两端同时对$\boldsymbol{\theta}$求梯度可得

$$\nabla f(\boldsymbol{\theta}) \approx \nabla f(\boldsymbol{\theta}_{k+1}) + (\boldsymbol{\theta} - \boldsymbol{\theta}_{k+1})\boldsymbol{H}_f(\boldsymbol{\theta}_{k+1}). \tag{8-14}$$

令 $\boldsymbol{\theta}=\boldsymbol{\theta}_k$，可得

$$\nabla f(\boldsymbol{\theta}_k) - \nabla f(\boldsymbol{\theta}_{k+1}) \approx (\boldsymbol{\theta}_k - \boldsymbol{\theta}_{k+1})\boldsymbol{H}_f(\boldsymbol{\theta}_{k+1}) \tag{8-15}$$

若令

$$\boldsymbol{s}_k = (\boldsymbol{\theta}_{k+1} - \boldsymbol{\theta}_k) \tag{8-16}$$

$$\boldsymbol{y}_k = \nabla f(\boldsymbol{\theta}_{k+1}) - \nabla f(\boldsymbol{\theta}_k) \tag{8-17}$$

$$H_{k+1} = \boldsymbol{H}_f(\boldsymbol{\theta}_{k+1}) \tag{8-18}$$

则式(8-15)可改写为

$$\boldsymbol{y}_k \approx \boldsymbol{s}_k\boldsymbol{H}_{k+1} \tag{8-19}$$

也就是说，

$$\boldsymbol{s}_k \approx \boldsymbol{y}_k\boldsymbol{H}_{k+1}^{-1} \tag{8-20}$$

其中，式(8-19)与式(8-20)称作拟牛顿条件。为便于理解与表达，用矩阵符号 $\boldsymbol{B}_{k+1}$ 表示 Hessian 矩阵 $\boldsymbol{H}_{k+1}$ 的近似；用矩阵符号 $\boldsymbol{G}_{k+1}$ 表示 Hessian 的逆 $\boldsymbol{H}_{k+1}^{-1}$ 的近似，则式(8-19)与式(8-20)可改写为

$$\boldsymbol{y}_k \approx \boldsymbol{s}_k\boldsymbol{B}_{k+1} \tag{8-21}$$

及

$$\boldsymbol{s}_k \approx \boldsymbol{y}_k\boldsymbol{G}_{k+1} \tag{8-22}$$

不难理解，可通过迭代构造 Hessian 矩阵 $\boldsymbol{H}_{k+1}$ 或其逆 $\boldsymbol{H}_{k+1}^{-1}$ 的近似矩阵 $\boldsymbol{B}_{k+1}$ 与 $\boldsymbol{G}_{k+1}$，来解决 Hessian 矩阵的计算量大，求逆困难等风险。

8.6.1 Hessian 逆的秩 1 修正

设 $\boldsymbol{G}_k$ 为第 k 次迭代的 Hessian 矩阵逆 $\boldsymbol{H}_k^{-1}$ 的近似，我们希望修正 $\boldsymbol{G}_k$ 使得

$$\boldsymbol{G}_{k+1} = \boldsymbol{G}_k + \Delta\boldsymbol{G}_k \tag{8-23}$$

其中，$\Delta\boldsymbol{G}_k$ 为一个低秩矩阵。由第 1 章向量外积定义可知，给定任意行向量 $\boldsymbol{u}$ 与 $\boldsymbol{v}$，则矩阵 $\boldsymbol{u}^{\mathrm{T}}\boldsymbol{v}$ 的秩为 1，即 $R(\boldsymbol{u}^{\mathrm{T}}\boldsymbol{v})=1$。这是因为，矩阵 $\boldsymbol{u}^{\mathrm{T}}\boldsymbol{v}$ 的线性无关组中只有一个行向量或列向量。因此，若 $\Delta\boldsymbol{G}_k=\boldsymbol{u}^{\mathrm{T}}\boldsymbol{v}$，式(8-23)又称作矩阵 $\boldsymbol{G}_k$ 的秩 1 修正。令 $\Delta\boldsymbol{G}_k=\boldsymbol{u}^{\mathrm{T}}\boldsymbol{v}$，由式(8-22)给出的拟牛顿条件可得

$$\boldsymbol{s}_k \approx \boldsymbol{y}_k\boldsymbol{G}_{k+1} = \boldsymbol{y}_k(\boldsymbol{G}_k + \boldsymbol{u}^{\mathrm{T}}\boldsymbol{v}) \tag{8-24}$$

即

$$\boldsymbol{s}_k - \boldsymbol{y}_k\boldsymbol{G}_k = \boldsymbol{y}_k\boldsymbol{u}^{\mathrm{T}}\boldsymbol{v} \tag{8-25}$$

显然，$\boldsymbol{y}_k\boldsymbol{u}^{\mathrm{T}}$ 为一标量值。设行向量 $\boldsymbol{u}$ 满足 $\boldsymbol{y}_k\boldsymbol{u}^{\mathrm{T}}\neq 0$，则

$$\boldsymbol{G}_{k+1} = \boldsymbol{G}_k + \left(\frac{1}{\boldsymbol{y}_k\boldsymbol{u}^{\mathrm{T}}}\right)\boldsymbol{u}^{\mathrm{T}}(\boldsymbol{s}_k - \boldsymbol{y}_k\boldsymbol{G}_k) \tag{8-26}$$

有必要说明的是，假设行向量 $\boldsymbol{u}$ 满足不等式 $\boldsymbol{y}_k\boldsymbol{u}^{\mathrm{T}}\neq 0$ 是有依据可寻的。这是因为，若 $\boldsymbol{y}_k\boldsymbol{u}^{\mathrm{T}}=0$，则由式(8-25)可得 $\boldsymbol{s}_k=\boldsymbol{y}_k\boldsymbol{G}_k$，即第 k 次迭代已得到 Hessian 矩阵逆 $\boldsymbol{H}_k^{-1}$ 的最佳近似 $\boldsymbol{G}_k$，使得式(8-22)给出的拟牛顿条件成立。

由于 Hessian 矩阵是对称阵，所以其逆矩阵也是对称阵。这是因为，若矩阵 $\boldsymbol{A}$ 可逆且是对称阵，则 $(\boldsymbol{A}^{-1})^{\mathrm{T}}=(\boldsymbol{A}^{\mathrm{T}})^{-1}=\boldsymbol{A}^{-1}$。为保证近似矩阵的对称性，不妨取 $\boldsymbol{u}=(\boldsymbol{s}_k-$

$\boldsymbol{y}_k\boldsymbol{G}_k$)，进而

$$\boldsymbol{G}_{k+1}=\boldsymbol{G}_k+\frac{(\boldsymbol{s}_k-\boldsymbol{y}_k\boldsymbol{G}_k)^{\mathrm{T}}(\boldsymbol{s}_k-\boldsymbol{y}_k\boldsymbol{G}_k)}{\boldsymbol{y}_k(\boldsymbol{s}_k-\boldsymbol{y}_k\boldsymbol{G}_k)^{\mathrm{T}}}. \tag{8-27}$$

为简单起见，Hessian 矩阵逆 $\boldsymbol{H}_k^{-1}$ 的初始近似矩阵设定为单位矩阵，即 $\boldsymbol{G}_0=\boldsymbol{E}$。显然，给定 $\boldsymbol{G}_k$，可由位置差向量 $\boldsymbol{s}_k=(\boldsymbol{\theta}_{k+1}-\boldsymbol{\theta}_k)$ 以及梯度差向量 $\boldsymbol{y}_k=\nabla f(\boldsymbol{\theta}_{k+1})-\nabla f(\boldsymbol{\theta}_k)$，近似递推计算 $\boldsymbol{G}_{k+1}$，而不需要计算 $f(\boldsymbol{\theta})$ 的二阶偏导数。

可以证明，以上给出的秩 1 修正，可保持 Hessian 矩阵逆 $\boldsymbol{H}_k^{-1}$ 的近似矩阵 $\boldsymbol{G}_k$ 的对称性，但并不保证矩阵的正定性。实际上，在 $\boldsymbol{G}_k$ 为正定矩阵的前提下，只有当 $\boldsymbol{y}_k(\boldsymbol{s}_k-\boldsymbol{y}_k\boldsymbol{G}_k)^{\mathrm{T}}>0$ 时，由式(8-27)定义的 $\boldsymbol{G}_{k+1}$ 才是正定矩阵。这是因为，对于由任意非零行向量 $\boldsymbol{x}$ 生成的对称阵 $\boldsymbol{x}^{\mathrm{T}}\boldsymbol{x}$ 来说，给定向量空间内任意非零行向量 $\boldsymbol{y}$，则 $\boldsymbol{y}(\boldsymbol{x}^{\mathrm{T}}\boldsymbol{x})\boldsymbol{y}^{\mathrm{T}}=\boldsymbol{y}\boldsymbol{x}^{\mathrm{T}}(\boldsymbol{y}\boldsymbol{x}^{\mathrm{T}})^{\mathrm{T}}=(\boldsymbol{y}\boldsymbol{x}^{\mathrm{T}})^2>0$。由前文分析可得，若 $\boldsymbol{s}_k=\boldsymbol{y}_k\boldsymbol{G}_k$，则已得最优解，故 $\boldsymbol{s}_k-\boldsymbol{y}_k\boldsymbol{G}_k\neq 0$。显然，当且仅当 $\boldsymbol{y}_k(\boldsymbol{s}_k-\boldsymbol{y}_k\boldsymbol{G}_k)^{\mathrm{T}}>0$ 时，式(8-27)定义的 $\Delta\boldsymbol{G}_k$ 才是正定的。有必要提出的是，即便 $\boldsymbol{y}_k(\boldsymbol{s}_k-\boldsymbol{y}_k\boldsymbol{G}_k)^{\mathrm{T}}>0$ 在迭代过程中恒成立，其值也可能很小，从而导致计算困难。

8.6.2 Hessian 逆的秩 2 修正

类似地，由第 1 章向量外积定义可知，给定任意行向量 $\boldsymbol{u}$ 与 $\boldsymbol{v}$，则矩阵 $\boldsymbol{u}^{\mathrm{T}}\boldsymbol{u}$ 与 $\boldsymbol{v}^{\mathrm{T}}\boldsymbol{v}$ 的秩均为 1，即 $R(\boldsymbol{u}^{\mathrm{T}}\boldsymbol{u})=1$ 且 $R(\boldsymbol{v}^{\mathrm{T}}\boldsymbol{v})=1$。这是因为，矩阵 $\boldsymbol{u}^{\mathrm{T}}\boldsymbol{u}$ 与 $\boldsymbol{v}^{\mathrm{T}}\boldsymbol{v}$ 的线性无关组中只有一个行向量或列向量。令

$$\Delta\boldsymbol{G}_k=\alpha\boldsymbol{u}^{\mathrm{T}}\boldsymbol{u}+\beta\boldsymbol{v}^{\mathrm{T}}\boldsymbol{v} \tag{8-28}$$

则等式 $\boldsymbol{G}_{k+1}=\boldsymbol{G}_k+\Delta\boldsymbol{G}_k$ 又称作矩阵 $\boldsymbol{G}_k$ 的秩 2 修正。由式(8-22)给出的拟牛顿条件可得

$$\begin{aligned}\boldsymbol{s}_k&\approx\boldsymbol{y}_k\boldsymbol{G}_{k+1}\\&=\boldsymbol{y}_k(\boldsymbol{G}_k+\alpha\boldsymbol{u}^{\mathrm{T}}\boldsymbol{u}+\beta\boldsymbol{v}^{\mathrm{T}}\boldsymbol{v})\\&=\boldsymbol{y}_k\boldsymbol{G}_k+\alpha\boldsymbol{y}_k\boldsymbol{u}^{\mathrm{T}}\boldsymbol{u}+\beta\boldsymbol{y}_k\boldsymbol{v}^{\mathrm{T}}\boldsymbol{v}\end{aligned} \tag{8-29}$$

其中，α 与 β 为待定系数。需要说明的是，满足式(8-29)的行向量 $\boldsymbol{u}$ 与 $\boldsymbol{v}$ 并不唯一。但是不难发现，$\alpha\boldsymbol{y}_k\boldsymbol{u}^{\mathrm{T}}$ 与 $\beta\boldsymbol{y}_k\boldsymbol{v}^{\mathrm{T}}$ 均为标量。也就是说，若令 $\boldsymbol{u}=\boldsymbol{s}_k$、$\boldsymbol{v}=\boldsymbol{y}_k G_k$，且确保 $\alpha\boldsymbol{y}_k\boldsymbol{u}^{\mathrm{T}}=1$、$\beta\boldsymbol{y}_k\boldsymbol{v}^{\mathrm{T}}=-1$，则式(8-29)恒成立。此时，

$$\alpha=1/\boldsymbol{y}_k\boldsymbol{u}^{\mathrm{T}}=1/\boldsymbol{y}_k\boldsymbol{s}_k^{\mathrm{T}} \tag{8-30}$$

$$\beta=-1/\boldsymbol{y}_k\boldsymbol{v}^{\mathrm{T}}=-1/\boldsymbol{y}_k\boldsymbol{G}_k^{\mathrm{T}}\boldsymbol{y}_k^{\mathrm{T}} \tag{8-31}$$

为简单起见，Hessian 矩阵逆 $\boldsymbol{H}_k^{-1}$ 的初始近似矩阵设定为单位矩阵，即 $\boldsymbol{G}_0=\boldsymbol{E}$。由于矩阵 $\boldsymbol{u}^{\mathrm{T}}\boldsymbol{u}$ 与 $\boldsymbol{v}^{\mathrm{T}}\boldsymbol{v}$ 均为对称阵，结合式(8-28)可得，迭代过程中，Hessian 矩阵逆 $\boldsymbol{H}_k^{-1}$ 的近似矩阵 $\boldsymbol{G}_k$ 保持对称性。因此，式(8-31)可改写为

$$\beta=-1/\boldsymbol{y}_k\boldsymbol{G}_k\boldsymbol{y}_k^{\mathrm{T}} \tag{8-32}$$

综上，

$$\boldsymbol{G}_{k+1}=\boldsymbol{G}_k+\frac{\boldsymbol{s}_k^{\mathrm{T}}\boldsymbol{s}_k}{\boldsymbol{y}_k\boldsymbol{s}_k^{\mathrm{T}}}-\frac{\boldsymbol{G}_k\boldsymbol{y}_k^{\mathrm{T}}\boldsymbol{y}_k\boldsymbol{G}_k}{\boldsymbol{y}_k\boldsymbol{G}_k\boldsymbol{y}_k^{\mathrm{T}}} \tag{8-33}$$

与秩 1 修正类似，给定 $\boldsymbol{G}_k$，可由位置差向量 $\boldsymbol{s}_k=(\boldsymbol{\theta}_{k+1}-\boldsymbol{\theta}_k)$ 以及梯度差向量

$\boldsymbol{y}_k=\nabla f(\boldsymbol{\theta}_{k+1})-\nabla f(\boldsymbol{\theta}_k)$，近似递推计算 $\boldsymbol{G}_{k+1}$，从而不需要计算 $f(\boldsymbol{\theta})$ 的二阶偏导数。

不难理解，若 Hessian 矩阵逆 $\boldsymbol{H}_k^{-1}$ 的初始近似矩阵设定为单位矩阵，即 $\boldsymbol{G}_0=\boldsymbol{E}$，则其为正定矩阵。采用数学归纳，假设 $\boldsymbol{G}_k$ 对称正定，则矩阵 $\boldsymbol{G}_k$ 的 LU 分解可进一步改写为 Cholesky 分解，即 $\boldsymbol{G}_k=\boldsymbol{LU}=\boldsymbol{LL}^{\mathrm{T}}$。对于任意的非零向量 $\boldsymbol{z}$，令

$$\boldsymbol{a}=\boldsymbol{zL},\quad \boldsymbol{b}=\boldsymbol{y}_k\boldsymbol{L} \tag{8-34}$$

则有

$$\begin{aligned}\boldsymbol{zG}_{k+1}\boldsymbol{z}^{\mathrm{T}}&=\boldsymbol{z}\left(\boldsymbol{G}_k-\frac{\boldsymbol{G}_k\boldsymbol{y}_k^{\mathrm{T}}\boldsymbol{y}_k\boldsymbol{G}_k}{\boldsymbol{y}_k\boldsymbol{G}_k\boldsymbol{y}_k^{\mathrm{T}}}\right)\boldsymbol{z}^{\mathrm{T}}+\boldsymbol{z}\left(\frac{\boldsymbol{s}_k^{\mathrm{T}}\boldsymbol{s}_k}{\boldsymbol{y}_k\boldsymbol{s}_k^{\mathrm{T}}}\right)\boldsymbol{z}^{\mathrm{T}}\\&=\boldsymbol{zLL}^{\mathrm{T}}\boldsymbol{z}^{\mathrm{T}}-\frac{\boldsymbol{zLL}^{\mathrm{T}}\boldsymbol{y}_k^{\mathrm{T}}\boldsymbol{y}_k\boldsymbol{LL}^{\mathrm{T}}\boldsymbol{z}^{\mathrm{T}}}{\boldsymbol{y}_k\boldsymbol{LL}^{\mathrm{T}}\boldsymbol{y}_k^{\mathrm{T}}}+\frac{\boldsymbol{zs}_k^{\mathrm{T}}(\boldsymbol{zs}_k^{\mathrm{T}})^{\mathrm{T}}}{\boldsymbol{y}_k\boldsymbol{s}_k^{\mathrm{T}}}\\&=\boldsymbol{aa}^{\mathrm{T}}-\frac{(\boldsymbol{ab}^{\mathrm{T}})^2}{\boldsymbol{bb}^{\mathrm{T}}}+\frac{(\boldsymbol{zs}_k^{\mathrm{T}})^2}{\boldsymbol{y}_k\boldsymbol{s}_k^{\mathrm{T}}}\end{aligned} \tag{8-35}$$

由柯西不等式

$$\sum_{i=1}^{n}a_i^2\sum_{i=1}^{n}b_i^2\geqslant\left(\sum_{i=1}^{n}a_ib_i\right)^2 \tag{8-36}$$

可得

$$\boldsymbol{aa}^{\mathrm{T}}-\frac{(\boldsymbol{ab}^{\mathrm{T}})^2}{\boldsymbol{bb}^{\mathrm{T}}}\geqslant 0 \tag{8-37}$$

进一步地，若 $\boldsymbol{y}_k\boldsymbol{s}_k^{\mathrm{T}}>0$，则

$$\frac{(\boldsymbol{zs}_k^{\mathrm{T}})^2}{\boldsymbol{y}_k\boldsymbol{s}_k^{\mathrm{T}}}\geqslant 0. \tag{8-38}$$

综上，对于任意的非零向量 $\boldsymbol{z}$，$\boldsymbol{zG}_{k+1}\boldsymbol{z}^{\mathrm{T}}\geqslant 0$ 恒成立。

有必要指出的是，当且仅当行向量 $\boldsymbol{a}$ 与 $\boldsymbol{b}$ 平行时，柯西不等式(8-37)等号成立。由式(8-34)可得，此时行向量 $\boldsymbol{z}$ 与 $\boldsymbol{y}_k$ 平行。也就是说，$\boldsymbol{z}=\gamma\boldsymbol{y}_k$，其中，$\gamma\neq 0$。代入式(8-38)可得

$$\frac{(\gamma\boldsymbol{y}_k\boldsymbol{s}_k^{\mathrm{T}})^2}{\boldsymbol{y}_k\boldsymbol{s}_k^{\mathrm{T}}}=\gamma^2\boldsymbol{y}_k\boldsymbol{s}_k^{\mathrm{T}} \tag{8-39}$$

进一步地，若 $\boldsymbol{y}_k\boldsymbol{s}_k^{\mathrm{T}}>0$，则式(8-39)恒大于 0。也就是说，对于任意的非零向量 $\boldsymbol{z}$，若确保 $\boldsymbol{y}_k\boldsymbol{s}_k^{\mathrm{T}}>0$，则 $\boldsymbol{zG}_{k+1}\boldsymbol{z}^{\mathrm{T}}>0$ 恒成立。因此，矩阵 $\boldsymbol{G}_{k+1}$ 正定。

注

有必要说明的是，限制条件 $\boldsymbol{y}_k\boldsymbol{s}_k^{\mathrm{T}}>0$ 是实际的，且可满足的。秩 2 修正拟牛顿法，由 Davidon 最早提出，后经 Fletcher 和 Powell 解释和改进，在命名时以三个人名字的首字母命名，即 DFP 法。

8.6.3 秩 1 修正的逆

秩 1 修正的逆由 Sherman-Morrison 公式给出。形式化地，若矩阵大小为 $n\times n$ 的矩阵 $\boldsymbol{A}$ 可逆，设向量 $\boldsymbol{u}$ 与 $\boldsymbol{v}$ 为长度为 n 的行向量，则当且仅当 $1+\boldsymbol{vA}^{-1}\boldsymbol{u}^{\mathrm{T}}\neq 0$ 时，$\boldsymbol{A}+\boldsymbol{u}^{\mathrm{T}}\boldsymbol{v}$ 可

逆，且

$$(\boldsymbol{A}+\boldsymbol{u}^{\mathrm{T}}\boldsymbol{v})^{-1}=\boldsymbol{A}^{-1}-\frac{\boldsymbol{A}^{-1}\boldsymbol{u}^{\mathrm{T}}\boldsymbol{v}\boldsymbol{A}^{-1}}{1+\boldsymbol{v}\boldsymbol{A}^{-1}\boldsymbol{u}^{\mathrm{T}}} \tag{8-40}$$

假设不等式条件 $1+\boldsymbol{v}\boldsymbol{A}^{-1}\boldsymbol{u}^{\mathrm{T}}\neq 0$ 成立，令

$$\boldsymbol{X}=\boldsymbol{A}+\boldsymbol{u}^{\mathrm{T}}\boldsymbol{v} \tag{8-41}$$

$$\boldsymbol{Y}=\boldsymbol{A}^{-1}-\frac{\boldsymbol{A}^{-1}\boldsymbol{u}^{\mathrm{T}}\boldsymbol{v}\boldsymbol{A}^{-1}}{1+\boldsymbol{v}\boldsymbol{A}^{-1}\boldsymbol{u}^{\mathrm{T}}} \tag{8-42}$$

则只需证明 $\boldsymbol{XY}=\boldsymbol{YX}=\boldsymbol{E}$ 即可，其中，$\boldsymbol{E}$ 为 n 阶单位阵。显然，

$$\begin{aligned}\boldsymbol{XY}&=(\boldsymbol{A}+\boldsymbol{u}^{\mathrm{T}}\boldsymbol{v})\left(\boldsymbol{A}^{-1}-\frac{\boldsymbol{A}^{-1}\boldsymbol{u}^{\mathrm{T}}\boldsymbol{v}\boldsymbol{A}^{-1}}{1+\boldsymbol{v}\boldsymbol{A}^{-1}\boldsymbol{u}^{\mathrm{T}}}\right)\\&=\boldsymbol{A}\boldsymbol{A}^{-1}+\boldsymbol{u}^{\mathrm{T}}\boldsymbol{v}\boldsymbol{A}^{-1}-\frac{\boldsymbol{A}\boldsymbol{A}^{-1}\boldsymbol{u}^{\mathrm{T}}\boldsymbol{v}\boldsymbol{A}^{-1}+\boldsymbol{u}^{\mathrm{T}}\boldsymbol{v}\boldsymbol{A}^{-1}\boldsymbol{u}^{\mathrm{T}}\boldsymbol{v}\boldsymbol{A}^{-1}}{1+\boldsymbol{v}\boldsymbol{A}^{-1}\boldsymbol{u}^{\mathrm{T}}}\\&=\boldsymbol{E}+\boldsymbol{u}^{\mathrm{T}}\boldsymbol{v}\boldsymbol{A}^{-1}-\frac{\boldsymbol{u}^{\mathrm{T}}\boldsymbol{v}\boldsymbol{A}^{-1}+\boldsymbol{u}^{\mathrm{T}}\boldsymbol{v}\boldsymbol{A}^{-1}\boldsymbol{u}^{\mathrm{T}}\boldsymbol{v}\boldsymbol{A}^{-1}}{1+\boldsymbol{v}\boldsymbol{A}^{-1}\boldsymbol{u}^{\mathrm{T}}}\\&=\boldsymbol{E}+\boldsymbol{u}^{\mathrm{T}}\boldsymbol{v}\boldsymbol{A}^{-1}-\frac{\boldsymbol{u}^{\mathrm{T}}(1+\boldsymbol{v}\boldsymbol{A}^{-1}\boldsymbol{u}^{\mathrm{T}})\boldsymbol{v}\boldsymbol{A}^{-1}}{1+\boldsymbol{v}\boldsymbol{A}^{-1}\boldsymbol{u}^{\mathrm{T}}}\\&=\boldsymbol{E}+\boldsymbol{u}^{\mathrm{T}}\boldsymbol{v}\boldsymbol{A}^{-1}-\boldsymbol{u}^{\mathrm{T}}\boldsymbol{v}\boldsymbol{A}^{-1}\\&=\boldsymbol{E}\end{aligned} \tag{8-43}$$

类似地，可证 $\boldsymbol{YX}=\boldsymbol{E}$。因此，不等式条件 $1+\boldsymbol{v}\boldsymbol{A}^{-1}\boldsymbol{u}^{\mathrm{T}}\neq 0$ 成立时，式(8-40)成立。

另一方面，若 $\boldsymbol{u}=\boldsymbol{o}$，则 $1+\boldsymbol{v}\boldsymbol{A}^{-1}\boldsymbol{u}^{\mathrm{T}}=1\neq 0$ 恒成立。当 $\boldsymbol{u}\neq\boldsymbol{o}$ 时，假设 $\boldsymbol{A}+\boldsymbol{u}^{\mathrm{T}}\boldsymbol{v}$ 可逆，但 $1+\boldsymbol{v}\boldsymbol{A}^{-1}\boldsymbol{u}^{\mathrm{T}}=0$，则有

$$(1+\boldsymbol{v}\boldsymbol{A}^{-1}\boldsymbol{u}^{\mathrm{T}})\boldsymbol{u}^{\mathrm{T}}=\boldsymbol{o}^{\mathrm{T}} \tag{8-44}$$

进一步地，式(8-44)左侧

$$\begin{aligned}(1+\boldsymbol{v}\boldsymbol{A}^{-1}\boldsymbol{u}^{\mathrm{T}})\boldsymbol{u}^{\mathrm{T}}&=\boldsymbol{u}^{\mathrm{T}}+\boldsymbol{u}^{\mathrm{T}}(\boldsymbol{v}\boldsymbol{A}^{-1}\boldsymbol{u}^{\mathrm{T}})\\&=\boldsymbol{A}\boldsymbol{A}^{-1}\boldsymbol{u}^{\mathrm{T}}+\boldsymbol{u}^{\mathrm{T}}\boldsymbol{v}\boldsymbol{A}^{-1}\boldsymbol{u}^{\mathrm{T}}\\&=(\boldsymbol{A}+\boldsymbol{u}^{\mathrm{T}}\boldsymbol{v})\boldsymbol{A}^{-1}\boldsymbol{u}^{\mathrm{T}}\end{aligned} \tag{8-45}$$

代入式(8-44)可得，$(\boldsymbol{A}+\boldsymbol{u}^{\mathrm{T}}\boldsymbol{v})\boldsymbol{A}^{-1}\boldsymbol{u}^{\mathrm{T}}=\boldsymbol{o}^{\mathrm{T}}$。由前文假设可得，$\boldsymbol{A}+\boldsymbol{u}^{\mathrm{T}}\boldsymbol{v}$ 可逆。也就是说，$\boldsymbol{A}^{-1}\boldsymbol{u}^{\mathrm{T}}=\boldsymbol{o}^{\mathrm{T}}$。又因为矩阵 $\boldsymbol{A}^{-1}$ 可逆，其逆矩阵为 $\boldsymbol{A}$，故 $\boldsymbol{u}=\boldsymbol{o}$，与假设 $\boldsymbol{u}\neq\boldsymbol{o}$ 矛盾。因此，当 $\boldsymbol{A}+\boldsymbol{u}^{\mathrm{T}}\boldsymbol{v}$ 可逆时，恒有 $1+\boldsymbol{v}\boldsymbol{A}^{-1}\boldsymbol{u}^{\mathrm{T}}\neq 0$。

8.6.4　Hessian 矩阵的近似及其变形

对比式(8-21)与式(8-22)不难发现，两个拟牛顿条件可通过交换 $\boldsymbol{y}_k\leftrightarrow\boldsymbol{s}_k$ 与 $\boldsymbol{G}_{k+1}\leftrightarrow\boldsymbol{B}_{k+1}$ 实现相互转换。因此，由式(8-33)可得

$$\boldsymbol{B}_{k+1}=\boldsymbol{B}_k+\frac{\boldsymbol{y}_k^{\mathrm{T}}\boldsymbol{y}_k}{\boldsymbol{s}_k\boldsymbol{y}_k^{\mathrm{T}}}-\frac{\boldsymbol{B}_k\boldsymbol{s}_k^{\mathrm{T}}\boldsymbol{s}_k\boldsymbol{B}_k}{\boldsymbol{s}_k\boldsymbol{B}_k\boldsymbol{s}_k^{\mathrm{T}}} \tag{8-46}$$

式(8-46)称作 Hessian 矩阵近似 $\boldsymbol{B}_k$ 的 BFGS 校正。

注

BFGS 算法是使用较多的一种拟牛顿方法，是由 Broyden，Fletcher，Goldfarb，Shanno 四个人共同提出的，故称为 BFGS 校正。

考虑 $\boldsymbol{B}_k$ 与 $\boldsymbol{G}_k$ 的互为逆关系，对式(8-46)应用求解秩 1 修正逆的 Sherman-Morrison 公式(8-40)，即

$$\begin{aligned} G_{k+1} &= (\boldsymbol{B}_{k+1})^{-1} \\ &= \left(\left(\boldsymbol{B}_k + \frac{\boldsymbol{y}_k^{\mathrm{T}}\boldsymbol{y}_k}{\boldsymbol{s}_k\boldsymbol{y}_k^{\mathrm{T}}}\right) + (-\boldsymbol{s}_k\boldsymbol{B}_k)^{\mathrm{T}}\frac{\boldsymbol{s}_k\boldsymbol{B}_k}{\boldsymbol{s}_k\boldsymbol{B}_k\boldsymbol{s}_k^{\mathrm{T}}}\right)^{-1} \\ &= \left(\boldsymbol{B}_k + \frac{\boldsymbol{y}_k^{\mathrm{T}}\boldsymbol{y}_k}{\boldsymbol{s}_k\boldsymbol{y}_k^{\mathrm{T}}}\right)^{-1} - \frac{\left(\boldsymbol{B}_k + \frac{\boldsymbol{y}_k^{\mathrm{T}}\boldsymbol{y}_k}{\boldsymbol{s}_k\boldsymbol{y}_k^{\mathrm{T}}}\right)^{-1}(-\boldsymbol{s}_k\boldsymbol{B}_k)^{\mathrm{T}}\frac{\boldsymbol{s}_k\boldsymbol{B}_k}{\boldsymbol{s}_k\boldsymbol{B}_k\boldsymbol{s}_k^{\mathrm{T}}}\left(\boldsymbol{B}_k + \frac{\boldsymbol{y}_k^{\mathrm{T}}\boldsymbol{y}_k}{\boldsymbol{s}_k\boldsymbol{y}_k^{\mathrm{T}}}\right)^{-1}}{1 + \frac{\boldsymbol{s}_k\boldsymbol{B}_k}{\boldsymbol{s}_k\boldsymbol{B}_k\boldsymbol{s}_k^{\mathrm{T}}}\left(\boldsymbol{B}_k + \frac{\boldsymbol{y}_k^{\mathrm{T}}\boldsymbol{y}_k}{\boldsymbol{s}_k\boldsymbol{y}_k^{\mathrm{T}}}\right)^{-1}(-\boldsymbol{s}_k\boldsymbol{B}_k)^{\mathrm{T}}} \end{aligned} \tag{8-47}$$

进一步地，

$$\begin{aligned} \left(\boldsymbol{B}_k + \frac{\boldsymbol{y}_k^{\mathrm{T}}\boldsymbol{y}_k}{\boldsymbol{s}_k\boldsymbol{y}_k^{\mathrm{T}}}\right)^{-1} &= (\boldsymbol{B}_k)^{-1} - \frac{(\boldsymbol{B}_k)^{-1}\frac{\boldsymbol{y}_k^{\mathrm{T}}\boldsymbol{y}_k}{\boldsymbol{s}_k\boldsymbol{y}_k^{\mathrm{T}}}(\boldsymbol{B}_k)^{-1}}{1 + \frac{\boldsymbol{y}_k}{\boldsymbol{s}_k\boldsymbol{y}_k^{\mathrm{T}}}(\boldsymbol{B}_k)^{-1}\boldsymbol{y}_k^{\mathrm{T}}} \\ &= \boldsymbol{G}_k - \frac{\boldsymbol{G}_k\boldsymbol{y}_k^{\mathrm{T}}\boldsymbol{y}_k\boldsymbol{G}_k}{\boldsymbol{s}_k\boldsymbol{y}_k^{\mathrm{T}} + \boldsymbol{y}_k\boldsymbol{G}_k\boldsymbol{y}_k^{\mathrm{T}}} \end{aligned} \tag{8-48}$$

代入式(8-47)进一步化简得

$$\boldsymbol{G}_{k+1} = \boldsymbol{G}_k + \left(1 + \frac{\boldsymbol{y}_k\boldsymbol{G}_k\boldsymbol{y}_k^{\mathrm{T}}}{\boldsymbol{s}_k\boldsymbol{y}_k^{\mathrm{T}}}\right)\frac{\boldsymbol{s}_k^{\mathrm{T}}\boldsymbol{s}_k}{\boldsymbol{y}_k\boldsymbol{s}_k^{\mathrm{T}}} - \frac{\boldsymbol{G}_k\boldsymbol{y}_k^{\mathrm{T}}\boldsymbol{s}_k + \boldsymbol{s}_k^{\mathrm{T}}\boldsymbol{y}_k\boldsymbol{G}_k}{\boldsymbol{s}_k\boldsymbol{y}_k^{\mathrm{T}}} \tag{8-49}$$

式(8-49)称作 Hessian 矩阵逆的近似矩阵 $\boldsymbol{G}_k$ 的 BFGS 校正。有必要说明的是，式(8-49)可写成如下等价形式

$$\boldsymbol{G}_{k+1} = \boldsymbol{G}_k + \frac{(\boldsymbol{s}_k - \boldsymbol{y}_k\boldsymbol{G}_k)^{\mathrm{T}}\boldsymbol{s}_k + \boldsymbol{s}_k^{\mathrm{T}}(\boldsymbol{s}_k - \boldsymbol{y}_k\boldsymbol{G}_k)}{\boldsymbol{s}_k\boldsymbol{y}_k^{\mathrm{T}}} - \left(\frac{(\boldsymbol{s}_k - \boldsymbol{y}_k\boldsymbol{G}_k)\boldsymbol{y}_k^{\mathrm{T}}}{(\boldsymbol{s}_k\boldsymbol{y}_k^{\mathrm{T}})^2}\right)\boldsymbol{s}_k^{\mathrm{T}}\boldsymbol{s}_k \tag{8-50}$$

$$\boldsymbol{G}_{k+1} = \left(\boldsymbol{E} - \frac{\boldsymbol{y}_k^{\mathrm{T}}\boldsymbol{s}_k}{\boldsymbol{s}_k\boldsymbol{y}_k^{\mathrm{T}}}\right)\boldsymbol{G}_k\left(\boldsymbol{E} - \frac{\boldsymbol{s}_k^{\mathrm{T}}\boldsymbol{y}_k}{\boldsymbol{s}_k\boldsymbol{y}_k^{\mathrm{T}}}\right) + \frac{\boldsymbol{s}_k^{\mathrm{T}}\boldsymbol{s}_k}{\boldsymbol{y}_k\boldsymbol{s}_k^{\mathrm{T}}} \tag{8-51}$$

注

式(8-49)～式(8-51)推导过程详见本章附录。

类似地，考虑式(8-21)与式(8-22)中两个拟牛顿条件的等价交换关系 $\boldsymbol{y}_k \leftrightarrow \boldsymbol{s}_k$ 与 $\boldsymbol{G}_{k+1} \leftrightarrow \boldsymbol{B}_{k+1}$，式(8-49)～式(8-51)中上述两对等价变量互换，即得 Hessian 矩阵近似 $\boldsymbol{B}_k$ 的 DFP 校正。不难发现，给定一个拟牛顿法近似矩阵的迭代公式，通过交换 $\boldsymbol{y}_k \leftrightarrow \boldsymbol{s}_k$ 与 $\boldsymbol{G}_{k+1} \leftrightarrow \boldsymbol{B}_{k+1}$，可得另一个与其互逆的近似矩阵的迭代公式。一个是 DFP 校正时，另一个是 BFGS 校正；反之亦然。对变换结果两次应用求解秩 1 修正逆的 Sherman-Morrison 公式即得对应矩阵的 BFGS/DFP 校正。此校正与变换前矩阵互为对偶。为便于理解，图 8-1 给出两种校正关联关系的直观表达。

对于式(8-27)给出的 Hessian 矩阵逆的近似矩阵 $\boldsymbol{G}_k$ 的秩 1 修正来说，交换 $\boldsymbol{y}_k \leftrightarrow \boldsymbol{s}_k$ 与 $\boldsymbol{G}_{k+1} \leftrightarrow \boldsymbol{B}_{k+1}$，可得

$$\boldsymbol{B}_{k+1} = \boldsymbol{B}_k + \frac{(\boldsymbol{y}_k - \boldsymbol{s}_k\boldsymbol{B}_k)^{\mathrm{T}}(\boldsymbol{y}_k - \boldsymbol{s}_k\boldsymbol{B}_k)}{\boldsymbol{s}_k(\boldsymbol{y}_k - \boldsymbol{s}_k\boldsymbol{B}_k)^{\mathrm{T}}}. \tag{8-52}$$

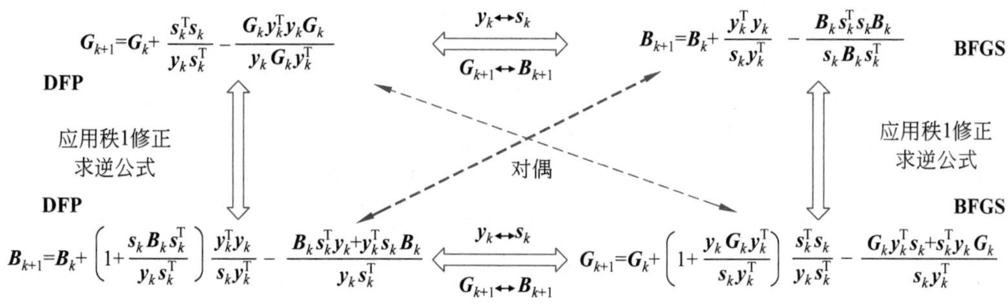

图 8-1　DFP 与 BFGS 的对偶关系

再对式(8-52)应用求解秩 1 修正逆的 Sherman-Morrison 公式(8-40)，化简后结果与式(8-27)结果相同。也就是说，秩 1 修正是自对偶的。

8.7　共轭梯度法

不难发现，拟牛顿法解决了二阶偏导数构成的 Hessian 矩阵的计算与求逆问题。但是当自变量维度较大时，近似矩阵需要较大的存储空间，且仍然存在的矩阵乘法计算量依旧不小。另一方面，最速下降法不保证每次迭代中选择的最佳方向在之后的迭代过程中不再出现。因此，其存在收敛速度慢，候选解迭代路径存在锯齿现象等问题。共轭梯度法避免了牛顿法需要存储和计算 Hessian 矩阵并求逆的缺点，同时克服了最速下降法收敛慢的缺点。共轭梯度法实际上是一种共轭方向法，即搜索方向互相共轭。实际上，共轭梯度法搜索方向是负梯度方向与上一次迭代搜索方向的线性组合。其核心思想可概括为每次迭代必将在所选方向上前进到“极致”，也就是说，后续迭代过程中不会再出现与之相关的方向。从而很好地避免了最速降法中迭代路径中存在的锯齿现象。

8.7.1　共轭向量与共轭方向

如前文所述，共轭梯度法是一种共轭方向法。因此有必要给出方向共轭的定义。形式化地，若非零行向量 $\boldsymbol{u}$ 与 $\boldsymbol{v}$ 相对于矩阵 $\boldsymbol{H}$ 满足

$$\boldsymbol{uHv}^{\mathrm{T}}=0 \tag{8-53}$$

则称向量 $\boldsymbol{u}$ 与 $\boldsymbol{v}$ 关于矩阵 $\boldsymbol{H}$ 共轭，或称 $\boldsymbol{u}$ 与 $\boldsymbol{v}$ 是关于矩阵 $\boldsymbol{H}$ 的共轭方向(向量)。不难理解，向量 $\boldsymbol{u}$ 与 $\boldsymbol{v}$ 关于矩阵 $\boldsymbol{H}$ 共轭等价于向量 $\boldsymbol{v}$ 经矩阵 $\boldsymbol{H}$ 线性变换后，与向量 $\boldsymbol{u}$ 正交。反之，若 $\boldsymbol{H}$ 是单位阵，则共轭向量相互正交。也就是说，共轭是正交概念的推广。有必要指出的是，关于矩阵 $\boldsymbol{H}$ 共轭，又简称作 $\boldsymbol{H}$-共轭。

进一步地，若矩阵 $\boldsymbol{H}$ 为对称正定阵，则可定义式(8-53)左侧为向量 $\boldsymbol{u}$ 与 $\boldsymbol{v}$ 相对于矩阵 $\boldsymbol{H}$ 的内积，记作 $\langle \boldsymbol{u},\boldsymbol{v}\rangle_{\boldsymbol{H}}=\boldsymbol{uHv}^{\mathrm{T}}=\langle \boldsymbol{uH},\boldsymbol{v}\rangle$。可验证，以上定义的内积仍满足向量内积的交换律、双线性、正定性。这是因为

$$\langle \boldsymbol{v},\boldsymbol{u}\rangle_{\boldsymbol{H}}=\langle \boldsymbol{vH},\boldsymbol{u}\rangle=\boldsymbol{vHu}^{\mathrm{T}}=\boldsymbol{vH}^{\mathrm{T}}\boldsymbol{u}^{\mathrm{T}}=\langle \boldsymbol{v},\boldsymbol{uH}\rangle \tag{8-54}$$

$$\langle k\boldsymbol{u}+l\boldsymbol{w},\boldsymbol{v}\rangle_{\boldsymbol{H}}=(k\boldsymbol{u}+l\boldsymbol{w})\boldsymbol{Hv}^{\mathrm{T}}=k\langle \boldsymbol{u},\boldsymbol{v}\rangle_{\boldsymbol{H}}+l\langle \boldsymbol{w},\boldsymbol{v}\rangle_{\boldsymbol{H}} \tag{8-55}$$

$$<\boldsymbol{u},\boldsymbol{u}>_{\boldsymbol{H}}=\boldsymbol{u}\boldsymbol{H}\boldsymbol{u}^{\mathrm{T}}\geqslant 0. \tag{8-56}$$

注

有了以上向量相对于矩阵的内积定义，可以进一步定义向量距离、夹角、正交性等概念。这也是前文定义的共轭是正交概念推广的原因。但是，有必要强调的是，由式(8-54)与式(8-56)可见，矩阵的对称正定性是上述概念成立的前提。实际上，第2章8中给出的马氏距离即是建立在以上向量相对于矩阵的内积定义基础之上的。感兴趣的读者可回顾马氏距离相关知识点。

若有 n 维空间中的一组非零行向量 $\boldsymbol{d}_0,\boldsymbol{d}_1,\cdots,\boldsymbol{d}_K$，若它们两两关于 $n\times n$ 对称正定阵 $\boldsymbol{H}$ 共轭，则称 $\boldsymbol{d}_1,\boldsymbol{d}_2,\cdots,\boldsymbol{d}_K$ 是关于矩阵 $\boldsymbol{H}$ 的一组共轭向量，其对应构成关于矩阵 $\boldsymbol{H}$ 的一组共轭方向，其中，$K<n$。实际上，$\boldsymbol{d}_0,\boldsymbol{d}_1,\cdots,\boldsymbol{d}_K$ 构成一个线性无关向量组。这是因为，假设其线性相关，且 $\boldsymbol{d}_i$ 可用其余向量线性表示，即存在非全为零的实数 λ_k，使得 $\boldsymbol{d}_i=\sum\limits_{k=0,k\neq i}^{K}\lambda_k\boldsymbol{d}_k$，其中，$i=0,1,\cdots,K$。此时，对于任意的 $j\in\{0,1,\cdots,K\}\&j\neq i$，恒有 $\boldsymbol{d}_i\boldsymbol{H}\boldsymbol{d}_j^{\mathrm{T}}=\sum\limits_{k=0,k\neq i}^{K}\lambda_k\boldsymbol{d}_k\boldsymbol{H}\boldsymbol{d}_j^{\mathrm{T}}=\lambda_j\boldsymbol{d}_j\boldsymbol{H}\boldsymbol{d}_j^{\mathrm{T}}=0$。又因为矩阵 $\boldsymbol{H}$ 为对称正定阵，且 $\boldsymbol{d}_j\neq\boldsymbol{0}$，所以 $\lambda_j=0$。显然，这与 λ_k 非全为零相矛盾。

另一方面，由正定对称矩阵的Cholesky分解可得，若矩阵 $\boldsymbol{H}$ 对称正定，则存在对称矩阵 $\boldsymbol{L}$，满足 $\boldsymbol{H}=\boldsymbol{L}\boldsymbol{L}^{\mathrm{T}}$。也就是说，若 $\boldsymbol{d}_0,\boldsymbol{d}_1,\cdots,\boldsymbol{d}_K$ 是关于矩阵 $\boldsymbol{H}$ 的一组共轭线性无关向量，即对于任意的 $i,j\in\{0,1,\cdots,K\}$ 且 $i\neq j$，恒有 $\boldsymbol{d}_i\boldsymbol{H}\boldsymbol{d}_j^{\mathrm{T}}=\boldsymbol{d}_i\boldsymbol{L}\boldsymbol{L}^{\mathrm{T}}\boldsymbol{d}_j^{\mathrm{T}}=\boldsymbol{d}_iL(\boldsymbol{d}_j\boldsymbol{L})^{\mathrm{T}}=<\boldsymbol{d}_i\boldsymbol{L},\boldsymbol{d}_j\boldsymbol{L}>=0$，也即，$\boldsymbol{d}_i\boldsymbol{L}$ 与 $\boldsymbol{d}_j\boldsymbol{L}$ 正交。显然，若 $K=n-1$，则 $\boldsymbol{d}_i\boldsymbol{L}$ 构成共轭向量空间的一组正交基。不难发现，此时 $\boldsymbol{d}_0,\boldsymbol{d}_1,\cdots,\boldsymbol{d}_{n-1}$ 构成一个极大线性无关向量组，其也是对应 n 维向量空间的一组基。

8.7.2 共轭方向法

如前文8.4.1节所述，对于任意多元目标函数 $f(\boldsymbol{\theta})$ 来说，当 $\|\Delta\boldsymbol{\theta}\|$ 很小，且高阶余项可忽略不计的情况下，$f(\boldsymbol{\theta})$ 的二阶泰勒展开式近似式如式(8-9)所示。不难理解，对于任意参数取值 $\boldsymbol{\theta}_0$ 来说，式(8-9)右侧等价于以 $\boldsymbol{\theta}$ 为自变量的二次函数，记作

$$F(\boldsymbol{\theta})=f(\boldsymbol{\theta}_0)+\nabla f(\boldsymbol{\theta}_0)(\boldsymbol{\theta}-\boldsymbol{\theta}_0)^{\mathrm{T}}+\frac{1}{2}(\boldsymbol{\theta}-\boldsymbol{\theta}_0)\boldsymbol{H}_f(\boldsymbol{\theta}_0)(\boldsymbol{\theta}-\boldsymbol{\theta}_0)^{\mathrm{T}} \tag{8-57}$$

式(8-57)可进一步简化为

$$F(\boldsymbol{\theta})=\frac{1}{2}\boldsymbol{\theta}\boldsymbol{H}\boldsymbol{\theta}^{\mathrm{T}}+\boldsymbol{\theta}\boldsymbol{b}^{\mathrm{T}}+c \tag{8-58}$$

其中，

$$\boldsymbol{H}=\boldsymbol{H}_f(\boldsymbol{\theta}_0) \tag{8-59}$$

$$\boldsymbol{b}=\nabla f(\boldsymbol{\theta}_0)-\boldsymbol{\theta}_0\boldsymbol{H}_f(\boldsymbol{\theta}_0) \tag{8-60}$$

$$c=-\nabla f(\boldsymbol{\theta}_0)\boldsymbol{\theta}_0^{\mathrm{T}}+f(\boldsymbol{\theta}_0)+\frac{1}{2}\boldsymbol{\theta}_0\boldsymbol{H}_f(\boldsymbol{\theta}_0)\boldsymbol{\theta}_0^{\mathrm{T}} \tag{8-61}$$

由前文可知,式(8-57)定义的泰勒展开式是在指定点 $\boldsymbol{\theta}_0$ 处对原目标函数 $f(\boldsymbol{\theta})$的近似,为使得局部最小值存在且唯一,有理由保证 $\boldsymbol{H}=\boldsymbol{H}_f(\boldsymbol{\theta}_0)$为正定对称阵。也就是说,原函数 $f(\boldsymbol{\theta})$的最小化问题,转换为给定点 $\boldsymbol{\theta}_0$ 附近的二次函数 $F(\boldsymbol{\theta})$最优化问题,如图 8-2(a)所示。

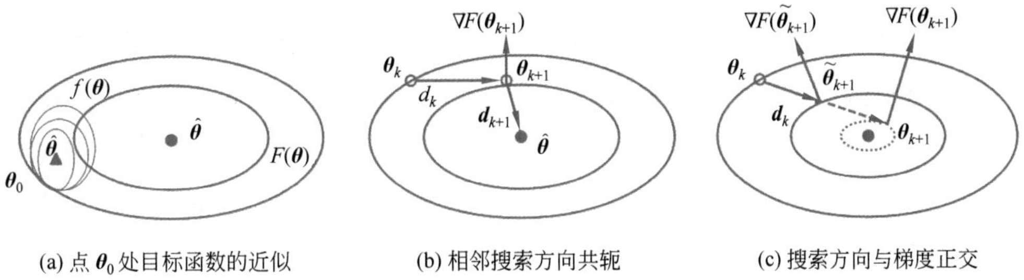

图 8-2　共轭梯度法基本原理示意图

设参数向量 $\boldsymbol{\theta}$ 长度为 n,共轭向量 $\boldsymbol{d}_0,\boldsymbol{d}_1,\cdots,\boldsymbol{d}_{n-1}$ 构成该 n 维空间 R^n 的一个极大线性无关组,则相对于给定的初始参数向量 $\boldsymbol{\theta}_0$ 来说,二次函数 $F(\boldsymbol{\theta})$的最优解 $\hat{\boldsymbol{\theta}}$ 与其向量差仍属于该 n 维空间 R^n。也就是说,存在常数 $\alpha_0,\alpha_1,\cdots,\alpha_{n-1}$,使得

$$\hat{\boldsymbol{\theta}}-\boldsymbol{\theta}_0=\alpha_0\boldsymbol{d}_0+\alpha_1\boldsymbol{d}_1+\cdots+\alpha_{n-1}\boldsymbol{d}_{n-1} \tag{8-62}$$

恒成立。式(8-62)两端同乘 $\boldsymbol{H}\boldsymbol{d}_k^{\mathrm{T}}$,其中 $k\in\{0,1,\cdots,n-1\}$,得

$$(\hat{\boldsymbol{\theta}}-\boldsymbol{\theta}_0)\boldsymbol{H}\boldsymbol{d}_k^{\mathrm{T}}=\alpha_k\boldsymbol{d}_k\boldsymbol{H}\boldsymbol{d}_k^{\mathrm{T}}+\sum_{i=0,i\neq k}^{n-1}\alpha_i\boldsymbol{d}_i\boldsymbol{H}\boldsymbol{d}_k^{\mathrm{T}} \tag{8-63}$$

考虑向量共轭,式(8-63)右端第二项为 0,解得

$$\alpha_k=\frac{(\hat{\boldsymbol{\theta}}-\boldsymbol{\theta}_0)\boldsymbol{H}\boldsymbol{d}_k^{\mathrm{T}}}{\boldsymbol{d}_k\boldsymbol{H}\boldsymbol{d}_k^{\mathrm{T}}} \tag{8-64}$$

令共轭向量 $\boldsymbol{d}_0,\boldsymbol{d}_1,\cdots,\boldsymbol{d}_{n-1}$ 为搜索方向,由 8.3.2 节下降迭代法定义可得

$$\boldsymbol{\theta}_1=\boldsymbol{\theta}_0+\eta_0\boldsymbol{d}_0 \tag{8-65}$$

$$\boldsymbol{\theta}_2=\boldsymbol{\theta}_1+\eta_1\boldsymbol{d}_1=\boldsymbol{\theta}_0+\eta_0\boldsymbol{d}_0+\eta_1\boldsymbol{d}_1 \tag{8-66}$$

以此递推,可得

$$\boldsymbol{\theta}_k=\boldsymbol{\theta}_0+\eta_0\boldsymbol{d}_0+\cdots+\eta_{k-1}\boldsymbol{d}_{k-1} \tag{8-67}$$

即 $\boldsymbol{\theta}_k-\boldsymbol{\theta}_0=\eta_0\boldsymbol{d}_0+\cdots+\eta_{k-1}\boldsymbol{d}_{k-1}$。其中,$k=1,2,\cdots,n$。又因为

$$\hat{\boldsymbol{\theta}}-\boldsymbol{\theta}_0=(\hat{\boldsymbol{\theta}}-\boldsymbol{\theta}_k)+(\boldsymbol{\theta}_k-\boldsymbol{\theta}_0) \tag{8-68}$$

式(8-68)两端同乘以 $\boldsymbol{H}\boldsymbol{d}_k^{\mathrm{T}}$,得

$$\begin{aligned}(\hat{\boldsymbol{\theta}}-\boldsymbol{\theta}_0)\boldsymbol{H}\boldsymbol{d}_k^{\mathrm{T}}&=(\hat{\boldsymbol{\theta}}-\boldsymbol{\theta}_k)\boldsymbol{H}\boldsymbol{d}_k^{\mathrm{T}}+(\boldsymbol{\theta}_k-\boldsymbol{\theta}_0)\boldsymbol{H}\boldsymbol{d}_k^{\mathrm{T}}\\&=(\hat{\boldsymbol{\theta}}-\boldsymbol{\theta}_k)\boldsymbol{H}\boldsymbol{d}_k^{\mathrm{T}}\\&=(\hat{\boldsymbol{\theta}}\boldsymbol{H}+\boldsymbol{b})\boldsymbol{d}_k^{\mathrm{T}}-(\boldsymbol{\theta}_k\boldsymbol{H}+\boldsymbol{b})\boldsymbol{d}_k^{\mathrm{T}}\end{aligned} \tag{8-69}$$

式(8-58)两端对 $\boldsymbol{\theta}$ 求梯度,得

$$\nabla_{\boldsymbol{\theta}}F(\boldsymbol{\theta})=\boldsymbol{\theta}\boldsymbol{H}+\boldsymbol{b} \tag{8-70}$$

不难理解,$\hat{\boldsymbol{\theta}}$ 处 $\nabla F(\hat{\boldsymbol{\theta}})=\hat{\boldsymbol{\theta}}\boldsymbol{H}+\boldsymbol{b}=\boldsymbol{o}$。代入式(8-69),并令 $\boldsymbol{g}_k=\nabla_{\boldsymbol{\theta}}F(\boldsymbol{\theta}_k)=\boldsymbol{\theta}_k\boldsymbol{H}+\boldsymbol{b}$,

则式(8-69)可改写为

$$(\widehat{\boldsymbol{\theta}}-\boldsymbol{\theta}_0)\boldsymbol{H}\boldsymbol{d}_k^{\mathrm{T}}=-\boldsymbol{g}_k\boldsymbol{d}_k^{\mathrm{T}}=-\boldsymbol{d}_k\boldsymbol{g}_k^{\mathrm{T}} \tag{8-71}$$

结合式(8-63),得

$$\alpha_k=-\frac{\boldsymbol{g}_k\boldsymbol{d}_k^{\mathrm{T}}}{\boldsymbol{d}_k\boldsymbol{H}\boldsymbol{d}_k^{\mathrm{T}}} \tag{8-72}$$

不难发现,式(8-67)中的学习率常数在由式(8-68)到式(8-69)的推导过程中消去。为简便且保持一致性,不妨令 $\eta_k=\alpha_k$。进一步地,若 $k=n$,则式(8-67)与式(8-62)相同,也就是说 $\widehat{\boldsymbol{\theta}}=\boldsymbol{\theta}_n$。这说明,对于 n 元二次目标函数 $F(\boldsymbol{\theta})$ 来说,共轭方向法最多需要 n 步即收敛到最优解 $\widehat{\boldsymbol{\theta}}$。

> 注
> 有必要指出的是,$F(\boldsymbol{\theta})$ 为 $f(\boldsymbol{\theta})$ 的二次近似;若函数 $f(\boldsymbol{\theta})$ 阶数更高,则以本轮迭代结果作为新的初始参数,继续新一轮迭代,直到函数 $f(\boldsymbol{\theta})$ 取值基本稳定为止。

8.7.3 共轭方向与梯度的正交关系

由以上分析可得,给定初始参数向量 $\boldsymbol{\theta}_0$ 与初始搜索方向 $\boldsymbol{d}_0$,则

$$\boldsymbol{\theta}_1=\boldsymbol{\theta}_0+\left(-\frac{\boldsymbol{g}_0\boldsymbol{d}_0^{\mathrm{T}}}{\boldsymbol{d}_0\boldsymbol{H}\boldsymbol{d}_0^{\mathrm{T}}}\right)\boldsymbol{d}_0 \tag{8-73}$$

此时,

$$\begin{aligned}\boldsymbol{g}_1\boldsymbol{d}_0^{\mathrm{T}}&=(\boldsymbol{\theta}_1\boldsymbol{H}+\boldsymbol{b})\boldsymbol{d}_0^{\mathrm{T}}\\&=\boldsymbol{\theta}_0\boldsymbol{H}\boldsymbol{d}_0^{\mathrm{T}}-\left(\frac{\boldsymbol{g}_0\boldsymbol{d}_0^{\mathrm{T}}}{\boldsymbol{d}_0\boldsymbol{H}\boldsymbol{d}_0^{\mathrm{T}}}\right)\boldsymbol{d}_0\boldsymbol{H}\boldsymbol{d}_0^{\mathrm{T}}+\boldsymbol{b}\boldsymbol{d}_0^{\mathrm{T}}\\&=(\boldsymbol{\theta}_0\boldsymbol{H}+\boldsymbol{b})\boldsymbol{d}_0^{\mathrm{T}}-\boldsymbol{g}_0\boldsymbol{d}_0^{\mathrm{T}}\\&=\boldsymbol{g}_0\boldsymbol{d}_0^{\mathrm{T}}-\boldsymbol{g}_0\boldsymbol{d}_0^{\mathrm{T}}\\&=0\end{aligned} \tag{8-74}$$

这意味着,步长

$$\eta_0=\arg\min_{\eta}F(\boldsymbol{\theta}_0+\eta\boldsymbol{d}_0) \tag{8-75}$$

是沿 $\boldsymbol{d}_0$ 方向搜索得到 $\boldsymbol{\theta}_1$ 的最优步长。这是因为,

$$\frac{\mathrm{d}F(\boldsymbol{\theta}_0+\eta\boldsymbol{d}_0)}{\mathrm{d}\eta}=\nabla_{\boldsymbol{\theta}}F(\boldsymbol{\theta}_0+\eta\boldsymbol{d}_0)\boldsymbol{d}_0^{\mathrm{T}} \tag{8-76}$$

将 η_0 代入式(8-76),得

$$\frac{\mathrm{d}F(\boldsymbol{\theta}_0+\eta\boldsymbol{d}_0)}{\mathrm{d}\eta}(\eta_0)=\boldsymbol{g}_1\boldsymbol{d}_0^{\mathrm{T}} \tag{8-77}$$

又由式(8-74)可得式(8-77)右端等于 0,也就是说,函数 $F(\boldsymbol{\theta}_0+\eta\boldsymbol{d}_0)$ 在 η_0 处取得极值,即

$$F(\boldsymbol{\theta}_1)=\min_{\eta}F(\boldsymbol{\theta}_0+\eta\boldsymbol{d}_0) \tag{8-78}$$

得证。类似地,将式(8-74)中位置向量 $\boldsymbol{\theta}_0$ 与搜索方向 $\boldsymbol{d}_0$ 替换为第 k 次迭代结果,则可得

$$\boldsymbol{g}_{k+1}\boldsymbol{d}_k^{\mathrm{T}}=0 \tag{8-79}$$

同样地，步长 η_k 是沿 $\boldsymbol{d}_k$ 方向搜索得到 $\boldsymbol{\theta}_{k+1}$ 的最优步长，即

$$\eta_k=\arg\min_{\eta} f(\boldsymbol{\theta}_k+\eta\boldsymbol{d}_k) \tag{8-80}$$

也就是说，

$$F(\boldsymbol{\theta}_{k+1})=\min_{\eta} F(\boldsymbol{\theta}_k+\eta\boldsymbol{d}_k) \tag{8-81}$$

以上结论的证明还可更直观，如图 8-2(b)所示，令当前搜索方向为 $\boldsymbol{d}_k$，当前最优学习率定义为 $\eta_k=\arg\min\limits_{\eta} F(\boldsymbol{\theta}_k+\eta\boldsymbol{d}_k)$，即以最优步长 η_k，沿 $\boldsymbol{d}_k$ 方向搜索得到 $\boldsymbol{\theta}_{k+1}$。也就是说，$F(\boldsymbol{\theta}_{k+1})=F(\boldsymbol{\theta}_k+\eta_k\boldsymbol{d}_k)$。令下一步搜索方向 $\boldsymbol{d}_{k+1}=\widehat{\boldsymbol{\theta}}-\boldsymbol{\theta}_{k+1}$，也就是说，局部最优解位置 $\widehat{\boldsymbol{\theta}}=\boldsymbol{\theta}_{k+1}+\eta_{k+1}\boldsymbol{d}_{k+1}$，代入式(8-70)得

$$\begin{aligned}\nabla_{\boldsymbol{\theta}}F(\widehat{\boldsymbol{\theta}})&=(\boldsymbol{\theta}_{k+1}+\eta_{k+1}\boldsymbol{d}_{k+1})\boldsymbol{H}+\boldsymbol{b}\\&=(\boldsymbol{\theta}_{k+1}\boldsymbol{H}+\boldsymbol{b})+\eta_{k+1}\boldsymbol{d}_{k+1}\boldsymbol{H}\\&=\nabla_{\boldsymbol{\theta}}F(\boldsymbol{\theta}_{k+1})+\eta_{k+1}\boldsymbol{d}_{k+1}\boldsymbol{H}\\&=\boldsymbol{g}_{k+1}+\eta_{k+1}\boldsymbol{d}_{k+1}\boldsymbol{H}\\&=0\end{aligned} \tag{8-82}$$

等式两端同乘以 $\boldsymbol{d}_k^{\mathrm{T}}$，得

$$\boldsymbol{g}_{k+1}\boldsymbol{d}_k^{\mathrm{T}}+\eta_{k+1}\boldsymbol{d}_{k+1}\boldsymbol{H}\boldsymbol{d}_k^{\mathrm{T}}=0. \tag{8-83}$$

又因为，$\boldsymbol{\theta}_{k+1}$ 是沿 $\boldsymbol{d}_k$ 方向以最优步长搜索得到，所以 $\boldsymbol{g}_{k+1}\boldsymbol{d}_k^{\mathrm{T}}=0$。也即，搜索方向与 $F(\boldsymbol{\theta})$ 梯度方向正交，是其等值线切线方向。这是因为，如图 8-2(c)所示，若二者不正交，则沿 $\boldsymbol{d}_k$ 方向的步长不是最优，仍存在更大或更小的步长，使得 $F(\boldsymbol{\theta})$ 取得更小值。不难理解，除非 $\boldsymbol{\theta}_{k+1}$ 为最优解，否则 $\eta_{k+1}\neq 0$。实际上，由于近似估计精度问题，$\eta_{k+1}\neq 0$ 恒成立。也就是说，式(8-83)可化简为 $\boldsymbol{d}_{k+1}\boldsymbol{H}\boldsymbol{d}_k^{\mathrm{T}}=0$。显然，方向向量 $\boldsymbol{d}_k$ 与 $\boldsymbol{d}_{k+1}$ 关于矩阵 $\boldsymbol{H}$ 共轭。

以上已证明，迭代过程中搜索方向与其紧邻梯度的正交性。实际上，给定迭代次数 k，

$$\boldsymbol{g}_{k+1}\boldsymbol{d}_i^{\mathrm{T}}=0 \tag{8-84}$$

恒成立，其中，$i\in\{0,1,\cdots,k\}$，$k\in\{0,1,\cdots,n-1\}$。这是因为，由式(8-67)可得

$$\eta_k\boldsymbol{d}_k\boldsymbol{H}=(\boldsymbol{\theta}_{k+1}-\boldsymbol{\theta}_k)\boldsymbol{H}=(\boldsymbol{\theta}_{k+1}\boldsymbol{H}+b)-(\boldsymbol{\theta}_k\boldsymbol{H}+b)=\boldsymbol{g}_{k+1}-\boldsymbol{g}_k \tag{8-85}$$

也就是说，

$$\boldsymbol{g}_{k+1}=\boldsymbol{g}_k+\eta_k\boldsymbol{d}_k\boldsymbol{H} \tag{8-86}$$

有必要指出的是，当 $k=0$ 时，式(8-74)已证 $\boldsymbol{g}_1\boldsymbol{d}_0^{\mathrm{T}}=0$。现假设 $\boldsymbol{g}_k\boldsymbol{d}_i^{\mathrm{T}}=0$，对于 $i\in\{0,1,\cdots,k-1\}$ 恒成立。式(8-86)两边同乘以 $\boldsymbol{d}_i^{\mathrm{T}}$，得

$$\boldsymbol{g}_{k+1}\boldsymbol{d}_i^{\mathrm{T}}=\boldsymbol{g}_k\boldsymbol{d}_i^{\mathrm{T}}+\eta_k\boldsymbol{d}_k\boldsymbol{H}\boldsymbol{d}_i^{\mathrm{T}} \tag{8-87}$$

显然，由假设可得式(8-87)右端第一项恒为 0。又因为 $i\neq k$ 且 $\boldsymbol{d}_k$ 与 $\boldsymbol{d}_i$ 为关于 $\boldsymbol{H}$ 的共轭向量，所以式(8-87)右端第二项也恒为 0。因此，当 $i\in\{0,1,\cdots,k-1\}$ 时，$\boldsymbol{g}_{k+1}\boldsymbol{d}_i^{\mathrm{T}}=0$。若 $i=k$，则由式(8-79)可得 $\boldsymbol{g}_{k+1}\boldsymbol{d}_i^{\mathrm{T}}=0$。综上，式(8-84)得证。

实际上，式(8-84)表明，$\boldsymbol{g}_{k+1}$ 与 $\{\boldsymbol{d}_0,\boldsymbol{d}_2,\cdots,\boldsymbol{d}_k\}$ 张成的子空间内的任意向量正交。此

时，可以证明，$F(\boldsymbol{\theta}_{k+1})$ 是线性流形 $\boldsymbol{\theta}_0+\sum_{i=0}^{k}\nu_i\boldsymbol{d}_i$ 内的极小值点。也就是说，

$$F(\boldsymbol{\theta}_{k+1})=\min_{\nu_0,\nu_1,\cdots,\nu_k}F\left(\boldsymbol{\theta}_0+\sum_{i=0}^{k}\nu_i\boldsymbol{d}_i\right) \tag{8-88}$$

$$[\eta_0,\eta_1,\cdots,\eta_k]=\arg\min_{\nu_0,\nu_1,\cdots,\nu_k}F\left(\boldsymbol{\theta}_0+\sum_{i=0}^{k}\nu_i\boldsymbol{d}_i\right) \tag{8-89}$$

若定义 $V_k=\boldsymbol{\theta}_0+\mathrm{span}\{\boldsymbol{d}_0,\boldsymbol{d}_2,\cdots,\boldsymbol{d}_k\}$，式(8-88)可改写为 $F(\boldsymbol{\theta}_{k+1})=\min\limits_{\boldsymbol{\theta}\in V_k}F(\boldsymbol{\theta})$。其中，$\mathrm{span}\{\boldsymbol{d}_0,\boldsymbol{d}_2,\cdots,\boldsymbol{d}_k\}$ 为 $\{\boldsymbol{d}_0,\boldsymbol{d}_2,\cdots,\boldsymbol{d}_k\}$ 张成的待解参数 $\boldsymbol{\theta}$ 所有可能取值构成空间的子空间。为证明以上结论，不妨令 $\boldsymbol{D}_k=[\boldsymbol{d}_0^{\mathrm{T}},\boldsymbol{d}_1^{\mathrm{T}},\cdots,\boldsymbol{d}_k^{\mathrm{T}}]^{\mathrm{T}}$，则

$$\boldsymbol{\theta}_{k+1}=\boldsymbol{\theta}_0+\sum_{i=0}^{k}\eta_i\boldsymbol{d}_i=\boldsymbol{\theta}_0+\boldsymbol{\eta}\boldsymbol{D}_k \tag{8-90}$$

其中，$\boldsymbol{\eta}=[\eta_1,\eta_2,\cdots,\eta_k]$。显然，$\boldsymbol{\theta}_{k+1}=\boldsymbol{\theta}_0+\boldsymbol{\eta}\boldsymbol{D}_k\in V_k$。

不难理解，若 $\boldsymbol{\theta}\in V_k$，则必然存在 $\boldsymbol{v}=[\nu_1,\nu_2,\cdots,\nu_k]$，使得 $\boldsymbol{\theta}=\boldsymbol{\theta}_0+\boldsymbol{v}\boldsymbol{D}_k$。代入式(8-58)可得

$$\begin{aligned}F(\boldsymbol{\theta})&=\frac{1}{2}\boldsymbol{\theta}\boldsymbol{H}\boldsymbol{\theta}^{\mathrm{T}}+\boldsymbol{\theta}\boldsymbol{b}^{\mathrm{T}}+c\\&=\frac{1}{2}(\boldsymbol{\theta}_0+\boldsymbol{v}\boldsymbol{D}_k)\boldsymbol{H}(\boldsymbol{\theta}_0+\boldsymbol{v}\boldsymbol{D}_k)^{\mathrm{T}}+(\boldsymbol{\theta}_0+\boldsymbol{v}\boldsymbol{D}_k)\boldsymbol{b}^{\mathrm{T}}+c\\&=\frac{1}{2}(\boldsymbol{\theta}_0\boldsymbol{H}\boldsymbol{\theta}_0^{\mathrm{T}}+\boldsymbol{\theta}_0\boldsymbol{H}\boldsymbol{D}_k^{\mathrm{T}}\boldsymbol{v}^{\mathrm{T}}+\boldsymbol{v}\boldsymbol{D}_k\boldsymbol{H}\boldsymbol{\theta}_0^{\mathrm{T}}+\boldsymbol{v}\boldsymbol{D}_k\boldsymbol{H}\boldsymbol{D}_k^{\mathrm{T}}\boldsymbol{v}^{\mathrm{T}})+\boldsymbol{\theta}_0\boldsymbol{b}^{\mathrm{T}}+\boldsymbol{v}\boldsymbol{D}_k\boldsymbol{b}^{\mathrm{T}}+c\\&=\frac{1}{2}\boldsymbol{v}\boldsymbol{D}_k\boldsymbol{H}\boldsymbol{D}_k^{\mathrm{T}}\boldsymbol{v}^{\mathrm{T}}+\boldsymbol{v}\left(\frac{1}{2}\boldsymbol{D}_k\boldsymbol{H}^{\mathrm{T}}\boldsymbol{\theta}_0^{\mathrm{T}}+\frac{1}{2}\boldsymbol{D}_k\boldsymbol{H}\boldsymbol{\theta}_0^{\mathrm{T}}+\boldsymbol{D}_k\boldsymbol{b}^{\mathrm{T}}\right)+\frac{1}{2}\boldsymbol{\theta}_0\boldsymbol{H}\boldsymbol{\theta}_0^{\mathrm{T}}+\boldsymbol{\theta}_0\boldsymbol{b}^{\mathrm{T}}+c\end{aligned} \tag{8-91}$$

显然，式(8-91)是关于 $\boldsymbol{v}=[\nu_1,\nu_2,\cdots,\nu_k]$ 的二次型。另外，不难证明，若 $\boldsymbol{H}$ 为对称正定阵，则 $\boldsymbol{D}_k\boldsymbol{H}\boldsymbol{D}_k^{\mathrm{T}}$ 也为对称正定阵。也就是说，若 $\boldsymbol{H}$ 为对称正定阵，式(8-91)定义的二次型存在唯一极小值。为求得该值，令 $G(\boldsymbol{v})=F(\boldsymbol{\theta}_0+\boldsymbol{v}\boldsymbol{D}_k)$，两端对 $\boldsymbol{v}$ 求梯度得

$$\nabla_{\boldsymbol{v}}G(\boldsymbol{v})=\nabla_{\boldsymbol{\theta}}F(\boldsymbol{\theta}_0+\boldsymbol{v}\boldsymbol{D}_k)\boldsymbol{D}_k^{\mathrm{T}} \tag{8-92}$$

又由式(8-84)可得，当 $\boldsymbol{v}=\boldsymbol{\eta}$ 时，

$$\begin{aligned}\nabla_{\boldsymbol{\theta}}F(\boldsymbol{\theta}_0+\boldsymbol{v}\boldsymbol{D}_k)\boldsymbol{D}_k^{\mathrm{T}}&=\nabla_{\boldsymbol{\theta}}F(\boldsymbol{\theta}_0+\boldsymbol{\eta}\boldsymbol{D}_k)\boldsymbol{D}_k^{\mathrm{T}}\\&=\nabla_{\boldsymbol{\theta}}F(\boldsymbol{\theta}_{k+1})\boldsymbol{D}_k^{\mathrm{T}}\\&=\boldsymbol{g}_{k+1}[\boldsymbol{d}_0^{\mathrm{T}},\boldsymbol{d}_1^{\mathrm{T}},\cdots,\boldsymbol{d}_k^{\mathrm{T}}]\\&=\boldsymbol{0}\end{aligned} \tag{8-93}$$

也就是说，$\boldsymbol{v}=\boldsymbol{\eta}$ 是最优解，即

$$\boldsymbol{F}(\boldsymbol{\theta}_{k+1})=F(\boldsymbol{\theta}_0+\boldsymbol{\eta}\boldsymbol{D}_k)=\min_{\boldsymbol{v}}F(\boldsymbol{\theta}_0+\boldsymbol{v}\boldsymbol{D}_k)=\min_{\boldsymbol{\theta}\in V_k}F(\boldsymbol{\theta}) \tag{8-94}$$

8.7.4 基于梯度的共轭方向生成

显然，共轭方向法需要确定一组共轭的搜索方向。幸运的是，我们无须预先求得所有共轭方向，而是可以在迭代过程中实时计算下一个共轭方向。将搜索方向定义为已知方向与当前梯度的线性和的共轭梯度法是这一方法的典型代表。给定初始位置 $\boldsymbol{\theta}_0$ 后，初始

方向定义为 $\boldsymbol{d}_0=-\boldsymbol{g}_0$。更新位置变量 $\boldsymbol{\theta}_1=\boldsymbol{\theta}_0+\eta_0\boldsymbol{d}_0$，其中，

$$\eta_0=\arg\min_{\eta}F(\boldsymbol{\theta}_0+\eta\boldsymbol{d}_0)=-\frac{\boldsymbol{g}_0\boldsymbol{d}_0^{\mathrm{T}}}{\boldsymbol{d}_0\boldsymbol{H}\boldsymbol{d}_0^{\mathrm{T}}} \tag{8-95}$$

搜索方向 $\boldsymbol{d}_1$ 定义为 $\boldsymbol{d}_0$ 与 $\boldsymbol{g}_1$ 的线性组合，即 $\boldsymbol{d}_1=-\boldsymbol{g}_1+\beta_0\boldsymbol{d}_0$。更一般地，

$$\boldsymbol{d}_{k+1}=-\boldsymbol{g}_{k+1}+\beta_k\boldsymbol{d}_k \tag{8-96}$$

其中，$k\in\{0,1,2,\cdots,n-1\}$。

不难发现，

$$\boldsymbol{d}_0\boldsymbol{H}\boldsymbol{d}_1^{\mathrm{T}}=\boldsymbol{d}_0\boldsymbol{H}(-\boldsymbol{g}_1+\beta_0\boldsymbol{d}_0)^{\mathrm{T}} \tag{8-97}$$

显然，若令

$$\beta_0=\frac{\boldsymbol{d}_0\boldsymbol{H}\boldsymbol{g}_1^{\mathrm{T}}}{\boldsymbol{d}_0\boldsymbol{H}\boldsymbol{d}_0^{\mathrm{T}}}. \tag{8-98}$$

则 $\boldsymbol{d}_0\boldsymbol{H}\boldsymbol{d}_1^{\mathrm{T}}=0$。此时，搜索方向 $\boldsymbol{d}_1$ 与 $\boldsymbol{d}_0$ 是 $\boldsymbol{H}$-共轭的。实际上，若令

$$\beta_k=\frac{\boldsymbol{d}_k\boldsymbol{H}\boldsymbol{g}_{k+1}^{\mathrm{T}}}{\boldsymbol{d}_k\boldsymbol{H}\boldsymbol{d}_k^{\mathrm{T}}}=\frac{\boldsymbol{g}_{k+1}\boldsymbol{H}\boldsymbol{d}_k^{\mathrm{T}}}{\boldsymbol{d}_k\boldsymbol{H}\boldsymbol{d}_k^{\mathrm{T}}} \tag{8-99}$$

则搜索方向 $\boldsymbol{d}_0,\boldsymbol{d}_1,\cdots,\boldsymbol{d}_{k+1}$ 是 $\boldsymbol{H}$-共轭的。此时，位置变量更新为 $\boldsymbol{\theta}_{k+1}=\boldsymbol{\theta}_k+\eta_k\boldsymbol{d}_k$，其中，

$$\eta_k=\arg\min_{\eta}F(\boldsymbol{\theta}_k+\eta\boldsymbol{d}_k)=-\frac{\boldsymbol{g}_k\boldsymbol{d}_k^{\mathrm{T}}}{\boldsymbol{d}_k\boldsymbol{H}\boldsymbol{d}_k^{\mathrm{T}}} \tag{8-100}$$

注

式(8-99)中第二个等号成立是因为 H 为对称阵。所以，$\boldsymbol{d}_k\boldsymbol{H}\boldsymbol{g}_{k+1}^{\mathrm{T}}=\langle\boldsymbol{d}_k,(\boldsymbol{H}\boldsymbol{g}_{k+1}^{\mathrm{T}})^{\mathrm{T}}\rangle=\langle\boldsymbol{d}_k,\boldsymbol{g}_{k+1}\boldsymbol{H}\rangle=\boldsymbol{g}_{k+1}\boldsymbol{H}\boldsymbol{d}_k^{\mathrm{T}}$。

显然，前文式(8-97)与式(8-98)已证式(8-96)与式(8-98)定义的搜索方向 $\boldsymbol{d}_1$ 与 $\boldsymbol{d}_0$ 是 $\boldsymbol{H}$-共轭的。下面采用数学归纳法证明，若搜索方向 $\boldsymbol{d}_0,\boldsymbol{d}_1,\cdots,\boldsymbol{d}_k$ 是 $\boldsymbol{H}$-共轭的，则式(8-96)与式(8-98)定义的搜索方向 $\boldsymbol{d}_{k+1}$ 与 $\boldsymbol{d}_0,\boldsymbol{d}_1,\cdots,\boldsymbol{d}_k$ 也是 $\boldsymbol{H}$-共轭的。若令 $j\in\{1,2,\cdots,k\}$，由式(8-96)可得

$$\boldsymbol{d}_j=-\boldsymbol{g}_j+\beta_{j-1}\boldsymbol{d}_{j-1} \tag{8-101}$$

考虑式(8-84)给出的梯度与搜索方向的正交关系，得

$$\boldsymbol{g}_{k+1}\boldsymbol{d}_j^{\mathrm{T}}=-\boldsymbol{g}_{k+1}\boldsymbol{g}_j^{\mathrm{T}}+\beta_{j-1}\boldsymbol{g}_{k+1}\boldsymbol{d}_{j-1}^{\mathrm{T}}=0 \tag{8-102}$$

显然，由式(8-84)可得 $\beta_{j-1}\boldsymbol{g}_{k+1}\boldsymbol{d}_{j-1}^{\mathrm{T}}=0$。所以

$$\boldsymbol{g}_{k+1}\boldsymbol{g}_j^{\mathrm{T}}=0 \tag{8-103}$$

为证明搜索方向 $\boldsymbol{d}_{k+1}$ 与 $\boldsymbol{d}_0,\boldsymbol{d}_1,\cdots,\boldsymbol{d}_k$ 是否 $\boldsymbol{H}$-共轭，计算

$$\boldsymbol{d}_{k+1}\boldsymbol{H}\boldsymbol{d}_j^{\mathrm{T}}=(-\boldsymbol{g}_{k+1}+\beta_k\boldsymbol{d}_k)\boldsymbol{H}\boldsymbol{d}_j^{\mathrm{T}} \tag{8-104}$$

由假设可得，搜索方向 $\boldsymbol{d}_0,\boldsymbol{d}_1,\cdots,\boldsymbol{d}_k$ 是 $\boldsymbol{H}$-共轭的。也就是说，若 $j\in\{1,2,\cdots,k-1\}$，则式(8-104)第二项为 0，即

$$\boldsymbol{d}_{k+1}\boldsymbol{H}\boldsymbol{d}_j^{\mathrm{T}}=-\boldsymbol{g}_{k+1}\boldsymbol{H}\boldsymbol{d}_j^{\mathrm{T}} \tag{8-105}$$

又由式(8-70)与式(8-67)得

$$\boldsymbol{g}_{j+1}=\nabla_{\theta}\boldsymbol{F}(\boldsymbol{\theta}_{j+1})=\boldsymbol{\theta}_{j+1}\boldsymbol{H}+\boldsymbol{b}=(\boldsymbol{\theta}_j+\eta_j\boldsymbol{d}_j)\boldsymbol{H}+\boldsymbol{b}=\boldsymbol{g}_j+\eta_j\boldsymbol{d}_j\boldsymbol{H} \tag{8-106}$$

也就是说，

$$\boldsymbol{H}\boldsymbol{d}_j^{\mathrm{T}} = \frac{\boldsymbol{g}_{j+1}^{\mathrm{T}} - \boldsymbol{g}_j^{\mathrm{T}}}{\eta_j} \tag{8-107}$$

将式(8-107)代入式(8-105)得

$$\boldsymbol{d}_{k+1}\boldsymbol{H}\boldsymbol{d}_j^{\mathrm{T}} = -\boldsymbol{g}_{k+1}\boldsymbol{H}\boldsymbol{d}_j^{\mathrm{T}} = -\boldsymbol{g}_{k+1}\ \frac{\boldsymbol{g}_{j+1}^{\mathrm{T}} - \boldsymbol{g}_j^{\mathrm{T}}}{\eta_j} \tag{8-108}$$

又因为 $j \in \{1,2,\cdots,k-1\}$，所以，$j+1 \in \{2,3,\cdots,k\}$。结合式(8-103)得式(8-108)等于0，即 $\boldsymbol{d}_{k+1}\boldsymbol{H}\boldsymbol{d}_j^{\mathrm{T}}=0$。当 $j=k$ 时，

$$\boldsymbol{d}_{k+1}\boldsymbol{H}\boldsymbol{d}_k^{\mathrm{T}} = (-\boldsymbol{g}_{k+1} + \beta_k\boldsymbol{d}_k)\boldsymbol{H}\boldsymbol{d}_k^{\mathrm{T}} \tag{8-109}$$

将式(8-99)代入式(8-109)，得 $\boldsymbol{d}_{k+1}\boldsymbol{H}\boldsymbol{d}_k^{\mathrm{T}}=0$。

综上，若搜索方向 $\boldsymbol{d}_0,\boldsymbol{d}_1,\cdots,\boldsymbol{d}_k$ 是 $\boldsymbol{H}$-共轭的，则式(8-96)与式(8-98)定义的搜索方向 $\boldsymbol{d}_{k+1}$ 与 $\boldsymbol{d}_0,\boldsymbol{d}_1,\cdots,\boldsymbol{d}_k$ 也是 $\boldsymbol{H}$-共轭的，得证。

不难发现，对于任意多元目标函数 $f(\boldsymbol{\theta})$ 来说，二次函数 $F(\boldsymbol{\theta})$ 是其在任意参数取值 $\boldsymbol{\theta}_0$ 位置处的二阶泰勒近似。也就是说，因为 $F(\boldsymbol{\theta})$ 为二次函数，所以 Hessian 矩阵 $\boldsymbol{H}$ 为常数阵。此时，与牛顿法与拟牛顿法类似，迭代过程中 $\boldsymbol{H}$ 随着候选最优位置迭代更新。不难理解，生成共轭搜索方向与寻求最优步长是共轭梯度法的关系。由上文推导过程不难发现，共轭梯度法中式(8-99)给出的搜索方向的线性参数 β_k 以及式(8-100)给出的搜索方向的最优步长 η_k 计算式中均包含 Hessian 矩阵 $\boldsymbol{H}$。显然，后者可通过一维线性搜索寻求最优步长，从而避免 $\boldsymbol{H}$ 参与运算。与式(8-106)类似，

$$\boldsymbol{g}_{k+1} = \nabla_{\boldsymbol{\theta}}F(\boldsymbol{\theta}_{k+1}) = \boldsymbol{\theta}_{k+1}\boldsymbol{H} + \boldsymbol{b} = (\boldsymbol{\theta}_k + \eta_k\boldsymbol{d}_k)\boldsymbol{H} + \boldsymbol{b} = \boldsymbol{g}_k + \eta_k\boldsymbol{d}_k\boldsymbol{H} \tag{8-110}$$

也就是说，

$$\boldsymbol{H}\boldsymbol{d}_k^{\mathrm{T}} = \frac{\boldsymbol{g}_{k+1}^{\mathrm{T}} - \boldsymbol{g}_k^{\mathrm{T}}}{\eta_k} \tag{8-111}$$

将上式代入式(8-99)，得

$$\beta_k = \frac{\boldsymbol{g}_{k+1}(\boldsymbol{g}_{k+1}^{\mathrm{T}} - \boldsymbol{g}_k^{\mathrm{T}})}{\boldsymbol{d}_k(\boldsymbol{g}_{k+1}^{\mathrm{T}} - \boldsymbol{g}_k^{\mathrm{T}})} \tag{8-112}$$

其中，$k \in \{0,1,\cdots,n-1\}$。进一步地，将式(8-112)分母展开，并考虑 $\boldsymbol{g}_{k+1}\boldsymbol{d}_k^{\mathrm{T}}=0$，得

$$\beta_k = \frac{\boldsymbol{g}_{k+1}(\boldsymbol{g}_{k+1}^{\mathrm{T}} - \boldsymbol{g}_k^{\mathrm{T}})}{-\boldsymbol{d}_k\boldsymbol{g}_k^{\mathrm{T}}} \tag{8-113}$$

又由式(8-96)可得

$$\boldsymbol{d}_k = -\boldsymbol{g}_k + \beta_{k-1}\boldsymbol{d}_{k-1} \tag{8-114}$$

也就是说，考虑 $\boldsymbol{g}_k\boldsymbol{d}_{k-1}^{\mathrm{T}}=0$，得

$$\boldsymbol{d}_k\boldsymbol{g}_k^{\mathrm{T}} = -\boldsymbol{g}_k\boldsymbol{g}_k^{\mathrm{T}} + \beta_{k-1}\boldsymbol{d}_{k-1}\boldsymbol{g}_k^{\mathrm{T}} = -\boldsymbol{g}_k\boldsymbol{g}_k^{\mathrm{T}} + \beta_{k-1}\boldsymbol{g}_k\boldsymbol{d}_{k-1}^{\mathrm{T}} = -\boldsymbol{g}_k\boldsymbol{g}_k^{\mathrm{T}} \tag{8-115}$$

代入式(8-113)中，得

$$\beta_k = \frac{\boldsymbol{g}_{k+1}(\boldsymbol{g}_{k+1}^{\mathrm{T}} - \boldsymbol{g}_k^{\mathrm{T}})}{\boldsymbol{g}_k\boldsymbol{g}_k^{\mathrm{T}}} \tag{8-116}$$

用 $\boldsymbol{g}_{k+1}$ 乘以式(8-114)两端，得与式(8-102)类似结果，即 $\boldsymbol{g}_{k+1}\boldsymbol{g}_k^{\mathrm{T}}=0$。也就是说，式(8-116)可改写为

$$\beta_k = \frac{\boldsymbol{g}_{k+1}\boldsymbol{g}_{k+1}^{\mathrm{T}} - \boldsymbol{g}_{k+1}\boldsymbol{g}_k^{\mathrm{T}}}{\boldsymbol{g}_k\boldsymbol{g}_k^{\mathrm{T}}} = \frac{\boldsymbol{g}_{k+1}\boldsymbol{g}_{k+1}^{\mathrm{T}}}{\boldsymbol{g}_k\boldsymbol{g}_k^{\mathrm{T}}} \tag{8-117}$$

注

有必要指出的是式(8-112)、式(8-116)、式(8-117)分别称作 Hestenes-Stiefel 公式、Polak-Ribiere 公式、Fletcher-Reeves 公式。对于二次函数 $F(\boldsymbol{\theta})$来说，三种公式与式(8-99)等价。但是，三者表达式中均无 $\boldsymbol{H}$。实际上，若函数 $F(\boldsymbol{\theta})$不是二次函数，则以上三种公式均是式(8-99)的近似，但精度不同。另外，由于二次函数 $F(\boldsymbol{\theta})$是多元目标函数 $f(\boldsymbol{\theta})$在 $\boldsymbol{\theta}_0$ 处的近似，而后者未必是二次函数。也就是说，最多 n 步求得的是 $F(\boldsymbol{\theta})$的最优解，但不一定是目标函数 $f(\boldsymbol{\theta})$的最优解。但是，对于 n 元函数来说，共轭梯度法最多构造 n 个线性无关的共轭搜索方向。因此，通常的做法是若仍未满足精度要求，但已进行n 步迭代。则以第 n 步的结果为初始点 $\boldsymbol{\theta}_0$ 重新采用共轭梯度法求最优解。

8.8　次梯度法

不难理解，若目标函数在某些位置导数不存在，则无法采用直接法、梯度法、牛顿法、拟牛顿法、共轭梯度法求其最优解。此时，可引入次梯度，求非处处可导目标函数的最优解。

8.8.1　次梯度定义

给定目标函数 $f(\boldsymbol{\theta})$，与 3.4.6 节给出的凸函数成立的一阶充要条件类似，对于定义域内任意两点 $\boldsymbol{\theta}_1,\boldsymbol{\theta}_2$，若存在行向量 $\boldsymbol{g}(\boldsymbol{\theta}_2)$，满足不等式

$$f(\boldsymbol{\theta}_1) \geqslant f(\boldsymbol{\theta}_2) + \boldsymbol{g}(\boldsymbol{\theta}_2)(\boldsymbol{\theta}_1 - \boldsymbol{\theta}_2)^{\mathrm{T}} \tag{8-118}$$

则称 $\boldsymbol{g}(\boldsymbol{\theta}_2)$为函数在 $\boldsymbol{\theta}_2$ 处的次梯度。由定义不难发现，无论目标函数 $f(\boldsymbol{\theta})$是凸函数还是非凸函数，对所有满足上述条件的 $\boldsymbol{g}(\boldsymbol{\theta}_2)$都称作 $f(\boldsymbol{\theta})$在 $\boldsymbol{\theta}_2$ 处的次梯度。因此，次梯度可能不唯一，也可能不存在。将 $f(\boldsymbol{\theta})$在 $\boldsymbol{\theta}_2$ 处的所有次梯度构成的集合称作 $f(\boldsymbol{\theta})$在 $\boldsymbol{\theta}_2$ 处的次微分，记作$\partial f(\boldsymbol{\theta}_2)$。与梯度函数类似，考虑 $\boldsymbol{\theta}_2$ 的任意性，定义 $\boldsymbol{g}$ 为定义在目标函数相同定义域上的次梯度函数，又可记作∂f。

8.8.2　次梯度取值

不难理解，若 $f(\boldsymbol{\theta})$是凸函数，则总能找到一个函数 $\boldsymbol{g}$，满足上述次梯度的定义。显然，若 $f(\boldsymbol{\theta})$在 $\boldsymbol{\theta}_2$ 处可导，则取 $\boldsymbol{g}(\boldsymbol{\theta}_2)=\nabla f(\boldsymbol{\theta}_2)$即可。又因为由第 3 章知识可得，凸函数一定是连续函数。所以，在任意点 $\boldsymbol{\theta}$ 处，$f(\boldsymbol{\theta})$的左、右梯度$\nabla f(\boldsymbol{\theta}-0)$与$\nabla f(\boldsymbol{\theta}+0)$一定存在。若 $f(\boldsymbol{\theta})$在 $\boldsymbol{\theta}$ 处不可导，则$\nabla f(\boldsymbol{\theta}-0)\neq\nabla f(\boldsymbol{\theta}+0)$。此时，$f(\boldsymbol{\theta})$的次微分等于左、右梯度$\nabla f(\boldsymbol{\theta}-0)$与$\nabla f(\boldsymbol{\theta}+0)$构成的子空间。该空间内任意取值，均可作为 $f(\boldsymbol{\theta})$在 $\boldsymbol{\theta}$ 处的次梯度。显然，若左、右梯度相等，则次微分对应子空间收缩为空间一点。

注

不难理解，对于非凸函数来说，凸区域内一定存在次梯度，凹区域内一定不存在次梯度。否则函数在该区域也是凸的。

8.8.3 次梯度优化条件

对于凸函数 $f(\boldsymbol{\theta})$，当且仅当 $\boldsymbol{\theta}^*$ 处，函数的次微分中包含零向量，即 $\boldsymbol{o}\in\partial f(\boldsymbol{\theta}^*)$，则 $\boldsymbol{\theta}^*$ 为函数 $f(\boldsymbol{\theta})$ 的极小值。也就是说，此时，

$$f(\boldsymbol{\theta}^*)=\min_{\theta} f(\boldsymbol{\theta}) \tag{8-119}$$

这是因为，函数 $f(\boldsymbol{\theta})$ 定义域内任意元素 $\boldsymbol{\theta}$ 与 $\boldsymbol{\theta}^*$，满足式(8-118)，即

$$f(\boldsymbol{\theta})\geqslant f(\boldsymbol{\theta}^*)+\boldsymbol{g}(\boldsymbol{\theta}^*)(\boldsymbol{\theta}-\boldsymbol{\theta}^*)^{\mathrm{T}} \tag{8-120}$$

显然，若 $\boldsymbol{g}(\boldsymbol{\theta}^*)=\boldsymbol{o}$，则 $f(\boldsymbol{\theta})\geqslant f(\boldsymbol{\theta}^*)$ 恒成立。得证。

注

次梯度法只是用于解决非处处可导目标函数迭代优化中，梯度的计算问题。次梯度取舍仍可采用一维线性搜索策略。其他步骤与前文给出的迭代优化算法无本质差别。

8.9 坐标下降法

不难发现，迭代优化过程中，梯度下降法、牛顿法、拟牛顿法均需计算目标函数及/或其泰勒展开式函数的梯度，属于梯度算法。与之对应的坐标下降法是非梯度算法的典型代表。其核心思想是将多元目标函数的优化问题，转换为多个一元目标函数的优化问题，从而实现复杂优化问题的简化求解。

8.9.1 基本原理

对于 n 元目标函数 $f(\boldsymbol{\theta})$ 的优化问题来说，给定初始位置 $\boldsymbol{\theta}_0=[\theta_1^0,\theta_2^0,\cdots,\theta_n^0]$，第 1 次迭代得，

$$\begin{aligned}\eta_1&=\arg\min_{\eta} f(\boldsymbol{\theta}_0+\eta\boldsymbol{e}_1)\\ \boldsymbol{\theta}_1&=\boldsymbol{\theta}_0+\eta_1\boldsymbol{e}_1\end{aligned} \tag{8-121}$$

其中，$\eta\in(-\infty\to+\infty)$，$\boldsymbol{e}_1$ 为第 1 个分量位置为 1 的单位行向量，即 $\boldsymbol{e}_1=[1,0,\cdots]_{1\times n}$。实际上，$\boldsymbol{e}_1$ 为 n 维空间的正交基向量之一。

注

有必要指出的是，式(8-121)给出的最优化问题相当于除第 1 个分量外，其余分量均为定值，即多元目标函数转换为一元目标函数。

假设第 k 次迭代的最优解为 $\boldsymbol{\theta}_k$，其中，$k\in\{0,1,\cdots\}$。令 $j=k\%n+1$，则第 $k+1$ 次迭代的最优解为

$$\begin{aligned}\eta_j&=\arg\min_{\eta} f(\boldsymbol{\theta}_k+\eta\boldsymbol{e}_j)\\ \boldsymbol{\theta}_{k+1}&=\boldsymbol{\theta}_k+\eta_j\boldsymbol{e}_j\end{aligned} \tag{8-122}$$

其中，$\eta \in (-\infty \to +\infty)$，%为求余运算符，$\boldsymbol{e}_j$ 为第 j 个分量位置为 1 的单位行向量，即

$$\boldsymbol{e}_j = [\underbrace{0,\cdots 0}_{j-1},1,\underbrace{0,\cdots 0}_{n-j}] \tag{8-123}$$

显然，$j \in \{1,2,\cdots,n\}$。实际上，$\boldsymbol{e}_j$ 为 n 维空间的正交基向量之一。若已满足终止条件 $|f(\boldsymbol{\theta}_{k+1}) - f(\boldsymbol{\theta}_k)| < \varepsilon_f$ 或 $\|\boldsymbol{\theta}_{k+1} - \boldsymbol{\theta}_k\|_2 < \varepsilon_\theta$，其中，$\varepsilon_f$ 与 ε_θ 为控制阈值，则停止迭代，否则继续迭代。

注

有必要指出的是，式(8-123)给出的最优化问题相当于除第 j 个分量外，其余分量均为定值，即多元目标函数转换为另一一元目标函数。

以上求解过程显然是每次迭代过程中沿不同坐标轴方向进一维搜索，以求得对应一元目标函数的局部极小值。有必要说明的是，上述迭代过程中，对坐标轴向的选择次序并无特殊要求，只需保证每轮迭代各轴向均参与其中即可。

8.9.2 解的可靠性

现在的问题是，基于上述算法得到的沿所有单一坐标轴方向均取极小值的自变量位置，是待解多元目标函数的最优解吗？

实际上，若目标函数的轴向偏导数均存在（可微），且是凸函数的话，则坐标下降法求得的解一定是原多元目标函数的最优解。这是因为，式(8-119)实际是求一元目标函数的最优解，此时

$$\frac{\partial f}{\partial \theta_j}(\boldsymbol{\theta}_{k+1}) = 0 \tag{8-124}$$

也就是说，若 $\boldsymbol{\theta}^*$ 是上述算法求得的最优解，则

$$\nabla f(\boldsymbol{\theta}^*) = \boldsymbol{o} \tag{8-125}$$

必然成立。其中，$\boldsymbol{o}$ 是长度为 n 的行形零向量。又因为目标函数 $f(\boldsymbol{\theta})$ 是凸函数，所以其极小值唯一。式(8-125)的解是驻点也是目标函数 $f(\boldsymbol{\theta})$ 的全局极小值点。为便于理解，图 8-3(a)给出一个可微凸目标函数坐标下降迭代过程中解的更新路径示例。

(a) 可微凸函数　　(b) 不可微凸函数

图 8-3　坐标下降法解的可靠性问题（图中封闭曲线为目标函数等值线）

若目标函数是凸函数，但其轴向偏导数并非全部存在（不可微），特别是在最优解附近不可微，则坐标下降法求得的解不一定是原多元目标函数的最优解。如图 8-3(b)所示，

在水平与垂直线相交处(不可微),坐标下降法在水平与垂直方向上均取极小值,必然满足迭代终止条件。但该点并不是目标函数的全局最优解所在位置。实际上,对于如图 8-3(b)所示情况来说,除非初始位置与最优解处于同一水平线或垂直线上,否则坐标下降法必然终止于与图示类似位置处。

若目标函数 $f(\boldsymbol{\theta})$可分解为

$$f(\boldsymbol{\theta})=g(\boldsymbol{\theta})+\sum_{i=1}^{n}h_i(\theta_i) \tag{8-126}$$

且 $g(\boldsymbol{\theta})$是可微凸函数,而 $h_i(\theta_i)$均为凸函数,则坐标下降法求得的解一定是原多元目标函数的最优解。这是因为,若 $\boldsymbol{\theta}^*$ 是坐标下降法求得的最优解,$\boldsymbol{\theta}$ 是目标函数 $f(\boldsymbol{\theta})$定义域内任意一点,考虑凸函数成立的一阶充要条件,得

$$\begin{aligned}
f(\boldsymbol{\theta})-f(\boldsymbol{\theta}^*)&=g(\boldsymbol{\theta})-g(\boldsymbol{\theta}^*)+\sum_{i=1}^{n}(h_i(\theta_i)-h_i(\theta_i^*))\\
&\geqslant \nabla g(\boldsymbol{\theta}^*)(\boldsymbol{\theta}-\boldsymbol{\theta}^*)^{\mathrm{T}}+\sum_{i=1}^{n}(h_i(\theta_i)-h_i(\theta_i^*))\\
&=\sum_{i=1}^{n}(\nabla_i g(\boldsymbol{\theta}^*)(\theta_i-\theta_i^*)+h_i(\theta_i)-h_i(\theta_i^*))
\end{aligned} \tag{8-127}$$

其中,∇_i表示梯度的第i 个分量,即$\nabla_i g(\boldsymbol{\theta}^*)=(\partial g/\partial\theta_i)(\boldsymbol{\theta}^*)$。又因为 $\boldsymbol{\theta}^*$ 处在各轴向上均取到极小值,由 8.8.3 节的次梯度优化条件可得

$$0\in\nabla_i g(\boldsymbol{\theta}^*)+\partial h_i(\theta_i^*) \tag{8-128}$$

也就是说,$-\nabla_i g(\boldsymbol{\theta}^*)$是$\partial h_i(\theta_i^*)$的一个"次梯度"。由次梯度的定义可得

$$h_i(\theta_i)\geqslant h_i(\theta_i^*)-\nabla_i g(\boldsymbol{\theta}^*)(\theta_i-\theta_i^*) \tag{8-129}$$

也就是说,

$$\nabla_i g(\boldsymbol{\theta}^*)(\theta_i-\theta_i^*)+h_i(\theta_i)-h_i(\theta_i^*)\geqslant 0 \tag{8-130}$$

将式(8-130)代入式(8-127),得 $f(\boldsymbol{\theta})\geqslant f(\boldsymbol{\theta}^*)$。所以,$\boldsymbol{\theta}^*$ 是目标函数 $f(\boldsymbol{\theta})$的极小值点。

注

关于凸函数的成立条件详见 3.4.6 节。

综上,若目标函数是可微(光滑)凸函数,则坐标下降法求解的是最优解;若目标函数是不可微凸函数,则多数情况下坐标下降法可能收敛于非最优解处。但是,若目标函数中不可微部分可进一步拆分为以各维度变量为自变量的一元凸函数的和的形式,即式(8-126)中等号右侧第二部分,则坐标下降法仍收敛于最优解处。

8.9.3 与共轭方向法的关系

不难发现,与共轭梯度法中每个方法只走一次不同,对同一轴向,坐标下降法可能进行多次搜索。实际上,寻找一个适当的坐标系,将原问题变换到新坐标下,若变换后可消除原目标函数中各坐标间的线性相关性,则可提升坐标下降法的收敛速度。达成以上目的的新坐标系构建常用方法之一是主成分析法。进一步地,若变换后,目标函数的 Hessian 矩阵为单位阵,则主成分方向关于 Hessian 矩阵共轭正交。在这种情况下,坐标

下降法可视作一种共轭方向法。

8.10 约束优化

显然，上文介绍的优化方法均是针对无约束优化问题。由 8.1 节已知，约束优化问题中的约束条件分为等式约束与不等式约束两类。设目标函数 $f(\boldsymbol{\theta})$的定义域为 n 维实数子空间 Θ，即其为 n 元函数，若函数 $g(\boldsymbol{\theta})$与其定义域相同，且 $g(\boldsymbol{\theta})$在其定义域内的零等值超曲线方程 $g(\boldsymbol{\theta})=0$ 为约束条件，则在此等式条件约束下求得的目标函数 $f(\boldsymbol{\theta})$的极小值点 $\tilde{\boldsymbol{\theta}}$，满足 $g(\tilde{\boldsymbol{\theta}})=0$。也就是说，多等式条件约束下的优化问题

$$\begin{aligned}&\min_{\boldsymbol{\theta}\in\Theta} f(\boldsymbol{\theta})\\&\text{s.t.}\quad g_j(\boldsymbol{\theta})=0,\quad j=1,2,\cdots,l\end{aligned}\tag{8-131}$$

等价于在 $g_j(\boldsymbol{\theta})=0$ 等值线相交处搜索目标函数 $f(\boldsymbol{\theta})$的极小值。

与之对应地，若约束条件为不等式，例如 $g(\boldsymbol{\theta})\leqslant 0$，则在此条件约束下求得的目标函数的极小值点 $\tilde{\boldsymbol{\theta}}$，满足 $g(\tilde{\boldsymbol{\theta}})\leqslant 0$。有必要说明的是，$g(\boldsymbol{\theta})\leqslant 0$ 对应函数 $g(\boldsymbol{\theta})$的零等值超曲线将 n 维空间一分为二的其中一部分。也就是说，多不等式条件约束下的优化问题

$$\begin{aligned}&\min_{\boldsymbol{\theta}\in\Theta} f(\boldsymbol{\theta})\\&\text{s.t.}\quad g_j(\boldsymbol{\theta})\leqslant 0,\quad j=1,2,\cdots,l\end{aligned}\tag{8-132}$$

等价于在 $g_j(\boldsymbol{\theta})\leqslant 0$ 围成的子空间内搜索目标函数 $f(\boldsymbol{\theta})$的极小值。有必要指出的是，约束条件构成的搜索空间通常称作“可行解域”。为便于理解，以二维函数为例，图 8-4 给出等式与不等式约束下的可行解域，以及约束最优解与原目标函数无约束最优解的对应关系。其中，图 8-4(a)中的等式可行解域位于 $g(\boldsymbol{\theta})=0$ 等值线上。约束最优解与原目标函数无约束最优解不相等，即 $\tilde{\boldsymbol{\theta}}\neq\boldsymbol{\theta}^*$。图 8-4(b)中的不等式可行解域是 $g(\boldsymbol{\theta})=0$ 等值线及其左侧区域的并集。此时，约束最优解与原目标函数无约束最优解相等，即 $\tilde{\boldsymbol{\theta}}=\boldsymbol{\theta}^*$。

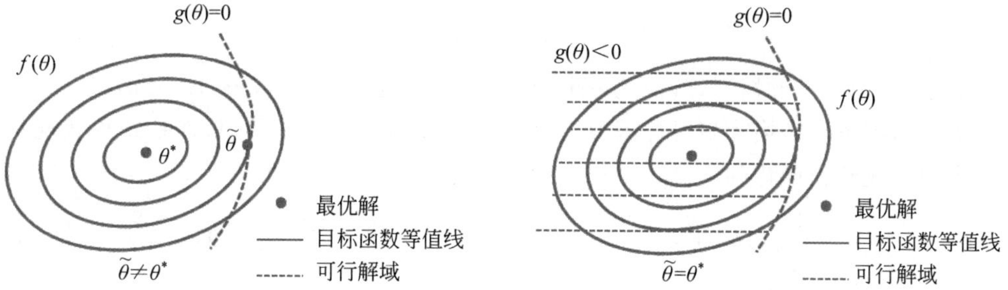

(a) 等式约束　　(b) 不等式约束

图 8-4 约束优化问题中的可行解域与最优解

更一般地，若约束条件既有等式又有不等式，则其可行解域是所有等式等值线，所有不等式等值线，以及不等值线负梯度指向一侧区域的交集。

8.10.1 拉格朗日乘数法

结合图 8-4(a)不难理解，若等式约束条件 $g(\boldsymbol{\theta})=0$ 与目标函数 $f(\boldsymbol{\theta})$ 相交于一点 Q，则等值超曲线 $g(\boldsymbol{\theta})=0$ 上，至少在 Q 点某一侧存在另一点 O，使得 $f(O)<f(Q)$ 成立。也就是说，交点 Q 不是目标函数 $f(\boldsymbol{\theta})$ 的极小点值。只有当二者相切于点 P 时，等值超曲线 $g(\boldsymbol{\theta})=0$ 上，P 点两侧任意位置处目标函数值均增大。也就是说，等式约束下，目标函数等值线与约束条件在目标函数条件极小值处相切。

形式化地，对于任意 n 元函数 $h(\boldsymbol{\theta})$ 来说，设其等值线 $h(\boldsymbol{\theta})=c$ 上的点可表示为 $\boldsymbol{\theta}(t)=[\theta_1(t),\theta_2(t),\cdots,\theta_n(t)]$。也就是说，等值线 $h(\boldsymbol{\theta})=c$ 可表示为 $h(\boldsymbol{\theta}(t))=c$。利用复合求导法则及全导数公式，上式两侧对 t 求导，得

$$\frac{\partial h}{\partial \theta_1}\frac{\mathrm{d}\theta_1}{\mathrm{d}t}+\frac{\partial h}{\partial \theta_2}\frac{\mathrm{d}\theta_2}{\mathrm{d}t}+\cdots+\frac{\partial h}{\partial \theta_n}\frac{\mathrm{d}\theta_n}{\mathrm{d}t}=0 \tag{8-133}$$

显然式(8-133)可进一步改写为

$$\nabla h(\boldsymbol{\theta})\boldsymbol{\theta}'(t)^{\mathrm{T}}=0 \tag{8-134}$$

其中，$\boldsymbol{\theta}'(t)=[\theta_1'(t),\theta_2'(t),\cdots,\theta_n'(t)]$。不难理解，实际 $\boldsymbol{\theta}'(t)$ 是等值线在 $\boldsymbol{\theta}$ 处的切向量。也就是说，函数梯度方向与其等值线切线方向正交，也即函数梯度必然垂直于其等值线的切线。考虑函数 $h(\boldsymbol{\theta})$ 的一般性，设等式条件约束下求得的目标函数的极小值点为 $\tilde{\boldsymbol{\theta}}$，即 $g(\tilde{\boldsymbol{\theta}})=0$，则在 $\tilde{\boldsymbol{\theta}}$ 处目标函数 $f(\boldsymbol{\theta})$ 的梯度 $\nabla f(\tilde{\boldsymbol{\theta}})$ 垂直于等值线 $f(\boldsymbol{\theta})=f(\tilde{\boldsymbol{\theta}})$ 的切线 $l_{f(\tilde{\boldsymbol{\theta}})}$。类似地，$\tilde{\boldsymbol{\theta}}$ 处约束函数 $g(\boldsymbol{\theta})$ 的梯度 $\nabla g(\tilde{\boldsymbol{\theta}})$ 垂直于等值线 $g(\boldsymbol{\theta})=0$ 的切线 $l_{g(\tilde{\boldsymbol{\theta}})}$。又由前文可知，目标函数等值线与约束条件在目标函数条件极小值处相切，即 $l_{f(\tilde{\boldsymbol{\theta}})}$ 与 $l_{g(\tilde{\boldsymbol{\theta}})}$ 同向或反向。不难理解，此时 $\nabla f(\tilde{\boldsymbol{\theta}})$ 与 $\nabla g(\tilde{\boldsymbol{\theta}})$ 同向或反向。也就是说，

$$\nabla f(\tilde{\boldsymbol{\theta}})+\lambda\nabla g(\tilde{\boldsymbol{\theta}})=\boldsymbol{o} \tag{8-135}$$

且

$$g(\tilde{\boldsymbol{\theta}})=0 \tag{8-136}$$

综上，考虑更一般情况，可构造一个全新的目标函数 $L(\boldsymbol{\theta},\lambda_1,\cdots,\lambda_l)$，将式(8-131)定义的等式约束条件转换为新目标函数 $L(\boldsymbol{\theta},\lambda_1,\cdots,\lambda_l)$ 的组成部分，从而将约束优化问题转换为如下无约束优化问题

$$\min_{\boldsymbol{\theta}\in\Theta}L(\boldsymbol{\theta},\lambda_1,\cdots,\lambda_l)=\min_{\boldsymbol{\theta}\in\Theta}\left(f(\boldsymbol{\theta})+\sum_{j=1}^{l}\lambda_j g_j(\boldsymbol{\theta})\right) \tag{8-137}$$

采用直接法求上述新目标函数的极值，即是求解

$$\begin{cases}\nabla_{\boldsymbol{\theta}}L(\boldsymbol{\theta},\lambda_1,\cdots,\lambda_l)=\nabla_f(\boldsymbol{\theta})+\displaystyle\sum_{j=1}^{l}\lambda_j\nabla g_j(\boldsymbol{\theta})=\boldsymbol{o}\\ \dfrac{\partial L(\boldsymbol{\theta},\lambda_1,\cdots,\lambda_l)}{\partial\lambda_j}=g_j(\boldsymbol{\theta})=0,\quad j=1,2,\cdots,l\end{cases} \tag{8-138}$$

有必要说明的是，上述构造新目标函数将等式约束优化问题转换为无约束优化问题的方法，称作拉格朗日乘数法。$\lambda_1,\lambda_2,\cdots,\lambda_l$ 称作拉格朗日系数。

8.10.2　KKT 条件

对于不等式约束优化问题来说，若约束条件为 $g(\boldsymbol{\theta})\leqslant 0$，如图 8-5 所示，此时最优解或者位于 $g(\boldsymbol{\theta})<0$ 区域内或者位于等值线 $g(\boldsymbol{\theta})=0$ 上。如图 8-5(a)所示情况下，约束最优解与无约束最优解相等(原最优解位于可行解域内，即 $g(\tilde{\boldsymbol{\theta}})<0$)。此时，相当于不等式条件对最优解不起约束作用，即式(8-135)中 $\lambda=0$。如图 8-5(b)所示情况下，约束最优解位于等值线 $g(\boldsymbol{\theta})=0$ 上(原最优解位于可行解域外)，即 $g(\tilde{\boldsymbol{\theta}})=0$。这相当于约束条件为等式。不难理解，此时目标函数 $f(\boldsymbol{\theta})$ 在约束最优解 $\tilde{\boldsymbol{\theta}}$ 附近的可行解域内函数值较大，在可行解域外函数值较小；相反地，函数 $g(\boldsymbol{\theta})$ 在约束最优解 $\tilde{\boldsymbol{\theta}}$ 附近的可行解域内函数值较小，在可行解域外函数值较大。也就是说，此时目标函数与约束条件函数梯度方向相反，即式(8-135)中 $\lambda>0$。

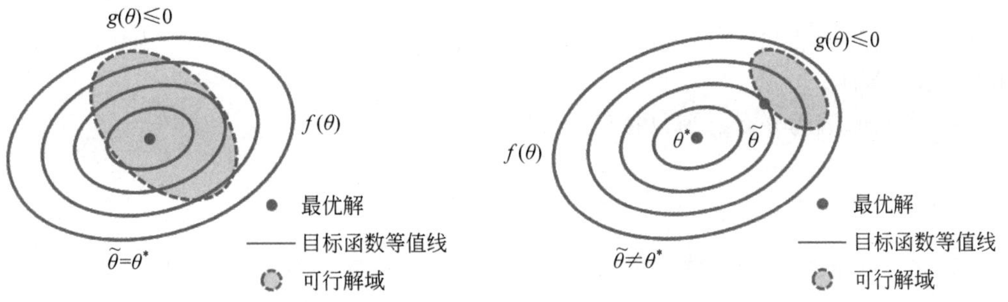

(a) 在 $g(\theta)<0$ 区域内　　(b) 在等值线 $g(\theta)=0$ 上

图 8-5　不等式约束优化问题中最优解所处位置

综上，在最优解 $\tilde{\boldsymbol{\theta}}$ 处，同时满足

$$
\begin{aligned}
&g(\tilde{\boldsymbol{\theta}})\leqslant 0\\
&\lambda g(\tilde{\boldsymbol{\theta}})=0\\
&\lambda\geqslant 0
\end{aligned}
\tag{8-139}
$$

有必要指出的是，上述公式在约束优化中称作 KKT 条件。显然，与原不等式约束条件是对可行解的约束不同，KKT 条件是对最优解的约束。

8.10.3　拉格朗日对偶

与前文所述“拉格朗日乘数法”构造新目标函数将等式约束优化转换为无约束优化类似，若可将原目标函数与约束条件结合在一起，构造一个全新的目标函数，使得新目标函数在可行解域内与原目标函数相同，而在可行解域外数值非常大，甚至是无穷大，则新目标函数的无约束优化与原目标函数的约束优化是等价的。实际上，前文所述的“拉格朗日乘数法”即是采用上述策略将等式约束优化问题转换为无约束优化问题。具体地，可行解域内对于 $\forall j\in\{1,2,\cdots,l\}$ 有 $g_j(\boldsymbol{\theta})=0$ 恒成立。此时，式(8-137)定义的新目标函数 $L(\boldsymbol{\theta},\lambda_1,\cdots,\lambda_l)$ 显然与原目标函数 $f(\boldsymbol{\theta})$ 相等。不难理解，在可行解域外，即 $\exists k\in\{1,$

$2,\cdots,l\}$，使得 $g_k(\boldsymbol{\theta})\neq 0$ 成立。此时，通过调整不满足等式成立条件前的拉格朗日系数 λ_k，总能使得 $\sum_{j=1}^{l}\lambda_j g_j(\boldsymbol{\theta})\to+\infty$。

更一般地，对于式(8-1)定义的约束优化问题，令

$$L(\boldsymbol{\theta},\boldsymbol{\alpha},\boldsymbol{\beta})=f(\boldsymbol{\theta})+\sum_{j=1}^{l}\alpha_j g_j(\boldsymbol{\theta})+\sum_{i=1}^{m}\beta_i h_i(\boldsymbol{\theta}) \tag{8-140}$$

其中，$\boldsymbol{\alpha}=[\alpha_1,\alpha_2,\cdots,\alpha_l]$、$\boldsymbol{\beta}=[\beta_1,\beta_2,\cdots,\beta_m]$。实际上，式(8-140)称作广义拉格朗日函数。构造无约束目标函数

$$\begin{aligned}U_p(\boldsymbol{\theta})&=\max_{\boldsymbol{\alpha},\boldsymbol{\beta};\beta_i\geqslant 0}L(\boldsymbol{\theta},\boldsymbol{\alpha},\boldsymbol{\beta})\\&=\max_{\boldsymbol{\alpha},\boldsymbol{\beta};\beta_i\geqslant 0}\left(f(\boldsymbol{\theta})+\sum_{j=1}^{l}\alpha_j g_j(\boldsymbol{\theta})+\sum_{i=1}^{m}\beta_i h_i(\boldsymbol{\theta})\right)\\&=f(\boldsymbol{\theta})+\max_{\boldsymbol{\alpha},\boldsymbol{\beta};\beta_i\geqslant 0}\left(\sum_{j=1}^{l}\alpha_j g_j(\boldsymbol{\theta})+\sum_{i=1}^{m}\beta_i h_i(\boldsymbol{\theta})\right)\end{aligned} \tag{8-141}$$

有必要指出的是，式(8-141)中对于拉格朗日系数 β_i 的不等式约束 $\beta_i\geqslant 0$ 为式(8-139)给出的 KKT 条件。

另一方面，因为 $\beta_i\geqslant 0$，所以在可行解域内，有

$$\max_{\boldsymbol{\alpha},\boldsymbol{\beta};\beta_i\geqslant 0}\left(\sum_{j=1}^{l}\alpha_j g_j(\boldsymbol{\theta})+\sum_{i=1}^{m}\beta_i h_i(\boldsymbol{\theta})\right)=0 \tag{8-142}$$

必然成立。这是因为，可行解域内 $\sum_{j=1}^{l}\alpha_j g_j(\boldsymbol{\theta})=0$ 恒成立。当 $\beta_i\geqslant 0$ 且 $h_i(\boldsymbol{\theta})\leqslant 0$ 时，$\sum_{i=1}^{m}\beta_i h_i(\boldsymbol{\theta})\leqslant 0$ 恒成立。显然，式(8-142)成立。可行解域外，意味着至少有一组等式或不等式条件未满足，此时通过调整对应的拉格朗日系数，可使得

$$\max_{\boldsymbol{\alpha},\boldsymbol{\beta};\beta_i\geqslant 0}\left(\sum_{j=1}^{l}\alpha_j g_j(\boldsymbol{\theta})+\sum_{i=1}^{m}\beta_i h_i(\boldsymbol{\theta})\right)\to+\infty \tag{8-143}$$

成立。显然，在可行解域内，$U_p(\boldsymbol{\theta})$与 $f(\boldsymbol{\theta})$相同；在可行解域外，$U_p(\boldsymbol{\theta})$函数值趋向于无穷大。也就是说，原约束优化问题可转换为 $U_p(\boldsymbol{\theta})$的无约束优化问题，即

$$\left.\begin{aligned}&\min_{\boldsymbol{\theta}\in\Theta}f(\boldsymbol{\theta})\\&\text{s.t.}\quad h_i(\boldsymbol{\theta})\leqslant 0,\ i=1,2,\cdots,m\\&\qquad\ \ g_j(\boldsymbol{\theta})=0,\ j=1,2,\cdots,l\end{aligned}\right\}\Leftrightarrow\min_{\boldsymbol{\theta}\in\Theta}U_p(\boldsymbol{\theta})=\min_{\boldsymbol{\theta}\in\Theta}\left(\max_{\boldsymbol{\alpha},\boldsymbol{\beta};\beta_i\geqslant 0}L(\boldsymbol{\theta},\boldsymbol{\alpha},\boldsymbol{\beta})\right) \tag{8-144}$$

式(8-144)右端称作广义拉格朗日函数的极小极大问题。由前文可得，其最优解满足 KKT 条件。显然，随着不等式限制条件增多，为求最优解需讨论的 KKT 条件变得越来越复杂。也就是说，直接求解转换后的无约束问题仍不容易。

换个角度看问题。构造另一无约束目标函数

$$U_d(\boldsymbol{\alpha},\boldsymbol{\beta})=\min_{\boldsymbol{\theta}}L(\boldsymbol{\theta},\boldsymbol{\alpha},\boldsymbol{\beta}) \tag{8-145}$$

则

$$\max_{\boldsymbol{\alpha},\boldsymbol{\beta};\beta_i\geqslant 0}U_d(\boldsymbol{\alpha},\boldsymbol{\beta})=\max_{\boldsymbol{\alpha},\boldsymbol{\beta};\beta_i\geqslant 0}\min_{\boldsymbol{\theta}\in\Theta}(L(\boldsymbol{\theta},\boldsymbol{\alpha},\boldsymbol{\beta})) \tag{8-146}$$

称作广义拉格朗日函数的极大极小问题。进一步地，将式(8-144)称作无约束的原优化问题，式(8-146)称作原问题的对偶问题。

易证，

$$d^* = \max_{\boldsymbol{\alpha},\boldsymbol{\beta};\beta_i\geqslant 0} \min_{\boldsymbol{\theta}\in\Theta}(L(\boldsymbol{\theta},\boldsymbol{\alpha},\boldsymbol{\beta})) \leqslant \min_{\boldsymbol{\theta}\in\Theta}(\max_{\boldsymbol{\alpha},\boldsymbol{\beta};\beta_i\geqslant 0} L(\boldsymbol{\theta},\boldsymbol{\alpha},\boldsymbol{\beta})) = p^* \tag{8-147}$$

这是因为，

$$U_d(\boldsymbol{\alpha},\boldsymbol{\beta}) = \min_{\boldsymbol{\theta}\in\Theta}(L(\boldsymbol{\theta},\boldsymbol{\alpha},\boldsymbol{\beta})) \leqslant L(\boldsymbol{\theta},\boldsymbol{\alpha},\boldsymbol{\beta}) \leqslant \max_{\boldsymbol{\alpha},\boldsymbol{\beta};\beta_i\geqslant 0} L(\boldsymbol{\theta},\boldsymbol{\alpha},\boldsymbol{\beta}) = U_p(\boldsymbol{\theta}) \tag{8-148}$$

所以，

$$\max_{\boldsymbol{\alpha},\boldsymbol{\beta};\beta_i\geqslant 0} U_d(\boldsymbol{\alpha},\boldsymbol{\beta}) \leqslant \min_{\boldsymbol{\theta}\in\Theta} U_p(\boldsymbol{\theta}) \tag{8-149}$$

即 $d^*\leqslant p^*$。进一步地，若式(8-149)等号成立，则称以上问题具有强对偶性；否则，称以上问题具有弱对偶性。极大极小问题最优解 d^* 与极小极大问题最优解 p^* 的差，即 $q^*=d^*-p^*$，称作"对偶误差"。显然，$q^*=0$ 时，称原问题和对偶问题是强对偶的；否则，它们是弱对偶的。

8.10.4　强对偶成立的条件

由上文可知，若原问题与其对偶问题是强对偶的，则广义拉格朗日函数的极小极大问题可进一步转换为广义拉格朗日函数的极大极小问题。实际上，若以下条件成立，则极小极大问题与极大极小问题是强对偶的。

(1) 目标函数 $f(\boldsymbol{\theta})$是凸函数。

(2) 不等式约束函数 $h_i(\boldsymbol{\theta})$均是凸函数，其中，$i=1,2,\cdots,m$。

(3) 等式约束函数 $g_j(\boldsymbol{\theta})$均是仿射函数，即 $g_j(\boldsymbol{\theta})=\boldsymbol{w}_j\boldsymbol{\theta}^{\mathrm{T}}+b_j$，其中，$j=1,2,\cdots,l$。

(4) 上述目标函数与约束函数的定义域 Θ 是凸集。

(5) 凸集 Θ 是开集，即若 $\boldsymbol{\theta}\in\Theta$，则 $\exists\delta>0$，使得 $\boldsymbol{\theta}$ 的 δ 邻域是 Θ 的子集，即 $N(\boldsymbol{\theta},\delta)\subseteq\Theta$。

(6) $\exists\hat{\boldsymbol{\theta}}\in\Theta$，使得 $h_i(\hat{\boldsymbol{\theta}})<0$ 与 $g_j(\hat{\boldsymbol{\theta}})=0$ 成立，其中，$i=1,2,\cdots,m$，$j=1,2,\cdots,l$；

以上称作强对偶成立条件。有必要指出的是，仿射函数即是最高次项为 1 的多项式函数。特别地，若常数项为零，则仿射函数退化为线性函数。另外，条件(6)又称作 Slater 条件。

为证明以上条件是强对偶的充分条件，构造点集

$$A=\{[u_1,u_2,\cdots,u_m,v_1,v_2,\cdots,v_l,t] \mid \exists\boldsymbol{\theta}\in\Theta, h_i(\boldsymbol{\theta})\leqslant u_i, g_j(\boldsymbol{\theta})=v_j, f(\boldsymbol{\theta})\leqslant t\} \tag{8-150}$$

其中，$i=1,2,\cdots,m$ 且 $j=1,2,\cdots,l$。显然，若 $\exists\boldsymbol{\theta}\in\Theta$，则

$$[h_1(\boldsymbol{\theta}),h_2(\boldsymbol{\theta}),\cdots,h_m(\boldsymbol{\theta}),g_1(\boldsymbol{\theta}),g_2(\boldsymbol{\theta}),\cdots,g_l(\boldsymbol{\theta}),f(\boldsymbol{\theta})]\in A \tag{8-151}$$

这是因为，令 $u_i=h_i(\boldsymbol{\theta})$、$v_i=g_i(\boldsymbol{\theta})$、$t=f(\boldsymbol{\theta})$，则式(8-150)定义中等号必然成立。可以证明，若条件(1)～(4)成立，则 A 也是凸的。这是因为，设

$$[u_1^{(1)},u_2^{(1)},\cdots,u_m^{(1)},v_1^{(1)},v_2^{(1)},\cdots,v_l^{(1)},t^{(1)}]\in A \tag{8-152}$$

且

$$[u_1^{(2)},u_2^{(2)},\cdots,u_m^{(2)},v_1^{(2)},v_2^{(2)},\cdots,v_l^{(2)},t^{(2)}]\in A \tag{8-153}$$

若能证明，对于 $\forall\lambda\in R$，只要其满足 $0\leqslant\lambda\leqslant 1$ 时恒有

$$[\underbrace{\lambda u_i^{(1)}+(1-\lambda)u_i^{(2)}}_{i=1,2,\cdots,m},\underbrace{\lambda v_j^{(1)}+(1-\lambda)v_j^{(2)}}_{j=1,2,\cdots,l},\lambda t^{(1)}+(1-\lambda)t^{(2)}]\in A \tag{8-154}$$

则 A 是凸集得证。由式(8-152)可得，$\exists\boldsymbol{\theta}^{(1)}\in\Theta$，使得 $h_i(\boldsymbol{\theta}^{(1)})\leqslant u_i^{(1)}$，$g_j(\boldsymbol{\theta}^{(1)})=v_j^{(1)}$，$f(\boldsymbol{\theta}^{(1)})\leqslant t^{(1)}$ 成立；由式(8-153)可得，$\exists\boldsymbol{\theta}^{(2)}\in\Theta$，使得 $h_i(\boldsymbol{\theta}^{(2)})\leqslant u_i^{(2)}$，$g_j(\boldsymbol{\theta}^{(2)})=v_j^{(2)}$，$f(\boldsymbol{\theta}^{(2)})\leqslant t^{(2)}$ 成立。由条件(4)可知 Θ 是凸集，所以对于 $\forall\lambda\in R$，只要其满足 $0\leqslant\lambda\leqslant1$，则 $\boldsymbol{\theta}=\lambda\boldsymbol{\theta}^{(1)}+(1-\lambda)\boldsymbol{\theta}^{(2)}\in\Theta$。又由条件(2)可得 $h_i(\theta)$ 是凸函数，所以

$$\begin{aligned}h_i(\boldsymbol{\theta})&=h_i(\lambda\boldsymbol{\theta}^{(1)}+(1-\lambda)\boldsymbol{\theta}^{(2)})\\&\leqslant\lambda h_i(\boldsymbol{\theta}^{(1)})+(1-\lambda)h_i(\boldsymbol{\theta}^{(2)})\\&\leqslant\lambda u_i^{(1)}+(1-\lambda)u_i^{(2)}\end{aligned} \tag{8-155}$$

同理，由条件(1)可得 $f(\boldsymbol{\theta})$ 是凸函数，所以

$$f(\boldsymbol{\theta})\leqslant\lambda t^{(1)}+(1-\lambda)t^{(2)} \tag{8-156}$$

又由条件(3)可得

$$\begin{aligned}g_j(\boldsymbol{\theta})&=\boldsymbol{w}_j\boldsymbol{\theta}^{\mathrm{T}}+b_j\\&=\boldsymbol{w}_j(\lambda\boldsymbol{\theta}^{(1)}+(1-\lambda)\boldsymbol{\theta}^{(2)})^{\mathrm{T}}+b_j\\&=\lambda(\boldsymbol{w}_j(\boldsymbol{\theta}^{(1)})^{\mathrm{T}}+b_j)+(1-\lambda)(\boldsymbol{w}_j(\boldsymbol{\theta}^{(2)})^{\mathrm{T}}+b_j)\\&=\lambda g_j(\boldsymbol{\theta}^{(1)})+(1-\lambda)g_j(\boldsymbol{\theta}^{(2)})\\&=\lambda v_j^{(1)}+(1-\lambda)v_j^{(2)}\end{aligned} \tag{8-157}$$

结合式(8-155)～式(8-157)可得，式(8-154)得证，即 A 是凸集。

另一方面，若记原目标函数 $f(\boldsymbol{\theta})$ 的最优解为 $\boldsymbol{\theta}^*$，由式(8-150)可得

$$f(\boldsymbol{\theta}^*)=\min_{(\underbrace{0,0,\cdots,0}_{m+l\text{个}},t)\in A} t \tag{8-158}$$

定义另一点集

$$B=\{[\underbrace{0,0,\cdots,0}_{m+l\text{个}},s]\mid s<f(\boldsymbol{\theta}^*)\} \tag{8-159}$$

类似地，可以证明若条件(1)～(4)成立，则点集 B 也是凸的，且 $A\cap B=\Phi$。

由 3.1.4 节，凸集分离定理可得，$\exists[\boldsymbol{\beta},\boldsymbol{\alpha},\mu]\in R^{m+l+1}$，使得若$[\boldsymbol{u},\boldsymbol{v},t]\in B$，则 $\boldsymbol{\beta}\boldsymbol{u}^{\mathrm{T}}+\boldsymbol{\alpha}\boldsymbol{v}^{\mathrm{T}}+\mu t+b\leqslant0$。其中，$\boldsymbol{u}=[u_1,u_2,\cdots,u_m]$、$\boldsymbol{v}=[v_1,v_2,\cdots,v_m]$。由点集 B 的定义，可得 $\boldsymbol{u}=\boldsymbol{o}_{1\times m}$ 且 $v=\boldsymbol{o}_{1\times l}$。也就是说，$\mu t\leqslant-b$。进一步结合式(8-158)可得，$\mu f(\boldsymbol{\theta}^*)\leqslant-b$。同时，对于 $\forall[\boldsymbol{u},\boldsymbol{v},t]\in A$，有 $\boldsymbol{\beta}\boldsymbol{u}^{\mathrm{T}}+\boldsymbol{\alpha}\boldsymbol{v}^{\mathrm{T}}+\mu t+b\geqslant0$。此时，恒有 $\beta_i\geqslant0$，$\mu\geqslant0$。这是因为，假设 $\exists\beta_i<0$，则可取 $u_i\to+\infty$，此时$[\boldsymbol{u},\boldsymbol{v},t]$仍属于 A，即$[\boldsymbol{u},\boldsymbol{v},t]\in A$。但是，此时 $\boldsymbol{\beta}\boldsymbol{u}^{\mathrm{T}}+\boldsymbol{\alpha}\boldsymbol{v}^{\mathrm{T}}+\mu t+b\to-\infty$。这与 $\boldsymbol{\beta}\boldsymbol{u}^{\mathrm{T}}+\boldsymbol{\alpha}\boldsymbol{v}^{\mathrm{T}}+\mu t+b\geqslant0$ 矛盾。同理，可证 $\mu\geqslant0$。

结合式(8-151)可得，对于 $\forall\boldsymbol{\theta}\in\Theta$，恒有

$$\sum_{i=1}^{m}\beta_i h_i(\boldsymbol{\theta})+\sum_{j=1}^{l}\alpha_j g_j(\boldsymbol{\theta})+\mu f(\boldsymbol{\theta})\geqslant-b \tag{8-160}$$

又因前文已证 $\mu f(\boldsymbol{\theta}^*)\leqslant-b$，所以，

$$\sum_{i=1}^{m}\beta_i h_i(\boldsymbol{\theta})+\sum_{j=1}^{l}\alpha_j g_j(\boldsymbol{\theta})+\mu f(\boldsymbol{\theta})\geqslant-b\geqslant\mu f(\boldsymbol{\theta}^*) \tag{8-161}$$

若 $\mu\neq0$，则显然有

$$f(\boldsymbol{\theta}^*) \leqslant \sum_{i=1}^{m} \frac{\beta_i}{\mu} h_i(\boldsymbol{\theta}) + \sum_{j=1}^{l} \frac{\alpha_j}{\mu} g_j(\boldsymbol{\theta}) + f(\boldsymbol{\theta}) = L\left(\boldsymbol{\theta}, \frac{\boldsymbol{\alpha}}{\mu}, \frac{\boldsymbol{\beta}}{\mu}\right) \tag{8-162}$$

由于 $\boldsymbol{\theta}$ 取值在定义域 Θ 内任意，所以

$$f(\boldsymbol{\theta}^*) \leqslant \min_{\boldsymbol{\theta}\in\Theta} L\left(\boldsymbol{\theta}, \frac{\boldsymbol{\alpha}}{\mu}, \frac{\boldsymbol{\beta}}{\mu}\right) = U_d\left(\frac{\boldsymbol{\alpha}}{\mu}, \frac{\boldsymbol{\beta}}{\mu}\right) \tag{8-163}$$

又前文已证 $\beta_i \geqslant 0$ 且 $\mu \geqslant 0$。也就是说，若 $\mu > 0$，则 $\beta_i/\mu \geqslant 0$。因此，

$$f(\boldsymbol{\theta}^*) \leqslant U_d\left(\frac{\boldsymbol{\alpha}}{\mu}, \frac{\boldsymbol{\beta}}{\mu}\right) \leqslant \max_{\boldsymbol{\alpha}/\mu, \boldsymbol{\beta}/\mu; \beta_i/\mu \geqslant 0} U_d\left(\frac{\boldsymbol{\alpha}}{\mu}, \frac{\boldsymbol{\beta}}{\mu}\right) = d^* \tag{8-164}$$

又由式(8-144)得

$$f(\boldsymbol{\theta}^*) = \min_{\boldsymbol{\theta}\in\Theta} f(\boldsymbol{\theta}) = \min_{\boldsymbol{\theta}\in\Theta}\left(\max_{\boldsymbol{\alpha}, \boldsymbol{\beta}; \beta_i \geqslant 0} L(\boldsymbol{\theta}, \boldsymbol{\alpha}, \boldsymbol{\beta})\right) = p^* \tag{8-165}$$

显然，由式(8-164)与式(8-165)得 $p^* \leqslant d^*$。又由式(8-149)得 $d^* \leqslant p^*$。因此，$d^* = p^*$。

另一方面，若 $\mu = 0$，代入式(8-161)，则对于 $\forall\, \boldsymbol{\theta} \in \Theta$，恒有

$$\sum_{i=1}^{m} \beta_i h_i(\boldsymbol{\theta}) + \sum_{j=1}^{l} \alpha_j g_j(\boldsymbol{\theta}) \geqslant 0 \tag{8-166}$$

又由"Slater 条件"，即条件(6)可得，$\exists\, \hat{\boldsymbol{\theta}} \in \Theta$，使得 $h_i(\hat{\boldsymbol{\theta}}) < 0$ 与 $g_j(\hat{\boldsymbol{\theta}}) = 0$，其中，$i = 1, 2, \cdots, m$，$j = 1, 2, \cdots, l$。考虑 $\boldsymbol{\theta}$ 取值的任意性，将满足条件 $h_i(\hat{\boldsymbol{\theta}}) < 0$ 与 $g_j(\hat{\boldsymbol{\theta}}) = 0$ 的 $\hat{\boldsymbol{\theta}}$ 代入式(8-166)，解得 $\beta_i = 0$。显然，式(8-166)简化为

$$\boldsymbol{\alpha}(\boldsymbol{g}(\boldsymbol{\theta}))^{\mathrm{T}} \geqslant 0 \tag{8-167}$$

其中，$\boldsymbol{g}(\boldsymbol{\theta}) = [g_1(\boldsymbol{\theta}), g_2(\boldsymbol{\theta}), \cdots, g_l(\boldsymbol{\theta})]$。又由条件(3) $g_j(\boldsymbol{\theta}) = \boldsymbol{w}_j \boldsymbol{\theta}^{\mathrm{T}} + b_j$ 可得，

$$\boldsymbol{g}(\boldsymbol{\theta}) = (\boldsymbol{W}\boldsymbol{\theta}^{\mathrm{T}})^{\mathrm{T}} + \boldsymbol{b} = \boldsymbol{\theta}\boldsymbol{W}^{\mathrm{T}} + \boldsymbol{b} \tag{8-168}$$

其中，$\boldsymbol{W} = [\boldsymbol{w}_1^{\mathrm{T}}, \boldsymbol{w}_2^{\mathrm{T}}, \cdots, \boldsymbol{w}_l^{\mathrm{T}}]^{\mathrm{T}}$、$\boldsymbol{b} = [b_1, b_2, \cdots, b_l]$。将式(8-168)代入式(8-167)，可得

$$\boldsymbol{\alpha}(\boldsymbol{\theta}\boldsymbol{W}^{\mathrm{T}} + \boldsymbol{b})^{\mathrm{T}} = \boldsymbol{\alpha}\boldsymbol{W}\boldsymbol{\theta}^{\mathrm{T}} + \boldsymbol{\alpha}\boldsymbol{b}^{\mathrm{T}} = \boldsymbol{p}\boldsymbol{\theta}^{\mathrm{T}} + q \geqslant 0 \tag{8-169}$$

其中，$\boldsymbol{p} = \boldsymbol{\alpha}\boldsymbol{W}$、$q = \boldsymbol{\alpha}\boldsymbol{b}^{\mathrm{T}}$。考虑 $\boldsymbol{\theta}$ 取值的任意性，又由"Slater 条件"，即条件(6)可得，$\exists\, \hat{\boldsymbol{\theta}} \in \Theta$，使得 $g_j(\hat{\boldsymbol{\theta}}) = 0$，即 $g_j(\hat{\boldsymbol{\theta}}) = \boldsymbol{w}_j \hat{\boldsymbol{\theta}}^{\mathrm{T}} + b_j = 0$，其中，$j = 1, 2, \cdots, l$。此时，由式(8-168)可得 $\boldsymbol{g}(\hat{\boldsymbol{\theta}}) = \boldsymbol{0}$。进一步地，代入式(8-169)得 $\boldsymbol{p}\hat{\boldsymbol{\theta}}^{\mathrm{T}} + q = 0$。

由前文可得 $\mu = 0$，且已证明，此等式条件下 $\beta_i = 0$，其中，$i = 1, 2, \cdots, m$。若 $\boldsymbol{\alpha} = \boldsymbol{o}$，则 $[\boldsymbol{\beta}, \boldsymbol{\alpha}, \mu] = \boldsymbol{o}$。这与 3.1.4 节凸集分离定理中分离平面法向量为非零向量相矛盾。也就是说，$\boldsymbol{\alpha} \neq \boldsymbol{o}$，进而 $\boldsymbol{p} = \boldsymbol{\alpha}\boldsymbol{W} \neq \boldsymbol{o}$，也即 $\|\boldsymbol{p}\|_2^2 > 0$。可以证明，对于任意的 $\delta > 0$，总存在一个满足不等式 $\|\Delta\boldsymbol{\theta}\|_2^2 \leqslant \delta$ 条件的向量 $\Delta\boldsymbol{\theta}$，使得 $\boldsymbol{p}(\Delta\boldsymbol{\theta})^{\mathrm{T}} < 0$。这是因为，不妨令 $-\sqrt{\delta}/\|\boldsymbol{p}\|_2 \leqslant c < 0$、$\Delta\boldsymbol{\theta} = c\boldsymbol{p}$，则 $\|\Delta\boldsymbol{\theta}\|_2^2 = c^2 \boldsymbol{p}\boldsymbol{p}^{\mathrm{T}} = c^2 \|\boldsymbol{p}\|_2^2 \leqslant \delta$。此时，$\boldsymbol{p}(\Delta\boldsymbol{\theta})^{\mathrm{T}} = c\boldsymbol{p}\boldsymbol{p}^{\mathrm{T}} < 0$。得证。令 $\widehat{\boldsymbol{\theta}} = \hat{\boldsymbol{\theta}} + \Delta\boldsymbol{\theta}$，则显然 $\widehat{\boldsymbol{\theta}} \in N(\boldsymbol{\theta}, \delta)$。由条件(5)可得，$\widehat{\boldsymbol{\theta}} \in \Theta$。此时，

$$\boldsymbol{p}\widehat{\boldsymbol{\theta}}^{\mathrm{T}} + q = \boldsymbol{p}(\hat{\boldsymbol{\theta}}^{\mathrm{T}} + \Delta\boldsymbol{\theta}^{\mathrm{T}}) + q = \boldsymbol{p}\Delta\boldsymbol{\theta}^{\mathrm{T}} < 0 \tag{8-170}$$

显然，此式与式(8-169)矛盾。也就是说，$\mu = 0$ 不成立。

综上，条件(1)～(6)满足时，强对偶关系成立。

8.10.5 一个实例

由 7.2.7 节与 7.3.6 节可知，支持向量机模型优化是一个典型的不等式条件约束的最优化问题。形式化地，支持向量机模型优化问题可描述为如下最小化问题：

$$\arg\min_{w,b}\frac{1}{2}\boldsymbol{w}\boldsymbol{w}^{\mathrm{T}}$$
$$\text{s.t. } y_i(\boldsymbol{w}\boldsymbol{x}_i^{\mathrm{T}}+b)\geqslant 1\quad i=1,2,\cdots,m \tag{8-171}$$

其中，m 为训练集中样本总数，$y_i=+1$ 或 $y_i=-1$。定义拉格朗日函数

$$L(\boldsymbol{w},b,\boldsymbol{\beta})=\frac{1}{2}\boldsymbol{w}\boldsymbol{w}^{\mathrm{T}}+\sum_{i=1}^{m}\beta_i(1-y_i(\boldsymbol{w}\boldsymbol{x}_i^{\mathrm{T}}+b)) \tag{8-172}$$

其中，$\beta_i\geqslant 0$ 且 $\beta=[\beta_1,\beta_2,\cdots,\beta_m]$。显然，若特征向量维度为 n，则待优化参数定义域为 R^{n+1}。$n+1$ 维的实数空间显然满足强对偶条件(4)、(5)。原目标函数 $f(\boldsymbol{w})=(1/2)\boldsymbol{w}\boldsymbol{w}^{\mathrm{T}}$ 为标准二次型。不难验证，其 Hessian 矩阵为单位阵。由凸函数成立的二阶充要条件可得，原目标函数 $f(\boldsymbol{w})=(1/2)\boldsymbol{w}\boldsymbol{w}^{\mathrm{T}}$ 是凸函数，满足强对偶条件(1)。另一方面，令

$$h_i(\boldsymbol{w},b)=1-y_i(\boldsymbol{w}\boldsymbol{x}_i^{\mathrm{T}}+b) \tag{8-173}$$

显然，$\nabla h_i=-y_i[\boldsymbol{x}_i,1]$。对于 $\forall(\boldsymbol{w}_1,b_1)\in R^{n+1}$ 与 $\forall(\boldsymbol{w}_2,b_2)\in R^{n+1}$ 有

$$\begin{aligned}h_i(\boldsymbol{w}_1,b_1)-h_i(\boldsymbol{w}_2,b_2)&=1-y_i(\boldsymbol{w}_1\boldsymbol{x}_i^{\mathrm{T}}+b_1)-1+y_i(\boldsymbol{w}_2\boldsymbol{x}_i^{\mathrm{T}}+b_2)\\&=y_i(\boldsymbol{w}_2-\boldsymbol{w}_1)\boldsymbol{x}_i^{\mathrm{T}}+y_i(b_2-b_1)\\&=\nabla h_i(\boldsymbol{w}_2,b_2)[\boldsymbol{w}_1-\boldsymbol{w}_2,b_1-b_2]^{\mathrm{T}}\end{aligned} \tag{8-174}$$

也就是说，式(8-173)定义的约束条件函数满足凸函数成立的一阶充要条件，即 $h_i(\boldsymbol{w},b)=1-y_i(\boldsymbol{w}\boldsymbol{x}_i^{\mathrm{T}}+b)$ 是凸的，满足强对偶条件(2)。若支持向量机模型满足"Slater 条件"，即条件(6)，则给定任意 $w\in R^n$，有

$$\begin{cases}b>1-\boldsymbol{w}\boldsymbol{x}_i^{\mathrm{T}}, & y_i=+1\\ b<-1-\boldsymbol{w}\boldsymbol{x}_k^{\mathrm{T}}, & y_k=-1\end{cases} \tag{8-175}$$

有解。显然，当且仅当

$$-1-\boldsymbol{w}\boldsymbol{x}_k^{\mathrm{T}}>1-\boldsymbol{w}\boldsymbol{x}_i^{\mathrm{T}} \tag{8-176}$$

时，式(8-175)有解。此时，

$$\boldsymbol{w}(\boldsymbol{x}_k-\boldsymbol{x}_i)^{\mathrm{T}}<-2 \tag{8-177}$$

不难理解，令

$$\boldsymbol{w}=\rho(\boldsymbol{x}_k^*-\boldsymbol{x}_i^*) \tag{8-178}$$

其中，

$$(\boldsymbol{x}_k^*,\boldsymbol{x}_i^*)=\arg\min_{\boldsymbol{x}_k,\boldsymbol{x}_i}\left(\left\|\boldsymbol{x}_k-\boldsymbol{x}_i\right\|_2^2\right) \tag{8-179}$$

则当

$$\rho<-\frac{2}{d^*} \tag{8-180}$$

时，式(8-175)必然有解。其中，

$$d^*=\operatorname*{argmin}_{\boldsymbol{x}_k,\boldsymbol{x}_i}\left(\left\|\boldsymbol{x}_k-\boldsymbol{x}_i\right\|_2^2\right) \tag{8-181}$$

又因不存在 $\boldsymbol{x}$，既是正样本，又是负样本。因此，$d^* > 0$ 恒成立。所以总存在负实数 ρ 满足式(8-180)。也就是说，支持向量机模型满足强对偶条件(6)。

综上，式(8-172)定义的支持向量机优化模型的无条件约束函数 $L(\boldsymbol{w}, b, \boldsymbol{\beta})$，满足强对偶条件，即

$$\min_{\boldsymbol{w}, b} \max_{\beta_i \geqslant 0} L(\boldsymbol{w}, b, \boldsymbol{\beta}) = \max_{\beta_i \geqslant 0} \min_{\boldsymbol{w}, b} L(\boldsymbol{w}, b, \boldsymbol{\beta}) \tag{8-182}$$

式(8-172)采用直接法，对 $\boldsymbol{w}, b$ 求最优解，得

$$\boldsymbol{w}^* = \sum_{i=1}^{m} \beta_i y_i \boldsymbol{x}_i \tag{8-183}$$

$$\sum_{i=1}^{m} \beta_i y_i = 0 \tag{8-184}$$

代入式(8-172)，得

$$\begin{aligned} U_d(\boldsymbol{\beta}) &= \min_{\boldsymbol{w}, b} L(\boldsymbol{w}, b, \boldsymbol{\beta}) \\ &= \frac{1}{2}\left(\sum_{i=1}^{m} \beta_i y_i \boldsymbol{x}_i\right)\left(\sum_{i=1}^{m} \beta_i y_i \boldsymbol{x}_i\right)^{\mathrm{T}} + \sum_{i=1}^{m} \beta_i - \sum_{i=1}^{m} \sum_{j=1}^{m} \beta_i \beta_j y_i y_j \boldsymbol{x}_j \boldsymbol{x}_i^{\mathrm{T}} \\ &= \sum_{i=1}^{m} \beta_i - \frac{1}{2} \sum_{i=1}^{m} \sum_{j=1}^{m} \beta_i \beta_j y_i y_j \boldsymbol{x}_j \boldsymbol{x}_i^{\mathrm{T}} \end{aligned} \tag{8-185}$$

也就是说，原问题转换为

$$\begin{gathered} \max_{\boldsymbol{\beta}, \beta_i \geqslant 0} U_d(\boldsymbol{\beta}) = \max_{\boldsymbol{\beta}, \beta_i \geqslant 0} \left(\sum_{i=1}^{m} \beta_i - \frac{1}{2} \sum_{i=1}^{m} \sum_{j=1}^{m} \beta_i \beta_j y_i y_j \boldsymbol{x}_j \boldsymbol{x}_i^{\mathrm{T}}\right) \\ \text{s.t.} \sum_{i=1}^{m} \beta_i y_i = 0 \end{gathered} \tag{8-186}$$

等价于

$$\begin{aligned} &\max_{\boldsymbol{\beta}, \beta_i \geqslant 0} U_d(\boldsymbol{\beta}) = \min_{\boldsymbol{\beta}, \beta_i \geqslant 0} (-U_d(\boldsymbol{\beta})) = \min_{\boldsymbol{\beta}, \beta_i \geqslant 0} \left(\frac{1}{2} \sum_{i=1}^{m} \sum_{j=1}^{m} \beta_i \beta_j y_i y_j \boldsymbol{x}_j \boldsymbol{x}_i^{\mathrm{T}} - \sum_{i=1}^{m} \beta_i\right) \\ &\text{s.t.} \sum_{i=1}^{m} \beta_i y_i = 0 \end{aligned} \tag{8-187}$$

不难发现，式(8-187)给出的目标函数是关于 $\boldsymbol{\beta}$ 的二次函数，其等式约束条件 $\sum_{i=1}^{m} \beta_i y_i = 0$ 以及不等式约束条件 $\beta_i \geqslant 0$ 分别与线性函数 $g(\boldsymbol{\beta}) = \sum_{i=1}^{m} \beta_i y_i$ 与 $h_i(\beta_i) = \beta_i$ 相对应，这是典型的“二次规划问题”。除此之外，式(8-187)的复杂度与样本数量 m 直接相关。随着样本量增长，直接对其求解变得不实际。序列最小最优化(Sequential Minimal Optimization，SMO)是快速求解算法中的典型代表。该方法仍采用迭代策略求最优解，每次迭代启发式地选择 β_j 与 β_k 进行优化，其余变量被视作固定值。不难发现，由式(8-187)的约束条件可得

$$\beta_j y_j = -\beta_k y_k - \sum_{i=1 \& i \neq j \& i \neq k}^{m} \beta_i y_i \tag{8-188}$$

代入式(8-187)，原多变量二次规划问题转换为单变量二次规划问题。

有必要指出的是，式(8-187)的最优解 $\boldsymbol{\beta}^* \neq \boldsymbol{o}$。否则，将其代入式(8-183)得，$\boldsymbol{w}^* = \boldsymbol{o}$。

由式(8-139)给出的 KKT 条件可得,若 $\beta_j^* \neq 0$,即 $\beta_j^* > 0$,则 $h_j(\boldsymbol{w}^*, b^*) = 1 - y_j(\boldsymbol{w}^* \boldsymbol{x}_j^{\mathrm{T}} + b^*) = 0$。也就是说,

$$y_j(\boldsymbol{w}^* \boldsymbol{x}_j^{\mathrm{T}} + b^*) = 1 \tag{8-189}$$

由于 $y_j = \pm 1$,所以解得,

$$b^* = y_j - \boldsymbol{w}^* \boldsymbol{x}_j^{\mathrm{T}} \tag{8-190}$$

将 $\boldsymbol{\beta}^*$ 代入式(8-183),得

$$\boldsymbol{w}^* = \sum_{i=1}^{m} \beta_i^* y_i \boldsymbol{x}_i \tag{8-191}$$

进而

$$b^* = y_j - \sum_{i=1}^{m} \beta_i^* y_i \boldsymbol{x}_i \boldsymbol{x}_j^{\mathrm{T}} \tag{8-192}$$

显然,若 $\beta_i^* = 0$,则对应样本 $\boldsymbol{x}_i$ 对最优解无任何贡献。即支持向量机模型的最优解,由 $\beta_j^* \neq 0$ 的样本唯一确定。且此时,$y_j(\boldsymbol{w}^* \boldsymbol{x}_j^{\mathrm{T}} + b^*) = 1$。这也是此模型被称作支持向量机模型的原因。理论上讲,可选取任意满足等式 $y_j(\boldsymbol{w}^* \boldsymbol{x}_j^{\mathrm{T}} + b^*) = 1$ 的支持向量 $\boldsymbol{x}_j$,代入式(8-192)求解线性模型的偏移量 b^*。不难理解,支持向量不可避免地存在差异性,常采用所有支持向量代入式(8-192)解的均值作为偏移量 b^*,即

$$b^* = \frac{1}{\mathrm{card}(J)} \sum_{j \in J} \left(y_j - \sum_{i=1}^{m} \beta_i^* y_i \boldsymbol{x}_i \boldsymbol{x}_j^{\mathrm{T}} \right) \tag{8-193}$$

其中,$J = \{ j \mid \beta_j > 0, j = 1, 2, \cdots, m \}$。由式(8-191)、式(8-192)得,支持向量机求得的最优线性模型为

$$f(x) = \boldsymbol{w}^* \boldsymbol{x}^{\mathrm{T}} + b^* = \sum_{i=1}^{m} \beta_i^* y_i \boldsymbol{x}_i \boldsymbol{x}^{\mathrm{T}} + \frac{1}{\mathrm{card}(J)} \sum_{j \in J} \left(y_j - \sum_{i=1}^{m} \beta_i^* y_i \boldsymbol{x}_i \boldsymbol{x}_j^{\mathrm{T}} \right) \tag{8-194}$$

小结

本章对数据驱动人工智能方法中的目标函数最优化理论与方法做了详细介绍。现对本章核心内容总结如下。

(1) 最优化思想广泛存在于人类社会各活动领域中,与人类日常生活息息相关。

(2) 最优化问题分为无约束优化与约束优化两类。约束优化又分为等式约束优化与不等式约束优化两种。

(3) 为便于讨论,当前的最优化问题一般是凸优化问题。

(4) 若目标函数形式已知,且较为简单,则可采用直接法求其最优解,即解零梯度方程组。

(5) 若目标函数形式复杂,直接求解困难,一般采用迭代法求最优解。

(6) 基于目标函数一阶泰勒展开式的梯度下降法是迭代求解法中的典型代表。最速下降法、批量梯度法、随机梯度法是其变形。

(7) 牛顿法基于目标函数的二阶泰勒展开式,涉及目标函数二阶求导,以及 Hessian 矩阵求逆。

(8) 拟牛顿法采用目标函数一阶导数估计 Hessian 矩阵，并将其估计过程融入迭代求解过程。

(9) 拟牛顿法解决了二阶偏导数构成的 Hessian 矩阵的计算与求逆问题。但是当自变量维度较大时，近似矩阵需要较大的存储空间，且仍然存在的矩阵乘法计算量依旧不小。

(10) 最速下降法不保证每次迭代中选择的最佳方向在之后的迭代过程中不再出现。因此，其存在收敛速度慢，候选解迭代路径存在锯齿现象等问题。

(11) 共轭梯度法避免了牛顿法需要存储和计算 Hessian 矩阵并求逆的缺点，同时克服了最速下降法收敛慢的缺点。

(12) 共轭梯度法搜索方向是负梯度方向与上一次迭代搜索方向的线性组合。后续迭代过程中不会再出现与之相关的方向，很好地避免了最速降法中迭代路径的锯齿现象。

(13) 若目标函数在某些位置导数不存在，引入次梯度，求非处处可导目标函数的最优解。

(14) 坐标下降法将多元目标函数的优化问题，转换为多个一元目标函数的优化问题，是非梯度算法的典型代表。

(15) 构造新目标函数使得可行解域内新目标函数与原目标函数相同，而在可行解域外，新目标函数值远大于原目标函数，则约束优化问题可转换为无约束优化问题。

(16) 若新目标函数求解困难，而其对偶问题容易求解，则可将原始优化问题转换为其对偶的优化问题。

(17) 一般情况下，原问题的最优解与其对偶问题的最优解不相等。

(18) 约束优化问题的最优解满足 KKT 条件。

(19) 一定条件下，对偶原问题的最优解与其对偶问题的最优解相等。

习　　题

(1) 已知目标函数 $f(x,y)=(x-1)^2+3xy+(y-2)^2$，试回答以下问题：

① 求 f'_x、f'_y；

② 求解方程组 $f'_x=f'_y=0$；

③ 给出目标函数的极小值。

(2) 设学习率 η 的候选集为$\{1.0,0.8,0.4,0.2\}$，采用最速梯度降方法，求解目标函数 $f(\boldsymbol{\theta})=\boldsymbol{\theta}\boldsymbol{\theta}^{\mathrm{T}}$ 的最优解，其中，$\boldsymbol{\theta}$ 为 n 维行向量。给定初始解位置 $\boldsymbol{\theta}_0=[5,5,\cdots,5]$，试回答以下问题：

① 给出目标函数的梯度函数；

② 初次迭代时，基于 $\eta_0=\arg\min\limits_{\eta} f(\boldsymbol{\theta}_0-\eta\nabla f(\boldsymbol{\theta}_0))$ 原则，求得的最优学习率是多少？

③ $|f(\boldsymbol{\theta}_k)-f(\boldsymbol{\theta}_{k-1})|<0.05n$ 为迭代终止条件，给出最优解，及求解过程。

(3) 已知目标函数 $f(\boldsymbol{\theta})=\boldsymbol{\theta}\boldsymbol{\theta}^{\mathrm{T}}$，其中，$\boldsymbol{\theta}$ 为 n 维行向量，试回答以下问题：

① 给出目标函数在 $\boldsymbol{\theta}_0=[1,1,\cdots,1]$ 处的 Hessian 矩阵；

② 给出目标函数在 $\boldsymbol{\theta}_0=[1,1,\cdots,1]$ 处的二阶泰勒展开式；

③ 从候选集{1.0,0.8,0.4,0.2}中基于一维线性搜索策略选择最优学习率 η_0。

(4) 试证明秩1修正的自对偶性。

(5) 已知目标函数 $f(x,y)=(x+y)^2/a+(x-y)^2/b$,其中,$a=2$、$b=4$。试回答以下问题:

① 计算[−1,−1]处目标函数值;

② 保持 x 不变,沿 y 轴求目标函数极小值及其位置;

③ 保持 y 不变,沿 x 轴求目标函数极小值及其位置;

④ 重复以上步骤,求目标函数最优解。

(6) 已知模糊聚类目标函数 $f=\sum_{i=1}^{N}\sum_{j=1}^{C}\|\boldsymbol{x}_i-\boldsymbol{c}_j\|_2^2 u_{ij}^2$,其中,$\boldsymbol{x}_i$ 为第 i 个样本,$\boldsymbol{c}_j$ 为第 j 个聚类中心,u_{ij} 为 $\boldsymbol{x}_i$ 隶属于第 j 类的程度,且 $\sum_{j=1}^{C}u_{ij}=1$。试回答以下问题:

① 以上优化问题是否是约束优化问题?是等式约束问题,还是不等式约束问题?

② 给出与题目中优化问题等价的拉格朗日函数;

③ 给出聚类中心与隶属度的更新公式。

参考文献

[1] 同济大学数学系. 高等数学. 第七版. 北京:高等教育出版社,2014.

[2] 袁亚湘,孙文瑜. 计算方法丛书·典藏版(27):最优化理论与方法. 北京:科学出版社,1997.

[3] Dimitri P B. Convex Optimization Algorithms. 北京:清华大学出版社,2016.

[4] 涌井良幸. 深度学习的数学. 杨瑞龙,译. 北京:人民邮电出版社,2019.

[5] 张晓明. 人工智能基础数学知识. 北京:人民邮电出版社,2020.

[6] Ian G, Yoshua B, Aaron C. 深度学习. 赵申剑,黎彧君,符天凡,等译. 北京:人民邮电出版社,2017.

附　　录

由式(8-47)与式(8-48)得式(8-49)的推导过程如下:

$$\boldsymbol{G}_{k+1}=\boldsymbol{G}_k-\frac{\boldsymbol{G}_k\boldsymbol{y}_k^{\mathrm{T}}\boldsymbol{y}_k\boldsymbol{G}_k}{\boldsymbol{s}_k\boldsymbol{y}_k^{\mathrm{T}}+\boldsymbol{y}_k\boldsymbol{G}_k\boldsymbol{y}_k^{\mathrm{T}}}-\frac{\left(\boldsymbol{G}_k-\frac{\boldsymbol{G}_k\boldsymbol{y}_k^{\mathrm{T}}\boldsymbol{y}_k\boldsymbol{G}_k}{\boldsymbol{s}_k\boldsymbol{y}_k^{\mathrm{T}}+\boldsymbol{y}_k\boldsymbol{G}_k\boldsymbol{y}_k^{\mathrm{T}}}\right)(-\boldsymbol{s}_k\boldsymbol{B}_k)^{\mathrm{T}}\frac{\boldsymbol{s}_k\boldsymbol{B}_k}{\boldsymbol{s}_k\boldsymbol{B}_k^{\mathrm{T}}\boldsymbol{s}_k^{\mathrm{T}}}\left(\boldsymbol{G}_k-\frac{\boldsymbol{G}_k\boldsymbol{y}_k^{\mathrm{T}}\boldsymbol{y}_k\boldsymbol{G}_k}{\boldsymbol{s}_k\boldsymbol{y}_k^{\mathrm{T}}+\boldsymbol{y}_k\boldsymbol{G}_k\boldsymbol{y}_k^{\mathrm{T}}}\right)}{1+\frac{\boldsymbol{s}_k\boldsymbol{B}_k}{\boldsymbol{s}_k\boldsymbol{B}_k^{\mathrm{T}}\boldsymbol{s}_k^{\mathrm{T}}}\left(G_k-\frac{\boldsymbol{G}_k\boldsymbol{y}_k^{\mathrm{T}}\boldsymbol{y}_k\boldsymbol{G}_k}{\boldsymbol{s}_k\boldsymbol{y}_k^{\mathrm{T}}+\boldsymbol{y}_k\boldsymbol{G}_k\boldsymbol{y}_k^{\mathrm{T}}}\right)(-\boldsymbol{s}_k\boldsymbol{B}_k)^{\mathrm{T}}}$$

$$=\boldsymbol{G}_k-\frac{\boldsymbol{G}_k\boldsymbol{y}_k^{\mathrm{T}}\boldsymbol{y}_k\boldsymbol{G}_k}{\boldsymbol{s}_k\boldsymbol{y}_k^{\mathrm{T}}+\boldsymbol{y}_k\boldsymbol{G}_k\boldsymbol{y}_k^{\mathrm{T}}}-\frac{\left(\boldsymbol{G}_k-\frac{\boldsymbol{G}_k\boldsymbol{y}_k^{\mathrm{T}}\boldsymbol{y}_k\boldsymbol{G}_k}{\boldsymbol{s}_k\boldsymbol{y}_k^{\mathrm{T}}+\boldsymbol{y}_k\boldsymbol{G}_k\boldsymbol{y}_k^{\mathrm{T}}}\right)(-\boldsymbol{s}_k\boldsymbol{B}_k)^{\mathrm{T}}\boldsymbol{s}_k\boldsymbol{B}_k\left(\boldsymbol{G}_k-\frac{\boldsymbol{G}_k\boldsymbol{y}_k^{\mathrm{T}}\boldsymbol{y}_k\boldsymbol{G}_k}{\boldsymbol{s}_k\boldsymbol{y}_k^{\mathrm{T}}+\boldsymbol{y}_k\boldsymbol{G}_k\boldsymbol{y}_k^{\mathrm{T}}}\right)}{\boldsymbol{s}_k\boldsymbol{B}_k^{\mathrm{T}}\boldsymbol{s}_k^{\mathrm{T}}+\boldsymbol{s}_k\boldsymbol{B}_k\left(\boldsymbol{G}_k-\frac{\boldsymbol{G}_k\boldsymbol{y}_k^{\mathrm{T}}\boldsymbol{y}_k\boldsymbol{G}_k}{\boldsymbol{s}_k\boldsymbol{y}_k^{\mathrm{T}}+\boldsymbol{y}_k\boldsymbol{G}_k\boldsymbol{y}_k^{\mathrm{T}}}\right)(-\boldsymbol{s}_k\boldsymbol{B}_k)^{\mathrm{T}}}$$

$$=\boldsymbol{G}_k-\frac{\boldsymbol{G}_k\boldsymbol{y}_k^{\mathrm{T}}\boldsymbol{y}_k\boldsymbol{G}_k}{\boldsymbol{s}_k\boldsymbol{y}_k^{\mathrm{T}}+\boldsymbol{y}_k\boldsymbol{G}_k\boldsymbol{y}_k^{\mathrm{T}}}-\frac{\left(-\boldsymbol{G}_k\boldsymbol{G}_k^{-1}\boldsymbol{s}_k^{\mathrm{T}}+\frac{\boldsymbol{G}_k\boldsymbol{y}_k^{\mathrm{T}}\boldsymbol{y}_k\boldsymbol{G}_k\boldsymbol{G}_k^{-1}\boldsymbol{s}_k^{\mathrm{T}}}{\boldsymbol{s}_k\boldsymbol{y}_k^{\mathrm{T}}+\boldsymbol{y}_k\boldsymbol{G}_k\boldsymbol{y}_k^{\mathrm{T}}}\right)\left(\boldsymbol{s}_k\boldsymbol{G}_k^{-1}\boldsymbol{G}_k-\frac{\boldsymbol{s}_k\boldsymbol{G}_k^{-1}\boldsymbol{G}_k\boldsymbol{y}_k^{\mathrm{T}}\boldsymbol{y}_k\boldsymbol{G}_k}{\boldsymbol{s}_k\boldsymbol{y}_k^{\mathrm{T}}+\boldsymbol{y}_k\boldsymbol{G}_k\boldsymbol{y}_k^{\mathrm{T}}}\right)}{\boldsymbol{s}_k\boldsymbol{G}_k^{-1}\boldsymbol{s}_k^{\mathrm{T}}+\boldsymbol{s}_k\boldsymbol{G}_k^{-1}\left(-\boldsymbol{G}_k\boldsymbol{G}_k^{-1}\boldsymbol{s}_k^{\mathrm{T}}+\frac{\boldsymbol{G}_k\boldsymbol{y}_k^{\mathrm{T}}\boldsymbol{y}_k\boldsymbol{G}_k\boldsymbol{G}_k^{-1}\boldsymbol{s}_k^{\mathrm{T}}}{\boldsymbol{s}_k\boldsymbol{y}_k^{\mathrm{T}}+\boldsymbol{y}_k\boldsymbol{G}_k\boldsymbol{y}_k^{\mathrm{T}}}\right)}$$

$$= G_k - \frac{G_k y_k^{\mathrm{T}} y_k G_k}{s_k y_k^{\mathrm{T}} + y_k G_k y_k^{\mathrm{T}}} - \frac{\left(-s_k^{\mathrm{T}} + \frac{G_k y_k^{\mathrm{T}} y_k s_k^{\mathrm{T}}}{s_k y_k^{\mathrm{T}} + y_k G_k y_k^{\mathrm{T}}}\right)\left(s_k - \frac{s_k y_k^{\mathrm{T}} y_k G_k}{s_k y_k^{\mathrm{T}} + y_k G_k y_k^{\mathrm{T}}}\right)}{s_k G_k^{-1} s_k^{\mathrm{T}} + s_k G_k^{-1}\left(-s_k^{\mathrm{T}} + \frac{G_k y_k^{\mathrm{T}} y_k s_k^{\mathrm{T}}}{s_k y_k^{\mathrm{T}} + y_k G_k y_k^{\mathrm{T}}}\right)}$$

$$= G_k - \frac{G_k y_k^{\mathrm{T}} y_k G_k}{s_k y_k^{\mathrm{T}} + y_k G_k y_k^{\mathrm{T}}} + \frac{\left(s_k - \frac{s_k y_k^{\mathrm{T}} y_k G_k}{s_k y_k^{\mathrm{T}} + y_k G_k y_k^{\mathrm{T}}}\right)^{\mathrm{T}}\left(s_k - \frac{s_k y_k^{\mathrm{T}} y_k G_k}{s_k y_k^{\mathrm{T}} + y_k G_k y_k^{\mathrm{T}}}\right)}{s_k G_k^{-1} s_k^{\mathrm{T}} + s_k G_k^{-1}\left(-s_k^{\mathrm{T}} + \frac{G_k y_k^{\mathrm{T}} y_k s_k^{\mathrm{T}}}{s_k y_k^{\mathrm{T}} + y_k G_k y_k^{\mathrm{T}}}\right)}$$

$$G_{k+1} = G_k - \frac{G_k y_k^{\mathrm{T}} y_k G_k}{s_k y_k^{\mathrm{T}} + y_k G_k y_k^{\mathrm{T}}} + \frac{\left(s_k - \frac{s_k y_k^{\mathrm{T}} y_k G_k}{s_k y_k^{\mathrm{T}} + y_k G_k y_k^{\mathrm{T}}}\right)^{\mathrm{T}}\left(s_k - \frac{s_k y_k^{\mathrm{T}} y_k G_k}{s_k y_k^{\mathrm{T}} + y_k G_k y_k^{\mathrm{T}}}\right)}{\frac{s_k y_k^{\mathrm{T}} y_k s_k^{\mathrm{T}}}{s_k y_k^{\mathrm{T}} + y_k G_k y_k^{\mathrm{T}}}}$$

$$= G_k - \frac{G_k y_k^{\mathrm{T}} y_k G_k}{s_k y_k^{\mathrm{T}} + y_k G_k y_k^{\mathrm{T}}} + \frac{(s_k^{\mathrm{T}} s_k y_k^{\mathrm{T}} + s_k^{\mathrm{T}} y_k G_k y_k^{\mathrm{T}} - G_k y_k^{\mathrm{T}} y_k s_k^{\mathrm{T}})\left(s_k - \frac{s_k y_k^{\mathrm{T}} y_k G_k}{s_k y_k^{\mathrm{T}} + y_k G_k y_k^{\mathrm{T}}}\right)}{s_k y_k^{\mathrm{T}} y_k s_k^{\mathrm{T}}}$$

$$= G_k - \frac{G_k y_k^{\mathrm{T}} y_k G_k}{s_k y_k^{\mathrm{T}} + y_k G_k y_k^{\mathrm{T}}} + \left(\frac{s_k^{\mathrm{T}}}{y_k s_k^{\mathrm{T}}} + \frac{s_k^{\mathrm{T}} y_k G_k y_k^{\mathrm{T}}}{s_k y_k^{\mathrm{T}} y_k s_k^{\mathrm{T}}} - \frac{G_k y_k^{\mathrm{T}}}{s_k y_k^{\mathrm{T}}}\right)\left(s_k - \frac{s_k y_k^{\mathrm{T}} y_k G_k}{s_k y_k^{\mathrm{T}} + y_k G_k y_k^{\mathrm{T}}}\right)$$

$$= G_k - \frac{G_k y_k^{\mathrm{T}} y_k G_k}{s_k y_k^{\mathrm{T}} + y_k G_k y_k^{\mathrm{T}}} + \left(\frac{s_k^{\mathrm{T}} s_k}{y_k s_k^{\mathrm{T}}} + \frac{s_k^{\mathrm{T}} y_k G_k y_k^{\mathrm{T}} s_k}{s_k y_k^{\mathrm{T}} y_k s_k^{\mathrm{T}}} - \frac{G_k y_k^{\mathrm{T}} s_k}{s_k y_k^{\mathrm{T}}} - \frac{s_k^{\mathrm{T}} s_k y_k^{\mathrm{T}} y_k G_k}{y_k s_k^{\mathrm{T}}(s_k y_k^{\mathrm{T}} + y_k G_k y_k^{\mathrm{T}})} - \frac{s_k^{\mathrm{T}} y_k G_k y_k^{\mathrm{T}} s_k y_k^{\mathrm{T}} y_k G_k}{s_k y_k^{\mathrm{T}} y_k s_k^{\mathrm{T}}(s_k y_k^{\mathrm{T}} + y_k G_k y_k^{\mathrm{T}})} + \frac{G_k y_k^{\mathrm{T}} s_k y_k^{\mathrm{T}} y_k G_k}{s_k y_k^{\mathrm{T}}(s_k y_k^{\mathrm{T}} + y_k G_k y_k^{\mathrm{T}})}\right)$$

$$= G_k - \frac{G_k y_k^{\mathrm{T}} y_k G_k}{s_k y_k^{\mathrm{T}} + y_k G_k y_k^{\mathrm{T}}} + \left(\frac{s_k^{\mathrm{T}} s_k}{y_k s_k^{\mathrm{T}}} + \frac{s_k^{\mathrm{T}} y_k G_k y_k^{\mathrm{T}} s_k}{s_k y_k^{\mathrm{T}} y_k s_k^{\mathrm{T}}} - \frac{G_k y_k^{\mathrm{T}} s_k}{s_k y_k^{\mathrm{T}}} - \frac{s_k^{\mathrm{T}} s_k y_k^{\mathrm{T}} y_k G_k}{y_k s_k^{\mathrm{T}}(s_k y_k^{\mathrm{T}} + y_k G_k y_k^{\mathrm{T}})} - \frac{s_k^{\mathrm{T}} y_k G_k y_k^{\mathrm{T}} y_k G_k}{y_k s_k^{\mathrm{T}}(s_k y_k^{\mathrm{T}} + y_k G_k y_k^{\mathrm{T}})} + \frac{G_k y_k^{\mathrm{T}} y_k G_k}{(s_k y_k^{\mathrm{T}} + y_k G_k y_k^{\mathrm{T}})}\right)$$

$$= G_k + \frac{s_k^{\mathrm{T}} s_k}{y_k s_k^{\mathrm{T}}} + \frac{s_k^{\mathrm{T}} y_k G_k y_k^{\mathrm{T}} s_k}{s_k y_k^{\mathrm{T}} y_k s_k^{\mathrm{T}}} - \frac{G_k y_k^{\mathrm{T}} s_k}{s_k y_k^{\mathrm{T}}} - \frac{s_k^{\mathrm{T}} s_k y_k^{\mathrm{T}} y_k G_k}{y_k s_k^{\mathrm{T}}(s_k y_k^{\mathrm{T}} + y_k G_k y_k^{\mathrm{T}})} - \frac{s_k^{\mathrm{T}} y_k G_k y_k^{\mathrm{T}} y_k G_k}{y_k s_k^{\mathrm{T}}(s_k y_k^{\mathrm{T}} + y_k G_k y_k^{\mathrm{T}})}$$

$$= G_k + \frac{s_k^{\mathrm{T}} s_k}{y_k s_k^{\mathrm{T}}} + \frac{s_k^{\mathrm{T}} y_k G_k y_k^{\mathrm{T}} s_k}{s_k y_k^{\mathrm{T}} y_k s_k^{\mathrm{T}}} - \frac{G_k y_k^{\mathrm{T}} s_k}{s_k y_k^{\mathrm{T}}} - \left(\frac{s_k^{\mathrm{T}}(s_k y_k^{\mathrm{T}} + y_k G_k y_k^{\mathrm{T}}) y_k G_k}{y_k s_k^{\mathrm{T}}(s_k y_k^{\mathrm{T}} + y_k G_k y_k^{\mathrm{T}})}\right)$$

$$= G_k + \frac{s_k^{\mathrm{T}} s_k}{y_k s_k^{\mathrm{T}}} + \frac{s_k^{\mathrm{T}} y_k G_k y_k^{\mathrm{T}} s_k}{s_k y_k^{\mathrm{T}} y_k s_k^{\mathrm{T}}} - \frac{G_k y_k^{\mathrm{T}} s_k}{s_k y_k^{\mathrm{T}}} - \frac{s_k^{\mathrm{T}} y_k G_k}{y_k s_k^{\mathrm{T}}}$$

$$= G_k + \left(1 + \frac{y_k G_k y_k^{\mathrm{T}}}{s_k y_k^{\mathrm{T}}}\right)\frac{s_k^{\mathrm{T}} s_k}{y_k s_k^{\mathrm{T}}} - \frac{G_k y_k^{\mathrm{T}} s_k + s_k^{\mathrm{T}} y_k G_k}{s_k y_k^{\mathrm{T}}}$$

由式(8-49)得式(8-50)的推导过程如下：

$$G_{k+1} = G_k + \left(1 + \frac{y_k G_k y_k^{\mathrm{T}}}{s_k y_k^{\mathrm{T}}}\right)\frac{s_k^{\mathrm{T}} s_k}{y_k s_k^{\mathrm{T}}} - \frac{G_k y_k^{\mathrm{T}} s_k + s_k^{\mathrm{T}} y_k G_k}{s_k y_k^{\mathrm{T}}}$$

$$= \boldsymbol{G}_k + \left(\frac{\boldsymbol{s}_k^{\mathrm{T}}\boldsymbol{s}_k}{\boldsymbol{y}_k\boldsymbol{s}_k^{\mathrm{T}}} + \frac{\boldsymbol{y}_k\boldsymbol{G}_k\boldsymbol{y}_k^{\mathrm{T}}\boldsymbol{s}_k^{\mathrm{T}}\boldsymbol{s}_k}{\boldsymbol{s}_k\boldsymbol{y}_k^{\mathrm{T}}\boldsymbol{y}_k\boldsymbol{s}_k^{\mathrm{T}}}\right) + \frac{(\boldsymbol{s}_k^{\mathrm{T}} - \boldsymbol{G}_k\boldsymbol{y}_k^{\mathrm{T}})\boldsymbol{s}_k + \boldsymbol{s}_k^{\mathrm{T}}(\boldsymbol{s}_k - \boldsymbol{y}_k\boldsymbol{G}_k)}{\boldsymbol{s}_k\boldsymbol{y}_k^{\mathrm{T}}} - \frac{2\boldsymbol{s}_k^{\mathrm{T}}\boldsymbol{s}_k}{\boldsymbol{s}_k\boldsymbol{y}_k^{\mathrm{T}}}$$

$$= \boldsymbol{G}_k + \left(-\frac{\boldsymbol{s}_k^{\mathrm{T}}\boldsymbol{s}_k}{\boldsymbol{y}_k\boldsymbol{s}_k^{\mathrm{T}}} + \frac{\boldsymbol{y}_k\boldsymbol{G}_k\boldsymbol{y}_k^{\mathrm{T}}\boldsymbol{s}_k^{\mathrm{T}}\boldsymbol{s}_k}{\boldsymbol{s}_k\boldsymbol{y}_k^{\mathrm{T}}\boldsymbol{y}_k\boldsymbol{s}_k^{\mathrm{T}}}\right) + \frac{(\boldsymbol{s}_k - \boldsymbol{y}_k\boldsymbol{G}_k)^{\mathrm{T}}\boldsymbol{s}_k + \boldsymbol{s}_k^{\mathrm{T}}(\boldsymbol{s}_k - \boldsymbol{y}_k\boldsymbol{G}_k)}{\boldsymbol{s}_k\boldsymbol{y}_k^{\mathrm{T}}}$$

$$= \boldsymbol{G}_k + \frac{(\boldsymbol{s}_k - \boldsymbol{y}_k\boldsymbol{G}_k)^{\mathrm{T}}\boldsymbol{s}_k + \boldsymbol{s}_k^{\mathrm{T}}(\boldsymbol{s}_k - \boldsymbol{y}_k\boldsymbol{G}_k)}{\boldsymbol{s}_k\boldsymbol{y}_k^{\mathrm{T}}} - \left(\frac{\boldsymbol{s}_k\boldsymbol{y}_k^{\mathrm{T}}\boldsymbol{s}_k^{\mathrm{T}}\boldsymbol{s}_k}{(\boldsymbol{s}_k\boldsymbol{y}_k^{\mathrm{T}})^2} - \frac{\boldsymbol{y}_k\boldsymbol{G}_k\boldsymbol{y}_k^{\mathrm{T}}\boldsymbol{s}_k^{\mathrm{T}}\boldsymbol{s}_k}{(\boldsymbol{s}_k\boldsymbol{y}_k^{\mathrm{T}})^2}\right)$$

$$= \boldsymbol{G}_k + \frac{(\boldsymbol{s}_k - \boldsymbol{y}_k\boldsymbol{G}_k)^{\mathrm{T}}\boldsymbol{s}_k + \boldsymbol{s}_k^{\mathrm{T}}(\boldsymbol{s}_k - \boldsymbol{y}_k\boldsymbol{G}_k)}{\boldsymbol{s}_k\boldsymbol{y}_k^{\mathrm{T}}} - \left(\frac{(\boldsymbol{s}_k - \boldsymbol{y}_k\boldsymbol{G}_k)\boldsymbol{y}_k^{\mathrm{T}}}{(\boldsymbol{s}_k\boldsymbol{y}_k^{\mathrm{T}})^2}\right)\boldsymbol{s}_k^{\mathrm{T}}\boldsymbol{s}_k$$

由式(8-49)得式(8-51)的推导过程如下：

$$\begin{aligned}
\boldsymbol{G}_{k+1} &= \boldsymbol{G}_k + \left(1 + \frac{\boldsymbol{y}_k\boldsymbol{G}_k\boldsymbol{y}_k^{\mathrm{T}}}{\boldsymbol{s}_k\boldsymbol{y}_k^{\mathrm{T}}}\right)\frac{\boldsymbol{s}_k^{\mathrm{T}}\boldsymbol{s}_k}{\boldsymbol{y}_k\boldsymbol{s}_k^{\mathrm{T}}} - \frac{\boldsymbol{G}_k\boldsymbol{y}_k^{\mathrm{T}}\boldsymbol{s}_k + \boldsymbol{s}_k^{\mathrm{T}}\boldsymbol{y}_k\boldsymbol{G}_k}{\boldsymbol{s}_k\boldsymbol{y}_k^{\mathrm{T}}} \\
&= \boldsymbol{G}_k - \frac{\boldsymbol{y}_k^{\mathrm{T}}\boldsymbol{s}_k\boldsymbol{G}_k}{\boldsymbol{s}_k\boldsymbol{y}_k^{\mathrm{T}}} - \frac{\boldsymbol{s}_k^{\mathrm{T}}\boldsymbol{y}_k\boldsymbol{G}_k}{\boldsymbol{s}_k\boldsymbol{y}_k^{\mathrm{T}}} + \frac{\boldsymbol{y}_k\boldsymbol{G}_k\boldsymbol{y}_k^{\mathrm{T}}\boldsymbol{s}_k^{\mathrm{T}}\boldsymbol{s}_k}{\boldsymbol{s}_k\boldsymbol{y}_k^{\mathrm{T}}\boldsymbol{s}_k\boldsymbol{y}_k^{\mathrm{T}}} + \frac{\boldsymbol{s}_k^{\mathrm{T}}\boldsymbol{s}_k}{\boldsymbol{y}_k\boldsymbol{s}_k^{\mathrm{T}}} \\
&= \boldsymbol{G}_k - \frac{\boldsymbol{y}_k^{\mathrm{T}}\boldsymbol{s}_k\boldsymbol{G}_k}{\boldsymbol{s}_k\boldsymbol{y}_k^{\mathrm{T}}} - \frac{\boldsymbol{s}_k^{\mathrm{T}}\boldsymbol{y}_k\boldsymbol{G}_k}{\boldsymbol{s}_k\boldsymbol{y}_k^{\mathrm{T}}} + \frac{\boldsymbol{s}_k^{\mathrm{T}}\boldsymbol{y}_k\boldsymbol{G}_k\boldsymbol{y}_k^{\mathrm{T}}\boldsymbol{s}_k}{\boldsymbol{s}_k\boldsymbol{y}_k^{\mathrm{T}}\boldsymbol{s}_k\boldsymbol{y}_k^{\mathrm{T}}} + \frac{\boldsymbol{s}_k^{\mathrm{T}}\boldsymbol{s}_k}{\boldsymbol{y}_k\boldsymbol{s}_k^{\mathrm{T}}} \\
&= \left(\boldsymbol{E} - \frac{\boldsymbol{y}_k^{\mathrm{T}}\boldsymbol{s}_k}{\boldsymbol{s}_k\boldsymbol{y}_k^{\mathrm{T}}}\right)\boldsymbol{G}_k\left(\boldsymbol{E} - \frac{\boldsymbol{s}_k^{\mathrm{T}}\boldsymbol{y}_k}{\boldsymbol{s}_k\boldsymbol{y}_k^{\mathrm{T}}}\right) + \frac{\boldsymbol{s}_k^{\mathrm{T}}\boldsymbol{s}_k}{\boldsymbol{y}_k\boldsymbol{s}_k^{\mathrm{T}}}
\end{aligned}$$

第9章

核函数映射

对待识别对象进行分类是人工智能模拟人类智能的基本方法。由于复杂模型设计、求解难度大,并且易导致待识别对象特征数据过拟合问题,简单直接的线性分类模型成为人工智能领域研究热点。对于非线性可分问题,线性分类可采用两种应对策略：一是多个线性分类函数组合在一起构成非线性模型,二是将非线性可分问题转换为线性可分问题。多层神经网络是前者的典型代表。它将多个线性分类模型组合在一起构成更复杂的复合模型,从而实现对特征数据分布表现出非线性可分特性的待识别对象的分类。不难理解,多线性模型复合的结果是模型复杂度提升,求解难度加大,实现起来更加困难。与之不同的是,后者将描述非线性可分对象特征的向量变换到更高维度,以期望在高维特征空间内待识别对象是线性可分的。幸运的是,可以证明,待识别对象个数一定的前提下,特征向量维度越高,待识别对象线性可分的可能性越大。实际上,待识别对象的特征向量分布满足一定限制条件时,若特征维度大于待识别对象个数,则待识别对象肯定线性可分。不幸的是,分类问题的根本是相似度比较,需要计算描述待识别对象特征的向量之间的距离,用于评定待识别对象之间的相似程度。不难理解,特征维度的增长,必然导致计算代价的提升。核函数映射方法为以上矛盾的解决提供了一种有效途径。满足一定约束条件的核函数,可以在基本不增加计算量的前提下,在原低维空间计算得到与高维空间保持一致的待识别对象相互间的相似度距离。接下来,本章将重点介绍核函数映射相关内容。

9.1 线性不可分问题

人工智能分类识别方法的有效性通常建立在待识别对象线性可分的前提下。在这一前提条件下,描述待分类对象特征的 n 维向量可用低一维超平面($n>3$)划分为两类。需要指出的是,$n=3,2,1$ 时,超平面退化为面、线、点。不难理解,待识别对象线性可分的前提假设,限制了人工智能分类识别方法的应用场景。因为现实生活中许多待解决问题是无法用一个低一维超平面将待识别对象完美分开的。如图 9-1(a)所示,我们无法用一个点(零维)来界定数轴上的一个闭区间与其他数值段。类似地,我们也无法用一条直线(一维)来区分

图 9-1(b)中的圆点数据与方块数据。也就是说，这些数据都不具备线性可分性，是线性不可分的。

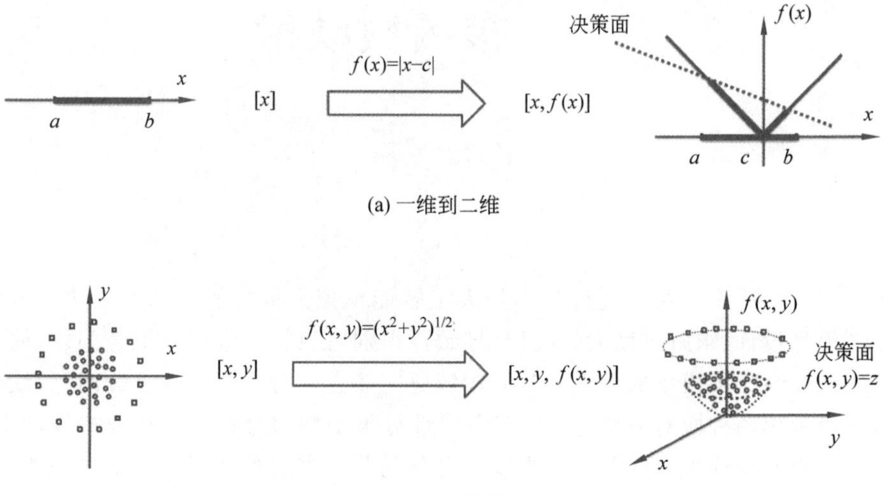

(a) 一维到二维

(b) 二维到三维

图 9-1 线性不可分问题的升一维处理

> **注** 我们的目的是讨论待识别对象的线性可分性，而不是分为几类的问题。除非特意指出，本章内容均围绕二分类问题展开。这样取舍的另一个原因是，二分方法是多分类方法的基础。许多二分类方法改进后可直接用于解决多分类问题。

为了仍采用线性模型实现对线性不可分问题中待识别对象的正确分类，一种有效的方法是设计一个非线性映射函数 Φ，将待识别对象的长度为 n 的特征向量 $\boldsymbol{x}$ 映射到更高维度的空间中，形成描述该对象特征的长度为 m 的新向量 $\boldsymbol{y}$，其中 $m>n$。虽然原特征向量 $\boldsymbol{x}$ 在 n 维空间中是线性不可分的，但是新的特征向量 $\boldsymbol{y}$ 在 m 维空间中是线性可分的。图 9-1 分别给出一维、二维线性不可分特征向量，通过特定的非线性函数映射后，新特征向量在高维特征空间中具备线性可分性的例子。具体地，如图 9-1(a)所示，对于一维特征空间，部分待识别对象的特征分布在$(a \to b)$开区间，其余对象的特征分布于$(-\infty \to a)$与$(b \to \infty)$开区间。不难发现，无法找到一个零维分类点，使得两部分对象的特征被完美分开。设计非线性函数 $\Phi(x)=[x,|x-c|]$，令 $y=|x-c|$，则变换后的特征值在二维空间构成如图 9-1(a)所示的两条相交于 $x=c$ 点的直线，其中，$c \in (a \to b)$。这两条直线的方程分别为 $x+y-c=0$ 与 $x-y-c=0$。需要指出的是，对于 $x \in (a \to b)$ 的特征，这两条直线方程的定义域分别为 $x \in (a \to c]$ 与 $x \in (c \to b)$；对于 $x \in (-\infty \to a) \cup (b \to \infty)$ 的特征，这两条直线方程的定义域分别为$(-\infty \to a)$与$(b \to \infty)$。不难理解，非线性函数 $\Phi(x)=[x,|x-c|]$映射后的特征向量可由经过二维空间点$[a,c-a]$与$[b,b-c]$的直线分为两类，如图 9-1(a)虚线所示。如图 9-1(b)所示，对于二维特征空间，部分待识别对象的特征分布在与原点欧氏距离小于或等于 r 的圆形区域内，在图中用空心圆点表示。

其余对象的特征分布于距原点欧氏距离等于 R 的圆上，在图中用空心方块表示，其中，$R>r$。不难发现，在此二维特征空间内无法找到一条直线，使得两部分对象的特征被完美分开。设计非线性函数 $\Phi(x,y)=[x,y,\sqrt{x^2+y^2}]$，令 $z=\sqrt{x^2+y^2}$，则变换后的特征值分别落在 $x^2+y^2<r^2$ 且 $0\leqslant z<r$ 区域内或落在 $z=R$ 的二维平面内满足方程 $x^2+y^2=R^2$ 的圆上。显然，非线性函数 $\Phi(x,y)=[x,y,\sqrt{x^2+y^2}]$映射后的三维特征向量可由 $z=(r+R)/2$ 平面分为两类。需要指出的是，在映射后构成的特征空间中过点 $z\in(r\rightarrow R)$ 将待识别对象完美分为两类的平面不止 $z=(r+R)/2$ 平面一个。

注

需要指出的是，线性映射函数不能改变特征向量的线性可分性。这是因为，旋转、缩放、平移操作并不改变原来线性不可分特征向量之间的分布特性。另外，图 9-1 所举例子中的映射函数比较简单直观。在实际应用过程中，设计一个有效的从低维空间到高维空间的非线性映射函数并不是一件容易的事。

9.2 Cover 定理

图 9-1 只是给出了两个低维特征空间线性不可分的对象映射到高维特征空间后变得线性可分的例子。在现实生活中，线性不可分问题普遍存在。那么，对于任意一组线性不可分的特征向量，是否总能找到一个向更高维特征空间映射的非线性函数，使得待识别对象在映射结果构成的高维特征空间中变得线性可分呢？Cover 定理给出了肯定答案。有必要说明的是，这一定理又被称作函数计算定理(Function Counting Theorem)。本节将详细介绍 Cover 定理。

9.2.1 普通位置向量集

提升描述待识别对象的特征向量维度，可增强其线性可分性，是有前提条件的。这一约束条件就是提升维度后的特征向量应尽可能多地位于特征空间内的普通位置上。这是由于，待识别对象线性可分概率与在特征空间内位于普通位置的特征向量子集的规模有关。有必要说明的是，特征空间原点确定的前提下，一个特征向量与空间内一点对应。这一点的坐标值与特征向量分量值对应相等。那么，位于 n 维特征空间普通位置上的向量集合指的是，不存在规模为 $n+1$ 的该向量集合的子集，使得子集内向量对应特征空间的坐标点落入同一 $n-1$ 维的超平面内。否则，称该特征向量集合位于非普通位置。为便于理解，图 9-2 对二维特征空间中普通位置点集与非普通位置点集分别给出一个示例。

9.2.2 维度与线性可分的关系

设待识别对象共有 $m-1$ 个，其特征向量维度为 n。设第 i 个对象的特征向量为 $\boldsymbol{x}_i=[x_{i,1},x_{i,2},\cdots,x_{i,n}]$，其中，$i=1,2,\cdots,m-1$。将所有对象的特征向量写成矩阵形式，得 $\boldsymbol{A}=[\boldsymbol{x}_1^{\mathrm{T}},\boldsymbol{x}_2^{\mathrm{T}},\cdots,\boldsymbol{x}_{m-1}^{\mathrm{T}}]^{\mathrm{T}}$。若将每个行向量 $\boldsymbol{x}_i=[x_{i,1},x_{i,2},\cdots,x_{i,n}]$视作一个整体，则

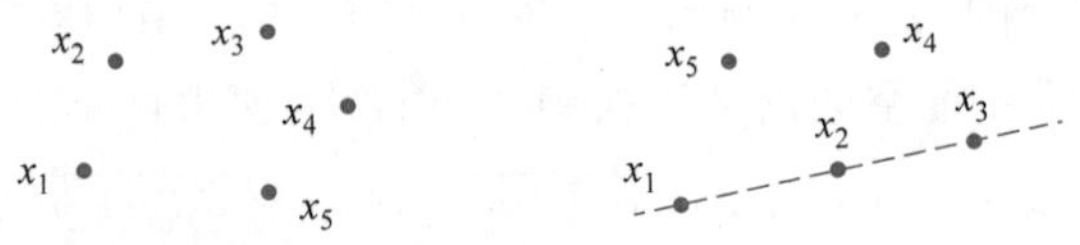

(a) 普通位置　　(b) 非普通位置

图 9-2　二维特征空间中向量点的位置关系

矩阵 $\boldsymbol{A}$ 与 n 维空间 $m-1$ 个点对应，记作 $\boldsymbol{x}_i$，其中，$i=1,2,\cdots,m-1$。具体地，此时 n 维空间中的 $m-1$ 个点正好与待识别的 $m-1$ 个对象一一对应。

对于二分类问题，可将每个点 $\boldsymbol{x}_i$ 对应的待识别对象划归“正”类，也可将其划归“负”类。不难理解，若这 $m-1$ 个向量构成的点集$\{\boldsymbol{x}_1,\boldsymbol{x}_2,\cdots,\boldsymbol{x}_{m-1}\}$是 n 维特征空间的一个普通位置点集。对于 n 维特征空间中的 $m-1$ 个对象来说，最多拥有 2^{m-1} 种划分。设其中可由 $n-1$ 维超平面完成等同划分的情况共有 $C(m-1,n)$ 种。设这个普通位置点集增加新点 $\boldsymbol{x}_m=[x_{m,1},x_{m,2},\cdots,x_{m,n}]$后，仍是 n 维特征空间的一个普通位置点集，并将此时这 m 个点线性可分的情况记作 $C(m,n)$ 种。

对于新加入的特征点 $\boldsymbol{x}_m$ 来说，其与已知的 $C(m-1,n)$ 个 $n-1$ 维超平面的空间位置关系有两种。一种是超平面正好经过该点，也就是说，该点在超平面上；另一种是新点不在超平面上，而是位于超平面的任意一侧。设属于第一种情况的超平面共有 d 个。对于这 d 个超平面来说，无论新加入的特征点 $\boldsymbol{x}_m$ 属于“正”类，还是“负”类，原超平面均不能对这 m 个对象实现线性划分。由于新点加入后，向量点集$\{\boldsymbol{x}_1,\boldsymbol{x}_2,\cdots,\boldsymbol{x}_m\}$仍是 n 维特征空间的一个普通位置点集，所以，将这原来的 d 个超平面各自向某一侧平移一个很小的距离，就可以在 n 维空间实现向量点集$\{\boldsymbol{x}_1,\boldsymbol{x}_2,\cdots,\boldsymbol{x}_m\}$的线性划分。又因为新加入的点可能是“正”类，此时超平面向法向量相反的方向平移；也可能是“负”类，此时超平面向法向量所指方向平移。所以，此时对于这 m 个点来说线性可分的情况有 $2d$ 种。

对于其余 $C(m-1,n)-d$ 个超平面来说，若新加入的特征点 $\boldsymbol{x}_m$ 属于“正”类，并且超平面将其划分为“正”类，或者新加入的特征点 $\boldsymbol{x}_m$ 属于“负”类，并且超平面将其划分为“负”类，则该超平面仍可实现向量点集$\{\boldsymbol{x}_1,\boldsymbol{x}_2,\cdots,\boldsymbol{x}_m\}$的线性划分。反之，若超平面不能够对特征点 $\boldsymbol{x}_m$ 实现正确划分，则该超平面不能实现向量点集$\{\boldsymbol{x}_1,\boldsymbol{x}_2,\cdots,\boldsymbol{x}_m\}$的线性划分。也就是说，对于向量点集$\{\boldsymbol{x}_1,\boldsymbol{x}_2,\cdots,\boldsymbol{x}_m\}$来说，线性可分情况仍为 $C(m-1,n)-d$ 种。

接下来的问题是，经过新加入点 $\boldsymbol{x}_m$，且能实现原向量点集$\{\boldsymbol{x}_1,\boldsymbol{x}_2,\cdots,\boldsymbol{x}_{m-1}\}$线性分类的超平面有多少个？也就是说，$d$ 的取值为多少？分类超平面过新加入点 $\boldsymbol{x}_m$，相当于线性分类原 $m-1$ 个向量点$\{\boldsymbol{x}_1,\boldsymbol{x}_2,\cdots,\boldsymbol{x}_{m-1}\}$时，要求分类面过 n 维空间定点 $\boldsymbol{x}_m$。这相当于在低一维空间中对原 $m-1$ 个向量点$\{\boldsymbol{x}_1,\boldsymbol{x}_2,\cdots,\boldsymbol{x}_{m-1}\}$进行线性分类，也就是说，$d=C(m-1,n-1)$。

注

过定点线性分类高维空间中的 m 个点，相当于在低一维空间对 $m-1$ 点进行线性分类。这是因为，给定线性模型 $\boldsymbol{w}\boldsymbol{x}^{\mathrm{T}}=0$。其中，$\boldsymbol{x}=[x_1,x_2,\cdots,x_n]$、$\boldsymbol{w}=[w_1,$

$w_2,\cdots,w_n]$。若该模型过 $\boldsymbol{x}_m$ 点，则 $\boldsymbol{w}\boldsymbol{x}_m^{\mathrm{T}}=0$。也就是说，$\sum_{i=1}^{n} w_i x_{m,i}=0$。显然，线性模型任意权重值均可由其余权重值来表达，即 $w_j=-\left(\sum_{i=1,i\neq j}^{n} w_i x_{m,i}\right)\Big/x_{m,j}$。

综上，可实现向量点集 $\{\boldsymbol{x}_1,\boldsymbol{x}_2,\cdots,\boldsymbol{x}_m\}$ 线性分类的 $n-1$ 超平面共有 $C(m-1,n)-d+2d$ 个。也就是说，

$$C(m,n)=C(m-1,n)+C(m-1,n-1) \tag{9-1}$$

继续递推公式(9-1)，得

$$\begin{aligned}C(m,n)&=C(m-1,n)+C(m-1,n-1)\\&\overset{\text{iter1}}{=}C(m-2,n)+2C(m-2,n-1)+C(m-2,n-2)\\&\overset{\text{iter2}}{=}C(m-3,n)+3C(m-3,n-1)+3C(m-3,n-2)+C(m-3,n-3)\\&\overset{\text{iter}(m-2)}{=}\binom{m-1}{0}C(1,n)+\binom{m-1}{1}C(1,n-1)+\cdots\binom{m-1}{m-1}C(1,n-m+1)\end{aligned}$$

综上，构成 n 维特征空间普通位置点集的 m 个特征点线性可分情况数目

$$C(m,n)=\binom{m-1}{0}C(1,n)+\binom{m-1}{1}C(1,n-1)+\cdots\binom{m-1}{m-1}C(1,n-m+1) \tag{9-2}$$

不难证明，对于任意正整数 k，$C(1,k)=2$。若 $n\geqslant m$，也即式(9-2)中最后一项为 $C(1,q)=2$，其中，$q\geqslant 1$。将 $C(1,k)=2$ 将代入上式，得构成 n 维特征空间普通位置点集的 m 个特征点线性可分情况数目 $C(m,n)$ 等于从 $m-1$ 个元素中依次选出 $0\sim m-1$ 个元素的组合数的和，即

$$C(m,n)=2\sum_{i=0}^{m-1}\binom{m-1}{i} \tag{9-3}$$

若 $n<m$，则公式(9-2)止于 $C(1,1)=2$，共 n 项。将 $C(1,k)=2$ 将代入式(9-3)，得

$$C(m,n)=2\sum_{i=0}^{n-1}\binom{m-1}{i} \tag{9-4}$$

若 $i>m-1$ 时，定义从 $m-1$ 个元素中取出 i 个元素的组合数

$$\binom{m-1}{i}=0 \tag{9-5}$$

则构成 n 维特征空间普通位置点集的 m 个特征点线性可分情况数目可统一采用公式(9-4)计算得到。

不难理解，对于 n 维特征空间中的 m 个对象来说，最多拥有 2^m 种划分。所以，向量点集 $\{\boldsymbol{x}_1,\boldsymbol{x}_2,\cdots,\boldsymbol{x}_m\}$ 线性可分的概率为

$$P(m,n)=\frac{C(m,n)}{2^m}=\left(\frac{1}{2}\right)^{m-1}\sum_{i=0}^{n-1}\binom{m-1}{i} \tag{9-6}$$

以上就是Cover定量的证明过程。不难发现，待识别对象个数 m 已定时，描述对象特征的向量维度 n 取值越大，则向量点集 $\{\boldsymbol{x}_1,\boldsymbol{x}_2,\cdots,\boldsymbol{x}_m\}$ 线性可分的概率 $P(m,n)$ 越大。特别地，当 $n>m$ 时，$P(m,n)=1$。幸运的是，实际待解决问题中的观测对象有限可数。因此，如果在原特征空间内待识别对象线性不可分，则一定存在一个更高维度的特征空间，在该空间内待识别对象是线性可分的。

注

需要指出的是，特征向量点集是对应特征空间内普通位置上的点集是以上结论成立的前提。更高维度的特征向量应该包含待识别对象的哪些特征仍是一个挑战问题，且需要具体问题具体分析。

9.3 核函数

如第2章所述，对待识别对象进行比较是数据驱动的人工智能成功的关键。比较的目的是评定对象间的相似度或者区分度。简单的做法是，将待识别对象归为与其相似度更高的对象所处的类别。多数人工智能方法采用加权均值操作。其中，相似度即为权重值。另一方面，特征向量是对待识别对象的"多角度"描述。因此，计算特征向量之间的距离成为评定待识别对象相似度的关键。不难理解，增加描述对象特征的向量维度，必然增加计算代价。另外一个问题是，从低维特征空间到高维特征空间，到底应该增加哪些特征？原低维特征空间内的特征值是否百分百保留？第二个问题的本质是从低维空间到高维空间的映射函数的表达式很难确定。幸运的是，以上两个问题可以通过核映射方法得到解决。为便于理解，结合图9-1(b)，看如下示例。

给定两个二维特征空间向量 $\boldsymbol{x}=(x_1,x_2)$ 与 $\boldsymbol{y}=(y_1,y_2)$，设实现二维特征空间到三维特征空间非线性映射的函数 Φ，使得 $\Phi(\boldsymbol{x})=[x_1,x_2,\sqrt{x_1^2+x_2^2}]$ 与 $\Phi(\boldsymbol{y})=[y_1,y_2,\sqrt{y_1^2+y_2^2}]$ 成立，则

$$\begin{aligned}<\Phi(\boldsymbol{x}),\Phi(\boldsymbol{y})> &= x_1y_1+x_2y_2+\sqrt{x_1^2+x_2^2}\sqrt{y_1^2+y_2^2}\\ &= <\boldsymbol{x},\boldsymbol{y}>+(<\boldsymbol{x},\boldsymbol{x}>)^{1/2}(<\boldsymbol{y},\boldsymbol{y}>)^{1/2}\end{aligned}\tag{9-7}$$

不难发现，变换后的三维特征空间内的向量内积可由变换前的二维空间内的向量内积代替。这显然可以降低计算代价。另外，若在原二维特征空间内定义函数 $\kappa(\boldsymbol{x},\boldsymbol{y})=<\boldsymbol{x},\boldsymbol{y}>+(<\boldsymbol{x},\boldsymbol{x}>)^{1/2}(<\boldsymbol{y},\boldsymbol{y}>)^{1/2}$，则非线性映射函数 Φ 起到的提升待识别对象线性可分性的作用，可由原低维特征空间中的函数 $\kappa(\boldsymbol{x},\boldsymbol{y})$ 代替，却不会增加太多的计算开销。一般地，将起上述作用的一类函数 $\kappa(\boldsymbol{x},\boldsymbol{y})$ 称作核函数。由以上示例不难发现，待识别对象在高维特征空间中的相似度，可由评定值相等的低维特征向量间的相似度代替。

注

需要说明的是，由前几章内容不难发现，向量内积运算在相似度计算、归一化处理、标准化处理等方面起关键作用。另外，以上示例中的核函数只是可用作核函数的众多函数中的一种，称作多项式核。关于多项式核，详见9.4节。

9.3.1 Mercer 定理

如上文所述，核方法能起到升维非线性映射同等的作用，却基本不增加计算开销。那么，是任意函数均可作为核函数吗？若不是，满足什么条件的函数可作为核函数？

由上文示例可得，若特征空间维度为 n，则核函数 $\kappa(\boldsymbol{x},\boldsymbol{y})$ 是一个从 $R^n \times R^n$ 到 R 的映射。不难发现，核函数 $\kappa(\boldsymbol{x},\boldsymbol{y})$ 具有对称不变性，即 $\kappa(\boldsymbol{x},\boldsymbol{y})=\kappa(\boldsymbol{y},\boldsymbol{x})$。若待识别对象共有 m 个，其特征向量维度为 n。设第 i 个对象的特征向量为 $\boldsymbol{x}_i=[x_{i,1},x_{i,2},\cdots,x_{i,n}]$，定义 $K_{i,j}=\kappa(\boldsymbol{x}_i,\boldsymbol{x}_j)$，其中，$i=1,2,\cdots,m$，$j=1,2,\cdots,m$，则对象两两之间的核函数值构成 m 阶实对称矩阵 $\boldsymbol{K}$，称作核函数矩阵。

由 1.16.2 节可知，实对称方阵 $\boldsymbol{K}$ 可特征分解为 $\boldsymbol{K}=\boldsymbol{Q\Lambda Q}^{\mathrm{T}}$，其中，$\boldsymbol{Q}$ 为由特征行向量 $\boldsymbol{v}_1,\boldsymbol{v}_2,\cdots,\boldsymbol{v}_m$ 转置为列构成的 m 阶方阵，记作 $\boldsymbol{Q}=[\boldsymbol{v}_1^{\mathrm{T}},\boldsymbol{v}_2^{\mathrm{T}},\cdots,\boldsymbol{v}_m^{\mathrm{T}}]$。需要指出的是，由实对称方阵的性质可知，特征向量两两正交，即若 $i\neq j$ 则 $\boldsymbol{v}_i\boldsymbol{v}_j^{\mathrm{T}}=0$。$\boldsymbol{\Lambda}$ 为由特征值 $\lambda_1,\lambda_2,\cdots,\lambda_m$ 的非零元构成的 m 阶对角方阵，记作 $\boldsymbol{\Lambda}=\mathrm{diag}(\lambda_1,\lambda_2,\cdots,\lambda_m)$。也就是说，

$$
\begin{aligned}
\boldsymbol{K}&=\boldsymbol{Q\Lambda Q}^{\mathrm{T}}\\
&=[\boldsymbol{v}_1^{\mathrm{T}},\boldsymbol{v}_2^{\mathrm{T}},\cdots,\boldsymbol{v}_m^{\mathrm{T}}]\mathrm{diag}(\lambda_1,\lambda_2,\cdots,\lambda_m)\begin{bmatrix}\boldsymbol{v}_1\\ \boldsymbol{v}_2\\ \vdots\\ \boldsymbol{v}_m\end{bmatrix}\\
&=\begin{bmatrix}\lambda_1 v_{1,1} & \lambda_2 v_{2,1} & \cdots & \lambda_m v_{m,1}\\ \lambda_1 v_{1,2} & \lambda_2 v_{2,2} & \cdots & \lambda_m v_{m,2}\\ \cdots & \cdots & \ddots & \vdots\\ \lambda_1 v_{1,m} & \lambda_2 v_{2,m} & \cdots & \lambda_m v_{m,m}\end{bmatrix}\begin{bmatrix}v_{1,1} & v_{1,2} & \cdots & v_{1,m}\\ v_{2,1} & v_{2,2} & \cdots & v_{2,m}\\ \cdots & \cdots & \ddots & \vdots\\ v_{m,1} & v_{m,2} & \cdots & v_{m,m}\end{bmatrix}
\end{aligned}
\tag{9-8}
$$

不难得到，

$$K_{i,j}=\sum_{k=1}^{m}\lambda_k v_{k,i}v_{k,j} \tag{9-9}$$

需要说明的是，对于 $v_{k,i}$ 与 $v_{k,j}$，第一个下标是特征向量标识，第二个下标是特征分量标识，与特征向量所在 n 维空间的某一维度对应。定义 $\Phi(\boldsymbol{x}_i)=[\sqrt{\lambda_1}v_{1,i},\sqrt{\lambda_2}v_{2,i},\cdots,\sqrt{\lambda_m}v_{m,i}]$，其中，$i=1,2,\cdots,m$。考虑 $K_{i,j}=\kappa(\boldsymbol{x}_i,\boldsymbol{x}_j)$，式(9-9)可改写为

$$K_{i,j}=<\Phi(\boldsymbol{x}_i),\Phi(\boldsymbol{x}_j)>=\kappa(\boldsymbol{x}_i,\boldsymbol{x}_j) \tag{9-10}$$

当 $m\to\infty$ 时，$\boldsymbol{x}_i=[x_{i,1},x_{i,2},\cdots,x_{i,n}]$ 为 n 维特征空间内任意一点，式(9-9)可扩展为

$$\kappa(\boldsymbol{x}_i,\boldsymbol{x}_j)=\sum_{k=1}^{\infty}\lambda_k\varphi_k(\boldsymbol{x}_i)\varphi_k(\boldsymbol{x}_j) \tag{9-11}$$

其中，$\varphi_k(\boldsymbol{x}_i)$ 为第 k 个特征函数，在 $\boldsymbol{x}_i$ 位置的函数值，也即其第 i 个函数值。定义 $\Phi(\boldsymbol{x}_i)=[\sqrt{\lambda_1}\varphi_1(\boldsymbol{x}_i),\sqrt{\lambda_2}\varphi_2(\boldsymbol{x}_i),\cdots]$，则式(9-9)可改写为

$$K_{i,j}=<\Phi(\boldsymbol{x}_i),\Phi(\boldsymbol{x}_j)>=\kappa(\boldsymbol{x}_i,\boldsymbol{x}_j) \tag{9-12}$$

需要指出的是，$\{\sqrt{\lambda_k}\varphi_k\}_{i=1}^{\infty}$ 为正交基函数集。正是因为如此，核函数 $\kappa(\boldsymbol{x},\boldsymbol{y})$ 隐式定义了一个再生空间，并且这个空间是“希尔伯特空间”。关于希尔伯特空间的更多内容详

见 3.6.5 节。

不难理解，为使以上结论成立，由于核函数矩阵 $\boldsymbol{K}$ 已经是实对称矩阵，只需要保证 $\boldsymbol{K}$ 的特征值非负即可。又因为如 1.17 节所述，特征值非负与矩阵是半正定矩阵等价，所以，一个函数可作为核函数的充分条件是与其对应的核函数矩阵为半正定矩阵。

另一方面，若 $\kappa(\boldsymbol{x}_i,\boldsymbol{x}_j)$ 是一个与高维映射函数内积 $\langle\Phi(\boldsymbol{x}_i),\Phi(\boldsymbol{x}_j)\rangle$ 相对应的核函数，也就是说，$\kappa(\boldsymbol{x}_i,\boldsymbol{x}_j)=\langle\Phi(\boldsymbol{x}_i),\Phi(\boldsymbol{x}_j)\rangle$。给定任意待识别对象的特征行向量 $\boldsymbol{z}$，则

$$
\begin{aligned}
\boldsymbol{zKz}^{\mathrm{T}} &= \left[\sum_{i=1}^{n} z_i K_{i,1}, \sum_{i=1}^{n} z_i K_{i,2}, \cdots, \sum_{i=1}^{n} z_i K_{i,n}\right]\begin{bmatrix} z_1 \\ z_2 \\ \vdots \\ z_n \end{bmatrix} \\
&= \sum_{j=1}^{n}\sum_{i=1}^{n} z_i z_j \Phi(\boldsymbol{x}_i)(\Phi(\boldsymbol{x}_j))^{\mathrm{T}} \\
&= \sum_{i=1}^{n}\sum_{j=1}^{n} z_i z_j \sum_{k}\Phi_k(\boldsymbol{x}_i)\Phi_k(\boldsymbol{x}_j) \\
&= \sum_{k}\sum_{i=1}^{n} z_i\Phi_k(\boldsymbol{x}_i)\sum_{j=1}^{n} z_j\Phi_k(\boldsymbol{x}_j) \\
&= \sum_{k}\left(\sum_{i=1}^{n} z_i\Phi_k(\boldsymbol{x}_i)\right)^2
\end{aligned} \tag{9-13}
$$

其中，$\Phi_k(\boldsymbol{x}_i)$ 表示向量 $\Phi(\boldsymbol{x}_i)$ 的第 k 个分量。易得，$\boldsymbol{zKz}^{\mathrm{T}}\geqslant 0$ 恒成立。也就是说，$\boldsymbol{K}$ 为半正定矩阵。对应地称核函数 κ 为半正定核函数。显然，核函数矩阵为半正定矩阵是一个函数可作为核函数的必要条件。

注

关于希尔伯特空间的详细内容可查阅第 3 章。需要指出的是，Mercer 定理给出了以低维空间特征向量内积为变量的函数可用作核函数的充分必要条件。

9.3.2 可组合扩展性

特征向量维度提升函数，也就是将低维特征向量变换到更高维空间的变换函数已知的情况下，可以在低维特征空间找到一个核函数，使得对于同一对待识别对象变换前后相似度保持一致。反过来，给定一个满足 Mercer 定理的函数，无法得到与其对应的向高维特征空间的映射的函数表达式。甚至连维度提升的幅度都无从知晓。更不用说，与之对应的变换后的特征向量在高维空间是否线性可分了。不需要任何关于高维特征空间的信息，即可在原特征空间得到与高维空间评定一致的相似度值。这正是核函数映射的优点。因此，构造一个有效的核函数并不是一件容易的事。幸运的是，核函数具有可组合扩展特性。

(1) 若 κ_1,κ_2 为半正定核函数，则对于任意正数 a_1,a_2，其线性组合 $a_1\kappa_1+a_2\kappa_2$ 也是核函数。

核函数的这一线性组合特性是显而易见的。这是因为，若 κ_1,κ_2 为核函数，设与它们对应的核函数矩阵分别为 $\boldsymbol{K}_1$ 与 $\boldsymbol{K}_2$。由核函数矩阵的定义可知，$\boldsymbol{K}_1$ 与 $\boldsymbol{K}_2$ 的 i 行 j 列元素分别为 $\kappa_1(\boldsymbol{x}_i,\boldsymbol{x}_j)$ 与 $\kappa_2(\boldsymbol{x}_i,\boldsymbol{x}_j)$。其中，$\boldsymbol{x}_i$ 与 $\boldsymbol{x}_j$ 为第 i 个与第 j 个待识别对象的特征向量。不难理解，若定义 $\boldsymbol{K}=a_1\boldsymbol{K}_1+a_2\boldsymbol{K}_2$，则 $K_{i,j}=a_1\kappa_1(\boldsymbol{x}_i,\boldsymbol{x}_j)+a_2\kappa_2(\boldsymbol{x}_i,\boldsymbol{x}_j)$。所以，矩阵 $\boldsymbol{K}=a_1\boldsymbol{K}_1+a_2\boldsymbol{K}_2$ 是与函数 $a_1\kappa_1+a_2\kappa_2$ 对应的矩阵。另一方面，由于核函数矩阵是半正定的，所以对于特征空间内任意向量 $\boldsymbol{x}$，$\boldsymbol{x}\boldsymbol{K}_1\boldsymbol{x}^{\mathrm{T}}\geqslant 0$ 与 $\boldsymbol{x}\boldsymbol{K}_2\boldsymbol{x}^{\mathrm{T}}\geqslant 0$ 同时成立。不难理解，对于任意正数 a_1 与 a_2，不等式 $\boldsymbol{x}a_1\boldsymbol{K}_1\boldsymbol{x}^{\mathrm{T}}\geqslant 0$ 与 $\boldsymbol{x}a_2\boldsymbol{K}_2\boldsymbol{x}^{\mathrm{T}}\geqslant 0$ 恒成立。也就是说，$\boldsymbol{x}a_1\boldsymbol{K}_1\boldsymbol{x}^{\mathrm{T}}+\boldsymbol{x}a_2\boldsymbol{K}_2\boldsymbol{x}^{\mathrm{T}}\geqslant 0$ 恒成立。由于矩阵内积乘法满足加法分配律，所以 $\boldsymbol{x}(a_1\boldsymbol{K}_1+a_2\boldsymbol{K}_2)\boldsymbol{x}^{\mathrm{T}}\geqslant 0$。也就是说，矩阵 $a_1\boldsymbol{K}_1+a_2\boldsymbol{K}_2$ 为半正定矩阵。与函数 $a_1\kappa_1+a_2\kappa_2$ 对应的矩阵是半正定的，所以 $a_1\kappa_1+a_2\kappa_2$ 也是核函数。

(2) 若 κ_1,κ_2 为半正定核函数，则两者的元素乘积 $\kappa_1\circ\kappa_2$ 也是核函数。

这是因为，若 κ_1,κ_2 为核函数，设与它们对应的核函数矩阵分别为 $\boldsymbol{K}_1$ 与 $\boldsymbol{K}_2$。由核函数矩阵的定义可知，$\boldsymbol{K}_1$ 与 $\boldsymbol{K}_2$ 的 i 行 j 列元素分别为 $\kappa_1(\boldsymbol{x}_i,\boldsymbol{x}_j)$ 与 $\kappa_2(\boldsymbol{x}_i,\boldsymbol{x}_j)$。其中，$\boldsymbol{x}_i$ 与 $\boldsymbol{x}_j$ 为第 i 个与第 j 个待识别对象的特征向量。不难理解，若定义 $\boldsymbol{K}=\boldsymbol{K}_1\circ\boldsymbol{K}_2$，则 $K_{i,j}=\kappa_1(\boldsymbol{x}_i,\boldsymbol{x}_j)\circ\kappa_2(\boldsymbol{x}_i,\boldsymbol{x}_j)$。所以，矩阵 $\boldsymbol{K}=\boldsymbol{K}_1\circ\boldsymbol{K}_2$ 是与函数 $\kappa_1\circ\kappa_2$ 对应的矩阵。另一方面，由于核函数矩阵是半正定的，所以对于特征空间内任意向量 $\boldsymbol{x}$，$\boldsymbol{x}\boldsymbol{K}_1\boldsymbol{x}^{\mathrm{T}}\geqslant 0$ 与 $\boldsymbol{x}\boldsymbol{K}_2\boldsymbol{x}^{\mathrm{T}}\geqslant 0$ 同时成立。类似地，由于矩阵的元素乘法满足分配律，所以 $\boldsymbol{x}(\boldsymbol{K}_1\circ\boldsymbol{K}_2)\boldsymbol{x}^{\mathrm{T}}=\boldsymbol{x}\boldsymbol{K}_1\boldsymbol{x}^{\mathrm{T}}\circ\boldsymbol{x}\boldsymbol{K}_2\boldsymbol{x}^{\mathrm{T}}\geqslant 0$ 恒成立。也就是说，矩阵 $\boldsymbol{K}=\boldsymbol{K}_1\circ\boldsymbol{K}_2$ 为半正定矩阵。与函数 $\kappa_1\circ\kappa_2$ 对应的矩阵是半正定的，所以 $\kappa_1\circ\kappa_2$ 也是核函数。需要说明的是，对于单值函数 κ_1,κ_2 来说，函数间元素乘法 $\kappa_1\circ\kappa_2$ 等于普通乘法 $\kappa_1\kappa_2$。但是，一般地，矩阵乘法指的是矩阵内积，所以，为了一致性，两个核函数之间的乘法采用的是元素乘积。

(3) 若 κ_1 为核函数，则对于任意的特征向量空间变换函数 $g(\boldsymbol{x})$，$\kappa(\boldsymbol{x}_i,\boldsymbol{x}_j)=g(\boldsymbol{x}_i)\kappa_1(\boldsymbol{x}_i,\boldsymbol{x}_j)g(\boldsymbol{x}_j)^{\mathrm{T}}$ 也是核函数。

这是因为，设待识别对象共有 m 个，对任意特征向量对 $\boldsymbol{x}_i$ 与 $\boldsymbol{x}_j$，定义 $G_{i,j}=g(\boldsymbol{x}_i)g(\boldsymbol{x}_j)^{\mathrm{T}}=\langle g(\boldsymbol{x}_i),g(\boldsymbol{x}_j)\rangle$，则以 $G_{i,j}$ 为第 i 行 j 列元素的 m 阶方阵

$$\boldsymbol{G}=\begin{bmatrix} g(\boldsymbol{x}_1)g(\boldsymbol{x}_1)^{\mathrm{T}} & g(\boldsymbol{x}_1)g(\boldsymbol{x}_2)^{\mathrm{T}} & \cdots & g(\boldsymbol{x}_1)g(\boldsymbol{x}_m)^{\mathrm{T}} \\ g(\boldsymbol{x}_2)g(\boldsymbol{x}_1)^{\mathrm{T}} & g(\boldsymbol{x}_2)g(\boldsymbol{x}_2)^{\mathrm{T}} & \cdots & g(\boldsymbol{x}_2)g(\boldsymbol{x}_m)^{\mathrm{T}} \\ \vdots & \vdots & \ddots & \vdots \\ g(\boldsymbol{x}_m)g(\boldsymbol{x}_1)^{\mathrm{T}} & g(\boldsymbol{x}_m)g(\boldsymbol{x}_2)^{\mathrm{T}} & \cdots & g(\boldsymbol{x}_m)g(\boldsymbol{x}_m)^{\mathrm{T}} \end{bmatrix} \tag{9-14}$$

不难理解，由向量内积乘法的定义可得 $g(\boldsymbol{x}_i)g(\boldsymbol{x}_j)^{\mathrm{T}}=g(\boldsymbol{x}_j)g(\boldsymbol{x}_i)^{\mathrm{T}}$。所以，方阵 $\boldsymbol{G}$ 为对称阵。对于任意 m 维向量 x，有

$$\boldsymbol{x}\boldsymbol{G}\boldsymbol{x}^{\mathrm{T}}=\sum_{k}\left(\sum_{i=1}^{n}x_i g_k(\boldsymbol{x}_i)\right)^2 \tag{9-15}$$

其中，$g_k(\boldsymbol{x}_i)$ 表示向量 $g(\boldsymbol{x}_i)$ 的第 k 个分量。易得，$\boldsymbol{x}\boldsymbol{G}\boldsymbol{x}^{\mathrm{T}}\geqslant 0$ 恒成立。也就是说，$\boldsymbol{G}$ 为半正定矩阵。显然，定义 $\kappa_2(\boldsymbol{x}_i,\boldsymbol{x}_j)=g(\boldsymbol{x}_i)g(\boldsymbol{x}_j)^{\mathrm{T}}$，则 κ_2 为半正定核函数。由于核函数 $\kappa_1(\boldsymbol{x}_i,\boldsymbol{x}_j)$ 的函数值为标量，所以

$$\begin{aligned}\kappa(\boldsymbol{x}_i,\boldsymbol{x}_j)&=g(\boldsymbol{x}_i)\kappa_1(\boldsymbol{x}_i,\boldsymbol{x}_j)g(\boldsymbol{x}_j)^{\mathrm{T}}\\&=\kappa_1(\boldsymbol{x}_i,\boldsymbol{x}_j)g(\boldsymbol{x}_i)g(\boldsymbol{x}_j)^{\mathrm{T}}\end{aligned}$$

$$=\kappa_1(\boldsymbol{x}_i,\boldsymbol{x}_j)\kappa_2(\boldsymbol{x}_i,\boldsymbol{x}_j)$$
$$=\kappa_1(\boldsymbol{x}_i,\boldsymbol{x}_j)\circ\kappa_2(\boldsymbol{x}_i,\boldsymbol{x}_j) \tag{9-16}$$

显然，由性质(2)可得 $\kappa(\boldsymbol{x}_i,\boldsymbol{x}_j)=g(\boldsymbol{x}_i)\kappa_1(\boldsymbol{x}_i,\boldsymbol{x}_j)g(\boldsymbol{x}_j)^{\mathrm{T}}$ 也是核函数。

9.3.3 有效核的构造

若从低维特征空间到待识别对象线性可分的高维特征空间的映射函数表达式已知，则总可以在原低维空间找到一个与其"匹配"的核函数，用于降低计算代价。不幸的是，设计一个可以达成以上目标的映射函数是一项极具挑战的任务，需要具体问题具体分析。特别地，映射函数的表达式与待识别对象特征向量的分布特性强相关。不幸的是，待识别对象特征向量的分布特性很难捕捉，并且不同应用场景下差异明显。反过来讲，由于每个核函数隐式对应于一个低维特征向高维变换的映射函数，所以通常的做法是找到表达式确定的核函数，或者根据核函数的可组合扩展特性进一步构造更复杂的核函数，以期望找到一个核函数，使得与其隐式对应的从低维特征向高维变换的映射结果是线性可分的，从而实现非线性可分问题向线性可分问题的转换，并确保对待识别对象的正确分类。接下来，将依次介绍几类核函数，并分析它们各自的特点。

9.4 多项式核

多项式核是一类常见核函数。对任意特征向量对 $\boldsymbol{x}$ 与 $\boldsymbol{y}$，定义

$$\kappa(\boldsymbol{x},\boldsymbol{y})=(<\boldsymbol{x},\boldsymbol{y}>+c)^q \tag{9-17}$$

为多项式核。显然，多项式核有两个控制参数，其中，$q\geqslant 1$ 为多项式的次数，有时也称作阶数，c 为常数。

9.4.1 核矩阵的半正定性

可以证明，多项式核矩阵是半正定的。考虑最简单的形式，令 $q=1$ 且 $c=0$，则多项式核矩阵 $\boldsymbol{K}$ 中元素 $K_{i,j}=\kappa(\boldsymbol{x}_i,\boldsymbol{x}_j)=<\boldsymbol{x}_i,\boldsymbol{x}_j>$。有必要指出的是，矩阵 $\boldsymbol{K}$ 又称作行向量 $\boldsymbol{x}_1,\boldsymbol{x}_2,\cdots,\boldsymbol{x}_m$ 构成的 Gram 矩阵。设待识别对象共有 m 个，描述每个对象的特征向量长度为 n。首先，考虑 $\boldsymbol{x}_1,\boldsymbol{x}_2,\cdots,\boldsymbol{x}_m$ 线性相关的情形。此时，存在一组不全为 0 的实数 $k_1,k_2,\cdots,k_m$，使得 $\sum_{i=1}^{m}k_i\boldsymbol{x}_i=\boldsymbol{o}_{1\times n}$ 成立。此长度为 n 的行零向量与 $\boldsymbol{x}_1,\boldsymbol{x}_2,\cdots,\boldsymbol{x}_m$ 依次作内积运算，得 $\boldsymbol{K}[k_1,k_2,\cdots,k_m]^{\mathrm{T}}=\boldsymbol{o}_{1\times m}^{\mathrm{T}}$。此等式有非零解 $[k_1,k_2,\cdots,k_m]$ 的充要条件为 $\det(\boldsymbol{K})=0$。其次，考虑 $\boldsymbol{x}_1,\boldsymbol{x}_2,\cdots,\boldsymbol{x}_m$ 线性无关的情形。可将 $\boldsymbol{x}_1,\boldsymbol{x}_2,\cdots,\boldsymbol{x}_m$ 变换为一组正交向量 $\boldsymbol{y}_1,\boldsymbol{y}_2,\cdots,\boldsymbol{y}_m$。满足

$$\begin{aligned}
&\boldsymbol{x}_1=\boldsymbol{y}_1\\
&\boldsymbol{x}_2=b_{12}\boldsymbol{y}_1+\boldsymbol{y}_2\\
&\cdots\\
&\boldsymbol{x}_m=b_{1m}\boldsymbol{y}_1+b_{2m}\boldsymbol{y}_2+\cdots+b_{m-1m}\boldsymbol{y}_m
\end{aligned} \tag{9-18}$$

其中，

$$b_{ij}=\frac{<\boldsymbol{x}_j,\boldsymbol{y}_i>}{<\boldsymbol{y}_i,\boldsymbol{y}_i>} \tag{9-19}$$

也就是说，

$$[\boldsymbol{x}_1^{\mathrm{T}},\boldsymbol{x}_2^{\mathrm{T}},\cdots,\boldsymbol{x}_m^{\mathrm{T}}]=[\boldsymbol{y}_1^{\mathrm{T}},\boldsymbol{y}_2^{\mathrm{T}},\cdots,\boldsymbol{y}_m^{\mathrm{T}}]\begin{bmatrix}1 & b_{12} & \cdots & b_{1m}\\ 0 & 1 & \cdots & b_{2m}\\ \vdots & \vdots & \ddots & \vdots\\ 0 & 0 & 0 & 1\end{bmatrix} \tag{9-20}$$

所以，

$$\begin{aligned}\det(\boldsymbol{K})&=\det\left(\begin{bmatrix}\boldsymbol{x}_1\\ \boldsymbol{x}_2\\ \vdots\\ \boldsymbol{x}_m\end{bmatrix}[\boldsymbol{x}_1^{\mathrm{T}},\boldsymbol{x}_2^{\mathrm{T}},\cdots,\boldsymbol{x}_m^{\mathrm{T}}]\right)\\ &=\det\left(\begin{bmatrix}1 & b_{12} & \cdots & b_{1m}\\ 0 & 1 & \cdots & b_{2m}\\ \vdots & \vdots & \ddots & \vdots\\ 0 & 0 & 0 & 1\end{bmatrix}^{\mathrm{T}}\begin{bmatrix}\boldsymbol{y}_1\\ \boldsymbol{y}_2\\ \vdots\\ \boldsymbol{y}_m\end{bmatrix}[\boldsymbol{y}_1^{\mathrm{T}},\boldsymbol{y}_2^{\mathrm{T}},\cdots,\boldsymbol{y}_m^{\mathrm{T}}]\begin{bmatrix}1 & b_{12} & \cdots & b_{1m}\\ 0 & 1 & \cdots & b_{2m}\\ \vdots & \vdots & \ddots & \vdots\\ 0 & 0 & 0 & 1\end{bmatrix}\right)\\ &=\det\left(\begin{bmatrix}\boldsymbol{y}_1\\ \boldsymbol{y}_2\\ \vdots\\ \boldsymbol{y}_m\end{bmatrix}[\boldsymbol{y}_1^{\mathrm{T}},\boldsymbol{y}_2^{\mathrm{T}},\cdots,\boldsymbol{y}_m^{\mathrm{T}}]\right)\end{aligned} \tag{9-21}$$

由于 $\boldsymbol{y}_1,\boldsymbol{y}_2,\cdots,\boldsymbol{y}_m$ 两两正交，所以若令 $G_{i,j}=<\boldsymbol{y}_i,\boldsymbol{y}_j>$，则矩阵 $\boldsymbol{G}$ 为对角阵。易得，$\det(\boldsymbol{G})=\sum_{i=1}^{m}<\boldsymbol{y}_i,\boldsymbol{y}_i>\geqslant 0$。

综上，多项式核矩阵 $\boldsymbol{K}$ 的行列式大于或等于 0。不难发现，矩阵 $\boldsymbol{K}$ 的各阶顺序主子式仍为 Gram 矩阵，同样满足其行列式非负。因此，多项式核矩阵 $\boldsymbol{K}$ 为半正定矩阵。需要指出的是，对于 $q\neq 1$ 且 $c\neq 0$ 的情形，可得类似结论。为便于加深对多项式核的理解与认识，接下来针对四个不同场景，介绍多项式核的特点与意义。

9.4.2 齐次有序单项式向量空间

给定任意 n 维特征向量 $\boldsymbol{x}=[x_1,x_2,\cdots,x_n]$，其中任意 d 个特征分量的乘积 $x_{k_1}x_{k_2}\cdots x_{k_d}$，称作 $\boldsymbol{x}$ 的一个 d 阶单项式，其中，$0\leqslant d,k_1,k_2,\cdots,k_d$ 均是集合 $\{1,2,\cdots,n\}$ 中的元素。也就是说，对于三维特征向量 $\boldsymbol{x}=[x_1,x_2,x_3]$，$\{x_1^2,x_2^2,x_3^2,x_1x_2,x_1x_3,x_2x_3\}$ 是由它的 2 阶单项式构成的集合；$x_1x_2x_3$ 是特征向量 $\boldsymbol{x}=[x_1,x_2,x_3]$ 的一个 3 阶单项式。特征向量 $\boldsymbol{x}$ 的多个单项式的和构成一个 $\boldsymbol{x}$ 的多项式。若其中每个单项式的阶数均为 d，则称该多项式是 $\boldsymbol{x}$ 的 d 阶齐次多项式。例如，$x_1^2+x_2^2+x_1x_2+x_2x_3$ 与 $x_3^2+x_1x_3+x_2x_3$ 均是 n 维特征向量 $\boldsymbol{x}=[x_1,x_2,\cdots,x_n]$ 的 2 阶齐次多项式。

若特征向量 $\boldsymbol{x}=[x_1,x_2,\cdots,x_n]$ 的单项式中特征分量的乘积位置是不可交换的，则称该单项式为有序单项式。不难理解，对于有序单项式来说，特征分量数乘运算不具备可交换性。也就是说，对于特征向量 $\boldsymbol{x}=[x_1,x_2,\cdots,x_n]$ 来说，x_ix_j 与 x_jx_i 是两个不同的 2 阶单项式。其中，$i=1,2,\cdots,n$ 且 $j=1,2,\cdots,n$；类似地，$x_ix_jx_k$ 与 $x_jx_kx_i$ 是两个不同的 3 阶单项式。其中，$k=1,2,\cdots,n$。需要说明的是，对于 d 阶单项式中任意相邻连续 q 个值为同一特征分量 x_k 的部分，可简化记作 x_k^q。例如，$x_k^2x_ix_j$ 与 $x_ix_k^2x_j$ 为 $\boldsymbol{x}=[x_1,x_2,\cdots,x_n]$ 的两个不同的 4 阶有序单项式。特征向量 $\boldsymbol{x}$ 的多个阶数为 d 的有序单项式的和，称作 $\boldsymbol{x}$ 的 d 阶齐次有序多项式。例如，$x_2^2+x_1x_2+x_2x_1$ 与 $x_1^2+x_1x_3+x_3x_1$ 均是 n 维特征向量 $\boldsymbol{x}=[x_1,x_2,\cdots,x_n]$ 的 2 阶齐次有序多项式。

特征向量 $\boldsymbol{x}=[x_1,x_2,\cdots,x_n]$ 的所有 d 阶齐次有序单项式构成的向量，记作 $\boldsymbol{C}_d(\boldsymbol{x})=[x_{i_1}x_{i_2}\cdots x_{i_d},x_{j_1}x_{j_2}\cdots x_{j_d},\cdots,x_{k_1}x_{k_2}\cdots x_{k_d}]$，称作特征向量 $\boldsymbol{x}$ 的 d 阶齐次有序单项式向量。其中，$i_1,i_2,\cdots,i_d$、$j_1,j_2,\cdots,j_d$ 与 $k_1,k_2,\cdots,k_d$ 均为集合 $\{1,2,\cdots,n\}$ 中任意 d 个元素的排列。为方便，将 $\boldsymbol{C}_d(\boldsymbol{x})$ 简记为 $\boldsymbol{C}_d(\boldsymbol{x})=[x_{k_1}x_{k_2}\cdots x_{k_d}\mid k_1,k_2,\cdots,k_d\in\{1,2,\cdots,n\}]$。不难理解，向量 $\boldsymbol{C}_d(\boldsymbol{x})$ 的维度为从集合 $\{1,2,\cdots,n\}$ 中取任意 d 个元素的排列数，即 P_n^d。向量 $\boldsymbol{C}_d(\boldsymbol{x})$ 的所有取值张满的空间，称作特征向量 $\boldsymbol{x}$ 的 d 阶齐次有序单项式空间。例如，对于二维特征向量 $\boldsymbol{x}=[x_1,x_2]$ 来说，向量 $\boldsymbol{C}_2(x)=[x_1^2,x_2^2,x_1x_2,x_2x_1]$ 为特征向量 $\boldsymbol{x}=[x_1,x_2]$ 的 2 阶齐次有序单项式向量，该向量与特征向量 $\boldsymbol{x}=[x_1,x_2]$ 的 2 阶齐次有序单项式空间中一点对应。不难理解，特征向量 $\boldsymbol{x}=[x_1,x_2,\cdots,x_n]$ 与其 d 阶齐次有序单项式向量，构成一个从 R^n 空间到特征向量 $\boldsymbol{x}$ 的 d 阶齐次有序单项式空间的一对一映射。

由于长度为 n 的特征向量的 d 阶齐次有序单项式向量 $\boldsymbol{C}_d(\boldsymbol{x})$ 的长度为排列数 P_n^d。不难发现，随着 n 与 d 的增长，n 维特征向量的 d 阶齐次有序单项式空间内的内积运算代价迅速增长。幸运的是，我们可以用原 n 维特征空间的向量内积为底，以 d 为指数的幂函数代替其在 d 阶齐次有序单项式空间内的内积。先看一个简单的例子，对于任意 $\boldsymbol{x}=[x_1,x_2]$ 与 $\boldsymbol{y}=[y_1,y_2]$，它们的 2 阶齐次有序单项式向量 $\boldsymbol{C}_2(\boldsymbol{x})$ 与 $\boldsymbol{C}_2(\boldsymbol{y})$ 的内积，可写为

$$\begin{aligned}<\boldsymbol{C}_2(\boldsymbol{x}),\boldsymbol{C}_2(\boldsymbol{y})>&=<[x_1^2,x_2^2,x_1x_2,x_2x_1],[y_1^2,y_2^2,y_1y_2,y_2y_1]>\\&=x_1^2y_1^2+x_2^2y_2^2+2x_1y_1x_2y_2\\&=(<\boldsymbol{x},\boldsymbol{y}>)^2\end{aligned}\tag{9-22}$$

对于更一般情况，对于任意长度为 n 特征向量 $\boldsymbol{x}=[x_1,x_2,\cdots,x_n]$ 与 $\boldsymbol{y}=[y_1,y_2,\cdots,y_n]$，设特征向量 $\boldsymbol{x}$ 的 d 阶齐次有序单项式向量记作 $\boldsymbol{C}_d(\boldsymbol{x})=[x_{k_1}x_{k_2}\cdots x_{k_d}\mid k_1,k_2,\cdots,k_d\in\{1,2,\cdots,n\}]$；特征向量 $\boldsymbol{y}$ 的 d 阶齐次有序单项式向量记作 $\boldsymbol{C}_d(\boldsymbol{y})=[y_{k_1}y_{k_2}\cdots y_{k_d}\mid k_1,k_2,\cdots,k_d\in\{1,2,\cdots,n\}]$，则两个 d 阶齐次有序单项式向量的内积，可写为

$$\begin{aligned}<\boldsymbol{C}_d(\boldsymbol{x}),\boldsymbol{C}_d(\boldsymbol{y})>&=\sum_{k_1=1}^{n}\sum_{k_2=1}^{n}\cdots\sum_{k_d=1}^{n}x_{k_1}x_{k_2}\cdots x_{k_d}y_{k_1}y_{k_2}\cdots y_{k_d}\\&=\sum_{k_1=1}^{n}x_{k_1}y_{k_1}\sum_{k_2=1}^{n}x_{k_2}y_{k_2}\cdots\sum_{kd=1}^{n}x_{k_d}y_{k_d}\\&=\Big(\sum_{i=1}^{n}x_iy_i\Big)^d\\&=(<\boldsymbol{x},\boldsymbol{y}>)^d\end{aligned}\tag{9-23}$$

9.4.3 有序单项式向量空间

特征向量 $\boldsymbol{x}$ 的多个阶数最大为 d 的有序单项式的和，称作 $\boldsymbol{x}$ 的 d 阶有序多项式。需要说明的是，这里并未强调组成 d 阶有序多项式的各个单项式的阶数一致性。也就是说，阶数可以相同，也可以不相同。显然，上文提及的 $\boldsymbol{x}$ 的齐次有序多项式是 $\boldsymbol{x}$ 的有序多项式的特例。例如，$x_1^2+x_2^2+x_1x_2+x_2x_1$ 与 $x_1^2+x_1x_3+x_3x_1+x_2$ 均是 n 维特征向量 $\boldsymbol{x}=[x_1,x_2,\cdots,x_n]$的有序多项式。

特征向量 $\boldsymbol{x}=[x_1,x_2,\cdots,x_n]$的 $0\sim d$ 阶的所有有序单项式，各自分别与特定实数相乘之后构成的向量，称作特征向量 $\boldsymbol{x}$ 的 d 阶有序单项式向量，记作 $\boldsymbol{D}_d(\boldsymbol{x})$。不难理解，向量 $\boldsymbol{D}_d(\boldsymbol{x})$的维度为从集合$\{1,2,\cdots,n\}$中取任意 j 个元素的排列数总和，即 $\sum_{j=0}^{d}P_n^j$。向量 $\boldsymbol{D}_d(\boldsymbol{x})$的所有取值张满的空间，称作特征向量 $\boldsymbol{x}$ 的 d 阶有序单项式空间。不难理解，特征向量 $\boldsymbol{x}=[x_1,x_2,\cdots,x_n]$与其 d 阶有序单项式向量，构成一个从 R^n 空间到特征向量 $\boldsymbol{x}$ 的 d 阶有序单项式空间的一对一映射。需要指出的是，这里所述的各单项式的系数实际上与“杨辉三角”有着密不可分的关系。这是因为，我们的目的是用原 n 维特征空间的向量内积为底，d 为指数的幂函数代替其在 d 阶有序单项式空间内的内积，以降低计算代价。为便于理解，先看两个简单的例子，对于任意 $\boldsymbol{x}=[x_1,x_2]$与 $\boldsymbol{y}=[y_1,y_2]$，它们的 2 阶有序单项式向量分别为 $\boldsymbol{D}_2(\boldsymbol{x})=[x_1^2,x_2^2,x_1x_2,x_2x_1,\sqrt{2}x_1,\sqrt{2}x_2,1]$与 $\boldsymbol{D}_2(\boldsymbol{y})=[y_1^2,y_2^2,y_1y_2,y_2y_1,\sqrt{2}y_1,\sqrt{2}y_2,1]$。二者的内积可写为

$$\begin{aligned}<\boldsymbol{D}_2(\boldsymbol{x}),\boldsymbol{D}_2(\boldsymbol{y})>&=x_1^2y_1^2+x_2^2y_2^2+x_1x_2y_1y_2+x_2x_1y_2y_1+2x_1y_1+2x_2y_2+1\\&=(<\boldsymbol{x},\boldsymbol{y}>)^2+2<\boldsymbol{x},\boldsymbol{y}>+1\\&=(<\boldsymbol{x},\boldsymbol{y}>+1)^2\end{aligned}\tag{9-24}$$

$\boldsymbol{x}=[x_1,x_2]$与 $\boldsymbol{y}=[y_1,y_2]$的 3 阶有序单项式向量分别为

$$\boldsymbol{D}_3(x)=\Big[x_1^3,x_2^3,\frac{\sqrt{3}}{2}x_1^2x_2,\frac{\sqrt{3}}{2}x_1x_2^2,\frac{\sqrt{3}}{2}x_2^2x_1,\frac{\sqrt{3}}{2}x_2x_1^2,\sqrt{3}x_1^2,\sqrt{3}x_2^2,$$
$$\sqrt{3}x_1x_2,\sqrt{3}x_2x_1,\sqrt{3}x_1,\sqrt{3}x_2,1\Big]$$

$$\boldsymbol{D}_3(\boldsymbol{y})=\Big[y_1^3,y_2^3,\frac{\sqrt{3}}{2}y_1^2y_2,\frac{\sqrt{3}}{2}y_1y_2^2,\frac{\sqrt{3}}{2}y_2^2y_1,\frac{\sqrt{3}}{2}y_2y_1^2,\sqrt{3}y_1^2,\sqrt{3}y_2^2,$$
$$\sqrt{3}y_1y_2,\sqrt{3}y_2y_1,\sqrt{3}y_1,\sqrt{3}y_2,1\Big]$$

二者的内积可写为

$$\begin{aligned}<\boldsymbol{D}_3(\boldsymbol{x}),\boldsymbol{D}_3(\boldsymbol{y})>=&\ x_1^3y_1^3+x_2^3y_2^3+\frac{3}{2}x_1^2x_2y_1^2y_2+\frac{3}{2}x_1x_2^2y_1y_2^2+\frac{3}{2}x_2x_1^2y_1^2y_2+\\&\frac{3}{2}x_2^2x_1y_1y_2^2+3x_1^2y_1^2+3x_2^2y_2^2+3x_1x_2y_1y_2+3x_2x_1y_2y_1+\\&3x_1y_1+3x_2y_2+1\\=&\ x_1^3y_1^3+3x_1^2y_1^2x_2y_2+3x_1y_1x_2^2y_2^2+x_2^3y_2^3+\\&3(x_1^2y_1^2+2x_1y_1x_2y_2+x_2^2y_2^2)+3(x_1y_1+x_2y_2)+1\end{aligned}$$

$$=(<\boldsymbol{x},\boldsymbol{y}>)^3+3<\boldsymbol{x},\boldsymbol{y}>^2+3<\boldsymbol{x},\boldsymbol{y}>+1$$
$$=(<\boldsymbol{x},\boldsymbol{y}>+1)^3 \tag{9-25}$$

更一般地，两个 d 阶有序单项式向量的内积，可写为

$$<\boldsymbol{D}_d(\boldsymbol{x}),\boldsymbol{D}_d(\boldsymbol{y})>=(<\boldsymbol{x},\boldsymbol{y}>+1)^d \tag{9-26}$$

9.4.4 齐次无序单项式向量空间

由上文定义不难发现，与特征向量对应的有序单项式中特征分量的乘积位置是不可交换的。若取消这一限制，使得特征分量数乘运算具备可交换性，则对应的单项式称作无序单项式。也就是说，对于特征向量 $\boldsymbol{x}=[x_1,x_2,\cdots,x_n]$来说，若 2 阶单项式 x_ix_j 与 x_jx_i 是两个无序单项式，其中，$i=1,2,\cdots,n$ 且 $j=1,2,\cdots,n$，则二者相同；类似地，$x_ix_jx_k$ 与 $x_jx_kx_i$ 是两个相同的 3 阶单项式，其中，$k=1,2,\cdots,n$。特征向量 $\boldsymbol{x}$ 的多个阶数为 d 的无序单项式的和，称作 $\boldsymbol{x}$ 的 d 阶齐次无序多项式。例如，$x_1^2+2x_1x_2+x_2^2$ 与 $x_1^2+x_1x_3+x_2x_3+x_3^2$ 均是 n 维特征向量 $\boldsymbol{x}=[x_1,x_2,\cdots,x_n]$的 2 阶齐次无序多项式。

特征向量 $\boldsymbol{x}=[x_1,x_2,\cdots,x_n]$的所有 d 阶齐次无序单项式，各自分别与特定实数相乘之后构成的向量，记作 $\boldsymbol{E}_d(\boldsymbol{x})$，称作特征向量 $\boldsymbol{x}$ 的 d 阶齐次无序单项式向量。不难理解，向量 $\boldsymbol{E}_d(\boldsymbol{x})$的维度为从集合$\{1,2,\cdots,n\}$中取任意 d 个元素的组数，即 C_n^d。向量 $\boldsymbol{E}_d(\boldsymbol{x})$的所有取值张满的空间，称作特征向量 $\boldsymbol{x}$ 的 d 阶齐次无序单项式空间。为便于理解，先看两个例子，对于二维特征向量 $\boldsymbol{x}=[x_1,x_2]$来说，向量 $\boldsymbol{E}_2(\boldsymbol{x})=[x_1^2,x_2^2,\sqrt{2}x_1x_2]$为特征向量 $\boldsymbol{x}=[x_1,x_2]$的 2 阶齐次无序单项式向量，该向量与特征向量 $\boldsymbol{x}=[x_1,x_2]$的 2 阶齐次无序单项式空间中一点对应。不难理解，特征向量 $\boldsymbol{x}=[x_1,x_2,\cdots,x_n]$与其 d 阶齐次无序单项式向量，构成一个从 R^n 空间到特征向量 $\boldsymbol{x}$ 的 d 阶齐次无序单项式空间的一对一映射。需要指出的是，在高维空间待识别对象线性可分的可能性越大，但计算代价显著增长。幸运的是，我们可以用原 n 维特征空间的向量内积为底 d 为指数的幂函数代替其在 d 阶齐次无序单项式空间内的内积。为便于理解，先看两个简单的例子，对于任意 $\boldsymbol{x}=[x_1,x_2]$与 $\boldsymbol{y}=[y_1,y_2]$，它们的 2 阶齐次无序单项式向量分别为 $\boldsymbol{E}_2(\boldsymbol{x})=[x_1^2,x_2^2,\sqrt{2}x_1x_2]$与 $\boldsymbol{E}_2(\boldsymbol{y})=[y_1^2,y_2^2,\sqrt{2}y_1y_2]$。二者的内积可写为

$$<\boldsymbol{E}_2(\boldsymbol{x}),\boldsymbol{E}_2(\boldsymbol{y})>=x_1^2y_1^2+x_2^2y_2^2+2x_1x_2y_1y_2=(<\boldsymbol{x},\boldsymbol{y}>)^2 \tag{9-27}$$

$\boldsymbol{x}=[x_1,x_2]$与 $\boldsymbol{y}=[y_1,y_2]$的 3 阶齐次无序单项式向量分别为 $\boldsymbol{E}_3(\boldsymbol{x})=[x_1^3,x_2^3,\sqrt{3}x_1^2x_2,\sqrt{3}x_1x_2^2]$与 $\boldsymbol{E}_3(\boldsymbol{y})=[y_1^3,y_2^3,\sqrt{3}y_1^2y_2,\sqrt{3}y_1y_2^2]$。二者的内积可写为

$$<\boldsymbol{E}_3(\boldsymbol{x}),\boldsymbol{E}_3(\boldsymbol{y})>=x_1^3y_1^3+x_2^3y_2^3+3x_1^2x_2y_1^2y_2+3x_1x_2^2y_1y_2^2$$
$$=x_1^3y_1^3+3x_1^2y_1^2x_2y_2+3x_1y_1x_2^2y_2^2+x_2^3y_2^3$$
$$=(<\boldsymbol{x},\boldsymbol{y}>)^3 \tag{9-28}$$

更一般地，两个 d 阶齐次无序单项式向量的内积，可写为

$$<\boldsymbol{E}_d(\boldsymbol{x}),\boldsymbol{E}_d(\boldsymbol{y})>=(<\boldsymbol{x},\boldsymbol{y}>)^d \tag{9-29}$$

不难理解，为了使得以上公式成立，所述 d 阶齐次无序单项式向量中各单项式分量前的系数实际上与“杨辉三角”有着密不可分的关系。

9.4.5　无序单项式向量空间

特征向量 $\boldsymbol{x}$ 的多个阶数最大为 d 的无序单项式的和，称作 $\boldsymbol{x}$ 的 d 阶无序多项式。需要说明的是，这里并未强调组成 d 阶有序多项式的各个单项式的阶数一致性。也就是说，阶数可以相同，也可以不相同。显然，上文提及的 $\boldsymbol{x}$ 的齐次无序多项式是 $\boldsymbol{x}$ 的无序多项式的特例。例如，$x_1^2+x_2^2+x_1x_2+x_1$ 与 $x_1^2+x_3x_1+x_2$ 均是 n 维特征向量 $\boldsymbol{x}=[x_1,x_2,\cdots,x_n]$的无序多项式。

特征向量 $\boldsymbol{x}=[x_1,x_2,\cdots,x_n]$的 $0\sim d$ 阶的所有无序单项式，各自分别与特定实数相乘之后构成的向量，称作特征向量 $\boldsymbol{x}$ 的 d 阶无序单项式向量，记作 $\boldsymbol{F}_d(\boldsymbol{x})$。不难理解，向量 $\boldsymbol{F}_d(\boldsymbol{x})$的维度为从集合$\{1,2,\cdots,n\}$中取任意 j 个元素的组合数总和，即 $\sum_{j=0}^{d}C_n^j$。向量 $\boldsymbol{F}_d(\boldsymbol{x})$ 的所有取值张满的空间，称作特征向量 $\boldsymbol{x}$ 的 d 阶无序单项式空间。不难理解，特征向量 $\boldsymbol{x}=[x_1,x_2,\cdots,x_n]$与其 d 阶无序单项式向量，构成一个从 R^n 空间到特征向量 $\boldsymbol{x}$ 的 d 阶无序单项式空间的一对一映射。需要指出的是，这里所述的各单项式的系数实际上与“杨辉三角”有着密不可分的关系。这是因为，我们的目的是用原 n 维特征空间的向量内积为底，d 为指数的幂函数代替其在 d 阶无序单项式空间内的内积，以降低计算代价。为便于理解，先看两个简单的例子，对于任意 $\boldsymbol{x}=[x_1,x_2]$与 $\boldsymbol{y}=[y_1,y_2]$，它们的 2 阶无序单项式向量分别为 $\boldsymbol{F}_2(\boldsymbol{x})=[x_1^2,x_2^2,\sqrt{2}x_1x_2,\sqrt{2}x_1,\sqrt{2}x_2,1]$与 $\boldsymbol{F}_2(\boldsymbol{y})=[y_1^2,y_2^2,\sqrt{2}y_1y_2,\sqrt{2}y_1,\sqrt{2}y_2,1]$。二者的内积可写为

$$
\begin{aligned}
<\boldsymbol{F}_2(\boldsymbol{x}),\boldsymbol{F}_2(\boldsymbol{y})> &= x_1^2y_1^2+x_2^2y_2^2+2x_1x_2y_1y_2+2x_1y_1+2x_2y_2+1\\
&=(<\boldsymbol{x},\boldsymbol{y}>)^2+2<\boldsymbol{x},\boldsymbol{y}>+1\\
&=(<\boldsymbol{x},\boldsymbol{y}>+1)^2
\end{aligned}
\tag{9-30}
$$

$\boldsymbol{x}=[x_1,x_2]$与 $\boldsymbol{y}=[y_1,y_2]$的 3 阶无序单项式向量分别为

$$\boldsymbol{F}_3(\boldsymbol{x})=[x_1^3,x_2^3,\sqrt{3}x_1^2x_2,\sqrt{3}x_1x_2^2,\sqrt{3}x_1^2,\sqrt{3}x_2^2,2\sqrt{3}x_1x_2,\sqrt{3}x_1,\sqrt{3}x_2,1]$$

$$\boldsymbol{F}_3(\boldsymbol{y})=[y_1^3,y_2^3,\sqrt{3}y_1^2y_2,\sqrt{3}y_1y_2^2,\sqrt{3}y_1^2,\sqrt{3}y_2^2,2\sqrt{3}y_1y_2,\sqrt{3}y_1,\sqrt{3}y_2,1]$$

二者的内积可写为

$$
\begin{aligned}
<\boldsymbol{F}_3(\boldsymbol{x}),\boldsymbol{F}_3(\boldsymbol{y})> &= x_1^3y_1^3+x_2^3y_2^3+3x_1^2x_2y_1^2y_2+3x_1x_2^2y_1y_2^2+\\
&\quad 3x_1^2y_1^2+3x_2^2y_2^2+6x_1x_2y_1y_2+3x_1y_1+3x_2y_2+1\\
&=x_1^3y_1^3+3x_1^2y_1^2x_2y_2+3x_1y_1x_2^2y_2^2+x_2^3y_2^3+\\
&\quad 3(x_1^2y_1^2+2x_1y_1x_2y_2+x_2^2y_2^2)+3(x_1y_1+x_2y_2)+1\\
&=(<\boldsymbol{x},\boldsymbol{y}>)^3+3<\boldsymbol{x},\boldsymbol{y}>^2+3<\boldsymbol{x},\boldsymbol{y}>+1\\
&=(<\boldsymbol{x},\boldsymbol{y}>+1)^3
\end{aligned}
\tag{9-31}
$$

更一般地，两个 d 阶无序单项式向量的内积，可写为

$$<\boldsymbol{F}_d(\boldsymbol{x}),\boldsymbol{F}_d(\boldsymbol{y})>=(<\boldsymbol{x},\boldsymbol{y}>+1)^d \tag{9-32}$$

不难理解，为了使得以上公式成立，所述 d 阶无序单项式向量中各单项式分量前的系数实际上与“杨辉三角”有着密不可分的关系。

9.4.6 线性核

线性核在核映射函数里拥有最简单的表达式，可将其视作多项式核的特例。具体地，如式(9-18)所示，若取 $q=1$，则多项式核 $\kappa(\boldsymbol{x},\boldsymbol{y})=(<\boldsymbol{x},\boldsymbol{y}>+c)^q$ 变为 $\kappa(\boldsymbol{x},\boldsymbol{y})=<\boldsymbol{x},\boldsymbol{y}>+c$，称作线性核。不难发现，与映射前的低维特征空间相比，线性核"隐式"映射后，待识别对象的特征向量间的相似度在高维空间只是平移了常数 c。显然，若在低维空间待识别对象特征向量之间不具备线性可分性，则映射后的特征向量仍线性不可分。为便于理解，设 $c\geqslant 0$，定义 n 维特征空间到 $n+1$ 维特征空间映射函数 $\Phi(\boldsymbol{x})=[x_1,x_2,\cdots,x_n,\sqrt{c}]$，则 $<\Phi(\boldsymbol{x}),\Phi(\boldsymbol{y})>=\sum_{i=1}^{n}x_iy_i+c=<\boldsymbol{x},\boldsymbol{y}>+c$。显然，升维映射函数对所有待识别对象的特征向量均增加一个常数。也就是说，增加一个维度后，在高一维空间内，所有特征向量位于 $x_{n+1}=\sqrt{c}$ 超平面内，且保持不变。虽然线性核肯定不能改变待识别对象的线性可分性，但是是最简单的核函数，当 $c=0$ 其等价于未变换。对于核映射来讲，这相当于是基元或幺元函数。

9.4.7 高阶非线性核

由多项式核函数的定义式(9-17)可知，若 $c=0$，多项式核则退化为齐次多项式核。以 $q=2$，特征向量长度 $n=2$ 为例，此时多项式核

$$\kappa(\boldsymbol{x},\boldsymbol{y})=(<\boldsymbol{x},\boldsymbol{y}>)^2=x_1^2x_2^2+y_1^2y_2^2+2x_1x_2y_1y_2 \tag{9-33}$$

需要说明的是，式(9-33)其实定义了齐次有序单项式空间向量对的内积。对于任意的特征向量 $\boldsymbol{x}=[x_1,x_2]$，从原特征空间到齐次有序单项式空间的映射函数为

$$\Phi(\boldsymbol{x})=[x_1^2,x_2^2,x_1x_2,x_2x_1] \tag{9-34}$$

在上述拆解中，x_1x_2 和 x_2x_1 被视作不同分量。因为原特征分量间的乘法被定义为是有次序的，即分量乘法不满足交换律。若将原特征分量间的乘法定义为无序，则式(9-30)定义了无序齐次单项式空间向量对的内积。对于任意的特征向量 $\boldsymbol{x}=[x_1,x_2]$，从原特征空间到齐次无序单项式空间的映射函数为

$$\Phi(\boldsymbol{x})=[x_1^2,x_2^2,\sqrt{2}x_1x_2] \tag{9-35}$$

另一方面，由多项式核函数的定义式(9-17)可知，若 $c\neq 0$，则公式(9-17)定义的多项式核为非齐次多项式核。以 $c=1,q=2$，特征向量长度 $n=2$ 为例，此时多项式核

$$\kappa(\boldsymbol{x},\boldsymbol{y})=(<\boldsymbol{x},\boldsymbol{y}>+1)^2=x_1^2x_2^2+y_1^2y_2^2+2x_1x_2y_1y_2+2x_1y_1+2x_2y_2+1 \tag{9-36}$$

类似地，式(9-36)其实定义了有序齐次单项式空间向量对的内积。对于任意的特征向量 $\boldsymbol{x}=[x_1,x_2]$，从原特征空间到有序单项式空间的映射函数为

$$\Phi(\boldsymbol{x})=[x_1^2,x_2^2,x_1x_2,x_2x_1,\sqrt{2}x_1,\sqrt{2}x_2,1] \tag{9-37}$$

易得，从原特征空间到无序单项式空间的映射函数为

$$\Phi(\boldsymbol{x})=[x_1^2,x_2^2,\sqrt{2}x_1x_2,\sqrt{2}x_1,\sqrt{2}x_2,1] \tag{9-38}$$

由以上示例不难发现，任意一个多项式核都与一个单项式空间内的内积运算对应。

这种对应关系成立的原因在于存在一个非线性映射函数，将待识别对象的特征向量从原特征空间变换到单项式空间，且后者维度更高。进一步地，这个非线性映射函数的表达式是可以推导求解的。也就是说，我们可以直观地分析映射后的待识别对象的分布特性，甚至于发现其线性可分性。因此，多项式核具有一定的可解释性。

为了直观说明，多项式核隐式定义的非线性映射函数可使得线性不可分特征向量在映射后的高维空间中线性可分。现假设原特征空间维度为 1，对于任意特征向量对 $\boldsymbol{x}=[x_1]$ 与 $\boldsymbol{y}=[y_1]$，定义核函数 $\kappa(\boldsymbol{x},\boldsymbol{y})=(<\boldsymbol{x},\boldsymbol{y}>+1)^2$。不难证明，对于任意的特征向量 $\boldsymbol{x}=[x_1]$，从原特征空间到有序/无序单项式空间的映射函数为 $\Phi(\boldsymbol{x})=[x_1^2,\sqrt{2}x_1,1]$。需要说明的是，对于一维特征向量，不存在多个不同特征分量在单项式中出现次序的问题。也就是说，一维特征向量的有序单项式向量与无序单项式向量相同。给定如图 9-3(a)所示的 9 个待识别对象的一维特征向量。显然它们是线性不可分的。但是经过函数 $\Phi(x)=[x_1^2,\sqrt{2}x_1,1]$ 映射后，原特征向量对应待识别对象的新的高维特征向量，在 $\Phi(\boldsymbol{x})_3=1$ 平面内的分布情况如图 9-3(b)所示。不难发现，待识别对象在 $\Phi(\boldsymbol{x})_3=1$ 平面内线性可分，分类线为 $\Phi(\boldsymbol{x})_1$ 取值开区间(1→4)内任意值 k 的水平线。也就是说，在新的三维特征向量空间内待识别对象线性分类的分类面为 $\Phi(\boldsymbol{x})_1=k$ 平面。

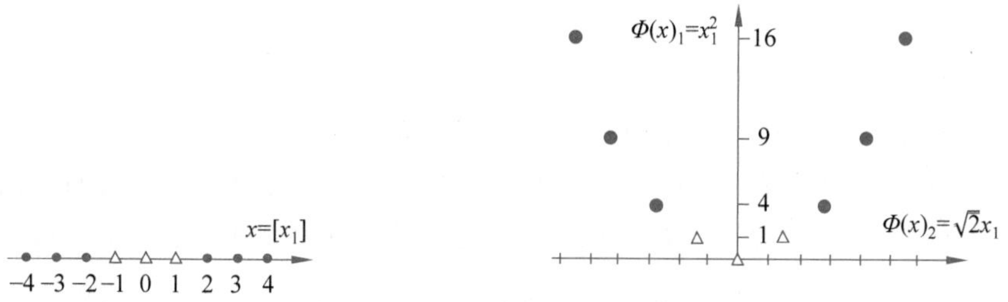

(a) 映射变换前原特征向量分布情况　　(b) 映射后特征向量在$\Phi(x)_3=1$平面分布情况

图 9-3　核函数 $\kappa(x,y)=(<x,y>+1)^2$ 的作用

有必要指出的是，多项式核面临的问题是其参数 q 可选择范围过大，导致有效的参数选择比较困难。如果参数 q 设定值较小则可能无法起到期望的效果，比如 $q=1$ 线性核。反之，若参数 q 设定值过大则映射后新特征的分量值趋于无穷大或者无穷小，对应的核矩阵元素值也趋于无穷大或者无穷小。这使得核函数映射方法的计算代价十分高昂。

9.5 径向基核

9.5.1 径向基函数

径向基函数(Radial Basis Function，RBF)是一类其因变量只依赖于自变量到原点距离的函数。也就是说，给定任意特征向量 $\boldsymbol{x}$，设其到原点的距离为 $d(\boldsymbol{x})$，则以其为自变量定义的径向基函数 Ψ，可写作 $\Psi(\boldsymbol{x})=\Psi(d(\boldsymbol{x}))$。更一般地，距离的参考点可以是同维度空间内的任意点 $\boldsymbol{c}$。也就是说，更一般地，径向基函数定义为，对于任意特征向量 $\boldsymbol{x}$，以其

到 $\boldsymbol{c}$ 点的距离为自变量的函数，记作 $\Psi(\boldsymbol{x},\boldsymbol{c})=\Psi(d(\boldsymbol{x}-\boldsymbol{c}))$。一般地，对于距离的度量通常选择欧氏距离。也就是说，$d(\boldsymbol{x})=\|\boldsymbol{x}\|$。不难理解，依据欧氏距离的定义，径向基函数 $\Psi(\boldsymbol{x},\boldsymbol{c})=\Psi(d(\boldsymbol{x}-\boldsymbol{c}))$ 可改写为 $\Psi(\boldsymbol{x})=\Psi(\|\boldsymbol{x}-\boldsymbol{c}\|)=\Psi((<\boldsymbol{x}-\boldsymbol{c},\boldsymbol{x}-\boldsymbol{c}>)^{1/2})$。由于核函数可将高维特征空间内的向量内积转换为低维特征空间内对应向量的内积运算，而径向基函数其实就是向量内积的函数，所以，径向基函数可充当核函数使用，起到将高维运算转换到低维空间进行，从而降低计算代价的目的。通常，将起核映射作用的径向基函数，称为径向基核函数。需要指出的是，距离的度量为欧氏距离时，径向基函数是径向同性的。需要说明的是，可以证明，径向基核函数矩阵是半正定的。

9.5.2 高斯核

高斯核函数是径向基核函数的典型代表。给定 n 维特征空间任意两个向量 $\boldsymbol{x}=[x_1,x_2,\cdots,x_n]$ 与 $\boldsymbol{y}=[y_1,y_2,\cdots,y_n]$，高斯核函数定义为

$$\kappa(\boldsymbol{x},\boldsymbol{y})=\exp\left(-\frac{\|\boldsymbol{x}-\boldsymbol{y}\|^2}{2\sigma^2}\right) \tag{9-39}$$

其中，exp 是以自然常数 e 为底的指数函数；σ 为高斯核的唯一控制参数。需要说明的是，有教材将高斯核函数定义为

$$\kappa(\boldsymbol{x},\boldsymbol{y})=\exp(-\gamma\|\boldsymbol{x}-\boldsymbol{y}\|^2) \tag{9-40}$$

其中，γ 为控制参数。不难理解，除控制参数设置可能不同外，两种定义本质上是一致的。实际上，两种定义的控制参数之间是有规律可循的，即 $\gamma=1/(2\sigma^2)$。有必要指出的是，$\|\boldsymbol{x}-\boldsymbol{y}\|^2$ 可改写为 $<\boldsymbol{x}-\boldsymbol{y},\boldsymbol{x}-\boldsymbol{y}>$。显然，高斯核涉及两个特征向量的欧氏距离。如图 9-4 所示，实际上，高斯核函数是该距离的单调递减函数。不难发现，若两个向量 $\boldsymbol{x}$ 与 $\boldsymbol{y}$ 之中任意一个为所有 m 个待识别对象特征向量 $\boldsymbol{x}_j$ 的均值 $\boldsymbol{\mu}=(1/m)\sum_{j=1}^{m}\boldsymbol{x}_j$，则高斯核函数就是多维的正态分布函数，并且对于任意对象的特征向量此正态分布具有全局特性，形状保持不变。控制参数 σ 起到控制正态分布形状特性的作用。具体地，如图 9-4(a)所示，越远离均值位置，核函数值越小，且在 $(-3\sigma\rightarrow3\sigma)$ 范围之外，函数值小到可以忽略不计。不同的是，对于式(9-39)定义的高斯核函数来说，一般是依次用各待识别对象的特征向量 $\boldsymbol{x}$ 代替均值向量 $\boldsymbol{\mu}$，再依次将所有待识别对象的特征向量 $\boldsymbol{y}$ 作为另一个输入，计算函数值，即式(9-39)。也就是说，高斯核函数中的两个自变量的取值范围均是所有待识别对象特征向量的全集。如图 9-4(b)所示。在这种情况下，相当于以各个对象的特征向量为中心，分别构造了一个高斯函数。也就是说，此时的高斯核函数具有局部定位特性，并且对有所有待识别对象来说，局部的径向作用域是一样的，均由参数 σ 控制。当两个向量 $\boldsymbol{x}$ 与 $\boldsymbol{y}$ 的欧氏距离处于某一区间范围内时（一般遵循 3σ 原则），固定 $\boldsymbol{y}$，则核函数 $\kappa(\boldsymbol{x},\boldsymbol{y})$ 的函数值随 $\boldsymbol{x}$ 变化而显著变化。

接下来分析高斯核函数的隐式升维映射的表达能力。不难理解，若设 $\delta=(2\sigma^2)^{-1}$，并将欧氏距离计算式展开，则式(9-39)定义的高斯核函数可改写为

$$\kappa(\boldsymbol{x},\boldsymbol{y})=\exp(-\delta\|\boldsymbol{x}-\boldsymbol{y}\|^2)=\exp(-\delta\boldsymbol{x}\boldsymbol{x}^{\mathrm{T}})\exp(-\delta\boldsymbol{y}\boldsymbol{y}^{\mathrm{T}})\exp(2\delta\boldsymbol{x}\boldsymbol{y}^{\mathrm{T}}) \tag{9-41}$$

由前文可知，核函数存在的意义是将待识别对象在高维特征空间的相似度转换为低

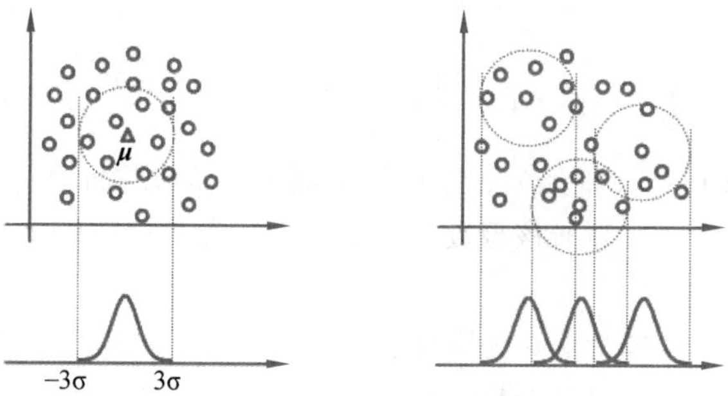

(a) 全局核　　(b) 局部核

图 9-4　高斯核函数的作用域

维空间计算，从而节省计算开销，且不需要明确升维映射函数的表达式。也就是说，对于任意高斯核函数 $\kappa(\boldsymbol{x},\boldsymbol{y})$，必然存在一个升维映射函数 $\Phi(\boldsymbol{x})$ 与之对应。它们之间的对应关系为 $\kappa(\boldsymbol{x},\boldsymbol{y})=<\Phi(\boldsymbol{x}),\Phi(\boldsymbol{y})>$。为了将式(9-41)改写为升维映射函数 $\Phi(\boldsymbol{x})$ 内积的形式，重点关注 $\exp(2\delta\boldsymbol{x}\boldsymbol{y}^{\mathrm{T}})$。需要说明的是，指数函数 e^{x} 的泰勒展开式为

$$\mathrm{e}^{x}=1+x+\frac{x^{2}}{2!}+\frac{x^{3}}{3!}+\cdots=\sum_{n=0}^{\infty}\frac{x^{n}}{n!} \tag{9-42}$$

不难得到

$$\mathrm{e}^{2\delta\boldsymbol{x}\boldsymbol{y}^{\mathrm{T}}}=\sum_{n=0}^{\infty}\frac{(2\delta\boldsymbol{x}\boldsymbol{y}^{\mathrm{T}})^{n}}{n!} \tag{9-43}$$

将式(9-43)代入式(9-41)，得

$$\begin{aligned}\kappa(\boldsymbol{x},\boldsymbol{y})&=\exp(-\delta\boldsymbol{x}\boldsymbol{x}^{\mathrm{T}})\exp(-\delta\boldsymbol{y}\boldsymbol{y}^{\mathrm{T}})\sum_{n=0}^{\infty}\frac{(2\delta\boldsymbol{x}\boldsymbol{y}^{\mathrm{T}})^{n}}{n!}\\&=\exp(-\delta\boldsymbol{x}\boldsymbol{x}^{\mathrm{T}})\exp(-\delta\boldsymbol{y}\boldsymbol{y}^{\mathrm{T}})\sum_{n=0}^{\infty}\frac{(2\delta)^{n}}{n!}(\boldsymbol{x}\boldsymbol{y}^{\mathrm{T}})^{n}\end{aligned} \tag{9-44}$$

由式(9-17)可知，多项式核 $\kappa(\boldsymbol{x},\boldsymbol{y})=(<\boldsymbol{x},\boldsymbol{y}>+c)^{q}=(\boldsymbol{x}\boldsymbol{y}^{\mathrm{T}}+c)^{q}$。设 $c=0$ 并且 $q=n$，则多项式核可简化为 $\kappa(\boldsymbol{x},\boldsymbol{y})=(\boldsymbol{x}\boldsymbol{y}^{\mathrm{T}})^{n}$。将其代入式(9-44)，可得高斯核函数是 0 到无穷阶的多项式核函数的加权和。由核的可组合扩展性可得公式(9-39)定义的高斯函数是核函数。也就是说，高斯核函数肯定与一个特征升维函数相对应。由于多项式核函数将低维特征向量映射到有限维高维空间，所以 0 到无穷阶的多项式核函数的加权和，也就是说，高斯核函数与一个无穷维的映射函数 $\Phi(\boldsymbol{x})$ 对应，且满足 $<\Phi(\boldsymbol{x}),\Phi(\boldsymbol{y})>=\kappa(\boldsymbol{x},\boldsymbol{y})$。有必要指出的是，不难发现，$<\Phi(\boldsymbol{x}),\Phi(\boldsymbol{x})>=\|\Phi(\boldsymbol{x})\|^{2}=\kappa(\boldsymbol{x},\boldsymbol{x})=1$。也就是说，函数 $\Phi(\boldsymbol{x})$ 将特征向量映射到高维空间，并使得它们分布在一个以高维特征空间原点为中心半径为 1 的超球面上。

为便于理解，考虑 $\boldsymbol{x}=[x]$ 与 $\boldsymbol{y}=[y]$ 的情形，则式(9-44)可改写为

$$\begin{aligned}\kappa(x,y)&=\exp(-\delta x^{2})\exp(-\delta y^{2})\sum_{n=0}^{\infty}\frac{(2\delta)^{n}}{n!}(x)^{n}(y)^{n}\\&=\sum_{n=0}^{\infty}\left(\exp(-\delta x^{2})\sqrt{\frac{(2\delta)^{n}}{n!}}(x)^{n}\right)\left(\exp(-\delta y^{2})\sqrt{\frac{(2\delta)^{n}}{n!}}(y)^{n}\right)\end{aligned} \tag{9-45}$$

不难证明，若定义

$$\Phi(x)=\exp(-\delta x^2)\left[1,\sqrt{\frac{(2\delta)}{1!}}x,\sqrt{\frac{(2\delta)^2}{2!}}x^2,\cdots\right] \tag{9-46}$$

则可得$<\Phi(\boldsymbol{x}),\Phi(\boldsymbol{y})>=\kappa(\boldsymbol{x},\boldsymbol{y})$。也就是说，高斯核函数与将原特征向量升维到无穷的映射函数相对应。换言之，高斯核函数相当于在无穷维特征空间中度量待识别对象的相似度。

由 Cover 定理可知，理论上在无限维空间内，待识别对象肯定是线性可分的。但是无穷维空间更难直观表达，所以高斯核函数不像多项式核那样有较好的可解释性。另一方面，虽然高斯核函数只有一个控制参数σ，但是选择一个合适的σ值并不是一件容易的事。实际上，随着控制参数σ的增大，高维特征各分量前的权重值衰减加快。特别地，当控制参数σ大到一定程度时，相当于映射到有限维空间。具体地，若σ取值使得仅前两个特征分量有效，此时高斯核退化为线性核。也就是说，可将线性核看作高斯核的一个特例。相反地，如果σ取值很小，则非线性映射的高维特征向量中有效分量明显增多，甚至可以将原特征向量映射到无穷维上，使得任意待识别对象都线性可分。然而，伴随而来的是复杂模型易发生过拟合的问题。

9.5.3 幂指数核

由上文分析可知，高斯核函数对控制参数σ的敏感度较高。为了保证高斯核函数的特性，同时尽可能地降低其对控制参数σ的依赖程度，定义幂指数核如下。

$$\kappa(\boldsymbol{x},\boldsymbol{y})=\exp\left(-\frac{\|\boldsymbol{x}-\boldsymbol{y}\|}{2\sigma^2}\right) \tag{9-47}$$

不难发现，幂指数核与高斯核的区别仅在于，前者是以欧氏距离为自变量的径向基函数，后者是以欧氏距离的平方为自变量的径向基函数。也就是说，幂指数核可视作高斯核的变形。具体地，对于欧氏距离$\|\boldsymbol{x}-\boldsymbol{y}\|$大于 1 的情况，保持控制参数$\sigma$不变，距离的平方大于距离本身。也就是说，幂指数核的函数值大于高斯核的函数值。随着距离增长，距离的平方以幂指级增长，且比距离本身增长幅度大。不难理解，与高斯核相比，幂指数核函数值的分布更分散，辨识度更高。换言之，幂指数核对控制参数σ的敏感程度较高斯核来说更低。相反地，若$\|\boldsymbol{x}-\boldsymbol{y}\|<1$，保持控制参数$\sigma$不变，距离的平方小于距离本身。也就是说，幂指数核的函数值小于高斯核的函数值。随着距离增长，距离的平方以幂指级增长，但比距离本身增长幅度小。此时，与高斯核相比幂指数核函数值的分布更集中，辨识度更差。也就是说，对于$\|\boldsymbol{x}-\boldsymbol{y}\|<1$的情况，与高斯核相比，幂指数核对控制参数$\sigma$的敏感程度更高。

9.5.4 拉普拉斯核

为进一步降低对控制参数的敏感度，定义拉普拉斯核

$$\kappa(\boldsymbol{x},\boldsymbol{y})=\exp\left(-\frac{\|\boldsymbol{x}-\boldsymbol{y}\|}{\sigma}\right) \tag{9-48}$$

不难发现，拉普拉斯核与幂指数核唯一的不同之处在于，前者以欧氏距离与控制参数

的负比值作为自变量，而后者以欧氏距离与控制参数平方的 2 倍的负比值作为自变量。显然，若 $\sigma>1/2$，则 $2\sigma^2>\sigma$ 恒成立。对于等同的欧氏距离 $\|\boldsymbol{x}-\boldsymbol{y}\|$，$-\|\boldsymbol{x}-\boldsymbol{y}\|/\sigma<-\|\boldsymbol{x}-\boldsymbol{y}\|/(2\sigma^2)$ 恒成立。也就是说，与幂指数核相比，拉普拉斯核的函数值的分布更集中，辨识度更低。反之，若 $0<\sigma<1/2$，情况则正好相反。但是需要指出的是，若 $\sigma>1/2$，则 $2\sigma^2$ 的增长率大于 σ 的增长率。此时，幂指数核函数的变化更加明显。也就是说，拉普拉斯核对控制参数 σ 的变化敏感度更低。

9.5.5 核矩阵的半正定性

由前文可知，对欧氏距离度量来说，径向基核是特征向量内积的函数。可以证明，与多项式核一样，径向基核函数矩阵也是半正定的。具体地，对于高斯核来说，设待识别对象共有 m 个，描述每个对象的特征向量长度为 n。核矩阵 $\boldsymbol{K}$ 中元素 $K_{i,j}=\kappa(\boldsymbol{x}_i,\boldsymbol{x}_j)=\exp(\gamma<\boldsymbol{x}_i,\boldsymbol{x}_j>)$。其中，$\gamma=-1/(2\sigma^2)$。对于任意特征向量 $\boldsymbol{v}=[v_1,v_2,\cdots,v_m]$，有

$$\begin{aligned}\boldsymbol{vKv}^{\mathrm{T}}&=\left[\sum_{i=1}^{m}v_iK_{i,1},\sum_{i=1}^{m}v_iK_{i,2},\cdots,\sum_{i=1}^{m}v_iK_{i,m}\right][v_1,v_2,\cdots,v_m]^{\mathrm{T}}\\&=\sum_{j=1}^{m}\sum_{i=1}^{m}v_iv_jK_{i,j}\end{aligned}\tag{9-49}$$

由于高斯核与一个无穷维的映射函数 $\Phi(\boldsymbol{x})$ 对应，且满足 $<\Phi(\boldsymbol{x}),\Phi(\boldsymbol{y})>=\kappa(\boldsymbol{x},\boldsymbol{y})$。所以

$$\begin{aligned}\boldsymbol{vKv}^{\mathrm{T}}&=\sum_{j=1}^{m}\sum_{i=1}^{m}v_iv_jK_{i,j}\\&=\sum_{j=1}^{m}\sum_{i=1}^{m}v_iv_j<\Phi(\boldsymbol{x}_i),\Phi(\boldsymbol{x}_j)>\\&=\sum_{j=1}^{m}\sum_{i=1}^{m}<v_i\Phi(\boldsymbol{x}_i),v_j\Phi(\boldsymbol{x}_j)>\\&=<\sum_{j=1}^{m}v_i\Phi(\boldsymbol{x}_i),\sum_{i=1}^{m}v_j\Phi(\boldsymbol{x}_j)>\\&=\left\|\sum_{j=1}^{m}v_i\Phi(\boldsymbol{x}_i)\right\|^2\end{aligned}\tag{9-50}$$

也就是说，$\boldsymbol{vKv}^{\mathrm{T}}\geqslant 0$，即高斯核函数矩阵是半正定的。

> **注**
>
> 实际上，由于高斯核与一个无穷维的映射函数内积相对应，基于 Mercer 定理可得，高斯核函数矩阵是半正定的。

9.6 Sigmoid 核

Sigmoid 核源于神经网络，又称多层感知器核。定义为

$$\kappa(\boldsymbol{x},\boldsymbol{y})=\tanh(\beta\boldsymbol{x}\boldsymbol{y}^{\mathrm{T}}+r)\tag{9-51}$$

其中，$\tanh(x)=(e^x-e^{-x})/(e^x+e^{-x})$为双曲正切函数。有必要指出的是，Sigmoid 函数只是具有"S"形状的函数的统称。此处的 Sigmoid 核函数，虽然与神经网络有很深的渊源，但其并不等价于评定神经单元输出响应的激活函数。显然，Sigmoid 核函数有两个控制参数：β 与 r。需要指出的是，控制参数 β 和 r 取不同值时，该核函数有着截然不同的性质。具体地，当 $\beta>0$ 时，控制 β 用于调节输入特征向量 $\boldsymbol{x}$ 与 $\boldsymbol{y}$ 内积的大小，r 用于控制映射阈值位移。当 $\beta<0$ 时，输入特征向量 $\boldsymbol{x}$ 与 $\boldsymbol{y}$ 内积不仅尺寸被缩小至 $|\beta|$ 倍，数值符号也发生改变，相当于 $\boldsymbol{x}$ 与 $\boldsymbol{y}$ 的方向夹角由锐角变钝角，或者由钝角变锐角。特别地，当 β 与 r 取某些值时，对应的核函数矩阵并不是半正定的。此时，Sigmoid 核不满足 Mercer 定理，对待识别对象的线性可分性贡献度分析仍是一个挑战问题。接下来，重点介绍 Sigmoid 核满足 Mercer 定理的条件，以及对应的特性。

9.6.1 条件半正定

当 $\beta>0$ 且 $r<0$ 时，可以证明，Sigmoid 核矩阵是条件半正定的，限制条件就是控制参数 r 足够小。由 Sigmoid 函数的双曲正切定义可证明，对于任意的 r，等式

$$\lim_{x\to-\infty}\frac{1+\tanh(x+r)}{1+\tanh(x)}=\exp(2r) \tag{9-52}$$

恒成立。也就是说，设 $\boldsymbol{K}$ 为 Sigmoid 的核函数矩阵，则对于任意特征向量对 $\boldsymbol{x}_i$ 与 $\boldsymbol{x}_j$，有 $K_{i,j}=\kappa(\boldsymbol{x}_i,\boldsymbol{x}_j)$。定义核函数变换矩阵 $\boldsymbol{H}^r=(\boldsymbol{K}+1)/(1+\tanh(r))$，则 $H^r_{i,j}=(K_{i,j}+1)/(1+\tanh(r))$。进一步地，由式(9-52)可得

$$\lim_{r\to-\infty}H^r_{i,j}=\lim_{r\to-\infty}\frac{1+\tanh(\beta\boldsymbol{x}_i\boldsymbol{x}_j^{\mathrm{T}}+r)}{1+\tanh(r)}=\exp(2\beta\boldsymbol{x}_i\boldsymbol{x}_j^{\mathrm{T}}) \tag{9-53}$$

设 $\overline{\boldsymbol{H}}=\lim\limits_{r\to-\infty}\boldsymbol{H}^r$，则 $\overline{H}_{i,j}=\exp(\beta\|\boldsymbol{x}_i\|^2)\exp(-\beta\|\boldsymbol{x}_i-\boldsymbol{x}_j\|^2)\exp(\beta\|\boldsymbol{x}_j\|^2)$。令 $\boldsymbol{A}=\mathrm{diag}(\exp(\beta\|\boldsymbol{x}_1\|^2),\exp(\beta\|\boldsymbol{x}_2\|^2),\cdots,\exp(\beta\|\boldsymbol{x}_m\|^2))$，则易得，$A_{i,i}>0$。类似地，中间的径向基函数可改写为矩阵形式，记为 $\boldsymbol{B}$。其中，$B_{i,j}=\exp(-\beta\|\boldsymbol{x}_i-\boldsymbol{x}_j\|^2)$。也就是说，可将矩阵 $\overline{\boldsymbol{H}}$ 改写为 $\overline{\boldsymbol{H}}=\boldsymbol{ABA}$。具体地，$\overline{H}_{i,i}=B_{i,i}(A_{i,i})^2$ 且 $\overline{H}_{i,j}=B_{i,j}$，其中，$i=1,2,\cdots,m$，$j=1,2,\cdots,m$，并且 $i\neq j$。由于 $(A_{i,i})^2=(\exp(\beta\|\boldsymbol{x}_2\|^2))^2>1$，所以 $\overline{\boldsymbol{H}}$ 的各阶顺序主子式与 $\boldsymbol{B}$ 的对应阶顺序主子式同号。又由于径向基核函数矩阵 $\boldsymbol{B}$ 是半正定的，所以，矩阵 $\overline{\boldsymbol{H}}$ 也是半正定的。

现假设控制参数 r 足够小时，矩阵 $\overline{\boldsymbol{H}}$ 是负定的。那么，肯定存在无限序列 $\{r_i\}$ 使得 $\boldsymbol{H}^{r_i}$ 是负定的对于任意的 r_i 均成立，并且 $\lim\limits_{i\to\infty}r_i=-\infty$。也就是说，对于序列中的任意一个 r_i，存在单位行向量 $\boldsymbol{v}_i$，使得不等式 $\boldsymbol{v}_i\boldsymbol{H}^{r_i}\boldsymbol{v}_i^{\mathrm{T}}<0$ 成立。同样地，也是一个无限序列 $\{\boldsymbol{v}_i\}$，并且均分布于距离原点为单位长度的圆形区域内。也就是说，当 $r_i\to-\infty$ 时，肯定存在一个单位行向量 $\boldsymbol{v}$，使得不等式 $\boldsymbol{v}\overline{\boldsymbol{H}}\boldsymbol{v}^{\mathrm{T}}<0$ 成立。显然，这与矩阵 $\overline{\boldsymbol{H}}$ 是半正定的相矛盾。因此，存在一个足够小的 r，记作 $\hat{r}$，当 $r\leqslant\hat{r}$ 时，$\boldsymbol{H}^r$ 是半正定的。此时，$(1+\tanh(r))$是大于 0 的常数。所以，核函数 $\kappa(\boldsymbol{x},\boldsymbol{y})=\tanh(\beta\boldsymbol{x}\boldsymbol{y}^{\mathrm{T}}+r)$对应的核函数矩阵 $\boldsymbol{K}$ 是半正定的。

9.6.2 与径向基核的关系

以上证明了当 $\beta>0$，$r<0$ 且 r 足够小时，Sigmoid 核函数矩阵是半正定的。进一步

地，由式(9-53)可知，当 r 足够小时

$$1+\tanh(\beta \boldsymbol{x}_i \boldsymbol{x}_j^{\mathrm{T}}+r) \approx (1+\tanh(r))\exp(2\beta \boldsymbol{x}_i \boldsymbol{x}_j^{\mathrm{T}}) \tag{9-54}$$

若令 $\beta \to 0$，则 $\exp(\beta \|\boldsymbol{x}\|^2) \approx 1$，所以

$$\begin{aligned}\exp(2\beta \boldsymbol{x}_i \boldsymbol{x}_j^{\mathrm{T}}) &= \exp(\beta \|\boldsymbol{x}_i\|^2)\exp(-\beta \|\boldsymbol{x}_i-\boldsymbol{x}_j\|^2)\exp(\beta \|\boldsymbol{x}_j\|^2) \\ &\approx \exp(-\beta \|\boldsymbol{x}_i-\boldsymbol{x}_j\|^2)\end{aligned}$$

也就是说，当 r 足够小且 $\beta \to 0$ 时，

$$\tanh(\beta \boldsymbol{x}_i \boldsymbol{x}_j^{\mathrm{T}}+r) \approx (1+\tanh(r))\exp(-\beta \|\boldsymbol{x}_i-\boldsymbol{x}_j\|^2)-1 \tag{9-55}$$

不难发现，此时 *Sigmoid* 核等价于一种特殊形式的径向基核。

9.7　艰难的抉择

需要说明的是，以上介绍的三类核函数只是整个核函数家族中的冰山一角。哪类核函数是最佳的，哪类核函数适用于哪些场景，是科学界一直尝试解决的问题。然而，到目前为止仍没有一个满意的答案。通俗地讲，这也很易感性理解，具体问题具体分析是辩证唯物主义的一个基本原理。对于具体的人工智能识别任务来说，核函数的选择也需要具体问题具体分析。在某些情况下，若已知待分析对象的特征向量数据的某些先验特性，则可利用先验知识选择与数据分布特性相吻合的核函数。例如，提前知道特征向量数据是线性可分的，那么最简单直接的线性核就是最佳选择。

不幸的是，在很多情况下，特征向量数据的先验分布特性很难提前知道。一般地，为了尽可能地不引入更多的计算代价，核函数的选择上遵循以下原则。

(1) 若待识别对象个数 m 和特征向量维数 n 很大，且 $m>>n$ 时，选择线性核函数。这是因为，一方面，特征向量维度越高，待识别对象线性可分的可能性越高；另一方面，此时高斯核函数映射后的空间维数更高、更复杂，且容易过拟合，此时使用高斯核函数的弊大于利。

(2) 若待识别对象数量很大，但特征向量维数较小，一般采取手工增添特征后，应用原则(1)。这是因为，最优化待解问题的目标函数时，涉及待识别对象间特征向量的内积运算，高斯核计算代价明显大于线性核。

(3) 若待识别对象数量一般，但特征向量维数较小，此时可采用高斯核。

除以上原则之外，交叉验证法是选择核函数的一种有效方法。尝试不同的核函数，选择误差最小的那个。另外，不考虑计算代价的情况下，组合核函数的可扩展组合性，将多个不同类型的核函数组合在一起，形成混合核函数，对某些问题的线性分类是有帮助的。

9.8　一个实例

对于非线性可分问题来说，令 $\Phi(\boldsymbol{x})$ 表示样本 $\boldsymbol{x}$ 升维后的特征表达，若其在升维空间内变得线性可分，则存在线性模型 $f(\boldsymbol{x})=\boldsymbol{w}(\Phi(\boldsymbol{x}))^{\mathrm{T}}+b$ 实现样本二分类。对应地，支持向量机模型优化问题可描述为如下最小化问题。

$$\arg\min_{w,b}\frac{1}{2}ww^{\mathrm{T}}$$
$$\text{s.t. } y_i(w(\Phi(x_i))^{\mathrm{T}}+b)\geqslant 1 \quad i=1,2,\cdots,m \tag{9-56}$$

其中,m 为训练集中样本总数,$y_i=+1$ 或 $y_i=-1$。与 8.10.5 节类似,原问题可转换为

$$\min_{\boldsymbol{\beta},\beta_i\geqslant 0}\left(\frac{1}{2}\sum_{i=1}^{m}\sum_{j=1}^{m}\beta_i\beta_j y_i y_j \Phi(x_j)(\Phi(x_i))^{\mathrm{T}}-\sum_{i=1}^{m}\beta_i\right)$$
$$\text{s.t. } \sum_{i=1}^{m}\beta_i y_i=0 \tag{9-57}$$

显然,若在原特征空间存在函数 $\kappa(\boldsymbol{x},\boldsymbol{y})$满足 $\kappa(\boldsymbol{x},\boldsymbol{y})=<\Phi(\boldsymbol{x}),\Phi(\boldsymbol{y})>$,则式(9-57)可改写为

$$\min_{\boldsymbol{\beta},\beta_i\geqslant 0}\left(\frac{1}{2}\sum_{i=1}^{m}\sum_{j=1}^{m}\beta_i\beta_j y_i y_j \kappa(\boldsymbol{x}_i,\boldsymbol{x}_j)-\sum_{i=1}^{m}\beta_i\right)$$
$$\text{s.t. } \sum_{i=1}^{m}\beta_i y_i=0 \tag{9-58}$$

支持向量机求得的最优线性模型为

$$f(\boldsymbol{x})=\sum_{i=1}^{m}\beta_i^* y_i\kappa(\boldsymbol{x}_i,\boldsymbol{x})+\frac{1}{\mathrm{card}(J)}\sum_{j\in J}\left(y_j-\sum_{i=1}^{m}\beta_i^* y_i\kappa(\boldsymbol{x}_i,\boldsymbol{x}_j)\right) \tag{9-59}$$

其中,$\boldsymbol{\beta}^*=[\beta_1^*,\beta_2^*,\cdots,\beta_m^*]$为式(9-58)的最优解,且 $J=\{j\mid\beta_j>0,j=1,2,\cdots,m\}$。

小　　结

本章对可一定程度上增强线性不可分问题的线性可分性的核函数映射方法进行了详细介绍。现对本章核心内容总结如下。

(1) 一定条件下,维度越高,线性可分性越强。

(2) 核函数可在原特征空间度量待识别对象间的相似度,且度量值与高维特征空间中的度量值相等。

(3) 核函数映射方法可规避维度提升函数构造困难,以及维度提升增加计算代价的问题。

(4) 核函数矩阵为半正定矩阵是一个函数可作为核函数的必要条件。

(5) 核函数可组合扩展,形成更复杂的核函数。

(6) 多项式核、径向基核、Sigmoid 核是三类常见核函数。

(7) 多项式核控制参数取值范围大,选择比较困难。若设定值过大则映射后新特征的分量值趋于无穷大或者无穷小,对应的核矩阵元素值也趋于无穷大或者无穷小。

(8) 高斯核函数是 0 到无穷阶的多项式核函数的加权和。

(9) 高斯核与一个无穷维映射函数对应。在映射后的高维空间内,待识别对象的特征向量分布在一个以原点为中心半径为 1 的超球面上。

(10) 取特定控制参数时,Sigmoid 核等价于某种特殊形式的径向基核。

习　　题

（1）举一个线性不可分问题经函数映射后在高维空间线性可分的例子，并给出与映射函数相对应的一个核函数。

（2）试证明线性核函数矩阵 $\kappa(\boldsymbol{x},\boldsymbol{y})=\langle\boldsymbol{x},\boldsymbol{y}\rangle+c$ 是半正定的。

（3）基于式(9-14)，试证明式(9-15)。

（4）已知：$\boldsymbol{C}_d(\boldsymbol{x})=[x_{i_1}x_{i_2}\cdots x_{i_d},x_{j_1}x_{j_2}\cdots x_{j_d},\cdots,x_{k_1}x_{k_2}\cdots x_{k_d}]$为特征向量 $\boldsymbol{x}=[x_1,x_2,\cdots,x_n]$的所有 d 阶齐次有序单项式构成的向量，其维度大小为排列数 P_n^d。给定三维特征向量 $\boldsymbol{x}=[x_1,x_2,x_3]$与 $\boldsymbol{y}=[y_1,y_2,y_3]$，试回答以下问题。

① 给出 $\boldsymbol{C}_2(\boldsymbol{x})$与 $\boldsymbol{C}_2(\boldsymbol{y})$；

② 计算内积$\langle\boldsymbol{C}_2(\boldsymbol{x}),\boldsymbol{C}_2(\boldsymbol{y})\rangle$，并尝试将其改写为$\langle\boldsymbol{x},\boldsymbol{y}\rangle$的函数表达形式。

（5）试证明过定点线性分类高维空间中的 m 个点，相当于在低一维空间对 $m-1$ 个点进行线性分类。

（6）已知多项式核 $\kappa(\boldsymbol{x},\boldsymbol{y})=(\langle\boldsymbol{x},\boldsymbol{y}\rangle+3)^2$，试回答以下问题。

① 试将该多项式核展开为特征分量线性和的形式；

② 给出与该多项式核对应的有序单项式映射函数；

③ 给出与该多项式核对应的无序单项式映射函数。

参 考 文 献

[1] 蒋刚. 核函数理论与信号处理. 北京：科学出版社，2013.

[2] Kavzoglu T，Colkesen I. A kernel functions analysis for support vector machines for land cover classification. International Journal of Applied Earth Observation and Geoinformation，2009，11(5)：352-359.

[3] Xu Y，Ye Q. Generalized Mercer kernels and reproducing kernel Banach spaces. American Mathematical Society，2019.

[4] Carmeli C，De Vito E，Toigo A. Vector valued reproducing kernel Hilbert spaces of integrable functions and Mercer theorem. Analysis and Applications，2006，4(04)：377-408.

第10章

性能评价与度量

由前文可知，不存在任何一个智能模型能适用于解决所有问题。那么，针对某一具体问题，如何评价不同智能方法的好坏？另一方面，训练集毕竟是真实样本的部分抽样。对训练集取得最优性能，不是人工智能应用的根本。但是，实际应用前，我们无法得到全体样本。那么如何评价模型对“新样本”的适应能力，以保证其泛化能力呢？本章介绍数据驱动人工智能模型性能评价与度量相关数学知识。

10.1　性能评价的意义与重要性

现有的数据驱动的人工智能方法多种多样，即便是同一方法，训练集规模、内容的差异性，也不可避免地导致智能方法产生不同的最优解。幸运的是，无论智能方法属于哪一类别，也无论训练集是否一样，给定目标函数与训练数据，总能找到一个与之对应的“最优解”。由7.1.4节给出的无免费午餐定理可得，不存在任何一个智能模型能适用于解决所有问题。那么，针对某一具体问题，如何评价不同类别智能方法的好坏呢？

另一方面，对训练集取得最优性能，通常不是人工智能应用的根本，这是因为，训练数据往往预测结果已知，并且训练集毕竟是真实样本的部分抽样。因此，在训练集上取得最优解的智能方法，很可能已经过拟合。实际上，在人工智能领域，我们往往希望选择的智能方法及其最优解能够很好地适用于“新样本”，而不是仅仅在训练样本上表现良好。也就是说，我们希望智能模型具有更好的泛化能力。第7、8章分别介绍了提升模型泛化能力的有效途径，以及模型最优参数的解法。但是，如何评价求解后的模型对“新样本”的适应能力呢？

实际上，模型的性能评估与度量是解决以上问题的有效手段，对待求解问题的解决具有重要的指导意义。

10.2　模型选择与交叉验证

如前文所述，可用于解决待求解问题的智能方法多种多样。即便是同一方法，对应模型的最优参数也存在多种可能。如何从潜在模型中选择最优解，即找到适应性最强的模型，是一个必须解决的问题。

不幸的是，我们无法提前模拟出应用场景中可能出现的所有“新样本”。因此，样本充足的条件下，常用的策略是将训练数据进一步划分为两部分。一部分用于模型训练（真正的训练集），另一部分用于模型性能验证（模拟“新样本”）。在验证集上表现更好的模型，被认定为泛化能力更强。若样本量较少，可采用将原始训练样本多次划分为两部分，并采用交叉验证法来评估模型性能。一般地，每次划分的训练集与之前的验证集、验证集与之前的训练集均存在交叉样本。这也是此类性能评估方法被称作“交叉验证法”的原因。

注

有必要说明的是，样本充足与否并不容易定义，往往需要具体问题具体分析。

根据划分方式不同，交叉验证法又分为以下四类。

1. 简单交叉验证

简单交叉验证法将原训练数据集随机多次划分为训练集、验证集两部分。划分后的训练集、验证集保持一定比例。常用的比例值为 7∶3 或 8∶2。

2. k 折交叉验证

与简单交叉验证法中原训练集划分次数不确定不同，k 折交叉验证将原始训练数据集 D 随机划分为 k 个大小相同的互斥子集，即 $D=D_1\cup D_2\cup\cdots\cup D_k$，且 $D_i\cap D_j=\varnothing$。其中，$\text{card}(D)=m$，$\text{card}(D_i)=m/k$，$i=1,2,\cdots,k$，$j=1,2,\cdots,k$，$i\neq j$。如图 10-1 所示，每折验证选择 $k-1$ 个子集作为训练集，其余子集作为验证集。显然，k 折交叉验证法模型验证次数一般等于 k。取 k 次验证结果的均值作为最终评价结果。有必要指出的是，k 折交叉验证法评估结果的稳定性和保真性很大程度上取决于 k 的取值。另一方面，k 折交叉验证样本划分的随机性，可能导致划分结果中样本类别存在不均衡问题。“分层 k 折交叉验证”是对该方法的改进，保证划分结果中类别比例的一致性。

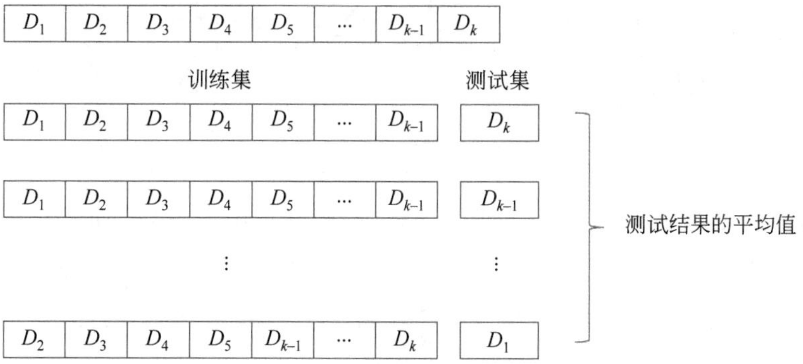

图 10-1　k 折交叉验证

3. 留一法

不难理解，令 $k=m$，则得到 k 折交叉验证的一个特例——留一法。显然，与其他方法相比，留一法构造的训练集与原始样本相似度更高。也就是说，求解的最优解更接近真实最优解。但是，留一法的验证集中仅有一个样本，这不可避免地导致模型评估稳定性差的问题。另一方面，该方法需要训练的模型个数与样本个数相等。若样本规模较大，则必然导致训练与模型选择时间过长的问题。

4. 自助法

自助法是另一种模型验证方法，其在样本量小、难以有效划分出训练集和验证集时很有用。该方法在包含 m 个样本的数据集中，放回式随机抽取一个样本放入训练集，重复 m 次，得到一个同样包含 m 个样本的训练集。显然，一个样本经过 m 次放回采样，但未被选中的概率为

$$\lim_{m\to\infty}\left(1-\frac{1}{m}\right)^m \approx 0.368 \tag{10-1}$$

也就是说，原样本中大概有 36.8%的样本不会出现在新构造的训练集中。以上步骤重复多次，可训练多个模型，取其性能平均值，作为该模型的验证误差。

10.3 错误率与精度

如前文所述，交叉验证法的根本目的是构造“新样本”集，即验证集，并保证训练集与原样本集尽可能相同。那么，如何利用验证集评估由训练集得到的模型的性能呢？不难理解，一个模型犯错越少，则其性能越好。显然，测试样本中分类错误的样本数占总样本数的比例，即错误率，可用于评估模型性能。形式化地，假设验证数据集为 D_v，训练得到的最优模型为 f，则错误率定义为

$$E(f;D_v)=\frac{1}{\operatorname{card}(D_v)}\sum_{x\in D_v} I(f(\boldsymbol{x})\neq y) \tag{10-2}$$

其中，y 为样本 $\boldsymbol{x}$ 的已知标签，且

$$I(x)=\begin{cases}1, & x\neq 0\\ 0, & x=0\end{cases} \tag{10-3}$$

为指示函数。与之对应地，一个模型犯错误越少，则其正确率越高。正确率又称作精度，定义为

$$\operatorname{acc}(f;D_v)=\frac{1}{\operatorname{card}(D_v)}\sum_{x\in D_v} I(f(\boldsymbol{x})=y)=1-E(f;D_v) \tag{10-4}$$

更一般地，若样本服从概率分布 B，即 $\boldsymbol{x}\sim B$，则式(10-2)定义的错误率与式(10-4)定义的精度可分别改写为

$$E(f;B)=\int_{x\sim B} I(f(\boldsymbol{x})\neq y)p(\boldsymbol{x})\mathrm{d}\boldsymbol{x} \tag{10-5}$$

$$\mathrm{acc}(f;B)=\int_{x\sim B} I(f(\boldsymbol{x})=y)p(\boldsymbol{x})\mathrm{d}\boldsymbol{x}=1-E(f;B) \tag{10-6}$$

一般地，在验证集上精度高或错误率小，则有理由相信模型泛化能力强；反之，则有理由认为模型泛化能力弱。但是，若验证数据集中正负样本比例相差较大，则直接采用式(10-6)定义的错误率或精度估计模型的泛化能力就显得不太合适了。仍以银行贷款审批为例，假设符合批贷标准的用户有 100 例(正样本)，而不符合批贷标准的只有 1 例(负样本)。若某一"智能"模型将所有样本都预测为正样本，则正确率高达 99%，错误率仅为 1%。显然，此时不能反映模型对负样本的有效检测能力，据此认为智能模型的泛化能力较强是片面的。

10.4 混淆矩阵

有必要指出的是，智能模型性能度量结果的好坏不仅取决于方法类别、算法、数据，还与具体的任务需求强相关。10.3 节定义的错误率和精度是智能模型性能评估常用的度量方法，但并不能满足所有任务需求。例如，出于经济效益的考虑，银行审批贷款时，仅关心审批结果错误率是远远不够的。这是因为，不同类型的错误带来的次生损失是不同的。例如，符合审批标准的用户申请被驳回，则银行损失的只是一个客户。相反地，不符合审批标准的客户申请被审核通过，则银行将面临无法收回本金的风险。显然，错误率和精度因不再区分不同类型的错误，导致其表现力不足。幸运的是，混淆矩阵为这一问题的解决提供了一种有效途径。

如表 10-1 所示，设样本实际类别数为 n，混淆矩阵对预测结果归属类别中的样本个数按其真实类别进行细分，即表 10-1 中第 i 列的和为验证集中被智能模型预测为第 i 类的样本数目，即 $\sum_{j=1}^{n} C_{j,i}$，其中，$i=1,2,\cdots,n$。但实际上，受智能模型性能的影响，这些被预测为第 i 类的样本可能属于任意类别。如表 10-1 所示，被预测为第 i 类但实际属于第 j 类的样本数为 $C_{j,i}$。显然，除预测正确的样本数 $C_{i,i}$ 之外，预测错误的样本被进一步细分为 $C_{j,i}$，其中，$j=1,2,\cdots,n$，$j\neq i$。不难理解，预测正确的结果均展现在混淆矩阵的对角线上。所以，从混淆矩阵中可以很直观地看出智能模型将哪些类别预测错了，以及错的严重程度。

表 10-1　混淆矩阵示例

真实情况	预测结果					
	第 1 类	第 2 类	…	第 i 类	…	第 n 类
第 1 类	$C_{1,1}$	$C_{1,2}$	…	$C_{1,i}$	…	$C_{1,n}$
第 2 类	$C_{2,1}$	$C_{2,2}$	…	$C_{2,i}$	…	$C_{2,n}$
⋮	⋮	⋮	⋱	…	…	⋮
第 i 类	$C_{i,1}$	$C_{i,2}$	…	$C_{i,i}$	…	$C_{i,n}$

续表

真实情况	预测结果					
	第1类	第2类	…	第 i 类	…	第 n 类
⋮	⋮	⋮	⋱	…	⋱	⋮
第 n 类	$C_{n,1}$	$C_{n,2}$	…	$C_{n,i}$	…	$C_{n,n}$

对于二分类问题来说，对立样本通常被分别称作"正样本"与"负样本"。在医学领域，二者又分别与某一症状是否存在或某一指标是否正常相关。症状存在或指标异常的样本在临床上通常被视作"阳性"样本。对应地，无症状或指标正常的样本，被视作"阴性"样本。此时，若智能模型预测正确，则其预测为阳性的样本，真的是阳性样本；其预测为阴性的样本，真的是阴性样本。前者又被称作真阳性(True Positive)样本，后者被称作真阴性(True Negative)样本。相反地，若智能模型预测错误，则其预测为阳性的样本，实际为阴性样本；其预测为阴性的样本，实际为阳性样本。前者又被称作假阳性(False Positive)样本，后者被称作假阴性(False Negative)样本。令 TP、TN、FP、FN 分别表示真阳、真阴、假阳、假阴样本数，则显然有 $\mathrm{TP}+\mathrm{FP}+\mathrm{TN}+\mathrm{FN}=m$。其中，$m$ 为样本总数。

为了直观，表 10-2 给出二分类问题的混淆矩阵。不难理解，式(10-2)定义的错误率可改写为

$$E=\frac{\mathrm{FP}+\mathrm{FN}}{m}=\frac{\mathrm{FP}+\mathrm{FN}}{\mathrm{FP}+\mathrm{FN}+\mathrm{TP}+\mathrm{TN}} \tag{10-7}$$

与之对应地，式(10-4)定义的正确率可进一步改写为

$$\mathrm{acc}=\frac{\mathrm{TP}+\mathrm{TN}}{m}=\frac{\mathrm{TP}+\mathrm{TN}}{\mathrm{FP}+\mathrm{FN}+\mathrm{TP}+\mathrm{TN}} \tag{10-8}$$

显然，错误率与正确率均可基于混淆矩阵中的数值进行计算。实际上，混淆矩阵将智能模型预测结果进一步细化。因此，我们寻求在混淆矩阵上定义其他性能度量指标，来克服错误率与正确率在模型性能度量方面表现出的局限性问题。

表 10-2　二分类问题的混淆矩阵

真实情况	预测结果	
	阳　性	阴　性
阳性	TP	FN
阴性	FP	TN

10.5　查准-查全问题

再看银行批复贷款的例子。10.4 节已说明，若通过了不符合批复标准的贷款申请，则此贷款给银行带来较大利益受损风险。但是，若错将符合批复标准的申请判定为高风险，从而拒绝该申请，则不可避免地导致客户流失。

10.5.1　查准率与查全率

我们往往更关注不符合贷款批复标准的申请的审批情况。也就是说，一方面，我们需要知道“通过批复的申请实际应被批复的比例”，以此指导模型优化，规避银行风险；另一方面，需要知道“应被批复的申请实际被批复的比例”，以此提升服务质量，避免客户流失。实际上，前者称作查准率(Precision，P)；后者称作查全率(Recall，R)。形式化地，查准率 P 和查全率 R 分别定义为：

$$P=\frac{\mathrm{TP}}{\mathrm{TP}+\mathrm{FP}} \tag{10-9}$$

$$R=\frac{\mathrm{TP}}{\mathrm{TP}+\mathrm{FN}} \tag{10-10}$$

显然，查准率 P 和查全率 R 的取值范围均为[0→1]，且取值越大，对应智能模型的性能越好。

注

也有书籍将查准率称为准确率或精确率；将查全率称为召回率。读者不必纠结于具体的名字，了解其内含的实际意义即可。

不难发现，查准率与查全率是一对矛盾。模型预测为阳性的样本数量越多，则其中包含阴性样本的可能性越大，此时，模型查准率低、查全率高；反之，模型预测为阳性的样本数量越少，则阳性样本被遗漏的可能性越大，此时，模型查准率高、查全率低。为便于理解，仍以银行贷款批复为例，模型的查准率和查全率与银行贷款审批员各自的工作作风强相关。查准率高的智能模型更像是一个工作作风严谨的员工：出于对银行经济效益的考虑，秉承着“宁可错杀一千，也不放过一个”的工作原则，该员工专注于尽可能多地驳回贷款申请。显然，若所有不符合条件的申请均被驳回，则“通过批复的申请实际应被批复的比例”必然较高。但是，这样做会不可避免地错过一些偿还能力不错的客户，从而使得智能模型的查全率降低。查全率高的智能模型更像是一个工作作风冲动的员工：出于对客户服务体验的考虑，秉承着“客户至上”的工作原则，该员工专注于尽可能多地通过贷款审批。显然，所有符合条件的申请被批复成功的概率明显增高，也就是说，“应被批复的申请实际被批复的比例”必然较高。但是，这样做难免使得一些不应被批复的贷款申请得以批复，这显然将降低“通过批复的申请实际应被批复的比例”，使得智能模型的查准率降低。

10.5.2　*P-R* 曲线

许多情况下，智能模型对新样本的预测结果为实数值。例如，Sigmoid 函数的输出结果属于区间(0→1)。一般地，预测结果取值越大的样本，智能模型认为其更可能是阳性样本；预测结果取值越小的样本，智能模型认为其更可能是阴性样本。也就是说，按预测结果取值依次设置不同分类阈值，预测结果大于分类阈值的样本被视作阳性样本，反之样本被视作阴性样本。显然，每个给定分类阈值均与一对查准率、查全率对应。如图 10-2(a)所示，以查全率为横坐标，查准率为纵坐标，将不同分类阈值得到的查准率、查全率数对画出来，则得到查准率-查全率曲线，简称 P-R 曲线。

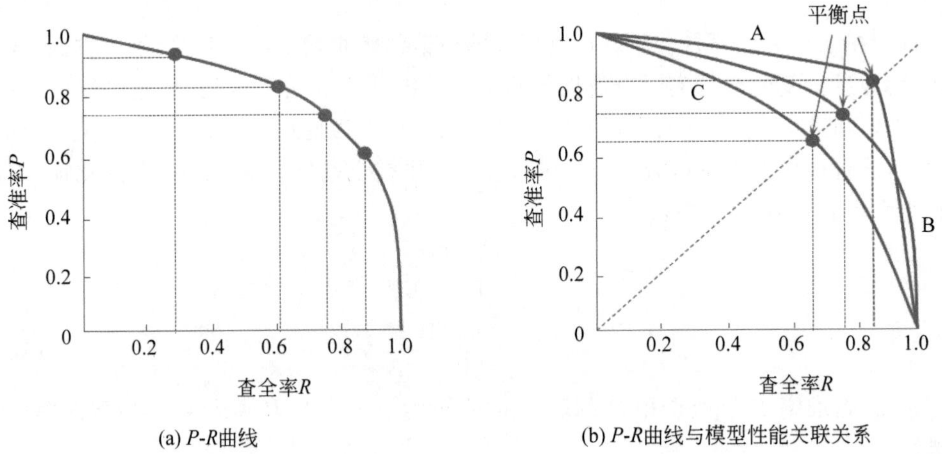

图 10-2 **P-R** 曲线及其对模型性能优劣的指示作用

不难理解，一个好的智能模型在查全率增长的同时，能够保证查准率维持在较高水平；反之亦然。而性能差的智能模型则需损失一部分查准率来换取查全率的提高；损失一部查全率来换取查准率的提高。基于上述认识，针对同一个验证数据集，若一个智能模型的 P-R 曲线被另一个智能模型的 P-R 曲线完全“包住”，则查全率相同时后者的查准率更高；查准率相同时后者的查全率更高。显然，此时可断言后者的性能优于前者。如图 10-2(b) 所示，智能模型 A 与 B 均优于智能模型 C。但是，若两个智能模型的 P-R 曲线交织在一起，如图 10-2(b)中的 A 和 B，则很难直接断言两者孰优孰劣。然而，人们往往仍希望评估智能模型 A 与 B 的性能优劣。不难理解，一个比较合理的判据是比较 P-R 曲线下面积的大小。这是因为，P-R 曲线下的面积在一定程度上表征了智能模型在查准率和查全率上均取得较高数据的可能性。不幸的是，P-R 曲线下的面积并不容易计算。

更简单直观地，平衡点（Break-Event Point，BEP）常用于代替 P-R 曲线下面积用于评估智能模型的优劣。具体地，平衡点定义为查准率与查全率相等时二者的取值。如图 10-2(b)所示，智能模型 A 的平衡点大于智能模型 B 的平衡点，因此可认为智能模型 A 的性能优于智能模型 B。

10.5.3 F 分数

与 P-R 曲线下面积的计算相比，BEP 显得过于简化了。为综合考虑查准率与查全率对智能模型性能的指示作用，定义 F_1 分数如下。

$$F_1=\frac{2\times P\times R}{P+R}=\frac{2\times \mathrm{TP}}{m+\mathrm{TP}-\mathrm{TN}} \tag{10-11}$$

不难理解，F_1 分数的取值范围也是[0→1]，且取值越大，对应智能模型的性能越好。有必要指出的是，F_1 分数实际为查准率和查全率的调和平均数（Harmonic Mean）。实际上，由式(10-11)可得

$$\frac{1}{F_1}=\frac{1}{2}\left(\frac{1}{P}+\frac{1}{R}\right) \tag{10-12}$$

因此，F_1 分数又被称作平衡 F 分数。由式(10-12)不难发现，调和平均数更重视较小值，即 F_1 分数受查准率、查全率二者中较小值的影响更大。也就是说，F_1 分数具有短板效应，它更强调的是查准率与查全率的均衡性，任意一个指标变差都会导致 F_1 分数变小。更直观地，考虑查准率与查全率一个取值接近于 1，而另外一个接近于 0 的极端情况，此时显然 F_1 分数的取值接近于 0。

如前文所述，F_1 分数实际上是将查准率与查全率等同看待。然而，在实际应用中，我们对查准率与查全率的重视程度往往是不同的。例如，为降低不良贷款的批复可能性，银行审批贷款时更关注高查准率、低查全率；为提升业务量或尽可能少地流失潜在客户，银行审批贷款时更关注高查全率、低查准率。因此，更一般地，定义

$$F_\beta = \frac{(1+\beta^2)\times P\times R}{(\beta^2\times P)+R} \tag{10-13}$$

其中，$\beta \geqslant 0$。不难发现，β 的取值表现为 F_β 对查准率或查全率的不同偏好程度。具体地，$\beta=0$ 时，

$$F_\beta = F_0 = \frac{(1+0)\times P\times R}{(0\times P)+R} = \frac{P\times R}{R} = P \tag{10-14}$$

显然，此时 F_β 退化为查准率 P。另一方面，对式(10-13)变形，可得

$$F_\beta = \frac{P\times R}{\frac{\beta^2}{1+\beta^2}\times P + \frac{1}{1+\beta^2}\times R} \tag{10-15}$$

显然，若 $\beta\to\infty$，则

$$\lim_{\beta\to\infty} F_\beta = \frac{P\times R}{1\times P+0\times R} = R \tag{10-16}$$

显然，此时 F_β 退化为查全率 R。综上，β 取值越接近于 0，则 F_β 值越接近查准率；β 取值越接近无穷大，则 F_β 值越接近查全率。实际上，当 $\beta=1$ 时，F_β 退化为不偏不倚的 F_1 分数。此时，查准率与查全率同等重要。进一步地，$\beta<1$ 时，F_β 接近于查准率，即查准率更重要；$\beta>1$ 时，F_β 接近于查全率，即查全率更重要。

10.6　真-假阳性问题

再看银行批复贷款的例子。不难理解，符合审批条件的申请被审核通过的比例越高，且不符合审批条件的申请被审核通过的比例越低，则对应的智能模型性能越好。

10.6.1　真/假阳/阴性率

与之对应地，定义真阳性率(True Positive Rate，TPR)：

$$\text{TPR} = \frac{\text{TP}}{\text{TP}+\text{FN}} \tag{10-17}$$

假阳性率(False Positive Rate，FPR)：

$$\text{FPR} = \frac{\text{FP}}{\text{FP}+\text{TN}} \tag{10-18}$$

结合混淆矩阵,易得,TPR 与 FPR 的取值范围均为[0→1]。显然,符合审批条件的申请被审核通过的比例越高,则 TPR 值越大;不符合审批条件的申请被审核通过的比例越低,则 FPR 值越小。也就是说,与期望智能模型同时获得较高的查准率与查全率不同,性能更好的智能模型必然获得较大的真阳性率,较小的假阳性率。

对于像贷款审批这样的二分类问题,不同类别样本的类别属性本身互为对立面。例如,与前文定义相反,将贷款申请不应被审核通过视作阳性样本,应该被审核通过视作阴性样本,不影响实际问题的表达与解决。实际上,与之对应地,定义真阴性率(True Negative Rate, TNR):

$$\mathrm{TNR}=\frac{\mathrm{TN}}{\mathrm{FP}+\mathrm{TN}}=1-\mathrm{FPR} \tag{10-19}$$

假阴性率(False Negative Rate, FNR):

$$\mathrm{FNR}=\frac{\mathrm{FN}}{\mathrm{TP}+\mathrm{FN}}=1-\mathrm{TPR} \tag{10-20}$$

显然,TNR 与 FNR 的取值范围均为[0→1]。由前文可知,TPR 值越大,FPR 值越小,则智能模型性能更好。结合以上两式可得,TNR 值越大,FNR 值越小,则智能模型性能更好。也就是说,不符合审批条件的申请被审核拒绝的比例越高,且符合审批条件的申请被审核拒绝的比例越低,则对应的智能模型性能越好。

注

也有书籍将真阳性率,称作敏感度;将真阴性率,称作特异度。读者不必纠结于具体的名字,了解其内含的实际意义即可。

10.6.2 ROC 曲线与 AUC

考虑真阳性率与真阴性率、假阳性率与假阴性率的对应关系,接下来只讨论真阳性率与假阳性率。真阴性率与假阴性率可得类似结论。如前文所述,多数情况下,智能模型对新样本的预测结果为实数值。一般地,预测结果取值越大的样本,智能模型认为其更可能是阳性样本;预测结果取值越小的样本,智能模型认为其更可能是阴性样本。与 *P-R* 曲线类似,按预测结果取值依次设置不同的分类阈值,并将预测结果大于阈值的样本视作阳性样本,将预测结果小于阈值的样本视作阴性样本,则每个给定阈值均与一对真阳性率、假阳性率对应。如图 10-3(a)所示,以假阳性率为横坐标,真阳性率为纵坐标,将不同阈值得到的真阳性率、假阳性率数对画出来,则得到受试者操作特征曲线(Receiver Operating Characteristic Curve, ROC)。不难发现,若分类阈值过大,则所有样本均被预测为阴性。此时,必然有 TP=0 且 FP=0,即 TPR=0 且 FPR=0。也就是说,ROC 曲线必过(0,0)点。另一方面,若分类阈值过小,则所有样本均被预测为阳性。此时,必然有 FN=0 且 TN=0,即 TPR=1 且 FPR=1。也就是说,ROC 曲线必过(1,1)点。

不难理解,若一个智能模型对样本的预测具备完全随机性,也就是说,给定任意样本,该模型完全随机地预测其为阳性样本或阴性样本。此模型实际上不具备样本阳性或阴性的区分能力。考虑阳性样本与阴性样本数量均衡的情况,此时式(10-17)与式(10-18)的

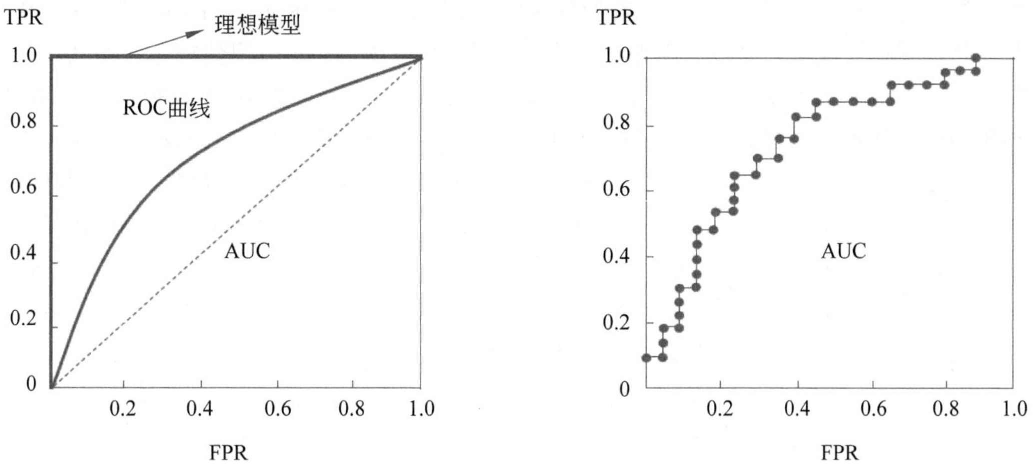

(a) 样本量充足的智能模型与随机模型　　　(b) 样本量有限的智能模型

图 10-3　ROC 曲线 AUC

分母相等。对于任意给定分类阈值来说,大于阈值的样本被智能模型预测为阳性样本。由于其预测结果具备完全随机性,所以被预测为阳性的样本中恰巧一半为阴性样本。也就是说,被预测为阳性的样本实际一半为真阳性,另一半为假阳性,此时,式(10-17)与式(10-18)的分子也相等。综上,如图 10-3(a)中斜对角线所示,若无论分类阈值如何设定,"智能"模型预测结果的真阳性率与假阳性率总是相等,则该模型与完全随机乱猜差不多。不难理解,这样的随机乱猜的模型根本谈不上智能,也没有实际应用价值。

注

有必要指出的是,对于类别非均衡样本来说,上述结论仍然成立。这是因为,此时式(10-17)与式(10-18)的分母与分子均成比例,且二者比例值相等。

由上述分析可得,ROC 曲线完全在对角线左上方的智能模型才有实际应用价值。进一步地,不难理解,ROC 曲线越靠近左上角的智能模型,其性能越好。与 *P-R* 曲线类似,当一个智能模型的 ROC 曲线完全"包住"另一个智能模型的 ROC 曲线时,其性能优于被包住的模型。与性能更好的智能模型的 *P-R* 曲线更靠近右上角不同,性能更好的智能模型的 ROC 曲线更靠近左上角。一条 ROC 曲线完全包住另一条 ROC 曲线过于理想。多数情况下,两条 ROC 曲线存在相互交叉现象。此时,通常认为 ROC 曲线下面积,即 AUC(Area Under ROC Curve),较大者的模型性能更好。如图 10-3(a)所示,理想模型的 AUC 值等于 1。此时,至少存在一个阈值使得模型能将样本完美分开,即阳性样本均被预测为阳性,阴性样本均被预测为阴性。一般模型的 AUC 值为(0.5→1)。此时,可通过调整分类阈值得到模型对应的最佳性能。随机猜测模型的 AUC 值等于 0.5。不难理解,若训练得到的模型的 AUC 值小于 0.5,则其比随机猜测还要差。AUC 值小于或等于 0.5 的模型没有实际应用价值。

有必要说明的是,图 10-3(a)给出的 ROC 曲线比较平滑。这建立在评价样本量充足的前提下。若样本量有限，实际上得到的ROC曲线表现为如图10-3(b)所示的阶梯状。其绘制过程比较简单：记阳性样本个数为m^+，即TP+FN=m^+；阴性样本个数为m^-，即FP+TN=m^-，根据预测值对样本进行排序。把分类阈值设为最大，即将所有样本都预测为阴性样本。此时，必然有TP=0且FP=0，即TPR=0且FPR=0，在坐标(0,0)处标记一点。接下来，依次减小分类阈值。每次减小后的阈值使得预测为阳性的样本恰好多一个。也就是说，设前一个标记点坐标为(x_i, y_i)，若当前多出的被预测为阳性的样本，其实为阳性样本，则TP+1。其中，$i=1,2,\cdots,m-1$且$m=m^+ + m^-$。代入式(10-17)得，分子TP+1，则真阳性率TPR+$1/m^+$，即下一坐标位置为$(x_{i+1}, y_{i+1})=(x_i, y_i+1/m^+)$；若当前多出的被预测为阳性的样本，其实为阴性样本，则FP+1。代入式(10-18)得，分子FP+1，则真阳性率FPR+$1/m^-$，即下一坐标位置为$(x_{i+1}, y_{i+1})=(x_i+1/m^-, y_i)$。依次将得到坐标连接起来，即得到如图10-3(b)所示的阶梯状ROC曲线。进一步地，该ROC曲线对应的AUC可由式(10-21)计算得到：

$$\text{AUC}=\frac{1}{2}\sum_{i=1}^{m^- + m^+ - 1}(x_{i+1}-x_i)(y_i+y_{i+1}) \tag{10-21}$$

显然，受样本规模限制，式(10-21)计算得到的AUC为对应智能模型AUC的估计值。

注

有必要说明的是，若存在样本预测值相等，或因精度问题，每次减小后的阈值无法有效区分多个样本，从而使得分类阈值调整后预测为阳性的样本增量多于一个，且样本类别属性相同，则横(实际均为阴性样本)或纵(实际均为阳性样本)向坐标增量为l/m^-或l/m^+。其中，l为样本增量数。实际上，上文通过调整阈值分类样本的策略可转换为从排序后的样本中依次选取一个预测为阳性样本的策略。不难理解，增量样本类别属性相同时，两种策略给得的ROC曲线相同。若增量样本类别属性不同，则采用第二种策略得到的ROC曲线与如图10-3(b)所示类似：在横坐标与纵坐标方向均由多个单步增量$1/m^-$或$1/m^+$构成；而采用第一种策略得到的ROC曲线上点坐标由(x_i, y_i)变为$(x_i+l^-/m^-, y_i+l^+/m^+)$。其中，$l^-$为增量样本中阴性样本个数，$l^+$为增量样本中阳性样本个数，且$l^- + l^+ = l$。但是，有必要指出的是，前者生成的ROC曲线，随单步增量的组合方式不同而形状不同，对应的AUC值也不尽相同。显然，先增加纵向增量对应的AUC值更大；而后者生成的ROC曲线具有唯一性。实际上，后者生成的ROC曲线对应的AUC面积相当于前者多种可能的均值。

由式(10-21)不难发现，AUC为$m-1$个矩形面积的总和，其中，$m=m^+ + m^-$。由上述ROC曲线绘制过程不难发现，第$i+1$个样本被预测为阳性且其真为阳性样本时，有$x_{i+1}=x_i$。结合图10-3(b)可得，当$x_{i+1}=x_i$时，第i个矩形的宽度$x_{i+1}-x_i=0$，即其面积等于0。只有当被预测为阳性的样本其实为阴性样本时，对应矩形的宽度才不等于0，且此时矩形的宽度等于$1/m^-$。也就是说，每个阴性样本被预测为阳性样本时，在ROC

曲线下方均将引入一个宽度为 $1/m^-$ 的矩形。接下来的问题是，对应矩形的高度取值为多大呢？设 $g(t)$为当第 t 个阴性样本被归类到预测结果为阳性的样本集合 $\widetilde{D}^+$ 时，$\widetilde{D}^+$ 的元素规模，即已归类到 $\widetilde{D}^+$ 的样本数，则集合 $\widetilde{D}^+$ 中一共包括 t 个真实值为阴性的样本，即之前宽度不等于 0 的矩形一共有 $t-1$。对应地，集合 $\widetilde{D}^+$ 中的真实值为阳性的样本数为 $g(t)-t$。由上述 *ROC* 曲线绘制过程不难发现，只有当预测为阳性的样本真值为阳性时，ROC 曲线上点的纵向坐标增量为 $1/m^+$。否则，若预测为阳性的样本实际为阴性时，ROC 曲线上点的纵坐标值保持不变。也就是说，当第 t 个阴性样本被划入到预测结果为阳性的样本集合 $\widetilde{D}^+$ 时，对应纵向坐标值等于集合 $\widetilde{D}^+$ 中真值为阳性的样本数与纵向坐标增量 $1/m^+$ 的乘积，即当前(第 t 个)矩形的高度为$(g(t)-t)/m^+$。易得，此时 ROC 曲线下方的面积为

$$\text{AUC}=\sum_{t=1}^{m^-}\frac{(g(t)-t)}{m^+m^-}=\frac{1}{m^+m^-}\sum_{t=1}^{m^-}(g(t)-t) \tag{10-22}$$

又因为，此时 $g(t)-t$ 个阳性样本的预测值 $f(x^+)$均大于第 t 个阴性样本的预测值 $f(x_t^-)$，即

$$g(t)-t=\sum_{x^+\in D^+}I(f(x^+)>f(x_t^-)) \tag{10-23}$$

将式(10-23)代入式(10-22)，得

$$\begin{aligned}\text{AUC}&=\frac{1}{m^+m^-}\sum_{t=1}^{m^-}\sum_{x^+\in D^+}I(f(x^+)>f(x_t^-))\\&=\frac{1}{m^+m^-}\sum_{x^+\in D^+}\sum_{x^-\in D^-}I(f(x^+)>f(x^-))\end{aligned} \tag{10-24}$$

其中，D^+ 为所有阳性样本构成的集合，D^- 为所有阴性样本构成的集合。

考虑样本预测值相等，或因精度问题，每次减小后的阈值无法有效区分多个样本的情况，设原预测结果为阳性的样本集 $\widetilde{D}^+$ 中的阴性样本数为 $t-1$，第 t 个阴性样本被归类到预测结果为阳性的样本集合 $\widetilde{D}^+$ 的同时，与其预测值相同的阳性样本数为 p 个，阴性样本数为 q 个。此时，原预测结果阳性样本集 $\widetilde{D}^+$ 中真实阳性样本对应纵坐标值$(g(t)-t+1)/m^+$，p 个阳性样本加入后对应纵坐标值$(g(t)-t+1+p)/m^+$，q 个阴性样本对应的横坐标增量，以及 ROC 曲线本身围成一个梯形。也就是说，此时 ROC 曲线下方的面积为

$$\text{AUC}=\sum_{t=1,t=t+q}^{m^-}\frac{q}{2m^-}\left(\frac{(g(t)-t+1)}{m^+}+\frac{(g(t)-t+1+p)}{m^+}\right) \tag{10-25}$$

又因为，此时 $g(t)-t+1$ 个阳性样本的预测值 $f(x^+)$均大于第 t 个阴性样本的预测值 $f(x_t^-)$，也即当前的分类阈值。也就是说，

$$g(t)-t+1=\sum_{x^+\in D^+}I(f(x^+)>f(x_t^-)) \tag{10-26}$$

类似地，

$$g(t)-t+1+p=\sum_{x^+\in D^+}\left(I(f(x^+)>f(x_t^-))+I(f(x^+)=f(x_t^-))\right) \tag{10-27}$$

将式(10-26)与式(10-27)代入式(10-25)，得

$$\text{AUC}=\sum_{t=1,t=t+q}^{m^-}\frac{q}{m^- m^+}\left(\sum_{x^+\in D^+}\left(I(f(x^+)>f(x_t^-))+\frac{1}{2}I(f(x^+)=f(x_t^-))\right)\right) \tag{10-28}$$

又因为 $f(x_t^-)=f(x_{t+1}^-)=\cdots=f(x_{t+q-1}^-)$，式(10-28)可改写为

$$\begin{aligned}\text{AUC}&=\sum_{t=1}^{m^-}\frac{1}{m^- m^+}\left(\sum_{x^+\in D^+}\left(I(f(x^+)>f(x_t^-))+\frac{1}{2}I(f(x^+)=f(x_t^-))\right)\right)\\&=\frac{1}{m^+ m^-}\sum_{x^+\in D^+}\sum_{x^-\in D^-}\left(I(f(x^+)>f(x_t^-))+\frac{1}{2}I(f(x^+)=f(x_t^-))\right)\end{aligned} \tag{10-29}$$

10.7 多混淆矩阵问题

有必要说明的是，若只存在一个混淆矩阵，则可采用上述指标用于评价智能模型的性能。若因验证数据集不唯一，或模型训练规则多样，则产生多个混淆矩阵。此时，对于智能模型性能的合理评价需要综合运用多个混淆矩阵中的值。比较常用的综合方式，即是采用指标均值代替原指标，用于评价智能模型的性能。常见的指标均值评估包括宏平均与微平均两类。

10.7.1 宏平均

宏平均指的是，基于各混淆矩阵分别构建对应的性能评价指标，再求指标均值。形式化地，宏错误率与宏正确率分别定义为

$$E_{\text{mac}}=\frac{1}{n}\sum_{i=1}^{n}E_i=\frac{1}{n}\sum_{i=1}^{n}\frac{\text{FP}_i+\text{FN}_i}{\text{FP}_i+\text{FN}_i+\text{TP}_i+\text{TN}_i} \tag{10-30}$$

$$\text{acc}_{\text{mac}}=\frac{1}{n}\sum_{i=1}^{n}\text{acc}_i=\frac{1}{n}\sum_{i=1}^{n}\frac{\text{TP}_i+\text{TN}_i}{\text{FP}_i+\text{FN}_i+\text{TP}_i+\text{TN}_i} \tag{10-31}$$

其中，n 为混淆矩阵的数目，FP_i、FN_i、TP_i、TN_i 分别为第 i 个混淆矩阵中假阳、假阴、真阳、真阴样本数目。类似地，宏查准率和宏查全率分别定义为

$$P_{\text{mac}}=\frac{1}{n}\sum_{i=1}^{n}P_i=\frac{1}{n}\sum_{i=1}^{n}\frac{\text{TP}_i}{\text{TP}_i+\text{FP}_i} \tag{10-32}$$

$$R_{\text{mac}}=\frac{1}{n}\sum_{i=1}^{n}R_i=\frac{1}{n}\sum_{i=1}^{n}\frac{\text{TP}_i}{\text{TP}_i+\text{FN}_i} \tag{10-33}$$

宏 F_β 分数定义为

$$F_{\beta\text{-mac}}=\frac{(1+\beta^2)\times P_{\text{mac}}\times R_{\text{mac}}}{(\beta^2\times P_{\text{mac}})+R_{\text{mac}}} \tag{10-34}$$

其中，$\beta\geqslant 0$。与之对应地，定义

$$\mathrm{TPR_{mac}} = \frac{1}{n}\sum_{i=1}^{n}\frac{\mathrm{TP}_i}{\mathrm{TP}_i + \mathrm{FN}_i} \tag{10-35}$$

$$\mathrm{FPR_{mac}} = \frac{1}{n}\sum_{i=1}^{n}\frac{\mathrm{FP}_i}{\mathrm{FP}_i + \mathrm{TN}_i} \tag{10-36}$$

$$\mathrm{TNR_{mac}} = \frac{1}{n}\sum_{i=1}^{n}\frac{\mathrm{TN}_i}{\mathrm{FP}_i + \mathrm{TN}_i} = 1 - \mathrm{FPR_{mac}} \tag{10-37}$$

$$\mathrm{FNR_{mac}} = \frac{1}{n}\sum_{i=1}^{n}\frac{\mathrm{FN}_i}{\mathrm{TP}_i + \mathrm{FN}_i} = 1 - \mathrm{TPR_{mac}} \tag{10-38}$$

10.7.2 微平均

与之对应地,若定义

$$\overline{\mathrm{TP}} = \frac{1}{n}\sum_{i=1}^{n}\mathrm{TP}_i \tag{10-39}$$

$$\overline{\mathrm{FP}} = \frac{1}{n}\sum_{i=1}^{n}\mathrm{FP}_i \tag{10-40}$$

$$\overline{\mathrm{TN}} = \frac{1}{n}\sum_{i=1}^{n}\mathrm{TN}_i \tag{10-41}$$

$$\overline{\mathrm{FN}} = \frac{1}{n}\sum_{i=1}^{n}\mathrm{FN}_i \tag{10-42}$$

则各微平均评价指标定义为

$$E_{\mathrm{mic}} = \frac{\overline{\mathrm{FP}} + \overline{\mathrm{FN}}}{\overline{\mathrm{FP}} + \overline{\mathrm{FN}} + \overline{\mathrm{TP}} + \overline{\mathrm{TN}}} \tag{10-43}$$

$$\mathrm{acc_{mic}} = \frac{\overline{\mathrm{TP}} + \overline{\mathrm{TN}}}{\overline{\mathrm{FP}} + \overline{\mathrm{FN}} + \overline{\mathrm{TP}} + \overline{\mathrm{TN}}} \tag{10-44}$$

$$P_{\mathrm{mic}} = \frac{\overline{\mathrm{TP}}}{\overline{\mathrm{TP}} + \overline{\mathrm{FP}}} \tag{10-45}$$

$$R_{\mathrm{mic}} = \frac{\overline{\mathrm{TP}}}{\overline{\mathrm{TP}} + \overline{\mathrm{FN}}} \tag{10-46}$$

$$F_{\beta\text{-mic}} = \frac{(1+\beta^2) \times P_{\mathrm{mic}} \times R_{\mathrm{mic}}}{(\beta^2 \times P_{\mathrm{mic}}) + R_{\mathrm{mic}}} \tag{10-47}$$

$$\mathrm{TPR_{mic}} = \frac{\overline{\mathrm{TP}}}{\overline{\mathrm{TP}} + \overline{\mathrm{FN}}} \tag{10-48}$$

$$\mathrm{FPR_{mic}} = \frac{\overline{\mathrm{FP}}}{\overline{\mathrm{FP}} + \overline{\mathrm{TN}}} \tag{10-49}$$

$$\mathrm{TNR_{mic}} = \frac{\overline{\mathrm{TN}}}{\overline{\mathrm{FP}} + \overline{\mathrm{TN}}} = 1 - \mathrm{FPR_{mic}} \tag{10-50}$$

$$\text{FNR}_{\text{mic}} = \frac{\overline{\text{FN}}}{\overline{\text{TP}} + \overline{\text{FN}}} = 1 - \text{TPR}_{\text{mic}} \tag{10-51}$$

10.8 代价敏感问题

由 4.5.4 节所述，决策错误带来的损失在许多情形下差异明显。如前文所述，错误地通过偿还能力不足的贷款申请(取伪)给银行带来潜在的金融风险。相反地，若错误地拒绝偿还能力优秀的贷款申请(弃真)，则使得银行损失优质客户。从规避风险和提升服务质量方面来讲，两类错误均需避免。

10.8.1 代价敏感矩阵

然而，要实现百分百无错误是十分困难的，且实际应用中往往是不可能的。从这个角度来说，若当前金融政策持续收紧，则更应关注尽可能少犯第二类取伪错误；若当前金融形势大好，风险较低，则更应关注尽可能少犯第一类弃真错误。也就是说，犯不同类型错误的代价是不同的。因此，与 4.5.4 节所述损失决策表类似，构造如表 10-3 所示的代价敏感矩阵。其中，用 $c_{i,j}$ 表示将第 i 类预测为第 j 类的代价，即其对错误的影响程度。代价均等条件下，错误率等于预测错误的样本数与样本总数的比值。此时，表 10-3 中所有左上右下对角线上元素为 0，其他位置元素均为 1。

表 10-3 代价敏感矩阵示例

真实情况	预测结果					
	第 1 类	第 2 类	…	第 i 类	…	第 n 类
第 1 类	$c_{1,1}$	$c_{1,2}$	…	$c_{1,i}$	…	$c_{1,n}$
第 2 类	$c_{2,1}$	$c_{2,2}$	…	$c_{2,i}$	…	$c_{2,n}$
⋮	⋮	⋮	⋱	…	…	⋮
第 i 类	$c_{i,1}$	$c_{i,2}$	…	$c_{i,i}$	…	$c_{i,n}$
⋮	⋮	⋮	⋱	…	⋱	⋮
第 n 类	$c_{n,1}$	$c_{n,2}$	…	$c_{n,i}$	…	$c_{n,n}$

实际上，考虑二分类问题。式(10-2)定义的错误率可改写为

$$E(f;D_v) = \frac{1}{\text{card}(D_v)}\Big(\sum_{\boldsymbol{x}_i \in D^+} I(f(\boldsymbol{x}_i) \neq y_i) + \sum_{\boldsymbol{x}_i \in D^-} I(f(\boldsymbol{x}_i) \neq y_i)\Big) \tag{10-52}$$

其中，$D_v = D^+ \cup D^-$。若代价不均等，且其代价敏感矩阵如表 10-4 所示，则代价敏感错误率定义为

$$E(f;D_v;c) = \frac{1}{\text{card}(D_v)}\Big(\sum_{\boldsymbol{x}_i \in D^+} I(f(\boldsymbol{x}_i) \neq y_i)c_{1,2} + \sum_{\boldsymbol{x}_i \in D^-} I(f(\boldsymbol{x}_i) \neq y_i)c_{2,1}\Big) \tag{10-53}$$

其中，$c_{1,2}$为阳性样本预测错误代价，$c_{2,1}$为阴性样本预测错误代价。

表 10-4　二分类问题的代价敏感矩阵

真实情况	预测结果	
	阳　性	阴　性
阳性	0	$c_{1,2}$
阴性	$c_{2,1}$	0

10.8.2　代价曲线与预测错误总体代价

不难理解，ROC 曲线在代价均等前提下反映智能模型的泛化能力。那么，代价不均等时，如何评价智能模型的泛化能力呢？实际上，代价曲线在非均等代价前提下反映智能模型的总体期望代价。总体期望代价越小，则模型的泛化能力越强；总体期望代价越大，则模型的泛化能力越弱。在定义代价曲线之前，有必要介绍以下概念：设样本集中阳性样本概率为 p（即先验正例概率），则正例预测错误的概率代价定义为 $p\times c_{1,2}$。对应地，阴性样本预测错误的概率代价定义为$(1-p)\times c_{2,1}$。不难理解，总的预测错误概率代价为二者之和，即 $p\times c_{1,2}+(1-p)\times c_{2,1}$。综上，为使得阳性样本预测错误概率代价的取值范围为[0→1]，定义归一化的阳性样本预测错误概率代价为

$$P_c^+=\frac{p\times c_{1,2}}{p\times c_{1,2}+(1-p)\times c_{2,1}} \tag{10-54}$$

不难理解，以上定义实际是针对样本已被识别为阴性或阳性而言的。类似地，对于智能模型来说，定义总的预测错误概率代价为 $\mathrm{FNR}\times p\times c_{1,2}+\mathrm{FPR}\times(1-p)\times c_{2,1}$。显然，若 $\mathrm{FNR}=\mathrm{FPR}=1$，则模型预测错误概率代价取得最大值，且与总的预测错误概率代价相等。为使得模型预测错误概率代价的取值范围为[0→1]，定义归一化的模型预测错误概率代价为

$$P_c=\frac{\mathrm{FNR}\times p\times c_{1,2}+\mathrm{FPR}\times(1-p)\times c_{2,1}}{p\times c_{1,2}+(1-p)\times c_{2,1}} \tag{10-55}$$

为便于理解式(10-55)，做如下讨论与推导。二分类问题中，ROC 曲线上每点对应一个分类器，即存在阈值 α 使得对于 $\forall \boldsymbol{x}\in D_v$，$H^+:f(\boldsymbol{x})\geqslant\alpha$、$H^-:f(\boldsymbol{x})<\alpha$。也就是说，若智能模型对应的预测函数 f，对样本 $\boldsymbol{x}$ 的预测结果大于阈值 α，则该样本被预测为阳性，否则该样本被预测为阴性。前者与事件 H^+ 相对应，后者与事件 H^- 相对应。由假阴性率的定义可得，已知输入样本为阳性，但预测结果为阴性的概率可定义为条件概率

$$\mathrm{FNR}=P(H^-\mid H^+) \tag{10-56}$$

显然，输入样本为阳性，但预测结果为阴性的联合概率可定义为

$$P(H^-,H^+)=P(H^+)P(H^-\mid H^+)=p\times\mathrm{FNR} \tag{10-57}$$

类似地，剩余三种情况的联合概率定义为

$$P(H^-,H^-)=P(H^-)P(H^-\mid H^-)=(1-p)\times\mathrm{TNR} \tag{10-58}$$

$$P(H^+,H^-)=P(H^-)P(H^+\mid H^-)=(1-p)\times\mathrm{FPR} \tag{10-59}$$

$$P(H^+,H^+)=P(H^+)P(H^+\mid H^+)=p\times \text{TPR} \tag{10-60}$$

所以，模型的期望预测代价

$$\begin{aligned}E_c&=c_{1,1}P(H^+,H^+)+c_{1,2}P(H^-,H^+)+c_{2,1}P(H^+,H^-)+c_{2,2}P(H^-,H^-)\\&=c_{1,1}\times p\times \text{TPR}+c_{1,2}\times p\times \text{FNR}+c_{2,1}\times(1-p)\times \text{FPR}+c_{2,2}\times(1-p)\times \text{TNR}\end{aligned} \tag{10-61}$$

显然，模型的期望预测代价即是模型总的预测错误概率代价，即 $E_c=Pc$。又因为 $c_{1,1}=c_{2,2}=0$，所以模型总的预测错误概率代价 $E_c=c_{1,2}\times p\times \text{FNR}+c_{2,1}\times(1-p)\times \text{FPR}$。不难发现，模型的期望预测代价是由阳性样本先验概率和混淆矩阵共同决定的。当 ROC 曲线的阈值确定时，FPR 和 FNR 也相应确定。

以式(10-54)定义的归一化的阳性样本预测错误概率代价 P_c^+ 为横坐标，以式(10-55)定义的归一化的模型预测错误概率代价 P_c 为纵坐标，对于任意给定阈值，可由对应模型确定 FPR 值与 FNR 值。也就是说，

$$\begin{aligned}P_c&=\frac{\text{FNR}\times p\times c_{1,2}-\text{FPR}\times p\times c_{1,2}+\text{FPR}\times p\times c_{1,2}+\text{FPR}\times(1-p)\times c_{2,1}}{p\times c_{1,2}+(1-p)\times c_{2,1}}\\&=\frac{(\text{FNR}-\text{FPR})\times p\times c_{1,2}}{p\times c_{1,2}+(1-p)\times c_{2,1}}+\text{FPR}\\&=(\text{FNR}-\text{FPR})\times P_c^+ +\text{FPR}\end{aligned} \tag{10-62}$$

显然，对于任意给定阈值，P_c^+ 与 P_c 可确定一条直线。阈值改变后，对应直线的斜率与截距均发生变化。由式(10-62)可得，如图 10-4 所示，当横坐标取值为 0，即 $P_c^+=0$ 时，$P_c=\text{FPR}$；当横坐标 $P_c^+=1$ 时，$P_c=\text{FNR}$。也就是说，给定任意阈值，P_c^+ 与 P_c 确定的直线必过(0，FPR)、(1，FNR)两点。该线段下的面积表示当前条件下的期望总体预测错误代价，将 ROC 曲线上的每个点都转换为类似线段，则所有相交线段离横坐标轴更近的部分构成代价曲线。代价曲线与横坐标轴围成的面积称作智能模型的期望总体预测错误代价。

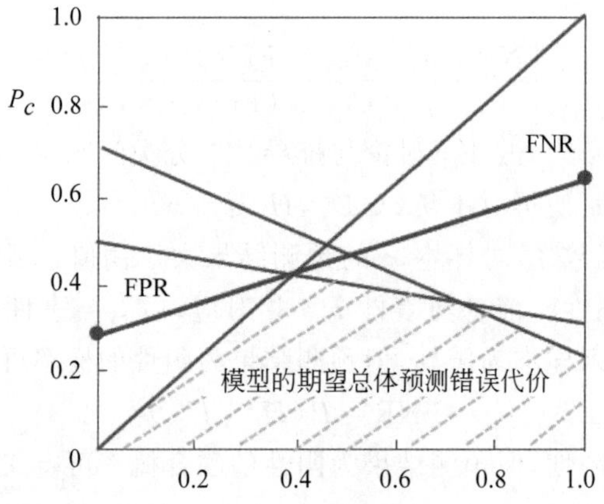

图 10-4 代价曲线与模型的期望总体预测错误代价

10.9 假设检验

由 4.7 节可知，假设检验是根据假设条件由样本推断总体的一种方法。由观察样本的检验结果确定是否支持对总体的假设，进而帮助智能模型进行决策。例如，在验证样本集上观察到智能模型 A 比 B 好，则得出模型 A 的泛化性能优于模型 B 这个结论的把握有多大，可由假设检验得出。

10.9.1 单一模型

由前文可知，错误率是评估智能模型性能的关键指标。若以错误率作为性能评估指标，某一智能模型在指定验证样本集 D_v 上估计到的泛化错误率为 $\tilde{\varepsilon}$，其中，$m=\text{card}(D_v)$。由于任何验证集均是总体样本的子集，所以 $\tilde{\varepsilon}$ 实际是对模型泛化错误率的判断和猜想。也就是说，$\tilde{\varepsilon}$ 实际是模型真实泛化错误率 ε 的估计。显然，使得二者绝对相等比较困难。实际上，二者接近的可能性比较大，相差很大的可能性较小。否则，就失去了以验证样本集上的错误率作为模型错误率估计的意义。形式化地，在规模为 m 的样本集上，实际泛化错误率为 ε 的智能模型的估计为错误率为 $\tilde{\varepsilon}$ 的智能模型的概率为

$$P(\varepsilon,\tilde{\varepsilon})=C_m^{m\times\tilde{\varepsilon}}\varepsilon^{m\times\tilde{\varepsilon}}(1-\varepsilon)^{m-m\times\tilde{\varepsilon}} \tag{10-63}$$

显然，若记 m 次试验中预测错误事件发生的次数 X 为随机变量，即检验统计量，则 $X\sim B(m,\varepsilon)$，即

$$P(X=x)=C_m^x\varepsilon^x(1-\varepsilon)^{m-x} \tag{10-64}$$

其中，$x=m\times\tilde{\varepsilon}$。设零假设 H_0 为 $\varepsilon\leqslant\tilde{\varepsilon}$，则犯 H_0 为真却被拒绝的“第Ⅰ类错误”的概率为 $P(X>x)$。为使得犯第Ⅰ类错误的概率尽可能小，给定一个较小的数 α，若 $P(X>x)\leqslant\alpha$ 恒成立，则接受原假设。也就是说，在 α 显著度下，原假设不能被拒绝。即可以 $1-\alpha$ 置信度认为，智能模型泛化错误率不大于 $\tilde{\varepsilon}$。否则，原假设可被拒绝，即智能模型泛化错误率大于 $\tilde{\varepsilon}$ 的置信度为 α。显然，对于上述问题来说，即是判断在给定显著性水平下能否接受原假设。

如前文所述，使用交叉验证法对智能模型进行多次训练与验证时，必然得到多个验证错误率。假设验证错误率服从正态分布，但其总体错误率均值与方差均未知。假设交叉验证得到 k 个错误率，分别记作 $\varepsilon_1,\varepsilon_2,\cdots,\varepsilon_k$，则平均错误率 $\bar{\varepsilon}$ 及方差 S^2 分别为

$$\bar{\varepsilon}=\frac{1}{k}\sum_{i=1}^{k}\varepsilon_i \tag{10-65}$$

$$S^2=\frac{1}{k-1}\sum_{i=1}^{k}(\varepsilon_i-\bar{\varepsilon})^2 \tag{10-66}$$

设原假设 H_0 为模型实际泛化错误率 $\varepsilon=\varepsilon_0$，定义检验统计量 $t=(\bar{E}-\varepsilon_0)/(S/\sqrt{k})$。其中，$\bar{E}$ 为以智能模型预测错误率 E 为随机变量的预测均值。显然，$(\bar{E}-\varepsilon_0)/(S/\sqrt{k})\sim t(k-1)$，即可采用“$t$ 检验”法判断是否接受原假设。具体地，当观测值 $|t|$ 大于指定阈值参数 T 的概率大于或等于显著性水平 α 时，接受零假设。其中，$T=(\bar{\varepsilon}-\varepsilon_0)/(S/\sqrt{k})$。

具体地，给定显著性水平 α，由 $P\{|t|\geqslant t_{\alpha/2}(k-1)\}=\alpha$，可得拒绝域 $|t|\geqslant t_{\alpha/2}(k-1)$。也就是说，$T\leqslant t_{\alpha/2}(k-1)$ 时，接受原假设。

10.9.2 多模型

除在同一样本集上对同一智能模型进行假设检验外，在实际任务中，常常需要对不同智能模型的性能进行评估对比。设智能模型 A 与 B，在某一验证样本集上，采用 k 折交叉验证法得到错误率分别为 $\varepsilon_1^A,\varepsilon_2^A,\cdots,\varepsilon_k^A$ 和 $\varepsilon_1^B,\varepsilon_2^B,\cdots,\varepsilon_k^B$。其中，$\varepsilon_i^A$ 与 ε_i^B 分别是在第 i 折验证样本集上得到的模型错误率。若智能模型 A 与 B 性能相同，则它们对应的测试错误率也应该相同，即 $\varepsilon_i^A=\varepsilon_i^B$。其中，$i=1,2,\cdots,k$。也就是说，令 $\Delta_i=\varepsilon_i^A-\varepsilon_i^B$，若智能模型 A 与 B 性能相同，则 Δ 均值等于 0。不难理解，可对"智能模型 A 与 B 的性能相同"的假设做 t 检验，且原假设 H_0 为均值等于 0，即 $\mu=0$。与前文类似，若 $T=\left|\sqrt{k}\bar{\Delta}/S\right|<t_{\alpha/2}(k-1)$，则在置信度 $1-\alpha$ 下接受原假设，即认为两个智能模型的性能在显著性水平 α 下没有显著差别；否则认为有显著差别，且平均错误率较小的性能更优。

小　　结

本章对数据驱动人工智能模型的性能评估指标与度量方法做了详细介绍。现对本章核心内容总结如下。

(1) 交叉验证法是从潜在模型中选择最优解的方法。

(2) 简单交叉验证、k 折交叉验证、留一法、自助法是四类常用交叉验证法。

(3) 错误率与精度是人工智能模型性能评估指标的典型代表。

(4) 错误率与精度不再对错误类别进行区分，从而导致其表现力不足。混淆矩阵为这一问题的解决提供了一种有效途径。

(5) 若智能模型预测正确，则真实样本为阳性，称作真阳性；真实样本为阴性，称作真阴性。相反地，若智能模型预测错误，则真实样本为阴性样本，称作假阳性；真实样本为阳性样本，则称作假阴性。

(6) 人工智能模型预测为阳性的样本中，真实样本也为阳性的比例，称作查准率；实际为阳性的样本，被人工智能模型预测为阳性的比例，称作查全率。

(7) 查准率与查全率是一对矛盾。模型查准率低、查全率高；反之，模型查准率高、查全率低。

(8) 若智能模型对新样本的预测结果为实数值，按预测结果取值依次设置不同分类阈值，预测结果大于分类阈值的样本被视作阳性样本，反之样本被视作阴性样本，则每个给定分类阈值均与一对查准率、查全率对应。以查全率为横坐标，查准率为纵坐标，将不同分类阈值得到的查准率、查全率数对画出来，则得到查准率-查全率曲线，即 *P-R* 曲线。

(9) 若一个 *P-R* 曲线被另一个 *P-R* 曲线完全"包住"，此时可断言后者的性能优于前者。若两个智能模型的 *P-R* 曲线交织在一起，一个比较合理的判据是比较 *P-R* 曲线下面积的大小。

(10) 平衡点 BEP 是查准率与查全率相等的点，常用于代替 *P-R* 曲线下面积用于评估智能模型的优劣。

(11) 与 P-R 曲线下面积的计算相比,BEP 过于简化。F_β 分数综合考虑查准率与查全率对智能模型性能的指示作用。若 $\beta \to \infty$,则 F_β 退化为查全率 R;β 取值越接近于 0,则 F_β 值越接近查准率。

(12) 阳性样本被识别为阳性的比例,称作真阳性率;阴性样本被识别为阳性的比例,称作假阳性率。与之对应地,阴性样本被识别为阴性的比例,称作真阴性率;阳性样本被识别为阴性的比例,称作假阴性率。

(13) 真阳性率又称作敏感度,真阴性率又称作特异度。

(14) 与 P-R 曲线类似,按预测结果取值依次设置不同的分类阈值,则每个给定阈值均与一对真阳性率、假阳性率对应。以假阳性率为横坐标,真阳性率为纵坐标,将不同阈值得到的真阳性率、假阳性率数对画出来,则得到 ROC 曲线。

(15) 无论分类阈值如何设定,给定"智能"模型预测结果的真阳性率与假阳性率总是相等,则该模型与完全随机乱猜差不多。这样的随机乱猜的模型根本谈不上智能,也没有实际应用价值。

(16) ROC 曲线下面积 AUC 较大的模型性能更好。

(17) 若因验证数据集不唯一,或模型训练规则多样,产生多个混淆矩阵,基于各混淆矩阵分别计算对应性能评价指标值,再求指标均值的做法,称作宏平均;与之对应地,将多个混淆矩阵中的真阳性、假阳性、真阴性、假阴性平均起来构成单一矩阵,再计算性能指标的操作方法,称作微平均。

(18) 决策错误带来的损失在许多情形下差异明显。代价敏感矩阵用于给出决策错误对应的损失代价值。

(19) ROC 曲线上的每个点均可转换为代价曲线组成部分的直线段。

(20) 代价曲线与横坐标轴围成的面积称作智能模型的期望总体预测错误代价。

(21) 在验证样本集上观察到智能模型 A 比 B 好,则得出模型 A 的泛化性能优于模型 B 这个结论的把握有多大,可由假设检验法得出。

习　题

(1) 已知如表 10-5 所示混淆矩阵,试回答以下问题。

表 10-5　混淆矩阵

(a)

真实情况	模型 A 预测结果	
	阳性	阴性
阳性	55	45
阴性	25	75

(b)

真实情况	模型 B 预测结果	
	阳性	阴性
阳性	60	40
阴性	30	70

① 计算模型 A 的查准率、查全率、F_1 分数;

② 计算模型 B 的真阳性率与假阳性率；

③ 计算模型 A 与 B 的宏错误率与宏正确率；

④ 计算模型 A 与 B 的微错误率与微正确率。

(2) 试分析留一法与自助法的区别与联系。

(3) 自助法可得到与训练集规模同等规模的训练样本。保证可评估模型泛化能力的同时，并未减少训练集规模。因此，有观点认为自助法是最佳的模型验证方法。试分析这种观点的正确性。

(4) 已知样本编号、类别属性、预测值如表 10-6 所示。

表 10-6 预测值

编号	1	2	3	4	5	6	7	8	9	10
类别	+	+	+	+	+	−	−	−	−	−
预测值	10.2	5.1	7.8	3.1	1.0	10.1	9.2	6.5	7.3	2.7

① 试画出给出表预测值的模型的 P-R 曲线；

② 试画出给出表预测值的模型的 ROC 曲线；

③ 试计算给出表预测值的模型的 AUC 值。

(5) 已知如表 10-7 所示混淆矩阵与代价敏感矩阵，试回答以下问题。

表 10-7 混淆矩阵与代价敏感矩阵

(a) 混淆矩阵

真实情况	模型预测结果	
	阳性	阴性
阳性	50	50
阴性	42	58

(b) 代价矩阵

真实情况	模型预测结果	
	阳性	阴性
阳性	0	2.0
阴性	1.5	0

① 试计算模型的错误率与精度；

② 试计算模型的代价敏感错误率。

参考文献

[1] 周志华. 机器学习[M]. 北京：清华大学出版社，2016.

[2] Vladimir N V. 统计学习理论[M]. 许建华，张学工，译. 北京：电子工业出版社，2015.

[3] 盛骤，试式千，潘承毅. 概率论与数理统计[M]. 4 版. 北京：高等教育出版社，2008.

图书资源支持

感谢您一直以来对清华版图书的支持和爱护。为了配合本书的使用，本书提供配套的资源，有需求的读者请扫描下方的"书圈"微信公众号二维码，在图书专区下载，也可以拨打电话或发送电子邮件咨询。

如果您在使用本书的过程中遇到了什么问题，或者有相关图书出版计划，也请您发邮件告诉我们，以便我们更好地为您服务。

我们的联系方式：

清华大学出版社计算机与信息分社网站：https://www.shuimushuhui.com/

地　　址：北京市海淀区双清路学研大厦 A 座 714

邮　　编：100084

电　　话：010-83470236　010-83470237

客服邮箱：2301891038@qq.com

QQ：2301891038（请写明您的单位和姓名）

资源下载：关注公众号"书圈"下载配套资源。

资源下载、样书申请

书圈

图书案例

清华计算机学堂

观看课程直播